板式换热器及换热装置
技术应用手册

程宝华　李先瑞　主编
冯志良　姚荣佑　主审

中国建筑工业出版社

图书在版编目（CIP）数据

板式换热器及换热装置技术应用手册/程宝华，李先瑞主编.
北京：中国建筑工业出版社，2005（2024.4重印）
ISBN 978-7-112-07411-2

Ⅰ. 板… Ⅱ.①程…②李… Ⅲ. 板式换热器—技术手册
Ⅳ. TQ051. 5-62

中国版本图书馆 CIP 数据核字（2005）第 046163 号

．

本手册是作者在总结 30 多年来在板式换热器设计、制造、应用的基础上编写
而成的，具有实用性和可参考性。本手册分为技术篇和应用篇，共 15 章。本手册
在全面论述板式换热器和板式换热装置基本结构、特点、流体流动及传热机理的
基础上，重点介绍了板式换热器在工程实际中的应用。向读者提供具有指导性、
实用性和权威性的设计计算、安装、使用和维修方面的知识。

本手册可供化工、炼油、石油化工、轻工、食品、制冷、空调、供热、新能
源、建筑节能及使用板式换热器和板式换热装置的专业技术人员和设计人员使用，
也可供大专院校师生参考。

* * *

责任编辑：姚荣华
责任设计：董建平
责任校对：孙 爽 张 虹

板式换热器及换热装置技术应用手册

程宝华 李先瑞 主编
冯志良 姚荣佑 主审

*

中国建筑工业出版社出版、发行（北京西郊百万庄）
各地新华书店、建筑书店经销
北京永峥排版公司制版
廊坊市海涛印刷有限公司印刷

*

开本：880×1230毫米 1/16 印张：29¾ 插页：1 字数：735千字
2005年9月第一版 2024年4月第六次印刷
定价：62.00元
ISBN 978-7-112-07411-2
（17762）

《板式换热器及换热装置技术应用手册》

编辑委员会

编委会人员

程宝华	李先瑞	冯志良	姚荣佑	常春梅	王长明
房俊玲	张延丰	寿比南	王为国	宋秉堂	张迎恺
赵忠毅	刘洪林	董益波	刘世禄	张世贵	张 开
韩晓平	杨建勋	赵满城	林一凡	张春岩	要立新
刘 喜	史国萍				

编写组人员

程宝华	李先瑞	冯志良	姚荣佑	常春梅	王长明
房俊玲					

工作组人员

刘亚娜	郭保华	王 娟	于海龙	王 旭	张秀英
程瑞平	刘清霞	程小文	唐永生		

作者简介

程宝华　北京市京海换热设备制造有限责任公司总经理，北京京海恒通化工设备有限责任公司总经理，全国锅炉压力容器标准化技术委员会板式换热器分委员会委员。从事供热、空调研究，板式换热设备开发等10多年。拥有自己研发的专利产品，在《中国电机工程学会热电专业委员会论文集》及《中国建设信息供热制冷》杂志发表过多篇学术论文。

李先瑞　中国建筑科学研究院空调所研究员，建设部专家组成员，中国城镇供热协会技术委员会委员，热电专委会技术委员会委员，建筑节能专委会专家组成员。从事供热、空调研究，设备开发，工程设计等40多年。主编了《供热空调系统运行管理节能诊断技术指南》等专著多部，并翻译了《除湿技术》、《建筑设备抗震手册》等著作。获得建设部科技进步奖四项。

前　言

板式换热器和板式换热装置是工业传热过程中必不可少的设备，几乎应用于包括动力、化工、冶金、食品、轻工等一切工业部门；同时，它也是空调、供热中的重要组成部分；在可持续发展的国策下，它还是余热利用、太阳能利用、海水利用、污水利用、地热利用中的关键设备。随着技术的进步，以及节约资源和能源的紧迫性，近几年来开发了一系列新型的板式换热器，如可拆式、全焊式、钎焊式、板壳式等，并从板式换热器发展至板式换热装置，如蒸发装置、热泵装置、制冷装置、热力机组、催化重整装置、燃气冷凝回收装置等。适用范围越来越广，需要量越来越大，生产量也越来越高。但尚没有较完善的新型板式换热器和新型板式换热装置的结构、原理、特性、布置、选型、安装和运行等技术和应用手册。为了满足市场的需求，为了给工业、空调、供热、新能源利用和余热利用的设计、应用、施工、运行人员提供相关数据和资料，为了给热能工程专业人员提供教材，成立了由板式换热器专家、板式换热器标准委员会成员、制造专家、专利发明人、设计和施工人员及用户组成了编委会。

编委会编写本书的原则是为各应用领域的用户，设计、施工、运行人员提供一本技术和应用手册。既然是一本工具书，内容则必须齐全、精练、简明、实用。既全又简，既符合科学性，又满足实用性的技术应用手册，使之能真正起到开拓眼界，简化设计计算，提高工作效率，方便实际应用的作用，成为各领域与换热有关的工程技术人员的得力助手和可靠工具。

本书分为技术篇和应用篇两篇，共15章。第一篇主要的内容是介绍板式换热器和板式换热装置的基础理论、性能、设计计算方法，性能试验和运行维护，同时也叙述了板式换热器的现况和发展趋势。第二篇的主要作用是向工业、空调、供暖、新能源等各领域的用户，设计、施工和运行人员介绍板式换热器和板式换热装置的应用原理和方法。同时以实例的形式，简明扼要地叙述了应用的方式、设计的方法和节能、经济、环保效益。可读性强，适用性广。为了使该书系统性更强，应用范围更广，编委会在编写过程中，除广泛收集国内的应用实例之外，还编译了许多国外的论文，如板式换热器在工业中的应用；有选择地介绍了许多国外的新技术、新材料和新方法，如板式换热器和板式换热装置在燃气热电冷三联供系统中的应用等。

在编写过程中，我们还得到了很多同行的热情鼓励和具体帮助，不少同志为我们提供了自己的研究成果和掌握的资料。在此，谨向这些同行和作者致以真挚的谢意。

中国建筑工业出版社姚荣华副编审，从确定编写提纲直至最后审查定稿，自始至终给予了极大的关心和支持，为本书的出版付出了辛勤的劳动，在此一并致谢。

由于编写人员水平有限，错误难免，诚恳地欢迎广大读者不吝赐教，以便再版时予以更正。

目　录

技　术　篇

技 术 篇

第一章　板式换热器的发展现况和展望

第一节　板式换热器的发展现况

一、板式换热器的发展现况

1. 概述

最近几十年来板式换热器发展很快，主要表现在以下几个方面。

（1）板式换热器的种类越来越多，技术性能越来越好，应用范围越来越广。

1）板式换热器的种类：

从板式换热器的连接方式上看：从可拆式板式换热器发展到钎焊式板式换热器；从半焊接式、全焊接式发展到板壳式换热器。

从板片的形式上看：从对称型发展到非对称型。

从板片的流道上看：从对称流道发展到宽-窄流道、宽-宽流道。

从板片波纹的深浅上看：从波深为 3~5mm 的一般板发展到波深为 2~2.5mm 的浅密波纹板。

2）板式换热器的技术性能越来越好，图 1-1 表示板式换热器的设计温度、设计压力范围。

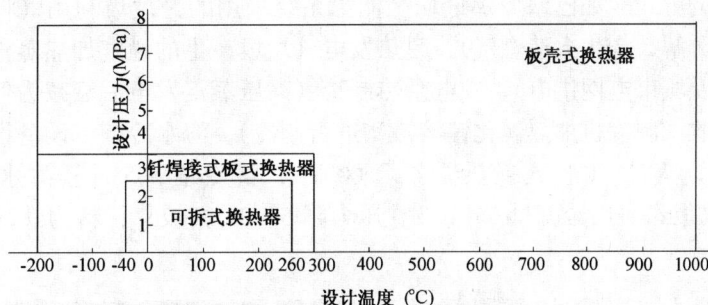

图 1-1　板式换热器的设计温度、设计压力

- 工作温度从可拆式的 260℃ 发展到板壳式的 1000℃。
- 工作压力从可拆式的 2.5MPa 发展到板壳式的 8.0MPa。
- 传热系数从 2000W/（$m^2 \cdot K$）发展至 12000W/（$m^2 \cdot K$）。
- 最大当量直径 28mm。
- 最大可拆式单板换热面积 $4.75m^2$。
- 最大焊接式单板换热面积 $18m^2$。
- 最小钎焊式单板换热面积 $0.006m^2$。
- 最大可拆式单台换热面积 $2500m^2$。
- 最大全焊式单台换热面积 $10000m^2$。
- 最大接管尺寸 500mm。

3）板式换热器的应用范围越来越广，见表 1-1。

各种类型板式换热器的应用范围　　　　　　　　　　　　　　表 1-1

	供 热	制冷空调	生活热水	生产、工艺	热 回 收	自然能源的利用
对 称 型	√	√	√	√	√	√
非对称型	√	√	√			√
宽-窄流道				√	√	√
宽-宽流道				√	√	√
浅密波纹		√				√
全 焊 式		√		√	√	
钎 焊 式		√			√	
板 壳 式				√	√	√

（2）板式换热器向大型化、小型化、专用化、多元化、装置化发展。

1）大型化　大型板式换热器主要用于中央冷却系统（以下简称 CCS），该系统集中冷却各种工厂使用的冷却水，并作为发电厂轴承冷却水的冷却器。板式换热器的产量与工厂的规模、工艺过程等有关，必要的冷却水量从数千至数万 m^3/h，大型板式换热器可达数十万 m^3/h，CCS 中希望采用尽可能少的台数进行处理，故要求采用大型板式换热器。近几十年，中东地区建设了许多具有世界级规模的 LNG 工厂，使用过去的冷却塔的冷却方式不能确保补给水，故希望变更为使用板式换热器的 CCS 方式。过去发电厂使用 S&T 轴承冷却水方式，但通过性能评价说明，板式换热器在成本、传热性能、小型化及维护性等方面均具有明显的优越性，因此需要将它们更换为板式换热器的方式。如巴塞罗那论坛区能源系统采用的是垃圾利用（将巴塞罗那市区收集的垃圾进行厌氧分解，产生人造燃气），废热发电（垃圾产生的燃气加热蒸汽锅炉，驱动气轮发电机，向论坛区及城市电网供电），发电余热制冷（高压蒸汽发电后衰减为低压蒸汽，被送至远大空调制造的吸收式制冷机加热溴化锂溶液，进行制冷），海水冷却。设备设计容量：吸收式制冷机 4×4500kW；蒸汽-水板式换热器 4×5000kW；蓄冷罐 5053m^3；海水板式换热器 4×12000kW（每台海水板式换热器流量 961m^3/h，压力降 58kPa），板片材料为钛。海水冷却板式换热器见图 1-2。

图 1-2　巴塞罗那论坛区海水冷却板式换热器

上述用途的共同特征是以海水作为冷却水的水源,在板式换热器中使用海水的问题之一是防垢。今后,随着 CCS 和电厂中的冷却器采用板式换热器不断增长的要求,就必须研究海生生物附着在板片上后对传热性能的影响程度,并要了解板片的耐腐蚀性能。

(a) 耐海水性　使用海水时的防污问题。现在,作为防止海生生物附着的方法有往海水中连续注入通过电分解方法得到次亚盐酸钠(NaClO)的方法。实际运行说明,在使用海水的板式换热器中连续注入次亚盐酸钠(0.9mg/L)后进行测定,运行 3 个月后,其总传热系数没有发生变化。在夏季海藻和贝类容易繁殖的时期,连续注入次亚盐酸钠也能确保传热性能不变。其他的方法还有,从环境保护上看,采用臭氧和热水的防污也是有效的,但尚未进行实验验证和确立相应的技术方法。

(b) 耐腐蚀性　使用海水时,板片的材质一般为钛板。钛对海水具有优良的耐腐蚀性。从相关的耐腐蚀性资料可知,对于海水来说,即使至 120℃,钛板也不会腐蚀。此外,为了抑制海生生物的附着而注入的次亚盐酸钠还会生产一种坚固的非动态的膜,从而提高了钛板的耐腐蚀性。使用丁腈类橡胶作为密封垫片,即使海水温度达到 80℃,也不会对它产生任何腐蚀。在耐热性方面,当海水温度低于 60℃时,不会产生热的劣化现象,能长期确保良好的密封性能。

(c) 大型板式换热器的特性

• 每台板式换热器的处理流量与板的角孔口径有关,大型板式换热器角孔的口径为 ϕ500mm,每台处理的流量为 5000m³/h,与以往的所谓大型板式换热器比较,所需台数可以减少一半。其结果,换热器用过滤器、安装工程和管道的初投资,板的清洗和密封垫片的更换等维护费用均能明显地降低,并且还能节省占地空间,以下通过一实例说明,现今大型板式换热器与以往大型板式换热器的比较(见表 1-2)。从台数上看,大型机仅需 2 台,而以往大型机要 4 台;从初投资上看,2 台大型机的投资约比以往大型机大 10%,但它的过滤器投资约为以往型的 2/3,安装工程约为一半,其总费用约能减少 30%;从设置空间上看约能减少 40%,即使设置 1 台备用机,总费用也能减少 15%,空间也能节省 30%;在分解清洗方面,由于板片数少,人工费亦降低约 30%。

与以往大型机的比较		表 1-2
流　量	3300m³/h×2	
形　式	大型机	以往大型机
台　数(台)	2	4
价格 换热器	1.11	1
过滤器	0.66	1
安装、管道	0.51	1
合　计	0.70	1
设　置　面　积	0.60	1

• 对海水的处理措施。当海水中的海藻、贝类附着在板的内部或堵塞在角孔的附近时,会降低海水的流量,从而不能确保冷却性能。故当海水从角孔流到板的内部时,其间不应有凸起的障碍物,使流路呈直线形,这是防止海生生物堵塞角孔的方法之一。为了验证以上效果,对通过海水的大型板式换热器进行测定。测试结果证明,当角孔附近附着很少量的藻类时,对流路的性能

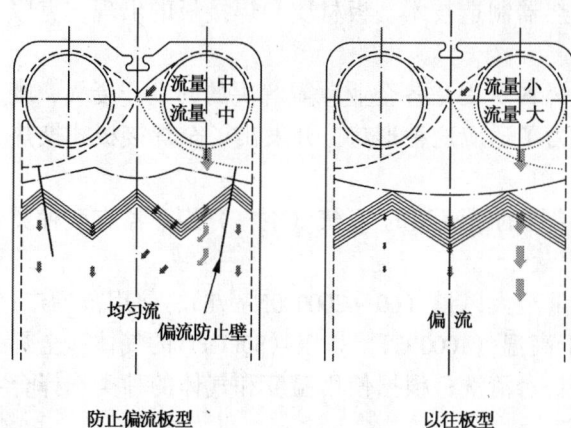

图 1-3　板内部的流动

没有影响。但为了保证板内流道的通畅，绝不允许通过直径大于板间距的异物，故必须在进入换热器前安装过滤器。

（d）高性能化　与以往板式换热器比较，均匀流路无偏流是保持高性能的主要途径。措施之一是在板内部的主传热面上设置偏流抑制板，使液体入口处的流路为最短，从而使主传热面为均匀流（图1-3）。其次，设计板片时，应使板中央部的流量增多，即要防止端部的流量增多。如前所述，由于防止偏流板能减少角孔的压力降，因此，其传热性能比以往大型板约增加15%~20%。

2）超小型化　在选择与使用条件相应的板式换热器的尺寸时，必须考虑初投资和设置空间等问题。板式换热器的市场之一是用在耗能量少的食品、医药流体的杀菌，少量流体的加热/冷却等用户。为此，必须开发出超小型的板式换热器，以适应产品多样化，生产规模参差不齐的要求，并满足耗能量少的热能行业的要求。目前市场上超小型板式换热器具有小型化、低成本、高性能、重量轻、生产快等优点。

（a）换热器的尺寸，最大的板片也仅相当于A4用纸的尺寸，重量每台约20kg，可安装在墙上。

（b）按标准板片数分为12、24、36、48片四类；按板的材质分为SUS316和钛两类；按密封垫片分为三元乙丙橡胶和硅橡胶两类。

3）专用化

（a）用于食品流体的热杀菌、加热/冷却工艺过程中的板式换热器必须具备以下三个条件：提高生产率；确保卫生性；保障食品品质稳定性等。

（b）食品专用板式换热器是为了满足上述三个条件而开发出的已商品化的板式换热器，以它作为咖啡、调味液、酱油等杀菌器使用时受到了普遍的好评。

（c）在设计食品专用板式换热器时，应使板片内的流速分布均匀，为此，在板面上，即使是局部也不应该形成液垢，并能进行长时间的连续运行，目的是达到均匀的升温/冷却过程，提高制品的品质和保证质量的稳定。若采用CIP还能清洗板式换热器的所有板面。

（d）采用镶嵌式密封垫片的结构，以适应新性能的要求，维护时间是原有装置的1/2~1/3。

4）多元化

（a）全焊式板式换热器　众所周知，板式换热器具有许多优越性，但由于存在如下问题，限制了它的应用范围和发展：密封性较差，易泄露；需经常更换垫片，较麻烦；耐压能力较低，一般约为1MPa；耐温能力受垫片材料的限制；流道小，不适宜于气-气换热或蒸汽冷凝；易堵塞，不宜用于含悬浮物质的流体等。随着板式换热器制造技术、板材质和焊接板的出现，克服了上述缺点，扩大了应用范围。

在所有工业行业内推广节能的进程中，降低燃料费用是各企业急需解决的问题。废气、废水热回收是节能、降低燃料费的重要举措之一。为了适应这种形势，开发出了全焊接板式换热器机组。

· 形状：组合了标准化的极薄平板的全焊接结构的错流型的气-气（空气）换热器有两种类型，即高温型、低温型。

· 特征：机组组合而成，便于扩张，从小风量至大风量（60~300000Nm³/h），使用范围广；平板薄，效率高（温度效率达80%以上）；可用于高温（1000℃），高压（30kPa）的气体；全焊接气密结构，不会混入排气、臭气；结构便于维护、清洗；根据使用温度和气体的种类选择合适的材质。

· 结构：为了承受高温条件下的热应力，将薄板加工成六角形状的单体后组装成机组，目的是分散热应力，构成耐高温的结构（图1-4）。

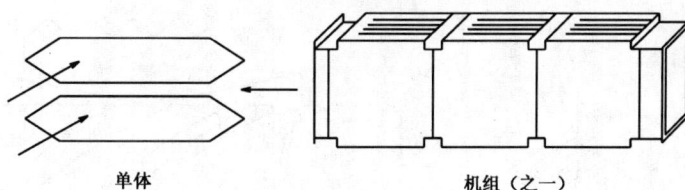

图 1-4　气-气全焊接式板式换热器

　　• 材质：S-TEN 适合于温度低于 350℃的机组；铝合金板适合于排气温度低于 500℃的机组；SPCC 适合于温度低于 200℃的机组；SUS 系统应根据温度、排气的性质选择其他非铁金属，如锡、铜。

　　• 板厚：0.3~2.0mm（标准 0.8mm，低温 0.4mm）。

　　• 耐压：在 600℃时为 10kPa；在 900℃时为 5kPa。

　　• 气密性：T 型为通过风量的 0.1%以下，用于脱臭；N 型为通过风量的 0.1%以下，一般用途；S 型为通过风量的 1.0%以下。

　　• 压力降：高温侧、低温侧压力降是不同的。高温侧（排气）在仅依靠风机的机外剩余压力和烟囱的引力条件下，允许值为 50Pa 以下。

　　• 最高使用温度：与受热侧的回收温度和操作压力有关，但可达到 1000℃。

　　• 排气中的粉尘浓度：当排气通路为单流程时，由于传热面为平板，故很难堵塞，粉尘浓度约为 0.1~0.5g/Nm³。

　　• 流向（流程方向）：原则上可自由设计，事前可与用户协商，进行最优设计。

　　• 互换性：当机组需要更换某些部件时，机组的结构应便于更换。

　　• 布置：可纵向、横向或水平设置。

　　• 保温：外型便于保温，一般采用板式保温，便于维护。最近，已经开发出利用排气预热锅炉给水的低压损机组装置。目前，全焊式板式换热器用于钢铁、石油、锅炉等行业，并已取得了很大的成绩。

　　（b）板式错流型换热器　　板式错流型换热器是一种结构简单，具有弹性密封、传热面不焊接和应用范围广等优点。

　　• 原理结构：在钢结构的固定框架中，将每片传热板成 90°逐一重合而成。排气从垂直方向通过传热板，空气从水平方向通过（图 1-5）。

　　• 特点：传热板通过弹性密封组合而成，能自由地吸收热膨胀，故能满足温度变化造成的应力变化的要求，几乎不发生泄漏问题；由于传热面不焊接，可根据对象温度的变化，选择许多合适的材料，其适用范围，从氧露点以下的低温至 1000℃左右的高温（图 1-6）；为了防止排气中粉尘产生的磨损和堵塞问题，采取了许多相应措施；可组合数个至数十个，故处理量非常大，可作为大容量的空气预热器。

　　• 用途：该装置分为高温型的气-气换热 H 型和低温型的气-气，气-液换热 L 型（表 1-3）。在以往有粉尘和腐蚀性的不能回收废热的工业范围内，这种产品都可采用。此外，在食品、造纸、石油化工、电力、炼钢等所有工业范围内热回收系统中也可采用这种装置。其他的用途还包括锅炉、焚烧炉、加热炉、干燥器等，通用性强。

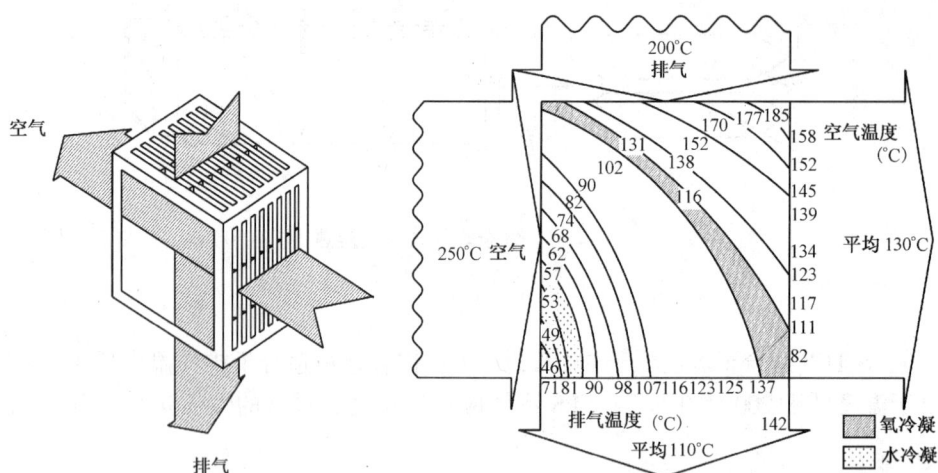

图 1-5　板式错流型换热器

图 1-6　传热板片温度分布

H 型、L 型比较表　　　　　　　　　　　　　　　　　　　表 1-3

	H 型	L 型
适用温度	150 ~ 1000℃	常温 ~ 450℃
用　途	气-气换热	气-气、气-液换热
结　构	特殊弹性密封，传热板无焊接	特殊弹性密封，传热板无焊接
形　状	平板 + 补强筋不锈钢	平板（水平平直波纹）
材　质	不锈钢、碳钢	不锈钢、有被复层的碳钢

　　(c) 用于冷凝器的板片　用于冷凝器的板片的连接气体的角孔大，波纹节距也大，目的是提高冷凝传热效果，减少流体阻力。蒸汽压缩式制冷循环是由压缩、放热、节流和吸热四个主要热力过程组成的。冷凝器的任务是将压缩机排出的高温高压气态制冷剂予以冷却使之液化，也就是说，当过热蒸汽流经冷凝器的放热面时，将其热量传递给周围介质，而其自身则被冷却为饱和气体，并进一步被冷却为高压液体，以便制冷剂在循环系统中循环使用。由于高温高压制冷剂的密度较小（如饱和氟利昂 12 蒸汽在温度为 40℃时，密度为 54.76kg/m³）。故用于冷凝器的板片应是专用板片，其角孔和节距加大，才能提高传热效率和减少热阻。

　　(d) 用于蒸发器的板片　在造纸厂黑液浓缩装置中使用的蒸发器即是其中的一种，为升降膜蒸发器，板片的构造和普通的波纹板片不同，每四片为一组，靠不同形状的垫片引导介质的流向。

　　(e) 板管式板片　板片组合在一起后，流道呈蜂窝状，其中，一个流道较大，另一个流道较小，其比例大约为 2∶1。

　　(f) 双层板片　这种板片是由两层板压合在一起，两板之间有自然的缝隙，并在边缘开有一个向外的小口，当其中一层因腐蚀穿孔时，流体便进入两板之间的缝隙中，并从板边的小口流出。

　　5) 装置化　板式换热器向板式换热装置发展说明板式换热器已成为工业生产，余热利用，建筑舒适化的重要的必不可少的设备；也说明板式换热器的技术和应用达到了更高的水准。目前已生产的装置有板式换热机组，热泵机组，制冷机组，蒸发装置，空冷装置和催化重整装置等。今后，随着经济的不断发展，还会出现更多的装置。

6）成型技术的先进性　板片的波纹成型为一次压制成型。

大型板壳式换热器所用板片，由于受现有压机吨位、尺寸及模具制造成本的限制，无法实现一次成型。国外同类产品板片制造采用水爆成型，但这种成型方法技术难度大，成品率低（一般为73%～84%），板片制造工艺繁琐，成本高。我国大型板壳式换热器板片采用油压机模型成型作为波纹板片成型的方法，开发出整板分次连续压制成型的技术，板片合格率为99%。

二、京海换热生产的板式换热器

（1）表1-4为京海换热生产的换热器汇总表。从表中可知，北京京海换热生产的板式换热器有3类，其中可拆式换热器有20种规格。

（2）京海换热器的用途　京海换热器作为"加热器"、"预热器"、"过热器"、"蒸发器"、"蒸发浓缩器"、"再沸器"、"冷凝器"、"冷却器"等被广泛应用于各个领域。

加热器用于把流体加热到所需温度，被加热流体在加热过程中不发生相变。如供热用换热器等。

预热器用于预先加热流体，以使整套工艺装置效率得到改善。如板壳式空气预热器、锅炉给水预热器等。

过热器用于将饱和蒸汽加热到过热蒸汽。

蒸发器、蒸发浓缩用于加热液体使之蒸发汽化。如钎焊式板式蒸发器、全焊式黑液蒸发浓缩器等。

再沸器用于使装置中冷凝了的液体再受热蒸发。

冷凝器用于冷却凝结性饱和蒸汽，使之放出潜热而凝结液化。如钎焊式板式冷凝器。

冷却器用于冷却流体到必要的温度，如炼钢、化工、造纸、食品工业中的板式冷却器等。

京海生产的板式换热器汇总表　　　　　　　　　　　　　　表 1-4

产品型号		单板面积（m^2）	板间距（mm）	接口法兰 DN(mm)	最大装机面积(m^2)	处理量（m^3/h）	应　用
BR 对称型板式换热器	BRS0025	0.025	2.4	20/25	1.23	7	家用，小站
	BRS0033	0.0333	2.4	20/25	1.7	7	家用，小站
	BRS01	0.115	3.7	40	10	27	通用
	BRS012	0.12	3.0	50	10	170	通用
	BRS02	0.25	3.7	100	40	170	通用
	BRS03	0.34	3.7	100	55	170	通用
	BRS06	0.596	3.8	150	160	382	通用
	BRS06A	0.6	3.7	150	160	382	通用
	BRS12	0.16	3.4	350	450	2078	通用
	BRS15	1.45	3.4	350	450	2078	通用
	BRS18	1.74	3.4	350	800	2078	通用
	BRH08	0.8	2.5	200	500	678	BRS型多流程向简单流程转变，Δt_m 小
FBR 非对称型换热器	FBR01	0.121	4.0	65/40	10	72/27	Δt_m 大，$Q > 2q$ 左右
	FBR015	0.14	3.7	65/40	15	72/27	
	FBR03	0.318	3.95	150/200 100/150	80	382 678	Δt_m 大，$Q > 2q$ 左右

续表

产品型号		单板面积 (m²)	板间距 (mm)	接口法兰 DN(mm)	最大装机 面积(m²)	处理量 (m³/h)	应 用
FBR 非对称型换热器	FBR05	0.505	3.95	150/200 100/150	130	382 678	Δt_m 大，$Q > 2q$ 左右
	FBR08	0.806	3.95	150/200 100/150	210	382 678	大面积的补充，一般不用。
KBR 宽流道型板式换热器	KnBR07	0.68	7.8	250	110	1060	流体含纤维、颗粒
	KnBR09	0.93	7.8	250	150	1060	流体含纤维、颗粒
	KnBR12	1.18	7.8	250	190	1060	流体含纤维、颗粒
	KbBR07	0.68	7.8	250	150	1060	流体含纤维、颗粒
	KbBR09	0.93	7.8	250	200	1060	流体含纤维、颗粒
	KbBR12	1.18	7.8	250	260	1060	流体含纤维、颗粒
QH 钎焊板式换热器	QH0012	0.012	2	G1/2″	20	7	< 250℃ < 4.0MPa
	QH0035	0.035	2	G1″	20	13	< 250℃ < 4.0MPa
	QH0065	0.065	2	G11/4″ ·	20	13	< 250℃ < 4.0MPa
WH 全焊板式换热器	LT-Ⅰ	≥0.36	5.2	80 ~ 300	—	—	< 500℃ < 4.0MPa
	LT-Ⅱ	≥0.12	5.2	150 ~ 400	—	—	< 500℃ < 4.0MPa
	LT-Ⅲ	≥1.08	5.0	150 ~ 400	—	—	< 500℃ < 4.0MPa
	RZ-Ⅰ	≥0.72	4.4	150 ~ 400	—	—	< 500℃ < 4.0MPa
	RZ-Ⅱ	≥0.72	4.4	150 ~ 400	—	—	< 500℃ < 4.0MPa

三、在许多应用领域板式换热器逐渐取代了管壳式换热器

换热器是合理利用与节约能源、开发新能源的关键设备。据统计，在现代石油化工企业中，换热器投资占 30% ~ 40%。在制冷机中，蒸发器和冷凝器的重量占机组重量的 30% ~ 40%，动力消耗占总动力消耗的 20% ~ 30%。可见换热器对企业投资、金属耗量以及动力消耗有着重要的影响。由于在生产中存在的热交换千变万化，因此所需的换热器必然各式各样，但从承受高温、高压、超低温及耐腐蚀能力上看，管壳式换热器的数量和使用场所在 20 世纪 80、90 年代仍居主要地位。随着全焊、钎焊、板壳式等新型结构板式换热器的发展，以及新技术、新工艺、新材料在板式换热器中的应用，板式换热器在进一步发展自身的传热系数高、对数平均温差大、占地面积小、重量轻、价格低、末端温差小和污垢系数低等优越性之外，还将它的承压能力从 2.5MPa 提高到 8.0MPa，耐温能力从 150℃提高到了 1000℃，为其在许多应用领域取代管壳式换热器创造了条件。

（1）板式换热器的特点

1）传热系数高（表 1-5）　从表 1-5 可知，板式换热器具有较高的传热系数，一般约为管壳式换热器的 3 ~ 5 倍。主要原因是流体在管壳式换热器的壳程中流动时存在着折流板—壳体，折流板—换热管，管束—壳体之间的旁路，通过这些旁路的流体，没有充分参与换热。而板式换热器。不存在旁路，而且板片的波纹能使流体在较小的流速下产生湍流，湍流效果明显（雷诺数约为 150 时即为湍流），故能获得较高的传热系数。

常用间壁式换热器的传热系数的大致范围[①] 表 1-5

热交换器形式	热交换流体		传热系数 [W/(m²·℃)]	备 注
	内 侧	外 侧		
管壳式（光管）	气	气	10~35	常压
	气	高压气	170~160	200~300bar
	高压气	气	170~450	200~300bar
	气	清水	20~70	常压
	高压气	清水	200~700	200~300bar
	清水	清水	1000~2000	
	清水	水蒸气凝结	2000~4000	
	高黏度液体	清水	100~300	液体层流
	高温液体	气体	30	
	低黏度液体	清水	200~450	液体层流
水喷淋式水平管冷却器	蒸汽凝结	清水	350~1000	
	气	清水	20~60	常压
	高压气	清水	170~350	100bar
	高压气	清水	300~900	200~300bar
盘形管（外侧沉浸在液体中）	水蒸气凝结	搅动液	700~2000	铜管
	水蒸气凝结	沸腾液	1000~3500	铜管
	冷水	搅动液	900~1400	铜管
	水蒸气凝结	液	280~1400	铜管
	清水	清水	600~900	铜管
	高压气	搅动水	100~350	铜管 200~300bar
套 管 式	气	气	10~35	
	高压气	气	20~60	200~300bar
	高压气	高压气	170~450	200~300bar
	高压气	清水	200~600	200~300bar
	水	水	1700~3000	
螺旋板式	清水	清水	1700~2200	
	变压器油	清水	350~450	
	油	油	90~140	
	气	气	30~45	
	气	水	35~60	
板式（人字形板片）[②]（平直波纹板片）	清水	清水	4500~6500	水速在 0.5m/s 左右
	油	清水	500~700	水速与油速都在 0.5m/s 左右
蜂螺型伞板换热器	清水	清水	2000~3500	材料为 1Cr18Ni9Ti
	清水	清水	300~370	
板翅式	清水	清水	3000~4500	
	冷水	油	400~600	以油侧面积为准
	油	油	170~350	
	气	气	70~200	
	空气	清水	80~200	空气侧质量流速 12~40kg/(m²·s) 以气侧面积为准

注：①摘自于邱树林、钱滨江《换热器原理、结构、设计》。

②数据来源于京海换热设备制造公司。

2）对数平均温差大 板式换热器两种流体可实现纯逆流，一般为顺流或逆流方式。但在管壳式换热器中，两种流体分别在壳程和管程内流动，总体上是错流的流动方式，降低了对数平均温差。板式换热器能实现温度交叉，末端温差能达到 1℃；管壳式换热器不能实现温度交叉（即二次侧出口温度不能高于一次侧的出口温度），末端温差只能达到 5℃。

3）NTU 大 NTU 表示相对于流体热容流量，换热器传热能力的大小。例如对于已定的传热

系数 K 和热容量 GC_p 值，NTU 的大小就意味着换热器尺寸的大小，即传热面积的大小。管壳式换热器的 NTU 约为 $0.2 \sim 0.3$（平均 0.25）。（BRS）板式换热器的 NTU 约为 $1.0 \sim 3.0$（平均 2.0）。如在进行一次水 $14 \sim 9℃$，二次水 $13 \sim 7℃$，一次水流量 $60m^3/h$，二次水流量 $50m^3/h$ 换热时，NTU $=（14-9）/1.5=3.33$。若采用对称型（BRS）板式换热器 $3.33/2.0=1.66 \approx 2$ 流程，$A=95m^2$；而采用管壳式换热器，则 $3.33/0.25=13.32 \approx 14$ 流程，$A=320m^2$。

4）耐温承压能力强　设计工作压力可达 8MPa，设计工作温度达 1000℃。

5）大型化单板面积达 $18m^2$，单台达 $10000m^2$。

6）小型化单板面积达 $0.001m^2$ 比 A4（$0.006m^2$）还小。

7）占地面积小　从（3）分析可知，由于板式换热器 NTU 大，故在换热量相同时，所需的换热器的尺寸也小。除此之外，板式换热器的结构紧凑，单位体积内的换热面积为管壳式换热器的 $2 \sim 5$ 倍，也不需管壳式换热器要预留抽出管束的检修场地，故板式换热器的占地面积是管壳式换热器的 $1/5 \sim 1/10$（图 1-7）。

介　　质	板式换热器	管壳式换热器
软水或蒸馏水	0.00001	0.0001
晾水塔水	0.00004	0.0002 ～ 0.0004
海　　水	0.00003 ～ 0.00005	0.0001 ～ 0.0002
润 滑 油	0.00001 ～ 0.00005	0.0002
水 蒸 气	0.00001	0.0001

污垢系数（$m^2 \cdot ℃/W$）　表 1-6

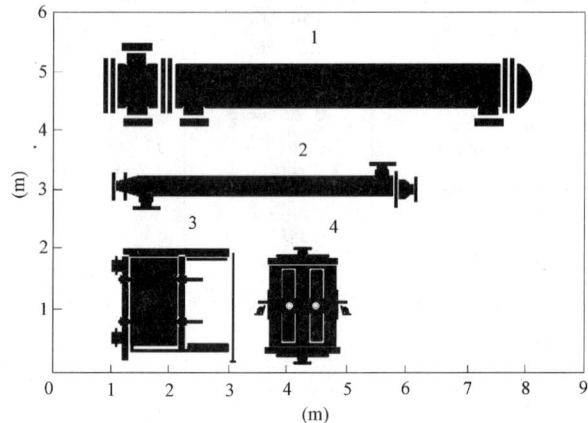

图 1-7　某一相同换热任务下几种换热器占地面积比较
1—管壳式（换热面积 $125m^2$）；2—薄层式（换热面积 $90m^2$）；
3—板式（换热面积 $60m^2$）；4—螺旋板式（换热面积 $90m^2$）

8）重量轻　板式换热器的板片厚度仅为 $0.6 \sim 0.8mm$，管壳式换热器的传热管厚度约为 $2.0 \sim 2.5mm$；管壳式换热器的壳体比板式换热器的框架重量重得多；故在换热量相同时，板式换热器所需的换热面积比管壳式换热器小，其重量约为管壳式的 $1/5$。

9）污垢系数低（表 1-6）　从表 1-6 可知，板式换热器的污垢系数约为管壳式换热器的 $1/10$。其原因是板间流体的剧烈湍动，杂质不易沉积；板间流道死区少；不锈钢换热面光滑，附着物少；清洗容易等。

10）能实现多种介质换热　若要进行两种以上介质换热时，则可在板式换热器中设置中间隔板。图 1-8 表示中间隔板的结构，视换热介质的数目，中间隔板可设置一个，也可设置多个。管壳式换热器无法实现多种介质换热。

11）清洗方便　把板式换热器的压紧螺柱卸掉后，即可松开板束，卸下板片，进行机械清洗。

12）通过改变换热面积或多流程组合适应新换热工况的要求。

13）工作压力达 8MPa　可拆式板式换热器是靠垫片密封的，密封周边长，而且角孔的两道密封处的支撑情况较差，垫片得不到足够的压紧力，所以最高工作压力仅为 2.5MPa。钎焊式、全焊板式换热器改变了可拆式板式换热器的密封形式，板壳式换热器改变了两种流体的进（出）口形式，提高了板式换热器的工作压力。目前钎焊式、全焊板式换热器承受的工作压力达 3.5～4MPa，板壳式可达 8MPa。在可拆式换热器中，通过在常规波纹板片上加筋形成波纹管状通道，除能强化传热之外，还增加了板式换热器的承压能力。

14）工作温度达 1000℃ 可拆式板式换热器的工作温度决定于密封垫片能承受的温度，用橡胶类弹性垫片时，最高工作温度低于 200℃。钎焊式、全焊式和板壳式密封不采用垫片形式，其工作温度与工艺有关，目前为 -200～1000℃。

15）当量直径大 宽—宽通道，宽—窄通道等大通道板式换热器的当量直径 d_e 达 28mm，（北京京海换热生产的 K_b BR，K_n BR 型板式换热器属这种形式），有一侧或两侧可适用于含纤维、颗粒或高黏度介质的换热。

16）适用流体的范围更广泛 可拆式板式换热器受密封材料的限制，不适合某些流体。钎焊式、全焊式和板壳式不使用密封垫片，故可在高真空条件下使用，适用流体的范围也扩大了。

图 1-8 中间隔板

（2）在许多应用领域，板式换热器逐渐取代了管壳式换热器

1）在许多工艺过程中，两种流体的末端温差仅为 1℃ 或更小，如区域供冷系统，冰蓄冷的乙二醇换热系统，海水冷却系统和污水利用热泵系统等。以往采用的管壳式换热器体积大，重量大，占地面积大，经济效益差。最近北京京海换热生产的 BRH 型板式换热器的板片是波纹浅（波深约为 2～2.5mm）的浅密波纹板，传热系数约为 7000W/（$m^2 \cdot K$），硬板的 NTU 可达 5～8。在上述几种工艺过程中，采用高 NTU 板式换热器不仅可以取代管壳式换热器，而且由于这种板式换热器的 NTU 高，故所需换热面积小，占地少，经济效益亦非常明显。

2）热泵机组的蒸发器和冷凝器。热泵机组是广泛应用于空调系统和热回收系统的关键装置，这些应用场所对热泵提出了如下要求：重量轻，体积小（组装化），耐压性能好、耐低温性能好和具有高的密封性能等。以往采用的管壳式换热器很难满足上述要求。北京京海换热生产的 QH 钎焊式板式换热器不仅可节省热泵的空间，还能降低制冷剂的成本和制冷剂的渗漏，故在热泵机组中大量地采用它作为蒸发器和冷凝器。除此之外还采用它们作为省能器和油冷却器。在吸收式制冷机中也用它作为溶液的换热器。

3）在造纸、食品、酒精等蒸发浓缩工艺过程中，由于工艺的一侧含有纤维、颗粒或高黏度的介质，故要求大通道的流通断面。过去只能采用管壳式换热器，但堵塞之后频繁清洗和很难清洗的缺点，促使相关行业开发新型的换热器。北京京海换热生产的全焊式板式换热器和可拆式 K_n BR 型、K_b BR 型板式换热器的板间当量直径约为 28mm，适合于含纤维、颗粒的流体。目前已广泛应用于上述工艺过程中，其中黑液浓缩装置已成为定型化产品。

4）炼油工业的催化重整装置，燃气热电冷三联供的热回收装置中采用的板壳式换热器、全焊板式空气预热器和全焊板式省能器等，已基本上取代了管壳式换热器。

5）在硫酸工业、制碱工业、炼油工业的冷却过程中，板式冷却器已取代了管壳式换热器（表 1-7，表 1-8，表 1-9 和表 1-10）。

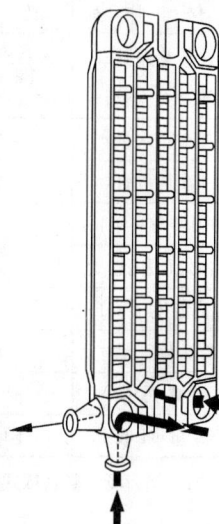

浓硫酸冷却器性能比较   表 1-7

项　目	排管冷却器	F₄₆冷却器	板式冷却器	阳极保护板式冷却器	管壳式浓酸冷却器（进口）
材　质	铸　铁	F₄₆	BRS-2	316L 不锈钢　941 不锈钢	316L 不锈钢　304L 不锈钢
总传热系数 [W/（m²·K）]	140～190	260～350（国内：120～130）	700～2000	700～2000	700～930
相对用水量	4	2.8	1	1	2.5
一次性投资	1	1.4	1.25	1	3
使用寿命（年）	1.5	3	6	—	＞10
占地面积比	1	1/3	1/20	1/20	1/10
最高温度（℃）	80	130	80	110	115
维 修 量	多	较少	少	少	少
环 境 污 染	严重	小	无	无	无
热 量 回 收	不可以	可以	可以	·可以	可以

注：（摘自杨崇麟《板式换热器工程设计手册》）

蒸氨塔应用钛板冷凝器与水箱式冷凝器的比较   表 1-8

项　　目	钛板冷凝器	水箱式冷凝器
数量及质量	2 台，共 7t	12 台，共 223.2t
外形尺寸（mm）（单台）	2657×1200×1780	2500×2500×1220
总换热面积（m²）	300.8	1440
进出口温差（℃）	$\Delta t > 45$	$\Delta t < 20$
总传热系数 [W/（m²·K）]	1510～1745	185～230
用水量 [m³/（t 碱）]	10～11	22.5～25
使 用 寿 命	24 年以上	6 年更换管子

注：摘自杨崇麟《板式换热器工程设计手册》。

氨盐水冷却用钛板换热器与铸铁排管的使用比较   表 1-9

项　　目	钛板换热器	排管冷却器	比　值
数　量（台）	1	3	1:3
质　量（t）	1.25	5.561×3	1:13.3
外形尺寸（mm）	1000×800×2200	7950×1700×3300	—
总换热面积（m²）	15.84	149.4	1:9.4
总传热系数 [W/（m²·K）]	1395	～265	5.2:1
用水量 [m³/（t 碱）]	25	50	1:2
进出水温度差（℃）	12.3	2	—
使 用 寿 命	已使用 10 年	6 年	—
设备投资（万元）	3.3	3×4＝12	1:3.6

注：摘自杨崇麟《板式换热器工程设计手册》。

盐酸低聚物换热用钛板换热器与浮头换热器的使用比较　　表 1-10

项　目	钛板换热器	浮头换热器
介　质	低聚合物 + HCl，水	低聚合物 + HCl，水
材　料	钛（板片，接管）	碳钢
换热面积（m²）	4	16
占地面积（m²）	1.5	8
质　量（kg）	140	1500
使用寿命	已使用 4 年	管束 2～3 个月，壳体一年左右
维　修	很少	三个月换管束，一年换壳体
设备投资（万元）	1.7	1.5

注：摘自杨崇麟《板式换热器工程设计手册》。

第二节　板式换热器的定义及基本参数

一、可拆式板式换热器

1. 定义

可拆式板式换热器是将薄的金属板片（一般 0.4～0.8mm）冲压成为凸凹状，周边张贴合成橡胶类的密封垫片，每一枚传热板片为一个传热单元，必要的传热板组合成传热部，高温流体或低温流体流过各传热板形成流路时进行热交换。通过上、下两根拉杆将传热部分固定在固定板（框架板）和可动板（活动板、挤压板）之间，并用长的螺栓紧固。图 1-9 表示各部分的结构及名称。

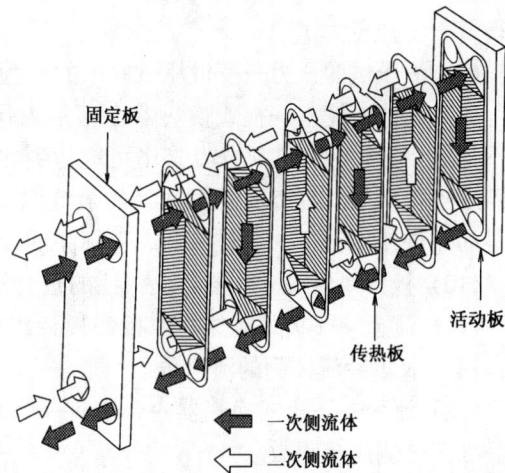

图 1-9　板式换热器的结构

2. 基本参数的定义

（1）单板计算换热面积 a——在垫片内侧参与换热部分的板片展开面积，按下式计算：

$$a = \varphi \cdot a_1 \qquad (1-1)$$

式中　a——单板计算换热面积（m²）；

　　　φ——展开系数，板片展开面积与投影面积之比，按下式计算：

$$\varphi = \frac{t'}{t} \ (\varphi \approx 1.15 \sim 1.3,一般 \ \varphi \approx 1.2) \qquad (1-2)$$

式中　t'——波纹节距展开长度（mm）；

　　　t——波纹节距，图 1-10（mm）；

　　　a_1——在垫片内侧参与换热部分的板片投影面积（m²）。

注：若导流区与波纹区波纹节距相差较大时，应分别计算导流区与波纹区的换热面积，两者相加。

（2）单板公称换热面积——经圆整后的单板计算换热面积，一般圆整至小数点后两位。如单板计算换热面积为 0.346m²，圆整后的公称换热面积为 0.35m²。

（3）板间距 b——板式换热器相邻两板片间的平均距离，如图 1-10 所示。

（4）当量直径 d_e——4 倍的板间通道截面积与其湿润周边长之比，按下式计算：

$$d_e = \frac{4A_s}{S} \qquad (1-3)$$

式中　A_s——通道截面积（m²）；

　　　S——参与传热的湿润周边长（m）。

在一般情况下，常用下式计算当量直径 d_e。

$$d_e = \frac{4A_s}{S} \approx \frac{4ab}{2a} = 2b \qquad (1-4)$$

式中　b——板间距（m）；

　　　a——板间的通道宽度（m）。

对于某些特殊结构的板式换热器，板片两侧的通道截面积并不相等（称为非对称型结构），这时两侧的当量直径应分别计算。

（5）换热器换热面积——经圆整后的整台板式换热器中有效换热板片数（板片总数减2）与单板计算换热面积之积，按下式计算：

$$A = a(N_p - 2) \qquad (1-5)$$

式中　A——换热面积（m²）；

　　　N_p——板片总数。

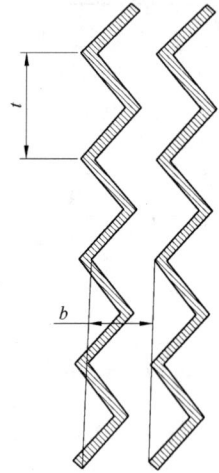

图 1-10　板片示意图

（6）工作压力——板式换热器在正常工作情况下，任何一侧可能出现的最高压力。

（7）设计压力——在相应的设计温度下，用以保证板式换热器正常工作的压力，该压力值不得低于工作压力。

（8）液压试验压力——液压试验中的试验压力，其值为设计压力的 1.25 倍。

（9）设计温度——板式换热器在正常工作情况和相应的设计压力下，设定的元件温度，其值不得低于元件表面在工作状态下可能达到的最高温度；对于0℃以下工作的板式换热器，其设计温度不得高于元件表面可能达到的最低温度。在任何情况下，元件表面的温度不得超过元件材料的允许使用温度。图样和铭牌上标注的设计温度为垫片的设计温度。

（10）板片厚度——在图样上标注的板材标准规格厚度。

（11）流道——板式换热器内相邻板片组成的介质流动通道，常用 N 表示热流体侧的流道数；用 n 表示冷流体侧的流道数。

（12）流程——板式换热器内介质向一个方向流动的一组流道。常用 M、m 分别表示热流体侧、冷流体侧的流程数。

（13）流程组合——板式换热器内流程与流道的配置方式，表示为：

$$\frac{M_1 \times N_1 + M_2 \times N_2 + \cdots + M_i \times N_i}{m_1 \times n_1 + m_2 \times n_2 + \cdots + m_i \times n_i}$$

式中　M_1，M_2，$\cdots$，M_i——指从固定压紧板开始，热流体侧流道数相同的流程数；

　　　N_1，N_2，$\cdots$，N_i——指 M_1，M_2，$\cdots$，M_i 流程中对应的流道数；

　　　m_1，m_2，$\cdots$，m_i——指从固定压紧板开始，冷流体侧流道数相同的流程数；

　　　n_1，n_2，$\cdots$，n_i——指 m_1，m_2，$\cdots$，m_i 流程中对应的流道数。

板式换热器有各种各样的流程组合。按程数分类，有多程和单程两种。按流体总的流动方向分类，有顺流和逆流两种。应根据换热和流体压力降计算，在满足工艺要求的前提下确定流程组合。图 1-11 表示"Z"形和"U"形组合，均属单流程，两种流体可以纯逆流或纯顺流进行换热，一般采用纯逆流方式。两种方式的板间流速分布如图 1-12 所示，从图 1-12 可见，板式换热器各板间流速是不相等的,但在设计时,仍以平均流速进行计算。由于"U"形流程组合的接管都在固定压紧板上,拆装方便,颇受用户欢迎。图 1-13 表示混合的流程组合形式。该图中表示热流体侧 4 流道×2 流程,冷流体侧 2 流道×4 流程。

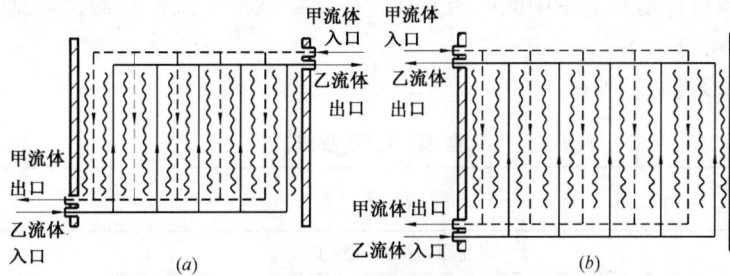

图 1-11　简单流程组合

(*a*)"Z"形流程组合; (*b*)"U"形流程组合

(14)角孔——与接管相连接板片的开口。角孔大小一般按流体流速(m/s)设计。但对于冷凝器的板片,若采用普通板片,其开口太小,将会使气侧压力降增大,故专门用于冷凝的板片的角孔特别大。

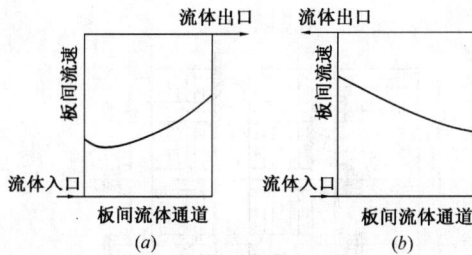

图 1-12　板间流速分布

(*a*)"Z"形流程组合; (*b*)"U"形流程组合

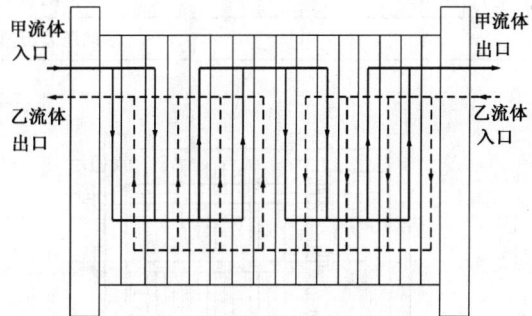

图 1-13　混合的流程组合$\left(\dfrac{4\times2}{2\times4}\right)$

3. 可拆式板式换热器型号表示方法

[示例 1]

波纹形式为人字形,单板公称换热面积为 0.3m², 设计压力为 1.6MPa, 换热面积为 15m², 用丁腈垫片密封的双支撑框架结构的板式换热器,其型号表示为:

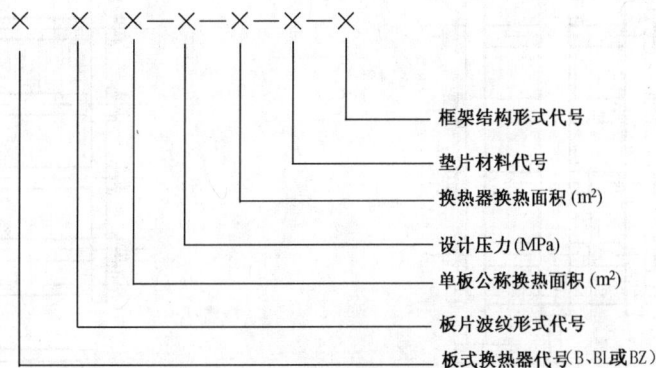

注: ①框架结构形式为 1 时,框架结构形式代号可省略。

②B—板式换热器代号;

BL—板式冷凝器代号;

BZ—板式蒸发器代号。

BR0.3-1.6-15-N-I 或 BR0.3-1.6-15-N

［示例2］

波纹形式为水平平直波纹，单板公称换热面积为 $1.0m^2$，设计压力为 $1.0MPa$，换热面积为 $100m^2$，用三元乙丙垫片密封的带中间隔板双支撑框架结构的板式换热器，其型号表示为：

BP1.0-1.0-100-E-II

（1）框架结构形式见表1-11。

框 架 结 构 形 式   表 1-11

序　号	框 架 形 式	代　号
1	双支撑框架式（图1-14）	I
2	带中间隔板双支撑框架式（图1-15）	II
3	带中间隔板三支撑框架式（图1-16）	III
4	悬臂式（图1-17）	IV
5	顶杆式（图1-18）	V
6	带中间隔板顶杆式（图1-19）	VI
7	活动压紧板落地式（图1-20）	VII

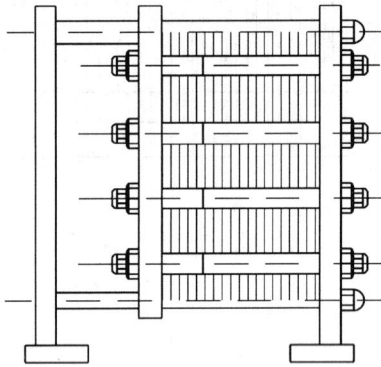

图 1-14　双支撑框架式

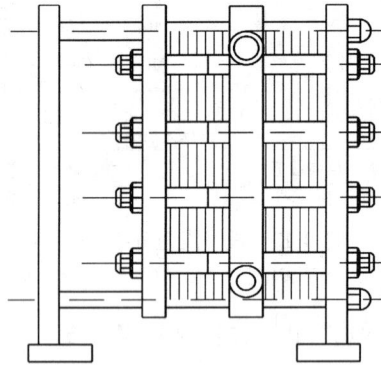

图 1-15　带中间隔板双支撑框架式

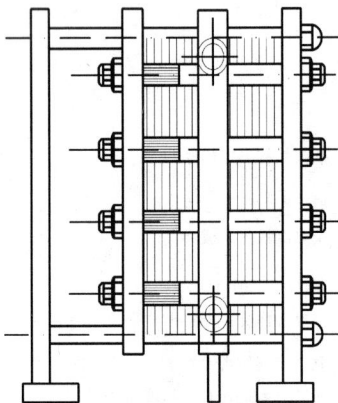

图 1-16　带中间隔板三
支撑框架式

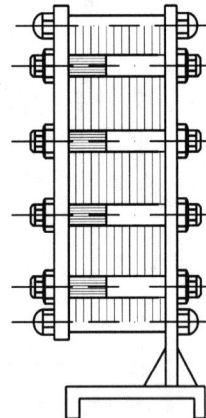

图 1-17　悬臂式

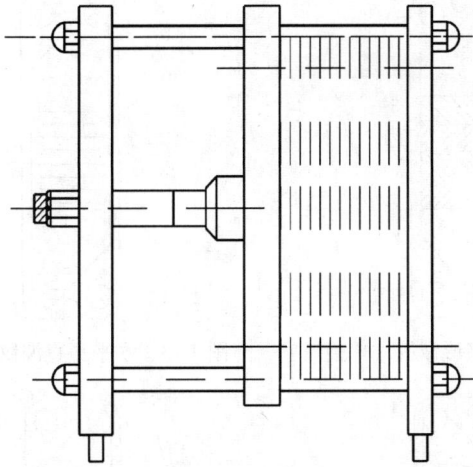

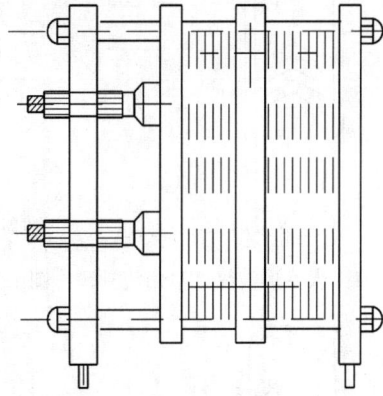

图 1-18　顶杆式　　　　　　　　　图 1-19　带中间隔板顶杆式

（2）垫片材料代号，见表 1-12。

垫片材料代号　　　　　　　　　　　　　表 1-12

垫片材料及代号①	丁腈橡胶	三元乙丙橡胶	氟橡胶	氯丁橡胶	硅橡胶	石棉纤维板④
	N	E	F	C	Q	A
适用温度②（℃）	−20～110	−50～150	0～180	−40～100	−65～230	20～250
扯断强度（MPa）	≥10					—
扯断伸长率（%）	≥120					—
硬度(邵尔 A 型)（度）	75±3	80±5	80±5	75±5	60±2	
压缩永久变形率③（%）	≤15					—

注：①食品、医药用垫片材料的代号：在相应垫片代号后面加 S。

　　[示例] 丁腈橡胶垫片 N

　　　　　丁腈橡胶食品垫片 NS

　　②垫片在超过适用温度范围时，应由供需双方商定。

　　③测定条件：室温×24 小时，压缩率为 20%。

　　④物理性能指标参照 GB3985，应由供需双方商定。

（3）板片波纹形式代号，见表 1-13。

板片波纹形式代号　　　表 1-13

序　　号	波纹形式	代　　号
1	人字形波纹（图 1-21、图 1-22）	R
2	水平平直波纹（图 1-23）	P
3	球形波纹（图 1-24）	Q
4	斜波纹（图 1-25）	X
5	竖直波纹（图 1-26）	S

注：流体在板面上可以是对角流，也可以是单边流。图 1-21、图 1-23、图 1-25、图 1-26 为对角流，图 1-22、图 1-24、为单边流。

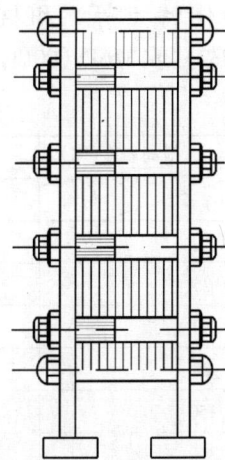

图 1-20　活动压紧板落地式

图 1-21　人字形波纹（对角流）　　图 1-22　人字形波纹（单边流）　　图 1-23　水平平直波纹（对角流）

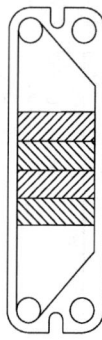

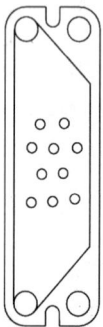

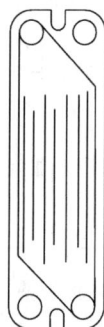

图 1-24　球形波纹（单边流）　　　图 1-25　斜波纹（对角流）　　　图 1-26　竖直波纹（对角流）

（4）京海换热生产的板式换热器型号表示方法

1）按照 GB16409—1996 板式换热器的规定表示京海制造的板式换热器的型号。

2）最近几年来，京海开发了许多新型的可拆式板式换热器，钎焊式、全焊式和板壳式换热器，在表示新产品型号时，做了如下规定。

FBR—非对称流道　　　　　K_nBR—宽-窄流道

K_bBR—宽-宽流道　　　　　BRH—浅密波纹板片

QH—钎焊板式换热器　　　　WH—全焊板式换热器

4．板片

（1）板片材料　板片所用材料必须考虑换热器的使用条件（如：设计温度、设计压力、介质特性和操作特点等）和材料的焊接性能，加工性能及经济合理性。一般使用 316（0Cr17Ni12Mo2）或 316L（00Cr17Ni14Mo2）。当介质中氯离子含量超过 316、316L 的承受能力后，

不锈钢在含氯介质中的适用范围　　　　　　　　　　　　　　　　　　表 1-14

最高温度（℃）　　材料 氯离子含量（mg/L）	板片材料				备　　注
	60℃	80℃	120℃	130℃	
10	304	304	304	316	
25	304	304	316	316	
50	304	316	316	TA1	
80	316	316	316	TA1	
150	316	316	TA1	TA1	
300	316	TA1	TA1	TA1	
7300	TA1	TA1	TA1	TA1	

注：资料来源于阿法拉法。

可使用价格比钛便宜的含钼量大于 6% ~ 6.5% 的 254SMo。当然也可使用钛，见表 1-14。当板式换热器用于酸、碱及氢氧化物、醇等介质中时，必须正确选择板片的材料，即选择的材料腐蚀率小于 0.05mm/a 为优良；腐蚀率为 0.05 ~ 0.5mm/a 为良好；腐蚀率为 0.5 ~ 1.5mm/a 为可用；但不选择腐蚀率大于 1.5mm/a 的材料。

（2）板片厚度 δ

1）GB16409 – 1996 规定板片厚度应不小于 0.5mm，即 $\delta \geqslant 0.5$mm，钎焊板片厚度 $\delta \geqslant 0.4$mm。国外板片厚度 $\delta = 0.4$mm。

2）板片厚度 δ 与承压能力的大小有关，与板式换热器的制造成本有关。δ 越大，制造成本越高，但与腐蚀性能无关。从承压能力看，人字形波纹板片的两相邻板片互相倒置组合后，波纹相互接触，在约 1 ~ 1.6cm^2 面积内（视波纹节距而定）就有一个支点，且分布均匀，所以有很好的承受压力差的能力。随着板片网状导流等特殊结构的采用，随着板片角孔和二道密封承压薄弱区域结构形式的改变，板片的承压能力不断提高，故国外板片的厚度降低到 0.4mm。

3）板片厚度 δ 与板式换热器传热系数的关系。由于板片厚度 δ 与板片的热阻有关，δ 越大，热阻越大，传热系数也随之降低。从有关分析可知，对于对称型板式换热器，当 δ 降低 0.1mm，传热系数约增加 600W/（m$^2 \cdot$K）；对于非对称型板式换热器，当 δ 降低 0.1mm，传热系数约增加 500W/（m$^2 \cdot$K）。

（3）硬板（H 板）、软板（L 板）和热混合板　H 板的人字角 $\theta > 90°$，一般为 120° ~ 130°，人字角 θ 大，换热效率高，流体阻力大。L 板的人字角 $\theta < 90°$，人字角 θ 小，换热效率低，流体阻力也低。

热混合板有 HH、HL 和 LL 三种类型。

（4）热混合板片的优化设计　图 1-27 表示 NTU 和传热板片数的关系，左侧是 L 板片数较多时的组合，此时压力降不高，传热系数低。当换热量一定时，则必须增加板片数量。相反，当 H 板多时，压力降大。由于换热量大，故板片数可减少，但必须将压力降控制在允许值内。为了降低压力降，则必须增加板片数。当允许增加压力降时，则可以减少板片数。若与只采用 L 板或只采用 H 板的设计方法相比，热混合板能减少传热面积，节约板片数可达 20% ~ 25%。例如某一具体工况（冷却水的压降有 55、83、110kPa 三种）按单一的板片和热混合板片的设计进行比较，采用 LL 板的板片数为 271 片，采用 HH 板的板片数为 192 片，采用热混合板的板片数为 113 片。

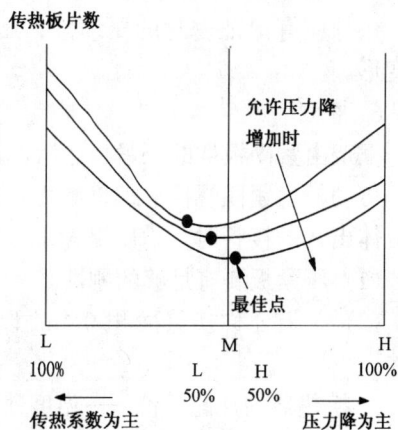

图 1-27　热混合板片的优化设计

按下式进行混合板的优化设计：

$$n_M = \frac{G}{m_M}\left(\frac{\phi - \phi_H}{\phi_M - \phi_H}\right) \tag{1-6}$$

$$n_H = \frac{(G - n_M m_M)}{m_H} \tag{1-7}$$

$$n_L = \frac{(G - n_M m_M)}{m_L} \tag{1-8}$$

$$\varepsilon = \frac{\exp\{(1 - R)\text{NTU}\} - 1}{\exp\{(1 - R)\text{NTU}\} - R} \tag{1-9}$$

式中　G——流量（kg/s）；

　　　n——流道数；

　　　m——流道内的流量（kg/s）；

　　　R——一次侧和二次侧流体的热容量比；

　　　ε——温度效率；

$$R = \frac{(mC_p)_1}{(mC_p)_2} \qquad (1\text{-}10)$$

$$NTU = \frac{KA}{(mC_p)_1} \qquad (1\text{-}11)$$

5. 垫片

密封垫片是板式换热器的一个关键的部件。板式换热器的工作温度实质上就是垫片能承受的温度，板式换热器的工作压力也受垫片制约。据分析，密封周边的长度（m）是换热面积（m²）的 6~8 倍（例如：某一单板换热器的面积为 0.5m² 的板片，密封垫片展开长度约为 4m）。板片很薄、刚性差，只能采用弹性材料制造密封垫片，而它们能承受的温度都不高。

在垫片角孔一道密封与二道密封之间设有 10~20mm 长、深 $S_3/2$ 通向大气的泄漏信号槽 [S_3—垫片名义厚度（mm），如图 1-28 所示]。

垫片应有保证密封的压缩量，压缩量应保证槽不变形。

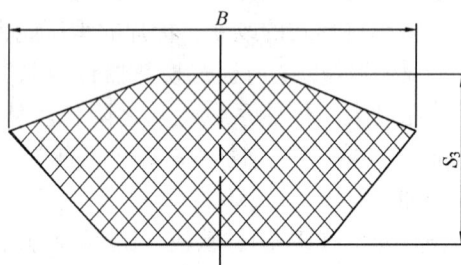

图 1-28　垫片
B—垫片有效密封宽度（mm）；
S_3—垫片名义厚度（mm）

6. 框架

框架由紧固板群的压紧板、活动压紧板、紧固螺栓、导杆、支柱和基础等组合而成。固定板、可动板、紧固螺栓、螺母等为承压部分。当在压紧板（有时包括活动压紧板）上设置了便于流体出入的接管时，承压更大，对材料提出了更高的要求。

（1）压紧板要有足够的刚性。

（2）单板公称换热面积 0.1m² 以上的板式换热器，在活动压紧板和中间隔板上宜设滚动机构。

7. 换热器的性能评价——温度效率 ε

（1）板式换热器的流动方式（见图 1-29）　按流动方式分类，可分为顺流、逆流和错流三种方式。顺流型表示高温流体和低温流体朝一个方向平行流动，当二流体流动方向相反时则为逆流。错流型是二流体在交叉流动过程中进行换热，图 1-30 表示了错流的三种形式。

（2）温度效率 ε——板式换热器的性能评价指标

$$\varepsilon = \frac{t_{h1} - t_{h2}}{t_{h1} - t_{c1}} \qquad (1\text{-}12)$$

ε 指的是高温侧流体从 t_{h1} 降低至 t_{h2} 的状态与从 t_{h1} 降低至 t_{c1} 的理想状态的比。若已知温度效率 ε，则能根据下式求出高温侧流体的出口温度 t_{h2}。

$$t_{h2} = t_{h1} - \varepsilon(t_{h1} - t_{c1}) \qquad (1\text{-}13)$$

同时计算出换热量 q：

$$q = C_h(t_{h1} - t_{h2}) = C_h\varepsilon(t_{h1} - t_{c1}) \qquad (1\text{-}14)$$

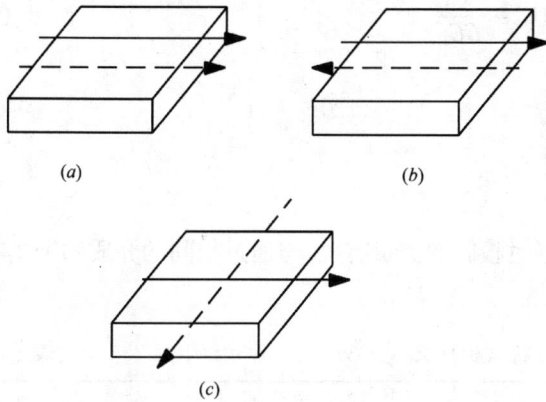

图 1-29　换热器的流动方式
（*a*）顺流；（*b*）逆流；（*c*）错流

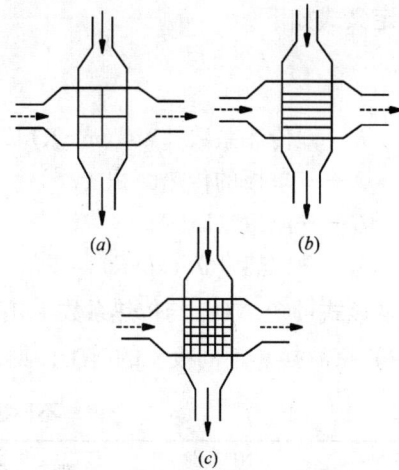

图 1-30　错流的三种方式
（*a*）两种流体混合；（*b*）一种流体混合；
（*c*）两种流体不混合

式中　C_h——高温侧流体的热容量，（W/K）；

t_{h1}、t_{h2}——高温侧流体入口、出口温度（℃）；

t_{c1}——低温侧流体入口温度（℃）。

若已知二流体的热容量（C_c 和 C_h），传热系数 K [W/（$m^2 \cdot K$）]，传热面积 A（m^2），则能求出不同流动方式下的温度效率 ε。

1）顺流的温度效率 ε

$$\varepsilon = \frac{1 - \exp\{-(1 + R)\mathrm{NTU}\}}{1 + R} \tag{1-15}$$

2）逆流的温度效率 ε

$$\varepsilon = \frac{1 - \exp\{-(1 - R)\mathrm{NTU}\}}{1 - R\exp\{-(1 - R)\mathrm{NTU}\}} \tag{1-16}$$

3）错流的温度效率 ε（两流体混合时）

$$\varepsilon = 1 \bigg/ \left\{ \frac{1}{1 - \exp(-\mathrm{NTU})} + \frac{R}{1 - \exp(-R \cdot \mathrm{NTU})} - \frac{1}{\mathrm{NTU}} \right\} \tag{1-17}$$

式中　R——热容量比，C_h/C_c；

NTU——传热单元数，KA/C_h；

C_c——低温侧热容量（W/K）。

（3）温度效率 ε——不同流动方式换热器的性能比较指标　ε 表示实际换热量与理想换热器最大换热量之比。图 1-31 表示不同流动方式的有效度 ε。图中表示的是热容量比 $R = 1$ 时的 ε 的比较。从该图可知，错流的性能居于逆流和顺流之间，两种流体不混合时的性能接近逆流，之后是一种流体混合，两种流体都混合的性能则接近顺流。

8. 板式换热器的 NTU

（1）NTU_P—表示板式换热器性能的传热单元

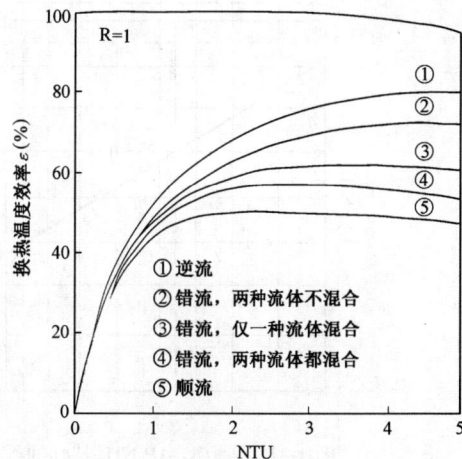

图 1-31　不同流动方式的有效度

数，定义式如下：

$$NTU_P = \frac{KA}{GC_P} \qquad (1-18)$$

式中　K——传热系数 [W/ (m² · K)]；

　　　A——单板的传热面积 (m²)；

　　　G——流量 (kg/s)；

　　　C_P——比热 [J/ (kg · K)]。

从该式可知，NTU_P 与传热系数 K 有关，与通过板间的流量有关，与通过板间的介质的种类有关。

1) 京海换热不同板型的 NTU，见表 1-15。

不同板型的 NTU_P （板片长/宽 = 3）　　　　　　　　　表 1-15

板型 ＼ NTU 值	硬　板	软　板	特　性
高 NTU 值　波深 2～2.5mm	5～8	2.5～3.5	K 大　ΔP 大
中 NTU 值　波深 3～4mm	2～3	1～1.5	K 适中　ΔP 适中
低 NTU 值　波深大于或等于 5mm	≤1	≤0.5	K 小　ΔP 小
备　注	NTU 值与换热器的传热面积有关，如相同波深的 0.1m²、0.5m²、0.8m² 的板型，在相同板间流速下，一般 $NTU_{0.1} < NTU_{0.5} < NTU_{0.8}$		

从该表可知：

（a）高 NTU 值板式换热器　板片波纹结构浅而密，一般波深在 2.0～2.5mm 之间，板片较薄，厚度多为 0.5mm，NTU 值最高可达 8，一般在 5 左右，主要适用于制冷空调、化工等场合传热介质温降较大，对数温差（末端温差）较小，最小可达 0.5～1℃ 时的换热。

（b）中 NTU 值板式换热器　板片的波纹深度在 3～4mm 之间，NTU 值多为 2～3，国内目前应用最多的产品均为此类型，适合一般工况的换热。

（c）低 NTU 值板式换热器　板片的波纹深度在 5mm 以上，NTU 值一般小于 1，主要适用于黏性、纤维性或压力降要求特别小的场合，如汽-液、油-水、油-油、食品、饮料等行业中两种介质的热量交换。

2) 不同波纹形状、不同板间流速时的 NTU_P 如图 1-32、图 1-33 所示。

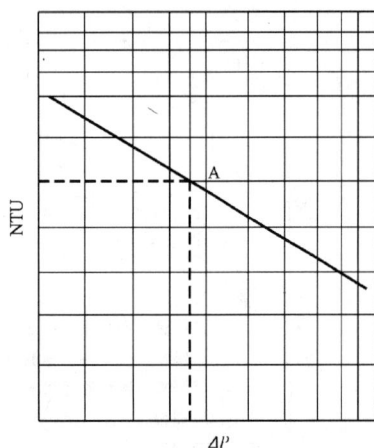

图 1-32　某板型 ΔP-NTU 特性曲线

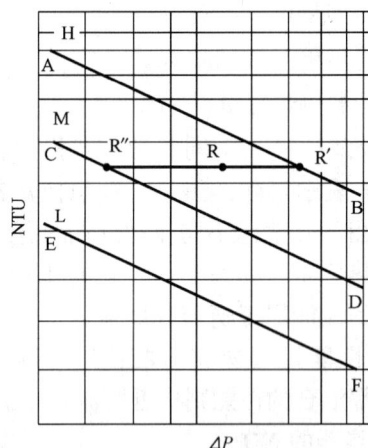

图 1-33　高、中、低阻通道的 ΔP-NTU 特性曲线

从图 1-32 可知，当板型确定后，板间流速小，压力降 ΔP 变小，则 NTU 也随之变小。

从图 1-33 可知，当波纹形状不同时，大倾角板片（H 板）和小倾角板片（L 板）的 ΔP-NTU 特性曲线不同，但变化规律与图 1-32 相似。

（2）NTU_E——表示工艺条件的传热单元数，定义式如下：

$$NTU_E = \frac{\Delta t}{\Delta t_m} \tag{1-19}$$

式中　Δt——工艺要求的温度变化（K）；

Δt_m——对数平均温差（K）。

NTU_E 表示的是工艺要求流体温度的变化与对数平均温差的比值，即用 1℃ Δt_m 的变化引起几度工艺流体温度变化的值，故有时也将传热单元数称为温度比。当 Δt_m 大时，NTU_E 则小；当 Δt_m 小时，则要求 NTU_E 大。

1）不同工艺过程的 NTU_E，见表 1-16。

供热空调工艺过程的 NTU_E　　　　　　　　　　　　表 1-16

序　　号	工艺过程	Δt_m（K）	NTU_E
a	133→133℃ 5→65℃	94.86	$\frac{65-5}{94.86}=0.632$
b	133→133℃ 55→65℃	72.88	$\frac{65-55}{72.88}=0.13$
c	14→9℃ 13←7℃	1.44	$\frac{13-7}{1.44}=4.17$
d	65→65℃ 45←40℃	20	$\frac{45-40}{20}=0.25$
e	29→24℃ 26←21℃	3	$\frac{26-21}{3}=1.67$

从表 1-16 可知，区域供冷换热过程的 NTU_E 大，蒸汽加热换热过程的 NTU_E 小。

2）Δt_m 和 NTU_E 的关系，见表 1-17。

（3）板式换热器的设计过程——在已知温差比、NTU_E 的条件下，合理地确定其型号、流程和传热面积，使 $NTU_P = NTU_E$。

1）当 NTU_E 大时，如区域供冷换热的 NTU_E 为 4～8 时，若采用 NTU_P 小的板型，则 $NTU_E = n \cdot NTU_P$。n 为流程数，不仅增加了换热面积，还增加了压力降和水泵耗电功率。最佳的

Δt_m 和 NTU_E 的关系　　表 1-17

Δt_m 大	NTU_E 小
Δt_m 小	NTU_E 大
NTU_E 大	Δt_m 的温度变化大
NTU_E 大	Δt_m 的温度变化小

方案是选择 NTU_P 为 4～8 的板型。从表 1-15 可知，京海换热的浅密波纹板的 NTU_P 为 5～8，是一种非常适合区域供冷的板型。

2）当换热器两侧的 NTU_E 不同时，一般按 NTU 较大值选择板式换热器的规格。

二、钎焊式板式换热器、全焊式板式换热器

1. 基本概念

(1) 分类:根据焊接方式和钎料的种类分为半焊板式换热器、全焊板式换热器、铜钎焊板式换热器和镍钎焊板式换热器。

1) 半焊板式换热器(图1-34)　采用专门的焊接工艺(激光焊、等离子弧焊、氩气保护电弧焊)将每两张板片沿外密封槽焊在一起形成板片对,再将板片对用垫片组装起来的板式换热器。

2) 全焊板式换热器(图1-35)　采用专门的焊接工艺将一定数量的板片沿密封槽焊成一个板片包后,再将几个板片包组焊并装配成一体的板式换热器。

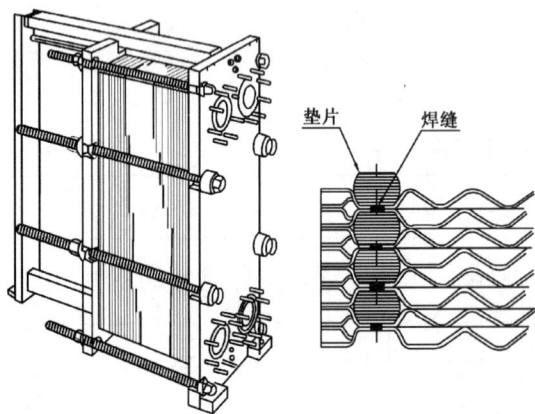

图 1-34　半焊板式换热器　　　　　　　　图 1-35　全焊板式换热器

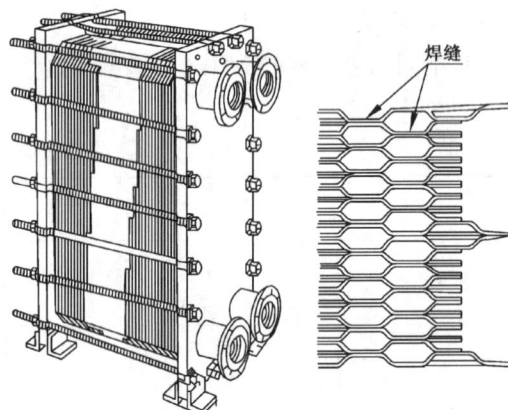

3) 铜钎焊板式换热器(图1-36)　不锈钢板片和纯度高于99%的铜箔钎料在真空钎焊炉的高温作用下形成一体的板式换热器,亦包括为防止氨等制冷剂腐蚀而镀有防护层的铜钎焊板式换热器。

4) 镍钎焊板式换热器　不锈钢板片和镍箔钎料在钎焊炉的高温作用下形成一体的板式换热器。

(2) 设计压力不高于4.0MPa,设计温度为 -200 ~ 400℃(最低蒸发温度 -70℃,对于奥氏体不锈钢钎焊式板式换热器,最低设计温度应高于 -196℃)。

(3) 用途:冷凝器、蒸发器、预冷器、过冷器、油冷却器等。

(4) 传热板的类型与可拆式板式换热器相同,传热方程式与可拆式板式换热器相同,但钎焊式板式换热器板片较薄,故传热系数也较大。

2. 钎焊板式换热器型号的表示方法(图1-37)

[示例] 设计压力为3.0MPa,单片换热面积为0.05m²,板片数为58片的铜钎焊板式换热器的型号为:B3 - 50 - 58 - 3.0。

3. 钎焊板式换热器板片和垫片的材料

(1) 板式换热器适应的制冷剂编号和相应温度的饱和蒸汽压力,见表1-18。

(2) 板式换热器主要零部件的材料,见表1-19。

(3) 密封垫片的材料和性能,见表1-20

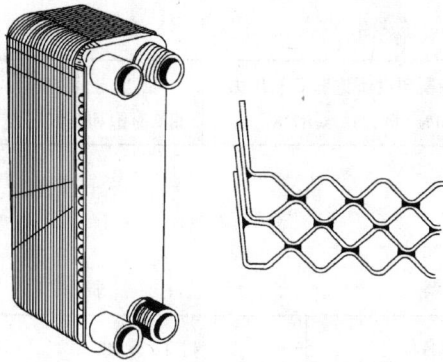

图 1-36　铜钎焊板式换热器

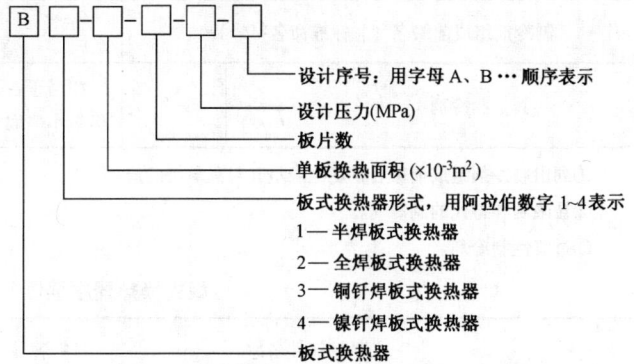

图 1-37　纤焊板式换热器型号的表示方法

设计序号：用字母 A、B…顺序表示
设计压力(MPa)
板片数
单板换热面积(×10⁻³m²)
板式换热器形式，用阿拉伯数字 1~4 表示
1—半焊板式换热器
2—全焊板式换热器
3—铜钎焊板式换热器
4—镍钎焊板式换热器
板式换热器

常用制冷剂和相应温度下的饱和蒸汽压力 MPa　　　　　表 1-18

制冷剂组成前缀名（非标准命名符号）[①]			高　压　侧					低　压　侧
制冷剂编号（按 GB7778 规定命名）			冷凝温度（℃）					规定的环境温度（℃）
制冷剂名称			43	50	55	60	65	38
R32 与 R125 非共沸混合物	R410A R410B	HFC	2.6	3.0	3.4	3.8	—	2.4
R32、R125、R134a 非共沸混合物	R407C	HFC	1.8	2.2	2.4	2.6	3.1	1.6
	R407A		1.9	2.3	2.6	2.9	3.2	1.7
	R407B		2.1	2.4	2.7	3.0	3.4	1.8
R22 与 R115 共沸混合物[②]	R502	HCFC/CFC	1.7	2.0	2.3	2.5	2.8	1.5
氨	R717	—	1.6	2.0	2.3	2.6	2.9	1.4
二氟一氯甲烷[③]	R22	HCFC	1.6	1.9	2.1	2.4	2.7	1.4
丙烷	R290	HC	1.4	1.7	2.0	2.2	2.4	1.2
R12 与 R152a 共沸混合物[②]	R500	CFC/HFC	1.2	1.4	1.6	1.8	2.0	1.0
四氯乙烷	R134a	HFC	1.0	1.3	1.4	1.6	1.8	0.9
二氟二氯甲烷[②]	R12	CFC	1.0	1.2	1.3	1.5	1.6	0.9
1，1–二氯乙烷	R152a	HFC	0.9	1.1	1.3	1.5	1.7	0.7
异丁烷（二甲基丙烷）	R600a	HC	0.5	0.6	0.7	0.8	0.9	0.42
八氟环丁烷	RC318	HC	0.45	0.58	0.68	0.78		0.40
丁烷	R600	HC	0.33	0.40	0.48	0.56	0.65	0.3
四氟二氯乙烷[②]	R114	CFC	0.27	0.35	0.41	0.48	0.55	0.23
一氟二氯甲烷[③]	R21	HCFC	0.23	0.30	0.36	0.43	0.50	0.20
一氟三氯甲烷[②]	R11	CFC	0.15			0.30		0.10
三氟二氯乙烷[③]	R123	HCFC						
三氟三氯乙烷[②]	R113	CFC				0.15		

制冷剂组成前缀名（非标准命名符号）[1]	高 压 侧		低 压 侧
其他制冷剂	—	—	相当于各基准冷凝温度下饱和蒸汽压力，但最小值取 0.10MPa（例如：水 R718）	相 当 于 温 度 为 38℃时饱和蒸汽压力

①列出制冷剂组成前缀名，定性表示其对臭氧层的影响。

②被限制和替代的制冷剂。

③过渡性制冷剂。

板式换热器主要零件的材料　　　　　　　　　　　　　　　　表 1-19

序 号	主要零部件名称	材料牌号或材料名称	材料标准
1	板 片	1Cr18Ni9	GB 3280
		0Cr19Ni9	
		00Cr19Ni11	
		0Cr17Ni12Mo2	
		00Cr17Ni14Mo2	
		TA1-A	GB/T 14845
2	压紧板/框架板	Q235-A	GB 700
		Q235-B	
		16MnR	GB 6654
		16Mn	GB 3274
		1Cr18Ni9	GB 3280
		0Cr19Ni9	
		0Cr17Ni12Mo2 等包覆	
3	接 管	10、20	GB 8163
		0Cr18Ni9	GB 13296 或 GB/T 14976
		0Cr18Ni10Ti	
		0Cr17Ni12Mo2	
		00Cr17Ni14Mo2	
		1Cr18Ni9Ti	GB 13296
		TA1、TA2	GB 3624 或 GB 3625
4	法 兰	Q235-A	GB 700
		Q235-B	
		20、35、16Mn	JB 4726
		0Cr18Ni10Ti	GB 4237 或 JB 4728
		0Cr18Ni9	
		0Cr17Ni12Mo2	
		00Cr17Ni14Mo2	
		TA1、TA2	GB 3621
		20D、16MnD	GB 4727
5	夹紧螺柱	Q235-A	GB 700
		35、45	GB 699
		40Cr	GB 3077
		35CrMoA	

续表

序　号	主要零部件名称	材料牌号或材料名称	材料标准
6	垫　片	丁腈橡胶 氯丁橡胶 三元乙丙橡胶	参见表 1-20
7	钎　箔	T1、T2 N2、N4 BZn15～20	GB 5190

密封垫片的材料和性能　　　　表 1-20

垫片材料及代号	氯丁 CR	丁　腈				三元乙丙 EPDM
		NBR	NBRHT	NBRLT	HNBR	
扯断强度（MPa）	≥10	≥10	≥10	≥10	≥10	≥10
扯断伸长率（%）	≥160	≥160	≥160	≥160	≥160	≥120
硬度（IRHD）	≥70	≥68	≥70	≥70	≥70	≥70
压缩永久变形率（%）	≤25	≤25	≤25	≤25	≤25	≤25

注：CR、NBR、NBRLT 压缩永久变形的测定条件为 100℃×24h；NBRHT、HNBR、EPDM 压缩永久变形的测定条件为 150℃×24h。

第三节　板式换热器用材料

材料是产品之本。要生产高性能、高质量的产品，必须选好材、管好材、用好材，并使所选用材料的品种、规格，满足用户、设计图样和相关材料标准的要求。板式换热器材料质量控制的关键在于确保板片、密封垫片、压紧板、中间隔板、夹紧螺柱、管法兰和接管等主要零件及其焊接材料的真实性和可追溯性，从而才能保证产品的质量、使用寿命和安全可靠性。此外，选材、用材应该经济合理。

板式换热器主要零部件用的材料应不低于国家标准《板式换热器》（GB 16409）或行业标准《制冷用板式换热器》（JB8701）的规定（表 1-21）。材料的质量控制应贯穿于采购、验收、标志、保管、发放和生产加工等各阶段。

本节主要介绍板片、密封垫片等零件用材料的质量要求和适用范围。板片和密封垫片的耐腐蚀性能除本节已给出的资料外，尚可参考《板式换热器工程设计手册》。

板片的材质对板式换热器的性能、寿命、适用工况和板片成型质量等均有重要的影响。材料的质量控制主要包括两个方面：①材料的化学成分、力学性能及其他技术要求应符合相应标准的规定；②针对材料的特性和适用范围，正确、合理选用，即必须考虑换热介质的性质、操作条件(包括氯化物含量、pH 值大小、操作温度、操作压力、间隙操作还是连续操作等)，以及材料的成型加工性能、耐腐蚀性能等。板片常用的材料主要有奥氏体不锈钢、钛及钛合金、镍及镍合金和铜等四类冷轧薄板。

一、国内外板片常用的材料

材料牌号及相应标准对照（表 1-22）；材料的化学成分（表 1-23～表 1-26）；材料的力学性能（表 1-27）；当从材料成品上取样进行化学成分分析时，允许与熔炼分析结果有一定的偏差，见表 1-24、表 1-25 和表 1-28；板材的实际厚度与名义厚度允许有一定的偏差，见表 1-29。

板式换热器主要零部件用的材料　　　　　　　　　　　　表 1-21

序　号	主要零部件名称	材料的牌号或名称	材料标准
1	板　片	1Cr18Ni9、0Cr18Ni9 00Cr19Ni10 0Cr17Ni12Mo2 00Cr17Ni14Mo2	GB 3280
		TA1-A	GB/T 14845
		TA-9	GB/T 3621
		Ni6	GB/T 2054
		NS333	GB/T 15010
		H68、HSn62-1	GB 2041
2	压紧板（框架板、端盖板）	Q235-A、Q235-A·F　Q235-B	GB 700
		16MnR	GB 6654
		Q345-A（16Mn）	GB 1591（GB 3274）
		采用 1Cr18Ni9、0Cr18Ni9 0Cr17Ni12Mo2 等包覆	GB 3280
3	中间隔板	同压紧板	同压紧板
		ZL 101、102、103、201	GB 1173
4	接　管	10、20	GB 8163
		0Cr18Ni9、00Cr19Ni10 0Cr17Ni12Mo2、00Cr17Ni14Mo2	GB 13296 或 GB/T 14976
		1Cr18Ni9Ti	GB 13296
		TA1、TA2	GB 3621
5	法　兰	Q235-A、Q235-B	GB 700
		20、35、16Mn	JB 4726
		0Cr18Ni10Ti、0Cr18Ni9 0Cr17Ni12Mo2、00Cr17Ni14Mo2	GB4237 或 JB 4728
		TA1、TA2	GB 3621
		20D、16MnD	JB 4727
6	夹紧螺柱	Q235-A	GB 700
		35、45	GB 699
		40Cr、30CrMoA、35CrMoA	GB 3077
7	导　杆	Q235-A、Q235-A·F	GB 700
		45	GB 699
		2Cr13	GB 1220
8	支　柱	Q235-A、Q235-A·F	GB 700
9	密封垫片	丁腈橡胶 氯丁橡胶 三元乙丙橡胶 硅橡胶 氟橡胶	参见表 1-12
		石棉纤维板	按订货合同要求
10	钎箔	T1、T2	GB 5187
		N2、N4 BZn15~20	GB 5190

国内外板片常用材料的牌号及其标准对照　　　表 1-22

类别	进口材料		国产材料	
	牌号（UNS No.）[1]	标准	牌号	标准
奥氏体不锈钢	SUS 304 AISI 304[3]	JIS G 4305 ASTM A240	0Cr18Ni9	GB/T 3280
	SUS 304L AISI 304L	JIS G 4305 ASTM A240	00Cr19Ni10	GB/T 3280
	SUS 316 AISI 316	JIS G 4305 ASTM A240	0Cr17Ni12Mo2	GB/T 3280
	SUS 316L AISI 316L	JIS G 4305 ASTM A240	00Cr17Ni14Mo2	GB/T 3280
	SUS 317 AISI 317	JIS G 4305 ASTM A240	0Cr19Ni13Mo3	GB/T 3280
	SUS 890L AISI 904L	JIS G 4305 ASTM A240	—	—
	Avesta254 SMO（S312654）	ASTM A240	—	—
	Avesta654 SMO（S32654）	ASTM A240	—	—
	—	—	RS-2 （0Cr20Ni26Mo3Cu3Si2Nb）	—
钛及钛合金	Ti ASTM B265 Gr.1	ASTM B265	TA1-A	GB/T 14845
	Ti-Pd ASTM B265 Gr.11	ASTM B265	TA-9	GB/T 3621
	TP 270C　1 级	JIS H 4600	TA1-A	GB/T 14845
	TP 270PdC　11 级	JIS H 4600	TA-9	GB/T 3621
镍及镍合金	Nickel 200（N02200）	ASTM B162	N6	GB/T 2054
	Hastelloy C-27[2]	ASTM B575	NS333	GB/T 15010
	Hastelloy C-22[2]	ASTM B575	—	—
铜	C26000 C46200	ASTM B36 ASTM B21	H68 HSn62-1	GB/T 2041
	C2600 C4621	JIS H 3100		

注：①UNS—美国金属材料统一编号系统（Unified Numbering System）；ASTM-AISI-ASME（分别为美国材料与试验协会、美国钢铁学会、美国机械工程师协会）三种牌号的表示方法和标准实际上是一致的，材料的名称（型号）是 AISI 确定的；SUS 是日本工业标准委员会的牌号；

②钢铁公司的注册商标；

③ AISI—the American Iron and Steel Institute。

二、合理选材，避免腐蚀

经济、合理地选用板材，使其不仅具有良好的冷冲压性能，而且在相应的介质中，具有较高的耐蚀性，这一点尤为重要。一般情况下，要求板片的年腐蚀率小于或等于 0.05mm/年（管壳式换热器小于或等于 0.125mm/年）。

表 1-23

奥氏体不锈钢的化学成分（熔炼分析，%）

牌　号	C	Mn	P	S	Si	Cr	Ni	Mo	N	Cu	PRE[①]
SUS304	≤0.08	≤2.00	≤0.045	≤0.30	≤1.00	18.00~20.00	18.00~10.50				19
AISI304	≤0.08	≤2.00	≤0.045	≤0.030	≤0.75	18.00~20.00	8.00~10.50		≤0.10		19
0Cr18Ni9	≤0.07	≤2.00	≤0.035	≤0.030	≤1.00	17.00~19.00	8.00~11.00				18
SUS304L	≤0.03	≤2.00	≤0.045	≤0.030	≤1.00	18.00~20.00	9.00~13.00				19
AISI304L	≤0.03	≤2.00	≤0.045	≤0.030	≤0.75	18.00~20.00	8.00~12.00		≤0.10		19
00Cr19Ni10	≤0.03	≤2.00	≤0.035	≤0.030	≤1.00	18.00~20.00	8.00~12.00				19
SUS316	≤0.08	≤2.00	≤0.045	≤0.030	≤1.00	16.00~18.00	10.00~14.00	2.00~3.00			25
AISI316	≤0.08	≤2.00	≤0.045	≤0.030	≤0.75	16.00~18.00	10.00~14.00	2.00~3.00	≤0.10		25
0Cr17Ni12Mo2	≤0.08	≤2.00	≤0.035	≤0.030	≤1.00	16.00~18.00	10.00~14.00	2.00~3.00			25
SUS316L	≤0.03	≤2.00	≤0.045	≤0.030	≤1.00	16.00~18.00	12.00~15.00	2.00~3.00			25
AISI316L	≤0.03	≤2.00	≤0.045	≤0.030	≤0.75	16.00~18.00	10.00~14.00	2.00~3.00	≤0.10		25
00Cr17Ni14Mo2	≤0.03	≤2.00	≤0.035	≤0.030	≤1.00	16.00~18.00	12.00~15.00	2.00~3.00			25
SUS317	≤0.08	≤2.00	≤0.045	≤0.030	≤1.00	18.00~20.00	11.00~15.00	3.00~4.00			30
AISI317	≤0.08	≤2.00	≤0.045	≤0.030	≤0.75	18.00~20.00	11.00~15.00	3.00~4.00	≤0.10		30
0Cr19Ni13Mo3	≤0.08	≤2.00	≤0.035	≤0.030	≤1.00	18.00~20.00	11.00~15.00	3.00~4.00			30
SUS890L	≤0.02	≤2.00	≤0.045	≤0.030	≤1.00	19.00~23.00	23.00~28.00	4.00~5.00		1.00~2.00	36
AISI904L	≤0.02	≤2.00	≤0.045	≤0.035	≤0.80	19.00~23.00	23.00~28.00	4.00~5.00	≤0.10	1.00~2.00	36
Avesta 254SMO (S31254)	≤0.02	≤1.00	≤0.030	≤0.010	≤1.00	19.50~20.50	17.50~18.50	6.00~6.50	0.18~0.22	0.50~1.00	47
Avesta 654SMO (S32654)	≤0.02	2.0~4.0	≤0.030	≤0.005	≤0.50	24.00~25.00	21.00~23.00	7.00~8.00	0.45~0.55	0.30~0.60	64
RS-2	≤0.06	≤1.00	≤0.030	≤0.030	1.0~2.5	17.00~22.00	24.00~28.00	2.00~3.50		2.00~3.50	29

注：①PRE—耐点蚀当量（Pitting Resistance Equivalent）不是标准中规定的项目，而是根据 Cr、Mo、N 的平均含量计算得出的耐蚀性评价指标。

表 1-24　钛及钛合金的化学成分（%）③

牌号	N	C	H	Fe	O	Pd	Ti	其他 单个	总和
ASTM B265 Gr.1	≤0.03 (+0.02)	≤0.08 (+0.02)	≤0.015 (+0.002)	≤0.20 (+0.15)	≤0.18 (+0.03)	—	余量	≤0.1 (+0.02)	≤0.4
ASTM B265 Gr.11 / Gr.12	≤0.03 (+0.02)	≤0.08 (+0.02)	≤0.015 (+0.002)	≤0.20 (+0.15) / ≤0.30 (+0.15)	≤0.18 (+0.03) / ≤0.25 (+0.03)	0.12-0.25 (±0.02) / Mo:0.2-0.4 (±0.03) Ni:0.6-0.9 (±0.05)	余量 / 余量	≤0.1 (+0.02)	≤0.4
TA1-A (GB/T 3620.2)①	≤0.03 (+0.02)	≤0.05 (+0.02)	≤0.012 (+0.002)	≤0.15 (±0.10)	≤0.10 (+0.03)	—	余量	≤0.1 (+0.02)	≤0.4
TA9 GB/T 3620.1② (GB/T 3620.2)	≤0.03 (+0.02)	≤0.10 (+0.02)	≤0.015 (+0.002)	≤0.25 (±0.10)	≤0.20 (+0.03)	0.12-0.25 (±0.02)	余量	≤0.1 (+0.02)	≤0.4
TP270C 1级	≤0.05	—	≤0.013	≤0.20	≤0.15	—	余量	—	—
TP270Pdc 11级	≤0.05	—	≤0.013	≤0.20	≤0.15	0.12-0.25	余量	—	—

注：①GB/T 3620.2—94 钛及钛合金加工产品化学成分及成分允许偏差；
②GB/T 3620.1—94 钛及钛合金牌号和化学成分；
③括号内的数字为成品成分分析时的允许偏差。

表 1-25

镍及镍合金的化学成分（%）

牌　号	C	Mn	P	S	Si	Cr	Ni	Mo	W	其　他	PRE
Nickel 200 (N02200)	≤0.15 (±0.01)	≤0.35 (±0.03)		≤0.01 (±0.003)	≤0.35 (±0.03)		≥99.0 (±0.60)		Cu: ≤0.25 (±0.03)	Fe: ≤0.40 (±0.03)	—
N6	≤0.10	≤0.05	≤0.002	≤0.005	≤0.15	Fe: ≤0.10	≥99.5 (包括 Co)	Mg: ≤0.01	Cu: ≤0.10	杂质总和 小于或等于 0.50	—
Hastelloy C-276 (N10276)	≤0.01 (±0.005)	≤1.00 (±0.03)	≤0.04 (±0.005)	≤0.03 (±0.005)	≤0.08 (±0.02)	14.5~16.5 (±0.15~0.25)	余　量	15.0~17.0 (±0.15)	3.0~4.5 (±0.10~0.15)	Fe:4.0~7.0 (±0.07~0.10) Co: ≤2.5 (±0.07) V: ≤0.35 (±0.04)	69
Hastelloy C-22 (N06022)	≤0.015 (±0.005)	≤0.50 (±0.03)	≤0.02 (±0.005)	≤0.02 (±0.005)	≤0.08 (±0.02)	20.0~22.5 (±0.25)	余　量	12.5~14.5 (±0.15)	2.5~3.5 (±0.10~0.15)	Fe:2.0~6.0 (±0.05~0.10) Co: ≤2.5 (±0.05) V: ≤0.35 (±0.04)	64
NS 333	≤0.08 (±0.01)	≤1.00 (±0.03)	≤0.04 (±0.005)	≤0.03 (±0.005)	≤1.00 (±0.05)	14.5~16.5 (±0.25)	余　量	15.0~17.0 (±0.15)	3.0~4.5 (±0.05)	Fe:4.0~7.0 (±0.05~0.10) Co: ≤2.5 (±0.05) V: ≤0.35 (±0.02)	68

注：①括号外的数值为熔炼分析值，括号内的数值为成品分析时的允许偏差。

铜的化学成分(%) **表 1-26**

牌 号	Cu	Zn	Pb	Fe	Sb	Bi	P	杂质总和
H68	67.0~70.0	余 量	≤0.03	≤0.10	≤0.005	≤0.002	≤0.01	≤0.3
HSn62-1	61.0~63.0	余 量	≤0.10	≤0.10 Sn:0.7~1.1	≤0.005	≤0.002	≤0.01	≤0.3
C26000	68.5~71.5	余 量	≤0.07	≤0.06	—	—	—	
C46200	62.0~65.0	余 量	≤0.20	≤0.05 Sn:0.5~1.0	—	—	—	
C2600	68.5~71.5	余 量	≤0.07	≤0.10	—	—	—	
C4621	61.0~64.0	余 量	≤0.20	≤0.10 Sn:0.7~1.5	—	—	—	

表 1-27

板片材料的力学性能及其他要求

牌号	热处理状态	屈服强度（MPa，最小）	抗拉强度（MPa，最小）	伸长率（%，最小）	硬度[①]（≤）			表面加工等级
					HB	HRB	HV	
SUS 304	固溶	205[①]	520	40	187	90	200	2B
AISI 304	固溶	205	515	40	201·	92	—	2B
0Cr18Ni9	固溶	205[①]	520	40	187[①]	90[①]	200[①]	2B I级
SUS 304L	固溶	175[①]	480	40	187	90	200	2B
AISI 304L	固溶	170	485	40	201	92	—	2B
00Cr19Ni10	固溶	177[①]	480	40	187[①]	90[①]	200[①]	2B I级
SUS 316	固溶	205[①]	520	40	187	90	200	2B
AISI 316	固溶	205	515	40	201	92	—	2B
0Cr17Ni14Mo2	固溶	205[①]	520	40	187[①]	90[①]	200[①]	2B I级
SUS 316L	固溶	175[①]	480	40	187	90	200	2B
AISI 316L	固溶	175	485	40	201	92	—	2B
0Cr17Ni14Mo2	固溶	177[①]	480	40	187[①]	90[①]	200[①]	2B I级
SUS 317	固溶	205[①]	520	40	187	90	200	2B
AISI 317	固溶	205	515	35	217[①]	95	—	2B
0Cr19Ni13Mo3	固溶	205[①]	520	40	187[①]	90[①]	200[①]	2B I级
SUS 890L	固溶	215[①]	490	35	187	90	200	2B
AISI 904L	固溶	220	490	35	—	90	—	2B
Avesta 254 SMO (S312654)	固溶	310[①]	690	35	223	96	—	2B
Avesta 654 SMO (S32654)	固溶	430[①]	750	40	250	—	—	2B
RS-2	固溶	314	569	35	250	—	—	2B I级
Nickel 200 (NO2200)	退火	100[②]	380	30	—	—	—	—
N6	软态	—	400	35	—	—	—	—
Hastelloy C-276 (N10276)	固溶退火	283	690	40	—	100[③]	—	—
Hastelloy C-22 (N6022)	固溶退火	310	690	45	—	100[③]	—	—

续表

牌　　号	热处理状态	屈服强度 (MPa, 最小)	抗拉强度 (MPa, 最小)	伸长率 (%, 最小)	硬度⑥ (≤) HB	HRB	HV	冷弯试验	表面加工等级
NS333②	固溶	285	690	40	—	—	—		—
ASTM B265 Gr.1 Gr.11	退火	170~310	240	24				冷弯试验 105° 3T（T为试样厚度）	—
Gr.12	退火	345	483	18				105° 4T	—
TAI-A　I级	M（退火）	170	240	55				140° 3T	杯突值（mm） ≥9.5
II级	M（退火）	170	240	47				140° 3T	≥9.5
TA-9	M（退火）	250	370~530	30				140° 3T	—
TP270C　I级	退火	165	270~410	27				180° 2T	—
TP270Pdc　II级	退火	165	270~410	27				180° 2T	≥10.0⑤
H68	M（软态）④	—	294	40	—	—		—	—
Hsn62-1	M（软态）④	—	294	35	—	—		—	
C26000	1/4H	—	340~405	13~18		44~65			
C46200	H（硬态）	—	400~440	—					
C2600	O（软态）	—	275	40⑧				180° 0T	—
C4621	F（轧态）	—	373	20⑨					

①应保证，但根据相应的标准须在合同中指明。
②不适用于厚度小于0.5mm的材料。
③仅供参考，不作为验收依据。
④须在合同中指明，否则按硬态（Y）供应，适用厚度大于或等于0.5mm。
⑤适用于厚度0.41~0.60mm。对于厚度0.61~1.10mm和1.20~1.50mm者，杯突值分别为11.5mm和12.0mm。
⑥HB，HRB，HV 只需符合其中之一。
⑦适用厚度0.8~4mm。
⑧适用厚度0.3~1mm。
⑨适用厚度0.8~20mm。

奥氏体不锈钢的化学成品分析的允许偏差（%）

表 1-28

熔炼分析要求 / 标准	C >0.01 ≤0.03	C >0.03 ≤0.20	Mn >1.00 ≤3.00	Mn >3.00 ≤6.00	P ≤0.04	P >0.04 ≤0.20	S ≤0.04	Si ≤1.0	Cr >15.0 ≤20.0	Cr >20.0 ≤30.0	Ni >5.0 ≤10.0	Ni >10.0 ≤20.0	Ni >20.0 ≤30.0	Mo >0.60 ≤2.00	Mo >2.00 ≤8.00	N >0.02 ≤0.19	N >0.19 ≤0.25	N >0.45 ≤0.55	Cu ≤0.50	Cu >0.50 ≤1.00	Cu >1.00 ≤3.00
JIS G 4305 G 0321[1]	+0.005 / 0	±0.01	±0.04	—	+0.005 / 0	—	+0.05 / 0	+0.05 / 0	±0.20	±0.25	±0.10	±0.15	±0.25	±0.05	±0.10	—	±0.02	—	+0.03 / 0	±0.05	±0.10
ASTM A240 A480[2]	±0.005	±0.01	±0.04	±0.05	±0.005	±0.01	±0.005	±0.05	±0.20	±0.25	±0.10	±0.15	±0.20	±0.05	±0.10	±0.02	±0.02	±0.05	+0.03 / 0	±0.05	±0.10
GB 3280 222[3]	±0.005	±0.01	±0.04	±0.05	±0.005	±0.01	±0.005	±0.05	±0.20	±0.25	±0.10	±0.15	±0.20	±0.06	>2.00 ≤7.00 ±0.10；±0.10	±0.02	>0.35 ±0.04		+0.03 / 0	±0.05	±0.10

① JIS G 0321：2002 钢材の制品分析法びその允许容变动值。

② ASTM A480-99 Standard Specification For General Requirements for Flat-Rolled Stainless and Heat-Resisting Steel Plate，Sheet，and Strip.

③ GB 222-84 钢的化学分析用试样取样法及成品化学成分允许偏差。

板片材料的尺寸及允许偏差（mm）

表 1-29

材料类别	标　准	公称厚度	公称宽度及允许偏差（厚度允许偏差）		测量位置
奥氏体不锈钢	JIS G 4305	≥0.30~<0.60	$<1250^{+5①}$ ±0.05	$≥1250~<1600^{+5}$ ±0.08	距板边大于或等于15内
		≥0.60~<0.80	±0.07	±0.09	
		≥0.80~<1.00	±0.09	±0.10	
		≥1.00~<1.25	±0.10	±0.12	
	ASTM A240 A480	>0.41~≤0.66	$≥610~<1219^{+1.59}$ ±0.08	$≥1219^{+3.18}$ ±0.08	距板边大于或等于 9.52内
		>0.66~≤1.02	±0.10	±0.10	
	GB 3280 GB 708②	≥0.20~≤0.50	$≤1000^{+6}$ / $>1000~≤1500^{+10}$ ±0.04	$>1500~≤2000^{+10}$ —	距板边大于或等于40内
		>0.50~≤0.65	±0.05	—	
		>0.65~≤0.90	±0.06	—	
		>0.90~≤1.10	±0.07	±0.09	
钛及钛合金	JIS H 4600	≥0.20~<0.40	$≤1000^{+5}$ ±0.05	—	—
		≥0.40~<0.60	±0.06	—	
		≥0.60~<1.00	±0.09	—	
		≥1.00~<1.50	±0.13	—	
	ASTM B 265	≥0.20~<0.41	$≥610~<1220^{+1.60}$ ±0.05	$≥1219^{+3.20}$ ±0.05	距板边大于或等于 9.52内
		≥0.43~<0.66	±0.08	±0.08	
		≥0.69~<1.02	±0.10	±0.10	
	GB 14845	0.60、0.70、0.80	$≥300~≤1000^{+15}$ ±0.07		距顶角大于或等于100 且距板边大于或等于10
		0.90、1.00	±0.09		

续表

材料类别	标准	公称厚度	公称宽度及允许偏差		测量位置
			公称宽度	厚度允许偏差	
钛及钛合金	GB/T 3621	0.30、0.40、0.50	≥400~≤1000 $^{+10}_{0}$	±0.05	距顶角大于或等于100 且距板边大于或等于10
		0.60、0.70、0.80		±0.07	
		0.90、1.00、1.10		±0.09	
	ASTM B162	≥0.46~≤0.64	≤1220 $^{+3.2}_{0}$	±0.05	距板边大于或等于9.52内
		>0.64~≤0.86		±0.08	
		>0.86~≤1.10		±0.10	
		≥0.46~≤0.64	1220~1520 $^{+3.2}$	±0.08	
		>0.64~≤0.86		±0.10	
		>0.86~≤1.10		±0.13	
镍及镍合金	GB 2054	0.50、0.60、0.70	≥100~≤300 $^{0}_{-4}$	$^{0}_{-0.06}$	距顶角大于或等于100，且距板边大于或等于10
		0.80、0.90、1.00		$^{0}_{-0.08}$	
		1.20		$^{0}_{-0.09}$	
		0.50、0.60、0.70	>300~≤600 $^{0}_{-8}$ >600~≤1000 $^{0}_{-10}$	—	
		0.80、0.90、1.00		$^{0}_{-0.12}$ $^{0}_{-0.16}$	
		1.20		$^{0}_{-0.14}$ $^{0}_{-0.18}$	
	GB/T15010	同GB 708			距板边大于或等于40内
	ASTM B 575	≥0.51~≤0.86	≥50.8~≤12200 $^{0}_{+3.8}$	±0.10	距板边大于或等于9.52内
		>0.86~≤1.42		±0.13	
			>600~≤800 $^{0}_{-10}$	—	
铜	GB 2041	0.40、0.45、0.50	>400~≤600 $^{0}_{-0.07}$	$^{0}_{-0.07}$	距顶角大于或等于100，且距板边大于或等于10
		0.55、0.60、0.70		$^{0}_{-0.08}$	
		0.80、0.90		$^{0}_{-0.10}$	
		1.00、1.10		$^{0}_{-0.11}$	
		0.40、0.45、0.50	>600~≤800 $^{0}_{-0.12}$	—	
		0.80、0.90		$^{0}_{-0.12}$	
		1.00、1.10		$^{0}_{-0.14}$	

注：①板的标准尺寸（宽×高）：914mm×1829mm、1000mm×2000mm、1219mm×2438mm、1219mm×3048mm、1500mm×3000mm、1524mm×3048mm。
②GB 708-88冷轧钢板和钢带的尺寸、外形、重量及允许偏差。

1. 板式换热器可能产生的腐蚀失效类型

(1) 点蚀：由"闭塞电池腐蚀"（Occluded Cell Corrosion）作用引起的一种局部腐蚀——使局部金属表面的钝化膜破坏，形成尺寸小于 1mm 的穿孔或蚀坑。例如，在不锈钢板片表面生锈或积垢（碳化物、二氧化硅垢层）处，因导热不良、介质的 pH 值减小产生的腐蚀；

(2) 缝隙腐蚀：由"闭塞电池腐蚀"作用引起的一种呈斑点状或溃疡形的局部腐蚀。同点蚀的主要区别是腐蚀产生在金属零件的缝隙处，由于滞留介质的电化学不均匀性而导致的。例如，密封垫片槽底或板片封闭流道的角孔垫片外侧处产生的腐蚀；

(3) 应力腐蚀开裂：在静态拉伸应力与电化学介质共同作用下，由阴极溶解过程引起的金属局部腐蚀裂纹或断裂。例如，板片压制成型时将产生残余内应力，若与介质中的卤素离子（如 Cl^-、F^- 等离子）或 H_2S 接触可能引起应力腐蚀开裂；

(4) 晶间腐蚀：起源于金属表面并沿晶粒边界深入到内部的腐蚀，可导致晶粒间的结合力丧失，使材料的强度大大降低。例如，不锈钢在过敏温度范围（400~600℃）内产生的腐蚀；

(5) 均匀腐蚀：接触介质的金属表面全部或大部分被腐蚀。例如，板片选材不当，或使用期过长，超过了允许使用寿命；

(6) 其他腐蚀失效：主要有露点腐蚀、磨蚀、微生物腐蚀等。例如，含有酸性物质的热蒸汽与冷的板片接触，可引起露点腐蚀；板片的介质入口角孔处和导流区的流速过高，或流体中含有砂粒类颗粒物时，可导致磨蚀；海水中的藻类、细菌、原生物等，可导致板片的微生物腐蚀。

以上几种腐蚀失效中，Cr-Ni 奥氏体不锈钢的应力腐蚀开裂约占 50%，点蚀和缝隙腐蚀共约占 20%，所以最危险、最常见。

2. 板片材料中合金元素对耐腐蚀性能的影响

合金元素 C 具有明显减小耐腐蚀抗力的作用，其含量不宜大于 0.08%；Cr 明显有利于增加耐腐蚀抗力；适量的 Mo 可增加耐腐蚀抗力；Ni（晶间腐蚀除外）、少量的 Cu 和微量的 Nb、Ti、N 等均有利于提高耐腐蚀性能，并可以改善材料的力学性能或热稳定性；P 和 S 是对耐腐蚀抗力最有害的的元素，其含量应限制在 0.045% 以下。有关各种合金元素的影响详见表 1-30。

腐蚀类型及合金元素的影响　　　　　　　　　　　表 1-30

腐蚀类型	C	Cr	Mo	Ni	P	S	Cu	Nb	Ti	N
均匀腐蚀	↓↓	↑↑	↑	↑	↓	↓	↑	—	—	—
晶间腐蚀	↓↓	↑	—	↑	↑	↑	↑↑	↑↑	↑	↑
点蚀和缝隙腐蚀	↓↓	↑↑	↑↑	↑	—	↓↓	↑	↑↓	↑↓	↑↑
应力腐蚀	↑↓	↑↓	↑↓	↑↑	↓↓	—	↑↓	↑↓	↑↓	↑↑
应力腐蚀	↑↓	↑↓	↑↓	↑↑	↓↓	↓↓	↑↓	↑↓	↑↓	↑↑

注：↑↑ 明显增加耐腐蚀抗力；↓↓ 明显减小耐腐蚀抗力；↑ 耐腐蚀抗力有一定的增加；
↓ 耐腐蚀抗力有一定的减小；↑↓ 视具体工况，可能增加也可能减小耐腐蚀抗力。

3. 常见介质的腐蚀性和合理选材的基本原则

通常，氯化物对于不锈钢，氟化物对于钛，均容易产生应力腐蚀；含氮介质（如氨和胺）对铜有腐蚀性。在静止的腐蚀性介质中，局部腐蚀的危险性更大。介质的腐蚀性除取决于其成分外，主要同它的浓度或温度（成正比）、pH 值（成反比）、含氧量（成正比），以及流速（成正比）等有关。

(1) 奥氏体不锈钢表面经钝化处理［在浓度 300~500g/L 的硝酸和浓度 20~30g/L 的重铬酸

钠（$Na_2Cr_2O_7$）溶液中，室温下，浸泡 30 ~ 60 分钟]，可在表面生成 Cr_2O_3 钝化（保护）膜，使其耐腐蚀性能提高。但是，含卤素离子（尤其是 Cl^-）的液体（例如，盐水、盐酸、含碘或含氯的消毒液等），对钝化膜有破坏作用，从而可加剧腐蚀。如果由于化学侵蚀、机械损伤以及其他原因造成钝化膜破坏，也将在受到破坏的地方产生局部腐蚀。一般情况下，介质中 Cl^- 浓度小于 200mg/L 时，可选用 316（温度 60℃下，最高 Cl^- 浓度可达 300mg/L，温度 120℃下，仅 80mg/L）或 304（温度 60℃下，最高 Cl^- 浓度仅 50mg/L）型不锈钢；Cl^- 浓度大于或等于 200mg/L 时，宜选用高级不锈钢或钛及钛合金。几种不锈钢在非氧化性、含氯（Cl^-）水溶液中的适用条件，见表 1-31。

几种不锈钢在含氯（Cl^-）水溶液中的适用条件（mg/L[①]）　　　　表 1-31

材料类型	在下列板片壁温时，适用的介质中最高 Cl^- 含量			
	25℃	50℃	75℃	100℃
304/304L	100	75	40	< 20
316/316L	400	180	120	50
904L	1000	500	250	130
254 SMO	5000	1800	750	400

注：①不含气体、pH值为7（即中性）、流动的含氯水溶液。

（2）奥氏体不锈钢对硫化物（SO_2、SO_3）腐蚀有一定的抗力。但是，Ni 含量越高，耐蚀性将降低（因生成低熔点 NiS），可能引起硫化物应力腐蚀开裂。硫化物应力腐蚀开裂同材料的硬度有关，奥氏体不锈钢的硬度应大于或等于 HB228；Ni-Mo 或 Ni-Mo-Cr 合金的硬度不限；碳素钢的硬度应小于或等于 HB225；

（3）必须注意板片材料与垫片或胶粘剂的相容性。例如，应避免将含氯的垫片或胶粘剂（如氯丁橡胶或以其为溶质的胶粘剂）与不锈钢板片组配，或者将氟橡胶、聚四氟乙烯（PTFE）垫片与钛板板片组配；

（4）一般，硫酸可选用镍及镍基合金；盐酸、硝酸和稀硫酸（浓度 70% 以下）等可选用钛-钯合金；不容许接触黑色金属的特殊场合（如软化饮用水），或要求耐磨蚀的场合，可选用铜及铜合金；

（5）常用的评价材料耐蚀性好坏的指标之一是"耐局部腐蚀当量 PRE"（Pitting Resistance Equivalent）。PRE 值取决于材料中 Cr、Mo 和 N 元素的平均含量（%）：PRE = Cr + 3.3Mo + 30N。其值越大，耐局部腐蚀或均匀腐蚀的性能越好。

4. 板片常用材料的特点及适用条件

（1）304 型不锈钢　这是最廉价、最广泛使用的奥氏体不锈钢（如食品、化工、原子能等工业设备）。适用于一般的有机和无机介质。例如，浓度小于 30%、温度小于或等于 100℃ 或浓度大于或等于 30%、温度小于 50℃ 的硝酸；温度小于或等于 100℃ 的各种浓度的碳酸、氨水和醇类。在硫酸和盐酸中的耐蚀性差；尤其对含氯介质（如冷却水）引起的缝隙腐蚀最敏感。在含氯水溶液中的适用条件，见表 1-31。PRE 为 19。

（2）304L 型不锈钢　耐蚀性和用途与 304 型基本相同。由于含碳量更低（≤0.03%），故耐蚀性（尤其耐晶间腐蚀，包括焊缝区）和可焊性更好，可用于半焊式或全焊式 PHE。

（3）316 型不锈钢　适用于一般的有机和无机介质。例如，天然冷却水、冷却塔水、软化水；碳酸；浓度小于 50% 的醋酸和苛性碱液；醇类和丙酮等溶剂；温度小于或等于 100℃ 的稀硝酸（浓度小于 20%）、稀磷酸（浓度小于 30%）等。但是，不宜用于硫酸。由于约含 2% 的 Mo，故在海水和其他含氯介质中的耐蚀性比 304 型好，完全可以替代 304 型，见表 1-31。PRE 为 25。

(4) 316L 型不锈钢　耐蚀性和用途与 316 型基本相同。由于含碳量更低（≤0.03%），故可焊性和焊后的耐蚀性也更好，可用于半焊式或全焊式 PHE。PRE 为 25。

(5) 317 型不锈钢　适合要求比 316 型使用寿命更长的工况。由于 Cr、Mo、Ni 元素的含量比 316 型稍高，故耐缝隙腐蚀、点蚀和应力腐蚀的性能更好。PRE 为 30。

(6) AISI904L 或 SUS890L 型不锈钢　这是一种兼顾了价格与耐蚀性的高性价比的奥氏体不锈钢，其耐蚀性比以上几种材料好，特别适合一般的硫酸、磷酸等酸类和卤化物（含 Cl^-、F^-）。由于 Cr、Ni、Mo 含量较高，故具有良好的耐应力腐蚀、点蚀和缝隙腐蚀性能。在含氯介质中的适用条件，见表 1-31。PRE 为 36。

(7) Avesta 254 SMO 高级不锈钢　这是一种通过提高 Mo 含量对 316 型进行了改进的超低碳高级不锈钢，具有优良的耐氯化物点蚀和缝隙腐蚀性能，适用于不能用 316 型的含盐水、无机酸等介质。在含氯介质中的适用条件，见表 1-31。PRE 为 47。

(8) Avesta 654 SMo 高级不锈钢　这是一种 Cr、Ni、Mo、N 含量均高于 254SMO 的超低碳高级不锈钢，耐氯化物腐蚀的性能比 254SMO 更好，可用于冷的海水。PRE 为 64。

(9) RS-2（OCr20Ni26Mo3Cu3Si2Nb）不锈钢　这是一种国产的 Cr-Ni-Mo-Cu 不锈钢。耐点蚀和缝隙腐蚀的性能相当于 316 型，而耐应力腐蚀的性能更好。可用于 80℃ 以下的浓硫酸（浓度 90%~98%），年腐蚀率小于或等于 0.04mm/年。PRE 为 29。

(10) Incoloy825　这是一种 Ni（40%）-Cr（22%）-Mo（3%）高级不锈钢。Incoloy 是 the International Nickel Co. 公司的注册商标。适用于低温下各种浓度的硫酸；在浓度为 50%~70% 的苛性碱（如 NaOH）溶液中，具有良好的耐蚀性，不产生应力腐蚀开裂。但是，对氯化物引起的缝隙腐蚀却很敏感。此外，冲压性能也不太好，故不是板片常用的材料。PRE 为 32。

(11) 钛　非合金化钛，重量轻，相对密度 4.5，能自然生成钝化保护膜（Ti_2O_3），且如果一旦被破坏，具有"自愈性"，故耐蚀性比不锈钢好，是适合含氯介质（Cl^- 浓度大于 200mg/L、温度小于或等于 130℃）的典型材料。在不超过 120℃ 的海水和其他氯化物（如 $CaCl_2$）溶液中，实际上不受腐蚀。一般，可用于 135℃ 以下的海水和 165℃ 以下各种浓度的盐水（NaCl），见表1-32。

	钛的耐蚀性			表 1-32	
NaCl 浓度（最大）（%）	海水	1.6	5	10	15
温度（最高）（℃）	135	165	115	90	80

钛在沸点以下的有机酸（如浓硝酸、浓碳酸等）和稀碱液中，耐蚀性能也良好。

钛在 H_2SO_4、HCl、HF 和王水等中的耐蚀性较差。在高温（120℃ 以上）的某些浓氯化物溶液（如 pH>7、氯化物浓度大于 200mg/L 的废水）中，也可能引起缝隙腐蚀或应力腐蚀；此时，应选用钛-钯合金。因为，在高温下，某些离子（如 F^-、Cl^-、S^- 等）对钛的缝隙腐蚀有加速作用，尤其是氟化物的危害性更大，故应避免与氟橡胶或聚四氟乙烯垫片配用。

(12) 钛–钯合金

这是添加了钯（0.12%~0.25%）的非合金化钛，因而明显改善了钛在酸类介质（尤其是条件不太苛刻的工况）中的耐蚀性。例如，对浓度达 70% 的硝酸、含氧化性离子（如 Fe^+、Cu^+）的盐酸以及电镀液等均有良好的耐蚀性。此外，尚可用于浓度小于或等于 10%、温度小于或等于 70℃ 的稀硫酸。

(13) 钛-钼-镍合金　这是添加了钼（0.3%）和镍（0.8%）的合金化钛，可用于非合金化钛不耐腐蚀的工况。

此外，由于钛及钛合金的抗拉强度低（$\sigma_b \geqslant 240\text{MPa}$），对蠕变很敏感，故在板片夹紧力过大，或橡胶垫片产生溶涨的工况下，易使垫片槽变形；同时，其塑性较差（$\delta_5 \geqslant 18\%$ 或 24%）、屈强比较高（$\sigma_s/\sigma_b \geqslant 0.71 \sim 1.92$），冲压成型时容易压裂，故在板片和模具的结构设计方面应适当考虑。

（14）Nickel 200   这是含镍 99% 以上的纯镍板。主要用于高浓度（$50\% \sim 70\%$）、高温（可至沸点）的苛性碱溶液（NaOH、KOH 等）。但是，对微咸水等氯化物引起的缝隙腐蚀很敏感。

（15）Hastelloy C-276   这是一种昂贵的超低碳 Ni（57%）-Cr（16%）-Mo（16%）合金——C 族镍基合金中的主要品种。Hastelloy 是 the Cabot Co. 公司的注册商标。国外，20 世纪 60 年代开始生产，已有 5.5 万 t 以上用于各种工业，具有良好的耐蚀性；在低 pH 介质中几乎不受 Cl^- 的影响；对各种浓度的硫酸耐蚀性极好，是可用于热浓硫酸的少数几种材料之一；广泛用于有机酸（如甲酸、醋酸）、高温 HF 酸和一定浓度的盐酸（$<40\%$）、磷酸（$\leqslant 50\%$）、氯化物、氟化物和有机溶剂（如甲醇、乙醇）。PRE 为 69。

（16）Hastelloy C-22   这是一种昂贵的超低碳 Ni（57%）-Cr（22%）-Mo（13%）合金——也是 C 族镍基合金之一。国外，20 世纪 80 年代开始生产。性能类似于 C-276，但 Cr 含量更高，而 Mo、Mn、S、P 含量稍低。在强氧化性介质中，耐蚀性比 C-276 好；在低、中浓度的硫酸，硝酸中腐蚀率更低。PRE 为 65。

由于 C-276 含 Mo 量高，用途广泛，价格也相对较低，故实际效益超过 C-22。C-22 正被 90 年代几种新的 C 族合金（如 C-59、C-2000 等）逐步取代。

（17）Monel 400   这是一种 Ni（约 70%）-Cu（约 30%）镍基合金。在浓度 80% 以下、温度不高于 $50 \sim 100^\circ C$ 非充气的硫酸，浓度 50% 以下、温度 $100^\circ C$ 以下的 HF 酸，醋酸和苛性碱等介质中，耐蚀性良好。特别适用于酸性的氯化物溶液和某些工况下的微咸水和盐水；具有良好的耐高温性能。但是，不适用于浓硫酸、盐酸和硝酸，而且对汞（有时作为杂质存在）的侵蚀很敏感。

（18）Inconel 625   这是一种 Ni（62%）-Cr（23%）-Mo（9%）镍基合金。Inconel 是 the International Nickel Co. 公司的注册商标。适用于含 Cl^- 的各种溶液和酸类，以及浓度小于 70% 的苛性碱等许多介质。它的耐蚀性能与价格介于 C-276 和 Inconel825 之间。但是，冲压性能不太好，故不是板片常用的材料。PRE 为 52。

5. 几种国外耐蚀合金的新品种

（1）31 合金是由 904L 改进后的（提高 Mo、N 含量）、标准的 6% Mo 高级不锈钢（31% Ni-27% Cr – 6.5% Mo – 32% Fe）。在许多介质中的耐蚀性比 904L 更好；在浓度 $20\% \sim 80\%$、温度 $60 \sim 100^\circ C$ 的硫酸中，耐蚀性能甚至超过 C-276。PRE 为 34。

（2）33 合金是一种完全奥氏体化的铬基高级不锈钢，其耐蚀性可与 Inconel625 等一些 Ni-Cr-Mo 合金媲美。在酸性和碱性介质（包括硝酸、硝酸与氢氟酸的混合物）中，具有良好的耐局部腐蚀和应力腐蚀开裂的性能；在浓硝酸中的耐蚀性比 304L 好得多。例如，适用于浓度大于 $96\% \sim 99\%$、温度小于或等于 $150^\circ C$、氧化硫含量小于 200mg/L 的硫酸；热的海水；浓度小于或等于 50%、沸腾的强腐蚀性溶液；浓度小于或等于 85%、温度小于或等于 $150^\circ C$ 的磷酸等。但是，不适用于还原性介质（如稀硫酸等）。价格与 C-276 相差不多。PRE 为 50。

（3）C-2000 合金是一种 20 世纪 90 年代研发的镍基合金，价格与 C-276 相近，是以上材料中耐腐蚀性能最好者之一。在中等浓度以下的硫酸、稀盐酸和沸腾温度下，浓度小于或等于 50% 的磷酸，以及热的氯化物等介质中，其耐蚀性比 C-276 和 C-22 更好，有取代 C-22 合金的趋势。但是，对于浓度大于或等于 70% 的硫酸，耐蚀性不如 C-276。PRE 为 76。

（4）59 合金化学成分与 C-2000 比较，除了 Ni 含量稍高（59%），且低 Fe，无 Cu、W 外，其余基本上相同。这是目前镍基合金中耐蚀性、热稳定性、可冲压性和可焊性最好的一种材料，自 1990 年商业化以来，已广泛用于硫酸、盐酸、氢氟酸以及含氯、含氧、低 pH 值的许多介质。PRE 为 76，与 C-2000 相同。

几种耐蚀合金在"绿色死液"（11.5% H_2SO_4、1.2% HCl、1% $FeCl_3$ 和 1% $CuCl_2$ 混合液）中试验的结果，见表 1-33。其中，59 合金的耐蚀性最好。

几种耐蚀合金的耐蚀性能比较　　　　表 1-33

牌　号	主要成分（%）					PRE	CPT[①] (℃)	CCT[②] (℃)	均匀腐蚀率 (mm/年)
	Ni	Cr	Mo	Fe	其他				
C—276	57	16	16	5	W	69	110	105	0.660
C—22	57	22	13	3	W	64	120	105	0.102
C—2000	57	23	16	3	1.6Cu	76	110	—	—
59	59	23	16	1.5	—	76	>120	110	0.127
31	31	27	6.5	46	0.2N Cu	54	—	—	—
33	31	33	1.6	32	0.4N Co	50	—	—	—

①CPT – 临界点蚀温度（the Critical Pitting Temperature）（℃）；
②CCT – 临界缝隙腐蚀温度（the Critical Crevice – Corrosion Temperature）（℃）。
注：CPT、CCT 值越高，材料在氧化性、酸性（pH < 7）介质中，耐局部腐蚀（点蚀、缝隙腐蚀）的性能越好。

三、密封垫片用材料

密封垫片是主要零件中最薄弱的环节，其质量好坏对产品的耐温与耐压性能、平均使用寿命、可靠性以及适用范围等均有明显影响。板式换热器最广泛采用的是橡胶垫片，选用时，不仅要求适当的物理性能，尚应考虑其与换热流体的相容性（即耐蚀性、溶胀性）、使用温度与使用压力的波动大小等因素。橡胶是一种高分子聚合物，由生胶、硫化剂、填充剂、防老化剂、加工助剂和稀释剂等组成。

1. 物理性能

橡胶垫片的物理性能主要取决于配方—混炼和硫化工艺（包括硫化的压力、温度、时间等）。通常，硫化—模压的压力应不小于 9.8MPa，温度为 160～185℃，时间为 3～15min，视胶种而异；为了提高生产能力，硫化—模压后的橡胶垫片尚应静置于烘箱内，在均匀的温度下，保温一定的时间，最终完成硫化过程。物理性能将随使用时间和温度的增高而恶化。一般，在推荐的橡胶垫片最高使用温度下，连续使用的平均寿命约为两年。超过最高温度 10℃，平均寿命约缩短一半。但是，短时间超温，影响不大。室温下物理性能良好的垫片，在高温、连续使用的情况下，可能会变得很差。为此，保证垫片高温下的物理性能非常重要。

压缩永久变形率是衡量垫片材料弹性恢复能力和确定使用温度极限的重要依据。在允许的使用温度下，其值越小，弹性恢复性能越好，对垫片的密封性能和平均寿命越有利。压缩永久变形率将随温度和时间的增加而增大（表 1-34），而且与橡胶的分子量、硫化剂、补强剂和其他助剂等有关。在生胶一定的前提下，主要取决于硫化剂的类型与最佳量的配方。采用酚类化合物硫化剂，压缩永久变形率最小；胺类化合物硫化剂最差。

温度和时间对橡胶压缩永久变形率的影响　　　　　　表 1-34

胶　　　　　　种	温度（℃）	压缩永久变形率（%）	
		24 小时	14 天
丁腈橡胶	125	10	40
三元乙丙橡胶	150	15	45

　　撕裂强度反映了垫片对缺口的敏感性和在承受一定的压力下抗开裂的能力。撕裂强度低的垫片，在装拆板片或受压状态时，尖角处易开裂，这对免粘式垫片尤其重要。

　　橡胶经老化（时效）处理后，其物理性能变化程度对垫片的耐温能力和使用寿命有明显影响。例如，某企业生产的三元乙丙橡胶，室温下性能完全符合 GB16409 的要求，但经 180℃、72 小时老化后，压缩永久变形率达 82.3%（增大 75.6%）；硬度达 87 度（增加 12 度）；装有该垫片的 PHE 经 72 小时热蒸汽（180~200℃）试验后，弹性近乎完全丧失。

　　硬度是衡量橡胶制品硫化程度好坏的指标之一，对垫片的耐温性能有一定影响。硬度较高，垫片的使用温度也较高。我国常用邵尔（A）硬度，而国外常用 IRHD（国际橡胶硬度单位）；在 30~80℃范围内，两者基本上相同。

　　某些垫片与流体（或其中的微量成分）可能存在不相容性，导致垫片被侵蚀或溶胀（体积增大，弹性减退），严重者将使垫片槽变形或垫片脱出槽外，产生泄漏。

　　以下列举几个国内外标准或企业有关橡胶垫片物理性能的规定：

　　[例 1] GB 16409—1996《板式换热器　附录 A》（参见表 1-12）

　　[例 2] JB 8701—1998《制冷用板式换热器　附录 A》（参见表 1-20）

　　[例 3] ISO 6448：1985《Rubber seals——Joint rings used for petroleum product supply pipes and fittings——Specification for materials》（摘要）（表 1-35）

ISO 6448：1985《Rubber seals——Joint rings used for petroleum product supply pipes and fittings——Specification for materials》（摘要）　　　表 1-35

名义硬度及允许偏差（IRHD）	80 级 (76~84) ±4	70 级 (66~75) ±5
拉伸强度　　（MPa）	≥10	≥10
扯断伸长率　　（%）	≥150	≥200
压缩永久变形率　　（%） 常温、70h 70℃、22h	≤15 ≤20	≤10 ≤20
老化（空气中、70℃、7 天）后性能 硬度变化　　（IRHD） 拉伸强度变化率　　（%） 扯断伸长变化率　　（%） 回弹率　　（%）	≤±6 ≤-15 ≤-30~+10 ≤15	≤±6 ≤-15 ≤-25~+10 ≤15
在介质中浸泡试验（70℃、7 天、3 号油） 体积变化　　（%） 硬度变化　　（IRHD）	-1~+10 ≤-6	-1~+10 ≤-6

[例 4] ISO 15547：2000（E）《Petroleum and natural gas industries——Plate heat exchangers》（摘要）。

（1）垫片材料应根据工艺用途选择，供方应提供有关垫片材料及其操作限制的详细资料，包括预期的垫片使用寿命在内；

（2）对于可能导致垫片溶胀的工况（例如，介质为碳氢化合物），为便于维修，应优先选择粘贴式垫片；

（3）如果供方缺乏垫片用于某一工况的使用经验，则该垫片应进行浸泡试验，以便确定其溶胀性、硬度和对化学侵蚀的敏感性。浸泡试验应采用一段最大厚度为 8mm 的该垫片，在操作温度下进行。试验时间至少 15 天。氟橡胶的硬度变化应不超过 15IRHD；其他橡胶应不超过 10IRHD。体积变化应不大于 15%；

（4）如果供方缺乏胶粘剂用于某一工况的使用经验，则应使用该胶粘剂粘接后进行浸泡试验，以便确定其粘接强度和对化学侵蚀的敏感性。浸泡试验应采用一段长度为 100mm 的该垫片，在操作温度下进行。试验时间至少 15 天。试验垫片长度的一半（50mm）应粘贴到与垫片槽表面状态相当的粘接面上。最终的剥离强度（N）应不小于 $5B$（B 为垫片宽度，mm）。

[例 5] 英国 TRP 公司和我国派克公司橡胶垫片的典型数据（摘要）（表 1-36）。

英国 TRP 公司和我国派克公司橡胶垫片的典型数据（摘要） 表 1-36

胶　种	丁腈橡胶（食品）	三元乙丙橡胶		三元乙丙橡胶（派克公司）	
		工业	食品		
硬度　（IRHD）	79	77	78	81	
拉伸强度　（MPa）	16	12.1	16.6	12.4	
定伸强度 100%（MPa）	8.2	9.1	5.2	—	
扯断伸长率　（%）	187	148	165	220	
撕裂强度　（N/mm）	45.3	27.4	28.5	—	
压缩永久变表率　（%） 预压缩量 25%，24h 预压缩量 25%，14 天	125℃ 7 40	150℃ 13.8 47	150℃ 12.4 54	室温 9 预压缩量 20%，24h	150℃ 42 预压缩量 20%，72h

[例 6] 国内外几家公司有关氟橡胶的典型数据（表 1-37 和表 1-38）。

国内生产的氟橡胶主要有 23 型和 26 型两种。23 型耐强氧化性酸（如发烟硝酸、硫酸）的性能更好，但在热水和水蒸气中的稳定性却差得多。氟橡胶在 200℃ 以下的使用寿命大于 1 万小时；但在 260~320℃ 时，仅 500~26 小时。

国内外几家公司有关氟橡胶的典型数据 表 1-37

生 产 公 司	拉伸强度（MPa）	扯断伸长率（%）	硬度（邵尔 A）	压缩永久变形率（270℃，70h）（%）
中国铁岭（1998 年）	9~20	130~380	60~95	18~28
3M（1982 年）	9~19	100~500	—	10~30
Du Pont（1998 年）	6.9~17.2	100~300	60~95	20~30
K.G.K.（1989 年）	14.2	228	76	26

温度—时间对 Viton26 氟橡胶压缩永久变形率的影响　　　　　　　　　表 1-38

时　间（h）	压缩永久变形率（%）		
	室温	149℃	200℃
1000	—	12	50
2000	—	16	65
4000	21	22	79
8000	21	32	98

2．卫生指标

食品、医药用垫片除应符合上述物理性能的规定外，尚须符合 GB4806.1-1994《食品用橡胶制品卫生标准》的要求。主要有以下几点：

（1）助剂：应符合 GB9685《食品容器、包装材料用助剂使用卫生标准》；

（2）感官指标：应色泽正常，无异嗅、异物；浸泡液应无色，无异嗅、异味；

（3）理化指标：在浓度 4% 的乙酸、65% 的乙醇、水和正己烷等四种浸泡液中，保温 60℃、浸泡 0.5h 后，蒸发残渣分别应小于或等于 2000mg/L、小于或等于 40mg/L、小于或等于 30mg/L 和小于或等于 2000mg/L。此外，在水浸泡液中，高锰酸钾消耗量应小于或等于 40mg/L；在 4% 浓度的乙酸浸泡残液中，锌应小于或等于 20mg/L，重金属应小于或等于 1.0mg/L；残留丙烯腈等应小于或等于 11mg/kg。

3．常用密封垫片的适用范围

GB16409 仅规定了垫片的适用温度，未明确适用的介质范围。表 1-39 为常用密封垫片适用范围的有关资料。

常用密封垫片的适用范围　　　　　　　　　表 1-39

序号	垫片材料及特点	主要适用范围	限用范围
1	丁腈橡胶 NBR 聚合物：丙烯腈—丁二烯 加硫硫化	温度：-15～115（短时 135）℃或 -25～130℃ 介质：水及水溶液；脂肪；植物油；矿物油（链烃）；含烷基苯的制冷剂（R134a 等）；含环烷基乙二醇（PAG）的压缩机润滑油；乙醇；乙二醇	硫酸、硝酸或强氧化性物质；丙酮；在合成润滑油和臭氧中，有轻～中等溶涨
2	高温丁腈橡胶 HT NBR 聚合物：特殊的丙烯腈—丁二烯 过氧化物硫化	温度：-15～140（短时 150）℃ 介质：同 NBR	同 NBR
3	氢化丁腈橡胶 HYD NBR 聚合物：同 HT NBR 氢化处理	温度：-15～160（短时 165）℃ 介质：水及水溶液；脂肪；植物油；矿物油；也可用于原油和胺等一些特殊工况	
4	三元乙丙橡胶 EPDM 聚合物：特殊的三元乙丙共聚物 工业用过氧化物硫化	温度：-35～150（短时 160）℃或 -25～180℃ 介质：高温热水和蒸汽；各种化学品；NaOH 等碱类；弱酸	脂肪；碳氢化合物溶剂；含少量矿物油的液体（如制冷用压缩机油）

续表

序号	垫片材料及特点	主要适用范围	限用范围
5	三元乙丙橡胶 RES EPDM 聚合物：三元乙丙共聚物 树脂硫化	温度：–35~160（短时 165）℃；压力很低时，可特制用于–44℃的橡胶 介质：一般的高温化学品和蒸汽	同 EPDM
6	食品三元乙丙橡胶 Food EPDM 聚合物：三元乙丙共聚物 FDA（美国联邦医药食品管理局）级、过氧化物硫化	温度：–35~145℃（短时 150）℃；压力很低时，特制用于–44℃的橡胶 介质：稀酸、碱、蒸汽和热水；对于粘贴式垫片，也可用于含少量动物脂肪的流体	同 EPDM
7	耐氯三元乙丙橡胶 聚合物：特殊的三元乙丙共聚物耐氯的 EPDM	温度：–35~140℃（短时 150）℃ 介质：高温热水和蒸汽；各种化学品	同 EPDM
8	氟橡胶 FPM 聚合物：六氟聚丙烯、亚乙烯氟和四氟乙烯三元共聚物 过氧化物硫化	温度：–5~180（短时 200）℃ 介质：高浓度无机酸（氧化性酸等）；热水和蒸汽；高温矿物油	食品：NaOH 不宜同 Ti 板片配用；PHE 的试验压力推荐采用一般试验压力的 0.8 倍
9	食品氟橡胶 Food FPM　聚合物：六氟聚丙烯和亚乙炳氟共聚物 胺硫化	温度：–5~170（短时 180）℃ 介质：各种有机溶剂和化学品；硫酸；高温植物油	NaOH
10	低温氟橡胶 B70 FPM 聚合物：六氟聚丙烯、亚乙烯氟和四氟乙烯三元共聚物	温度：–20~170（短时 180）℃ 介质：Viton 型橡胶，耐化学品的性能类似于 Viton B，但低温密封性能更好。专用于冷却至室温以下，且换热流体（至少其中一种，如导热姆油）对价格较低的橡胶（如 NBR 或 EPDM）有侵蚀性的工况	NaOH：温度高于 150℃的含水流体 最大密封压力可降低一级
11	氯丁橡胶 Heoprene 聚合物：聚氯丁烯-氯丁二烯 氧化锌硫化	温度：–35~70（短时 85）℃或–40~125℃ 介质：广泛用于氨（R717）和各种含氟制冷剂（如氟利昂13、22 和 R134a 等），但 11、21 和 112 除外；也可用于其他新制冷剂的混合物，但是必须特别注意它与这些混合物和润滑剂的相容性；直链型溶剂；可同 Ti 板片配用于含活性氯的溶液（如含氯盐水），其抗氧化性比其他橡胶好	与不锈钢板片配用，处理热水或热水溶液；芳香烃或多数燃料油
12	丁基橡胶 聚合物：异丁烯-异戊二烯与酚醛树脂交联的共聚物 树脂硫化	温度：–35~150℃ 介质：各种有机物和一般溶剂（如酮、醛等）；一定浓度的无机酸和强碱；高温水或水溶液。典型的用途包括高浓度的 NaOH 和一定浓度的硫酸、硝酸等	直链型或芳香烃溶剂；植物油和矿物油（如制冷剂中的压缩机油） 实际上，几乎已被 EPDM 替代

续表

序号	垫片材料及特点	主要适用范围	限用范围
13	硅橡胶 聚合物：甲基-乙烯基硅氧烷 过氧化物硫化	温度：−50~175℃ 介质：适合于一般的高温和低温介质；对一些腐蚀性介质（如次氯酸钠溶液等）也有一定的耐蚀性；价格较高	硝酸；某些有机溶剂；高压蒸汽；合成润滑油；臭氧。在汽油中，将显著溶涨
14	膨胀石墨热片 材料：纯膨胀石墨同316型不锈钢网芯粘接在一起	温度：≤500℃ 介质：高湿、腐蚀性化学品和其他流体；耐热性能和耐化学品性能非常好，且不会老化	高温（150℃以上）、高浓度的酸类（如硫酸、硝酸等）
15	压制石棉纤维垫片 材料：压制石棉纤维和天然橡胶粘接在一起	温度：−40~260℃ 介质：高温、腐蚀性化学品和其他流体（如含氯的碳氢化合物和苯、芳香烃等有机溶剂）	硫酸 垫片表面需涂抹减粘剂。由于所需的板片夹紧力很大，故一般不采用

4. 垫片材料的发展动向

（1）在一般情况下，应首选 EPDM，并以其代替丁基橡胶；

（2）为了改善丁腈橡胶的耐温性能，采取高温或氢化处理；

（3）开发层压石墨、膨胀石墨和聚四氟乙烯（PTFE）等耐温、耐腐蚀垫片，代替压制石棉纤维垫片。例如，使用温度达 400℃ 的层压石墨垫片；W.L.Gore & Associates Inc. 公司的膨胀聚四氟乙烯垫片，具有良好的耐蚀性和抗压缩蠕变性，适用于各种酸、碱或其他腐蚀性流体，温度可达 −240~260℃；日阪公司的包覆 PTFE 垫片和经氟化处理的合成材料垫片，可用于强腐蚀性介质和有机溶剂。

（4）一般，在高于允许使用的温度和较长时间（3~40天）下，进行压缩永久变形试验，根据试验结果并考虑一定的安全系数后作为确定使用温度的依据（例如，3天，按压缩永久变形率小于或等于30%的相应温度再降低 10~25℃）。

（5）为了考核垫片在实际使用工况下的性能，通常，首先以环形垫片进行模拟试验（浸泡在腐蚀液中，加热，进行长时间试验）；必要时，将垫片装在产品上进行模拟试验。

四、夹紧螺柱用材料

板式换热器常用的夹紧螺柱材料有两类——碳素钢和合金结构钢。按 GB16409 的规定：碳素钢主要是 Q235-A、Q235-B、35 和 45；合金结构钢主要是 40Cr、35CrMoA（或 35CrMo）。选用国产材料时，应注意以下几个问题：

1. Q235-A 和 Q235-B　材料的技术要求应按 GB/T700-1988《碳素结构钢》的规定；Q235-A 若保证了力学性能合格，C、Si、Mn 元素的含量仅供参考。

Q235-B 的性能优于 Q235-A，例如：

（1）可保证冲击功大于或等于 27J（20℃，V 形缺口试样）和冷弯试验合格，而 Q235-A 不保证；

（2）C 含量为 0.12%~0.20%，比 Q235-A（0.14%~0.22%）稍低；S 含量（≤0.045%）也低于 Q235-A（≤0.050%）。

2. 35 和 45

（1）材料的技术要求应按 GB/T699-1999《优质碳素结构钢》的规定。但是，钢厂通常以热轧或热锻状态的材料交货，并只提供试样毛坯（25mm，正火）的力学性能；经正火热处理后可细化晶粒，改善强度和韧性。

（2）应优先选用 35 钢。因为，45 钢的 C 含量（0.42% ~ 0.50%）比 35 钢（0.32% ~ 0.39%）高，塑性和韧性较差，易断裂；更不宜用冷拉的 35 钢和 45 钢；有关力学性能的比较，见表 1-40。

有关 35 和 45 钢力学性能的比较　　　　　　　表 1-40

钢　　号	σ_b （N/mm²）	σ_s （N/mm²）	δ_5 （%）	ψ （%）	A_{ku2} （J）	HB （热轧态）	标准
35	≥530	≥315	≥20	≥45	≥55	≤197	GB/T 699
45	≥600	≥355	≥16	≥40	≥39	≤229	GB/T 699
35（冷拉）	≥600	—	≥6.5	≥35	—	≤241	GB/T 3078
45（冷拉）	≥650	—	≥6	≥30	—	≤255	GB/T 3078

3.40Cr、35CrMoA（35CrMo）　采用合金结构钢，可使夹紧螺柱的尺寸减小；材料的技术要求应按《合金结构钢》（GB/T 3077-1999）的规定，经调质热处理后可细化晶粒，改善强度和韧性。但是，标准规定的是试样（毛坯尺寸为 15mm 或 25mm）热处理后的力学性能，而实际材料通常以热轧或热锻状态供货。如需方要求并在订货合同中注明，方可按热处理状态交货。

五、其他零件用材料

1. 压紧板和中间隔板

常用的材料为碳素钢板和低合金钢板，并应注意以下几点：

（1）Q235-A·F 限用于设计压力 $P \leq 0.6$MPa；

（2）16MnR 与 Q345-A（16Mn）比较，宜选用 16MnR；选用低合金钢板，可使板厚减小；

（3）由于含碳量高，可焊性较差，故不宜选用 45 钢。

2. 管法兰

管法兰的材料可选用钢板或锻件，但应注意以下几点：

（1）利用 Q235-A 或 Q235-B 钢板余料锻制法兰时，锻件的化学成分和力学性能应不低于相应钢板的要求；

（2）管法兰的形式、尺寸等宜按行业标准《板式平焊钢制管法兰》(HG20593-1997)或《凸面板式平焊钢制管法兰》(JB/T 81-1994)，或按国家标准《凸面板式平焊钢制管法兰》（GB9119·6 ~ 9119·10-1988）选用；不应按《一般用途管法兰连接尺寸》（GB 2555-1981）选用。

3. 接管

接管材料应采用无缝钢管。常用的碳素钢管为 10 和 20，应优先选用 10 钢管，且应符合《输送流体用无缝钢管》（GB/T 8163-1999）的规定；奥氏体不锈钢管应符合《输送流体用不锈钢无缝钢管》（GB/T 14976-2002）或《锅炉、热交换器用不锈钢无缝钢管》（GB/T 13296-1991）的规定；钛管（TA1、TA2）应符合《钛及钛合金管》（GB/T 3624-1995）或《热交换器及冷凝器用无缝钛管》（GB/T 3625-1995）的规定。

六、焊条

接管与压紧板（或中间隔板）、接管与管法兰相互焊接用的焊条，必须具有焊条生产单位的质量证明书，且应注意以下几点：

1. 焊条质量应分别符合以下标准：

（1）碳钢焊条按《碳钢焊条》（GB/T 5117-1995）；

（2）低合金钢焊条按《低合金钢焊条》（GB/T 5118-1995）；

（3）不锈钢焊条按《不锈钢焊条》（GB/T 983-1995）。

2. 焊条的型号与牌号　焊条的型号是统一的，按相应焊条标准的规定；牌号则不尽一致。自 1968 年起，焊接材料行业对牌号已有统一的编写规定，且各生产企业可在该规定的牌号前另加代号（如天津猴王牌焊条加"MK"；上海牌焊条加"SH"）。以下为焊接材料行业 1997 年版《焊接材料产品样本》的规定。

（1）常用焊条的型号与牌号对照　碳钢和低合金钢焊条（统称"结构钢焊条"）的型号与牌号对照，见表 1-41；不锈钢焊条的型号与牌号对照，见表 1-42。

碳钢和低合金钢焊条型号与牌号对照　　　　　　　　　　　　　表 1-41

型　号	牌　号	适用材料	型　号	牌　号	适用材料
E4301	J423		E5011	J505	
E4303	J422		E5015	J507	
E4311	J425		E5016	J506	
E4313	J421		E5015-G	J507R	
E4315	J427	Q235-A Q235-B	E5016-G	J506R	Q345-A (16Mn) 16MnR
E4316	J426		E5501-G	J553	
E4320	J424		E5503-G	J552	
E5001	J503		E5515-G	J557	
E5003	J502		E5516-G	J556	

不锈钢焊条的型号与牌号对照　　　　　　　　　　　　　表 1-42

型　号	牌　号	适用材料	型　号	牌　号	适用材料
E307-16	A172	304 型与碳素钢焊接	E309-15 E309-16	A307 A302	317 型
E308-15	A107	304 型	E316-15	A207	316 型
E308-16	A102		E316-16	A202	
E308L-16	A002	304L 型	E316L-16	A002	316L 型

（2）型号与牌号表示方法的说明

1）碳钢焊条的型号

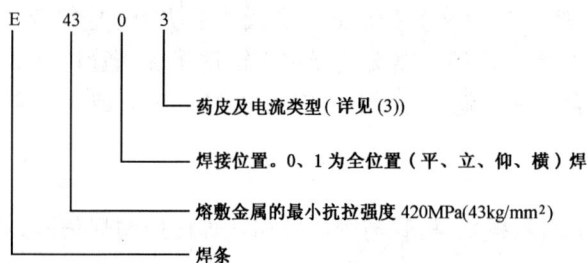

```
        E  43  0  3
                  └── 药皮及电流类型（详见(3)）
               └───── 焊接位置。0、1为全位置（平、立、仰、横）焊
           └───────── 熔敷金属的最小抗拉强度 420MPa(43kg/mm²)
        └──────────── 焊条
```

2）碳钢焊条的牌号

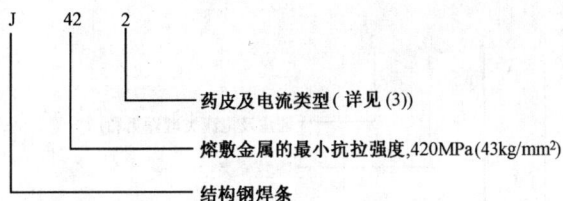

```
        J    42    2
                    └──── 药皮及电流类型（详见(3)）
              └───────── 熔敷金属的最小抗拉强度,420MPa(43kg/mm²)
        └────────────── 结构钢焊条
```

3）低合金钢焊条的型号

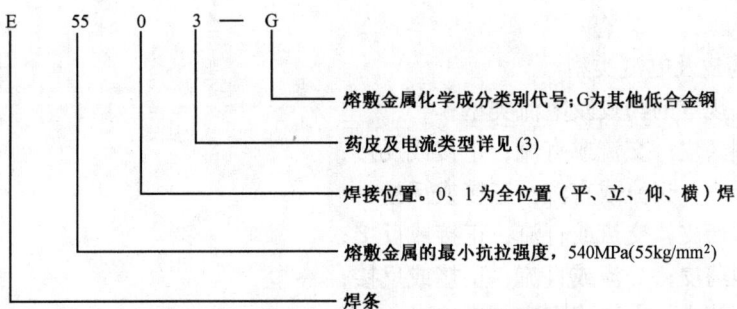

```
        E   55   0   3 ── G
                         └──── 熔敷金属化学成分类别代号；G为其他低合金钢
                     └──────── 药皮及电流类型详见(3)
                 └──────────── 焊接位置。0、1为全位置（平、立、仰、横）焊
             └──────────────── 熔敷金属的最小抗拉强度，540MPa(55kg/mm²)
        └──────────────────── 焊条
```

4）低合金钢焊条的牌号

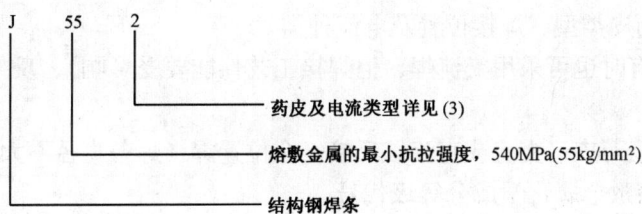

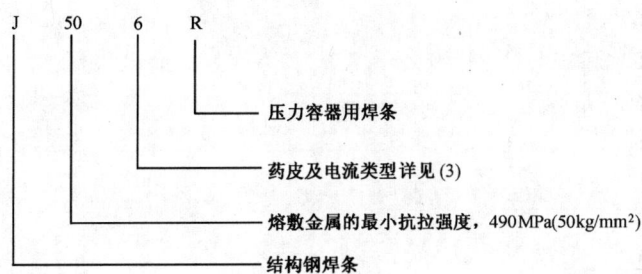

```
        J   55   2
                  └──── 药皮及电流类型详见(3)
             └─────── 熔敷金属的最小抗拉强度，540MPa(55kg/mm²)
        └──────────── 结构钢焊条
```

```
        J   50   6   R
                      └──── 压力容器用焊条
                  └──────── 药皮及电流类型详见(3)
             └──────────── 熔敷金属的最小抗拉强度，490MPa(50kg/mm²)
        └───────────────── 结构钢焊条
```

5）不锈钢焊条的型号

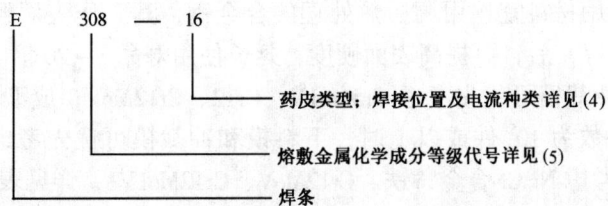

```
        E   308 ── 16
                    └──── 药皮类型；焊接位置及电流种类详见(4)
             └───────── 熔敷金属化学成分等级代号详见(5)
        └────────────── 焊条
```

6）不锈钢焊条的牌号

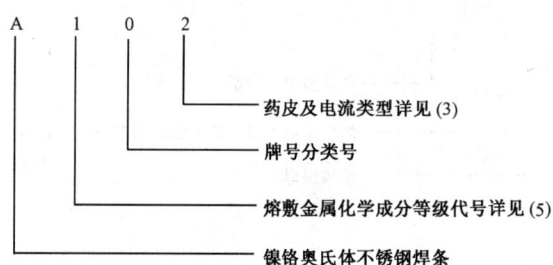

```
A   1   0   2
```
　药皮及电流类型详见(3)
　牌号分类号
　熔敷金属化学成分等级代号详见(5)
　镍铬奥氏体不锈钢焊条

（3）焊条的药皮及电流类型

0— 不属于已规定的药皮及电流类型；

1— 氧化钛型药皮；交流或直流；正接或反接；

2— 钛钙型药皮；交流或直流；正接或反接；

3— 钛铁矿型药皮；交流或直流；正接或反接；

4— 氧化铁型药皮；交流或直流；正接或反接；

5— 纤维素型药皮；交流或直流；反接；

6— 低氢钾型药皮；交流或直流；正接或反接；

7— 低氢钠型药皮；直流；反接。

（4）不锈钢焊条型号中药皮类型、焊接位置及电流种类

15— 碱性药皮；直流（有时也可采用交流焊，但焊接工艺性能要受影响）、反接；全位置焊（焊条直径不大于 4.0mm）；

16— 碱性或钛型、钛钙型药皮；交流或直流、反接；全位置焊（焊条直径不大于 4.0mm）。

（5）不锈钢焊条牌号中熔敷金属化学成分等级代号

0— $C \leqslant 0.04\%$；

1— $Cr \approx 18\%$，$Ni \approx 10\%$；

2— $Cr \approx 19\%$，$Ni \approx 12\%$；

3— $Cr \approx 23\%$，$Ni \approx 13\%$；

4— $Cr \approx 26\%$，$Ni \approx 21\%$；

5— $Cr \approx 16\%$，$Ni \approx 25\%$；

6— $Cr \approx 16\%$，$Ni \approx 35\%$。

七、板片冲压模具用材料

选择板片冲压模具用材料的基本原则：材料应具有良好的加工性、耐磨性、冲击疲劳强度、表面热疲劳强度、耐腐蚀性和热处理性能。

一般，板片冲压模具用材料宜选用调质热处理的合金钢，其工作表面经化学热处理（如渗氮、涂覆 $3 \sim 10\mu m$ 的 TiN 等）后，可提高表面硬度，延长使用寿命 $1 \sim 20$ 倍。当要求冲压件数为 10^4 件以下时，下料模和冲裁模可优先考虑 Cr5Mo1V、Cr12、Cr12MoV；成型模可优先考虑 Ni-Cr 合金铸铁。当要求冲压件数为 10^5 件或以上时，下料模和冲裁模可优先考虑 Cr12、Cr12Mo1V1、Cr12MoV；成型模可优先考虑 Ni-Cr 合金铸铁、Cr12MoV、Cr12Mo1V1，详见表 1-43。

板片冲压模具用材料　　　　　　　　　　　　　　　　　表 1-43

类别	模具名称	使用条件	推荐材料钢号	代用材料钢号	工作面硬度（HRC）
冲裁模	下料膜轻载冲裁模（板厚小于2mm）	小批量简单形状	T10A	Cr2	58～62
		中小批量（≤10^4 件）复杂形状	7CrSiMnMoV Cr5MolV Cr12 Cr12MoV	9Mn2V	56～58 60～62 60～62 60～62
		高精度要求	Cr2 Cr5MolV	CrWMn 9CrWMn	60～62 60～62
		大批量（≥10^5 件）	Cr5MolV Cr12 Cr12MoV Cr12MO1V1	Cr4W2MoV	60～62 60～62 60～62 60～62
	下料模重载冲裁模	高强度薄板	Cr12Mov Cr4W2Mov W6Mo5Cr4V2	Cr5Mo1V W18Cr4V V3N	54～56（复杂） 56～58（简单） 58～61 58～61
成型模	轻载拉深模	浅拉深	T10A Cr5Mo1V	Cr2 9Mn2V CrWMn	60～62 60～62 60～62
		大批量落料拉深复合模	Cr12MoV	Cr5Mo1V	60～62
	重载拉深模	大批量，小型（≤10^4 件）	Ni-Cr 合金铸铁	Cr12	60～62
		大批量，中型（≥10^5 件）	Ni-Cr 合金铸铁 Cr12MoV Cr12MolV1	球墨铸铁	45～50 65～67（渗氮）
		耐热钢 不锈钢	Cr12MoV 65Nb（小型） Ni3CrMo （717 号）	GT35	64～66 64～66 50～55（渗氮）

第四节　板式换热器的发展

一、板式换热器技术的进步

从学术上看，"换热"是一个错误的术语。热力学第二定律的概念是热只能从高温向低温转移，不能逆向进行。在换热中，热也只能从高温侧流体单方向地流向低温侧流体，两流体之间不存在热的"交换"。由于"换热器"的术语已经使用了许多年，许多学者已不再批判上述学术上的错误，而是集中力量持续地致力于提高换热器的性能。在学术界、制造厂商等各界的努力之下，板式换热器的性能的提高对能源的有效利用作出了巨大的贡献。当我们展望 21 世纪我国能源、环境问题时，热能的有效利用被列为重要的课题，其中"换热技术"的作用就更为明显。

1. 能源危机和热技术

21 世纪我国的能源形势是紧张的，其理由如下：我国和世界的能源消耗随着人口的增长和工业化的进展将会快速增长；现在我们利用的主要一次能源（煤炭、石油、天然气和核能）之中，除煤炭之外，其余三项已逐渐枯竭，其价格不可避免将持续增长；目前尚没有发现能替代石油、天然气、核能的一次能源，作为有效替补的能源有太阳能和热核反应，但前者成本费高，后者尚有许多实质的问题没有解决，尚不能达到实用阶段；为了控制地球温室效应，化石燃料的使用受到了各国舆论的强烈反对。综上所述，在 21 世纪的上半个世纪之间，作为解决我国能源和环境问题的重要措施之一是如何有效地利用好一次能源，其中主要研究的内容是从一次能源转移至二次能源、三次能源的高效率化；各阶段利用技术的先进性和效率的提高；需求的平衡和能源的供给、消耗系统的改善等。上述所说内容的实质是热技术，当分析各项技术时，我们将发现，换热技术是关键工艺之一。

2. 板式换热器的重要课题

换热技术的应用范围非常广。目前，在热利用机器中产生的传热过程中的大部分都属于换热的过程。在废热回收的热能利用过程中更为明显。如前所述，在处理能源、环境问题时，热利用技术所承担的任务越来越大，特别是从低温热源中进行热回收的作用更为重要。其原因如下：低温热源的数量非常大，几年前的调查结果显示，我国低温热源的数量约为一次能源消耗量的 1.3 倍。为此，必须想方设法利用这么庞大数量的能量，但由于利用对象是低温，故在热回收时必须尽可能将热损失控制在最小范围内，即换热时希望进行小温差传热。在利用低温热源时，重要的是在不增大传热面积的条件下实现小温差传热。板式换热器为小温差传热创造了条件。

在换热的传热过程中，若单位时间内的传热量为 Q，传热面积为 A，传热系数为 K，温差为 Δt_m，则 $Q = K \cdot A \cdot \Delta t_m$。为了增大传热量 Q，就必须增大 K、A、Δt_m 三个因素中的任意一项。但在废热回收的换热过程中，由于必须尽量地控制 Δt_m 为最小，故研究的对象为 K 或 A。扩大传热面积 A，即增大单位体积内传热面积的数量是增大废热回收量的方法之一。另一方面，增加传热系数 K 的技术，即称为促进传热的技术也是使换热器高性能化的关键技术之一。由于板式换热器的传热系数高，单位体积内的传热面积大，同时还能实现小温差传热，故在废热回收技术中，板式换热器成了首选的换热设备。

3. 促进传热技术的进步

在对流传热时，促进传热即实现增大传热系数的方法不只一种。主要的方法是视为"薄膜化促进传热"技术，这种技术是一种能减少在传热面上形成的温度边界层厚度的方法。在单相对流传热中，当提高流速时，就能实现薄膜化，但流速大时，风机（或水泵）的动力也增大，故它不是一种很好的方法。代替的方法是利用"突缘效果"的各种扰动方法，如板式换热器板片内部的流道的快速改变等。冷凝时，冷凝液膜是温度边界层，减薄冷凝液膜的厚度可促进传热，目前广泛采用的方法是利用冷凝液表面张力减薄液膜的厚度。从原理上看，促进传热是简单的，实际使用时，有许多选择的内容，如传热对象是单相流还是两相流？流动状态是层流还是紊流？有相变还是没相变等，应根据对象实际情况采用合适的促进传热的方法。在许多状态下，促进传热的过程往往与流动损失的增加联系在一起。例如，强制对流传热时，传热系数与流速的 0.8 次方成比例增大，压力降则与流速的三次方成比例增加。因此，在促进传热的得益中还必须同时考虑风机（水泵）动力增大的问题。综合评价时的评价项目应包括能量的得失和经济效果的大小等多项因素。对于换热器来说，由于它包括加热侧、冷却侧，故必须考虑双方都要促进传热。在换热器中，通过促进传热提高传热系数。此时，若传热面两侧的传热系数为同一值时，就是非常理想的状态。

4. 高效、轻量化

高性能换热器必须具备的条件之一是高效化、小型化（体积小、重量轻）。在许多能量变换装置中，换热器占的容积及重量比其他的装置大，故高效化、小型化是换热技术研究课题中的重要任务之一。

实现小型化的前提之一是如前所述的开发促进传热的技术，同时，材料技术和制造、加工技术的进步也是不可缺乏的。表示换热器传热面积小型化的指标是单位体积的传热面积。例如管壳式换热器约为 $70 \sim 500 m^2/m^3$，板式换热器约为 $200 \sim 6000 m^2/m^3$。人的肺（不仅进行换热）是连续地进行氧和二氧化碳气体交换的一种物质交换器，它的单位体积内的交换面积约为 $15000 m^2/m^3$。由此可见，人类研制的高效、小型换热器与它相比还有很大的差距。

5. 污染物处理技术的发展

与废热回收有关的问题之一是防止污染物的污染处理的技术。近来，在未利用能的利用计划中拟开发利用海水、河水和地下水等资源，在这些资源中含有大量的纤维性污浊物质。在从这些水中采热时遇到的问题是换热器传热面积的污染，即传热面积的污损。当使用的传热面的性能越高，污染降低的传热性能就越明显，增加的压力降就越大，故必须预先采取相应的措施。我国和许多国家一样，在开发高性能传热方面做了许多工作，取得了很大成绩，但在有关污染物的机理分析、预测和处理措施方面做的工作尚少。美国在 1970 年至 1980 年，将污染物的研究列为换热技术发展方面的重要研究课题，在污染物的形成机理方面取得了一定的成果，并且在传热面的清洁技术方面也取得了一定的进展。当然，还存在许多尚待解决的问题。

二、继续开发高效、节水和广泛用于自然能源、废热利用的板式换热器

1. 继续研制开发 NTU 值高的板式换热器。NTU 值高的含义是在较低的对数平均温差条件下获得较大的温度变化，即意味着获得高的温度效率。NTU 值大时，节能效益明显。

2. 继续研制开发节水效益非常明显的空冷板式换热器。节水是一项很重要的任务，空冷板式换热器以空气冷却替代水冷却，适用于化工、轻工、食品和电厂，应用范围广。

3. 自然能源的利用是可持续发展中的一项重要任务，废热利用是当前重要的节能措施，小温差换热器是自然能源、废热利用中的必备设备之一。

第二章 板式换热器传热、流动阻力计算和设计计算方法

第一节 影响板式换热器传热、流动阻力的主要因素

一、影响板式换热器传热的主要因素

一般采用传热系数 K，对数平均温差 Δt_m，热介质的压力降 ΔP，承压能力，耐温能力，使用寿命和无故障运行时间等评价传热器的性能。

从传热的基本方程式 $Q = K \cdot A \cdot \Delta t_\mathrm{m}$ 可知，影响换热量的主要因素是与板式换热器结构形式有关的因素 K、A，相关的传热单元数 $\left(\mathrm{NTU} = \dfrac{K \cdot A}{G \cdot C_\mathrm{p}} \right)$ 和与流动状况相关的对数平均温差 Δt_m。

1. 对数平均温差 Δt_m

从公式 $Q = K \cdot A \cdot \Delta t_\mathrm{m}$，$\Delta t_\mathrm{m} = \dfrac{1}{A} \displaystyle\int_A (t_\mathrm{h} - t_\mathrm{c}) \mathrm{d}A$ 中可知，平均温差 Δt_m 是传热的驱动力，对于各种流动形式，如能求出平均温差，即板面两侧流体间温差对面积的平均值，就能计算出换热器的传热量。平均温差是一个较为直观的概念，也是评价板式换热器性能的一项重要指标。

(1) 对数平均温差的计算 当换热器的传热量为 $\mathrm{d}Q$ 时，温度上升为 $\mathrm{d}t$ 时，则 $C = \mathrm{d}Q/\mathrm{d}t$，将 C 定义为热容量，它表示单位时间通过单位面积交换的热量，即：

$$\mathrm{d}Q = K(t_\mathrm{h} - t_\mathrm{c})\mathrm{d}A = K\Delta t \mathrm{d}A$$

两种流体产生的温度变化分别为 $\mathrm{d}t_\mathrm{h} = -\mathrm{d}Q/C_\mathrm{h}$，$\mathrm{d}t_\mathrm{c} = -\mathrm{d}Q/C_\mathrm{c}$，$\mathrm{d}\Delta t = \mathrm{d}(t_\mathrm{h} - t_\mathrm{c}) = \mathrm{d}Q\left(\dfrac{1}{C_\mathrm{c}} - \dfrac{1}{C_\mathrm{h}} \right)$，则 $\mathrm{d}A = \dfrac{1}{K\left(\dfrac{1}{C_\mathrm{c}} - \dfrac{1}{C_\mathrm{h}} \right)} \cdot \dfrac{\mathrm{d}\Delta t}{\Delta t}$。当从 $A = 0$ 积分至 $A = A_0$ 时，$A_0 = \dfrac{1}{K\left(\dfrac{1}{C_\mathrm{c}} - \dfrac{1}{C_\mathrm{h}} \right)} \ln \left(\dfrac{t_{ho} - t_{ci}}{t_{hi} - t_{co}} \right)$，由于两种流体间交换的热量相等，即 $Q = C_\mathrm{h}(t_{hi} - t_{ho}) = C_\mathrm{c}(t_{co} - t_{ci})$，经简化后可知：

$$Q = KA_0 \frac{(t_{ho} - t_{ci}) - (t_{hi} - t_{co})}{\ln \left(\dfrac{t_{ho} - t_{ci}}{t_{hi} - t_{co}} \right)}$$

若 $\Delta t_1 = t_{hi} - t_{co}$，$\Delta t_2 = t_{ho} - t_{ci}$，则

$$Q = KA_0 \frac{\Delta t_2 - \Delta t_1}{\ln(\Delta t_2 / \Delta t_1)} = KA_0 \Delta t_\mathrm{m}$$

式中 $\Delta t_\mathrm{m} = \dfrac{\Delta t_2 - \Delta t_1}{\ln(\Delta t_2 / \Delta t_1)}$

(2) 流型对对数平均温差的影响

1) 常见流型（图 2-1）。常见流型有逆流、顺流（并流）、折流、错流和各式混合流等。对于各种流型的换热器，在相同的进出口温度条件下，逆流的平均温差最大，其他流型的平均温差都低于逆流的平均温差。对数平均温差 Δt_m 的求解一般采用

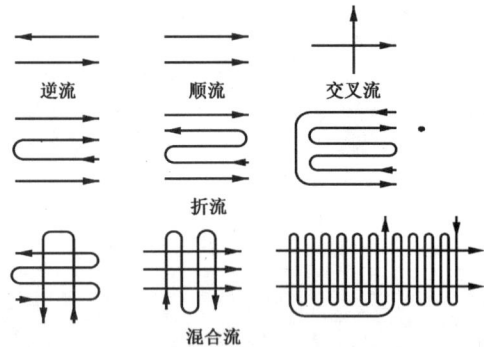

图 2-1 常见流型图

修正逆流对数平均温差 Δt_{lm} 的方法，即 $\Delta t_m = \psi \Delta t_{lm}$。

2）温差修正系数 $\psi = \Delta t_m / \Delta t_{lm}$。对于各种流型，温差修正系数 ψ 总小于 1（图 2-2，图 2-3），$\psi = f(\varepsilon, R)$，其中 ε 称为温度效率，

$$\varepsilon = \frac{t_{co} - t_{ci}}{t_{hi} - t_{ci}} = \frac{\text{冷流体的加热度}}{\text{两流体的进口温差}};$$

R 称为热容量比，$R = \dfrac{t_{hi} - t_{ho}}{t_{co} - t_{ci}} = \dfrac{\text{热流体的冷却度}}{\text{冷流体的加热度}}$。

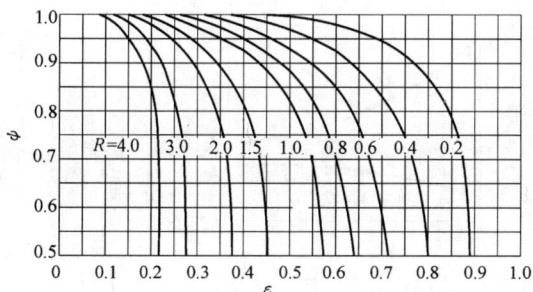

图 2-2　（1-2）型的 ψ 值

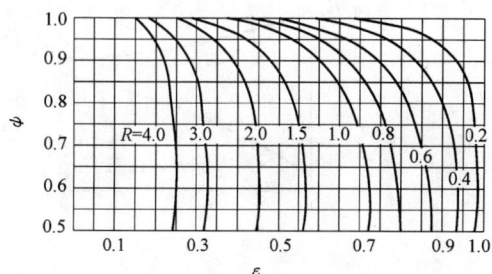

图 2-3　（2-4）型的 ψ 值

温差修正系数表示在相同的流体进出口温度条件下，按某种流型工作时的平均温差与按逆流工作时的平均温差的比值。进出口温度相同，即所传递的热量相等，而平均温差不同，反映所需传热面积不同。故 ψ 还表示在相同的流体进出口温度条件下，按逆流工作所需的传热面积与按某种流型工作所需传热面积之比值，即

$$\psi = \frac{\Delta t_m}{\Delta t_{lm}} = \frac{A(\text{逆流所需传热面积})}{A(\text{某种流动形式所需传热面积})}$$

实际工程中，一般都要求 $\psi > 0.9$，至少不低于 0.8。

3）在相同条件下逆流平均温差较顺流大，折流既有顺流又有逆流，其平均温差数值介于顺流与逆流之间。总趋势为逆流或顺流的多次交叉，其平均温差值分别逼近纯逆流或纯顺流时的平均温差。

4）逆流换热时冷流体出口温度可高于热流体的出口温度，顺流时冷流体出口温度却始终低于热流体出口温度，逆流方案将使热、冷流体的最高温度处于设备同一端，该处传热面壁温高，工作条件恶劣；顺流方案的热、冷流体在设备的同一端进入，传热面冷却较好，但热应力却较大；交叉流型将使传热面具有最小的热应力。

设计时应尽可能采用逆流或接近逆流的错流型，但若热介质温度较高，传热面壁温较高对材质会提出较高要求。因此，应进行安全和经济比较后选择合理方案。

（3）换热流程的布置对平均温差的影响　多流程的布置对平均温差有较大的影响。例如一个（1-2）型换热器，先顺流后逆流与先逆流后顺流的区别如图 2-4 所示。从该图可知，前者更接近逆流特点，冷流

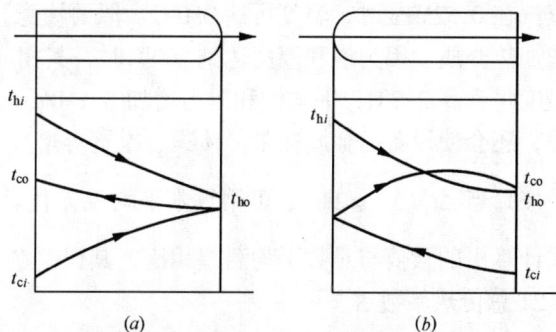

图 2-4　换热流程图
（a）先顺流后逆流；（b）先逆流后顺流

体终温 t_{co} 可高于热流体终温 t_{ho}，而不发生温度交叉现象，总平均温差值较大。

（4）流体热容量的影响 流体热容量小，在换热过程中温度变化快，温度曲线较陡，平均温压差小；反之，流体热容量大，在换热过程中，温度曲线较平，平均温压较大。当流体热容量为无限大时（换热流体为相变，吸收或放出潜热），换热流体温度不发生变化。若两流体热容量均为无限大，此时可得到最大的平均温差。

图 2-5 表示两流体热容量不同或相同时的温度分布,从图 2-5(e)可知,当逆流中两侧流体的热容量相同时，则沿传热面两侧流体温度变化为两条平行线，故 $\Delta t_{lm} = (t_{ho} - t_{ci}) = (t_{hi} - t_{co})$。

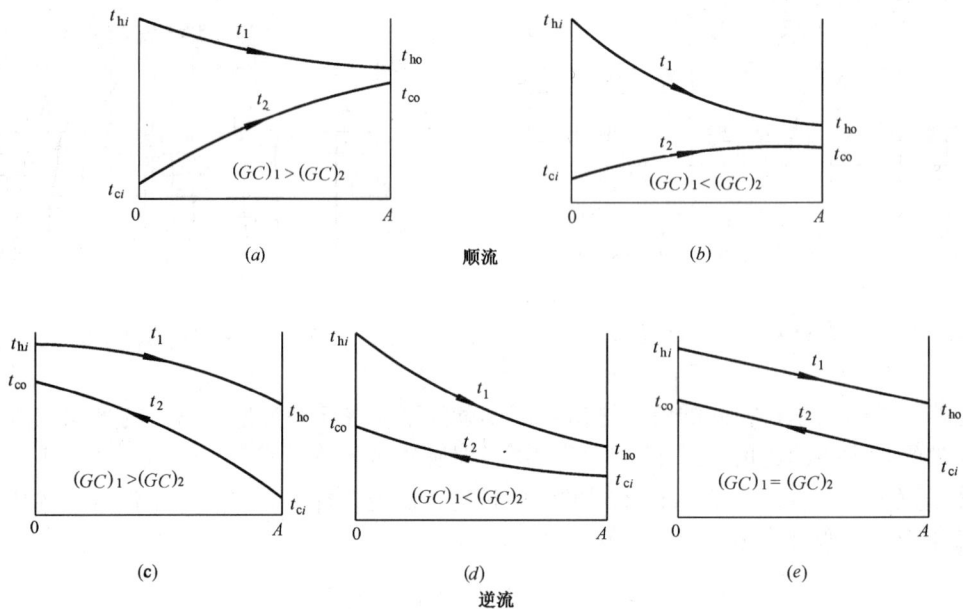

图 2-5 逆流顺流中的温度分布

（5）增加平均温差的方法

1）尽可能采用逆流或接近逆流的流型布置。

2）提高热流体温度或降低冷流体温度，增大热、冷流体间的温差从而使平均温差增大。如采用低压高温载热介质，液体金属钠、钾合金在常压下的沸点为 784℃；联苯和二苯醚混合物饱和蒸汽在 0.52MPa 时，温度可达 350℃。但要注意，当温度超过 200℃时，就不宜选择饱和水蒸气作加热介质，因为饱和温度达到 200℃时，其相应的饱和压力已达 1.55MPa，此后，饱和水蒸气温度每升高 2.5℃，平均饱和压力增加 0.1MPa，压力的增大除对换热器制造工艺提出严格要求外，还会使设备的金属耗量、体积、投资等增大。

（6）当 $\Delta t_1 / \Delta t_2 \leqslant 2$ 时，可用算术平均温差代替对数平均温差，即 $\Delta t_m = \frac{1}{2}(\Delta t_1 + \Delta t_2)$，按该式计算出的数值与对数平均温差相比，其误差在 +4% 范围之内。

2. 总传热系数 K

$$K = \left(\frac{1}{\alpha_1} + R_{s1} + \frac{\delta}{\lambda} + R_{s2} + \frac{1}{\alpha_2} \right)^{-1} \tag{2-1}$$

式中 $1/\alpha_1$——板片热侧流体传热热阻；

α_1——热侧换热系数；

R_{s1}、R_{s2}——污垢层热阻；

$\dfrac{\delta}{\lambda}$——板片层热阻；

δ——板片厚度；

$1/\alpha_2$——板片冷侧流体传热热阻；

α_2——冷侧换热系数。

由式（2-1）可知，影响总传热系数的主要因素有：

（1）NTU$_P$——板式换热器传热单元数 NTU$_P = \dfrac{K \cdot A}{G \cdot C_P}$；其中 K、A 与板片波纹的形状，波深，板间距，板片的组合方式，板片的厚度有关，上述因素均与板式换热器的 α_1、α_2、δ 有关，是计算总传热系数 K 的基础。

1）板式换热器的 NTU$_P$ 表示换热器的总热导（即换热器传热热阻的倒数）与流体热容量的比值，它表示相对于流体热容量，该换热器传热能力的大小，即表示换热器的无量纲"传热能力"。换热器的面积是具有一定传热单元数的单位传热体的组合，总传热长度是传热单元数和流程数的乘积。当 NTU$_P$ 表示总传热长度时，若每 1 流程的传热单元数为 NTU$_e$ 时，则 NTU$_P = n \cdot$ NTU$_e$（其中 n 是流程数）。当 NTU$_e$ = NTU$_E$ = NTU$_P$ 时，换热器为单程。若 NTU$_e <$ NTU$_E$ 时，则换热器应为多流程，故设计时应先确定 n。由于每种板片单程的 NTU$_e$ 值基本上是定值，如适合表 1-16 中 e 的流量为 25m³/h 的单程板式换热器的面积为 17m²。从 NTU$_e = \dfrac{A \cdot K}{G \cdot C}$ 可知，当 NTU$_e$ 为定值时，A、K 成反比。仍以 e 为例：当 K = 500W/(m²·℃) 时，$A = \dfrac{1.67 \times 25000}{500} = 83.5$m²，流程数 $n = \dfrac{83.5}{17} \approx 5$；当 K = 2500W/(m²·℃) 时，A = 16.7m²，流程数 n = 1。其 NTU$_e$ 如下所示：K = 500W/(m²·K) 时，NTU$_e$ = NTU$_P/n$ = 0.33；K = 2500W/(m²·K) 时，NTU$_e$ = 1.67。由此可知，根据 NTU$_e$ 即可求出换热器的流程数，传热系数和传热面积。从以上分析可知，若板式换热器设计不合理，可能使换热面积过大，也可能使板间流速太高，压力降过大。

2）京海换热生产的板式换热器的 NTU$_P$ 从 0.5 ~ 8，提高了板式换热器对各种工艺过程的适应性。

（a）大 NTU（≈ 8），小 Δt_m（$\approx 1 \sim 2$）的板式换热器满足了区域供冷和热泵机组蒸发器、冷凝器的要求。Δt_m 是换热的驱动力，若 Δt_m 小，即意味着驱动力小，要实现两种流体之间的换热，必须增大传热系数，增大传热面积。为了使传热面积不致过大，惟一的方法是增大传热系数 K。

浅密波纹板片是京海换热生产的新型板片，它的传热系数约为 7000W/(m²·K)，是水平平直波纹板的 2 倍，是人字形波纹板的 1.5 倍。在区域供冷中应用时，检测的 Δt_m 约为 1.2。在作为冰蓄冷的乙二醇和冷冻水的换热器使用中，Δt_m 约为 1.5。

板式蒸发器、板式冷凝器也是京海换热生产的适应于热泵机组的新型换热器。与管壳式蒸发器、冷凝器相比，它具有如下优点：单位体积内板式蒸发器、板式冷凝器的传热面积约是管壳式换热器的 3 倍，板式蒸发器的传热系数约为 1000 ~ 1200W/(m²·K)，板式冷凝器的传热系数约为 1500 ~ 2000W/(m²·K)，均为管壳式换热器的 2 ~ 3 倍。在板式蒸发器上采用了使制冷剂液体分布均匀的分配器装置，当蒸发器板片数较多时，可能会出现制冷剂液体分配不均的问题，不能充分利用所有蒸发传热面积，使蒸发温度低于设计计算温度。采用分配器后即能克服上述问题。有关单位检测数据说明,板式蒸发器、板式冷凝器的传热系数在 Δt_m 约为 2.5~3℃ 时,均在 1500~2000W/(m²·K) 之间,且压力降小,满足了热泵机组的要求。

（b）小 NTU（≈0.3~2），大 Δt_m（≈40~90℃）的板式换热器满足了热回收工艺和工艺加热冷却的需求。当工艺过程在大 Δt_m 的条件下进行换热时,说明驱动力大,所需的传热面积较小,对传热系数要求也不高。但这种工艺过程或者工作压力高,或者工作温度高,或者工艺加热、冷却过程的液体中含有纤维或直径较大的颗粒,对板式换热器的承压、耐温能力提出了要求,对换热器的板间距提出了要求。

排（烟）气-水全焊式换热器（省能器），排（烟）气-空气板壳式换热器（空气预热器）是京海换热生产的新型板式换热器。

多效板式蒸发装置,这种装置既是工艺加热装置,又是重要的热回收装置。以前由于板式换热器的流道小（板间距 1.5~5.0mm）,不适宜于气-气换热或蒸汽冷凝;且易堵塞,故不宜用于含悬浮物的流体。为了尽量地发挥板式换热器的长处,克服存在的问题,适应工艺的要求,京海换热生产出了新型的多效板式蒸发装置。这种板式蒸发装置属宽流道型,其板间距为 8.0mm,适合于蒸汽冷凝,也适合于含悬浮物的流体,且不易堵塞。

（2）热容量 $G_1 C_1$、$G_2 C_2$ 对 $\mathrm{NTU_P}$ 的影响。

1）当板式换热器中两流体热容量不同时,换热器温度效率 ε 的计算公式如下:

$$当 (GC)_1 > (GC)_2 时, \varepsilon = \frac{Q}{(GC)_2 (t_{hi} - t_{ci})}$$

$$当 (GC)_2 > (GC)_1 时, \varepsilon = \frac{Q}{(GC)_1 (t_{hi} - t_{ci})}$$

即 $\mathrm{NTU_P} = \dfrac{K \cdot A}{(G \cdot C)_{\min}}$,也就是说热容量小的一方是影响 $\mathrm{NTU_P}$ 和总传热系数 K 值的主要因素。

2）只有同时提高板式换热器两侧的 α_1、α_2,才能提高总传热系数 K。当忽略板片的导热热阻后,板式换热器的传热系数 $K = \dfrac{\alpha_1 \cdot \alpha_2}{\alpha_2 + \alpha_2}$。从该式可知,传热系数 K 与 α_1、α_2 有关,且小于二者中较小的一个。为了提高传热系数,必须同时提高冷、热流体与板面之间的对流换热系数。如果其中一侧 α 值较低的话,板式换热器就不能很好地发挥它的效益。

3）京海换热生产的非对称型(FBR)板式换热器是一种适合于两侧热容量相差较大的总传热系数较高的板式换热器。在城市集中供热系统中,根据热力网设计规范,国内所采用的一次热媒的温度一般为 150~80℃,130~80℃ 和 110~80℃ 三种。二次热媒的温度一般为 95~70℃。在这样的设计参数下,板式换热器一次热媒流道内的流量一般为二次热媒流道内流量的一半左右。对于对称性流道来说,一次热媒的流速仅为二次热媒流速的 50% 左右,则一次热媒流道内流体与板面间的对流换热系数约为二次热媒流道内的 70%,传热系数约为 2500~3700W/(m²·K)。若将一次热媒流道内的对流换热系数提高到原来的 1.5 倍,则总传热系数将增加到 3000~4500W/(m²·K)。

表 2-1 表示在热力网规范规定的一次侧、二次侧温度条件下板式换热器两侧各项参数比之间的关系。从该表可知,当 $\dfrac{A_1}{A_2} = 1$（对称型）时,两侧流速比为 1:2.4,换热系数比为 1:1.8,压力降比为 1:5.3,流动功率比为 1:1.3;若将板式换热器改为非对称型,当 $\dfrac{A_1}{A_2}$ 的流道流通面积比为 1:2.4 时,则两侧换热系数近似相等。流动功率损失仅差 13%,说明这种流通面积比具有较好的传热系数。

板式换热器两侧各项参数比之间的关系　　表 2-1

A_1/A_2	v_1/v_2	α_1/α_2	$\Delta P_1/\Delta P_2$	N_1/N_2
1	0.41	0.55	0.19	0.078
0.41	1	0.99	2.8	1.13
0.58	0.70	0.79	1	0.41
0.43	0.95	0.97	2.5	1

注：摘自孙德兴《供热用板式换热器两侧流通截面积的最佳比例分析》。

3. 污垢系数

由于板式换热器板间紊流度较高，结垢现象不像管壳式换热器那样严重。但在集中供热系统中，板式换热器板间流速较小，紊流度较低，故结垢仍很严重，水质问题不容忽视。解决换热器的污垢问题是换热器能否保持高传热系数的关键因素。由于污垢导热系数很小，故热阻（污垢系数）很大（表 2-2），明显地降低了板式换热器的传热系数。

污垢热阻的大小和流体种类、流体流速、运行温度、流道结构、传热表面状况、传热材料等因素有关。污垢在传热面上沉积速率一般都是先积垢较快，而后较慢，最后趋向于某一稳定值（图 2-6）。

污 垢 系 数　　表 2-2

流　体	污垢系数（$m^2 \cdot K/W$）
硬度低的闭式冷却水	~ 0.000001
饮料水、市水	0.000003 ~ 0.000010
冷却塔水、海岸海水、河川水	0.000017 ~ 0.000050
海水	0.000005 ~ 0.000010
引擎水、水	0.000035 ~ 0.000070
润滑油	0.000017 ~ 0.000050
原油	0.000010 ~ 0.000017
工艺过程（有机化学）流体	0.000010 ~ 0.000050

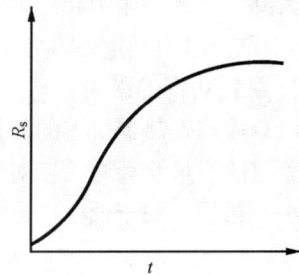

图 2-6　污垢热阻与时间的关系

二、影响板式换热器流动阻力的主要因素

流体在流过板式换热器的过程中，沿程存在各种流动阻力。流阻的大小与流体的物性、流速及板式换热器流道的几何特征有关。要满足板式换热器工作所需要的流体流量和流速，必须在换热器的流体进出口间建立一定的压差，以克服流体流过换热器流道时所遇到的流阻。换热器流道中流体压力的变化，在某些情况下，也会对传热发生影响。

1. 换热器流阻计算的目的

（1）计算流体流过换热器的压力降，作为选择泵的依据。

（2）当换热器中有相变时，流阻造成的流体工作压力的改变将会改变流体的饱和温度，改变了它与另一流体之间的温差，影响了传热。

泵送流体流过换热器所需的泵耗功率 N 正比于流体流经换热器的压力降 ΔP，即：

$$N = \frac{G \cdot \Delta P}{\rho} \quad (W) \tag{2-2}$$

式中　G——流体的质量流量（kg/s）；

ΔP——换热器进出口间流体的压力降（Pa）；

ρ——流体的密度（kg/m³）。

2. 流阻的构成

（1）单项流

1）摩擦阻力 由于流体的黏性和流体质点之间的相互位移，流体与板间流道固体壁面产生摩擦所引起的阻力。流速愈高、黏度愈大、壁面愈粗糙、流程愈长，则摩擦阻力愈大。

2）局部阻力 由于各种局部障碍而引起流体流动方向改变或速度突然改变所产生的阻力。局部阻力的大小与局部障碍的几何形状、尺寸大小、流动形态和壁面粗糙度有关。

（2）两相流 影响汽-液两相流体流动的因素除由于汽与液的密度不同而引起的汽与液的相互滑动等多种因素外，还包括流动阻力（摩擦、局部阻力、加速阻力和重力阻力）。

1）摩擦阻力 由于汽相混入引起液相增速，汽相流滑动速度对液膜造成的湍流效应等因素的影响，使摩擦阻力大于单相流。实用上常以两相流中只有液相成分时的摩擦阻力乘以相应倍数的方法求解两相流的摩擦阻力。

2）局部阻力 两相流的局部阻力比单相流更复杂。如流体通过弯管时的局部阻力，单相流是涡流和流场变化引起的，两相流是相分离和两相之间的滑动比的变化引起的，故计算式比单相式复杂得多。

3）加速阻力 加速阻力是由于在流动过程中两相流的密度和速度的改变而引起的压力损失。一般，加速阻力与摩擦阻力、重力阻力相比较小，但在高热负荷的汽液两相流中，加速阻力增大到可与摩擦阻力相比的程度。

4）重力阻力 重力阻力是在垂直流道中因高度差而引起的阻力损失。

3. 泵耗功率的影响

（1）板式换热器所需的流体泵耗功率，在很大程度上取决于压力降的大小，即与流体的物性及流道的当量直径有关。对于高密度的流体（如液体），则泵耗功率较小，压力降对设计的影响较小。相反，对于低密度流体（如气体），所需功率就很大，换热器设计时就必须对压力降加以注意。

（2）流体泵耗功率正比于质量流速或雷诺数的三次方。因此，若通过流速的提高来获得稍高的传热系数，经济上可能是不合理的。

4. 各部分分压力降的大小对流道内流速分布均匀性的影响

若换热板面换热部分分压力降在总压力降中占主要部分，则换热面各部分流速较均匀。若进口角孔等压力降很大，则将引起换热面流道中各部分流速分布明显不均匀，从而影响换热器的传热性能。

第二节　板式换热器传热系数的计算

一、对流换热系数

1. 紊流状态下不同形状板片换热的准则关系式可归纳为：

$$Nu = C Re^{n} Pr^{m} \left(\frac{\mu}{\mu_{w}} \right)^{p} \tag{2-3}$$

式中　Nu 及 Re 中的特征尺寸用当量直径 d_e 表示，$d_e = 4ab/(2a + 2b)$

　　　a——板片宽度（m）；

　　　b——板片间距（m）；

　　　C、n、m、p 值的大致范围如下：

$C = 0.15 \sim 0.40$，$n = 0.65 \sim 0.85$，$m = 0.30 \sim 0.45$（通常用 1/3），$p = 0.05 \sim 0.20$。临界雷诺数在 $10 \sim 400$ 左右，取决于板片形状。

2. 层流状态下板片换热的准则关系式可归纳为：

$$Nu = C \left(\frac{RePrd_e}{L} \right)^n \left(\frac{\mu}{\mu_w} \right)^p \qquad (2\text{-}4)$$

式中　C、n、p 值的范围一般为：

$C = 1.86 \sim 4.50$，$n = 0.25 \sim 0.33$，$p = 0.1 \sim 0.2$（通常为 0.14）；

L——板片长度（m）。

由于板片形状复杂，必须根据试验测定所得的换热准则关系式，作为换热器传热计算的依据。

二、凝结换热系数

影响板式冷凝器凝结换热的因素有蒸汽流速、蒸汽干度、蒸汽压力、蒸汽与冷却介质的相对流动方向等。目前尚未有人们公认的计算式，以下介绍三种计算公式，供参考。

1. Kumar·H 计算公式

$$Nu = CRe_l^n Pr_l^{0.33} \left(\frac{\mu_l}{\mu_w} \right)^{0.14} \qquad (2\text{-}5)$$

式中　湍流时 $n = 0.65 \sim 0.8$，一般为 0.7；C 为 $0.1 \sim 0.3$；$Re_l = G_l d_e / \mu_l$，其中质量流率 $G_l = G_l'$（实际的液流量）$ + G_l''$（相当的液流量），$G_l''$ 计算公式如下：

$$G_l'' = G_v \left(\frac{\rho_l''}{\rho_v} \right)^{\frac{1}{2}} \left(\frac{f_v}{f_l''} \right)^{\frac{1}{2}}$$

式中　G_v——两相混合物流中的蒸汽质量流率 $[\text{kg}/(\text{s} \cdot \text{m}^2)]$；

ρ_v、ρ_l''——分别为两相流中的蒸汽和液体密度（kg/m^3）；

f_v、f_l''——分别为蒸汽流及相当液流量下液体流的摩擦系数。

2. Tovazhnyanskiy　L　L 计算公式

$$Nu = CRe_{l.o}^n Pr_l^m \frac{1}{2} \left[\sqrt{1 + x_1 \left(\frac{\rho_l}{\rho_v} - 1 \right)} + \sqrt{1 + x_2 \left(\frac{\rho_l}{\rho_v} - 1 \right)} \right] \qquad (2\text{-}6)$$

式中　x_1、x_2——进出口处蒸汽干度；

$Re_{l.o}$——按两相流混合物的总流量及液体黏度求得；

Pr_l——凝液的 Pr 数；

ρ_l、ρ_v——进、出口处液体、蒸汽的密度（kg/m^3）。

3. 天津大学王中铮计算公式

$$Nu = C \left(\frac{Re_l}{H} \right)^n Pr^{0.33} \left(\frac{\rho_l}{\rho_v} \right)^p \qquad (2\text{-}7)$$

式中　Re_l——总的质量流率 G_s 下的凝液雷诺数；

H——考虑凝液膜厚度影响的无因次参数；

ρ_v——进口处蒸汽密度（kg/m^3）；

$\dfrac{\rho_l}{\rho_v}$——密度比，考虑蒸汽压力的影响。

$$Re_l = G_s (1 - x_o) \frac{d_e}{\mu_l}$$

式中　x_o——出口处蒸汽干度。

$$H = \frac{C_p \Delta t}{r'}$$

式中　r'——考虑凝液过冷和液膜对流换热影响的参数（J/kg）；

$r' = r\left(1 + 0.68 \frac{C_p \cdot \Delta t}{r}\right)$，其中 r 为汽化潜热（J/kg）。

三、沸腾换热系数 α_b

Chen J·C 计算式

$$\alpha_b = S\alpha' + \alpha'' \tag{2-8}$$

式中　S——核沸腾影响的系数，在泡状流区（包括过冷沸腾）$S = 1$；块状及气塞状流区，$0 < S < 1$；环状流区，$S = 0$；

　　α'——池沸腾换热系数；

　　α''——两相流强制对流换热系数。

日本日阪制作所针对它生产的日阪 EV-3 型板式蒸发器给出了它的沸腾换热系数计算式

$$Nu = 0.22\left(\frac{x}{1-x}\right)^{0.41}\left(\frac{\rho_l}{\rho_v}\right)^{0.22}\left(\frac{\mu_v}{\mu_l}\right)^{0.45}\left[\frac{d_e G\ (1-x)}{g\mu_l}\right]^{0.8} \cdot Pr^{0.4} \tag{2-9}$$

该式可供设计计算无波纹的升降膜式板式蒸发器时参考。

四、壁温计算

计算壁温的目的是确定液体的黏度和温差，计算方法——试算法。

(1) 假定一侧壁温，如 t_{w1}；

(2) 由准则方程式求该侧换热系数 α_1；

(3) 由下式计算该侧单位面积上换热量 q_1：

$$q_1 = \alpha_1\ (t_1 - t_{w1})$$

(4) 根据壁的热阻 R_w，按下式计算另一侧壁温 t_{w2}：

$$t_{w2} = t_{w1} - q_1 R_w$$

(5) 由准则方程式求得另一侧换热系数 α_2；

(6) 计算另一侧的单位面积换热量 q_2：

$$q_2 = \alpha_2\ (t_{w2} - t_2)$$

若假设壁温正确，则 $q_1 = q_2$。当 $q_1 \neq q_2$ 时，则重新假定，直至 $q_1 = q_2$ 为止。

第三节　板式换热器流动压力降的计算

一、液-液型板式换热器

1. 准则方程式

$$Eu = b\mathrm{Re}^d m \tag{2-10}$$

式中　b——系数，随不同型号的板式换热器而定；

　　m——流程数；

　　d——指数，与型号有关，d 为负值。

由于 $Eu = \dfrac{\Delta P}{\rho w^2}$，故 $\Delta P = b\mathrm{Re}^d m\rho w^2$。

2. 压力降计算方法

一台板式换热器的压力降由角孔压力降和流道压降力组成，即：

$$\Delta P = \Delta P' + \Delta P''$$

（1）流道压力降 $\Delta P'$（人字形板）

$$\Delta P' = 2f \frac{L}{d_e} \rho w^2 m \left(\frac{\mu}{\mu_w}\right)^{-0.14}$$

式中　f——摩擦系数，如图 2-7 所示；

　　　L——流道长度，该值应将平面长度乘以波纹展开系数。

（2）角孔压力降 $\Delta P''$

$$\Delta P'' = mf\left(\frac{\rho w^2}{2}\right)\left(1 + \frac{n}{100}\right)$$

式中　f——摩擦系数，如图 2-8 所示；

　　　n——一个流程中的通道数。

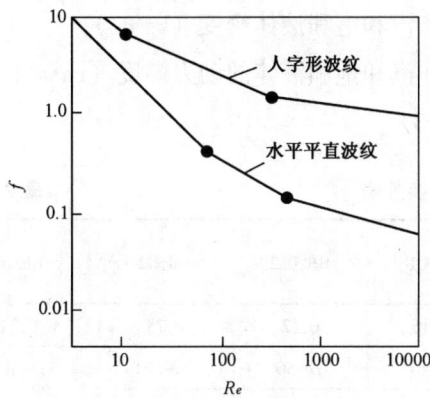

图 2-7　不同板型板式换热器的
摩擦系数与 Re 的关系

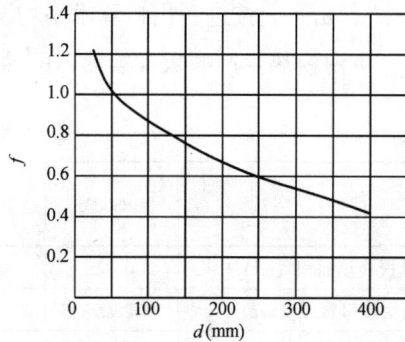

图 2-8　角孔流道压力损失系数
d—角孔直径，角孔流速为 6m/s

二、板式冷凝器

板式冷凝器的液侧压力降可按以上公式计算。对于汽-液两相流，它的阻力包括摩擦阻力、局部阻力、加速及重力阻力。因此，只有分别计算出冷凝器的入口到出口间各处存在的相应阻力，其总和即为一台板式冷凝器的阻力。在各项阻力中，最主要的是摩擦阻力，加速及重力阻力很小，局部阻力约为总阻力的 10% ~ 15%，所以板式冷凝器汽侧总阻力可按下式估算：

$$(\Delta P)_{tp} = (1.1 \sim 1.6)(\Delta P_f)_{tp}$$

根据天津大学的研究，板式冷凝器的总压力降 ΔP 与板式冷凝器流道中汽-液两相流的混合平均雷诺数 $\overline{Re}$ 之间存在如下关系：

$$\Delta P = C \overline{Re}^n$$

式中　C——有量纲（Pa）的系数。

C 和 n 与板型有关，通过试验确定。

$$\overline{Re} = \frac{\overline{\rho w} d_e}{\mu}$$

式中　$\overline{w} = \dfrac{(w_1 + w_2)}{2}$；

　　　w_1——进口处混合流速，$w_1 = G\left[\dfrac{x_1}{\rho_{v1}} + \dfrac{(1 - x_1)}{\rho_{l1}}\right]$

w_2——出口处混合流速，$w_2 = G\left[\dfrac{x_2}{\rho_{v2}} + \dfrac{(1-x_2)}{\rho_{l2}}\right]$

$\overline{\mu}$——平均黏度，$\overline{\mu} = \left[\dfrac{\overline{x}}{\mu_v} + \dfrac{(1-\overline{x})}{\mu_l}\right]^{-1}$

$\overline{\rho}$——平均密度，$\overline{\rho} = \left[\dfrac{\overline{x}}{\rho_v} + \dfrac{(1-\overline{x})}{\rho_l}\right]^{-1}$

$\overline{x}$——平均干度，$\overline{x} = \dfrac{x_1 + x_2}{2}$

式中　ρ_{v1}、ρ_{v2}——进、出口处饱和蒸汽的密度（kg/m^3）；

ρ_{l1}、ρ_{l2}——进、出口处饱和液体的密度（kg/m^3）；

ρ_v、ρ_l——按进、出口算术平均温度查取的饱和汽和饱和液体密度（kg/m^3）；

μ_v、μ_l——按进、出口算术平均温度查取的饱和汽和饱和液体的动力黏度（Pa·s）。

三、京海换热生产的板式换热器的性能参数（表 2-3）

北京京海 BR 系列技术参数表　　　　　表 2-3

型号 技术参数	BRS0025	BRS0033	BRS01	BRS012	BRS02	BRS03
单板换热面积（m²）	0.025	0.033	0.115	0.12	0.25	0.34
法兰接口直径（mm）	DN20/DN25	DN20/DN25	DN40	DN50	DN100	DN100
板间距（mm）	2.4	2.4	3.7	3.0	3.7	3.7
板间流速（m/s）	0.5	0.5	0.5	0.5	0.5	0.5
最大装机面积（m²）	1.23	1.7	10	10	40	55
最大处理量（m³/h）	7	7	27	170	170	170
设计压力（MPa）	≤2.0	≤2.0	≤2.0	≤2.0	≤2.0	≤2.0
设计温度（℃）	一般≤180 特殊≤250	一般≤180 特殊≤250	一般≤180 特殊≤250	一般≤180 特殊≤250	一般≤180 特殊≤250	一般≤180 特殊≤250
合适的 K 值（W/m²·℃）	3500~5000	3500~5000	3500~5000	3500~5000	3500~5000	3500~5000
型号 技术参数	BRS06	BRS06A	BRS12	BRS15	BRS18	BRH08
单板换热面积（m²）	0.596	0.6	1.16	1.45	1.74	0.8
法兰接口直径（mm）	DN150	DN150	DN350	DN350	DN350	DN200
板间距（mm）	3.8	3.7	3.4	3.4	3.4	2.5
板间流速（m/s）	0.5	0.5	0.5	0.5		0.5
最大装机面积（m²）	160	160	450	600	800	200
最大处理量（m³/h）	382	382	2078	2078	2078	678
设计压力（MPa）	≤2.0	≤2.0	≤1.6	≤1.6	≤1.6	≤2.0
设计温度（℃）	一般≤180 特殊≤250	一般≤180 特殊≤250	一般≤180 特殊≤250	一般≤180 特殊≤250	一般≤180 特殊≤250	一般≤180 特殊≤250
合适的 K 值（W/m²·℃）	3500~5000	3500~5000	3500~5000	3500~5000	3500~5000	3500~5000

第四节　板式换热器的设计计算方法

一、概述

1. 优化设计的意义

板式换热器在工业、服务业、建筑业、能源事业、新能源利用和热回收等各工业部门中得到了广泛的应用，并成为必不可少的占有很大比例的设备，而且它的工作性能的好坏直接影响全体装置的综合特性，故换热器的合理设计是很重要的。

设计合理的换热器的内容如下：

（1）在给定的工作条件（流量、入口温度）下，达到要求的传热量和流体出口温度。

（2）流体压力降小并符合系统的要求，目的是减少运行的能耗。

（3）根据工艺要求，选择合适的板片形式、组合方法等，目的是通过减少换热器的外形尺寸、重量来降低初投资。

（4）具有防腐、防漏，适应各种流体的要求和保证安全可靠的运行性能。

（5）维修方便。

2. 板式换热器设计的目标

设计的目标：达到规定的传热量、初投资、运行费用、外形尺寸和重量等的要求。图 2-9 表示换热器的设计目标。

3. 换热器的设计过程

板式换热器的设计过程如下：

（1）换热器设计任务：根据工作流体的种类、流量、进出口温度、工作压力、允许压力降、尺寸和重量等条件，选择换热器的形式等。

（2）换热器的总体布置：根据运行温度、压力、价格、可靠性、安全性、流体的腐蚀性等选择换热器的材料、结构，然后选择换热器的种类。

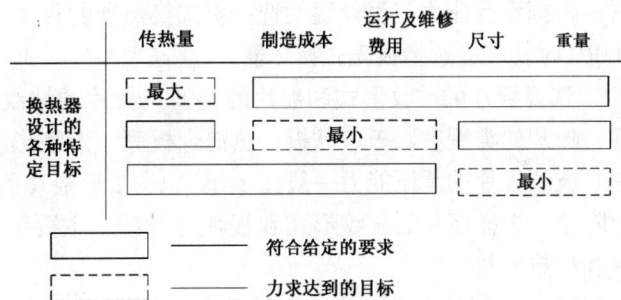

图 2-9　换热器设计中追求的目标

（3）换热器热工设计：指的是传热计算、压力降计算、优化设计等。

（4）结构设计：强度设计的内容为确定各部件的材料和尺寸，以保证换热器在稳定运行工况及变工况运行时的安全性；根据工作温度、压力及流体性质选择焊接方法及密封材料，保证流体分配均匀性的结构设计；确定启动和停机时期内的热应力，为排除由于流体流动引起的结构振动，还要进行必要的核算；维修（清扫方法、修理、保养等）及运输的要求。

（5）方案选择：评价依据为初投资、重量、外形尺寸、动力消耗和寿命等量化指标。

二、换热器的热工计算

板式换热器的热工计算，对于设计型或校核型，都可采用下述两种方法中的任一种，即对数平均温差法（简称 LMTD 方法）和温度效率-传热单元数法（ε – NTU 方法或简称 NTU 方法）。

（1）对数平均温差法（The LMTD Method）

LMTD 指的是 log mean temperature difference，是一种传统的计算方法。当已知下述 4 项温度参数时，计算非常简单。但，当已知温度为 3 项或 2 项时，计算就变得相当复杂。以下分别以 t_{hi}、t_{ho}、t_{ci}、t_{co} 表示高温和低温流体的入口、出口温度。

1) 当已知上述 4 项温度参数时，可直接计算出 LMTD（Δt_m）。

2) 当已知 3 项温度、各流体的比热和流量时，通过能量平衡方法计算出未知温度。

3) 当未知 2 项温度时，通过 trial-and-error 反复计算方法求出未知温度。

采用对数平均温差法计算换热量的公式为：$Q = K \cdot A \cdot LMTD$。

（2）温度效率-传热单元数法（The NTU Method）

在换热器中，当已知高温流体的入口温度、出口温度和低温流体的入口温度和出口温度等 4 项温度时，采用对数平均温差法（LMTD）能够根据所需的换热量计算出传热面积。但，当流体温度未知时，采用对数平均温差法时，则需要通过反复试算方法求出出口温度。这种计算方法非常复杂。

当仅知流体的入口温度时，若使用温度效率、传热单元数和热容量比等 3 项无因次参数时，同样能进行传热计算。将这种方法称为传热单元数法。

在必须计算流体的未知温度时，根据换热器的效率，采用温度效率法，则计算非常简单。在选择最优换热器时，在比较多种换热器性能时，这种方法也是最有效的。

三、工程设计的原则

当已知设计压力、设计温度、介质特性、经济性等因素后，选择板式换热器的原则如下：

1. 选择板式换热器的种类　板式换热器的种类很多，每种类型的板式换热器都有自己的适应范围。如末端温差小的区域供冷、冰蓄冷宜选用浅密波纹、高 NTU 板式换热器；热电联产集中供热宜选用非对称型板式换热器；空气冷却器、节能器（省煤器）宜选用全焊板式换热器等。同时要根据设计压力、设计温度选择板式换热器的种类。如当设计温度大于 350 ℃，设计压力大于 4MPa 时，就应选择板壳式换热器。

2. 选择板片的波纹形式和板片的类型　板片的波纹形式有人字形波纹、水平平直波纹、LT 形等；板片的类型有硬板、软板、热混合板等。人字形波纹板片的承压能力可高于 1.0MPa，水平平直波纹板片的承压能力一般在 1.0MPa，LT 形板片的压力降小；硬板的传热系数高，软板的压力降小。选择板片的波纹形式和板片的类型，主要要考虑板式换热器的工作压力、流体的压力降和传热系数。

3. 单板面积的选择　单板面积可按流体流过角孔的速度为 6m/s 选择（表 2-4）。

对称型单台最大处理量参考值　　　　　　　　　　　表 2-4

单板面积（m²）	0.1	0.2	0.3	0.5	0.8	1.0	2.0
角孔直径（mm）	40～50	65～90	80～100	125～150	175～200	200～250	～400
单台最大流量（m³/h）	27～42	71.4～137	108～170	264～381	520～678	678～1060	～2500

4. 流速的选择　一般板间流速为 0.2～0.8m/s（主流线上的流速要比平均值高 4～5 倍）。在不超过允许压力降的前提下适当提高流体流速，目的是增大传热系数。

5. 流程的选择　对于一般对称型板式换热器，两流体的体积流量大致相当时，应尽可能按单程布置。当两流体的体积流量比大于 1.7 时，宜采用非对称型板式换热器。此时，若仍采用对称型板式换热器，则流量小的一侧可按多程布置。相变板式换热器的相变一侧为单程。多程换热器，除特殊需要，一般对同一流体在各程中应采用相同的流道数。从使用上看，为了方便安装、拆卸、维修、调节，有时希望进、出口接管都固定在压紧板一侧。单程板式换热器能够做到，多程板式换热器则必须在固定压紧板及活动压紧板上分别接管，使其安装、拆卸、维修都麻烦一些。因此，希望尽量采用单程。

6. 流向的选择

（1）单相换热时，逆流具有最大的平均温差。两侧同程时，流体可实现逆流布置；不同程时，顺流逆流交替出现，平均传热温差将低于纯逆流。

（2）相变换热时，顺流逆流对平均温差影响较小，此时主要考虑压力降的影响。

7. 并联流道数的选择　流速的高低受制于允许压力降，在可能的最大流速以内，并联流道数取决于流量的大小。

8. 选择板片材料　根据工艺介质性质、设计压力、设计温度和耐腐蚀的情况等选择板片材料。

9. 选择垫片材料　根据工艺介质性质、设计温度和耐腐蚀的情况等选择垫片材料和垫片粘结方式。

四、对数平均温差法

1. 方法与步骤

（1）设计型计算方法与步骤，见图 2-10。

（2）校核型计算方法与步骤，见图 2-11。

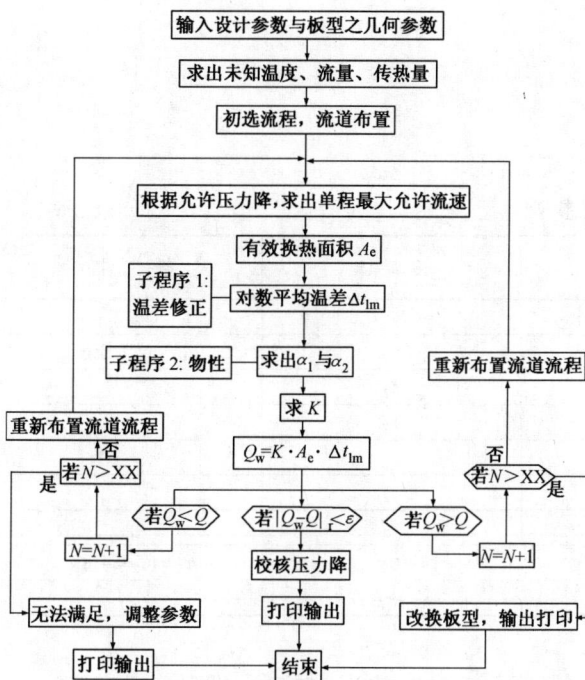

图 2-10　平均温差法设计型计算程序框图

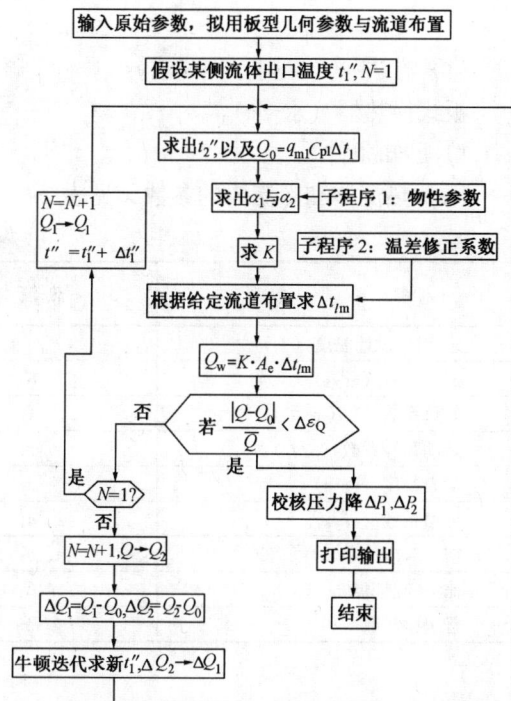

图 2-11　平均温差法校核型计算程序框图

2. 设计计算方法

设计计算方法之一，已知用准则方程式表示板式换热器的热工特性和水力特性后，选择板型并拟定板间流速，然后计算出在设计条件下的热流体、冷流体的对流换热系数 α_1、α_2，传热系数 K。通过几次试算得到所需的板片数，流程组合及压力降。

设计计算方法之二，已知用线图或表格表示的板式换热器的板间流速与传热系数的关系后，查出设计条件下的传热系数，然后计算出所需的板片数、流程组合及压力降。

由于试验时一般都采用清洁的板片，因此，在方法之一中可以先计算出热流体和冷流体的换热系数，然后，考虑板片污垢热阻后，计算出传热系数。在方法之二中，无法在传热系数的计算公式中加上污垢的热阻，故只得将查出的传热系数乘以一个小于 1 的系数（有些资料建议 0.6~0.85），或将算出的换热面积乘以一个大于 1 的系数。

上述两种方法没有原则性的差别，但方法之一较好。主要原因是方法之二中没有考虑流体温度对传热系数的影响。表 2-5 表示在相同板间流速（0.5m/s）条件下，两种热媒温度变化时，传热系数的变化。

传热系数与热媒温度的关系　　　　　　　　　　表 2-5

一次热媒入口温度（℃）	二次热媒入口温度（℃）	传热系数［W/(m²·K)］
100	45	4050
100	42	3860
75	42	3500
71	35	3040

（1）方法一（准则方程式法）

板式换热器（水-水）。

1）已知条件

（a）热流体和冷流体的参数，见表 2-6。

设 计 参 数　　　　　　　　　　表 2-6

参　　　数	热 流 体	冷 流 体	备　注
进/出口设计温度（℃）	t_{hi}、t_{ho}	t_{ci}、t_{co}	
流　　量（m³/s）	G_1	G_2	v_1、v_2 为流速
导热系数［W/(m·℃)］	λ_1	λ_2	
运动黏性系数（m²/s）	γ_1	γ_2	
动力黏度（Pa·s）	μ_1	μ_2	
导温系数（m²/s）	a_1	a_2	
密　　度（kg/m³）	ρ_1	ρ_2	
比　　热（J/kg·℃）	C_1	C_2	$C_1 = C_2 = 4187$
普 朗 特 数	Pr_1	Pr_2	

（b）传热基础式　在板片组合后形成流路的条件下，当 Re 约为 150 时，即可形成紊流，紊流时的传热基础式如下：

$$Nu = C Re^n Pr^m \left(\frac{\mu}{\mu_w}\right)^p \tag{2-11}$$

式中　$C = 0.15 \sim 0.40$；

n $= 0.65 \sim 0.85$；

m $= 0.30 \sim 0.45$（一般为 0.333）；

p $= 0.05 \sim 0.20$。

$(\mu/\mu_w)^p$ 表示的是流体在主流温度条件下的黏度 μ 和在壁面温度条件下的黏度 μ_w 的差相当大时的修正项，在水-水换热时，该项通常为 1。

（c）板式换热器的板片形式，几何尺寸。

板片形式：对称型、非对称型、宽流道、浅密波纹等。

几何尺寸：单板换热器面积 f（m^2），板间流道面积 S（m^2），流道当量直径 d_e（m）。

2）设计计算步骤

（a）计算工艺过程的热（冷）负荷（加热量、冷却量、蒸发量、冷凝量或热回收量等）。

如供热区域的设计热负荷：

$$Q_h = q_h \cdot A$$

式中　A——供热区域内建筑物的建筑面积（m^2）；

q_h——建筑物供热面积热指标（W/m^2）（表 2-7、表 2-8、表 2-9）。

采暖热指标推荐值 q_h（W/m^2）　　　　表 2-7

类　　型	住　宅	居住区综合	学校办公	医院托幼	旅　馆	商　店	食堂餐厅	影剧院展览馆	大礼堂体育馆
未采取节能措施	58 ~ 64	60 ~ 67	60 ~ 80	65 ~ 80	60 ~ 70	65 ~ 80	115 ~ 140	95 ~ 115	115 ~ 165
采取节能措施	40 ~ 45	45 ~ 55	50 ~ 70	55 ~ 70	50 ~ 60	55 ~ 70	100 ~ 130	80 ~ 105	100 ~ 150

注：1. 表中数值适用于我国东北、华北、西北地区。

　　2. 热指标中已包括约 5% 的管网热损失。

　　3. 摘自《城市热力网设计规范》（J216—2002）。

空调热指标 q_a、冷指标 q_c 推荐值（W/m^2）　　　　表 2-8

类　　型	办　　公	医　　院	旅馆、宾馆	商店、展览馆	影剧院	体育馆
热指标	80 ~ 100	90 ~ 120	90 ~ 120	100 ~ 120	115 ~ 140	130 ~ 190
冷指标	80 ~ 110	70 ~ 100	80 ~ 110	125 ~ 180	150 ~ 200	140 ~ 200

注：1. 表中数值适用于我国东北、华北、西北地区。

　　2. 寒冷地区热指标取较小值，冷指标取较大值，严寒地区热指标取较大值，冷指标取较小值。

　　3. 摘自《城市热力网设计规范》（J216—2002）。

居住区采暖期生活热水日平均热指标推荐值 q_w（W/m^2）　　　　表 2-9

用 水 设 备 情 况	热 指 标
住宅无生活热水设备，只对公共建筑供热水时	2 ~ 3
全部住宅有淋浴设备并供给生活热水时	5 ~ 15

注：1. 冷水温度较高时采用较小值，冷水温度较低时采用较大值。

　　2. 热指标中已包括了约 10% 的管网热损失在内。

　　3. 摘自《城市热力网设计规范》（J216—2002）。

（b）热流体和冷流体的体积流量 V_1、V_2 和质量流量 G_1、G_2。

$$Q = V_1 \rho_1 c_1 (t_{hi} - t_{ho}) = V_2 \rho_2 c_2 (t_{co} - t_{ci})$$

如集中供热热水热力网供、回水温度：以热电厂或大型区域锅炉房为热源时，设计供水温度可取 110 ~ 150℃，回水温度不应高于 70℃，热电厂采用一级加热时，供水温度取较小值，采用二级加热（包括串联尖峰锅炉）时，取较大值；以小型区域锅炉房为热源时，设计供回水温度可采用户内采暖系统的设计温度。对于有生活热水热负荷的热水供热系统，在按采暖热负荷进行集中调节时，应保证：闭式供热系统任何时候供水温度不得低于 70℃，开式供热系统任何时候供水温度不得低于 60℃。当生活热水温度可以低于 60℃时，上述规定的供水温度可相应降低。区域供冷：一次水温度为 7~12℃，二次水温度为 9~14℃。

为了便于调节、维修和管理，一般一个换热站所选板式换热器的台数可为 2~3 台，大型热力站选 3 台，小型热力站选 2 台，一般不得超过 4 台。如选 3 台时，$Q' = 0.4Q$，如选 2 台时，$Q' = 0.6Q$，即总备用系数为 20%。

（c）选择板式换热器的种类　根据工艺要求选择板式换热器的种类，如热泵采用钎焊板式换热器，空气预热器、省能器（省煤器）采用板壳式换热器或全焊式换热器，采暖、空调一般采用可拆式板式换热器。

（d）选择板片形式　根据 NTU 或 Δt_m 和工艺过程中流体的状况选择板片形式，如 Δt_m 小或 NTU 大时，选择浅密波纹板，如黑液蒸发浓缩工艺则采用宽流道板片。在集中供热一次侧和二次侧流量比为 1.25~2.8 时（表 2-10），则采用非对称流道板片。

板式换热器一次侧、二次侧流量比　　　　　　　　　　　表 2-10

一次侧设计参数	供回水温度（℃）	95~70	110~80	130~80	150~80
	供回水温差（℃）	25	30	50	70
二次侧设计参数	供回水温度（℃）	80~60	95~70	95~70	95~70
	供回水温差（℃）	20	25	25	25
流量比（一次侧/二次侧）		1.25	1.2	2	2.8

（e）假设一种流体（热流体或冷流体）流道中的流速，但假设的流速不应过小，以免传热系数过低，一般 $v = 0.4~0.6 \text{m/s}$。若工艺为换热器提供的资用压头较大，则流速取较大的值；若为新建的系统，建议为换热器预留的资用压头稍大一些。

当一侧流体的流速 v_1 确定后，对单程板式换热器，可按下式求出另一侧流体的流速 v_2：

$$v_1 = v_2 \frac{V_1}{V_2}$$

应尽量使 $v_1 \approx v_2$，若相差过大时，建议对低流速（即流量较小）侧采用多流程。

（f）计算冷、热流体的雷诺数

$$Re = \frac{\upsilon d_e}{\gamma}$$

根据 $Nu = C Re^n Pr^m$ 计算出冷、热流体的努谢尔特数 Nu_1、Nu_2。

（g）计算冷、热流体的换热系数 α_1、α_2

$$\alpha = \frac{Nu \cdot \lambda}{d_e}$$

（h）计算传热系数 K

$$K = \frac{1}{\dfrac{1}{\alpha_1} + \dfrac{1}{\alpha_2} + R_p + r_1 + r_2}$$

式中　　R_p——板片热阻，$R_p = \delta/\lambda$（$\text{m}^2 \cdot \text{℃/W}$）；

$\qquad \delta$——板片厚度（m）；

$\qquad \lambda$——板片材料的导热系数 [$\text{W/(m} \cdot \text{℃)}$]；

$\qquad r_1$——热流体侧污垢系数（$\text{m}^2 \cdot \text{℃/W}$）；

$\qquad r_2$——冷流体侧污垢系数（$\text{m}^2 \cdot \text{℃/W}$）。

对于水-水换热器，计算出的传热系数不宜小于 3000W/(m² · ℃)，如过小时，应提高板间流速重新计算。

对于水-水换热器

$$r_1 = (17.2 \sim 25.6) \times 10^{-6} \, \text{m}^2 \cdot \text{℃/W}$$

$$r_2 = (25.8 \sim 60.2) \times 10^{-6} \, \text{m}^2 \cdot \text{℃/W}$$

（i）计算换热器理论换热面积 A_j

$$A_j = \frac{Q}{K \cdot \Delta t_m}$$

式中　Δt_m——板式换热器的对数平均温差（℃）。

（j）计算换热器一个流程的流道数 n

$$n = \frac{V}{vS} \quad (\text{计算出的 } n \text{ 值取整数})$$

（k）计算换热器的流程数 m

$$m = \frac{\dfrac{A_j}{f} + 1}{2n} \quad (\text{计算出的 } m \text{ 值取整数})$$

（l）计算换热器的实际换热面积 A 及实际片数 N

$$A = (2m \cdot n - 1)f$$

$$N = \frac{A}{f} + 2$$

（m）计算换热器的压力降　根据 $\text{Eu} = c' \text{Re}^P$（式中 c'、P 是根据试验得到的常数）计算欧拉数后，再分别计算冷、热流体的压力降 ΔP_1、ΔP_2。

$$\Delta P = \text{Eu} \cdot \rho \cdot v^2$$

将计算出的压力降乘以系数 1.2，主要是考虑板片上积垢对压力降的影响和分流角孔、汇流角孔的阻力损失。则 $\Delta P' = 1.2 \times \Delta P$。

对于集中供热系统中的水—水换热器，预留压头一般为 0.03 ~ 0.05MPa，对于新建系统，建议预留 0.1 ~ 0.15MPa。

往往选择一台板式换热器要重复计算多次，有时还要涉及到板型、流程的改变等。

（n）校核换热面积　与初估的设定换热面积作比较，如不一致，须改变流程或流道布置并重新进行计算，直至一致为止。

（o）校核压力降　传热计算后，进行压力降计算。若计算结果超过允许值，则必须重新进行传热计算，或在确定流程后，先求出不超过允许压力降的最大可能流速，在此值之内选取实际流速。

［例题］已知某集中供热系统供热建筑面积 $A = 7$ 万 m²，总热负荷 $Q = 4070\text{kW}(3500\text{kkcal/h})$，一次供水温度 $t_1 = 110℃$，一次回水温度 $t_2 = 80℃$，二次供水温度 $t' = 95℃$，二次回水温度 $t'' = 70℃$。

［解］（1）一次水平均温度 Δt

$$\Delta t = \frac{t_1 + t_2}{2} = \frac{110 + 80}{2} = 95℃$$

二次水平均温度 $\Delta t'$

$$\Delta t' = \frac{t' + t''}{2} = \frac{95 + 70}{2} = 82.5℃$$

（2）查水在不同温度时的物理参数 P、C_P、λ、V、Pr。

（3）一次循环水量 $q_{m①}$

$$q_{m①} = \frac{Q}{p_① \cdot c_① \cdot (t_1 - t_2)} = \frac{3500000}{961.9 \times 1.0046 \times (110 - 80)} \approx 121 \text{m}^3/\text{h}$$

二次循环水量 $q_{m②}$

$$q_{m②} = \frac{Q}{p_② \cdot c_② \cdot (t' - t'')} = \frac{3500000}{970.25 \times 1.002 \times (95 - 70)} \approx 144 \text{m}^3/\text{h}$$

（4）当 $\dfrac{t_1 - t''}{t_2 - t'} \leqslant 1.7$，用平均温差 Δt_m

$$\left[如 \frac{t_1 - t''}{t_2 - t'} < 1.7，宜选对称型（BRS）板片 \right]$$

$$\Delta t_m = \frac{(t_1 - t') + (t_2 - t'')}{2} = \frac{(110 - 95) + (80 - 70)}{2} = 12.5℃$$

当 $\dfrac{t_1 - t''}{t_2 - t'} > 1.7$，用对数平均温差 Δt_{lm}

$$\left[如 \frac{t_1 - t''}{t_2 - t'} > 1.7，宜选非对称型（FBR）板片 \right]$$

$$\Delta t_{lm} = \frac{(t_1 - t'') - (t_2 - t')}{\ln \dfrac{t_1 - t''}{t_2 - t'}} = \frac{(110 - 95) - (80 - 70)}{\ln \dfrac{110 - 95}{80 - 70}} = 16.37℃$$

（5）接管流速 v

（允许值为 4m/s）

$$v = \frac{4 \times q_{m②}}{3600 \times \pi \times d^2} = \frac{4 \times 144}{3600 \times 3.14 \times 0.15^2} = 2.26 \text{m/s}$$

（6）估算换热面积 F_m

[传热系数 K 取用经验数 4000kcal/(m²·h·℃)]

$$F_m = \frac{Q}{K \cdot \Delta t} = \frac{3500000}{4000 \times 12.5} = 70 \text{m}^2$$

（7）试算一次水板间流速 $v_①$

$$v_① = \frac{2 \cdot q_{m①} \cdot S}{F_m \cdot f \cdot 3600} = \frac{2 \times 121 \times 0.596}{70 \times 0.00168 \times 3600} = 0.34 \text{m/s}$$

试算二次水板间流速 $v_②$

$$v_② = \frac{2 \cdot q_{m②} \cdot S}{F_m \cdot f \cdot 3600} = \frac{2 \times 144 \times 0.596}{70 \times 0.00168 \times 3600} = 0.405 \text{m/s}$$

（初选 BRS06 型板，$S = 0.596$，$f = 0.00168$，计算 v 应小于 0.5m/s。如选 BRS03 板，$v = 0.3$m/s；如选 BRS08 板，$v = 0.066$m/s）

（8）计算换热器流道数 n

$$n = \frac{q_{m②}}{3600 \cdot f \cdot v} = \frac{144}{3600 \times 0.00168 \times 0.4} = 59$$

（9）计算换热器流程数 m

$$m = \frac{\dfrac{F_m}{S} + 1}{2n} = \frac{\dfrac{70}{0.596} + 1}{2 \times 59} = 1.0$$

（宜一、二次水接管口在同侧）

（10）选择 BRS06 板

$$d_e = 0.0076\text{m}$$

计算一次水雷诺数 $Re_①$

$$Re_① = \frac{v_① \cdot d_e}{\upsilon} = \frac{0.34 \times 0.0076}{0.31 \times 10^{-6}} = 8335$$

计算二次水雷诺数 $Re_②$

$$Re_② = \frac{v_② \cdot d_e}{\gamma} = \frac{0.4 \times 0.0076}{0.366 \times 10^{-6}} = 8306$$

计算一次水努谢尔特数 $Nu_①$

$$Nu_① = 0.1014 Re_①^{0.7928} \cdot Pr_①^{0.3} = 0.1014 \times 8335^{0.7928} \times 1.8^{0.3} = 155.2$$

计算二次水努谢尔特数 $Nu_②$

$$Nu_② = 0.1014 Re_②^{0.7928} \cdot Pr_②^{0.4} = 0.1014 \times 8306^{0.7928} \times 2.11^{0.4} = 149.8$$

（公式为 BRS06 型板式试验值）

计算换热系数 α_h

$$\alpha_h = \frac{Nu_① \cdot \lambda}{d_e} = \frac{155.2 \times 0.585}{0.0076} = 11946.3\text{kcal/(m}^2 \cdot \text{h} \cdot \text{℃)} = 13893.5\text{W/ (m}^2 \cdot \text{℃)}$$

计算换热系数 α_c

$$\alpha_c = \frac{Nu_② \cdot \lambda}{d_e} = \frac{149.8 \times 0.585}{0.0076} = 11530.7\text{kcal/(m}^2 \cdot \text{h} \cdot \text{℃)} = 13410.2\text{W/ (m}^2 \cdot \text{℃)}$$

计算总传热系数 K 值

$$K = \frac{1}{\dfrac{1}{\alpha_b} + \dfrac{1}{\alpha_c} + \dfrac{1}{\lambda}} = \frac{1}{\dfrac{1}{11946.3} + \dfrac{1}{11342.5} + 0.00009}$$

$$= 384.6 \text{ kcal/(m}^2 \cdot \text{h} \cdot \text{℃)} = 447.3\text{W/ (m}^2 \cdot \text{℃)}$$

（0.00009 考虑板片及污垢系数）

计算实际换热面积 F

$$F = \frac{Q}{K \cdot \Delta t_m} = \frac{3500000}{384.6 \times 12.5} = 72.8\text{m}^2$$

（与估算板换热面积值差 4%）

计算欧拉数 $Eu_①$

$$Eu_① = 1398 Re_①^{-0.2127} = 1398 \times 8335^{-0.2127} = 205$$

计算欧拉数 $Eu_②$

$$Eu_② = 933 Re_②^{-0.1689} = 933 \times 8306^{-0.1689} = 203$$

计算一次水侧压力降 $\Delta P_①$

$$\Delta P_① = Eu_① \cdot r_① \cdot v_①^2 \cdot m \cdot 10^{-6} = 205 \times 961 \times 0.34^2 \times 1 \times 10^{-6}$$

$$= 0.023\text{MPa} < 0.05\text{MPa}$$

计算二次水侧压力降 $\Delta P_②$

$$\Delta P_② = \text{Eu}_② \cdot r_② \cdot v_②^2 \cdot m \cdot 10^{-6} = 203 \times 970 \times 0.4^2 \times 1 \times 10^{-6}$$
$$= 0.0315\text{MPa} < 0.05\text{MPa}$$

（11）计算选型结果

数量：1台

型号：BRS06-1.0-73-N-I

注：① 计算实际换热面积大于估算换热面积，可不再复算，否则应反复核实。

② 计算压力降小于 0.05MPa，即小于给定压力降，可不再复算，否则反复计算直至小于给定压力降。

③ 板式换热器选型计算较繁琐，换热器生产厂家均备有计算机程序，速度快，计算准确。设计和使用单位只要提供热负荷及一、二次水温即可。

④ 各种板式换热器的努谢尔特数及欧拉数均不相同，应按实际选型而定。

（2）方法二（线图法）

设计计算步骤同方法一。不同之处是通过传热特性曲线、流阻特性曲线求出在假设流速条件下的传热系数和压力降。

目前在供暖、空调、石油、化工、冶炼、食品等换热系统中经常采用的可拆式板式换热器的种类主要有对称型(BRS)、非对称型(FBR)、宽流道型(KBR)、浅密波纹型(BRH)。按照国家标准的规定在试验室测定出的传热特性曲线、流阻特性曲线如表 2-11、图 2-12、图 2-13、表 2-12、图 2-14、图 2-15、表 2-13、表 2-14 所示。

BRS02 主要技术参数　　　　　表 2-11

单板换热面积（m²）	0.25
板片厚度（mm）	0.8
设计温度（℃）	一般（≤180）；特殊（≤250）
设计压力（MPa）	1.0；1.6；2.0
公称换热面积（m²）	1～40
法兰公称直径 DN（mm）	100
最大处理量（m³/h）	176

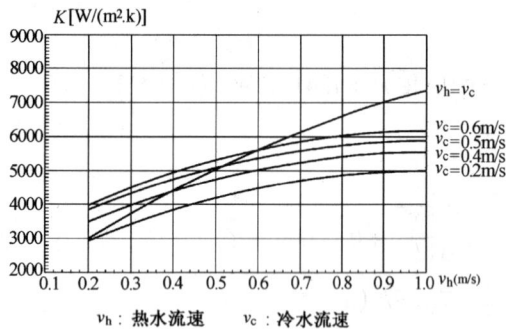

图 2-12　传热特性 K-v 曲线

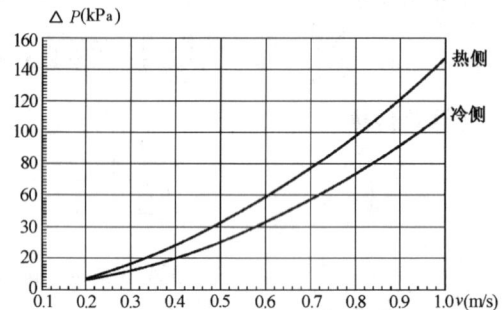

图 2-13　压力降特性 ΔP-v 曲线

FBR01 主要技术参数　　　　　　　　　　　　　　　　　　　　　表 2-12

单板换热面积（m²）		0.121
板片厚度（mm）		0.8
设计温度（℃）		一般（≤180）；特殊（≤250）
设计压力（MPa）		1.0；1.6；2.0；2.5
法兰公称直径	DN_1（mm）	40
	DN_2（mm）	65
公称换热面积（m²）		0.6～10
最大处理量（大流道/小流道）（m³/h）		102/51

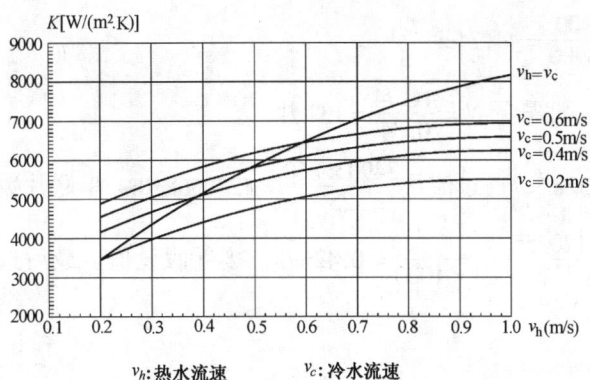

v_h:热水流速　　v_c:冷水流速

图 2-14　传热特性 K-v 曲线

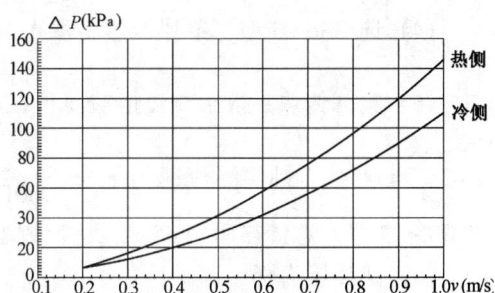

图 2-15　压力降特性 ΔP-v 曲线

K_NBR 型主要技术参数　　　　　　　　　表 2-13

技术参数 ＼ 型号	K_NBR07	K_NBR09	K_NBR12
单板公称换热面积（m²）	0.68	0.93	1.18
板片厚度（mm）	0.8～1.0		
设计压力（MPa）	1.0；1.6		
公称换热面积（m²）	20～110	40～150	60～190
法兰公称直径 DN（mm）	250		
最大处理量（宽流道/窄流道）（m³/h）	1257/352		

K_BBR 型主要技术参数　　　　　　　　　表 2-14

技术参数 ＼ 型号	K_BBR07	K_BBR09	K_BBR12
单板公称换热面积（m²）	0.68	0.93	1.18
板片厚度（mm）	0.8～1.0		
设计压力（MPa）	1.0；1.6		
设计温度（℃）	一般（≤180）；特殊（≤250）		
法兰公称直径 DN（mm）	250		
公称换热面积（m²）	20～150	40～200	60～260
最大处理量（m³/h）	1089		

[例题] 已知系统供暖负荷 $Q=3490\mathrm{kW}$，拟用 95～70℃热水供暖，外网供给的热媒为 130～80℃的高温热水。

[解]（1）求对数平均温差 Δt_m

$$\Delta t_m = \frac{(130-95)-(80-70)}{\ln\dfrac{130-95}{80-70}} = 20℃$$

（2）计算传热系数　假设冷水侧水流速 $v_c=0.25\mathrm{m/s}$，则热水侧 $v_h=0.5\mathrm{m/s}$（$0.25\times2.0=0.5$，2.0 为热水侧与冷水侧温差的比值，冷水侧 $\Delta t=25℃$，热水侧 $\Delta t=50℃$，则 50/25=2）。传热系数 K 由与 BRS-03 型特性曲线中 $v_c=0.25\mathrm{m/s}$ 和 $v_h=0.5\mathrm{m/s}$ 查得 $K=3900\mathrm{W/(m^2\cdot℃)}$，水垢系数 r 可不考虑。

（3）求换热面积

$$A = \frac{3490000}{20 \times 3900} = 44.74 \text{m}^2$$

（4）选 BRS-03 型，单片传热面积 0.34m^2，则需要 $N = \frac{44.74}{0.34} = 132$ 片。

（5）验算传热系数 K　流道截面积 0.001232m^2，通过流量 $\frac{3490 \times 860}{25} = 120056\text{kg/h}$，串联片数 $n = \frac{132}{2} = 66$ 片，则实际流速为 $v_c = \frac{120056}{0.001232 \times 3600 \times 64 \times 1000} = 0.42\text{m/s}$，接近假设值。最后选定 BRS-03 型，总传热面积 45m^2，总片数 132 片。

（6）计算压力降

热水侧压力降：查对应的流阻特性曲线得 0.025MPa。

冷水侧压力降：查对应的流阻特性曲线得 0.035MPa。

［例题］已知空调冷水系统，冷负荷为 500kW，一次水温差为 7～12℃，二次水温差为 9～14℃。

［解］（1）求算术平均温差 Δt_m

$$\Delta t_m = \frac{(14 - 12) + (9 - 7)}{2} = 2℃$$

（2）计算传热系数　假设一次水侧流速 $v_h = 0.3\text{m/s}$，因温差相等故 $v_c = 0.3\text{m/s}$，查与 BRS-08 型相应的传热特性曲线得 $K = 3750\text{W/(m}^2 \cdot ℃)$。

（3）求换热面积

$$A = \frac{500000}{2 \times 3750} = 66.64\text{m}^2$$

（4）选择 BRS-08 型，单片传热面积为 0.76m^2，则需要：

$$n = \frac{66.64}{0.76} = 87.7 \text{片}。$$

（5）验算传热系数 K　流道截面积 0.0019m^2，通过流量 $\frac{500 \times 860}{5} = 86000\text{kg/h}$，串联片数 $n = \frac{87.7}{2} = 43.85 \approx 44$ 片，则实际流速为 $v_c = \frac{86000}{0.00127 \times 3600 \times 44 \times 1000} = 0.427\text{m/s}$，接近假定值。最后选择 BRS-08 型，总传热面积 70m^2，总片数 98 片。

（6）计算压力降

热水侧（二次水）压力降：查对应的流阻特性曲线得 0.023MPa。

冷水侧（一次水）压力降：查对应的流阻特性曲线得 0.02MPa。

3. 校核型的方法与步骤

（1）由于两个出口温度均未知，故需假设其中一个出口温度，并根据热平衡方程式计算出另一个出口温度及相应的换热量。

（2）根据给定的两侧流体的流量及流道、流程的布置形式求出流速、换热系数和总传热系数。

（3）求出对数平均温差。

（4）求出假设出口温度条件下的相应换热量。

（5）与第 1 步中求出的换热量进行比较，若不相等，则需修正出口温度假定值，并重复以上步骤，直至两个换热量相等为止。

（6）校核压力降值。

五、NTU 法

1. 基本概念

（1）温度效率（effectiveness，ε）

$$Q = \varepsilon \cdot C_{\min} \cdot (t_{hi} - t_{ci})$$

在 $C_h = C_{\min}$ 时，$(t_{hi} - t_{ho}) = \varepsilon \cdot (t_{hi} - t_{ci})$

在 $C_c = C_{\min}$ 时，$(t_{co} - t_{ci}) = \varepsilon \cdot (t_{hi} - t_{ci})$

式中　　　　Q——传热量 [kW（kcal/h）]；

　　　　　　ε——温度效率（无因次）；

　　G_h、G_c——流量（kg/h）；

　C_{ph}、C_{pc}——比热{kJ/(kg·℃)[(kcal/(kg·℃)]}；

$C_h = G_h \cdot C_{ph}$——高温流体的热容量{kJ/(h·℃)[(kcal/(h·℃)]}；

$C_c = G_c \cdot C_{pc}$——低温流体的热容量{kJ/(h·℃)[(kcal/(h·℃)]}；

　$C_{\min}$、$C_{\max}$——比较 C_h 和 C_c，较小的值为 $C_{\min}$，较大的值为 $C_{\max}$；

　　t_{hi}、t_{ho}——高温流体的入口和出口温度（℃）；

　　t_{ci}、t_{co}——低温流体的入口和出口温度（℃）。

（2）传热单元数（number of heat transfer unit，NTU）

$$N = NTU = \frac{K \cdot A}{C_{\min}}$$

式中　NTU——传热单元数（无因次）；

　　　　K——传热系数{W/(m²·℃)[(kcal/(m²·h·℃)]}；

　　　　A——传热面积（m²）。

（3）热容量比（capacity rate ratio，R）

$$R = \frac{C_{\min}}{C_{\max}} \qquad 无因次$$

（4）冷凝器和蒸发器　流体在冷凝或蒸发时，发生相的变化，此时流体的温度不变，故比热无限大。

$$R = \frac{C_{\min}}{C_{\max}} \to 0, \quad \varepsilon = 1 - \exp(-N)$$

（5）错流（cross—flow）　换热器分为流体混合型和非混合型两类。

1）图 2-16 表示的是冷热水在管内流动，属非混合型，空气在没有隔板的条件下流动，属混合型。

2）图 2-17 表示的是冷热水在管内流动，属非混合型，空气在有隔板的条件下流动，属非混合型。

3）图 2-18 表示的是高温流体和低温流体均属非混合型。

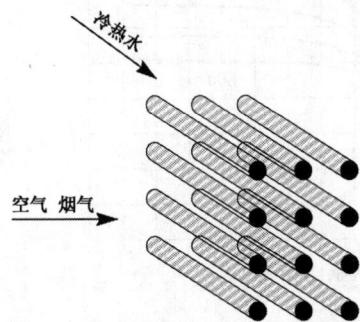

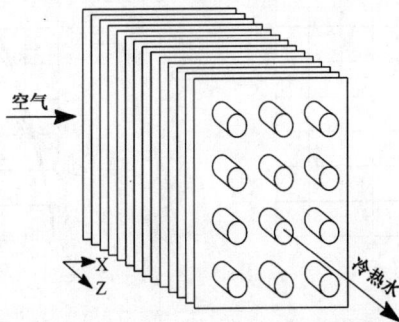

图 2-16　冷热水不混合、空气混合　　　图 2-17　冷热水不混合、空气非混合　　　图 2-18　两流体非混合

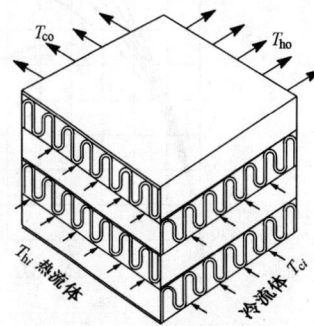

2. NTU 的计算步骤

1) 传热能力的计算

已知条件：流体入口温度：t_{ci}、t_{hi}（℃）；流量：G_c，G_h（kg/h）；比热：C_{pc}、C_{ph}[kJ/(kg·℃)]，传热系数：K[W/(m²·℃)]；传热面积：A(m²)；换热器的种类和流向。

求：1) 传热量 Q；

　　2) 流体出口温度 t_{ho}，t_{co}。

[解] 1) 求 $R = C_{min}/C_{max}$ 和 $N = \dfrac{K \cdot A}{C_{min}}$

　　2) 求 ε

　　3) $Q = \varepsilon \cdot C_{min} \cdot (t_{hi} - t_{ci})$

　　4) $t_{ho} = t_{hi} - (Q/C_h)$，$t_{co} = t_{ci} + (Q/C_c)$

(2) 计算传热面积

已知条件：流体的入口和出口温度：t_{ci}、t_{hi}、t_{co}、t_{ho}（℃）；流量：G_c，G_h（kg/h）。传热系数：K[W/(m²·℃)]和换热器的种类及流向。

求：所需的传热面积。

[解] 1) 求 ε，$\varepsilon = \dfrac{C_h \cdot (t_{hi} - t_{ho})}{C_{min} \cdot (t_{hi} - t_{ci})}$ 或 $\varepsilon = \dfrac{C_c \cdot (t_{co} - t_{ci})}{C_{min} \cdot (t_{hi} - t_{ci})}$

　　2) 求 $R = C_{min}/C_{max}$

　　3) 根据 ε 和 R 求 NTU

　　4) $A = NTU \cdot C_{min}/K$

3. 温度效率（ε）线图

温度效率线图是表示温度效率（ε）、传热单元数（NTU）、热容量比（$R = C_{min}/C_{max}$）相互关系的线图。根据该线图不仅能求出概算值，而且也能方便地进行校核计算。例如，当逆流换热器 NTU = 1.5，$R = C_{min}/C_{max} = 0.5$ 时，温度效率（ε）约为69%。本节列举了经常使用的3种类型的线图。图 2-19 表示逆流换热器的温度效率（ε），图 2-20 表示顺流换热器的温度效率（ε），图 2-21 表示两流体为非混合流时，错流换热器的温度效率（ε）。

[例题1]（图 2-22）

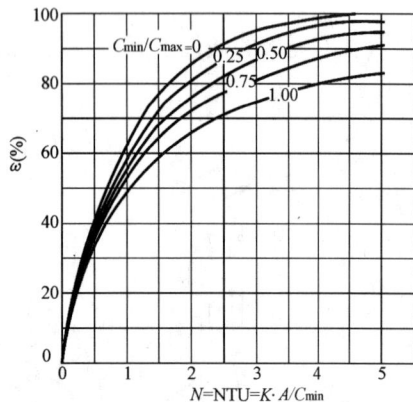

图 2-19　逆流换热器的温度效率（ε）

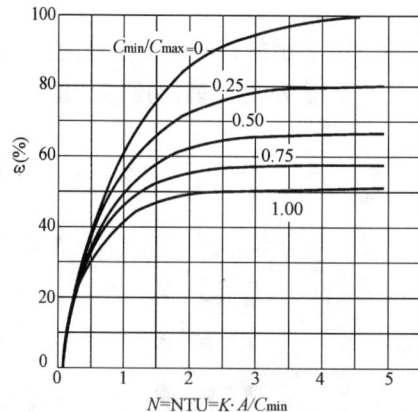

图 2-20　顺流换热器的温度效率（ε）

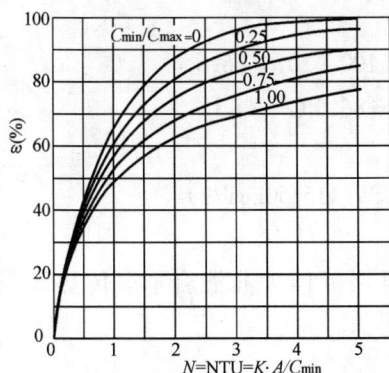

图 2-21　两流体为非混合型，错流换
热器的温度效率（ε）

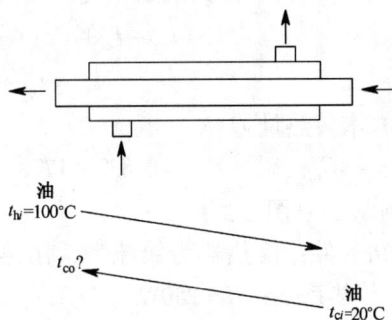

图 2-22　例题 1

已知条件：逆流换热器用水冷却油。传热面积：$A = 12.5 \text{m}^2$；传热系数：$K = 400 \text{W}/(\text{m}^2 \cdot \text{℃})$
$[344 \text{kcal}/(\text{m}^2 \cdot \text{h} \cdot \text{℃})]$；油：$G_h = 7200 \text{kg/h}$，$C_{ph} = 2.016 \text{kJ}/(\text{kg} \cdot \text{℃})[0.48 \text{kcal}/(\text{kg} \cdot \text{℃})]$，$t_{hi} = 100 \text{℃}$；水：
$G_c = 1728 \text{kg/h}$，$C_{pc} = 4.2 \text{kJ}/(\text{kg} \cdot \text{℃})[1.0 \text{kcal}/(\text{kg} \cdot \text{℃})]$，$t_{ci} = 20 \text{℃}$。

求：水的出口温度（t_{co}），传热量（Q）。

[解]（1）求温度效率 ε

$$C_h = G_h \cdot C_{ph} = 7200 \times 0.48 = 4019 \text{W}/\text{℃}[3456 \text{kcal}/(\text{h} \cdot \text{℃})]$$

$$C_c = G_c \cdot C_{pc} = 1728 \times 1.0 = 2009.6 \text{W}/\text{℃}[1728 \text{kcal}/(\text{h} \cdot \text{℃})]$$

$$R = C_{min}/C_{max} = 1728/3456 = 0.5$$

$$N = \frac{A \cdot K}{C_{min}} = 12.5 \times 344/1728 = 2.5$$

将 $N = 2.5$，$R = 0.5$ 代入表 2-15 逆流关系式后，求得 ε = 0.833。

换热器的温度效率关系式　　　　　　　　　　　　　　表 2-15

$N = \text{NTU} = K \cdot A/C_{min}$，$R = C_{min}/C_{max}$，ε = 温度效率

形式和流动方式	关　系　式
（1）套管：顺流	$\varepsilon = \dfrac{1 - \exp[-N \cdot (1 + R)]}{1 + R}$
逆流	$\varepsilon = \dfrac{1 - \exp[-N \cdot (1 - R)]}{1 - R \cdot \exp[-N \cdot (1 - R)]}$
错流，$R = 1$	$\varepsilon = \dfrac{N}{N + 1}$
（2）错流：二流体为非混合	$\varepsilon = 1 - \exp\left[\dfrac{\exp(-N \cdot R \cdot n) - 1}{R \cdot n}\right]$
	式中 $n = N^{-0.22}$
二流体混合	$\varepsilon = \left[\dfrac{1}{1 - \exp(-N)} + \dfrac{R}{1 - \exp(-N \cdot R)} - \dfrac{1}{N}\right]^{-1}$
C_{max} 混合、C_{min} 非混合	$\varepsilon = \left(\dfrac{1}{R}\right) \cdot \{1 - \exp[-R \cdot (1 - e^{-N})]\}$
C_{max} 非混合、C_{min} 混合	$\varepsilon = 1 - \exp\left\{-\left(\dfrac{1}{R}\right) \cdot [1 - \exp(-N \cdot R)]\right\}$
（3）管壳式：壳侧 1 流程 管侧 2、4、6 流程	$\varepsilon = 2 \cdot \left\{1 + R + (1 + R^2)^{1/2} \cdot \dfrac{1 + \exp[-N \cdot (1 + R^2)^{1/2}]}{1 - \exp[-N \cdot (1 + R^2)^{1/2}]}\right\}^{-1}$
（4）所有的换热器（$R = 0$）	$\varepsilon = 1 - e^{-N}$

(2)求水的出口温度 t_{co}

$$(t_{co} - t_{ci}) = \varepsilon(t_{hi} - t_{ci}) = 0.833 \times (100 - 20) = 66.6$$

$$t_{co} = t_{ci} + 66.6 = 20 + 66.6 = 86.6℃$$

(3) 求传热量 Q

$$Q = \varepsilon \cdot C_{min}(t_{hi} - t_{ci}) = 0.833 \times 1728 \times (100 - 20) = 134kW(115150kcal/h)$$

[例题2] （图2-23）

已知条件：换热器为错流型，用热水加热空气，且两流体为非混合形。传热面积：$A = 8.4m^2$；传热系数：$K = 250W/(m^2 \cdot ℃)$ [$215kcal/(m^2 \cdot h \cdot ℃)$]；

空气：$C_{pc} = 1.0kJ/kg \cdot ℃$ （$0.24kcal/kg \cdot ℃$），

$t_{ci} = 15℃$，$G_c = 7200kg/h$；

水：$C_{ph} = 4.2kJ/kg \cdot ℃$ （$1.0kcal/kg \cdot ℃$），

$t_{hi} = 90℃$，$G_h = 900kg/h$。

求：（1）空气和水的出口温度；

（2）传热量。

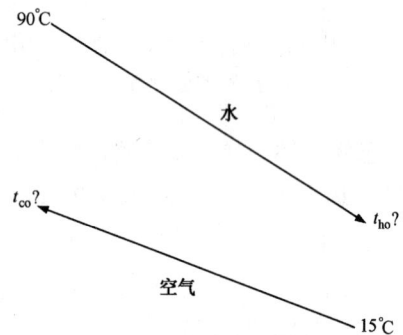

图2-23 例题2

[解] （1）求温度效率 ε

$$C_c = G_c \cdot C_{pc} = 7200 \times 0.24 = 2009W/℃ [1728kcal/(h \cdot ℃)]$$

$$C_h = G_h \cdot C_{ph} = 900 \times 1.0 = 1047W/℃ [900kcal/(h \cdot ℃)]$$

$$R = \frac{C_{min}}{C_{max}} = \frac{900}{1728} = 0.52$$

$$N = \frac{K \cdot A}{C_{min}} = \frac{215 \times 8.4}{900} = 2.0$$

将 $R = 0.52$，$N = 2.0$ 代入表2-15错流、两流体为非混合型的关系式后，求得 $\varepsilon = 0.73$。

（2）求传热量 Q

$$Q = \varepsilon \cdot C_{min} \cdot (t_{hi} - t_{ci}) = 0.73 \times 900 \times (90 - 15) = 57.3kW(49300kcal/h)$$

（3）求空气和水的出口温度

$$Q = C_h \cdot (t_{hi} - t_{ho})$$

$$49300 = 900 \times (90 - t_{ho})$$

$$t_{ho} = 35.2℃$$

$$Q = C_c \cdot (t_{co} - t_{ci})$$

$$49300 = 1728 \times (t_{co} - 15)$$

$$t_{co} = 43.5℃$$

[例题3] （图2-24）

已知条件：管壳式换热器，壳侧1流程，管侧2流程，用乙二醇加热水。传热面积：$A = 10m^2$；传热系数：$K = 500W/(m^2 \cdot ℃)$ [$430kcal/(m^2 \cdot h \cdot ℃)$]；乙二醇：$t_{hi} = 85℃$，$G_h = 3600kg/h$，$C_{ph} = 2.6kJ/(kg \cdot ℃)$ [$0.62kcal/(kg \cdot ℃)$]；水：$t_{ci} = 15℃$，$G_c = 7200kg/h$。

求：（1）传热量；

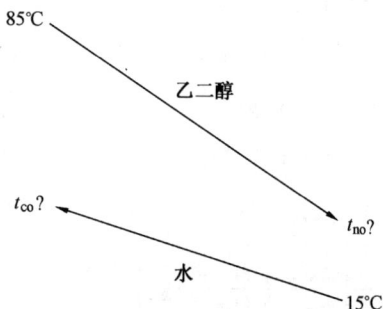

图2-24 例题3

（2）乙二醇出口温度；

（3）水的出口温度。

[解]（1）求温度效率 ε

$$C_h = G_h \cdot C_{ph} = 3600 \times 0.62 = 2596 W/\text{℃} \ [2232 kcal/(h \cdot \text{℃})]$$

$$C_c = G_c \cdot C_{pc} = 7200 \times 1.0 = 8374 W/\text{℃} \ [7200 kcal/(h \cdot \text{℃})]$$

$$R = \frac{C_{min}}{C_{max}} = \frac{2232}{7200} = 0.31$$

$$N = \frac{K \cdot A}{C_{min}} = \frac{430 \times 10}{2232} = 1.93$$

将 $N = 1.93$，$R = 0.31$ 代入表 2-15 管壳式关系式后，求得温度效率 $\varepsilon = 0.75$

（2）求传热量 Q

$$Q = \varepsilon \cdot C_{min} \cdot (t_{hi} - t_{ci}) = 0.75 \times 2232 \times (85 - 15) = 136 kW(117200 kcal/h)$$

（3）求乙二醇和水的出口温度

$$Q = G_h \cdot C_{ph}(t_{hi} - t_{ho})$$
$$117200 = 3600 \times 0.62 \times (85 - t_{ho})$$
$$t_{ho} = 32.5\text{℃}$$
$$Q = G_c \cdot C_{pc}(t_{co} - t_{ci})$$
$$117200 = 7200 \times 1.0 \times (t_{co} - 15)$$
$$t_{co} = 31.3\text{℃}$$

[例题 4]（图 2-25）

已知条件：管壳式蒸气冷凝器，壳侧 1 流程，管侧 1 流程。

蒸汽：冷凝温度 $t_h = 54\text{℃}$；

冷却水：$G_c = 2520 kg/h$，$t_{ci} = 18\text{℃}$，$t_{co} = 36\text{℃}$；

冷却管：25mm；

传热系数：$K = 3510 W/(m^2 \cdot \text{℃}) \ [3018 kcal/(m^2 \cdot h \cdot \text{℃})]$。

求：冷却管的长度和传热量。

[解]（1）由于是蒸汽冷凝器，即 $C_c = C_{min}$

故　　$\varepsilon = \dfrac{t_{co} - t_{ci}}{t_h - t_{ci}} = \dfrac{36 - 18}{54 - 18} = 0.5$

（2）由于是蒸汽冷凝器，即 $\varepsilon = 1 - \exp(-N)$

故 $-N = \ln(1 - \varepsilon) = \ln(1 - 0.5) = -0.693$

$N = 0.693$

（3）求冷却管的长度，由于 $N = \dfrac{K \cdot A}{C_{min}}$

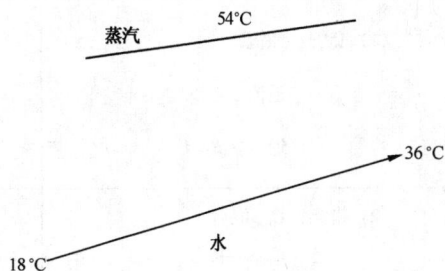

图 2-25　例题 4

$$C_{min} = C_{pc} \cdot G_c = 1.0 \times 2520 = 2931 W/\text{℃} \ [2520 kcal/(h \cdot \text{℃})]$$

$$A = N \cdot C_{min}/K = 0.693 \times 2520/3018 = 0.58 m^2$$

$$l = \frac{A}{3.14 d} = \frac{0.58}{3.14 \times 0.025} = 7.4 m$$

（4）求传热量 Q

$$Q = \varepsilon \cdot C_{min} \cdot (t_h - t_{ci}) = 0.5 \times 2520 \times (54 - 18) = 52.8 \text{kW}(45360 \text{kcal/h})$$

[例题5]（图2-26）

已知条件：套管逆流换热器，高温水：$t_{hi} = 93℃$，$t_{ho} = 49℃$，$G_h = 1670 \text{kg/h}$，低温水：$t_{co} = 66℃$，$G_c = 2820 \text{kg/h}$。

求：K，A值

[解]（1）求低温水的出口温度

$C_c = G_c \cdot C_{pc} = 2820 \times 1.0 = 3279.7 \text{W/℃} [2820 \text{kcal/(h·℃)}]$

$C_h = G_h \cdot C_{ph} = 1670 \times 1.0 = 1942.2 \text{W/℃} [1670 \text{kcal/(h·℃)}]$

$$R = \frac{C_{min}}{C_{max}} = \frac{1670}{2820} = 0.592$$

传热量 $Q = G_h \cdot C_{ph}(t_{hi} - t_{ho}) = 1670 \times 1.0 \times (93 - 49)$
$$= 85.5 \text{kW} (73480 \text{kcal/h})$$

低温水 $Q = G_c \cdot C_{pc} (t_{co} - t_{ci})$

$$73480 = 2820 \times 1.0 \times (66 - t_{ci})$$

$$t_{ci} = 40℃$$

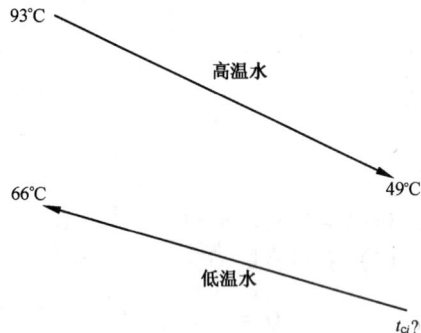

图2-26　例题5

（2）求温度效率 ε

$$Q = \varepsilon \cdot C_{min} \cdot (t_{hi} - t_{ci})$$

$$73480 = \varepsilon \times 1670 \times (93 - 40)$$

$$\varepsilon = 0.83$$

（3）求 K，A值

将 $R = 0.592$，$\varepsilon = 0.83$ 代入表2-16套管逆流关系式后，求得 $N = 2.7$ 由于 $N = K \cdot A / C_{min}$，故 $K \cdot A = N \cdot C_{min} = 2.7 \times 1670 = 5244 \text{W/℃}$ （4509 kcal/h·℃）

换热器的传热系数　　　　　　　　　　　　　　　　　　表2-16

$R = C_{min}/C_{max}$，$\varepsilon = $ 温度效率，$N = \text{NTU} = K \cdot A / C_{min}$

形式和流动方式	关　　系　　式
（1）套管：顺流	$N = \dfrac{-\ln\left[1 - (1 + R) \cdot \varepsilon\right]}{1 + R}$
逆流	$N = \dfrac{1}{R - 1} \cdot \ln\left[\dfrac{\varepsilon - 1}{R \cdot \varepsilon - 1}\right]$
逆流，$R = 1$	$N = \dfrac{\varepsilon}{1 - \varepsilon}$
（2）错流：C_{max}混合 　　　　C_{min}非混合	$N = -\ln\left[1 + \dfrac{1}{R} \cdot \ln(1 - R \cdot \varepsilon)\right]$
C_{max}非混合 C_{min}混合	$N = -\dfrac{1}{R}\left[1 + R \cdot \ln(1 - \varepsilon)\right]$
（3）管壳式：壳侧1流程 　　　　　管侧2、4、6流程	$N = -(1 + R^2)^{-1/2} \cdot \ln\left[\dfrac{\frac{2}{\varepsilon} - 1 - R - (1 + R^2)^{1/2}}{\frac{2}{\varepsilon} - 1 - R + (1 + R^2)^{1/2}}\right]$
（4）所有的换热器（$R = 0$）	$N = -\ln(1 - \varepsilon)$

[例题 6]（图 2-27）

已知条件：空调用热水盘管，加热能力：$Q = 36.6\text{kW}(31500\text{kcal/h})$；

热水：$G_\text{h} = 6300\text{kg/h}$，$t_{hi} = 80℃$；

空气：$G_\text{c} = 6480\text{kg/h}$，$t_{ci} = 20℃$，$C_\text{pc} = 1.0\text{kJ/(kg·℃)}$

$[0.24\text{kcal/(kg·℃)}]$。

求：（1）K，A 值；

（2）当热水入口温度变化时的加热能力和空气出口温度。

[解]（1）　$C_\text{h} = G_\text{h} \cdot C_\text{ph} = 6300 \times 1.0$

$\qquad\qquad = 7327\text{W/℃}\ [6300\text{kcal/(h·℃)}]$

$\qquad C_\text{c} = G_\text{c} \cdot C_\text{pc} = 6480 \times 0.24$

$\qquad\qquad = 1808\text{W/℃}\ [1555\text{kcal/(h·℃)}]$

$\qquad R = \dfrac{C_\text{min}}{C_\text{max}} = \dfrac{1555}{6300} = 0.247$

（2）求空气出口温度

$$Q = G_\text{c} \cdot C_\text{pc}\ (t_{co} - t_{ci})$$

$$31500 = 6480 \times 0.24 \times\ (t_{co} - 20)$$

$$t_{co} = 40.3℃$$

（3）求温度效率 ε

$$Q = \varepsilon \cdot C_\text{min} \cdot\ (t_{hi} - t_{ci})$$

$$31500 = \varepsilon \times 1555 \times\ (80 - 20)$$

$$\varepsilon = 0.34$$

（4）实际上属错流式，但，计算时采用逆流式求 NTU（N），将 $R = 0.247$，$\varepsilon = 0.34$ 代入表 2-16，套管逆流关系式后求得：

$$N = 0.435$$

$$K \cdot A = N \cdot C_\text{min} = 0.435 \times 1555 = 786\text{W/℃}\ [676\text{kcal/(h·℃)}]。$$

（5）求加热能力和空气出口温度

当空气入口温度为 20℃时

加热能力：

$$Q = \varepsilon \cdot C_\text{min} \cdot (t_{hi} - t_{ci}) = 0.34 \times 1550 \times (t_{hi} - 20)$$

空气出口温度：

$$Q = C_\text{min} \cdot (t_{co} - t_{ci})$$

$$t_{co} = t_{ci} + (Q / C_\text{min})$$

计算结果见表 2-17。

表 2-17

计 算 结 果

热水入口温度（℃）	加热能力 [kW（kcal/h）]	空气出口温度（℃）
80	36.6（31500）	40.3
75	33.8（29100）	38.7
70	30.7（26400）	37.0
65	27.7（23800）	35.3
60	25.8（22200）	33.6

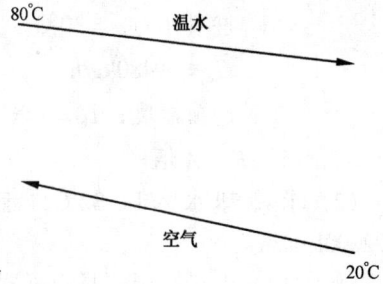

图 2-27　例题 6

[例题7]（图 2-28）

已知条件:制冷机用水冷冷凝器,

放热量:232.3kW(192000kcal/h);

冷却水:$t_{ci} = 30℃$, $t_{co} = 35℃$,

$G_c = 39480kg/h$;

冷凝温度: $t_h = 40℃$。

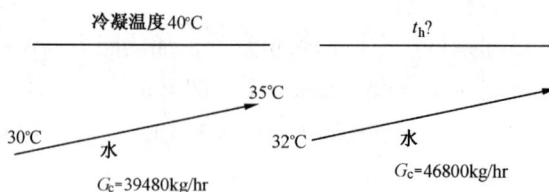

图 2-28 例题 7

求：（1）K、A 值;

（2）求冷却水入口 32℃,流量 46800kg/h 时的冷凝温度,此时的放热量为 232.3kW (192000kcal/h)。

[解] （1）由于采用的是冷凝器,故具有以下特点:

$R = C_{min}/C_{max} \rightarrow 0$,冷却水侧为 C_{min}

$\varepsilon = 1 - \exp(-N)$ 　　　　$N = K \cdot A/C_{min}$

（2）求温度效率 ε

$$C_{min} = G_c \cdot C_{min} = 39480 \times 1.0 = 46kW \ [39480kcal/(h \cdot ℃)]$$

$$Q = \varepsilon \cdot C_{min} \cdot (t_{hi} - t_{ci})$$

$$192000 = \varepsilon \times 39480 \times (40 - 30)$$

$$\varepsilon = 0.486$$

$$\varepsilon = 1 - \exp(-N)$$

$$\exp(-N) = 1 - \varepsilon = 1 - 0.486 = 0.514$$

$$N = 0.666$$

$$N = K \cdot A/C_{min}$$

$$K \cdot A = N \cdot C_{min} = 0.666 \times 39480$$

$$= 30.6kW/℃ \ [26294kcal/(h \cdot ℃)]$$

（3）当冷却水入口温度为 32℃时

$$C_{min} = G_c \cdot C_{pc} = 46800 \times 1.0 = 54.4kW/℃ \ [46800kcal/(h \cdot ℃)]$$

$$N = \frac{K \cdot A}{C_{min}} = \frac{26294}{46800} = 0.562$$

$$\varepsilon = 1 - \exp(-N) = 1 - \exp(-0.562) = 0.43$$

$$Q = \varepsilon \cdot C_{min} \cdot (t_h - t_{ci})$$

$$192000 = 0.43 \times 46800 \times (t_h - 32)$$

$$t_h = 41.5℃$$

六、两种计算方法的比较

换热器传热计算包括设计计算和校核计算。设计计算指的是根据给定的工作条件、换热量,确定所需的换热面积,之后决定换热器的具体尺寸。校核计算指的是对已有的换热器的换热能力进行核算或做变工况计算。根据给定的换热器的结构参数和两侧流体的工作条件 C_h、C_c、

t_{hi}、t_{ci}，计算传热量 Q 和两流体的出口温度 t_{ho}、t_{co}，两种计算方法的设计计算和校核计算的要点分别见表 2-18、表 2-19。

设计计算的要点　　　　　　　　　　　　　　　　　　　　　　　表 2-18

NTU	Δt_{m}
根据给定的两流体的流量、热容量及进出口处的 3 个温度，计算传热量及另一温度	同 NTU 法
计算 ε、R	同 NTU 法
根据选定的换热器的流动形式和 ε、R 求出 NTU 值	根据选定的换热器的流动形式和 ε、R 求出 F（温差修正系数）
计算 K、A 值	根据两流体进出口温度，计算 Δt_{m}，之后计算 K、A 值
布置换热面	布置换热面

校核计算的要点　　　　　　　　　　　　　　　　　　　　　　　表 2-19

NTU	Δt_{m}
根据换热器的结构，计算 K、A 值	假设一流体的出口温度，计算传热量和另一流体的出口温度
计算 NTU、R	同 NTU 法
根据换热器流动形式，求出 ε 值	计算 ε、R
根据 ε 定义式求出流体出口温度	根据换热器形式，求出 F_{t}
计算传热量	计算 Δt_{m} 计算传热量，并与假设值比较，当差距大时，重复以上步骤 由 $t_{co} = t_{ci} + \dfrac{Q}{C_{c}}$ 或 $t_{ho} = t_{hi} - \dfrac{Q}{C_{h}}$ 计算出口温度

从表 2-18、表 2-19 的比较可知：换热器传热计算中使用的平均温差法和 NTU 法各有其优缺点。设计计算时，与平均温差法比，NTU 法并没有什么更方便之处。而采用平均温差法，通过 F_{t} 的大小可看出所选的流动形式与逆流之间的差距，有助于流动形式的选择。在校核计算中，两种方法都需要预先估计出流体的出口温度，以便确定计算传热热阻时两侧流体换热系数所需的流体物性系数。此外，使用平均温差法时，还要根据估计的出口温度推算平均温差。因此，两种方法在计算出流体出口温度后，都要与原估算值进行比较，如相差较大，则要在适当调整后，重复进行计算。平均温差法中，出口温度估计值的偏差对平均温差计算值影响很大，往往需要多次试算才能满足要求。在 NTU 法中，出口温度估计值的偏差仅通过流体物性参数影响传热热阻，且影响较小。使用 NTU 法做校核计算时，计算精度比平均温差法高，一般不需重复计算。

第三章　板式换热器的结构和特性

随着传热板片、密封结构和制造方法等技术的发展与应用，板式换热器早已突破传统的"可拆卸"概念，目前各种焊接式（如半焊式、钎焊式、全焊式或板壳式等）产品，也被视为板式换热器的范畴，故相应的适用范围不断扩大，板式换热器"家族"正迎来"百花争艳"的时代。

本章以可拆卸板式换热器为重点，介绍类别和品种、基本结构、主要产品的性能、影响板式换热器性能的主要因素和压紧板等零件的强度计算。

第一节　类别和品种

换热器可根据传热过程、产品结构、流程配置、表面紧凑度、流体数量以及传热机理等划分为不同的类别和品种，这是 Ramesh K.Shan 提出的分类原则，包括板式换热器在内，现已得到普遍采用。

1．按照传热过程，板式换热器均属于非直接接触（通过板壁）、对流（或有相变）传热的换热器。而且，冷、热流体除了对流（或有相变）传热外，尚包括通过垢层和板壁的热传导。

2．按照产品结构，板式换热器可分为：可拆卸（或带密封垫片的）板式换热器、焊接板式换热器、螺旋板式换热器和板卷（或蜂窝）式换热器等四大类。但是，本书按照行业习惯，不包括板片形状为曲面的后两类，仅介绍传热板片（简称板片）形状为矩形或圆形波纹平板的前两类，并根据以下原则进一步分为：

（1）按照板片之间的连接方式分为：可拆卸（或带密封垫片的）板式换热器和焊接板式换热器。前者，所有（或一部分）板片之间由密封垫片连接，成为可拆开的板束，例如，常规的板式换热器和双壁板式换热器；后者，所有板片均无（或仅板片的角孔有）密封垫片，而是焊接成为全部（或一部分）不可拆开的板束。例如，半焊接板式换热器、全焊接板式换热器、板壳式换热器和钎焊板式换热器；

（2）按照冷、热流体的流道特性（或板片结构）分为：对称（型）板式换热器和非对称（型）板式换热器。前者，冷、热流体的流道由同一种板片组成，即常规的板式换热器；后者，冷、热流体的流道由一种板片（其两侧的波纹结构不同）或两种板片组成，故具有不同的特性。例如，非对称波纹（板片同一侧上，波纹夹角不等）板式换热器、不等（流道）截面（积）板式换热器、宽-窄间隙（流道）板式换热器、板-管式板式换热器；

（3）按照流道的间隙大小可分为：常规间隙板式换热器和宽间隙板式换热器。前者，板间距（或波纹深度）小于或等于5mm；后者，板间距（或波纹深度）约为前者的 2～5 倍，可达20mm，包括由"搓衣板型"、"自由流型"和有凸筋的板片组成的板式换热器——通常称为"宽间隙板式换热器"等；

（4）按照产品的成套性可分为：单机和机组。

3．按照流程组合，板式换热器分为：单程和多程板式换热器；顺流（或并流）、逆流和交叉流（或横流）板式换热器。

4．按照工艺用途，板式换热器分为：加热器、冷却器、冷凝器、蒸发器和预热器等。

5. 按照紧凑度(单位体积内的换热面积,m^2/m^3),板式换热器均属于液体-液体或液体-气体两相流体换热的紧凑式换热器,其紧凑度约为 $120 \sim 660m^2/m^3$。一般,紧凑度为 $700 \sim 3000m^2/m^3$ 的换热器,称为紧凑式换热器,主要用于气-气或气-液介质的换热;常规的管壳式换热器,紧凑度小于 $100m^2/m^3$。

第二节 基本结构

一、可拆卸板式换热器(图 3-1)

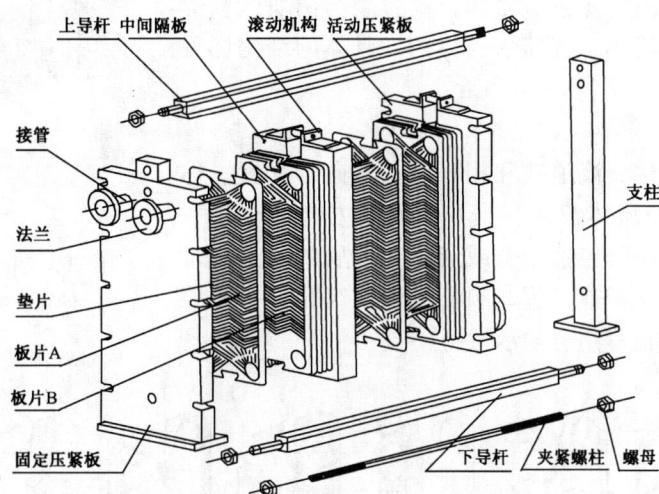

图 3-1 可拆卸板式换热器的结构示意图

板片、(上端设有滚动机构的)活动压紧板或/和中间隔板均悬挂在上、下导杆之间,板片的数量、顺序和方向按设计的要求;板片的周边和角孔处有密封槽,供放置(粘贴或嵌入)密封垫片用;固定压紧板与支柱通过上、下导杆连成一体,称为"框架";拧紧夹紧螺母和螺柱时,活动压紧板与板片一起被推向固定压紧板,直至规定的夹紧尺寸为止。如果需要,可卸去夹紧螺母和螺柱,推开活动压紧板,取下板片和密封垫片,进行清洗或更换。

板片为压制有波纹、密封槽和角孔的金属薄板,是重要的传热元件。波纹不仅可强化传热,而且可以增加薄板的强度和刚性,从而提高板式换热器的承压能力,并由于促使流体呈湍流状态,故可减轻沉淀物或污垢的形成,起一定的"自洁"作用。如图 3-1 所示,将人字形波纹尖端不同指向的板片,即 A 板和 B 板(将 A 板旋转 180°)交替组配,相邻板片之间形成的空间,称为"流道"(或"通道");冷、热流体分别流过奇数或偶数流道进行换热。两种流体的流动方向可为逆流(方向相反)或顺流(方向相同)。

密封垫片的作用是密封板片之间的周边,防止流体向外泄漏,并按设计要求,密封一部分角孔,使冷、热流体按各自的流道流动。

固定压紧板(有时包括活动压紧板或/和中间隔板)的角部设有 2 个或 4 个接口(接管与法兰或仅有开孔),并与板片上的相应角孔连通,供换热流体流动;单程板式换热器的接口全部位于固定压紧板上,故便于拆卸和维修。

中间隔板是供三种以上流体换热时用的,可将同一框架上的板束分为两段或几段,每一段分别供两种流体进行换热。具有供第三种流体进、出的接口,并同各段或外部管道连接。每增

加一种流体,一般需增加一块中间隔板;两种流体时,无需中间隔板。图 3-2 为有两块中间隔板的
食品工业用板式换热器。在多程板式换热器的分程处,需装设
具有加强盲孔的板片或分程隔板(厚度 2～10mm)。

二、焊接板式换热器

　　焊接板式换热器的板片形式、焊接方法以及与板束组配
的外壳结构形形色色,但却有一个共同的特点——组成板束
的板片全部或部分焊接成一体,不可拆卸。冷、热流体分别
流过各自的板程/或板程与壳程。板片可为矩形、切角矩形和
圆形;板束或夹紧在两块压紧板之间,或直接与两块端板焊
成一体,或置于矩形箱体、圆筒形壳体内。具体的结构详见
本章第三节。

三、流程组合

　　冷、热流体的程数、流道数和相对流动方向的配置,称
为"流程组合"。同一流体流入(出)流道的方向每改变一
次,即为一程;每一程可包括一个或若干个并联的流道。每
一台板式换热器可按单程或多程、顺流或逆流组合(一般为
逆流)。图 3-3 为几种流程组合的示意图。

图 3-2　带中间隔板(两块)
的可拆卸板式换热器

(a)

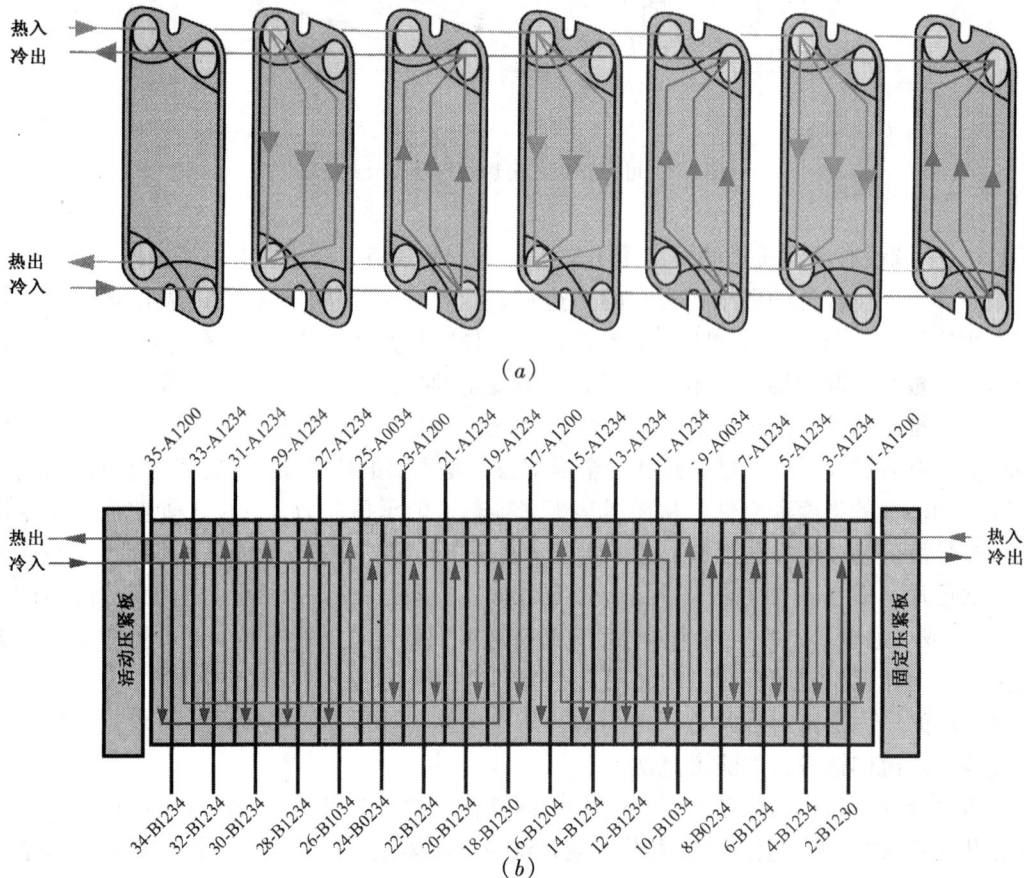

(b)

图 3-3　流程组合示意图(一)

(a) 两流体,$\dfrac{1\times3}{1\times3}$;$(b)$ 两流体,$\dfrac{1\times5+3\times4}{1\times5+3\times4}$

(c)

(d)

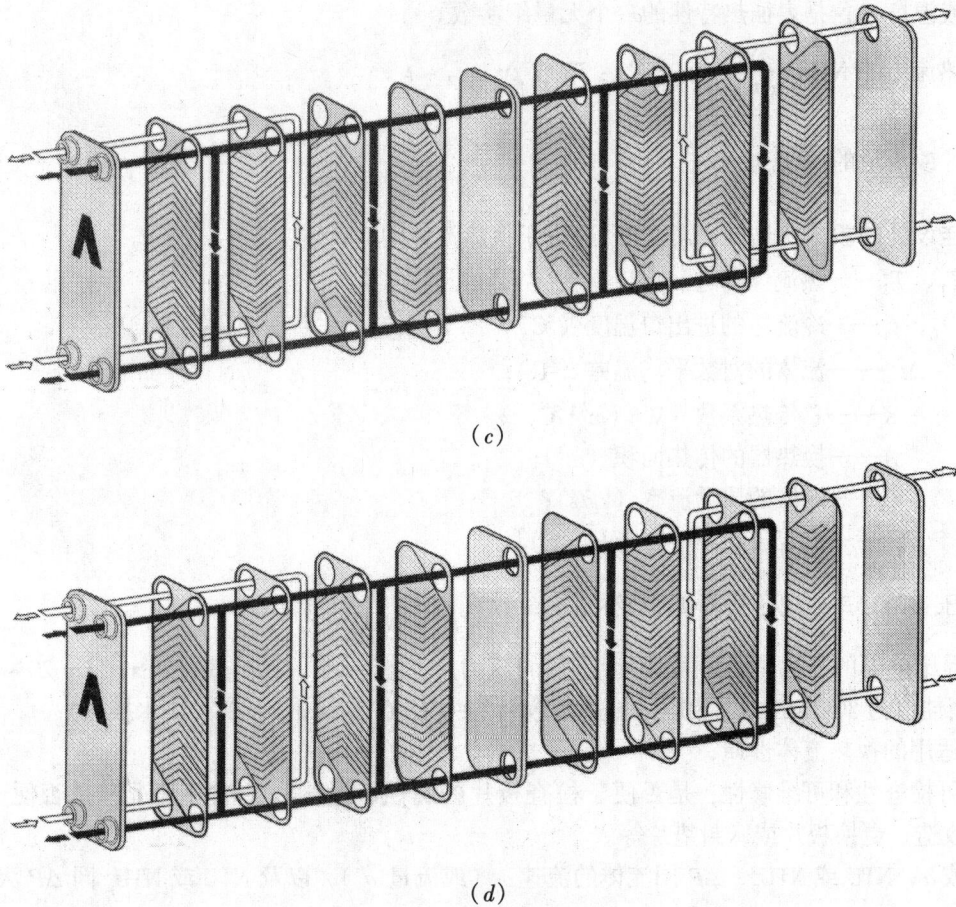

图 3-3　流程组合示意图（二）

(c) 三流体，一块分程隔板，$\dfrac{1\times1+1\times1}{1\times4}$；(d) 三流体，$\dfrac{2\times2+1\times2}{3\times2}$

通常，流程组合可用以下分式表示：

$$\frac{m_1^{\mathrm{a}} n_1^{\mathrm{a}} + m_1^{\mathrm{b}} n_1^{\mathrm{b}} + \cdots m_1^i n_1^i}{m_2^{\mathrm{a}} n_2^{\mathrm{a}} + m_2^{\mathrm{b}} n_2^{\mathrm{b}} + \cdots m_2^i n_2^i}$$

式中　m、n——相同流道数的程数、每一程内的流道数；

　　　1、2——流体 1（或热流体）、流体 2（或冷流体）；

　a、b、$\cdots i$——相同流道数与其程数的各种组合情况。

第三节　主要产品的性能

一、选择换热器的主要因素

尽管已有一些研究者提出了各种评价换热器性能的方法，但是，已被公认的、普遍采用的方法和指标至今尚没有。通常，选择板式换热器时，主要考虑以下因素：

1. 设计（或最高操作）压力；

2. 设计（或最高操作）温度；

3. 总传热系数 K 或传热单元数 NTU。

一般，$K = 3000 \sim 7500 \mathrm{W}/(\mathrm{m}^2 \cdot ℃)$。但是，$K$ 越高，ΔP 越大；反之亦然。NTU（或 θ）又称

热长度或温度比，是表征热特性的一个无量纲参数。

换热流体的 $\text{NTU} = \dfrac{\Delta t}{\Delta t_{lm}}$; $\Delta t = T_1 - T_2$ 或 $\Delta t = t_2 - t_1$;

板片或流道的 $\text{NTU}_p = \dfrac{K \cdot A}{G \cdot C_p}$;

最佳设计的板式换热器，其 NTU_p 应等于换热流体的 NTU。

式中　T_1、T_2——热流体的进、出口温度（℃）;

t_1、t_2——冷流体的进出口温度（℃）;

Δt_{lm}——流体的对数平均温差（℃）;

K——总传热系数 $[\text{W/}(\text{m}^2 \cdot \text{℃})]$;

A——换热器的传热面积 (m^2);

G——流体的质量流率 (kg/s);

C_p——比定压热容 $[\text{kJ/}(\text{kg} \cdot \text{℃})]$。

4. 压力降 ΔP 或比压力降 J（或称 Jensen 数），$J = \dfrac{\Delta P}{\text{NTU}}$（kPa/NTU）

多程比单程的压力降大；串联比并联的压力降大。一般，$\Delta P \leqslant 0.1\text{MPa}$；$J = 20 \sim 100\text{kPa/NTU}$，最佳值为 30kPa/NTU，相应的传热系数 α 约为 15000W/$(\text{m}^2 \cdot \text{℃})$（水-水换热）；

5. 适用的换热流体性质；

6. 可检查性和可维修性：是否便于检查板片的腐蚀、泄漏和结垢等情况；是否便于清洗、增容或改造、更换板片或密封垫片等。

K 或 α、NTU 或 NTU_p、ΔP 同流体的流速 ω（或流量 q_v），以及 NTU 或 NTU_p 同 ΔP 大致有如下关系：

$$K \text{ 或 } \alpha \propto \omega^{\frac{2}{3}} ; \quad \text{NTU 或 } \text{NTU}_p \propto \omega^{-\frac{1}{3}} ; \quad \Delta P \propto \omega^{\frac{5}{3}} \text{（图 3-4）} ;$$

$$\text{NTU 或 } \text{NTU}_p \propto \Delta P^{-\frac{1}{5}} ; \text{（图 3-5）}$$

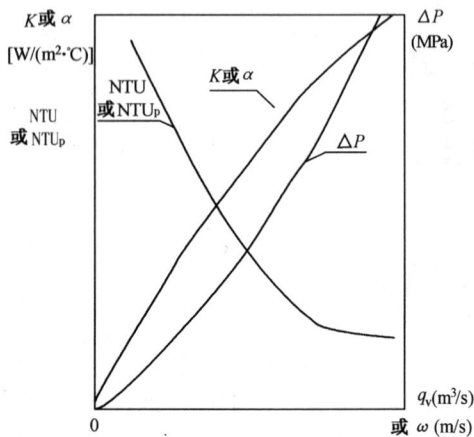

图 3-4　不同参数与 ω 的关系

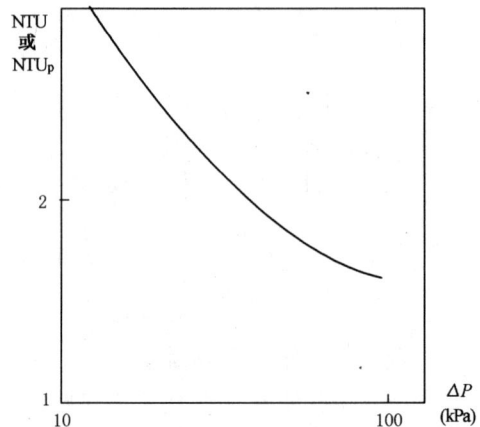

图 3-5　NTU 与 ΔP 的关系

几种板式换热器的性能比较，见图 3-6 和表 3-1。

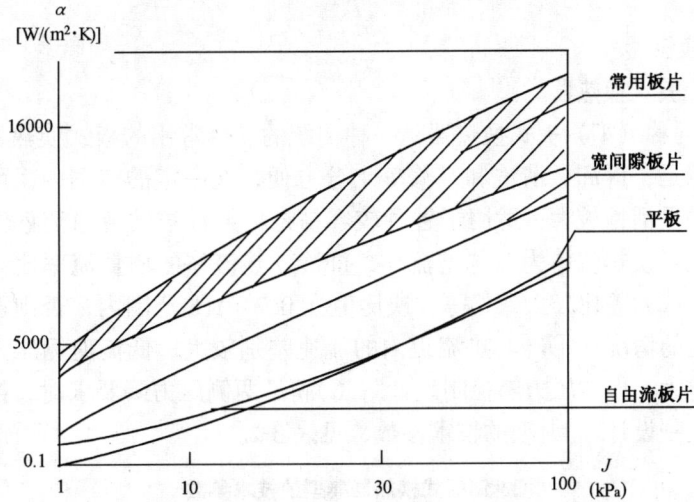

图 3-6　不同板片与 J 的关系

几种板式换热器的性能比较　　　　　　　　　　　表 3-1

种 类　　项 目	可拆卸	管-板式	宽间隙式	双壁式	半焊式	全焊式	钎焊式
设计压力（MPa）	2.5	2.0	0.9	2.5	2.5	真空 8.0	真空 3.5
设计温度（℃）	−25～180（特殊−40～260）					−200～1000	−196～300
流体类型							
液/液	1	1	1	1	1	1	1
气/液	1~3※	1~3※	1~3※	1~3※	1~3※	1~3※	1
气/气	1~3※	1~3※	1~3※	1~3※	1~3※	1~3※	1~3※
冷　凝	1~3※	1~3	1~3	1~3	1~3	1~3	1
蒸　发	1~3※	1~3※	1~3※	1~3※	1~3※	1~3※	1
流体性质							
黏　性 的	1	1	1	1	1	3	3
热敏性的	1	1	1	1	1	1	1
含纤维物的	4	3	1	4	4	4	4
含颗粒物的	3	2	2	3	3	4	4
有害反应或易污染 的	3	3	3	1	1	3	3
腐蚀板片的	1	1	1	1	1	3	3
侵蚀密封垫片的	3	3	3	3	1	1	1
易结垢的	3	2	2	3	3	3	3
检查/维修性							
拆开检查、清洗	A	A	A	A	B	C	C
化学（在线）清洗	A	A	A	A	A	A	A
增容、改造	A	A	A	A	A	C	C
现场维修	A	A	A	A	A	C	C

注：1——适合；2——较适合；3——有时适合；4——不适合。
　　A——可两侧；B——可一侧；C——两侧均不可。※——取决于操作压力、气/汽的密度等。

二、产品特性

1. 可拆卸板式换热器

(1) 对称（型）板式换热器

1) 主要特性　对称（型）板式换热器是一种传统的、最常用的板式换热器，采用常规的板片结构，其主要特点是：拆卸、清洗和维修等十分方便，在一定的范围内，可适当增减换热面积——增容、改造的灵活性较大；适用于各种较容易结垢或清洁的液-液/液-汽（冷凝液不多的两相流）流体的换热；换热流体为对称型流体，即冷、热流体的质量流率比（或质量流率与比定压热容乘积之比，或温差比）大致相等，或比值在 0.7～1.5 范围内，否则选型计算时，往往存在这样两种不匹配的情况：①冷、热流道内的流速差别较大；低流速侧压力降过小，常需串联，导致换热面积过大，即"压力降控制设计"；②满足两侧压力降要求时，换热面积太小，传热量不够，即"热控制设计"。典型的技术参数，见表 3-2。

可拆卸板式换热器典型的技术参数　　　　表 3-2

项　　目		指　　标
单板换热面积	(m²)	0.02～3.63、4.75
每台设备的总换热面积/板片数	(m²)/(张)	≤2500/≤700
设计（或最高操作）压力	(MPa)	0.1～2.5（特殊 3.0）
设计（或最高操作）温度	(℃)	-25～180（橡胶垫） -40～260（压制石棉纤维垫片等）
比压力降 J（水-水）	(kPa/NTU)	20～100
处理量	(m³/h)	0.5～3600（双进口 5000）
进、出口角孔直径	(mm)	≤450（特殊 600）
波纹深度（或板间距）	(mm)	2～8
平均当量直径	(mm)	4～16
总传热系数（水-水）	[W/(m²·℃)]	3000～7500（最高 11600）
温度接近值	(℃)	≥0.5
每一程流道的 NTU	/	0.3～4（最高 7）
热回收率	(%)	80（多程 97）
紧凑度（单位体积内的换热面积）	(m²/m³)	120～225（特殊 660）
板片尺寸 宽 长 厚	(mm)	 50～1200 300～5000 （最小 0.3）0.5～1.2
两板片间接触点的密度 其中，人字形波纹板片	(个/m²)	500～10000 5560～10000
压紧板厚度	(mm)	20～100
夹紧螺柱直径	(mm)	12～75
导杆尺寸 宽 长 厚	(mm)	 25～150 ≤3000 25～350

2) 板片形式　板片正反两侧面的波纹几何形状和结构尺寸完全一样，只能组成单一特性（NTU 和 ΔP）的流道，即冷、热流体流道的特性相同。目前，国内外制造的板片品种近百种，绝大部分用于可拆卸板式换热器。图 3-7 为几种一般用途的板片示例。由于人字形波纹板片（简称人字纹板

片)组成的流道,交叉支撑点多,流体呈网状三维涡流(图3-8a),故具有承受压力高、传热性能好、适用范围广等诸多优点,得到普遍采用。人字纹板片包括纵向和横向(人字纹尖端的指向分别平行和垂直于板片纵轴方向);单人字和双人字(单排和双排/或多排人字纹)等形式。其中,纵向人字纹板片应用最广,K值高,但是压力降也比较大。常用的板片波纹断面形状有正弦形、三角形和梯形。正弦形断面的比表面积大、传热性能好、压力降较小、受压时应力分布均匀,但制造较难。水平平直波纹板片和阶梯形波纹板片组成的流道,恰好与人字纹板片的特性相反,流体呈带状二维流(图3-8b),其最大优点是压力降较小。其他形式板片的特性基本上介于这两类之间。

图 3-7　几种一般用途的波纹板片

(a) 双人字波纹；(b) 单人字波纹；(c) 横人字波纹；(d) 斜人字波纹；
(e) 鳞甲形波纹；(f) 球形波纹；(g) 水平平直波纹；(h) 阶梯形波纹

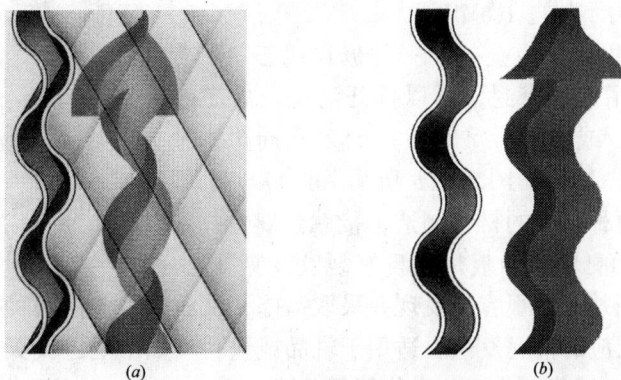

图 3-8　流体在流道内的流型示意图
(a) 三维流；(b) 二维流

（2）几种比较特殊的对称型板式换热器

1）"热混合"设计的板式换热器　"热混合"设计概念是1967年由 J.Marriott 提出的，被认为是热力工程设计的一项重大突破。其基本原理是：将人字纹板片按人字纹与板片纵轴（即流体的主流方向）的夹角 β 大小，分为硬板片和软板片两类。硬板片的 2β 为钝角，又称高 NTU（$\geqslant 3.0$）板片；软板片的 2β 为锐角，又称低 NTU（$\leqslant 1.5$）板片。硬板片的传热效率高，压力降大（允许的流速较低）；软板片则相反。如图3-9所示，由硬（A板）、软（B板）两种板片，可组成高（H）、低（L）、中（M）NTU 三种特性的流道；采用其中两种，并按一定比例组装，可在一定范围内，满足不同热负荷和压力降的要求，实现换热流体与换热器特性的"精确匹配"，与常规板式换热器比较，在同等效率下可减少换热面积达30%，现已普遍采用。但是，"热混合"设计仅适用于：①人字纹板片；②等程数组合；③流体的黏度不宜大于 $0.2 \sim 0.5 Pa \cdot s$。

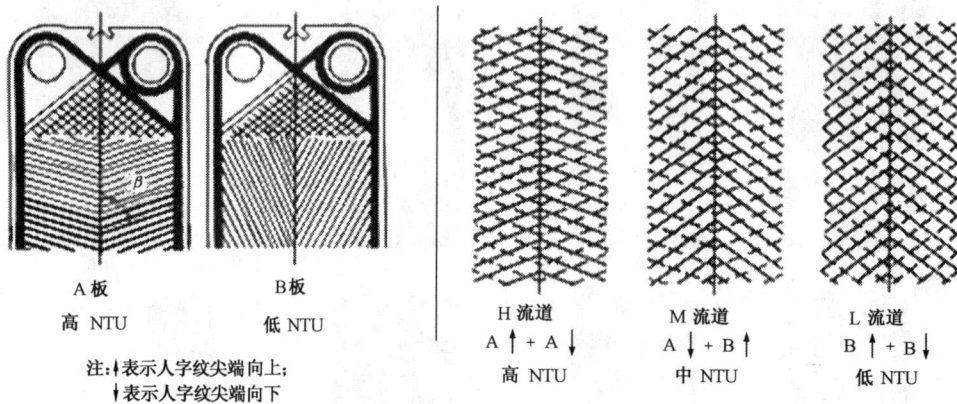

A板　　　　　　B板
高 NTU　　　　　低 NTU

注：↑表示人字纹尖端向上；
↓表示人字纹尖端向下

H 流道　　　　　M 流道　　　　　L 流道
A↑+A↓　　　　A↑+B↓　　　　B↑+B↓
高 NTU　　　　　中 NTU　　　　　低 NTU

图 3-9　"热混合"设计流道组配示意图

2）浅密波纹板式换热器　一般，板片的人字纹深度小于或等于 2.5mm，波纹浅而密，板片较薄（常用厚度为 0.5mm），传热效率高，属于硬板片（图3-10），NTU 最大值可达7，最高设计压力可达 3MPa。适用于大温差，小流量，对数平均温差或温度接近值（流体进、出口的末端温差）不超过1℃的清洁流体，例如暖通与空调（HVAC）、制冷等行业，可节省投资和机泵的运行费用。

3）深稀波纹板式换热器　一般，人字纹深度大于 4mm，波纹深而稀，属于软板片。主要用于各种低 NTU 值、低压力降流体（如黏性）的换热；设计压力不超过 1.6MPa。

4）双壁板式换热器　以两张重叠的同一种板片代替单张板片。每对板片的角孔周边用垫片密封，可以拆开清洗，如图3-11a 所示 APV 公司的产品；或者，沿每对板片的角孔周边焊接（氩弧焊或钎焊）或粘结成一体，如图3-11b 所示 Alfa Laval 公司的产品。每对板片可采用两种不同的材料制造，接触强腐蚀性流体的板片使用耐蚀性更好的材料。当板片一旦有裂纹或穿孔时，

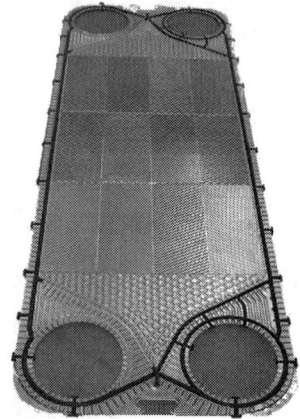

图 3-10　浅密波纹板式换热器的
板片（京海换热）

流体将由两板片之间流出到外部，很容易发现并采取措施，从而可避免因两种换热流体相互混合，导致污染或产生有害反应的情况发生。适用于乳品或饮料（如牛奶巴氏灭菌、饮用水生产等）、变压器油的冷却，以及医药、化工、生物等行业或工况。但是，传热性能稍差。

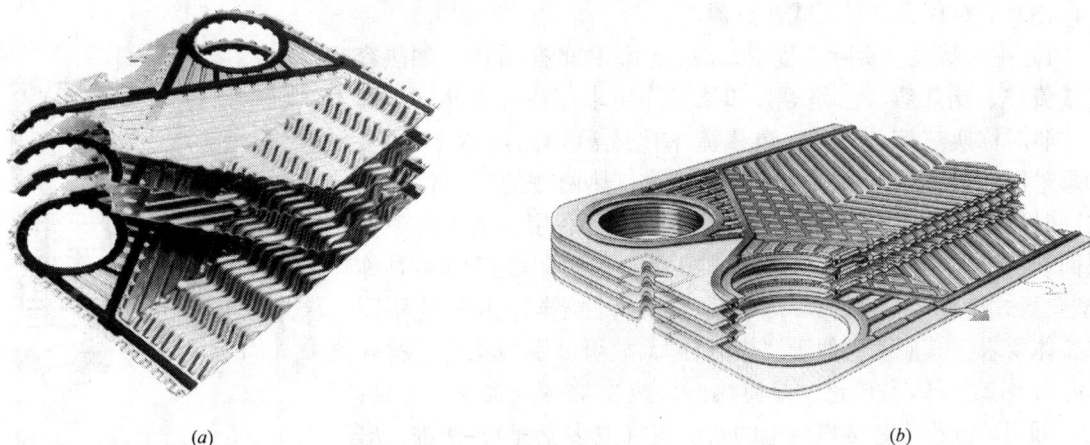

(a)　　　　　　　　　　　　　　　(b)

图 3-11　双壁板式换热器
(a) APV 公司；(b) Alfa Laval 公司

5)"自由流"板式换热器　流道最大间隙（或当量直径）为常规板式换热器的 2~5 倍，可达 13、16 和 20mm 等，且板片之间无接触点或接触点很少，故流道畅通，流体可"自由"流动。同管壳式换热器比较，由于波纹可导致高度湍流，所以传热效率较高，操作周期或清洗的间隔时间更长，而且清洗更容易。适用于造纸、制糖、酿酒、医药和化工等行业中含纤维或粗大颗粒的液体、高黏度液体，以及汽/气体的加热、冷却或冷凝等。由于结构的限制，其设计压力一般不超过 1MPa（最高 1.5MPa）。

(a) 宽间隙板式换热器

板片的波纹结构基本上与常规人字纹板片相同，但按一定的间距特制（冲压或焊接）有一些定距"筋"，其深度比其他波纹的大，起支撑并保持适当间距的作用，而且角孔较大，导流区的支撑点较少，如图 3-12 所示。京海换热的产品，同一种板片可组成最大间隙为 11.5mm 的宽间隙流道（图 3-12a、图 3-12b），也可以组成宽-窄间隙的流道（图 3-20）。

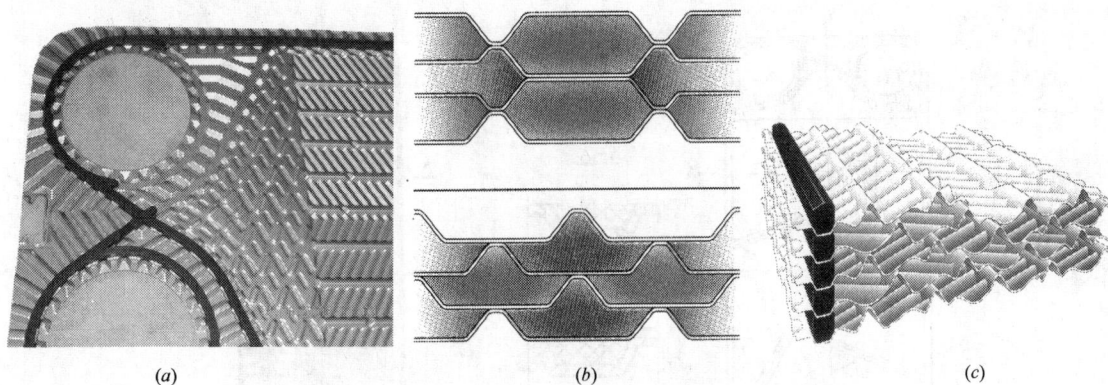

(a)　　　　　　　　　　(b)　　　　　　　　　　(c)

图 3-12　宽间隙板式换热器（京海换热）
(a) 板片；(b) 流道示意图；(c) Alfa Laval 公司

(b) 鱼鳞形板式换热器

板片的横截面呈弧形，波纹为鱼鳞形或"搓衣板"型；板片之间无支撑或由 1~3 条纵向密封垫片支撑，形成独立的或相互平行的纵向流道，如图 3-13 所示。

（3）非对称（型）板式换热器

1）主要特性 实际工程中，冷、热流体的热特性（如热容量或流率、比热容、温差等）和压力降要求往往并不相同，即为"非对称换热流体"——质量流率比或温差比可达 2 以上。如果采用对称（型）板式换热器，其冷、热两侧的传热性能无法同时满足要求，或允许的压力降不能充分利用，从而将使换热面积无谓增大，造成不必要的浪费。此时，最宜用非对称（型）板式换热器。因为其冷、热流道的特性不同，可适应不同的流体要求，其原理类似于"热混合"，故可分别与流体"精确匹配"，实现整体最佳化，使换热面积减少 15% ~ 30%。而且，往往可用单流程代替常规流道的双流程（或多流程），使进、出口接管全部位于固定压紧板一侧，更便于安装、拆卸和维修。适用于集中供热、化工、石油等各种行业；当一侧流道为宽间隙时，可起宽-窄间隙板式换热器的作用。

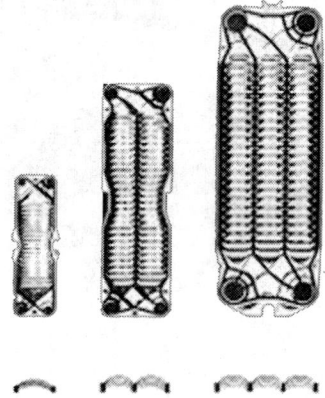

图 3-13　鱼鳞形板式换热器
（GEA AHLBORN 公司）

2）板片形式 根据所构成的冷、热侧流道的特性，板片形式大致可分为两类：①流道的波纹结构不一样，因而可使流体的流动状态不同（图 3-14、图 3-15、图 3-16）；②流道的波纹结构和横截面积均不同，横截面积之比可达 2 ~ 3.5，故非对称性更大（图 3-17、图 3-18、图 3-19 和图 3-20）。典型的形式如下：

（a）非对称（波纹）板式换热器（图 3-14 和图 3-15）：1985 年由瑞典 ReHeat AB 公司推出的专利产品，被誉为第二代板式换热器。板片的传热区沿对称轴线（X 和 Y 轴）分为四个（或更多）部分，每一部分内的人字纹与纵轴的夹角可不相同；垫片槽的结构也有别于常规板片，其槽底位于二分之一波纹深度的平面上（图 3-14）。板片可沿 X、Y 和 Z 轴三个方向旋转，形成两种不同的流道，分别用于冷、热流体。如果采用具有高、低 NTU 值的两种板片，则可组配成 6 种不同特性的流道，比一般的"热混合"型多三种流道，适应的流体范围显著扩大（图 3-15）。

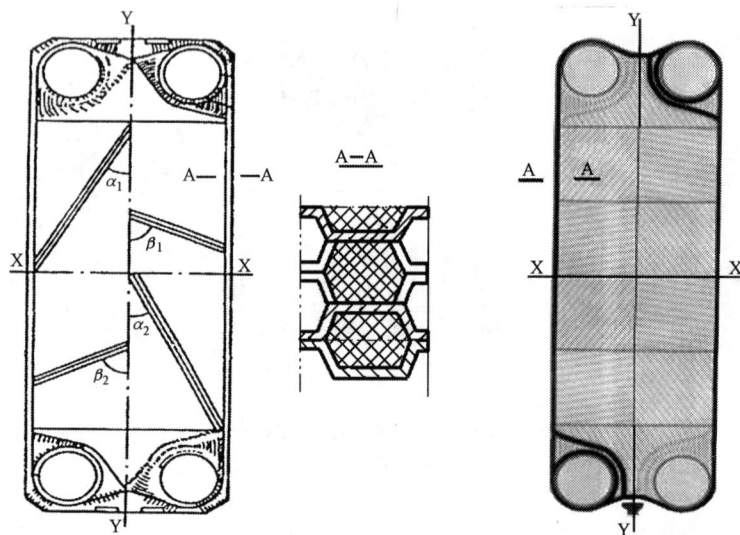

图 3-14　非对称（波纹）板式换热器板片示意图（SWEP公司）

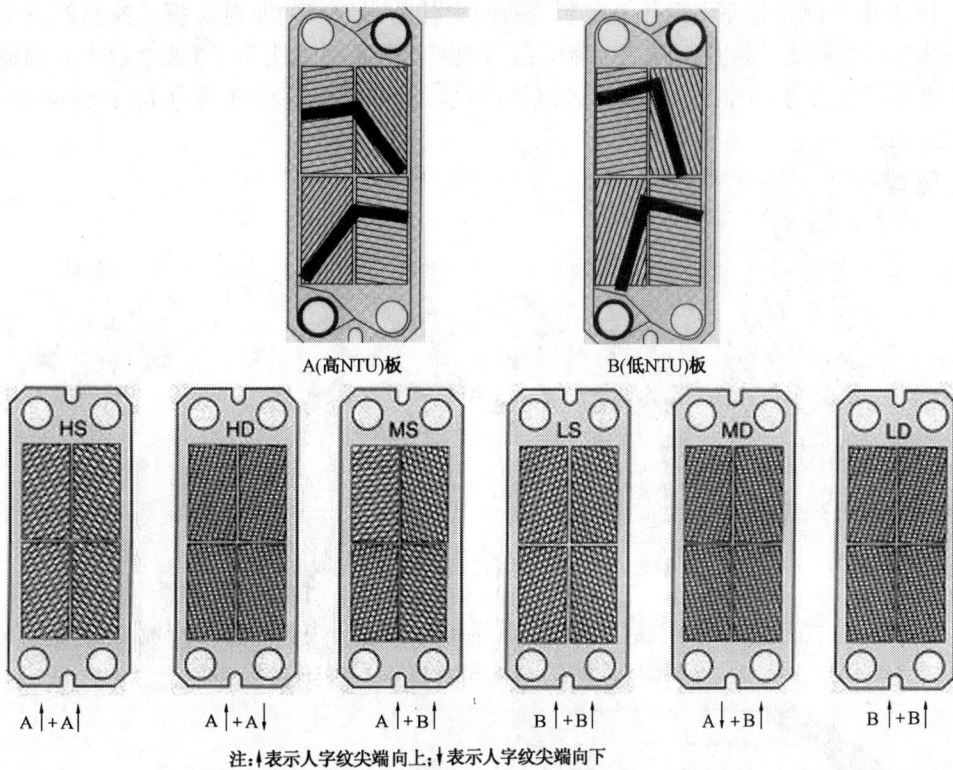

图 3-15　非对称（波纹）板式换热器流道组合示意图

（b）图 3-16 为另一种非对称（波纹）板式换热器：板片传热区的波纹由固定人字纹和活动人字纹（圆圈内）两部分组成；圆圈内的波纹可任意转动，与轴线 A-B 形成不同的夹角。因而，可得到所需要的 NTU 值，且 NTU 值可以沿轴线 A-B 逐排改变，使其与流体"精确匹配"，并且只需一套模具。这种板片尤其适用于黏度随温度变化而明显改变的流体，也可用于板式蒸发器。

（c）图 3-17 为管-板式换热器。同一种板片，一侧可组配成管状的"自由"流道，另一侧则组成常规的板状流道，其横截面积或当量直径之比可达 2 以上，垫片槽的结构同图 3-14。适用于压力较低的冷凝、蒸发以及含纤维和颗粒物的流体。

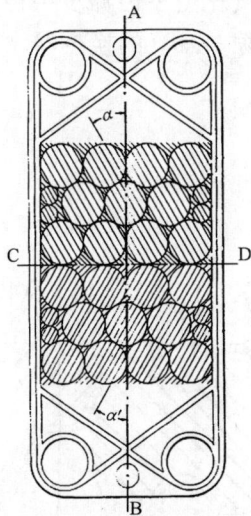

图 3-16　非对称（波纹）
板式换热器
（Fisher 公司）

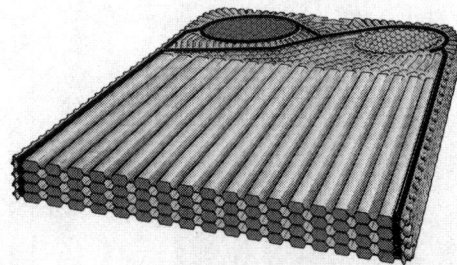

图 3-17　管-板式换热器
（Alfa Laval 公司）

（d）图 3-18 为北京市京海换热设备制造有限责任公司生产的非对称板式换热器或称不等截面板式换热器：由同一种板片组配成两侧横截面积或当量直径之比为 2（或 2 以上）的流道，密封垫片和垫片槽的结构同图 3-14，冷、热流体的进、出口接管直径分别为 *DN*150mm/*DN*200mm，设计压力达 2.5MPa。

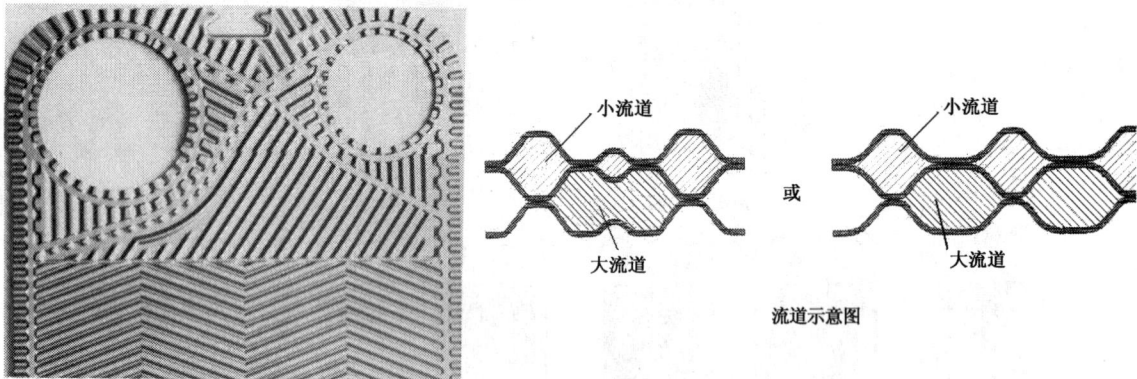

图 3-18　不等截面板式换热器（京海换热）

（e）图 3-19 为宽-窄间隙板式换热器或称不等间距板式换热器。宽、窄流道由两种波纹深度不同的板片组配而成，密封垫片和垫片槽的结构与常规板式换热器相同。

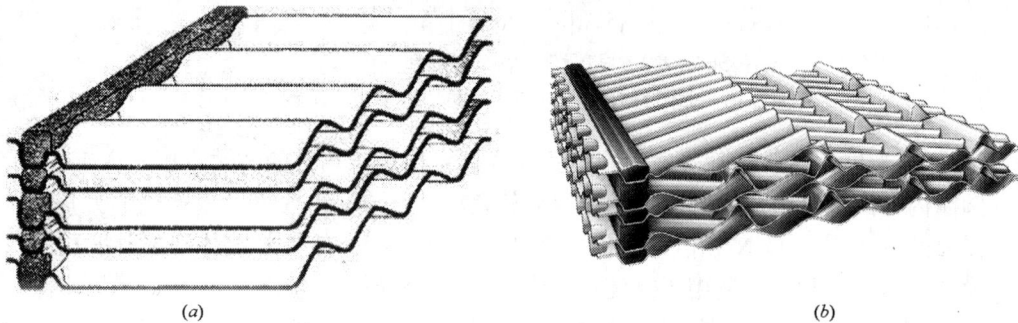

图 3-19　宽-窄间隙板式换热器

（a）W.Schmidt 公司；（b）Alfa Laval 公司

（f）图 3-20 为另一种宽-窄间隙板式换热器。由同一种板片（比图 3-19 减少一种）组配成一侧为宽流道（最大间隙 16mm），另一侧为较窄的流道（最大间隙 7mm）的换热器，其横截面积或当量直径之比达 3.57，密封垫片和垫片槽的结构同图 3-14。

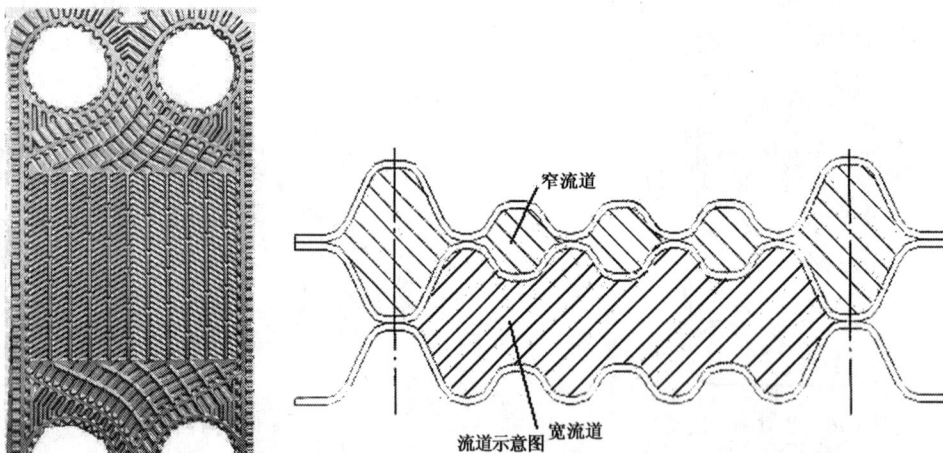

图 3-20　宽-窄间隙板式换热器（京海换热）

（g）板式冷凝器

常规的板式换热器虽然也可以用于蒸汽的冷凝，但当冷凝的蒸汽量较大时，则必须采用特制板片的板式冷凝器。日本日阪制作所（HISAKA WORKS, LTD.）和我国的许多企业均有这类产品，如图 3-21 所示。最大流率 30000m³/h，设计压力不大于 0.6MPa（圆角孔者可达 1.2MPa），设计温度不大于 180℃。

主要特点：①具有两种不同波纹结构的低阻力板片，并组成不等截面流道，分别用于蒸汽和冷凝液；②汽侧、冷凝液侧均为大角孔，以便保证蒸汽充分冷凝，可使冷凝液及时排出流道；③冷却水的消耗量约为常规板式换热器的一半；④同管壳式冷凝器比较，传热性能提高 2~3 倍，占地面积、质量分别减少 1/2 和 2/3。

表 3-3 为京海换热生产的几种可拆卸板式换热器的基本参数。

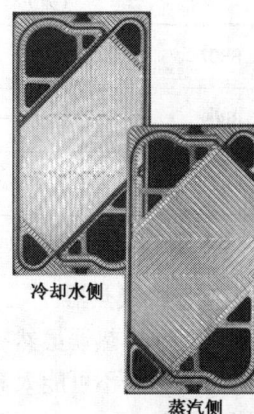

冷却水侧

蒸汽侧

图 3-21　板式冷凝器的板片之一

几种可拆卸板式换热器的基本参数（京海换热）　　　　表 3-3

类　　型 型　　号	单板换热面积 （m²）	接管公称直径 DN （mm）	最大处理量 （m³/h）	设计压力（MPa）/ 设计温度（℃）	装机面积 （m²）
对称式					
BRS0025	0.025	20/25	10.8	1.6/≤180	0.23~1.23
BRS0033	0.033	20/25	10.8	1.6/≤180	0.30~1.70
BRS01	0.115	40	60	1.6/≤180	1~10
BRS02	0.25	100	170	1.6/≤180	5~40
BRS03	0.34	100	170	1.6/≤180	10~55
BRS06	0.596	150	380	1.6/≤180	30~150
BRS08	0.76	150	800	1.6/≤180	50~380
BRS13	1.28	350	2078	1.6/≤180	60~300
BRS17	1.70	350	2078	1.6/≤180	100~400
非对称式					
FBR01	0.121	40/65	27/70	2.0/≤180	0.6~10
FBR03	0.318	150/200；100/150	350/650	2.0/≤180	6~80
FBR05	0.505	150/200；100/150	350/650	2.0/≤180	30~130
FBR08	0.806	150/200；100/150	350/650	2.0/≤180	50~210
浅密波纹					
BRH08	0.8	200	510	2.0/≤180	60~320
宽间隙					
K_bBR07	0.67	250	1089	1.0/≤150	20~160
K_bBR09	0.93	250	1089	1.0/≤150	40~200
K_bBR12	1.18	250	1089	1.0/≤150	60~260
宽-窄间隙					

续表

类 型 型 号	单板换热面积 （m²）	接管公称直径 DN （mm）	最大处理量 （m³/h）	设计压力（MPa）/ 设计温度（℃）	装机面积 （m²）
K_nBR07	0.67	250	1257 352	1.0/≤150	20~160
K_nBR09	0.93	250	1257 352	1.0/≤150	40~200
K_nBR12	1.18	250	1257 352	1.0/≤150	60~260

注：板片标准厚度：浅密波纹为0.5mm，其余均为0.8mm。

2. 焊接板式换热器

可拆卸板式换热器虽然有许多优点，但由于其"可拆卸"结构的限制，也存在固有的缺点：承受的压力和温度不可能太高；密封垫片可能因为与某些流体存在相容性（被侵蚀或溶胀）问题而不能采用。

焊接板式换热器兼有板式换热器和管壳式换热器两者的许多优点，在一定的工况下更具有竞争性，因而得到大力发展。焊接的流道无需密封垫片，可承受较高的压力和温度。一般来说，当设计压力不大于2.5MPa，设计温度不超过250℃时，板束仍采用压紧板夹紧的可拆卸结构；当设计压力、设计温度更高时，板束或置于矩形箱内，或置于圆筒体内；由于圆筒体的承压能力比矩形箱更高，故设计压力可达8MPa（最高20MPa），设计温度可达600℃（最高1000℃）。表3-4为典型的技术参数。

焊接板式换热器典型的技术参数 表3-4

参 数 企 业	设计压力（MPa） （最大）	设计温度 （℃）	单台换热面积（m²） （最大）	焊接类型
Alfa Laval （瑞典）	2.5	-30~200	—	半焊式 （常规板片）
	4.0 （特殊50）	350 （400）	—	全焊式 （常规板片）
BAVELIA （德国）	8	-200~1000	2000	全焊式
DEG （德国）	8	-200~600		全焊式
Nouvelles （法国）	4.4	530	10000	全焊式
VICARB （法国）	3.2	300	320	全焊式 （常规板片）
SWEP（瑞典）	3.5	-196~300	80	钎焊式
Flat Plat （美国）	3.1	230	—	钎焊式
Alfa Laval （瑞典）	3	-196~225	60	钎焊式
MULTISTACK （澳大利亚）	3	225	8.3	钎焊式
京海换热	4	500	400	全焊式
	3	-195~225	18	钎焊式

续表

企　业 ＼ 参　数	设计压力（MPa）（最大）	设计温度（℃）	单台换热面积（m²）（最大）	焊接类型
Vahterus Oy（芬兰）	4（特殊 10）	−200～350	100	板壳式
甘肃兰科石化设备有限责任公司	4.5	550	5000	板壳式

　　显然，板束与矩形箱体或圆筒体组合而成的板式换热器，如同管壳式换热器一样，应属于压力容器范畴。

　　主要缺点：焊接的流道不能（或只能局部）拆开清洗、检查和维修，仅可采用化学方法进行在线清洗（CIP），故适用于清洁流体，如气-气/汽或液-汽/气的换热。但是，像常规的板式换热器一样，由于波纹板片具有促使流体产生湍流的作用，故结垢倾向较小，其污垢系数仅约为管壳式换热器的1/10。

　　（1）半焊接板式换热器

　　1）主要特性　由焊接流道和常规流道交替组成。当处理对密封垫片有侵蚀性的流体（如氨、溶剂或腐蚀性流体）时，可使其流经焊接流道。主要适用于氨制冷系统的冷凝器/蒸发器、溶剂的加热或冷却等，可比管壳式换热器减少占地面积50%～70%；如用于近海工程中石油气冷却，可减少占地面积84%和减少重量60%，降低费用50%。

　　2）板片形式　沿两张孪生人字纹板片的所有密封周边，采用激光焊焊成"板片对"，形成焊接流道；每一对板片之间的角孔用特殊材料的垫片密封，形成可拆卸的常规流道，如图3-22所示。激光焊输入的热量少，焊接应力低，焊缝热影响区小，耐腐蚀性好，但成本较高。图3-23为板束置于长圆形筒体内的结构，可采用非对称板片，通过氩弧焊焊成"板片对"，故便于生产，成本较低；"板片对"之间的进出口10，由密封圈5密封。一般，冷流体流经板内流道，热流体通过分流板6，流经板间流道。可拆卸结构的优点是：一旦需要更换板片时，可仅拆换一对或几对板片；并可对板间流道进行清洗。

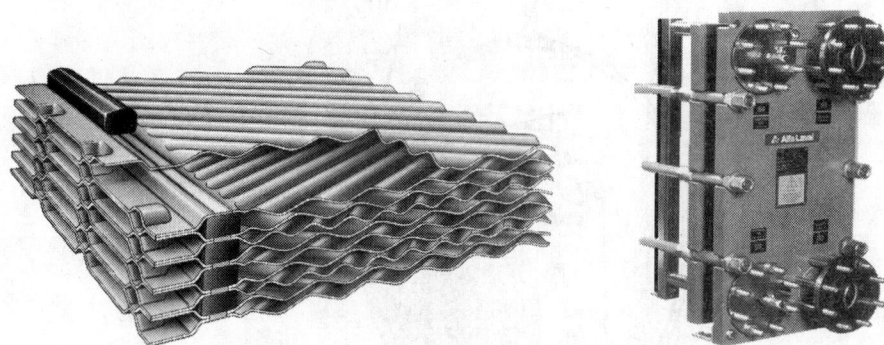

图 3-22　半焊接板式换热器（Alfa Laval 公司）

　　3）板式蒸发器　板式蒸发器可用于浓缩各种热敏性、黏性、易结垢或有腐蚀性的流体，例如浓度为75%的糖液等。具有传热效率高，不过热，蒸发比和允许的流率变化较大；产品质量较好，无需回流，流道短，滞液量少；传热面积小；小温差也能有效地操作；处理量调整（增、减换热面积）简便；不易结垢，维修方便；结构紧凑，重量轻；投资较小等优点。

　　1986年，Alfa Laval 公司开发的板式蒸发器实际上就是一种特殊板片的半焊接板式换热器（图3-24），不仅可以作为升膜（或降膜）蒸发器，还可以作为冷凝器。主要特点：由激光焊焊接的流道和传统的垫片密封流道交替组配而成。流道宽，汽侧角孔大，压力降小，效率高，适合于真空和低压下的蒸发或冷凝工况。加热蒸汽由上部角孔进入焊接流道，冷凝液由下部排出；**浓缩液**由下部角孔进入垫片密封流道，呈薄膜状沿板壁向上流动，随蒸出汽体由矩形角孔流出。对于蒸发量大的工况，可将蒸发器置于压力容器内，而且不用垫片密封，故出口压力降更小，使用寿命更长，换热面积可达 $2500m^2$（图 3-25）。

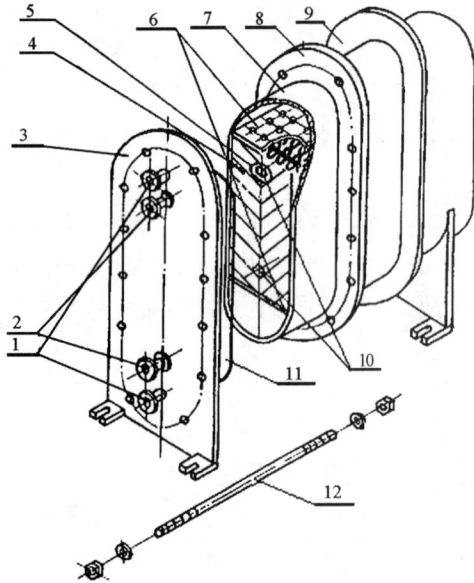

图 3-23　箱体可拆的半焊接
板式换热器示意图

1—热流体进出口；2—冷流体进出口；3—固定压紧板；
4—焊接的一对板片；5—密封圈；6—上下分流板；7—长圆筒体；
8—夹紧法兰；9—加强筋板；10—冷流体进出孔；
11—密封垫片；12—夹紧螺柱、螺母

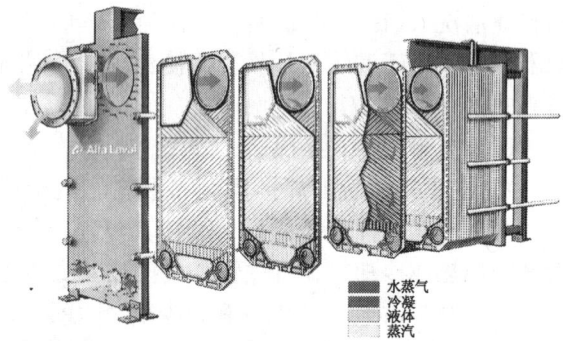

水蒸气
冷凝液体
蒸汽

图 3-24　板式蒸发器（Alfa Laval 公司）

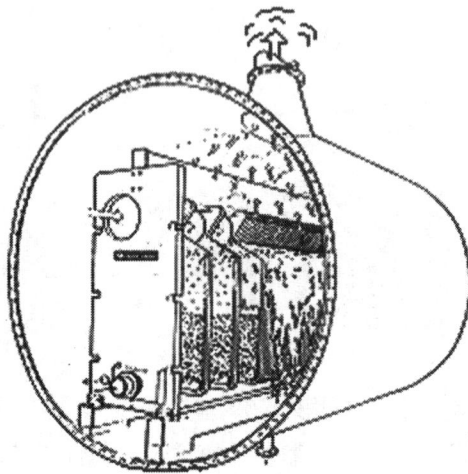

图 3-25　置于箱体内的板式蒸发器
（Alfa Laval 公司）

　　APV 公司和兰州石油机械研究所板式换热器有限责任公司生产的板式蒸发器为常规的可拆卸结构，四张板片为一组，可设置多组，以便连续蒸发（图 3-26）。

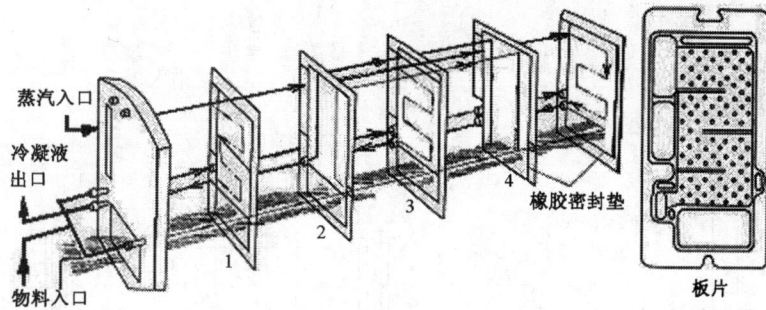

图 3-26　板式蒸发器（APV 公司）

（2）全焊接板式换热器　将所有板片沿密封周边焊接成一体的板束，完全不用密封垫片；兼有管壳式换热器耐温、耐压和板式换热器高效、紧凑的优点。焊接方法可以采用激光焊、电子束焊、等离子焊或气体保护氩弧焊等。最适于一种或两种流体均为高温、高压或有侵蚀性的工况，尤其是温度、压力长时间频繁变化的场合。例如，用于化工、石油、医药、电力、机械、轻工和冶金等工业的加热、冷却、冷凝和蒸发中，可代替管壳式换热器。

全焊接板式换热器的结构主要有两大类：①焊接的板束夹紧在两压紧板中，外观类似于可拆卸板式换热器；板片的结构同一般人字纹板片（如图 3-27 所示，采用激光焊）；②焊接的板束置于矩形箱体内，箱体有可拆卸式（图 3-28）、半可拆卸式（如图 3-29 所示，卧式）和不可拆卸式（如图 3-30 所示，立式）几种。主要缺点：一旦板片失效或焊缝泄漏，板束的检查和维修很困难，必须全部更换。但是，可拆卸式的检查、维修比较方便一些。

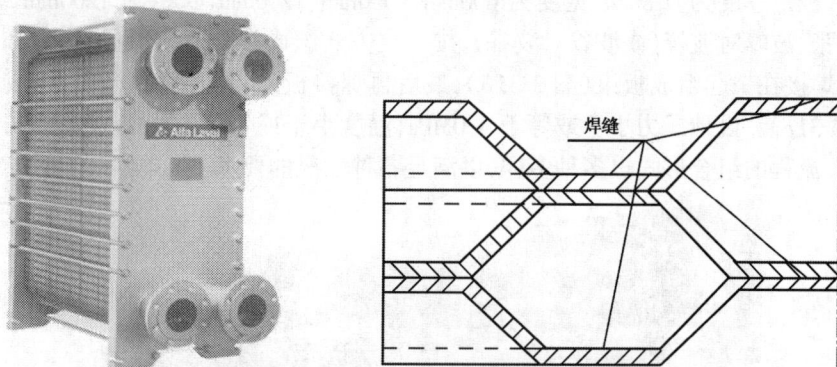

图 3-27　焊接板式换热器（Alfa Laval 公司）

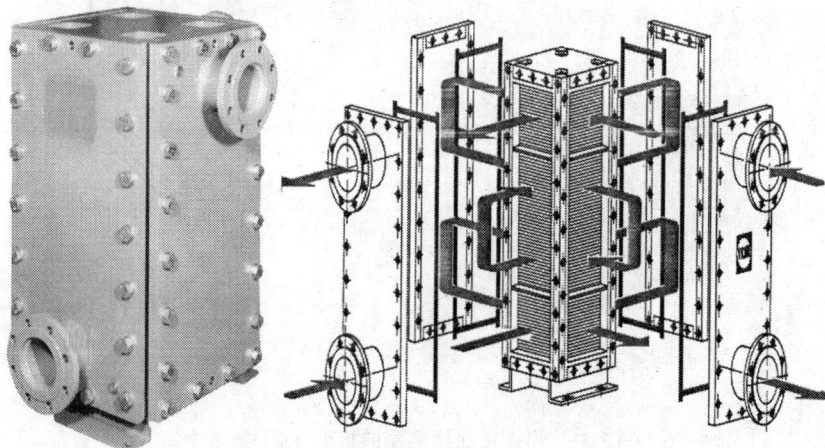

图 3-28　箱体可拆卸的焊接板式换热器（VICARB 公司）

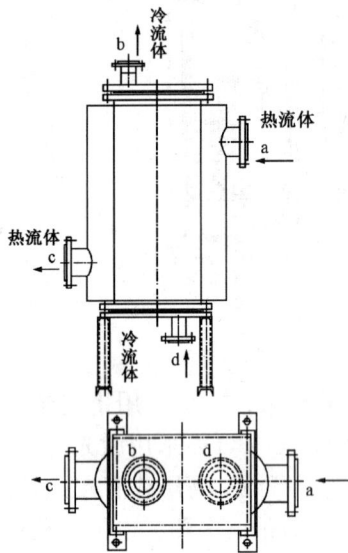

图 3-29　立式焊接板式换热器
（京海换热）

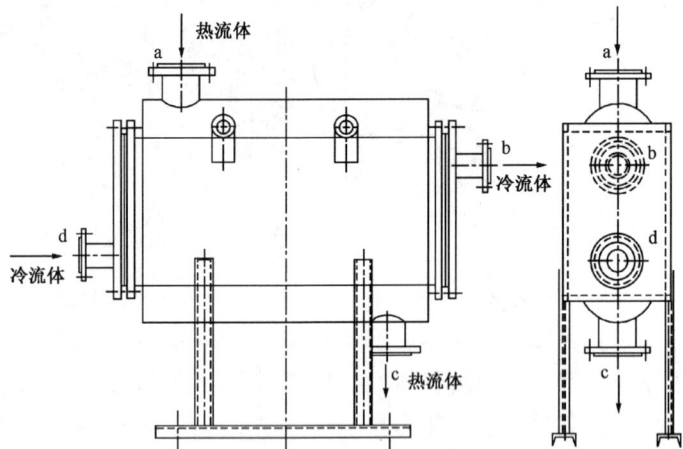

图 3-30　卧式焊接板式换热器
（京海换热）

图 3-29 和图 3-30 为北京市京海换热设备制造有限责任公司生产的全焊接板式换热器,板片的结构与一般板片不同:采用分段压制成的无孔矩形波纹板,每一段的尺寸和波纹相同,波纹可以是窗格形(图 3-31*a*)、波浪形(图 3-32)或其他形式,波纹深度不小于 5mm;段数的多少视板片设计长度而定。一般,板片厚度为 0.8mm,宽度为 600mm、1000mm、1200mm,长度为 1200mm 或其整倍数。板片一张叠一张、波峰对波峰(或波谷对波谷),按一定方式组成板管后,分别沿纵向和横向将每两张板片的板边焊接在一起组成板束(图 3-31*b*),最后再焊接板束与连接板、箱体,构成板管流道和板间流道(图 3-31*c*)。设计压力小于或等于 4.0MPa,温度小于或等于 500℃;板束的长度或换热面积可任意变更,流程的组合形式也多种多样,以满足各种工况的要求。

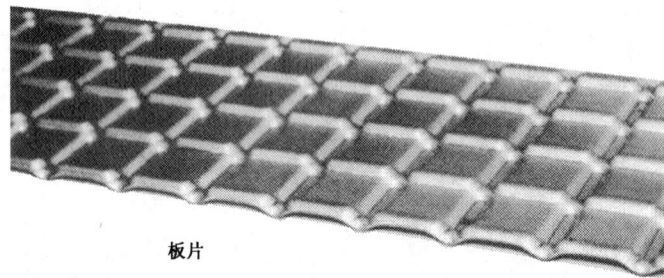

板片

(*a*)

板束

(*b*)

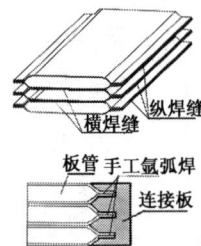

(*c*)

图 3-31　焊接板式换热器的板束（京海换热）
（*a*）板片；（*b*）板束；（*c*）板束组焊示意图

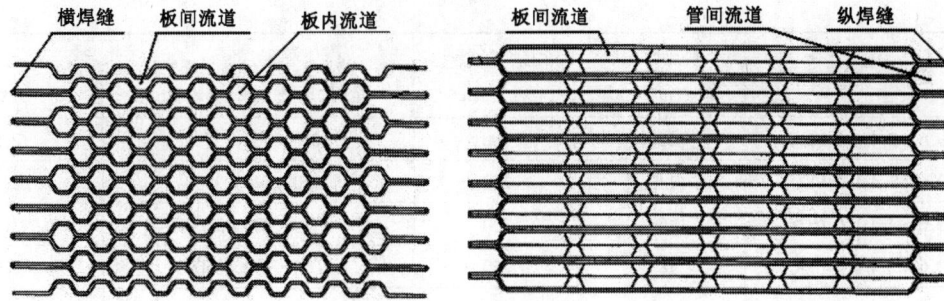

图 3-32 焊接板式换热器的流道示意图

表 3-5 和表 3-6 为京海换热生产的立式全焊接板式换热器和卧式全焊接板式换热器的基本
参数。

型号表示方法

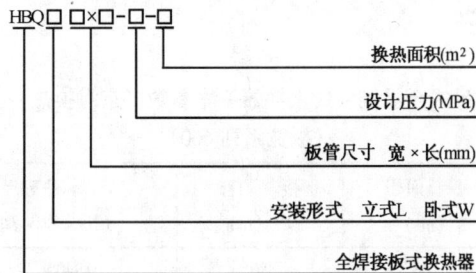

立式全焊接板式换热器基本参数（京海换热）　　　　　表 3-5

（板宽系列 600）

型 号	换热面积（m²）	接　管 DN（mm）	外形尺寸（长×宽×高）（mm）	重　量（t/台）
HBQL0.6 × 1.2-1.6-20	20	80	1060 × 375 × 2300	1.1
HBQL0.6 × 1.2-1.6-30	30	100	1060 × 448 × 2300	1.3
HBQL0.6 × 1.2-1.6-40	40	125	1060 × 520 × 2300	1.5
HBQL0.6 × 1.2-1.6-50	50	125	1060 × 593 × 2300	1.75
HBQL0.6 × 1.2-1.6-60	60	150	1060 × 665 × 2300	2.0
HBQL0.6 × 1.2-1.6-70	70	150	1060 × 740 × 2300	2.3
HBQL0.6 × 1.2-1.6-80	80	150	1060 × 820 × 2300	2.5
HBQL0.6 × 1.2-1.6-90	90	150	1060 × 900 × 2300	2.8
HBQL0.6 × 1.2-1.6-100	100	200	1060 × 990 × 2300	3.1
HBQL0.6 × 1.2-1.6-120	120	200	1060 × 1070 × 2300	3.3
HBQL0.6 × 1.2-1.6-140	140	250	1060 × 1130 × 2300	3.65
HBQL0.6 × 1.2-1.6-160	160	250	1060 × 1240 × 2300	3.9
HBQL0.6 × 1.2-1.6-180	180	300	1060 × 1340 × 2300	4.1
HBQL0.6 × 1.2-1.6-200	200	300	1060 × 1440 × 2300	4.4
HBQL0.6 × 2.4-1.6-80	80	150	1060 × 520 × 3500	1.5
HBQL0.6 × 2.4-1.6-100	100	150	1060 × 593 × 3500	1.75

型　　号	换热面积 （m²）	接　管 DN（mm）	外形尺寸 （长×宽×高）（mm）	重　量 （t/台）
HBQL0.6×2.4-1.6-120	120	200	1060×665×3500	2.0
HBQL0.6×2.4-1.6-140	140	200	1060×740×3500	2.3
HBQL0.6×2.4-1.6-160	160	250	1060×820×3500	2.5
HBQL0.6×2.4-1.6-180	180	250	1060×900×3500	2.8
HBQL0.6×2.4-1.6-200	200	300	1060×990×3500	3.1
HBQL0.6×2.4-1.6-240	240	300	1060×1070×3500	3.3
HBQL0.6×2.4-1.6-280	280	350	1060×1130×3500	3.65
HBQL0.6×2.4-1.6-320	320	350	1060×1240×3500	3.9
HBQL0.6×2.4-1.6-360	360	350	1060×1340×3500	4.1
HBQL0.6×2.4-1.6-400	400	400	1060×1440×3500	4.4

注：表中外形尺寸及重量仅供参考。

卧式全焊接板式换热器基本参数（京海换热）　　　　　　表 3-6
（板宽系列 600）

型　　号	换热面积 （m²）	接　管 DN（mm）	外形尺寸 （长×宽×高）（mm）	重量 （t/台）
HBQW0.6×1.2-1.6-20	20	80	1840×375×1760	1.1
HBQW0.6×1.2-1.6-30	30	100	1840×448×1760	1.3
HBQW0.6×1.2-1.6-40	40	125	1840×520×1760	1.5
HBQW0.6×1.2-1.6-50	50	125	1840×593×1760	1.75
HBQW0.6×1.2-1.6-60	60	150	1840×665×1760	2.0
HBQW0.6×1.2-1.6-70	70	150	1840×740×1760	2.3
HBQW0.6×1.2-1.6-80	80	150	1840×820×1760	2.5
HBQW0.6×1.2-1.6-90	90	150	1840×900×1760	2.8
HBQW0.6×1.2-1.6-100	100	200	1840×990×1760	3.1
HBQW0.6×1.2-1.6-120	120	200	1840×1070×1760	3.3
HBQW0.6×1.2-1.6-140	140	250	1840×1130×1760	3.65
HBQW0.6×1.2-1.6-160	160	250	1840×1240×1760	3.9
HBQW0.6×1.2-1.6-180	180	300	1840×1340×1760	4.1
HBQW0.6×1.2-1.6-200	200	300	1840×1440×1760	4.4
HBQW0.6×2.4-1.6-80	80	150	3040×520×1760	2.6
HBQW0.6×2.4-1.6-100	100	150	3040×593×1760	3
HBQW0.6×2.4-1.6-120	120	200	3040×665×1760	3.45
HBQW0.6×2.4-1.6-140	140	200	3040×740×1760	3.8
HBQW0.6×2.4-1.6-160	160	250	3040×820×1760	4.3
HBQW0.6×2.4-1.6-180	180	250	3040×900×1760	4.65
HBQW0.6×2.4-1.6-200	200	300	3040×990×1760	5.1
HBQW0.6×2.4-1.6-240	240	300	3040×1070×1760	5.6

续表

型 号	换热面积 （m²）	接 管 DN（mm）	外形尺寸 （长×宽×高）（mm）	重量 （t/台）
HBQW0.6×2.4-1.6-280	280	350	3040×1130×1760	6.25
HBQW0.6×2.4-1.6-320	320	350	3040×1240×1760	6.65
HBQW0.6×2.4-1.6-360	360	350	3040×1340×1760	7
HBQW0.6×2.4-1.6-400	400	400	3040×1440×1760	7.65

注：表中外形尺寸及重量仅供参考。

（3）板壳式换热器 一般，波纹板片由不锈钢薄板压制而成；板束采用氩弧焊或等离子焊焊接，并置于圆筒体内。因此，不仅耐温、耐压性能比以外壳为箱体的更好，而且更适合于大型化，最大的板束尺寸可达宽 1.5m，长 20m，单台换热面积 10000m²；当温差较大时，可在板束两端设置膨胀节，避免热膨胀问题；其他特点与全焊接板式换热器相同。

甘肃蓝科石化设备有限责任公司、京海换热设备制造有限责任公司生产的板壳式换热器（如图 3-33 所示，立式）：一般，板束宽度 600mm，长度 6~10m（单板最大尺寸 1200mm×16000mm），板片厚度 0.8mm；设计压力小于或等于 4.5MPa，设计温度小于或等于 550℃；逆流配置，可作为空气预热器（或省煤器），代替传统的管式或辐射式空气预热器；错流配置，可作为空气冷却器，代替传统的翅片管空气冷却器。

德国巴维利亚公司与日本千代田公司合作开发的千代田—BAVEX 混合型板壳式换热器（如图 3-34 所示，卧式）：一般，板束长度 6m，板片厚度 0.2~0.8mm，宽度 360mm；其性能与管壳式换热器的比较，如图 3-35 所示。

图 3-36 为芬兰 Vahterus Oy 公司生产的另一种板壳式换热器：板束由圆形人字纹板片焊接而成，板片厚度 0.5~0.7mm；可采用"热混合"设计；单台设备的换热量为 5~20000kW。可用作制冷装置中氨、氟利昂等制冷剂的蒸发器、冷凝器以及其他用途的冷凝器、油冷却器、集中供热的换热器等。

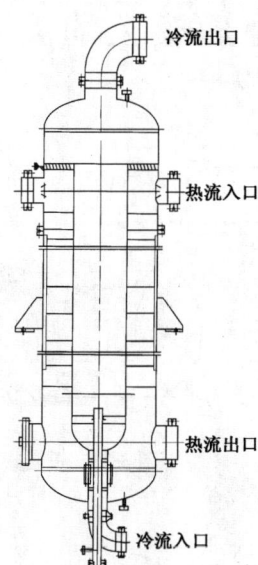

图 3-33 立式板壳式换热器
（甘肃蓝科石化设备有限责任公司、京海换热）

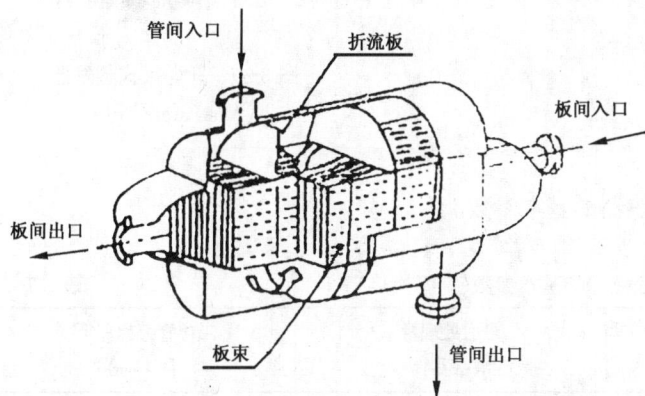

图 3-34 卧式板壳式换热器
（BAVELIA 公司）

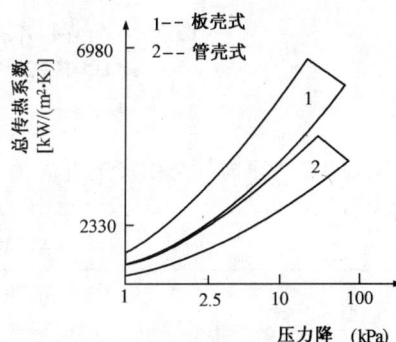

图 3-35 板壳式换热器与管壳式
换热器的性能对比

（4）钎焊板式换热器

基本结构：板片为不锈钢或其他高合金材料压制的人字纹薄板，采用纯度 99.9% 以上的铜箔或镍箔（每两张板片之间夹一张）为焊料，在真空炉内加热钎焊成一体的板束。镍焊比铜焊的耐热温度可提高约 70℃。通常，板片厚度 0.3～0.4mm，四周有折边；板束的两端为较厚的端板，换热流体的进、出口接管直接钎焊在端板上；因受真空炉容积和功率的限制，单板面积一般不大于 0.3m²。图 3-37 和图 3-38 主要用作单相流的加热器或冷却器，图 3-39 可用作制冷剂的蒸发器或冷凝器。

主要特点：高效率，低压力降，耐温耐压；重量最轻，体积最小，结构最紧凑；全部加工过程均在生产线上完成，自动化程度最高；寿命长，可靠性大。适用于空调、制冷、热泵系统、化工、热回收、饮用水处理、液压机或压缩机油等多种场合。但是，由于不可拆卸，只能在线清洗（CIP）。

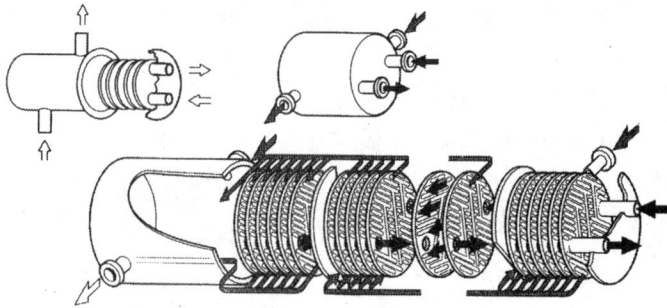

图 3-37　钎焊板式换热器
（SWEP 公司）

图 3-36　板壳式换热器（Vahterus Oy 公司）

图 3-38　钎焊板式换热器
（京海换热）

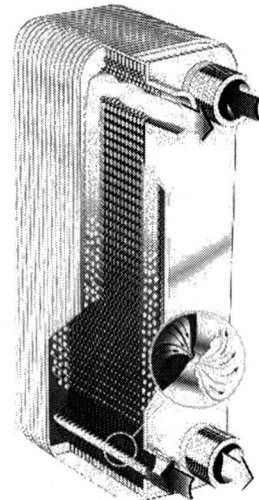

图 3-39　钎焊板式蒸发器
（Alfa Laval 公司）

表 3-7 为京海换热生产的钎焊板式换热器的基本参数。

钎焊板式换热器的基本参数（京海换热）　　　　　　　　　　　　　　表 3-7

型　号	单板换热面积 （m²）	最大处理量 （m³/h）	接管公称直径 [in(mm)]
QB0012	0.012	5	G1/2(DN15)
QB0032	0.032	13	G1(DN25)

续表

型　号	单板换热面积 (m²)	最大处理量 (m³/h)	接管公称直径 [in(mm)]
QB0065	0.065	13	G1(DN25)
QB0085	0.085	20	G1$\frac{1}{4}$(DN32)
QB012	0.12	35	G1$\frac{1}{2}$(DN40)

3. 换热机组

换热机组（或称"换热站"）是集板式换热器、流体输送泵、除污器、阀门、管线，以及各种电气、自动控制仪表（温度计、压力计、流量计等）和设备为一体的撬装装置，只需接通流体的外部管线和电源便可投入使用。效率高、体积小、占地面积少、自动化程度高、使用和维修方便，适用于供暖、空调、热水供应及其他各种换热场合。

图 3-40 为 APV 公司的一种产品，可用于家庭或区域集中供热，换热量为 10kW ~ 150MW。图 3-41 为京海换热生产的全自动无人值守换热机组和基本原理示意图，表 3-8 为几种用途的基本参数。自动控制部分引入模糊控制理论和专家系统，按智能化设计，采用自动变频和微机，通过触摸屏可显示和了解主要流程、设备的运行状态及有关参数，

图 3-40　换热机组（APV）公司

具有编程功能和良好的人机界面，能实现局域网联网控制；在无人值守的情况下，可按不同工况条件和用户的作息时间，自动合理地运行，以达到最佳供热和节能效果。

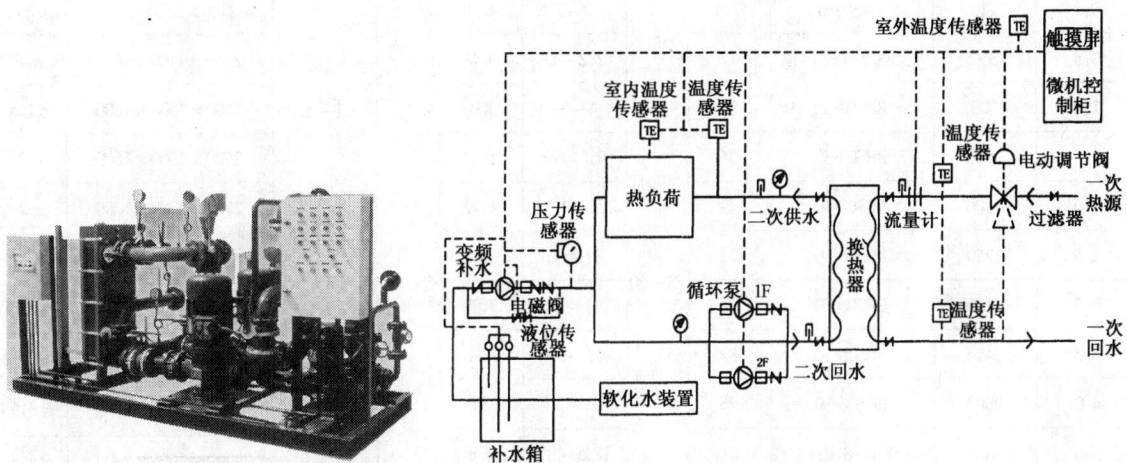

图 3-41　QJZ 型全自动无人值守换热机组（京海换热）

4. 其他结构特点

（1）板片的导流区　导流区紧邻角孔，其作用是促使流体沿板片的整个宽度均匀分布，充

分利用全部板片面积并尽可能减小压力降，从而提高换热器的性能，对于单边流（流体沿板片纵向同一侧的角孔进、出，故也称同侧流）板片尤其重要。目前，常用的导流区结构有两种：沟槽式（图3-42a）和网格式（图3-42b）。网格式是20世纪90年代开发的新结构，同沟槽式比较，流体分布更均匀，压力降更小，现已普遍采用。非对称板式换热器的板片导流区，尚应采用非对称结构。

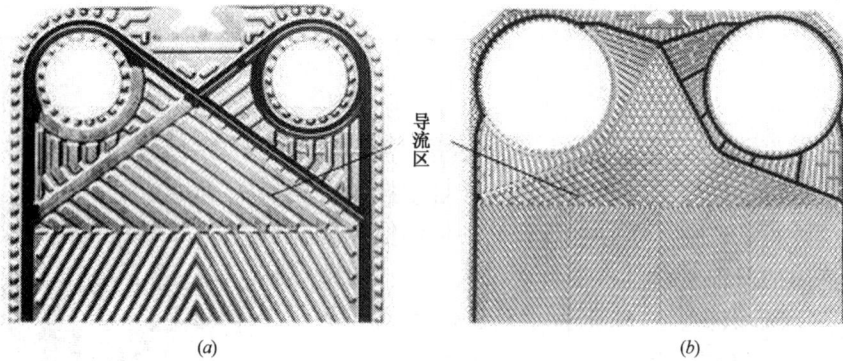

图 3-42 板片的导流区

(a) 沟槽式；(b) 网格式

全自动换热机组的基本参数（京海换热）　　　　　　　　表 3-8

全自动水-水供暖机组

一次 110℃/80℃ 二次 95℃/70℃		板式换热器	循　环　泵			补　水　泵			外形尺寸	重量 (t)
供热面积 (×10⁴m²)	热负荷 (kW)	型　号	流量 (m³/h)	扬程 (m)	功率 (kW)	流量 (m³/h)	扬程 (m)	功率 (kW)	长×宽×高 (mm)	
0.3	210	BRS01-6	7.5		2.2~7.5	0.3			2100×900×1400	≤0.8
0.5	350	BRS02-10	12		2.2~11	0.48			2300×1100×1600	≤1
1.0	700	BRS02-20	24		4~11	0.96		1.1~1.5	2500×1300×1600	≤1.5
1.5	1050	BRS03-30	36		9.5~15	1.44			2500×1500×1600	≤2
2.0	1400	BRS03-40	48		7.5~18.5	1.72			2700×1700×1600	≤2
2.5	1750	BRS06-50	60		11~30	2.4			2700×1600×2500	≤3
3.0	2100	BRS06-60	72	28~60	11~30	2.88	40~80		2700×1600×2500	≤3
3.5	2450	BRS06-70	84		11~30	3.36		1.1~2.2	2700×1800×2500	≤3.5
4.0	2800	BRS06-80	96		15~30	3.84			2700×1800×2500	≤3.5
5.0	3500	FBR08-100	120		18.5~37	4.8			3000×2000×2600	≤4.5
6.0	4200	FBR08-120	144		18.5~37	5.76		1.5~2.2	3200×2200×2600	≤5
7.5	5250	FBR08-150	160		30~45	7.2			3200×2400×2600	≤6

一次 95℃/70℃ 二次 85℃/60℃		板式换热器	循 环 泵			补 水 泵			外形尺寸	重量 (t)
供热面积 (×10⁴m²)	热负荷 (kW)	型 号	流量 (m³/h)	扬程 (m)	功率 (kW)	流量 (m³/h)	扬程 (m)	功率 (kW)	长×宽×高 (mm)	

供热面积 ($\times 10^4 m^2$)	热负荷 (kW)	型 号	流量 (m^3/h)	扬程 (m)	功率 (kW)	流量 (m^3/h)	扬程 (m)	功率 (kW)	长×宽×高 (mm)	重量 (t)
0.2	140	BRS01-6	5		2.2~4	0.2			2100×900×1400	≤0.8
0.4	280	BRS02-10	10		2.2~7.5	0.4			2300×1100×1600	≤1
0.8	560	BRS02-20	20		4~11	0.8		1.1~1.5	2600×1100×1600	≤1.5
1.3	900	BRS03-30	31		4~11	1.2			2700×1100×1900	≤2
1.7	1200	BRS03-40	41	28~60	7.5~15	1.6	40~80		2800×1100×1900	≤2
2.1	1480	BRS06-50	51		7.5~18.5	2.0			2700×1400×2500	≤3
2.5	1776	BRS06-60	60		7.5~18.5	2.4		1.1~2.2	3300×1400×2500	≤3
3.0	2072	BRS06-70	72		11~30	2.8			3500×1400×2500	≤3.5
3.4	2368	BRS06-80	82		11~30	3.2			3700×1400×2500	≤3.5
4.1	2900	FBR08-100	100		15~30	4.0			3000×1500×2600	≤4.5
5.0	3480	FBR08-120	120		18.5~37	4.8		1.5~2.2	3200×1500×2600	≤5
6.2	4350	FBR08-150	150		18.5~37	6.0			3200×1500×2600	≤6

全自动空调机组

二次 60℃/50℃		板式换热器	循 环 泵			补 水 泵			外形尺寸	重量 (t)
供热面积 ($\times 10^4 m^2$)	热负荷 (kW)	型号	流量 (m^3/h)	扬程 (m)	功率 (kW)	流量 (m^3/h)	扬程 (m)	功率 (kW)	长×宽×高 (mm)	
1.0	700	FBR01-6	60		11~30	2.4		1.1~1.5	2100×900×1400	≤1.5
1.7	1167	FBR03-10	102		15~30	4.0			2300×1100×1600	≤2
3.3	2333	FBR03-20	198	28~60	30~55	8.0	40~80	1.1~2.2	2500×1300×1600	≤3
5.0	3500	FBR03-30	300		45~75	12.0			2500×1500×1600	≤4
6.7	4667	FBR03-40	402		45~110	16.0		1.5~2.2	2700×1700×1600	≤5
8.3	5833	FBR03-50	498		55~110	20.0			2700×1600×2500	≤6

(2) 板片的定位结构 在板式换热器组装或操作期间，由于夹紧压紧板，或高温、高压情况下温度、压力的波动，尤其是当板片数量较多，夹紧力较大时，可能产生板片相互偏移、局部变形，导致泄漏；严重时，可将密封垫片挤出垫片槽，甚至损伤垫片和板片，或缩短其使用寿命。因此，必须采取可靠、稳定的定位措施。

图 3-43 为 Alfa Laval 公司的五点金属定位——上导杆悬挂板片处有三点，可防止上下移动；下导杆有两点，可防止左右移动，其允许偏差为 ±1mm，适用于角孔直径 140mm 以上的板式换热器。但是，加工精度和组装要求较高，否则难以达到预期效果。

图 3-44 为较普遍采用的角孔定位——每张板片至少在两个对角的边缘区，各压制有一个曲线形突缘；相邻板片压紧时，一个突缘的内侧正好与另一个的外侧卡紧，即使在苛刻的条件下，也能保证不会有任何方向的移动，且容易加工、组装和拆卸；实物示例如图 3-10 所示。

图 3-45 为 APV 公司的内锁式垫片定位——沿垫片的外侧，按一定间距分布有一些突起的筋和凹槽，同特制的垫片槽配合使用，可保证板片与板片有良好的支撑和对中性，尤其适合于大尺寸

板片。

图 3-43　五点定位
（Alfa Laval 公司）

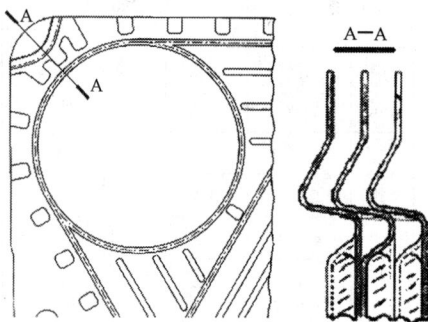

图 3-44　角孔定位

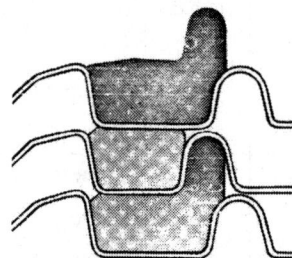

图 3-45　内锁式垫片定位
（APV 公司）

　　（3）密封垫片的结构　　合理的密封垫片结构是保证板式换热器能承受较高压力而不泄漏的关键因素之一。性能良好的橡胶垫片受压缩时，将发生弹性变形而产生瞬时密封应力，但体积不变；若该应力大于操作应力，则可保持密封，反之则引起泄漏。由于物理和化学因素的影响，随着时间和温度的增加，不仅密封应力将松弛、降低，而且垫片的物理性能（如扯断强度、撕裂强度和硬度等）也将明显恶化，使用寿命将缩短，当其所受内应力超过某一极限时，则可能产生裂纹或被压碎（图 3-46 和图 3-47）。

　　一般，垫片的宽度约为其厚度的 2~3 倍，厚度应按最小压缩厚度并考虑 20%~30% 的压缩裕量计算。垫片的结构形式多种多样，根据安装在板片上的方式不同，可分为粘贴式、免粘式和局部粘贴式三类。粘贴式需用胶粘剂将垫片粘贴到板片的垫片槽内（胶粘剂只起固定垫片的作用而无密封功能），是一种传统的结构形式。优点：结构比较简单，较牢固可靠；缺点：粘贴工艺繁杂，装拆费时费工，甚至可能因胶粘剂和清洗剂中的有害成分，侵蚀垫片和板片材料，导致垫片溶胀而丧失弹性、垫片槽腐蚀开裂，影响人体健康，污染换热流体。免粘式无需胶粘剂，仅在垫片和板片的一些相应部位处，制成特定的结构，通过机械方法将两者固定在一起，故不存在胶粘剂对流体或板片的侵蚀问题，一般可节省装拆时间 80%~95%，减少劳动量约70%，而且便于现场安装、更换垫片，尤其适合于需要频繁清洗（每年清洗一次以上），介质中杂物或泥沙不严重的工况，所以应用越来越广泛。但是，对垫片的材质和加工制造要求较高，

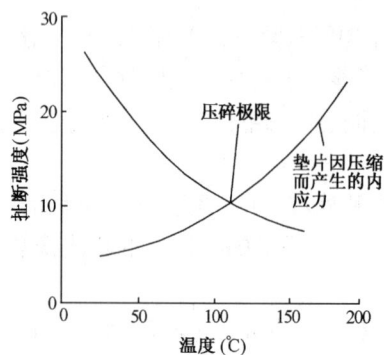

图 3-46　垫片的物理性能——温度关系

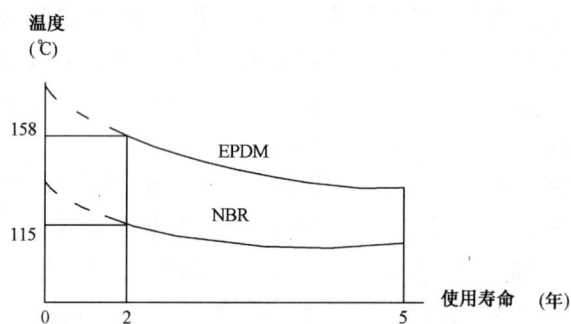

图 3-47　垫片的使用温度——寿命关系

有的尚需专用装拆工具，可能因垫片底部产生结垢或进入杂物而导致泄漏，不宜用高压水或蒸汽直接在板片上冲洗。局部粘贴式仅在板片和垫片的某些部位粘贴，而另一些部位则采用免粘的结构，故兼有前两种形式的特点。

粘贴式垫片的典型结构如图 3-48 所示。免粘式垫片的结构基本上可分为夹卡式和嵌入式两类。夹卡式：在垫片外侧的某些部位制出"山"字形卡爪，由板片边缘分上下两侧卡入，结构和加工均较简便，但不够牢固，如图 3-49 所示。嵌入式：在板片垫片槽的某些部位制出圆孔（或凹槽），而在垫片的相应部位则制出"插头"（或"凸缘"），将两者嵌入在一起，牢固性较好，但结构较复杂、加工较麻烦，如图 3-50 所示。

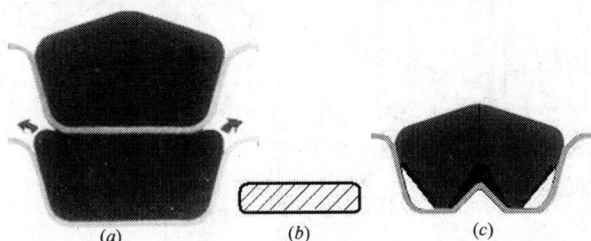

图 3-48　粘贴式垫片

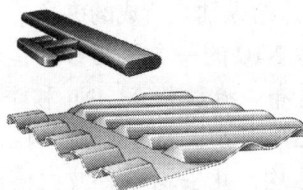

图 3-49　夹卡式垫片

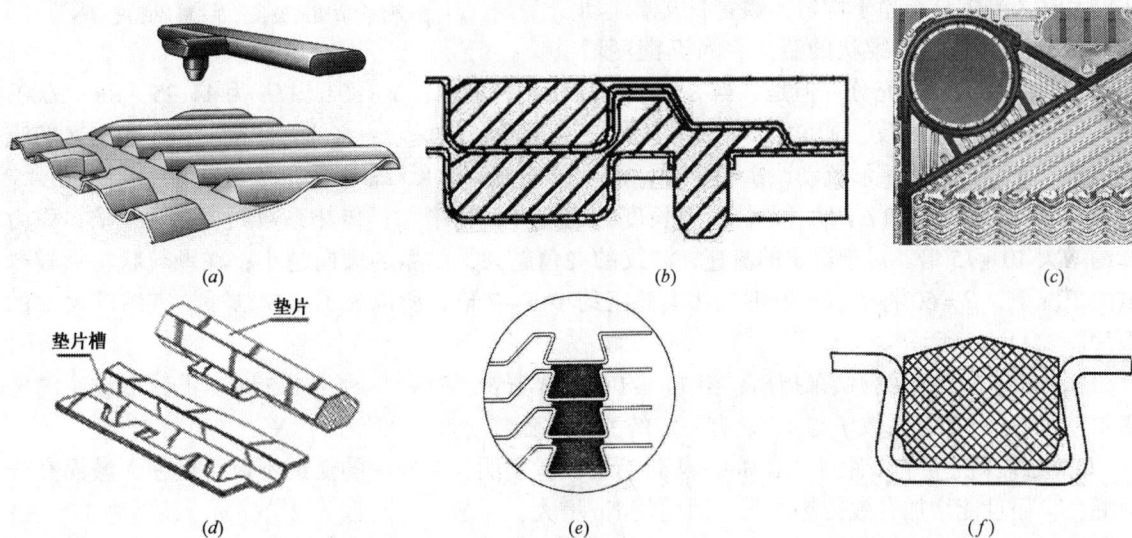

图 3-50　嵌入式垫片

（a）板片边缘开孔；（b）板片边缘开孔 + 凹槽；（c）板片边缘凹槽；
（d）板片边缘凹槽；（e）梯形垫片槽；（f）梯形垫片槽 + 突耳垫片

第四节　影响板式换热器性能的主要因素

一、板片结构参数的影响

人字纹板片同平板板片比较，能较早地促使湍流产生，其临界雷诺数 Re 为 400 ~ 800。当 Re ≥ 1000 时，在任何情况下都具有湍流特性；在湍流范围（$600 < Re < 10^4$），冷却（$2 < Pr < 6$ 的）热水时，Nu 可提高 2 ~ 5 倍，摩擦系数 f 将增大 13 ~ 44 倍。

板片的主要结构参数如图 3-51 所示。影响板式换热器性能的因素除主要为波纹夹角 β 外，尚有波纹的深度 h 或板间距 h'、法向节距（简称节距）或波长 λ、表面展开系数 $\varphi\left(\phi = \dfrac{l_1}{l_2}\right)$、波纹形状以及板片的其他结构尺寸等。由于目前国内外所进行的有关试验研究工作还极少，而且所用板片的波纹形式与几何尺寸、Pr 指数的选取、黏度的修正等各异，故结果也不尽一致。

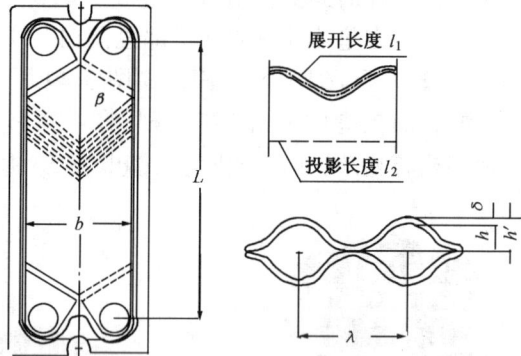

图 3-51　板片的主要结构参数

b—板片有效宽度；h—波纹深度，$h = h'\text{-}\delta$；
h'—板片间距；l_1—波纹展开长度；
l_2—波纹投影长度；L—板片有效长度或流道长度；
β—人字纹与板片纵轴的夹角；
λ—波纹法向节距或波长；δ—板片厚度

1. 波纹夹角 β　一般，β 可在 25°～68° 之间改变。研究表明，人字形波纹与流体主流方向（或板片的纵轴）所成的夹角 β 是决定板片传热单元数 NTU 的一个重要参数，对流体沿板片宽度的分布、流动状态、Nu 和摩擦系数 f（或压力降 ΔP）等均有明显的影响。β 较小时，流体分布不均，几乎均顺着波纹槽流动，在迎向流体侧的波峰处，碰撞作用较强，传热得到强化；在背向流动方向的波纹槽内，传热性能则很差。β 较大时，流体分布趋于均匀，顺着波纹槽流动的流体减少，并呈三维状的湍流，涡流密度增大，传热更均匀、更充分。但是，当 β 和节距均较大（例如，$\beta = 80°$，λ/h 为 14.25，Re = 2000）时，结果可能完全相反。通常，$\beta = 0°$ 时，呈二维流动；$30° \leqslant \beta \leqslant 60°$ 时，呈与波纹槽交叉的流动；$\beta = 80°$ 时，呈 Z 字形流动；$\beta = 90°$ 时，产生分离流动。K.Okada 等的研究表明，当 β 由 15° 增至 60° 时，$Nu/Pr^{0.4}$ 和 $\Delta P/L$（单位流道长度的压力降）均增加；传热系数约提高 4.5 倍，压力降约增大 10～15 倍。对于给定的流速，波纹的夹角越大，结垢的倾向越小；在颗粒状污垢较严重的工况下，$\beta = 60°$ 将比 $\beta = 30°$ 时的污垢热阻约小 6～7 倍，所以为了减少结垢，宜用较大 β 的板片。

A.Muley 等根据实验结果指出：当 $Re \geqslant 10^3$，$30° \leqslant \beta \leqslant 60°$，$1 \leqslant \phi \leqslant 1.5$ 时，正弦形波纹的努谢尔特数 Nu 和摩擦系数 f 与 β、φ 有一定的关系；随着 β 和 φ 的增加，Nu、f 也将增大。

2. 波纹深度 h 和节距 λ　A.Muley 等进行的试验表明，h 较深的流道不仅可促使大漩涡充分地混合，而且能增加有效传热面积，因而使 Nu 增大。一般，h 可取为 2～6mm，最小为 1.5mm；宽间隙（或"自由流型"）板片，h 可为一般板片的 2～5 倍。λ 越小的板片，其 φ（或比表面积）、传热系数和压力降均越大，承压能力也越高。在相同 Re 和 h 的情况下，加大 λ 时，压力降明显减小，而 $Nu/Pr^{0.4}$ 仅略有降低。例如，当 $h = 4mm$ 时，若 λ 由 8mm 增大至 15mm，则 $Nu/Pr^{0.4}$ 几乎不变，$\Delta P/L$ 将减小。选择适当的波纹密度 λ/h，比单纯考虑 h 或 λ 更重要；通常，λ/h 在 3～4 范围内。

3. 波纹表面展开系数 φ　φ 越大，传热系数和压力降越大。通常，$\varphi = 1.15 ～ 1.30$，相应的板片厚度为 0.6～1.0mm；国外已有 $\varphi = 1.412$ 和 1.464 的板片，制造 $\varphi = 1.5$ 的板片很困难。

4. 波纹的升角 α、波顶半径 r、转角半径 R　根据 В.Ф.Павленко 等的实验研

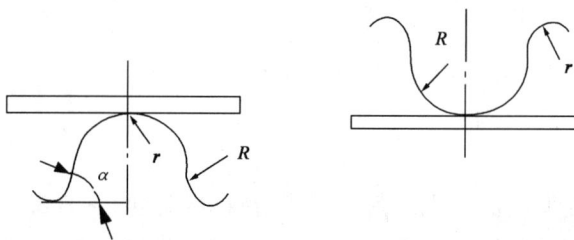

图 3-52　波纹的参数

究结果，即使在理想接触状态下，板片上接触压力的分布也是不均匀的，与标准的三角形断面波纹相比，减压波纹的接触压力较小，承载能力较高，因而可采用较薄的板材，并增大传热效率。经过对八种形状和尺寸的方案（图 3-52 和表 3-9）分析比较后认为：当波顶半径 r 相近时，波纹的承载能力随升角 α 和转角半径 R 的增大而提高；$r = \infty$（水平直线）时比波顶弯曲的承载能力大，且接触压力集中在两侧边缘（触点边缘的金属被压凹），顶部较小。方案 1 为三角形断面的波纹，方案 2、3 为直线梯形断面的波纹，方案 4~8 为曲线梯形断面的波纹。

不同形状断面波纹性能比较　　　　　　　　　　　　　　表 3-9

方　案	两侧线段	R（mm）	λ（mm）	α（°）	r（mm）	极限荷载（N）	极限压力（MPa）
1	直线	2	18 (27)	(27)	2	(3890)	12
2	直线	2	27	27	∞	4700	6.45
3	直线	5	27	30.2	∞	4810	6.65
4	直线	5	27	24.5	20.5	2700	3.70
5	直线	5	27	23	20.5	2250	3.09
6	曲线	11.5	27	40	20.5	3250	4.46
7	曲线	2	27	33	21.6	2260	3.10
8	直线	2	27	33	21.6	2280	3.13

注：括号内的数字为换算成 $\lambda = 27$mm 后的值。

方案 1 的承压能力最大，约比其余方案高 0.8~2.88 倍，主要原因是其节距（$\lambda = 18$mm）比其余方案（$\lambda = 27$mm）小，若均换算为 $\lambda = 27$mm 后，则以方案 2、3 的承压能力最大。此外，波顶弯曲比波顶平直的波纹对板片偏斜的敏感性小（前者承载能力约减小 1/3，而后者约减小 2/3）。方案 6 比方案 4 的承压能力约高 17%，且对板片的偏斜敏感性相同，故推荐采用方案 6。

板片偏斜将改变波纹处的支撑状况（由对称状态变成非对称状态），从而使承载能力降低；偏斜角度越大，则承载能力越小。偏斜角度由 5° 增加至 14° 时，方案 2、4 的极限荷载和极限压力将分别比刚性固定铰支者降低 52.8%~74.7% 和 41.0%~54.8%。

二、流道的当量直径 d_e

流道的当量直径 d_e 对板式换热器的性能有显著影响。当 Re 一定时，d_e 越大，则传热系数和压力降均越小。当量直径可按下式计算：

$$d_e = \frac{4h \cdot b}{2(h + b \cdot \phi)} \approx \frac{2h}{\phi}，因为 h << b \cdot \varphi$$

$$h \approx \frac{d_e \cdot \phi}{2}$$

三、板片的长宽比（L/b）

板片的长度 L 与宽度 b 之比，对流体的流动状态、传热性能和密封性能均有一定的影响。L/b 大，流体的分布较均匀，但压力降和密封垫片的比长度 l/a（单位板片面积 a 的垫片周长 l，m/m²）也大；L/b 小，则情况相反。a 越小，l/a 相对越大；a 和 L/b 相同时，l/a 几乎与 L 成正比。例如，当 $L/b = 3$ 时，$a = 0.2$m² 板片的比长度约为 10.33m/m²；而 $a = 0.5$m² 约为 6.54m/m²。

对于单边流板片，增大 L/b 有利于流体（或温度）沿板片宽度均匀分布和消除"死区"。早期的板片，一般 $L/b = 2$，最小为1.8，板片长度 L 为 $0.7 \sim 2m$；近代的板片均趋向于较大的长宽比（特殊用途除外）。大量的研究结果表明，$L/b = 3 \sim 4$ 较好，最大可达6。

四、其他因素

1. 流体沿角孔流动的方式：流体沿角孔对角流时，温度分布比较均匀，传热较好，但用于非对称（不等截面）板式换热器，需两套板片；流体沿角孔单边流时，情况基本上相反，仅需一套板片，而且如果导流区和传热区的结构设计合理，其缺点完全可以避免。

2. 流体进、出口的位置

（1）按冷、热流体流向的配置：冷、热流体的相对流向为逆流时，平均温差最大，传热性能更好，而且进、出口两端的流体温差相对较小，适合于对热敏感性大的流体；相对流向为顺流时，则相反。一般，单相流体换热时应按逆流配置；有相变的流体换热时，顺流与逆流的平均温差同单相换热比较，差别较小，相对流向的选择主要考虑压力降等因素。由于温度（温差）越高（越大），流体的自然对流越强，造成滞留带的影响越明显，故一般应按高温流体"上进下出"，低温流体"下进上出"的原则配置。汽-液冷凝时，汽、液流体均应"上进下出"（顺流）并单程配置，以便减小压力降和利于冷凝液的排出；如果逆流配置，则下部的温差大、冷凝液多，压力降也大，因而蒸汽的饱和温度降低较多，导致换热效率更低。此外，水蒸气中的不凝性气体达0.5%时，传热系数将减小50%；

（2）按流体进、出口接管的位置配置：通常，同一种流体进、出口接管的位置有两种布置形式，即呈"U"形或"Z"形布置（图3-53）。U形布置时，进、出口接管均在固定压紧板侧，适用于单程。流体由接管进入流道时，流速将减慢，致使入口接管内的压力增大；而流体由流道进入接管时，结果恰好相反。流体沿流道的分布可能均匀，也可能不均匀，呈三种情况（图3-54)，取决于进、出口接管的横截面积之比。Z形布置时，进、出口接管分别位于固定压紧板和

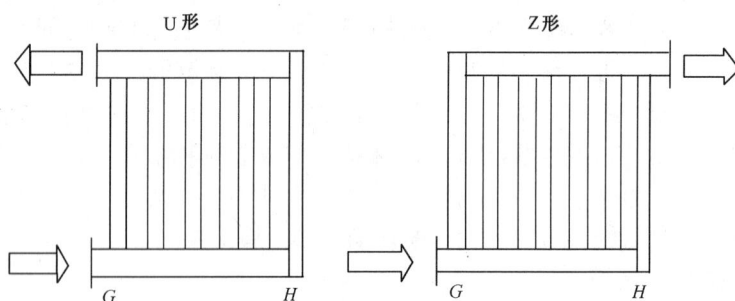

图 3-53　流体进出口接管的配置形式

G—固定压紧板；H—活动压紧板

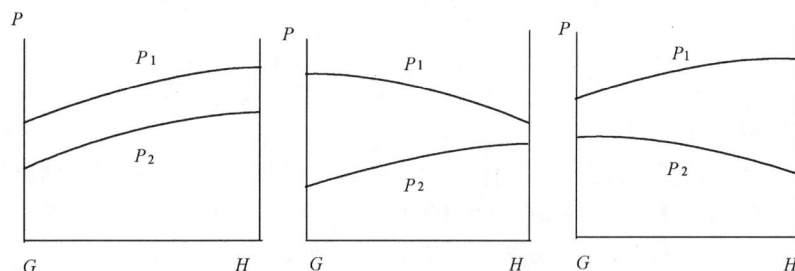

图 3-54　U形配置时流体沿流道的分布情况

G—固定压紧板；H—活动压紧板；P—压力；P_1—进口压力；P_2—出口压力

活动压紧板两侧，适用于多程配置。由于流体流动方向的突然改变，使进口接管内的压力升高，而出口接管内的压力降低（图 3-55），导致流道内的流体分布不均匀，沿进入方向逐渐增多，但是其不均匀情况比 U 形布置小。接管位置的配置形式对流道内流体分布均匀程度的影响，如图 3-56 所示。

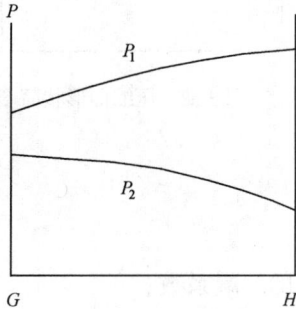

图 3-55　Z 形配置时流体
沿流道的分布

G—固定压紧板；H—活动压紧板；

P—压力；P_1—进口压力；

P_2—出口压力

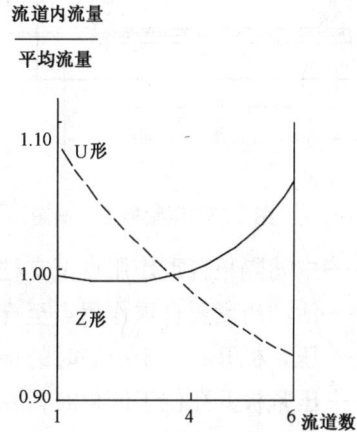

图 3-56　流道内流体分布的比较

第五节　夹紧螺柱、压紧板和导杆的强度计算

板式换热器压紧板的结构和受力情况虽然类似于压力容器的矩形盖板，但并不完全相同。目前，国家标准 GB16409《板式换热器》，对夹紧螺柱（直径与数量）和导杆尺寸的计算已有规定，而对压紧板厚度的计算却无章可循，仍按经验选定。国外也尚无公开的有关计算方法。一般，可参照相应的压力容器规范或按有限元分析法计算，但计算结果各不相同。

符号说明（参看图 3-57、图 3-58）：

A_a——预紧状态下所需的夹紧螺柱最小总截面积（mm^2）；

A_b——实际的夹紧螺柱总截面积（mm^2）；

A_m——需要的夹紧螺柱总截面积（mm^2）；

A_p——设计条件下所需的夹紧螺柱最小总截面积（mm^2）；

　a——压紧板计算短边（取密封垫片宽度方向的中心线间距）（mm）；

　B——密封垫片的有效密封宽度（图 3-58）（mm）；

　　　当 $b_0 \leqslant 6.4mm$ 时，$B = b_0$；

　　　$b_0 > 6.4mm$ 时，$B = 2.53 \sqrt{b_0}$

b_0——密封垫片的基本密封宽度（mm）；

　b——压紧板计算长边（取密封垫片纵向角孔的中心线间距）（mm）；

b_1——固定压紧板内侧至中间隔板自重作用点的距离（mm）；

b_2——固定压紧板内侧至活动压紧板自重作用点的距离（mm）；

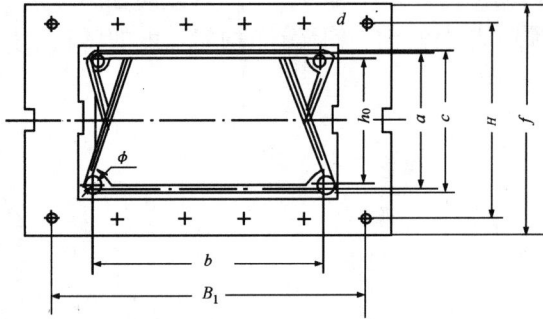

图 3-57 压紧板形状简图

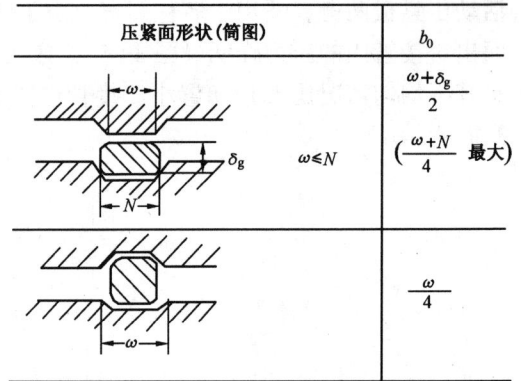

图 3-58 压缩面形状简图

C_1——中间隔板自重作用点至支柱内侧的距离（mm）；

C_2——活动压紧板自重作用点至支柱内侧的距离（mm）；

c_1——压紧板开孔位于中心时的补强系数；

c_2——压紧板开孔位于四角时，除考虑 c_1 外，尚应考虑的缩减系数；

D——压紧板的接管孔直径（mm）；

d——夹紧螺柱的螺孔直径，一般取 $d = d_N + 4$（mm）；

d_N——夹紧螺柱的公称直径（mm）；

d_1——夹紧螺柱的螺纹小径（或无螺纹部分的直径），可按《普通螺纹基本尺寸（直径 1~600mm）》（GB196）选取（mm）；

E——设计温度下，上导杆材料的弹性模量（表 3-10）；

不同材料的弹性模量 表 3-10

材 料	在下列温度（℃）下的弹性模量（$\times 10^3$）					
	-20	20	100	150	200	250
碳素钢（C≤0.3%）	194	192	191	189	186	183
碳素钢（C>0.3%）、碳锰钢	208	206	203	200	196	190
高铬钢（Cr13~Cr17）	203	201	198	195	191	187

F_1——中间隔板自重（N）；

F_2——活动压紧板自重（N）；

f——压紧板宽度（mm）；

f_0——上导杆受载所引起的跨度中点的挠度（mm）；

f_1——上导杆自重所引起的跨度中点的挠度（mm）；

f_2——板片及流体（水或换热流体，取密度大者）重力所引起的跨度中点的挠度（mm）；

f_3——中间隔板自重所引起的跨度中点的挠度（mm）；

f_4——活动压紧板自重所引起的跨度中点的挠度（mm）；

H——压紧板横向夹紧螺柱螺孔中心线间距（mm）；

H_1——上下导杆内侧间的距离（mm）；

h——波纹深度（mm）；

h_0——密封垫片（或压紧板、板片）横向角孔中心线间距（mm）；

h'——板片间距，$h' = h + \delta$ （mm）；

J——上导杆惯性矩（mm^4）；

K——压紧板的结构特征系数；

$$K = 0.3Z + \frac{6W_P \cdot S_G}{P \cdot L \cdot a^2}$$

L——夹紧螺柱螺孔中心线连线的周长（mm）；

L_a——压紧板接管孔间的最小距离（mm）；

$$L_a = h_0 - D$$

L_G——密封垫片压紧力作用中心线的展开长度（mm）；

$$L_G \approx 2(a + b) + 4\pi \cdot \phi$$

L_0——夹紧尺寸，即固定压紧板内侧至活动压紧板内侧间的距离（mm）；

$$L_0 = h'N_P + n_1 S_2$$

L_1——导杆长度（固定压紧板内侧至支柱内侧间的距离）（mm）；

l_1——板片长度（mm）；

m、y——密封垫片的系数、比压力；

合成橡胶： 邵尔（A）硬度 < 75，$m = 0.5$，$y = 0$MPa；

邵尔（A）硬度 ≥ 75，$m = 1.0$，$y = 1.4$MPa；

石棉橡胶板： $m = 2$，$y = 11$MPa

N——密封垫片的最大宽度（mm）；

N_P——板片总数；

n——夹紧螺柱数量；

n_1——中间隔板数量；

P——设计压力（MPa）；

q_1——上导杆自重均布载荷（N/mm）；

q_2——上导杆悬挂物重量所引起的均布载荷［至少按板片、垫片、压紧板、中间隔板及流体（水或换热流体，取密度大者）总重量的 1.5 倍计算］（N/mm）；

S_G——横向的夹紧螺柱中心线至密封垫片宽度中心线的单侧距离（mm）；

$$S_G = \frac{H - a}{2}$$

S_1——压紧板厚度（mm）；

S_2——中间隔板厚度（mm）；

S_3——垫片名义厚度（mm）；

W_a——预紧状态下所需的最小夹紧螺柱载荷（N）；

W_p——设计条件下所需的最小夹紧螺柱载荷（N）；

Z——压紧板的形状系数；

$$Z = 3.4 - 2.4\frac{a}{b}，且最大值取 2.5$$

δ——板片厚度（mm）；

δ_p——压紧板的计算厚度（mm）；

δ'——夹紧螺母与垫圈厚度之和（mm）；

ω——板片的垫片槽宽度（mm）；

$[\sigma]_b$——常温下，夹紧螺柱材料的许用应力（MPa）[按第一、3 条选取]；

$[\sigma]_b^t$——设计温度下，夹紧螺柱材料的许用应力（MPa）[按第一、3 条选取]；

$[\sigma]^t$——设计温度下，压紧板材料的许用应力（MPa）[按第一、3 条选取]。

一、夹紧螺柱和压紧板

本计算方法针对板式换热器的特点，并参照行业标准《制冷用板式换热器》（JB8701）和《钢制压力容器》（GB150）的有关规定，仅供参考。

1. 夹紧螺柱

（1）夹紧螺柱长度

1）夹紧螺柱总长 L_2，一般应考虑不少于 $20\% N_P$ 的裕量；

$$L_2 \geqslant 2S_1 + n_1 S_2 + (\delta + S_3) N_P + \delta' + 1.5 N_P \tag{3-1}$$

2）夹紧螺柱无螺纹部分的长度应不大于夹紧尺寸 L。

（2）夹紧螺柱载荷

1）预紧状态下所需的最小螺柱载荷；

$$W_a = L_G \cdot B \cdot y \tag{3-2}$$

2）设计条件下所需的最小螺柱载荷；

$$W_P = (a \cdot b + 2B \cdot L_G \cdot m)P \tag{3-3}$$

（3）夹紧螺柱截面积

1）预紧状态下所需的最小夹紧螺柱总截面积；

$$A_a = \frac{W_a}{[\sigma]_b} \tag{3-4}$$

2）设计条件下所需的最小夹紧螺柱总截面积；

$$A_p = \frac{W_p}{[\sigma]_b^t} \tag{3-5}$$

3）需要的夹紧螺柱总截面积 A_m 取 A_a 与 A_p 中较大者；

4）夹紧螺柱数量 n，取偶数；

5）夹紧螺柱的螺纹小径；

$$d_1 = \sqrt{\frac{4A_m}{\pi \cdot n}} \tag{3-6}$$

6）实际的夹紧螺柱总截面积 A_b 应不小于 $A_m = \frac{1}{4}\pi \cdot d_1^2$，并按 d_1 选取相应的螺距和公称直径 d_N；d_N 一般不应小于 16mm。

（4）夹紧螺柱设计载荷

1）预紧状态下夹紧螺柱的设计载荷；

$$W_a = \frac{A_m + A_b}{2}[\sigma]_b \tag{3-7}$$

2）夹紧螺柱设计载荷 W 取 W_a 与 W_P 中较大者。

2. 压紧板厚度

（1）无开孔或无需考虑开孔削弱的压紧板厚度 δ_P

当 $P \leqslant 2.5\text{MPa}$ 时，无需另外补强的最大开孔应符合以下条件：

1）相邻两开孔中心线间距应不小于两孔直径之和的两倍；

2）接管的公称直径小于或等于 80mm；

3）接管的外径×最小壁厚宜采用以下规格：

$\phi 25\text{mm} \times 2.5\text{mm}$、$\phi 32\text{mm} \times 3.5\text{mm}$、$\phi 38\text{mm} \times 3.5\text{mm}$、$\phi 45\text{mm} \times 3.5\text{mm}$、$\phi 57\text{mm} \times 5\text{mm}$、$\phi 76\text{mm} \times 6\text{mm}$、$\phi 89\text{mm} \times 6\text{mm}$。

$$\delta_P = \alpha \sqrt{\frac{K \cdot P}{1.5[\sigma]^t}} \tag{3-8}$$

（2）考虑开孔削弱后的压紧板厚度 δ_P

$$\delta_P = c_1 \cdot c_2 \cdot a \sqrt{\frac{K \cdot P}{1.5[\sigma]^t}} \tag{3-9}$$

$$c_1 = \sqrt{\frac{f}{f - 2D}} \tag{3-10}$$

$$c_2 = \sqrt{1 - \left(\frac{L_a}{H}\right)^2} \tag{3-11}$$

（3）减小压紧板厚度的措施

当压紧板厚度过大（通常不大于 100mm）或需减小其厚度时，可采取以下措施之一：

1）选择强度级别更高的材料；

2）在压紧板上增加一条或数条加强筋。

3. 材料的许用应力

（1）表 3-13 和表 3-14 中未列出的常用材料的许用应力值，可按 $[\sigma]^t = \frac{\sigma_b^t}{n_b}$ 和 $[\sigma]^t$ 或 $[\sigma]_b^t = \frac{\sigma_s^t}{n_s}$ 计算，取二者中较小者。

σ_b^t、σ_s^t——材料在设计温度下的抗拉强度、屈服强度（MPa）；

n_b、n_s——材料在设计温度下，相应于抗拉强度、屈服强度的安全系数。

（2）压紧板材料的安全系数，见表 3-11。

（3）夹紧螺柱材料的安全系数，见表 3-12。

压紧板材料的安全系数　　　　表 3-11

材　料	n_b	n_s
碳素钢 低合金钢、合金钢	≥3	≥1.6
奥氏体合金钢	—	≥1.5

夹紧螺柱材料的安全系数　　　　表 3-12

材　　　料	螺柱公称直径（mm）	热处理状态	n_s
碳素钢	≤M22	热轧、正火	2.7
	M24～M28		2.5
低合金钢、合金钢	≤M22	调　质	3.5
	M24～M48		3.0
	≥M52		2.7
奥氏体合金钢	≤M22	固　溶	1.6
	M24～M48		1.5

（4）常用压紧板材料的许用应力，见表3-13。

常用压紧板材料的许用应力　　　　　　　表3-13

钢　号	标准号	热处理	板厚（mm）	设计温度下的 $[\sigma]^t$（MPa）				
				≤20℃	100℃	150℃	200℃	250℃
Q235-A·F	GB 912 GB 3274	热轧	4.5～16	113	113	113	105	94
Q235-A	GB 912 GB 3274	热轧	16～40	113	113	107	99	91
Q235-B	GB 912 GB 3274	热轧	16～40	113	113	107	99	91
16MnR	GB 6654	热轧 或 正火	17～25	163	163	163	159	147
			26～36	163	163	163	150	138
			38～60	157	157	153	141	132
			60～100	150	147	141	132	126
0Cr18Ni9	GB 4237	固溶	2～60	137	114	103	96	90
			>60	137	114	103	96	90

（5）常用夹紧螺柱材料的许用应力，见表3-14。

常用夹紧螺柱材料的许用应力　　　　　　表3-14

钢　号	标准号	热处理	螺柱公称直径（mm）	设计温度下的 $[\sigma]_b^t$（MPa）				
				≤20℃	100℃	150℃	200℃	250℃
Q235-A	GB 700	热轧	<M24	87	78	74	69	62
			M24～M36	94	84	80	74	67
35	GB 699	正火	<M24	117	105	98	91	82
			M24～M48	118	106	100	92	84
45	GB 699	正火	<M24	31	120	113	105	—
			M24～M48	134	126	118	114	
40Cr	GB 3077	调质	<M24	196	176	171	165	162
			M24～M48	212	189	183	180	176
			M48～M56	235	210	203	200	196
35CrMoA	GB 3077	调质	<M24	210	190	185	179	176
			M24～M48	228	206	199	196	193
			M48～M80	254	229	221	218	214
				196	189		185	181
40MnB	GB 3077	调质	<M24	196	176	171	165	162
			M24～M48	212	189	183	180	176
2Cr13	GB 1220	调质	<M24	126	—	—	—	—
			M24～M48	147				

二、导杆

(1) 导杆长度 L_1，一般应考虑不少于 20% N_P 的裕量；

$$L_1 \geqslant S_1 + n_1 S_2 + (\delta + S_3)N_p + \sqrt{l_1^2 - H_1^2} + 0.5N_p \tag{3-12}$$

(2) 上导杆挠度 f_0　工作状态下，f_0 不得超过 L_1 的 2/1000，且不大于 5mm。f_0 按以下方法计算（图 3-59）：

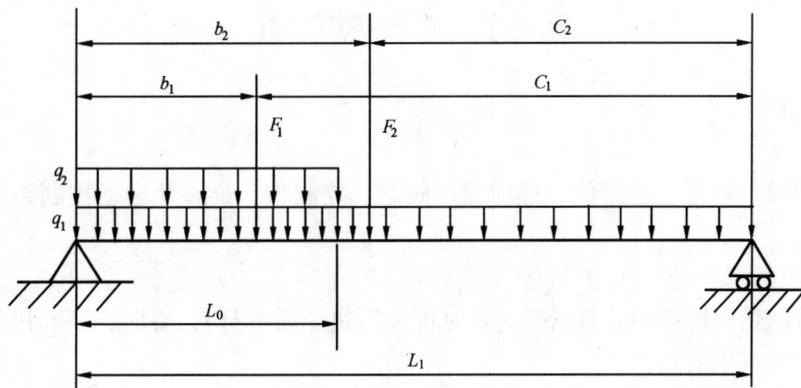

图 3-59　导杆受力简图

$$f_0 = f_1 + f_2 + f_3 + f_4 \tag{3-13}$$

式中

$$f_1 = \frac{5q_1 L_1^4}{384E \cdot J} \tag{3-14}$$

当 $L_0 \leqslant \dfrac{L_1}{2}$ 时：

$$f_2 = \frac{q_2 L_0^2}{48E \cdot J}\left(\frac{3}{2}L_1^2 - L_0^2\right) \tag{3-15}$$

当 $L_0 > \dfrac{L_1}{2}$ 时：

$$f_2 = \frac{q_2}{48E \cdot J}\left(\frac{L_0^4}{2} - 2L_0^3 L_1 + \frac{9}{4}L_0^2 L_1^2 - \frac{L_0 L_1^3}{2} + \frac{L_1^4}{16}\right) \tag{3-16}$$

当 $C_1 \geqslant b_1$ 时：

$$f_3 = \frac{F_1 b_1}{48E \cdot J}(3L_1^2 - 4b_1^2) \tag{3-17}$$

当 $C_1 < b_1$ 时：

$$f_3 = \frac{F_1 C_1}{48E \cdot J}(3L_1^2 - 4C_1^2) \tag{3-18}$$

当 $C_2 \geqslant b_2$ 时：

$$f_4 = \frac{F_2 b_2}{48E \cdot J}(3L_1^2 - 4b_2^2) \tag{3-19}$$

当 $C_2 < b_2$ 时：

$$f_4 = \frac{F_2 C_2}{48E \cdot J}(3L_1^2 - 4C_2^2) \tag{3-20}$$

第四章　板式换热装置

第一节　板式换热机组

一、基本概况

1. 定义

由板式换热器、水泵、变频器、过滤器、阀门、控制柜、仪表及自动控制系统等组成的整体换热设备。

2. 作用

（1）将热量从热网转移到局部系统（有时也包括热介质本身），有时，还利用采暖、通风系统回水的热量来制取生活热水。

（2）将热源发生的热介质温度、压力、流量调整、变换到用户设备所要求的状态，保证局部系统安全和经济运行。

（3）检测和计量各用户消耗的热量。

（4）在蒸汽供热系统中，热力站除了保证向局部系统供热之外，还具有收集凝结水（不含盐类和可溶性腐蚀气体，含热量约为蒸汽含热量的 15% 的有价值的水），并将其回收到热源。

3. 分类

按热介质分类可分为：

（1）水-水板式换热机组

water-water plate heat exchanger units

一次侧、二次侧介质均为水的板式换热机组

（2）汽-水板式换热机组

steam-water plate heat exchanger units

一次侧介质为蒸汽、二次侧介质为水的板式换热机组

按二次侧使用范围分类可分为：

（1）生活热水系统—"S"；

（2）空调系统—"K"；

（3）散热器供暖系统—"C"；

（4）地板辐射供暖系统—"F"。

4. 型号

（1）型号表示如图 4-1 所示。

（2）型号组成及含义　第 1、2 位 BJ 表示板式换热机组。第 3 位表示二次侧使用范围：S 表示生活热水系统，K 表示空调系统，C 表示散热器供暖系统，F 表示地板辐射供暖系统。第 4 位表示热负荷。第 5 位表示一次侧热媒的介质：热水—"R"；蒸汽—"Q"；冷水—"L"。第 6 位表示一、二次侧设计压力。第 7 位表示控制等级见表 4-1。

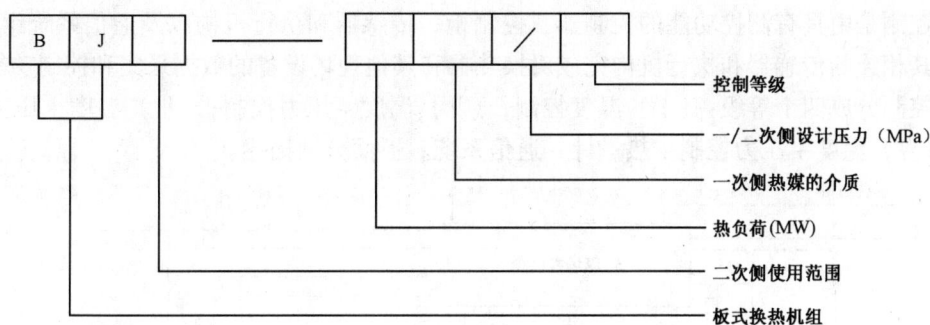

图 4-1 型号表示

（3）示例 热负荷 4.0MW，用于散热器供暖系统，一次侧设计压力 1.6MPa，二次侧设计压力 0.6MPa，一次侧热媒的介质为高温热水，具有温度控制、水泵变频、热量计量、通信功能的板式换热机组表示为：BJC—4.0R1.6/0.6Ⅳ。

5. 基本参数

（1）常用机组的额定负荷，见表 4-2。

板式换热机组的控制等级 表 4-1

级 别	控 制 功 能
Ⅰ	温度控制
Ⅱ	温度+压力控制
Ⅲ	温度控制+水泵变频+热量计量
Ⅳ	温度控制+水泵变频+热量计量+通信功能

板式换热机组的额定负荷 表 4-2

额定热负荷（MW）	0.1	0.3	0.5	1.0	1.5	2.0	3.0	5.0	7.0	10.0

（2）机组的设计温度，见表 4-3。

板式换热机组的设计温度 表 4-3

项 目		温 度（℃）	
		供水（汽）	回 水
一次侧	蒸 汽	≤250	—
	热 水	≤200	—
	空调冷水	≥0	—
二次侧	散热器供暖	95	70
	生活热水	≤60	—
	空调热水	60	50
	空调冷水	7	12
	地板辐射供暖	≤60	—

二、板式换热机组的控制

1. 板式换热机组工艺控制系统

（1）汽-水机组工艺控制系统，如图 4-2 所示。

（2）水-水机组工艺控制系统，如图 4-3 所示。

（3）生活热水机组工艺控制系统，如图 4-4 所示。

2. 供暖换热站的控制

换热站的控制是由具有测控功能的控制器、控制柜、传感器和执行机构以及通信系统组成。控制器通过与其相连的传感器和执行机构完成对换热器和其他现场设备的数据采集和控制功能。

换热站的控制分成四个等级：（Ⅰ）温度控制；（Ⅱ）温度＋压力控制；（Ⅲ）温度＋压力控制＋热量计；（Ⅳ）温度＋压力控制＋热量计＋通信系统。下面分别描述。

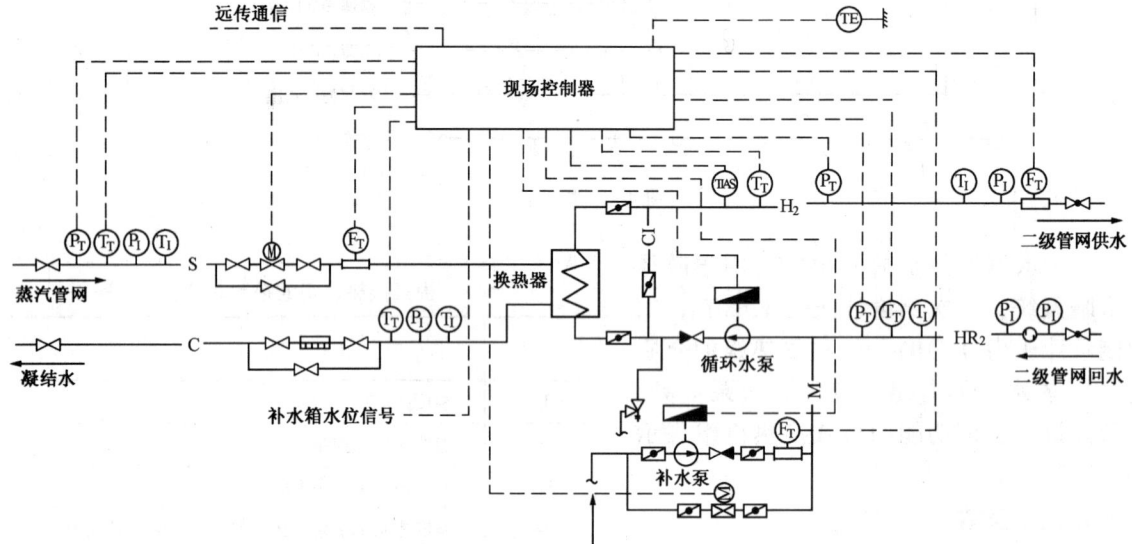

机组工艺控制系统图例（也适用于图4-3、图4-4）

图 4-2　汽-水机组工艺控制系统

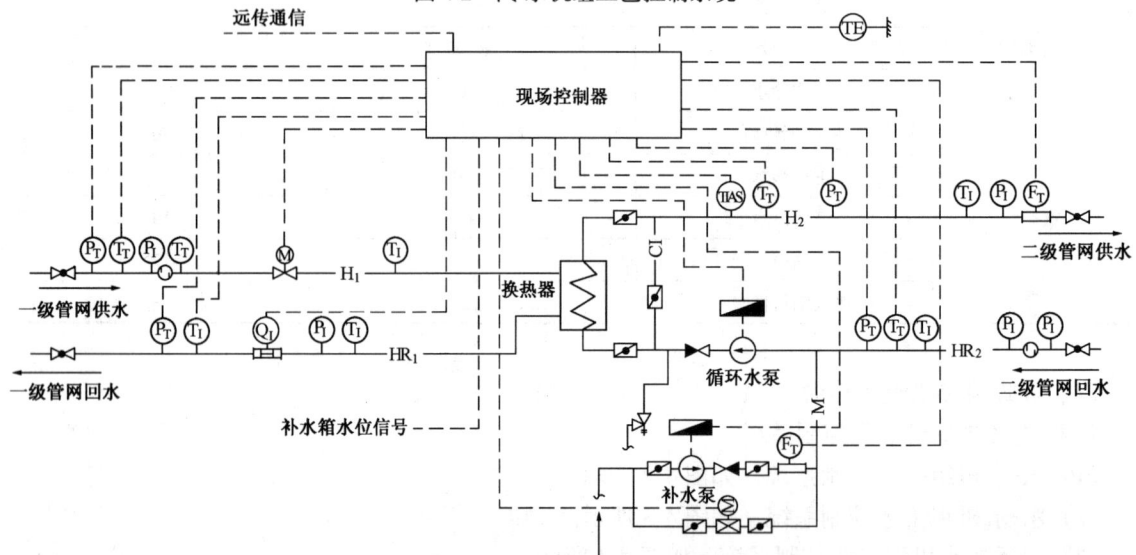

图 4-3　水-水机组工艺控制系统

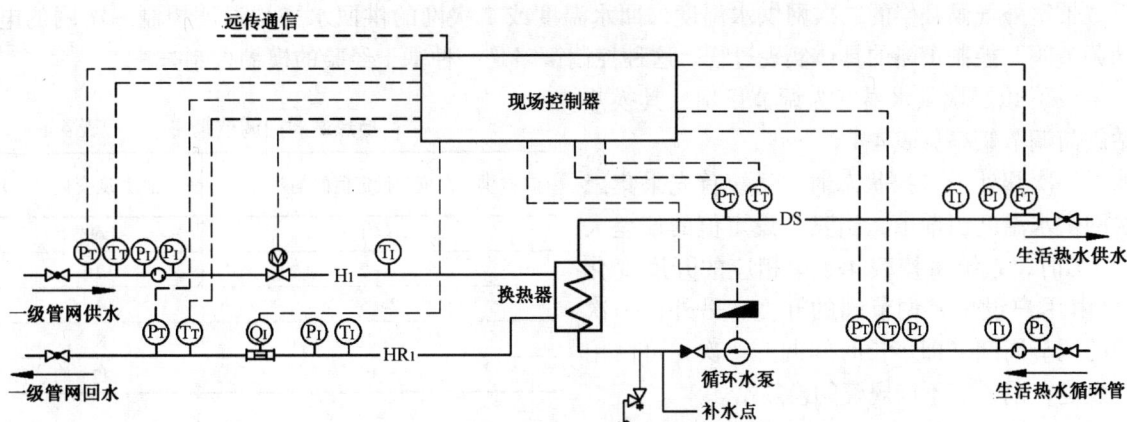

图 4-4　生活热水机组工艺控制系统

（1）温度控制原理如图 4-5 所示。其中传感器传送室外温度、二次网的供水温度和回水温度、一次网的供水温度和回水温度。执行机构为一次网的电动调节阀。它的控制功能为：

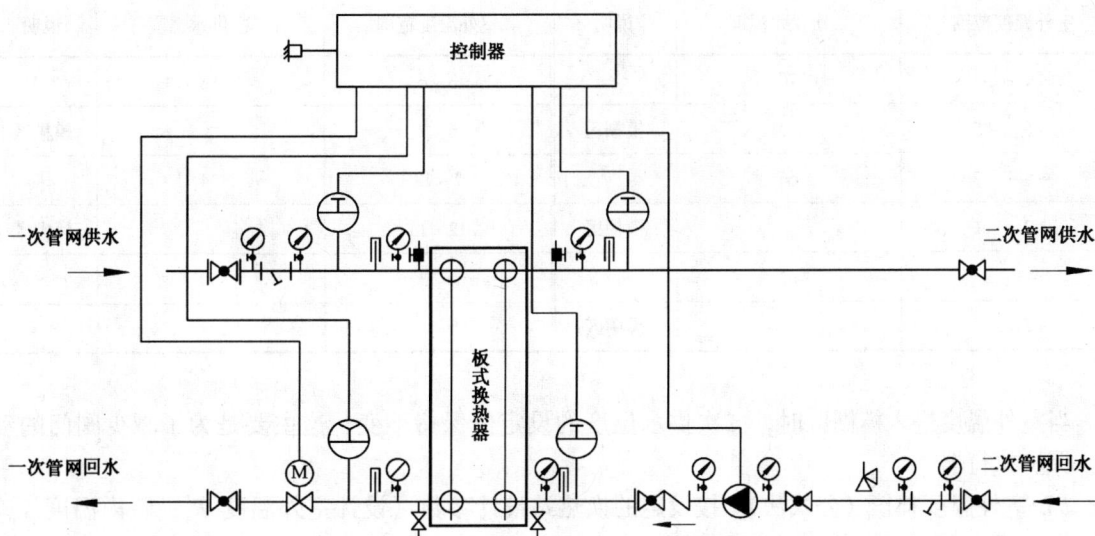

图 4-5　板式换热机组温度控制原理

1）带室外气候补偿的二次网供水温度、回水温度或二次网的供回水平均温度控制一次网的电动调节阀，电动调节阀安装在一次网的回水管上。

2）控制参数（如二次网的供水温度或供回水平均温度）的控制精度为 ±2℃。

3）直接手动设定二次网的供水温度控制一次网的电动调节阀。

4）直接手动设定值班供暖的运行模式。

5）对有的集中供热管网，一次网的回水温度不希望高于某一个值。例如北京热力公司一次网的回水温度就不能高于 60℃，过高温度的回水直接回到电厂也是一种能源浪费，因此根据一次网的回水温度高低来辅助调节一次网的电动调节阀，保证回水温度不高于 60℃。

二次网供水温度控制有直接控制、采用控制策略、提供修正值等几种方式，其中直接控制和控制策略为互斥关系，即启用其中的一种控制形式会导致另一种控制形式失效。下面描述一下"带室外气候补偿的二次网供水温度、回水温度或二次网的供回水平均温度控制一次网的电动调节阀"控制策略的具体实现过程。这种控制策略是一种基于经验的模糊控制方法。

（*a*）以二次供水温度为调节目标，其换热站阀门调节策略见表4-4。

一次阀处于自控状态时，系统首先采集二次网供水温度当前值，当其与设定值的偏差大于1℃时，系统将按表4-4中相应的开度变化（可由用户设定）调节阀的开度。另外，一次阀的调节周期（即多长时间调节一次）可由用户设定，以适应不同规模的换热站。

换热站阀门调节策略 表 4-4

二次供水温度与设定值的偏差（℃）	一次阀开度变化（%）
0 ~ 1	不调节
1 ~ 2	2
2 ~ 5	4
5 ~ 10	8
> 10	12

（*b*）以二次供回水平均温度为调节目标。其功能除控制目标由二次供水温度变为二次供回水平均温度外，其他均与上面相同。

a）室外温度补偿（经验法）。其换热站室外温度补偿调节策略见表4-5。随室外温度变化，改变二次供水温度的设定值，并以该设定值作为调节目标调节一次阀。

换热站室外温度补偿调节策略（℃） 表 4-5

室外温度范围	二次供水温度	说明	室外温度范围	二次供水温度	说明
< − 6	70		3 ~ 6	58	
− 6 ~ − 5		模糊区	6 ~ 7		模糊区
− 5 ~ − 2	66		7 ~ 12	54	
− 2 ~ − 1		模糊区	12 ~ 13		模糊区
− 1 ~ 2	62		> 13	50	
2 ~ 3		模糊区			

当室外温度进入模糊区时，二次供水温度的设定值保持不变，这主要是为了减少阀门的动作，保护执行器。

b）室外温度补偿（公式法）。按设定的换热站设计参数（设计室外温度 T'_w、室内温度 T'_n、供水温度 T'_g、回水温度 T'_h、散热器参数 B 等），计算出在不同的室外温度（T_w）下适合的二次供回水平均温度 T_{2p}），并以该平均温度作为调节目标调节一次网蒸汽阀。

$$T_{2p} = \frac{T_{2g} + T_{2h}}{2} = T_n + 0.5 \left(T'_{2g} + T'_{2h} - 2T'_n \right) \left(\frac{T_n - T_w}{T'_n - T'_w} \right)^{\frac{1}{1+B}} \tag{4-1}$$

式中　T'_{2g}、T'_{2h}——设计供水温度和设计回水温度；

　　　T_n、T_w——室内温度和室外温度；

　　　B——散热器参数。

以上是控制换热站二次网平均温度的方法，对于控制二次侧供水温度的情况，也有相应的公式，需要者可以参考有关著作。

（2）温度＋压力控制原理，如图4-6所示。其中传感器传递室外温度、二次网的供水温度和回水温度、一次网的供回水温度、二次网供水压力和回水压力、二次网循环水泵旁通压力、补水流量计、补水水箱液位、电磁阀信息。执行机构为一次网的电动调节阀、二次网循环水泵变频器、补水泵变频器。

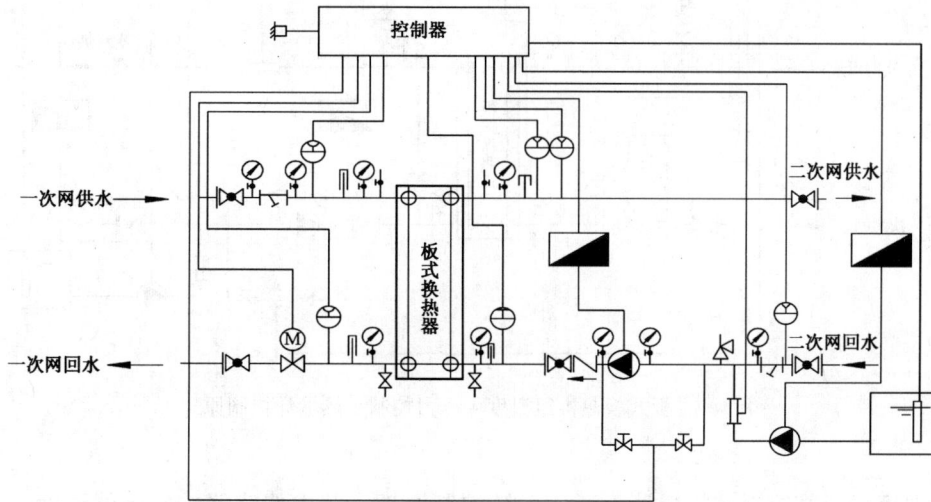

图 4-6 板式换热机组温度 + 压力控制原理

除包含上面温度控制功能的全部内容之外，还有：

1）根据二次网的供水压力或供回水压差来控制二次网循环水泵的运行频率，取压点的位置可以在机组的供回水管上，有条件的场合可以在系统的最不利用户的供回水管上。

2）根据补水压力（指二次网的回水压力或二次网循环水泵进出口的旁通压力）来控制二次网补水泵的运行频率，补水压力的富裕度为 20～50kPa。

3）补水管路应设有电磁阀，当系统超压时电磁阀开启泄水。

4）直接设定二次网循环水泵的运行频率。

5）逻辑控制程序：一次网电动调节阀门在系统发生故障和断电时都应自动关闭；来电时启动顺序为：控制器通电→补水泵（如果需要）→二次网循环水泵→一次电动调节阀门缓慢开启；当系统发生故障时的顺序为：一次网电动调节阀门关闭→二次网循环水泵关闭→补水泵关闭；远程关闭阀门：直接关闭即可；远程开关二次网循环水泵：关泵先关一次网电动调节阀，开泵后开启一次网电动调节阀。

6）无论以任何方式，只要二次网停止流水，一次网电动调节阀都会自动关闭。

7）在一次网是高温水系统或蒸汽系统时，当系统停电时，一次网的电动调节阀应关闭，二次网回水管上应设置安全阀，防止超压汽化，安全阀的超压压力设定应考虑系统散热器的承压能力。

（3）温度 + 压力控制 + 热量计控制原理，如图 4-7 所示。其中传感器传递室外温度、二次网的供水温度和回水温度、一次网的供回水温度、一次网供回水压力、二次网供水压力和回水压力、二次网循环水泵旁通压力、一次网热量计、二次网供水流量计、二次网补水流量计、补水水箱水位、循环水泵和补水泵的启停和运行状态等信息。执行机构为一次网的电动调节阀、二次网循环水泵变频器、补水泵变频器。在一次网的供水管上安装热量计，功能除温度 + 压力控制之外，还有热量计计量的功能。

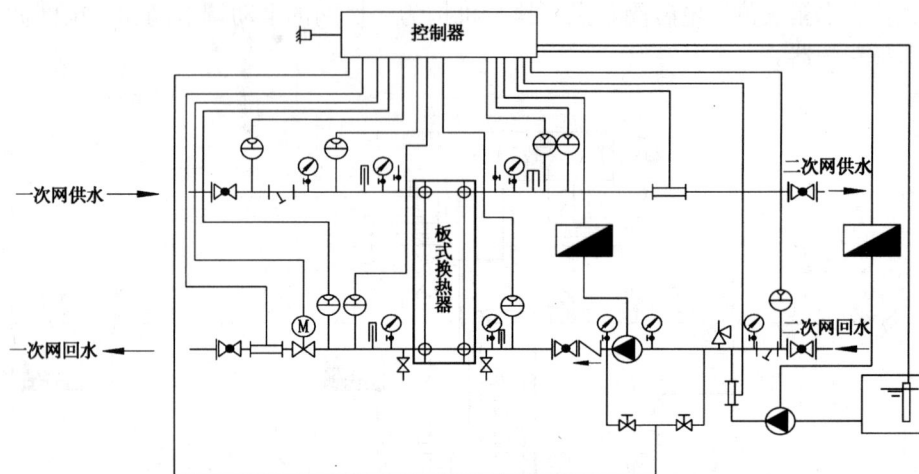

图 4-7　板式换热机组温度 + 压力控制 + 热量计控制原理

（4）温度 + 压力控制 + 热量计 + 通信系统控制原理。其中传感器传递室外温度、二次网的供水温度和回水温度、一次网的供回水温度、一次网供回水压力、二次网供水压力和回水压力、二次网循环水泵旁通压力、一次网热量计、二次网供水流量计、二次网补水流量计、补水水箱水位、循环水泵和补水泵的运行启停和状态等信息。执行机构为一次网的电动调节阀、二次网循环水泵变频器、补水泵变频器。机组控制部分可在主动和被动方式下与监控中心通过通信线路进行数据通信，通信协议应为标准的、公开的。

3．生活热水热力站的控制

（1）生活热水热力站的检测参数为：

1）热侧供水压力；

2）热侧回水压力；

3）热侧供水温度；

4）热侧回水温度；

5）热侧供水流量；

6）冷侧供水压力；

7）冷侧回水压力；

8）冷侧供水温度；

9）冷侧回水温度；

10）生活水箱水位；

11）冷侧生活热水用水量；

12）给水泵状态和频率；

13）生活热水循环泵的状态。

（2）调节方案。根据二次网的生活热水供水温度调节一次网进入生活热水换热器供水或回水管道上电动调节阀，从而改变一次网进生活热水换热器的流量，恒定二次网生活热水的供水温度；根据生活给水泵出口的实测压力值与设定压力值的比较偏差，通过变频器调整给水泵的运行频率，保证生活热水最不利用水点的流出水头值恒定。同时即使在给水泵没有启动的时候，也必须保持安装在冷侧回水管道上的小型循环泵处于运转状态。

在某些情况下，系统装置设有生活热水蓄水箱，此时需要检测其水位和温度，并在现场控制机的软件中设定注水与放水的策略、电磁阀门的开启与闭合的条件。

三、板式换热机组的选型计算

1. 板式换热器的面积按下式计算

$$F = \frac{Q_n}{K \times \Delta T} \times 10^3 \tag{4-2}$$

式中　F——板式换热器的理论计算面积（m^2）；

　　　Q_n——设计热负荷（kW）；

　　　K——传热系数 [$W/(m^2 \cdot ℃)$]；

　　　ΔT——换热器的平均温差（℃）。

单工况下机组内的板式换热器一般不超过 2 台并联运行，且不宜设置备用板式换热器。当一次侧与二次侧供回水温差比大于 2 时，应采用非对称型（FBR）板式换热器；当一次侧与二次侧传热温差较小或对数平均温差较小时，应采用传热系数较高的浅密波纹板型（BHR）换热器。

2. 循环水泵

（1）供暖系统、空调系统循环水泵的流量按下式计算：

$$G = K \frac{3.6Q_n}{C_p (t_2 - t_1)} \tag{4-3}$$

式中　G——循环水泵流量（t/h）；

　　　t_1——二次侧循环水回水温度（℃）；

　　　t_2——二次侧循环水供水温度（℃）；

　　　Q_n——设计热负荷（kW）；

　　　C_p——二次侧循环水的平均比热 [$kJ/(kg \cdot ℃)$]；

　　　K——附加系数。

（2）供暖系统、空调系统循环水泵的扬程按下式计算：

$$H_0 = H_1 + H_2 + H_3 + H_4 + H_5 \tag{4-4}$$

式中　H_0——循环水泵的扬程（kPa）；

　　　H_1——换热机组二次侧压力降（kPa）；

　　　H_2——热力站内部管道二次侧压力降（kPa）；

　　　H_3——二次侧最不利环路的压力降（kPa）；

　　　H_4——最不利用户内部系统压力降（kPa）；

　　　H_5——计算富裕量（kPa）。

（3）根据流量、扬程和热网的阻力特性选择循环水泵。循环水泵一般不宜超过两台，且不宜设置备用泵。

3. 补水泵

（1）供暖系统、空调系统机组一般采用补水泵变频自动补水。

（2）补水泵的流量一般为二次侧系统水容量的 4%。

（3）补水泵的扬程按下式计算：

$$H = H_b + H_x + H_y - h + h_0 \tag{4-5}$$

式中　H——补水泵的扬程（kPa）；

　　　H_b——系统补水点的压力（kPa）；

　　　H_x——补水泵的吸入管路压力降（kPa）；

H_y——补水泵的出水管路压力降（kPa）；

h——补水箱最低水位高出系统补水点所产生的静压（kPa）；

h_0——补水泵计算富裕量（30~50kPa）。

4．变频器

（1）变频器应适合于电机容量和负载特性的要求。

（2）变频器的额定值如下：

功率因数：$\cos\psi \approx 0.98$；

频率控制范围：0~50Hz；

频率精度：0.5%；

过载能力：150%，最小60s。

（3）变频器应有下列保护功能：

过载保护；

过电压保护；

瞬间停电保护；

输出短路保护；

欠电压保护；

接地故障保护；

过电流保护；

内部温升保护；

欠相保护。

（4）操作面板应有下列功能：

变频器的启动、停止；

变频器参数的设定控制；

显示设定点和参数；

显示故障并报警；

在变频器前的操作面板上应有文字说明。

（5）对水泵进行变频控制有两种策略，一种为"定压变流量"，一种为"变压变流量"。"定压变流量"的控制方式就是通过变频器恒定水泵的进出口压差或最不利热用户的资用压差，来实现循环水泵的变流量运行。由图4-8b可以看出，如果不采用阀门节流的措施，是无法按照系统实际需要进行调整的，如果采用"变压变流量"，根本无需调节阀门，是最方便和最节能的方式。

图4-8a为采用变频后的节能比较效果图，A为采用阀门节流后的水泵工作状态点，B为采用定压变流量控制方式水泵工作状态点，C为采用变压变流量控制方式水泵工作状态点，O为零点。由图可见：采用"变压变流量"，由于功率和流量是三次方的关系，当流量下降为额定流量的80%时，功率下降为原功率的51.2%，当流量下降为原来的50%时，功率只有原来的12.5%。节能效果不仅大大超过了阀门节流的方法，也远胜于"定压变流量"。

通常情况下，变频器接受现场控制机的控制，而现场控制机的调节指令来自中央控制中心或来自热网中某些参数，根据一定的控制策略进行流量和扬程的统一调节。

（6）供热、空调水系统的旁通补水变频调速定压 供热、空调水系统属于闭式循环系统。为了保证系统不压坏、不倒空和不汽化，实现安全运行，控制系统恒压点的压力恒定是至关重要的。传统的膨胀水箱定压、补水泵定压、气压罐定压和蒸汽定压，都存在许多局限性，正在更多地被旁通补水变频调速定压方式所代替。

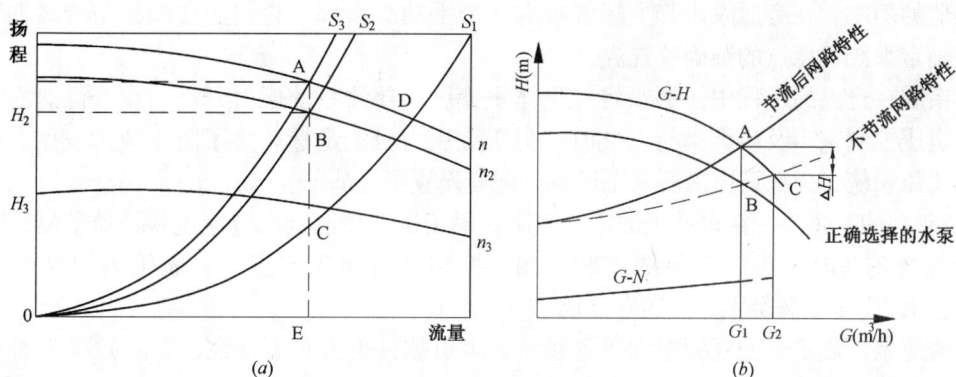

图 4-8　水泵工作图

（*a*）节能示意图；（*b*）水泵与热网特性曲线

A—水泵节流后的工作点；B，C—理想的水泵工作点

1）系统组成。图 4-9 给出了系统组成原理图，主要由四部分组成，即变频调速控制柜、旁通取压管、补水泵及配套电机、电磁阀及泄压装置。

变频调速控制柜，包括变频器、调节器和控制面板。变频器选择通用型变频器，变频器容量与单台补水泵的配套电机容量相一致即可。调节器的功能是根据系统恒压点的压力状况，进行控制决策计算，然后给变频器下达调频指令，一般由变频调速装置的厂家提供。控制面板，主要是控制补水泵启、停的常规电气设备，有空气开关、接触器、热继电器、指示灯和显示器等。补水泵及配套电机，是变频调速控制柜的执行机构。通常选择两台，一备一用。对于板式换热机组的补水系统，为了减少占地、结构紧凑，常选用一台质量可靠的补水泵。

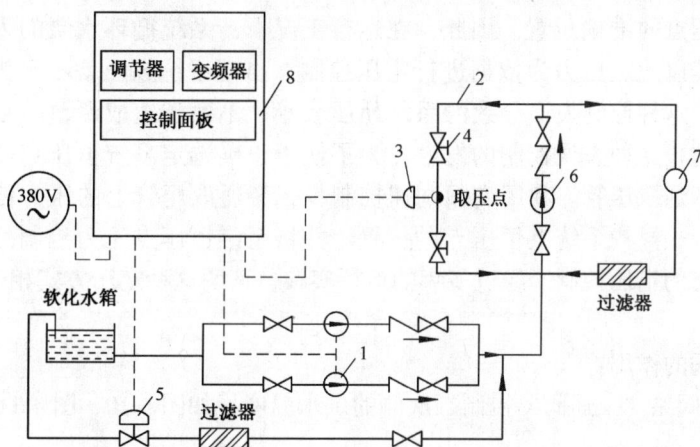

图 4-9　供热、空调旁通补水变频调速定压系统原理图

1—补水泵；2—旁通取压管；3—压力传感器；4—平衡阀；5—电磁阀；

6—循环水泵；7—外网用户；8—调频控制柜

旁通取压管，连接于供热、空调水系统循环水泵的出入口。直径为 *DN*25～*DN*40mm，根据供热、空调水系统的规模大小选用。供热、空调水系统规模大，选 *DN*40mm；规模小，选 *DN*25mm。该旁通取压管与通常为防止水击的旁通管有不同的功能，互相不能代替。后者与系统母管有相同直径，而旁通取压管为了取压，管径不宜太大。在旁通取压管上安装有压力传感器（要求不高时可用电触点压力表代替），其功能是将系统恒压点的实际压力实时通信给调节器。

压力传感器的两端，在旁通取压管上还各装有一个手动平衡阀，它们的功能是与变频调速控制柜配合，确定系统恒压点的准确位置。

供热系统在升温的过程中，热水将发生体积膨胀，导致系统压力升高。在升温速率过快的情况下，定压控制来不及协调运行，此时，恒压点压力可能超标。为了防止故障发生，设置了电磁阀及泄压系统，为保证电磁阀安全运行，配套设置了过滤器。

2）控制功能。供热、空调系统的定压控制，属于压力控制，反应速度快，调节器采用的控制决策为传统的 PID 调节。多年的实践证明，控制效果相当理想，一般压力控制的精度在 ±20kPa 之间，完全能满足工程的实际要求。

定压调速装置规定了上限频率和下限频率。因负载为平方转矩特性，上限频率为 50Hz，不能超过额定频率。下限频率，则由具体的工程确定：主要取决于系统恒压点的压力数值与补水泵的工作特性。当变频器的输出频率过低，补水泵的输出压力低于恒压点压力时，补水泵将发生空转，此时的输出频率即为下限频率。变频器在低频下运行，输出的高次谐波比例加大，水泵效率降低，导致水泵、电机温升过热。在调节器的软件设计中，规定了下限频率的运行时间，一般为几分钟，超过规定的运行时间，自动停泵。既节约了电能，又保护了电机水泵故障的发生，进而延长了使用寿命。

调节器还设计了恒压点压力超标的报警泄压功能。当系统温升过快，压力超标时，调节器能自动报警（警铃动作），并自动打开电磁阀，使系统向软化水箱泄水直至压力恢复正常。实践证明，只要过滤器正常运行，保证电磁阀不被堵塞，泄压装置就不会发生故障。

3）正确选定系统恒压点位置。供热、空调水系统的定压控制，一个重要的技术环节是正确选定系统恒压点的位置。许多定压控制的效果不理想，主要原因是系统恒压点的位置选择不对。通常人们认为系统循环水泵的入口即为系统恒压点，因此，把这点的压力恒定，作为定压的基本依据，结果常常导致系统超压，散热器爆裂。严格意义上讲，最高建筑与系统回水干管的连接点，才是系统恒压点的准确位置。因此，在运行工况下，系统循环水泵的入口处，压力始终低于恒压点压力。若以此点压力为依据进行定压控制，出现系统超压就不足为奇。在供热、空调系统规模不大时，这种控制失误导致的系统超压较小，不致于造成严重后果，但在较大规模的系统中，应严格防止这种失误控制的发生。为了便于正确选定系统恒压点的位置，比较理想的设计方法是设置旁通取压管。利用变频调速控制柜，旁通取压管上的压力传感器以及两个手动平衡阀的相互配合，寻找系统上恒压点的位置。并将系统恒压点压力控制的设定值，输入调节器，即可完成预想的定压控制。经过多年的运行实践，证明这种定压方式相当理想。

5. 阀门

（1）温度调节阀的作用：

1）通过"三通阀"、"二通阀"控制二次侧的供水温度，如图 4-10、图 4-11 所示。

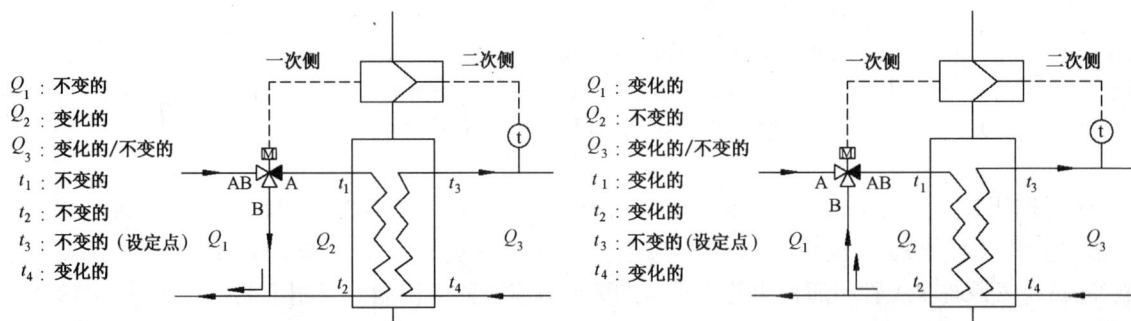

图 4-10　三通温度调节阀

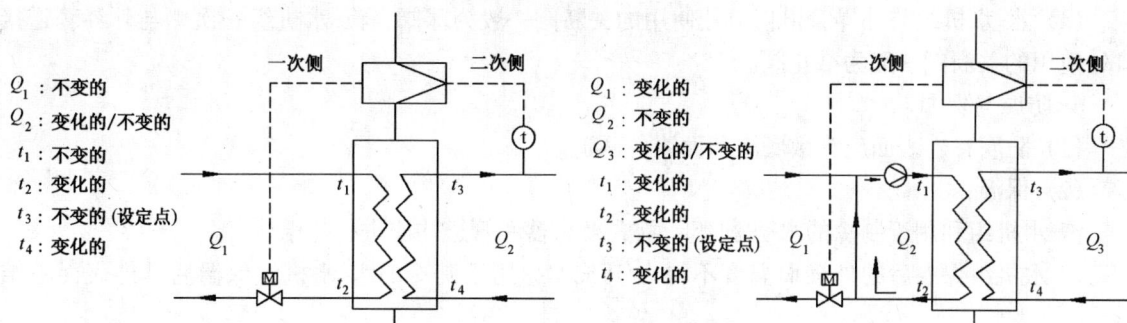

图 4-11　二通温度调节阀

2）通过温度调节阀控制生活热水温度，如图 4-12 所示。

3）通过恒温阀（自力式温度调节阀）控制生活热水循环水的流量，如图 4-13 所示。

（2）差压调节阀的作用：

1）通过差压调节阀使被控环路的压差恒定，如图 4-14 所示。

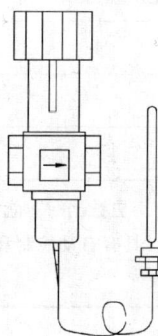 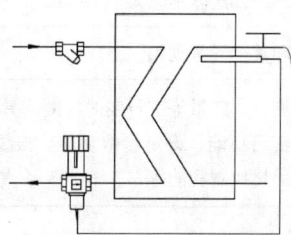 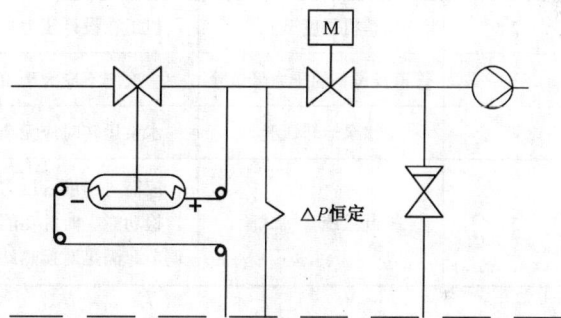

图 4-12　自力式　　　图 4-13　生活热水循　　　　　图 4-14　定压
温度调节阀　　　　　　　环水的控制

2）通过差压调节阀使其他性质调节阀在最佳状态下工作，如图 4-15 所示。

3）通过差压调节阀使温控阀承受较小的压差变化。

4）分水器、集水器旁通管上安装的压差调节阀使二次侧实现变流量运行，一次侧实现定流量运行。

（3）流量调节阀的作用。图 4-16 表示二通流量调节阀使被控环路定流量。

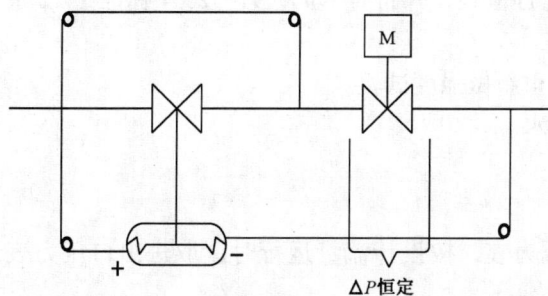 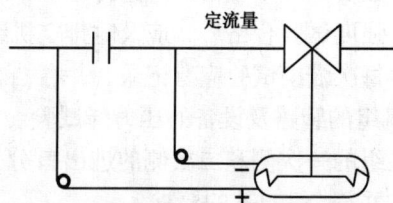

图 4-15　稳压　　　　　　　　　　　　图 4-16　二通定流量阀

（4）水-水机组与外界管道接口处使用的关断阀一般为球阀，汽-水机组一次侧与外界管道接口处使用的关断阀一般为截止阀。

6. 防腐与保温

（1）防腐：外表面应涂敷底漆和面漆各两道。

（2）保温：

汽-水机组和用于制冷的水-水机组，板式换热器和管道均应进行保温。

汽-水机组保温后的外表面温度不得大于50℃，用于制冷的水-水机组保温后其外表面不结露。

板式换热器的保温外护层应为可拆卸式的结构。

四、板式换热机组的性能试验方法

1. 机组出厂检验项目（表4-6）

机组出厂检验项目 表4-6

序　号	检 验 项 目	技 术 要 求
1	外观检验	表面漆膜均匀、平整，汽、水流向，接管标记及机组标志牌完整、正确
2	整机强度试验	机组在设计压力下，系统不得损坏或渗漏
3	管道及设备的压力降试验	一次侧不应大于100kPa，二次侧不应大于120kPa
4	水泵运转试验	水泵运转时应无杂声和其他异常现象
5	控制系统整机试验	应能对温度、压力、流量、热量等进行实时检测；具有储存历史数据的功能、自检功能、时钟功能、密码功能、设定参数功能、报警功能；具有自动控制和调节，满足对换热站的优化控制功能等

2. 整机强度试验

（1）机组的整机强度试验介质宜采用水，对于使用奥氏体不锈钢板片制造的换热器，其水中的Cl$^-$离子含量应小于25mg/L。强度试验按热、冷侧单独进行。

（2）试验压力应为设计压力的1.3倍。

（3）试验的环境温度及试验水的温度不应低于5℃。

（4）换热器及管道应充满水，待空气排空后，方可关闭放气阀。

（5）系统充满水后先检查系统有无渗漏。无渗漏时对系统缓慢升压，当压力升到试验压力的50%时，保持10min，再次检查系统有无渗漏。无渗漏时将系统压力升至试验压力，并保持10min，然后降至设计压力并保持30min后，带压进行检查，并符合GJ/T 191—2004标准14.2条的要求。

（6）强度试验不合格时应进行返修，返修后应重新做强度试验。

（7）强度试验合格后，应及时排空机组内的积水。

（8）每次强度试验应有记录，并存档。

3. 机组的管路及设备的压力降试验

在机组的一次侧和二次侧的进出口分别安装压力表，按设计流量运行时读取进出口压力表的差值，并符合表4-6的要求。

4. 水泵运转试验

将机组放置在测试台上或现场，并接通水、电，按设计流量运行30min。检查水泵，并符合

表 4-6 的要求。

5. 控制系统整机试验

(1) 在控制器操作面板上读温度、压力等参数，并直接在控制操作面板上启停补水泵、循环水泵、电磁阀等，增加或减少变频器的频率，增加或减少电动调节阀的开度，完成相应物理量的上下限比较。

(2) 让控制器连续运行两小时以上，然后断电后重新启动，储存的历史数据在掉电后不应丢失。

(3) 启动控制器，通电后控制器应自动对关键部位进行自检。

(4) 查看控制器操作面板，确认控制系统具有日历、时钟和密码保护功能。

(5) 直接在控制器操作面板上设定温度、压力等参数的上下限，超压、超温等报警信号。

(6) 设定供水温度和压力的上限值或下限值，调节电动阀的开度和调整变频器的频率，检查系统供水温度和压力。

(7) 在控制器的操作面板上应能显示报警，同时伴有声光报警，以突然断电的方式停止控制器的运行。

(8) 控制器上应有与监控中心连接的通信接口。

五、板式换热机组安装运行时的注意事项

(1) 机组应有接地保护装置，接地电阻应小于或等于 4Ω。对接地线的具体要求如下：

1) 单独热力站对接地线的要求如图 4-17 所示。

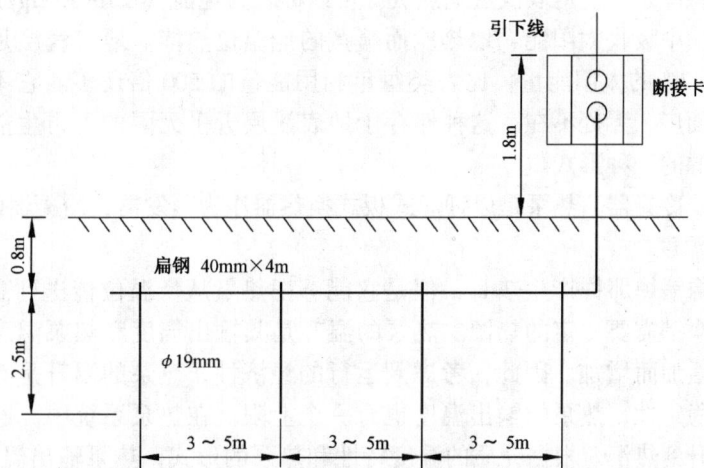

注：垂直接地体采用地钎，水平接地体采用镀锌扁钢；
　　距地面1.8m处设置断接卡以备测试用，地面以上部分2m内应安装塑料保护管。

图 4-17　单独热力站对接地线的要求

2) 热力站位于建筑物地下室时，可利用建筑物基础内的钢筋作接地装置。

(2) 机组在运行前，与之相连的系统应单独进行水压试验，并做到清洗完毕。

(3) 运行调试前，应按说明书的要求定期拆卸清洗过滤器。

(4) 运行人员应严格按照制造厂家提供的操作规程操作。

(5) 机组停运后，应充水保养。

第二节　板式（蒸发器、冷凝器）热泵机组

一、概要

1. 热泵的定义

从工程热力学看，基于逆循环工作原理的制冷机本身就是一台热泵。热泵这一术语之创意源于与水泵在功能和形象上的相同。水泵的功能主要在于把水从低位抽吸到高位排放，而热泵的作用则是把热从低温端抽吸到高温端排放。从上述的概念中了解到，由于热泵能够将自然界最普遍的空气、水中的低位热能提高到较高温后利用，因此，具有较好的节能效果。所有形式的热泵都有蒸发器和冷凝器两个温度水平，节流采用膨胀阀或毛细管，压力的增加可采用不同的形式，主要为：机械压缩式、热能压缩式和喷射蒸汽压缩式等。

热泵可以从自然环境或余热资源吸热而获得比输入能更多的输出热能，因此可以节省供暖、空调、生活热水和工业加热所需的低品位能源。许多国家以推广应用热泵作为节能和减少 CO_2 排放的一种手段。在日本，13.9% 的总能耗用于房屋采暖、空调和生活热水（美国为 26.3%），32% 的总能耗用于工业加热（美国为 24%）。目前，热泵大多应用于建筑设备上，据有关方面展望，工业热泵的应用前景非常可观，主要应用方面为食品工业的奶制品、玉米淀粉、糖、酒和鱼品的加工；化工工业的甲烷、乙烷和肥料的生产；木材的干燥处理；纸浆的蒸煮；分离与蒸馏；石油化工和石油蒸馏等。其中大多数为机械蒸汽再压缩式热泵。

水源热泵、地源热泵是利用了地球表面浅层能量资源（一般深度低于 400m）作为冷热源进行能量转换的供热供冷系统。地表浅层地热资源可以称之为地能（Earth Energy），是指地表土壤、地下水或河流、湖泊中吸收太阳能、地热能而蕴藏的低温位热能。地表浅层是一个巨大的太阳能集热器，收集了 47% 的太阳能量，比人类每年利用能量的 500 倍还多。它不受地域、资源等限制，真正是量大面广、无处不在。这种储存于地表浅层近乎无限的可再生能源，使得地能成为清洁的可再生能源的一种形式。

板式（蒸发器、冷凝器）热泵是以钎焊式板式换热器作为蒸发器、冷凝器的热泵机组。

2. 温升和输出温度

热泵自身不会像锅炉那样产生热量，但是它能够把热量从低温位传送到高温位。因此，按各种方式工作的热泵都需要一定的热源。热泵的温升是其输出温度和热泵温度之差。热泵的驱动能将随其温升的增加而增加。因此，考虑到运行的经济性，热泵的温升是有一个上限的。此外，考虑到介质的稳定性，热泵的输出温度也有一个上限。在热泵系统中，通过介质的循环流动把热流从热源提升到热汇。根据介质的温度特性和热泵的形式，热泵输出温度的上限如表 4-7 所示。图 4-18 是日本热泵技术发展中心统计得到的热泵输出温度与热源温度的关系，从该图可知各种形式热泵的输出温度上限。

3. 热泵的能效系数

热泵的输出热 a 与驱动能 b 之比称为能效系数 COP_h，$COP_h = \dfrac{a}{b}$，图 4-19 表示能效系数和温升的关系。能效系数越小，允许的热源间的温差就越大；反之，要求允许的温差就越小。从1970 年至 1980 年 COP 从 8.3 降到 5.4，即意味着温差幅度增大。从经济上看，采用热泵加热的可能性也增大了，与以往比较，温升可上升 2.2 倍。该能效系数与制冷介质循环的蒸发温度和冷凝温度的差有关，计算公式如下：

$$COP_h = \frac{冷凝温度 + 273.14}{冷凝温度 - 蒸发温度} \times C_H \qquad (4\text{-}6)$$

热泵输出温度的上限　　　　表 4-7

形 式		输出温度的上限（℃）
压缩式	离心式 开式	130
	闭式	55
	往复式	75
	螺杆式	120
吸收式	双效型	40
	单效型	95
	升温型	135

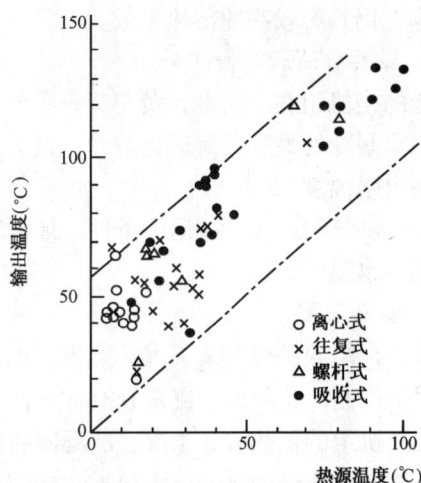

图 4-18　热泵的输出温度

其温差是热源水出口和被加热水出口的温差 ΔT_C 和热源水入口温差 ΔT_L，蒸发器的终端温差 ΔT_{LF}，冷凝器的终端温差 ΔT_{HF}，被加热水的出入口温差 ΔT_H 之和，即 COP$_h$ 如下所示：

$$\text{COP}_h = \frac{\text{冷凝温度} + 273.14}{\Delta T_C + (\Delta T_L + \Delta T_H) + (\Delta T_{LF} + \Delta T_{HF})} \times C_H \tag{4-7}$$

式中的 ΔT_C、ΔT_L、ΔT_H 是系统设计要求的值，由于分子值采用绝对温度表示，对设计影响不大。设计热泵时需改善的部分是（$\Delta T_{LF} + \Delta T_{HF}$），这就意味着终端温差小的换热器能够改善能效系数。终端温差与传热器的类型有关，以往的壳管式约为 10～14℃，而板式可至 4℃。相对于图 4-19 所示的经济能效系数 5.4 而言，以往换热器热源、热汇间温差约为 30℃，而对于小温差换热器则可达 40℃。例如，井水温度为 15℃，则可获得 55℃的热水，也就是说，仅给予较小的动力，就能利用较低能级的热源。

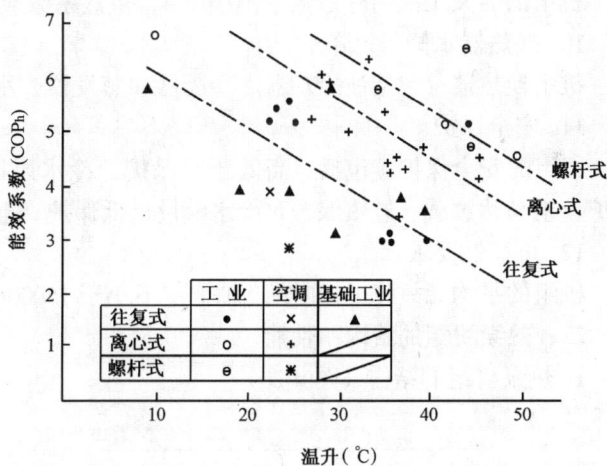

图 4-19　热泵能效系数和温升的关系

4. 冷凝器和蒸发器的性能

蒸汽压缩式制冷循环是由压缩、放热、节流和吸热四个主要热力过程组成的。一台制冷装置的基本热力设备，除了起心脏作用的压缩机和起节流降压作用的膨胀阀之外，还必须有基本换热设备——冷凝器和蒸发器，它们是制冷机四大件中的两大件。上述设备传热效果的好坏，直接影响制冷机的性能及运行的经济性。

制冷换热设备的工作压力、温度的范围比较窄；介质间的传热温差较小。小温差传热导致制冷设备的热流密度小，传热系数低，使得传热面积增大和设备的体积增大。如氟利昂水冷机的换热设备（冷凝器与蒸发器）约占其总重量的 70%。靠提高温差来减少设备的重量和尺寸，在经济上是不合理的。这是因为制冷机的外部不可逆损失大约为整个制冷机所有损失的一半，温差的增大将使整机运行不经济。因此在设计和制造中强化这些设备的传热，改进结构形式和加工工艺是正确的途径。以板式换热器作为热泵的冷凝器和蒸发器的原因是板式换热器在较小的温差下仍具有较高的传热系数。

5. 最大负荷运行条件

指的是机组在下列最大负荷运行条件下能长期正常工作。

(1) 制冷的最大负荷运行条件：最高环境温度 43℃；冷凝器的最高进水温度 35℃，蒸发器的最高出水温度 15℃。

(2) 供热的最大负荷运行条件：最低环境温度 – 8℃，冷凝器的最高出水温度 53℃，蒸发器的最低出水温度 5℃。

6. 名义工况

(1) 机组的制冷名义工况：蒸发器的冷水出水温度 7℃，蒸发温度 $t_e = 2℃$，冷凝温度 $t_c = 40℃$；单位制冷量的冷水流量 0.18m³/kW；单位制冷量的热水（冷却水）最小流量 0.08m³/kW。

(2) 机组的供热名义工况：冷凝器的热水出水温度 52℃，蒸发温度 $t_e = 5℃$，冷凝温度 $t_c = 55℃$；单位供热量的热水（冷却水）流量 0.172m³/kW；单位供热量的冷水最小流量 0.08m³/kW。

7. 机组的使用范围

(1) 制冷时的使用范围：冷水出水温度 7~13℃；冷却水进水温度 18~35℃。

(2) 供热时的使用范围：热水出水温度 45~53℃；冷水出水温度不低于 5℃。

8. 污垢系数

机组冷水侧、热水（冷却水）侧污垢系数为 $0.86 \times 10^{-5} m^2 \cdot ℃/W$。

9. 名义工况制冷、供热能效系数

机组的名义工况制冷系数应不小于 4，供热系数应不小于 3。

10. 换热器水侧压力降

机组换热器（包括油冷却器、冷凝器和蒸发器）水侧压力降在名义工况下应不大于 0.1MPa。

11. 安全保护

机组的安全保护应包括：高低压力保护，冷水出口温度过低保护，油压、油位保护，压差保护，主马达过载、过热保护，冷水流量过低保护，电压保护（欠压、超压、相序）。

12. 可靠性要求

机组的平均无故障运行时间 MTBF 应不小于 15000h。

二、热泵机组的结构和性能

1. 热泵机组的结构（图 4-20）

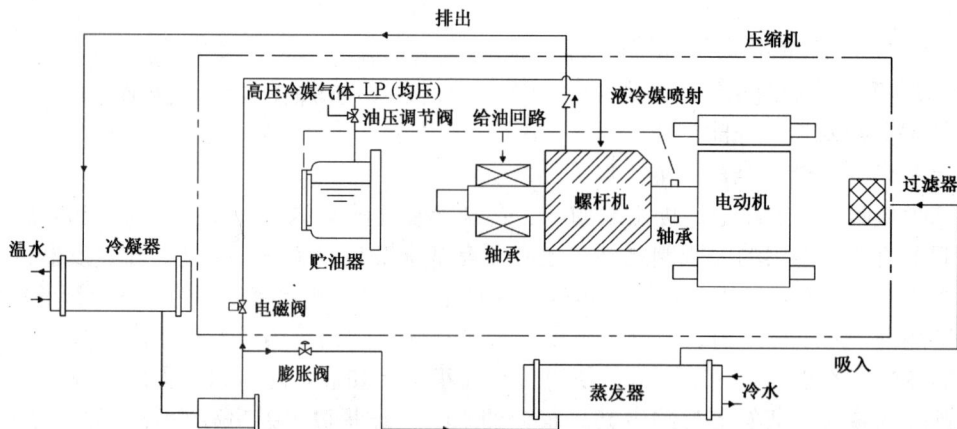

图 4-20　热泵机组的结构

（1）压缩机　从原理上看，各类压缩机都可应用于制冷机和热泵中，但必须根据其各自运行工况和条件的差别做专门的设计，以保证在各自应用场合下工作的经济性和可靠性。

图 4-21、图 4-22 表示活塞式压缩机与螺杆式压缩机的效率曲线。由图 4-21 可知活塞式压缩机的指示效率应在 80% ~ 85% 之间，由图 4-22 可知螺杆式压缩机轴效率应在 74% ~ 84% 之间。影响螺杆式压缩机轴效率的主要因素是指示效率与流体动力损失及内泄漏等。由容积效率可基本确定螺杆机的指示效率在 84% 以上，可以认定活塞式与螺杆式压缩机的机械效率，在压缩比为 3.9 ~ 4.3 之间时，基本相当。

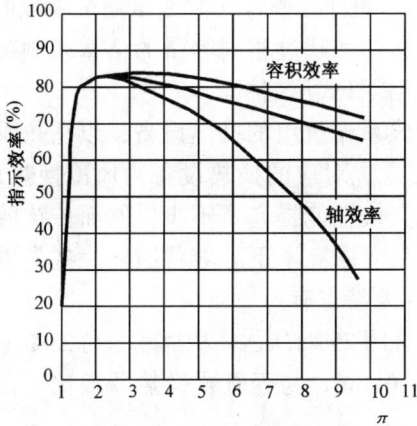

图 4-21　指示效率与压比 π 和相对
余隙容积 C 的关系（活塞式）

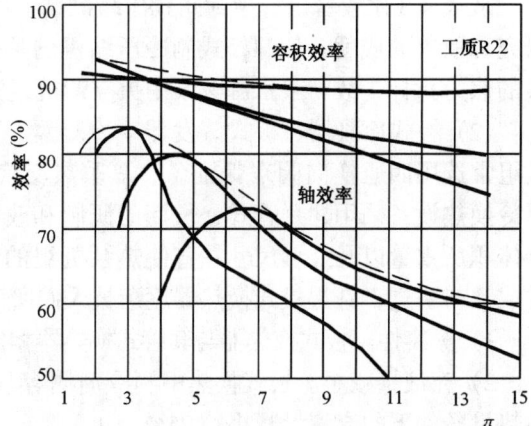

图 4-22　压比 π 与效率的关系（螺杆式）

综上所述，在水源热泵中央空调机组运行工况下，螺杆式压缩机比活塞式压缩机的效率高。除此之外，根据螺杆机与活塞机的机械结构的比较，以及实际运行检测结果表明：螺杆式制冷压缩机由于没有进排气阀，易损件少，使它具有 2 ~ 5 倍的活塞机运转时间。活塞式压缩机结构复杂，其零件数是螺杆机的 10 倍。据有关资料统计，在 3000 小时运转周期内，活塞式的故障是螺杆机的 4 倍。螺杆式压缩机的振幅比活塞式小，且最重要的是螺杆式压缩机对湿行程不敏感，因此发生液击事故的可能性比活塞式明显减少。故螺杆机运行安全可靠，因此螺杆式压缩机深受操作者的厚爱。

容积式压缩机根据密封性能分为：开启式，半封闭式，全封闭式三种。三种形式压缩机的特点见表 4-8。

开启式、半封闭式、全封闭式特点表　　　　　　　　　　　表 4-8

	开启式压机	半封闭压机	全封闭压机
密 封 性	轴封易烧毁，制冷剂易泄漏，密封性能差	无轴封，制冷剂不易泄漏，密封性能较好	无轴封，制冷剂不泄漏，密封性能最好
制造费用	造价低	造价高	造价较高
容量范围	容量可大可小，大型多	中等及较小容量机型多（功率 0.2 ~ 90kW）	较小容量机型（功率 22 ~ 50kW）
体　积	同等容量机器体积最大	较大	较小
重　量	大	较大	较小
注油量	大	小	小
噪　声	大	小	小

续表

	开启式压机	半封闭压机	全封闭压机
运行费用	大	低	低
充注制冷剂量	大	少	少
检 修 量	大	少	少
检修难度	小	较小	大

从表4-8比较看出：半封闭式压缩机具备适中的优点。近年来螺杆式制冷压缩机领域的开发研究和取得的成就，使螺杆式制冷压缩机的热效率已经达到和超过相同容量的活塞式制冷压缩机的热力指标，故一般水源热泵中央空调机组选择半封闭螺杆式压缩机。

（2）板式冷凝器、板式蒸发器 冷凝器、蒸发器为该系列机组的换热设备，以往热泵空调机组常选用四通换向阀来保证冬、夏季热交换负荷的变化，对应的换热设备为风冷换热设备。风冷换热设备采用翅片管式，长期的研制和改进使其热交换性能提高了不少，然而传统的换热器体积、重量以及外形尺寸一直使热泵机组的总体装配尺寸居高不下。随着国外一些先进技术的成熟与引进，钎焊板式换热器逐渐被人们所采纳，其主要特点有：

1）紧凑性。板式换热器与套管式换热器相比，重量减轻约25％，所占体积也减小约28％左右。

2）充液量减小。板式换热中制冷剂侧容积大约是 $2.0L/m^3$，与壳管式换热器相比，在相同换热量条件下的充液量减小约25％。

3）传热系数高。在板式换热器内，由于受到紊流和小的水力半径的影响，使它的传热效率很高，它的传热系数大约为壳管式的3倍。

北京京海换热生产的钎焊板式换热器综合起来具有如下特点：

1）可提供三种不同夹角的人字形板片，满足不同机型的匹配。其中H型传热系数最高，相对的压力降最大；M型有中等传热系数和压力降；L型有较低传热系数和压力降。

2）有四种不同的标准型号：即18型、25型、55型、100型。共有9种规格，且其出水接口方向与形式可按要求制作。

3）蒸发器中装有特殊结构的，保证经过膨胀阀后的汽液两相的制冷剂均匀地进入各个流道，充分利用各个流道的换热功能，避免压缩机"回潮"。

图4-23表示板式蒸发器内的流量平衡装置，在各通道的进口处装有节流小孔以保证各通道的流量均匀。图4-24表示雾化器和雾化器安装位置。雾化器是一块非常致密的圆形铜丝网，将雾化器安装在制冷剂进口处，制冷剂流体流过雾化器后，成为微小的液滴。这种均匀的雾状流伴随气态制冷剂能均匀地流向各板间通道，充分利用了蒸发器的换热面积。一般板片数多于30片时，应装雾化器。

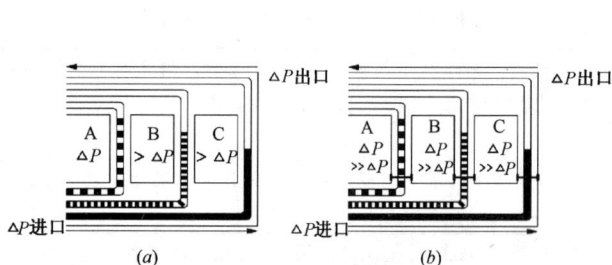

图4-23 板式蒸发器内的流量平衡装置

（a）未安装节流小孔时的压力分布；（b）安装节流小孔后的压力分布

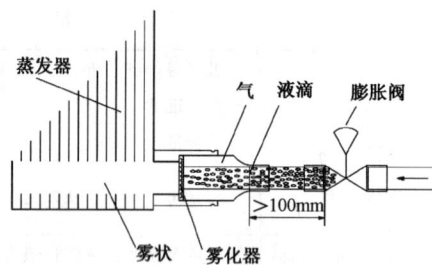

图4-24 雾化器安装位置

4）蒸发器、冷凝器均以 30mm 厚的聚氨酯层保温，一次成型，美观漂亮。这种结构首先能达到节能目的，其次能够防止因漏冷漏热使设备结露而加快腐蚀，延长了设备寿命。

5）均采用 99.9% 的铜作为焊料，耐压强度可达 3.0MPa，大大开拓了板式换热器的应用范围。

（3）高压贮液器的选配　为了充分利用钎焊板式冷凝器的换热面积，克服因积液引起的落液管的封堵，水源热泵中央空调机组设置高压贮液器来满足工艺需要，通过贮液器与冷凝器的联结管的配置来满足压力的平衡，所以系统不设平衡管。同一容量的机组根据定货要求（主要是外形尺寸要求）可提供三种不同的配置形式：A 型卧式通过式贮液器，B 型卧式滚动式贮液器，C 型立式浮动式贮液器。

（4）热力膨胀阀的选择　由于机组选用同一蒸发温度，同一吸汽过热度，且膨胀阀工作压差相差较大，为避免使用者操作复杂且实现自动化控制，冷热工况采用两个不同容量的热力膨胀阀，分两路控制。冬季运行期间，冬季膨胀阀工作，夏季膨胀阀关闭，反之亦然。

根据利用冬、夏季膨胀阀切换的对应要求，水路系统做了相应的调节，使冬、夏季水的流量与冷凝器、蒸发器规定的工况参数相适应，达到了一泵多用、水路调节的目的，实现了一次性设备的充分利用；同时解决了因氟系统调节故障维修时存在的制冷剂泄放问题，达到了绿色空调的要求。

（5）电气控制

1）电气部分　由强电与弱电两大控制系统组成。根据半封闭螺杆压缩机动力马达的功率范围，水源热泵中央空调机组系列采用降压启动，以克服机组启动过程中电压降过大对电网的冲击；所有强电控制器件集中在强电控制盘中，其中包括因微电需要而做执行动作的弱电控制元件。

2）自动控制部分　根据热泵的运行特点及操作要求，采用微电脑控制系统，使其运行操作实现自动化。系统由上位机和下位机两部分组成。上位机能够根据智能检测装置提供的温度参数来控制热泵机组运行的台数和启动顺序，保证多台机组的循环使用；下位机在上位机指令的控制下完成单台机运行的程序控制，具有人工化的操作模式，实现无人管理的目的。

2. 热泵机组的性能（表 4-9）

热泵机组基本性能与参数表　　　　　　　　　　　表 4-9

项　目	型　号	01	02	03	04	05
制热量（kW）		155	195	228	286	384
制冷量（kW）		132	166	198	248	358
压缩机	型　号	HANBELL-系列				
	数量（台）	1				
	额定功率（kW）	41	51	62	77	103
	输入功率（kW）（制热/制冷）	38/24	48/30	56/38	71/45	93/62
	电　源	3 相 380V　50Hz				
	安全保护	高低压/油压、油位/水流/电压/压机过载、过热/排气温度/传感器故障				
	启动方式	Y——Δ 启动				
	能量调节范围	自　动				
	能量调节方式	100%、75%、50%、25%4 段式				
制冷剂	名称	R-22				
	充注量（kg）	36	45	60	77	101

项　　目	型　号	01	02	03	04	05
冷凝器	形　　式	板式换热器				
	循环流量（t/h）	26.6 / 11.03	32 / 13.6	39.2 / 16.3	49.2 / 20.4	65.5 / 27
	最高冷凝压力（MPa）	2.5				
	水侧最高压力（MPa）	2.4				
	水侧压降（MPa）	<0.05				
	进出水管（mm）	32	40	50	80	100
蒸发器	形　　式	板式换热器				
	循环流量（t/h）	10.6 / 24.9	14 / 30.8	16 / 36.8	20.1 / 46.1	27.8 / 61.5
	最高蒸发压力（MPa）	0.8				
	水侧最高承压（MPa）	2.5				
	水侧压力降（MPa）	<0.05				
	进出水管（mm）	32	40	50	80	100
机组外形尺寸（mm） 长×宽×高		1553×1045× 1397	1661×1045× 1650	1728×1093× 1650	1850×1093× 1650	1845×1165× 1650
机组重量（kg）		715	885	1120	1330	1615

三、板式冷凝器和板式蒸发器的选型计算（资料来源：重庆建筑大学 刘宪英《板式换热器设计选型计算方法》）

板式冷凝器及蒸发器的选型计算，关键是计算凝结换热系数 α_c 和沸腾换热系数 α_b，及其压力降。

1. 凝结换热系数 α_c 及压力降 ΔP_k 计算

（1）α_c 计算　目前板式换热器厂家均未提供凝结换热的准则式，参考有关文献列出如下关系式，供计算时应用。

1）尾花英朗提出的计算式（公制单位）　该文献认为板表面上的冷凝换热可以按垂直平板上冷凝换热进行处理。但波纹形竖壁比平板竖壁换热系数提高 20%～30%，此处计算取 1.25。

$$\mathrm{Re}_l = 4\frac{Q_L}{\mu_l} < 2100 \text{ 时，} \quad \alpha_c = 1.47\left(\frac{\lambda_l^3\rho_l^2 g_c}{\mu_l^2}\right)^{1/3}\left(\frac{4Q_L}{\mu_l}\right)^{-1/3}1.25\,\mathrm{kcal/(m^2 \cdot h \cdot K)} \tag{4-8}$$

式中　Q_L——冷凝负荷，$Q_L = \dfrac{G_l}{B}$ [kg/(m·h)]；

G_l——每一通道的冷凝液，$G_l = \dfrac{M_R}{n_l}$ （kg/h）；

M_R——蒸汽总质量流量（kg/h）；

n_l——蒸汽流过的通道数；

B——板宽度（m）；

λ_l——冷凝液的导热系数 [kcal/(m·h·K)]；

ρ_l——冷凝液的密度（kg/m³）；

μ_l——冷凝液的黏度 [kg/(m·h)]；

g_c——重力加速度（$1.27 \times 10^8\,\mathrm{m/h^2}$）。

2）Wang zhong zheng 等提出的计算公式

$$Nu = C\left(\frac{Re_l}{H}\right)^n Pr^{0.33}\left(\frac{\rho_l}{\rho_{v0}}\right)^P \tag{4-9}$$

式中　Re_l——每块板总质量流量 G_l 下的冷凝液的雷诺数；

　　　H——考虑冷凝液膜厚度影响的无因次参数；

　　　ρ_{v0}——进口处蒸汽密度（kg/m^3）；

$$Re_l = G_l\,(1-x_0)\,\frac{d_e}{\mu_l}$$

式中　d_e——每个通道的当量直径（m）；

　　　x_0——出口处蒸汽干度；

$$H = \frac{C_p\Delta\theta}{\gamma'}$$

式中　γ'——考虑冷凝液过冷和液膜对流换热系数影响的参数（J/kg）；

$$\gamma' = r\left(1 + \frac{0.68 C_p\Delta\theta}{r}\right)$$

式中　$\Delta\theta$——（$t_k - t_w$），即冷凝温度与壁温之差（℃）；

　　　r——汽化潜热（J/kg）。

采用此公式时，需采用试算的方法确定壁面温度。

(2) 板式冷凝器压力降计算　板式冷凝器液侧压力降可用试验关联式计算。对于气侧，由于流动是气-液两相流，它的压力降包括摩擦、局部、加速及重力阻力。因此，只要分别计算出冷凝器入口到出口之间各处存在的相应阻力，其总和即为一台板式换热器的压力降。

根据天津大学研究和 Kumar 的推荐，其计算可用洛克哈特-马丁尼利（Lockhart – Martinelli）方法，其基本计算式为：

$$\Delta P_f = (\Delta P_f)_l\phi_l^2 \tag{4-10}$$

式中　ϕ_l——摩阻分液相系数；

　　　$(\Delta P_f)_l$——仅液相单独流过同一流道时的摩擦阻力；

$$(\Delta P_f)_l = 4f_l\frac{L}{d_e}\frac{\rho_l w_l^2}{2}\quad Pa$$

式中　f_l——液体沿程摩擦系数，人字形波纹板可通过查图或按公式计算；

　　　L——流道长度（m）；

　　　w_l——液体在流道中流速；

$$w_l = \frac{M_R\,(1-x)\,v_l}{3600 n_l S}\quad m/s$$

式中　v_l——液体比容（m^3/kg）；

　　　x——沿程 L 的平均干度，可用换热器进口和出口干度的平均值。

$$\phi_l^2 = 1 + \frac{C}{X} + \frac{1}{X^2}$$

C 值与流态有关，一般由试验确定。Chisholm.D 推荐 C 值见表 4-10。

不同流态下的 C 值			表 4-10
流态	tt	lt	tl	ll
C 值	21	12	10	5

流态是以流速为液相或气相的表观速度（指假定液或气在整个流动截面中单独流动时的速度 w_{l0} 或 w_{v0}）时的 Re 数值为 1000 作为分组的基础。

即：液相

$$\mathrm{Re}_l = \frac{\rho_l w_{l0} d_e}{\mu_l}$$

汽相
$$\mathrm{Re}_v = \frac{\rho_v w_{v0} d_e}{\mu_v}$$

则 $\mathrm{Re}_l \le 1000$，$\mathrm{Re}_v \le 1000$——液体层流-气体层流（ll 流态）；

$\mathrm{Re}_l \le 1000$，$\mathrm{Re}_v > 1000$——液体层流-气体紊流（lt 流态）；

$\mathrm{Re}_l > 1000$，$\mathrm{Re}_v \le 1000$——液体紊流-气体层流（tl 流态）；

$\mathrm{Re}_l > 1000$，$\mathrm{Re}_v > 1000$——液体紊流-气体紊流（tt 流态）。

上式中液相、气相的表观速度为：

$$w_{l0} = \left[\frac{G_l\,(1-x)}{s}\right] v_l \quad \mathrm{m/s}$$

$$w_{v0} = \left[\frac{G_l x}{s}\right] v_v \quad \mathrm{m/s}$$

马丁尼利参数 X 可近似用下式确定：

$$X^2 = \frac{(\Delta p_f)_l}{(\Delta p_f)_v}$$

即为液、气相摩擦阻力之比，气相 $(\Delta p_f)_v$ 则为：

$$(\Delta p_f)_v = 4 f_v \frac{L}{d_e} \frac{\rho_v w_v^2}{2}$$

式中 ρ_v——气体密度（$\mathrm{kg/m^3}$）；

w_v^2——气体在流道中流速（m/s）；

$$w_v = \frac{M_R \times v_v}{ns} = \frac{G_l \times v_v}{s} \quad \mathrm{m/s}$$

式中 M_R——流过板式换热器的总的质量流量（kg/s）；

G_l——流过一个通道的质量流量（kg/s）；

f_v——蒸汽沿程摩擦系数，波纹板可近似用下式计算：

紊流区
$$f = \frac{1.22}{\mathrm{Re}^{0.252}}$$

层流区
$$f = \frac{38}{\mathrm{Re}}$$

过渡区摩擦系数 f 的确定，可在紊流区和层流区的边界之间用内插法确定。对板式换热器，其过渡区一般在 10 ~ 150 的雷诺数范围内。

需要说明，f_l、f_v 均应由试验确定，在无试验值的情况下，才采取如上方法进行近似计算。

在各项阻力中，最主要的是摩擦阻力，加速及重力阻力很小，局部阻力占总阻力的 10% ~ 15%，所以，板式冷凝器的气侧总压力降可按下式概算：

$$\Delta P_k = (1.2 \sim 1.25)\,\Delta P_f \tag{4-11}$$

2. 沸腾换热系数 α_b 及压力降 Δp_0 计算

（1）α_b 的计算 由于板式蒸发器中的蒸发传热过程极其复杂，因此，迄今为止，板式蒸发器的沸腾换热计算式已正式发表的极少。现使用尾花英朗推荐的切（chen）关联式计算（公制单位）。

$$\alpha_b = S\alpha_b' + \alpha_{tp} \quad \mathrm{kcal/(m^2 \cdot h \cdot K)} \tag{4-12}$$

式中 α_b'——池沸腾换热系数；

α_{tp}——两相流强制对流换热系数；

S——泡核沸腾影响系数，如图 4-25 所示。

1）计算影响系数 S

由图 4-25 可知

$$S = f\left[\left(\frac{d_e G_l}{\mu_l} \right) F^{1.25} \right] \qquad (4-11)$$

式中 G_l——液体的质量流速 $[kg/(m^2 \cdot h)]$；

F——修正系数；

$$F = \phi_{tt}^{0.89}$$

$$\phi_{tt}^2 = 1 + \frac{21}{X_{tt}} + \left(\frac{1}{X_{tt}} \right)^2$$

$$X_{tt} = \left(\frac{G_l}{G_v} \right)^{0.9} \left(\frac{\rho_v}{\rho_l} \right)^{0.5} \left(\frac{\mu_l}{\mu_v} \right)^{0.1}$$

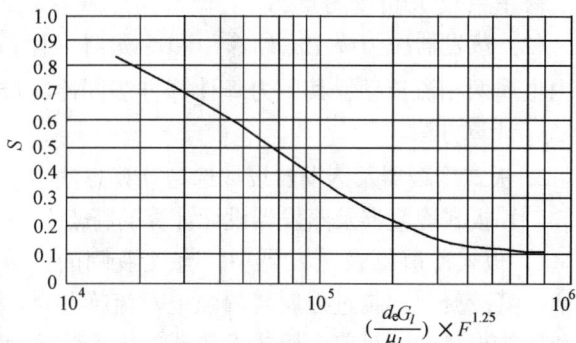

图 4-25 式（4-10）中的 S 值

式中 ϕ_{tt}——压力损失修正系数；

X_{tt}——马丁尼利参数；

G_l，G_v——液体、气体的质量流量（每个通道）（kg/h）；

ρ_l，ρ_v——液体、气体的密度（kg/m^3）；

μ_l，μ_v——液体、气体的黏度 $[kg/(m \cdot h)]$。

G_l、G_v 以蒸发器进口、出口干度的平均值作为依据，而 $x = \dfrac{x_1 + x_2}{2}$

$$G_l = M_R \frac{1-x}{n_l}$$

$$G_v = M_R \frac{x}{n_v}$$

$$\therefore \frac{G_l}{G_v} = \frac{1-x}{x} \quad （在 \ n_l = n_v \ 时）$$

M_R——通过蒸发器的总的质量流量（kg/h）。

2）计算池沸腾换热系数 α_b'

$$\alpha_b' = 0.00142 \left(\frac{\lambda_l^{0.79} C_{pl}^{0.45} \rho_l^{0.49} g_c^{0.25}}{\sigma^{0.5} \mu_l^{0.29} r^{0.24} \rho_v^{0.24}} \right) \cdot (\Delta t)^{0.24} \cdot (\Delta p)^{0.75} \quad kcal/(m^2 \cdot h \cdot ℃) \qquad (4-13)$$

式中 C_{pl}——液体比热 $[kcal/(kg \cdot ℃)]$；

σ——液体表面张力（kg/m）；

r——蒸发潜热（kcal/kg）；

ρ_v——蒸汽密度（kg/m^3）；

Δt——壁温和蒸发温度差（℃）；

Δp——对应于 Δt 的蒸汽压差（kg/m^2）。

在板式换热器设计选型计算中，Δt 需经反复试算得到，Δt 得到后，查流体饱和蒸汽的热力性质表，可得 Δp。

3）计算两相强制对流换热系数 α_{tp}

$$\alpha_{\mathrm{tp}} = 0.023\left(\frac{\lambda_l}{d_{\mathrm{e}}}\right)\left(\frac{d_{\mathrm{e}}G_l}{\mu_l}\right)^{0.8}\left(\frac{C_{\mathrm{p}l}\mu_l}{\lambda_l}\right)^{0.4}F \quad \mathrm{kcal/(m^2 \cdot h \cdot ℃)} \tag{4-14}$$

修正系数 F 可查图 4-26。

（2）蒸发器压力降 Δp_0 计算　和冷凝器一样，蒸发器内也属两相流流动，其压力降计算方法同冷凝器压力降 Δp_k 计算方法。

3. 板式冷凝器及蒸发器设计选型计算方法

（1）板式冷凝器及蒸发器设计计算的特点

1）板式冷凝器及蒸发器中，有关液侧的计算同第二章。其冷凝及沸腾过程属管内强迫对流换热类型，其流动形式很复杂。目前，板式换热器的生产厂家和设计单位很多是根据热负荷或热流密度的经验估计推算所需换热面积，很不准确，更无法预计工况变化时运行参数会出现什么情况。对冷凝器、蒸发器内的压力降则完全无预计，采用这种粗糙设计方法将难于发挥板式冷凝器及蒸发器的性能优势。

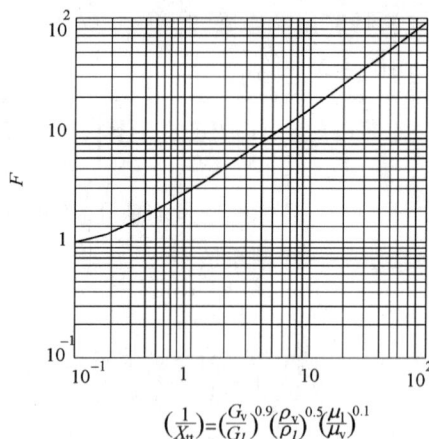

$$\left(\frac{1}{X_{\mathrm{tt}}}\right) = \left(\frac{G_v}{G_l}\right)^{0.9}\left(\frac{\rho_v}{\rho_l}\right)^{0.5}\left(\frac{\mu_l}{\mu_v}\right)^{0.1}$$

图 4-26　修正系数 F

2）一般冷凝和沸腾均可在一个流程中完成。为此，相变一侧经常是布置成单流程；液体侧可根据需要布置成单程或多程。在暖通空调制冷领域，一般水侧也是单流程者为多。

3）对板式冷凝器，设计时一般不要有冷凝段与过冷段并存的局面（为调整参数匹配而出现的少量过冷除外），因为过冷段的换热效率低，如果需要过冷，原则上应单独设过冷器。

4）板式冷凝器及蒸发器设计同样存在一个允许压力降问题。冷凝器内压力降大，会使蒸汽的冷凝温度降低，造成对数平均温差小；蒸发器内压力降加大，造成出口蒸汽过热度加大，两者都会使换热器面积加大，对换热是不利的。为此，对冷凝器，水蒸气压力降应控制在小于0.02MPa（即相当于饱和温度降 4℃ 左右），制冷剂（NH_3、R22、R12 等）小于 $0.03 \sim 0.04$MPa（即相当于饱和温度降 1℃）；对蒸发器，制冷剂（NH_3、R22、R12 等）应小于 $0.01 \sim 0.05$MPa（即相当于饱和温度降 1℃）。水侧压力降同第二章。

5）在选型时，应优先选用板式冷凝器或板式蒸发器的结构形式，在无合适的型号时可选用一般常规的板式换热器。

6）对使用在制冷设备上的板式换热器，由于制冷剂（如 NH_3、R22 等）压力高，渗漏能力强，宜采用钎焊式板式换热器。

（2）板式冷凝器的设计选型计算方法

1）已知条件

（a）蒸汽侧：蒸汽总流量 G_{s}，入口压力 P_{s}，对应 P_{s} 的蒸汽饱和温度 t_{sl}，进口蒸汽干度 x_1，允许压力降 Δp_{s}，出口干度 x_2；

水（液）侧：水量 V（$\mathrm{m^3/h}$）（或出口温度 t_2），入口温度 t_1，允许压力降 Δp_{w}。

（b）板式换热器的形式及几何尺寸　只要蒸汽压力和温度不超过板式换热器的许用限度，一般板式换热器均可用于蒸汽凝结过程。在用于蒸汽凝结过程时，总是令蒸汽从上面的角孔进入板片，凝结液从下面的角孔排出，而且都采用单程。由于蒸汽比容大，往往在角孔中的蒸汽流速很大。若蒸汽流量很大时，常采用中间夹板形式，如图 4-27 所示，使蒸汽从中间向两边分流，可使蒸汽流速降低一半，流动阻力也大大减小。

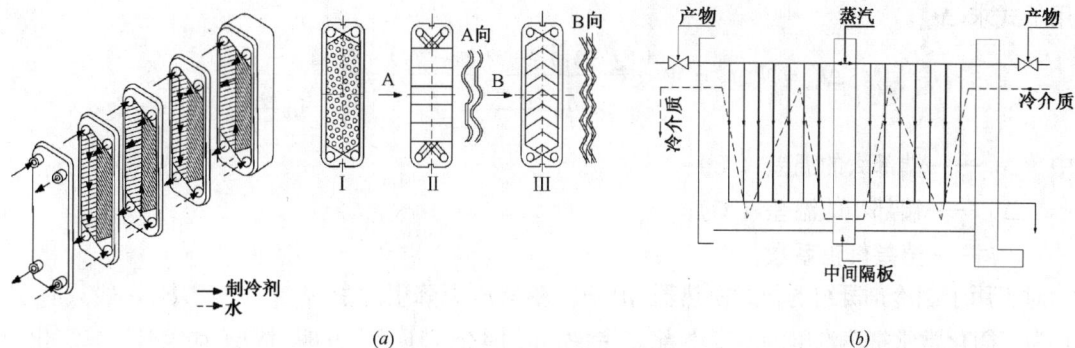

图 4-27　板式冷凝器
（*a*）钎焊板式冷凝器结构示意图；（*b*）板式冷凝器流程示意图

板片波纹形式，单板有效面积 f，板间通道面积 s，流道当量直径 d_e。

（*c*）采用的换热及压力降计算关联式　如样本无此资料，而厂家又不能提供时，可按本文介绍的有关公式进行计算。

2）设计选型计算步骤

（*a*）计算设计热负荷 Q'（蒸汽按全凝结计算）。

（*b*）计算水侧出水温度 t_2 或水流量。

（*c*）选定板型。

（*d*）选定台数 Z，求出每台换热器的换热量 Q 及蒸汽质量流量 M_R，即：

$$Q = Q'/Z \quad \text{kW/h}$$

$$M_R = G_s/Z \quad \text{kg/h}$$

（*e*）初选水流速 w，确定水及蒸汽侧流道数 n。由于板式换热器中的凝结换热系数 α_c 一般小于水侧换热系数，为使两者尽量接近，其水流速应较水-水换热器小一些，一般可初选 $0.2 \sim 0.4 \text{m/s}$。蒸汽侧为单流程，无特殊情况水侧也宜布置成单流程为好，即两者的流道数相等。流道数 n 为

$$n = V/(Zsw)$$

蒸汽侧每个流道的质量流量 G_l 为

$$G_l = M_R/n \quad \text{kg/h}$$

于是有效换热面积 $A' = (2n-1)f \quad \text{m}^2$

（*f*）计算蒸汽侧压力降 Δp_k。其中包括计算液相、气相雷诺数 Re_l、Re_v，确定流型；计算马丁尼利参数 X 及摩阻分液相系数 ϕ_l，计算液相及气相摩擦系数 f_l、f_v；计算摩擦阻力 Δp_f；最后得到

$$\Delta p_k = (1.20 \sim 1.25) \Delta p_f$$

该值应略小于气侧允许压降，否则应修改假设的水流速，重新计算。

（*g*）计算对数平均温差 Δt_m。在冷凝器中通过板壁的换热分为三段完成，即去除过热的显热冷却段，饱和蒸汽冷凝为饱和液体的潜热交换段和冷凝液的过冷段。因此在冷凝器中蒸汽的凝结过程不是定值，如图 4-28*a* 所示。一般由于过冷段很小；而过热段的过热量也很少，过热段的换热系数小；但温差 Δt 比冷凝段大。为了简化计算，一般在计算 Δt_m 时不考虑过热和过冷的影响，全部作为冷凝段换热考虑。

水蒸气板式冷凝器由于其压力降引起的温降（Δt_k）较大，应根据压力降求出出口温度 t_{s2}，

再用下式求 Δt_m。

$$\Delta t_m = \Psi \Delta t_N = \Psi \frac{(t_{s2} - t_1) - (t_{s1} - t_2)}{\ln \frac{t_{s2} - t_1}{t_{s1} - t_2}} = \Psi \frac{\Delta_{大} - \Delta_{小}}{\ln \frac{\Delta_{大}}{\Delta_{小}}} \tag{4-15}$$

式中　$\Delta_{大}$——端部大的温差（℃）；

　　　$\Delta_{小}$——端部小的温差（℃）；

　　　Ψ——温差修正系数；

对于用于制冷剂凝结的板式换热器,由于冷凝器压力降引起的温降 Δt_k 很小(一般只有1℃左右),为了简化常常把蒸汽侧的温度均当 t_k 考虑,如图4-28b 所示。此时对数平均温差计算简化为：

$$\Delta t_m = \frac{\Delta_{大} - \Delta_{小}}{\ln \frac{\Delta_{大}}{\Delta_{小}}} = \frac{t_2 - t_1}{\ln \frac{t_k - t_1}{t_k - t_2}}$$

(h) 计算水侧换热系数 α_w 及压力降 Δp_w（同第二章）。

(i) 求凝结换热系数 α_c。若关联式中包含冷凝温差 Δt,就必须进行壁温迭代计算方能最后确定 α_c。(若水侧为多程则要分程求 α_c)。

(j) 计算传热系数 K,于是所需要的换热面积 A 为：

$$A = Q/K\Delta t_m \quad m^2$$

(k) 计算结果检验。要求 $A' - A = \Delta, 0 < \Delta \leqslant 5\%$(即选用的面积稍有余量)。

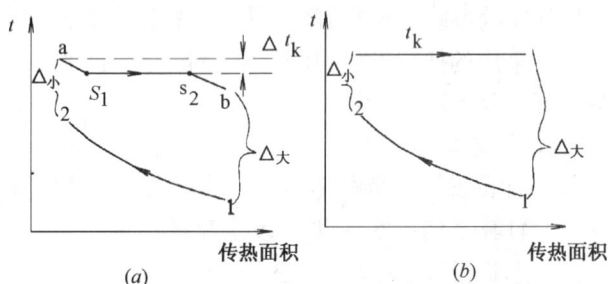

图4-28　冷凝器中蒸汽状态变化示意图
(a) 蒸汽有过热、凝结、过冷过程；(b) 忽略过热、过冷段影响

若 $A' < A$,表明原设计面积偏小,如按此运行将会出现不完全凝结,可以采取以下调整措施:减少水流速,增加流道数,加大换热面积 A';情况允许时可调整水流量,重新进行迭代计算。

若 $\Delta > 5\%$,说明原设计面积有余,凝液将有较大过冷,则可以提高水流速,减少流道数,但要在允许压力降范围内;如允许可调整水侧参数,如调整流量或入口温度后重新进行迭代计算。

(3) 板式蒸发器设计选型计算方法

1) 已知条件

(a) 蒸汽侧：蒸汽总流量 G_0、入口压力 P_0、入口温度 t_{01}、对应于 P_0 的饱和液体温度（即蒸发温度 t_0），进、出口蒸汽干度 x_1、x_2,允许压力降 Δp_0。

水（液）侧：入口温度 t_{w1}、出口温度 t_{w2},允许压力降 Δp_w。

(b) 板式换热器的形式及几何尺寸。虽然一般板式换热器均可作蒸发器使用,但由于蒸发侧要求的允许压力降较小,循环液体量少不容易在各通路分配均匀,因此在选择板式蒸发器时一定注意：尽量选阻力较小的板片,而且每台的板片数不宜过多；尽量使供液分配均匀（如使用雾化器、专用的板式蒸发器等）；也可像冷凝器那样采用中间隔板向两边分液的方法。

其他要求同板式冷凝器。

(c) 采用的换热及压降计算关联式。同板式冷凝器。

2) 设计选型计算步骤　基本同板式蒸发器,不同之处,如下所述。

(a) 设计板式蒸发器时,水侧进、出口温度往往工艺已给定,需按计算热负荷公式计算水量 V。

(b) 板式蒸发器中的温度变化过程,如图4-29所示,其中 ab 为进入的再冷液体；bc 为由于蒸发器中的流动阻力引起的温降 Δt_0；cd 为出口处蒸汽的过热度 Δt_{sh},如采用热力膨胀阀的制冷蒸发器，出口需有 4～6℃ 过热。

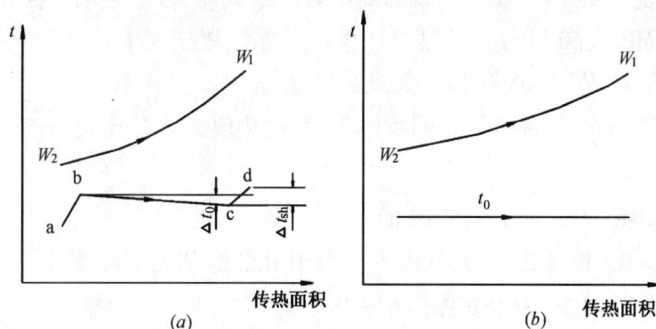

图 4-29　蒸发器中制冷剂温度变化
（a）液体有过冷、蒸汽有过热；（b）忽略过冷、过热影响

　　由于进口液体过冷度较小，计算时往往忽略，一般按与入口压力相对应的蒸发温度 t_0 作为依据，如图 4-29b 所示。则蒸发器中的对数平均温差计算式为：

$$\Delta t_m = \frac{\Delta_大 - \Delta_小}{\ln \dfrac{\Delta_大}{\Delta_小}} = \frac{t_{w1} - t_{w2}}{\ln \dfrac{t_{w1} - t_0}{t_{w2} - t_0}}$$

　　对于过热段，由于其传热平均温差较小不考虑过热时有所减少，另外气体的换热系数也小于液体沸腾时的换热系数，按上述平均温差计算出的传热面积偏小，故在设计选型时，得到的传热面积应考虑一定裕量（一般裕量为 5%～10%）。

　　（c）沸腾换热系数的计算，按厂家准则式计算。

　　在计算 α_b 时，需迭代计算壁面温度 t_b 和压力降修正系数 ϕ_{tt}，与马丁尼利参数 X_{tt}，从而计算出影响系数 S。

　　（4）板式冷凝器及蒸发器的设计选型计算程序　板式冷凝器及蒸发器的设计选型手算相当麻烦，还容易出错；采用计算机计算，不仅速度快、准确，而且往往会得到更满意的结果。图 4-30 是板式冷凝器计算机计算的程序框图。板式蒸发器的设计选型程序框图，与图 4-30 大同小异，此处从略。

　　4. 板式冷凝器及蒸发器的设计选型实例

　　[例题] 某一小型风冷热泵冷热水

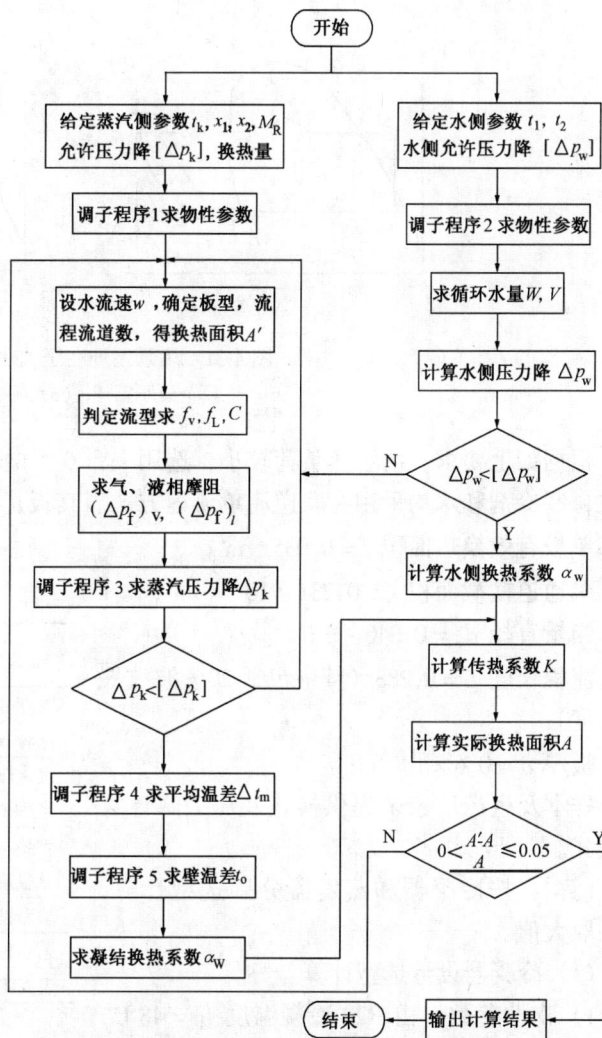

图 4-30　板式冷凝器计算机计算的框图

机组，压缩机为美国泰康 FH5542E 全封闭往复式压缩机，工作容积为 74.15cm³/r。制冷剂 R22。

根据工艺要求，夏天供 7℃ 冷冻水，回水 12℃；冬天供 45℃ 热水，回水 40℃，水侧允许压力降小于或等于 0.06MPa（60 kPa）。经热力计算，其原始数据如下：

夏季：R22 蒸发压力 $P_0 = 565667$Pa，蒸发温度 $t_0 = 4$℃；

制冷量 $Q_0 = 7597$W（6533kcal/h），包括出口 5℃ 过热段；入口干度 $x_1 = 0.25$，出口为过热蒸汽 $x_2 = 1.0$；

质量流量 $M_R = 0.04997$kg/s（179.89kg/h）；

允许压力降 $\Delta P_0 = 0.0176$MPa（17.6kPa，相当于 R22 饱和温度降 1℃）。

冬季：R22 冷凝压力 $P_k = 1854626$Pa，$t_k = 48$℃；

供热量 $Q_k = 7910$W（6803kcal/h），包括 2℃ 过冷段；

入口为过热蒸汽干度 $x_1 = 10$，出口为过冷液体 $x_2 = 0$；

质量流量 $M_R = 0.04054$kg/h（145.94kg/h）；

允许压降 $\Delta P_k = 0.042$MPa（42kPa，相当于 R22 饱和温度降 1℃）。

热泵循环（夏、冬）在压-焓图上的表示如图 4-31 所示。

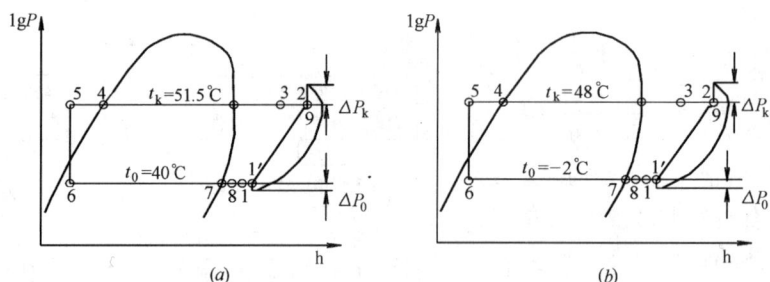

图 4-31 热泵循环在压-焓图上的表示
（a）夏季循环；（b）冬季循环

根据如上要求，由于热负荷较小，选用一台 035 型钎焊式不锈钢板式换热器，板片为人字形波纹，制冷剂和水均采用并联逆流单流程方式。其板片几何尺寸如下：

单板有效换热面积 $f = 0.035$ m²；

单通道横截面积 $s = 0.231 \times 10^{-3}$ m²；

当量直径 $d_e = 0.046$ m；

流程长度 $L = 0.288$（其中包括 20% 波纹展开长度）；

板厚 $\delta = 0.6 \times 10^{-3}$m；

样本及生产厂家未提供换热及压力降计算关联式。

[解]：按冷凝器和蒸发器分别选型计算，结果取大值。

（1）冷凝器设计选型计算

1）物性参数　由 R22 冷凝温度 $t_k = 48$℃，水的平均温度 $t_p =$（40 + 45）/2 = 42.5℃ 查得 R22 制冷剂气相、液相物性参数（表 4-11）及水的特性参数。

R22 制冷剂气相及液相物性参数　表 4-11

物性参数	气 相	液 相
密度 ρ（kg/m³）	84.314	1093.6
比容 υ（m³/kg）	0.01186	9.144×10^{-4}
汽化热 r（kJ/kg）		157.71
比热 C_p（kJ/kg·℃）	0.85	1.341
导热系数 λ [W/(m·℃)]	0.01237	0.0754
导温系数 $a \times 10^4$（m²/h）	0.684	1.854
动力黏度 $\mu \times 10^4$ [kg/（m·h）]	490.392	7719.26
运动黏度 $v \times 10^6$（m²/h）	609.84	705.6
表面张力 $\sigma \times 10^4$（kg/m）		5.036

水的物性参数：

密度 $\rho = 992.24$　kg/m^3

比热 $C_p = 4.192$　kJ/(kg·℃)

导热系数 $\lambda = 0.634$　W/(m·℃)

动力黏度 $\mu = 66.6 \times 10^{-6}$　kg·s/m^2

普朗特数 $\mathrm{Pr} = 4.31$

2）确定热负荷 $Q_k = 7.91$　kW（6803kcal/h）。

3）计算循环水量：

质量流量 $W = \dfrac{Q_k}{C_p \Delta t} = \dfrac{6803}{0.998 \times 5} = 1363.3$　kg/h

体积流量 $V = \dfrac{W}{\rho} = \dfrac{1363.3}{992.24} = 1.374$　m^3/h

4）初选水流速，计算流道数和换热面积。

初选水流速 $w_0 = 0.087$ m/s

流道数 $n_w = V/sw_0 = 1.374/(0.231 \times 10^{-3} \times 0.087 \times 3600) = 18.99$

取整数 $n_w = 19$

制冷剂和水侧流道数相等 $n_R = n_w$，则换热面积

$$A' = (2n_w - 1)f = (2 \times 19 - 1) \times 0.035 = 1.295 \quad \text{m}^2$$

5）计算制冷剂侧压力降 Δp_k。

（a）判别流态［制冷剂平均干度 $x = (1+0)/2 = 0.5$］。

液相流速

$$w_l = \frac{M_R(1-x)}{ns\rho_l} = \frac{145.94 \times (1-0.5)}{19 \times 0.231 \times 10^{-3} \times 1093.6}$$
$$= 15.2 \quad \text{m/h} = 0.0042 \text{ m/s}$$

气相流速

$$w_v = \frac{M_R x}{ns\rho_v} = \frac{145.94 \times 0.5}{19 \times 0.231 \times 10^{-3} \times 84.314}$$
$$= 197.19 \quad \text{m/h} = 0.0548 \text{ m/s}$$

液相雷诺数

$$\mathrm{Re}_l = \frac{w_l d_e}{v_l} = \frac{15.2 \times 0.0046}{705.6 \times 10^{-6}} = 99.1 < 1000$$

气相雷诺数

$$\mathrm{Re}_v = \frac{w_v d_e}{v_v} = \frac{197.17 \times 0.0046}{609.84 \times 10^{-6}} = 1487.4 > 1000$$

液态为层流，气态为紊流。查表 4-10，得 $C = 12$，并计算出

$$f_l = 1.21, \quad f_v = 0.80$$

（b）计算液相、气相摩擦压降 $(\Delta p_f)_l$、$(\Delta p_f)_v$。

$$(\Delta p_f)_l = 4f_l \frac{L}{d_e} \frac{\rho_l w_l^2}{2}$$

$$= 4 \times 1.21 \times \frac{0.288}{0.0046} \times \frac{1093.6 \times 0.0042^2}{2}$$

$$= 2.923 \ \text{Pa}$$

$$(\Delta p_{\text{f}})_{\text{v}} = 4f_{\text{v}} \frac{L}{d_{\text{e}}} \frac{\rho_{\text{v}} w_{\text{v}}^2}{2}$$

$$= 4 \times 0.80 \times \frac{0.288}{0.0046} \times \frac{84.314 \times 0.0548^2}{2}$$

$$= 25.364 \text{Pa}$$

(c) 求马丁尼利参数 X。

$$X^2 = \frac{(\Delta P_{\text{f}})_l}{(\Delta P_{\text{f}})_{\text{v}}} = \frac{2.923}{25.364} = 0.11524$$

$$X = 0.3395$$

(d) 求摩阻分液相系数 ϕ_l 的平方值。

$$\phi_1^2 = 1 + \frac{C}{X} + \frac{1}{X^2} = 1 + \frac{12}{0.3395} + \frac{1}{0.11524} = 45.03$$

(e) 计算制冷剂侧压降 ΔP_{k}。

$$\Delta p_{\text{k}} = (1.2 \sim 1.25) \ \Delta p_{\text{f}}$$

$$\Delta p_{\text{f}} = (\Delta p_{\text{f}})_l \phi_l^2$$

$$\Delta p_{\text{k}} = 1.25 \ (\Delta p_{\text{f}})_l \phi_l^2 = 1.25 \times 2.923 \times 45.03$$

$$= 164.52 \ \text{Pa} < 允许压降 \ 42 \text{kPa}$$

6）求对数平均温差：

$$\Delta t_{\text{m}} = \frac{t_2 - t_1}{\ln \dfrac{t_{\text{k}} - t_1}{t_{\text{k}} - t_2}} = \frac{45 - 40}{\ln \dfrac{48 - 40}{48 - 45}} = 5.098 \ ℃$$

7）计算水侧换热系数 α_{w} 及压力降 Δp_{w}。

(a) 计算换热系数 α_{w}（采用人字形波纹板换热计算公式）。

$$雷诺数 \ \text{Re} = \frac{w_0 d_{\text{e}}}{v} = \frac{0.087 \times 0.0046}{0.659 \times 10^{-6}} = 607.284$$

按试算法，经迭代计算得到水侧壁温 $t_{\text{bw}} = 44.106℃$，$\text{Pr}_{\text{w}} = 3.994$，板片换热计算公式为

$$\text{Nu} = 0.135 \text{Re}^{0.73} \text{Pr}^{0.43} \left(\frac{\text{Pr}}{\text{Pr}_{\text{w}}} \right)^{0.25}$$

$$= 0.135 \times (607.284)^{0.73} \times 4.31^{0.43} \times \left(\frac{4.31}{3.994} \right)^{0.25}$$

$$= 27.753$$

$$\alpha_{\text{w}} = \text{Nu} \frac{\lambda}{d_{\text{e}}} = 27.753 \times \frac{0.545}{0.0046}$$

$$= 3824.1 \ \text{W}/(\text{m}^2 \cdot ℃) \ [3288.13 \text{kcal}/(\text{m}^2 \cdot \text{h} \cdot ℃)]$$

(b) 计算压力降 Δp_{w}（采用人字形波纹板阻力计算公式）。

$$\text{Eu} = 1843 \text{Re}^{-0.25} = 1843 \times 607.284^{-0.25} = 371.26$$

$$\Delta p_{\text{w}} = \text{Eu} \rho w_0^2 = 371.26 \times 992.24 \times 0.087^2$$

$$= 2.788 \ \text{kPa}$$

水侧压力降 $\Delta p_{\text{w}} = 2.788 \text{kPa} < 允许压力降 \ 60 \text{kPa}$，通过。

8）计算凝结换热系数 α_{c}。

每个流道凝液量 $G_{\text{L}} = \dfrac{M_{\text{R}} \ (1 - x)}{n_{\text{R}}} = \dfrac{145.94 \times (1 - 0.5)}{19} = 3.8405 \text{kg/h}$

冷凝负荷 $Q = \dfrac{G_L}{B} = \dfrac{3.8405}{0.201} = 19.11 \text{kg/h}$

雷诺数 $\mathrm{Re} = \dfrac{4Q}{\mu_l} = \dfrac{4 \times 19.11}{7719.26 \times 10^{-4}} = 99.01$

$$\alpha_c = 1.47 \times 1.25 \times \left(\frac{\lambda_l^3 \rho_l^2 g_c}{\mu_l^2} \right)^{1/3} \left(\frac{4Q}{\mu_l} \right)^{-1/3}$$

$$= 1.47 \times 1.25 \times \left[\frac{0.0648^3 \times 1093.6^2 \times 1.27 \times 10^8}{(7719.26 \times 10^{-4})} \right]^{1/3} \times \left(\frac{4 \times 19.11}{7719.26 \times 10^{-4}} \right)^{-1/3}$$

$$= 1897.8 \text{W/(m}^2 \cdot ℃) \; [1631.79 \text{kcal/(m}^2 \cdot \text{h} \cdot ℃)]$$

9) 计算传热系数 K。水侧污垢热阻 $R_f = 0.86 \times 10^{-5} \text{m}^2 \cdot ℃/\text{W}$ $(1 \times 10^{-5} \text{m}^2 \cdot \text{h} \cdot \text{K/kcal})$。不锈钢 $\lambda = 16.3 \text{W/(m} \cdot \text{K)} \; [14 \text{kcal/(m} \cdot \text{h} \cdot \text{K)}]$，制冷剂侧不考虑油膜热阻。

$$K = \left(\frac{1}{\alpha_c} + \frac{1}{\alpha_w} + R_f + \frac{\delta}{\lambda} \right)^{-1}$$

$$= \left(\frac{1}{1631.79} + \frac{1}{3288.13} + 1.0 \times 10^{-5} + \frac{0.0006}{14} \right)^{-1}$$

$$= 1199.15 \text{W/(m}^2 \cdot ℃) \; [1031.09 \text{kcal/(m}^2 \cdot \text{h} \cdot ℃)]$$

10) 计算实际换热面积 A。

$$A = \frac{Q_k}{K \Delta t_m} = \frac{6803}{1013.09 \times 5.098} = 1.2942 \text{ m}^2$$

$$\Delta = \frac{A' - A}{A} = \frac{1.295 - 1.2942}{1.2942}$$

$$= 0.062\% < 5\% \text{（通过）}$$

作为冷凝器选择片数 $N = 2n_w + 1 = 2 \times 19 + 1 = 39$ 片（包括流道两端板片）。

(2) 蒸发器设计选型计算

1) 物性参数　由 R22 蒸发温度 $t_0 = 4℃$，水的平均温度 $t_p = (7 + 12)/2 = 9.5℃$，查得 R22 制冷剂气、液相物性参数（表 4-12）及水的物性参数。

R22 制冷剂气相及液相物性参数　　　　　　　　　　　　　　表 4-12

物 性 参 数	气 相	液 相
密　　度 ρ (kg/m³)	24.298	1270.6
比　　容 υ (m³/kg)	0.04116	7.87×10^{-4}
汽 化 热 $r [\text{kJ/(kg} \cdot ℃)]$		204.2
比　　热 $C_p [\text{kJ/(kg} \cdot ℃)]$	0.6543	1.1978
导热系数 $\lambda [\text{W/(m} \cdot ℃)]$	0.0108	0.0935
导温系数 $\alpha (\times 10^4 \text{m}^2/\text{h})$	2.514	2.232
动力黏度 $\mu [\times 10^4 \text{kg/(m} \cdot \text{h)}]$	434.65	9257.47
运动黏度 $\upsilon (\times 10^6 \text{m}^2/\text{h})$	1826.64	727.2
表面张力 $\sigma (\times 10^4 \text{kg/m})$		11.59

水的物性参数：

密度 $\rho = 999.7$ kg/m³

比热 $C_p = 4.205$ kJ/(kg·℃)

导热系数 $\lambda = 0.5733$ W/(m·℃)

动力黏度 $\mu = 135.13 \times 10^{-6}$ kg·s/m^2

运动黏度 $\upsilon = 1.33 \times 10^{-6}$ m^2/s

普朗特数 Pr = 9.7275

2）确定热负荷 $Q_0 = 7.59$kW（6533kcal/h）。

3）计算循环水量：

$$质量流量 \quad W = \frac{Q_0}{C_p \Delta t} = \frac{6533}{1.0012 \times 5} = 1305 \quad kg/h$$

$$体积流量 \quad V = \frac{W}{\rho} = \frac{1305}{999.77} = 1.305 \quad m^3/h$$

4）初选水流速、计算流道数和换热面积。

初选水流速 $w_0 = 0.087$m/s

$$流道数 \quad \eta_w = \frac{V}{Sw_0} = \frac{1.305}{0.231 \times 10^{-3} \times 0.087 \times 3600} = 18.04$$

取整数 $\eta_w = 19$

$$则通道中水流速 \quad w = \frac{V}{n_w S} = \frac{1.305}{19 \times 0.231 \times 10^{-3} \times 3600} = 0.0826 \quad m/s$$

制冷剂侧和水侧流道数相等 $n_R = n_w$，则换热面积

$$A' = (2n_w - 1) f = (2 \times 19 - 1) \times 0.35 = 1.295 \quad m^2$$

5）计算制冷剂侧压力降 Δp_0。

（a）判别流态。

$$液相流速 \quad w_l = \frac{M_R (1 - x)}{ns\rho_l} = \frac{179.89 \times (1 - 0.625)}{19 \times 0.231 \times 10^{-3} \times 1270.6}$$

$$= 12.097 \text{ m/h} = 0.00336 \text{ m/s}$$

$$气相流速 \quad w_v = \frac{M_R x}{ns\rho_v} = \frac{179.89 \times 0.625}{19 \times 0.231 \times 10^{-3} \times 24.298}$$

$$= 1054.27 \text{ m/h} = 0.2929 \quad m/s$$

$$液相雷诺数 \quad Re_l = \frac{w_l d_e}{v_l} = \frac{12.097 \times 0.0046}{727.2 \times 10^{-6}} = 76.52 < 1000$$

$$气相雷诺数 \quad Re_l = \frac{w_v d_e}{v_v} = \frac{1054.27 \times 0.0046}{1826.64 \times 10^{-6}} = 2655 > 1000$$

所以液态为层流，气态为紊流。查表 4-10 得 $C = 12$，并计算出 $f_l = 1.75$，$f_v = 0.73$。

（b）计算液相、气相摩擦压降 $(\Delta p_f)_l$、$(\Delta p_f)_v$。

$$(\Delta p_f)_l = 4f_l \frac{L}{d_e} \frac{\rho_l w_l^2}{2} = 4 \times 1.75 \times \frac{0.288}{0.0046} \times \frac{1270.6 \times 0.00336^2}{2} = 3.143 \text{ Pa}$$

$$(\Delta p_f)_v = 4f_v \frac{L}{d_e} \frac{\rho_v w_v^2}{2} = 4 \times 0.73 \times \frac{0.288}{0.0046} \times \frac{24.298 \times 0.2929^2}{2} = 190.545 \text{ Pa}$$

（c）求马丁尼利参数 X。

$$X^2 = \frac{(\Delta p_f)_l}{(\Delta p_f)_v} = \frac{3.143}{190.545} = 0.0165$$

$$X = 0.1284$$

（d）计算摩阻分液相系的 ϕ_l 的平方值。

$$\phi_l^2 = 1 + \frac{C}{X} + \frac{1}{X^2} = 1 + \frac{12}{0.1284} + \frac{1}{0.0165} = 155.04$$

（e）计算制冷剂侧压力降 ΔP_0。

$$\Delta P_0 = (1.2 \sim 1.25)\, \Delta P_f$$
$$\Delta P_f = (\Delta P_f)_l \phi_l^2$$
$$\Delta P_0 = 1.25 \times (\Delta P_f)_l F_l^2$$
$$= 1.25 \times 3.143 \times 155.04$$
$$= 609.12\text{Pa} < 允许压力降 17.6\ \text{kPa}$$

6）求对数平均温差。

$$\Delta t_m = \frac{t_1 - t_2}{\ln \dfrac{t_1 - t_0}{t_2 - t_0}} = \frac{12 - 7}{\ln \dfrac{12 - 4}{7 - 4}} = 5.098\,℃$$

7）计算水侧换热系数 α_w 及压力降 ΔP_w。

（a）计算换热系数 α_w。

雷诺数 $\mathrm{Re} = \dfrac{w_0 d_e}{v} = \dfrac{0.0826 \times 0.0046}{1.33 \times 10^{-6}} = 285.684$

采用试算法，经迭代计算得到水侧壁温 $t_{bw} = 7.1219℃$，R22 侧壁温 $t_{bR} = 6.83℃$，则 $\mathrm{Pr_w} = 10.714$

$$\mathrm{Nu} = 0.135\mathrm{Re}^{0.73}\mathrm{Pr}^{0.43}\left(\frac{\mathrm{Pr}}{\mathrm{Pr_w}}\right)^{0.25}$$
$$= 0.135 \times 285.684^{0.73} \times 9.7275^{0.43} \times \left(\frac{9.7275}{10.714}\right)^{0.25}$$
$$= 21.75$$
$$\alpha_w = \mathrm{Nu}\frac{\lambda}{d_e} = 21.75 \times \frac{0.493}{0.0046} = 2710.98\text{W/m}^2\cdot℃\ \ (2331.03\text{kcal/m}^2\cdot\text{h}\cdot℃)$$

（b）计算水侧压力降 ΔP_w。

$$\mathrm{Eu} = 1843\mathrm{Re}^{-0.25} = 1843 \times 285.684^{-0.25} = 448.28$$
$$\Delta P_w = \mathrm{Eu}\rho w_0^2 = 448.28 \times 999.7 \times 0.0872$$
$$= 3.39\ \text{kPa} < 允许压力降 60\text{kPa}，通过。$$

8）计算沸腾换热系数 α_b。

$$\alpha_b = S\alpha_b' + \alpha_{tp}\quad \text{W/(m}^2\cdot℃)$$

（a）计算影响系数 S：

$$S = f\left[\left(\frac{d_e G_l}{\mu_l}\right)F^{1.25}\right]$$

计算马丁尼利参数 X_{tt}：

$$X_{tt} = \left(\frac{G_l}{G_v}\right)^{0.9}\left(\frac{\rho_v}{\rho_l}\right)^{0.5}\left(\frac{\mu_l}{\mu_v}\right)^{0.1}$$
$$= \left[\frac{M_R\,(1-x)}{M_R\,x}\right]^{0.9}\left(\frac{\rho_v}{\rho_l}\right)^{0.5}\left(\frac{\mu_l}{\mu_v}\right)^{0.1}$$
$$= \left(\frac{1-0.625}{0.625}\right)^{0.9} \times \left(\frac{24.298}{1270.6}\right)^{0.5} \times \left(\frac{9257.47 \times 10^{-4}}{434.65 \times 10^{-4}}\right)^{0.1}$$
$$= 0.1186$$

计算压力损失修正系数 ϕ_{tt}：

$$\phi_{tt}^2 = 1 + \frac{21}{X_{tt}} + \left(\frac{1}{X_{tt}}\right)^2$$

$$= 1 + \frac{21}{0.1186} + \frac{1}{0.1186^2} = 249.2$$

$$\phi_{tt} = 15.75$$

计算修正系数：

$$F = \phi_{tt}^{0.89} = 15.75^{0.89} = 11.63$$

$$\frac{d_e G_l}{\mu_l} F^{1.25} = \frac{0.0046 \times 1270.6 \times 12.097}{9257.47 \times 10^{-4}} \times 11.63^{1.25} = 1640.3$$

由图 4-25 可知，沸腾处于泡状流区，则 $S = 1$。

（b）计算池沸腾换热系数 α_b'

$$\alpha_b' = 0.00142 \left(\frac{\lambda_l^{0.79} C_{pl}^{0.45} \rho_l^{0.49} g_c^{0.25}}{\sigma^{0.5} \mu_l^{0.29} r^{0.24} \rho_l^{0.24}} \right) \Delta t^{0.24} \Delta p^{0.75}$$

$$\Delta t = t_{bR} - t_0 = 6.83 - 4 = 2.83 \, ℃$$

$$\Delta p = p_b - p_0 = 6.17 \times 10^4 - 5.66 \times 10^4$$

$$= 0.515 \times 10^4 \, kg/m^2$$

$$\alpha_b' = 0.00142 \times \frac{0.0804^{0.79} \times 0.2852^{0.45} \times 1270.6^{0.49} \times (1.27 \times 10^8)^{0.25}}{(11.59 \times 10^{-4}) \times (9257.47 \times 10^{-4})^{0.29} \times 48.602^{0.24} \times 24.298^{0.24}}$$

$$\times 2.83^{0.24} \times (0.515 \times 10^4)^{0.75} = 1940.34 \, W/(m^2 \cdot ℃) \, [1668.4 \, kcal/(m^2 \cdot h \cdot ℃)]$$

（c）计算两相强制对流换热系数 α_{tp}。

$$\alpha_{tp} = 0.023 F \left(\frac{\lambda_l}{d_e} \right) \left(\frac{d_e G_l}{\mu_l} \right)^{0.8} \left(\frac{G_{pl} \mu_l}{\lambda_l} \right)^{0.4}$$

$$= 0.023 \times \left(\frac{0.0804}{0.0046} \right) \times \left(\frac{0.0046 \times 1270.6 \times 12.097}{9257.47 \times 10^{-4}} \right)^{0.8}$$

$$\times \left(\frac{0.285 \times 9257.47 \times 10^{-4}}{0.0804} \right)^{0.4} \times 11.63$$

$$= 326.3 \, W/(m^2 \cdot ℃) \, [280.57 \, kcal/(m^2 \cdot h \cdot ℃)]$$

所以 $\alpha_b = S\alpha_b' + \alpha_{tp} = 2266.65 \, W/(m^2 \cdot ℃) \, [1948.97 kcal/(m^2 \cdot h \cdot ℃)]$

9）计算传热系数 K。

$$K = \left(\frac{1}{\alpha_b} + \frac{1}{\alpha_w} + R_f + \frac{\delta}{\lambda} \right)^{-1}$$

$$= \left(\frac{1}{1948.97} + \frac{1}{2331.03} + 1.0 \times 10^{-5} + \frac{0.0006}{14} \right)^{-1}$$

$$= 1168.86 W/(m^2 \cdot ℃) \, [1005.04 \, kcal/(m^2 \cdot h \cdot ℃)]$$

10）计算实际换热面积 A。

$$A = \frac{Q_0}{K \Delta t_m} = \frac{653}{1005.4 \times 5.098} = 1.2746 m^2$$

$$\Delta = \frac{A' - A}{A} \times 100\%$$

$$= \frac{1.295 - 1.2746}{1.2746} \times 100\%$$

$$= 1.6\% < 5\%$$

所以作为蒸发器选择片数 $N = 2n_w + 1 = 2 \times 19 + 1 = 39$ 片。

既作冷凝器又作蒸发器，最后设计选型结果为：钎焊式 035 型板式换热器，共 39 片，其流程确定为：$\frac{1 \times 19 \, （水侧）}{1 \times 19 \, （制冷剂侧）}$。

　　板式冷凝器及蒸发器设计选型计算，非常麻烦，往往需要多次试算才能得到要求的结果。如果采用计算机计算，将会很快得到满意结果，减少很多重复计算的时间。

四、热泵机组的性能试验

1. 性能试验内容

　　热泵机组的性能试验包括全性能试验；名义工况净制冷量，名义工况净制热量，最大负荷运行试验，部分负荷运行试验；水侧压力降的测定；噪声试验；振动值的测定；机组清洁度的测定；机组的气密试验和制冷剂负荷运转试验等。

2. 全性能试验

　　测定机组在冷凝器进水温度（不少于三点）及不同的冷凝器出水温度（各不少于五点）下的制冷量、输入功率；测定机组在不同的蒸发器进水温度（不少于三点）及不同的蒸发器出水温度（各不少于五点）下的供热量、输入总功率。

3. 净制冷量、净供热量的测定

　　机组的净制冷量和净供热量的测定方法采用液体载冷剂法。

　　机组的净制冷量、净供热量应分别按下式计算：

　　净制冷量：

$$Q_{mr} = q_{mr} C \left(t_{e1} - t_{e2} \right) + Q_c \tag{4-16}$$

　　净供热量：

$$Q_{nh} = q_{nh} C \left(t_{c2} - t_{c1} \right) \tag{4-17}$$

式中　　Q_{mr}——机组净制冷量（W）；

　　　　Q_{nh}——机组净供热量（W）；

　　　　q_{mr}——冷水质量流量（kg/s）；

　　　　q_{nh}——热水质量流量（kg/s）；

　　　　c——在平均温度下水的比热 $[J/(kg\cdot℃)]$；

　　　　t_{e1}——蒸发器冷水进口温度（℃）；

　　　　t_{e2}——蒸发器冷水出口温度（℃）；

　　　　t_{c1}——冷凝器热水进口温度（℃）；

　　　　t_{c2}——冷凝器热水出口温度（℃）；

　　　　Q_c——环境空气传入干式蒸发器冷水侧热量的修正项（W）。

　　对于满液式蒸发器，由环境空气传入制冷剂侧的热量不计入制冷量。

　　干式蒸发器进行隔热时，式中 Q_c 可忽略不计，无隔热时，Q_c 由下式确定：

$$Q_c = KA \left(t_n - t_m \right)$$

式中　　K——蒸发器外表面与环境空气之间的传热系数 $[W/(m^2\cdot℃)]$，可取 $K = 7W/(m^2\cdot℃)$；

　　　　A——蒸发器外表面积（m^2）；

　　　　t_m——环境空气温度（℃）；

　　　　t_n——干式蒸发器冷水侧进、出口温度的平均值（℃）。

4. 机组总输入功率

　　机组总输入功率为主电动机耗功率。电动机的输入功率应在电动机输入线端测量，测量三相电动机输入功率采用"两功率表法"或"三功率表法"。

　　电动机输入功率按下式计算：

$$N = \Sigma P \tag{4-18}$$

式中　　N——电动机输入功率（W）；

P——每一个功率表测得的功率（W）。

5. 机组制冷、供热能效系数

机组制冷、供热能效系数分别按下式计算：

$$制冷能效系数：COP_{nr} = \frac{Q_{nr}}{N_{nr}} \tag{4-19}$$

$$供热能效系数：COP_{nh} = \frac{Q_{nh}}{N_{nh}} \tag{4-20}$$

式中　COP_{nr}——制冷能效系数；

　　　COP_{nh}——供热能效系数；

　　　Q_{nr}——机组净制冷量（W）；

　　　Q_{nh}——机组净供热量（W）；

　　　N_{nr}——机组制冷时的总输入功率（W）；

　　　N_{nh}——机组供热时的总输入功率（W）。

6. 水侧压力降的测定

测定机组换热器（油冷却器、冷凝器和蒸发器）的水侧压力降时，换热器水进口侧与出口侧伸出的直管段长度至少为其管径的 4 倍，测定孔应设置在长度为管径两倍处。

在被测机组换热器水进口侧与出口侧伸出的支管上，安装压力测试用连接管时，连接管应垂直安装于测试孔上。测试孔应光滑、平整，无毛刺、卷边等缺陷。

测试前应排尽仪表与压力测试孔之间连接段内空气，充满清水。机组在名义工况下运行时，在额定水量下，测量机组换热器水进、出口侧的压力降，然后适当减少水量，直至断水保护要求的水量。

水侧压力降可按下式计算：

（1）采用弹簧管压力表时，水侧压力降按下式计算：

$$\Delta P_w = P_{w1} - P_{w2} \tag{4-21}$$

式中　ΔP_w——水侧压力降（MPa）；

　P_{w1}、P_{w2}——冷却器水侧进、出口压力（MPa）。

（2）采用 U 形管水银压差计时，水侧压力降按下式计算：

$$\Delta P_w = 133 \frac{\rho_g - \rho_w}{\rho_w} h_g \tag{4-22}$$

式中　ΔP_w——水侧压力降（MPa）；

　　　ρ_g——压差计中水银密度（kg/m³）；

　　　ρ_w——水的密度（kg/m³）；

　　　h_g——压差计中水银柱的读数（m）。

第三节　板式制冷装置

一、氨分板换冷水机组

氨分板换冷水机组是目前国内外设计制作的一种较新型的成套冷却装置。该机组采用不锈钢可拆式板式换热器作为蒸发器，自带控制箱，通过各种自控元件的优化组合，实现机组运行过程中的全自动控制，并可为中心控制提供信号。

该机组利用了不锈钢板式换热器，具有换热效率高、降温迅速、清洁度高等优点，用于冷却水、酒精、乙二醇等工艺用低温介质，还可以直接冷却啤酒、果汁等。直接冷却介质既减少了采用二次换热造成的能量损耗，又避免了介质的二次污染。比较适用于卫生清洁度要求较高的食品行业，如制酒业、乳制品业、果汁饮料业等。目前大多数食品行业及旧老系统改造也优先选用此成套设备。

1. 冷水机组的结构

机组主要由气液分离器、板式换热器、机架、控制箱、各种自控元件、阀门和管路组成。其中，机组的氨液分离器、回气管路应在调试完成后进行保温处理，保温材料可用橡塑板或聚氨酯现场发泡。自控元件部分，有供液电磁阀、液位控制器、冷水出水温度传感器、回气总管的恒压主阀及配套的各种导阀的完善配合，从而实现机组的自动化运行。

机组外形如图 4-32 所示。

板式换热器是一系列具有一定波纹

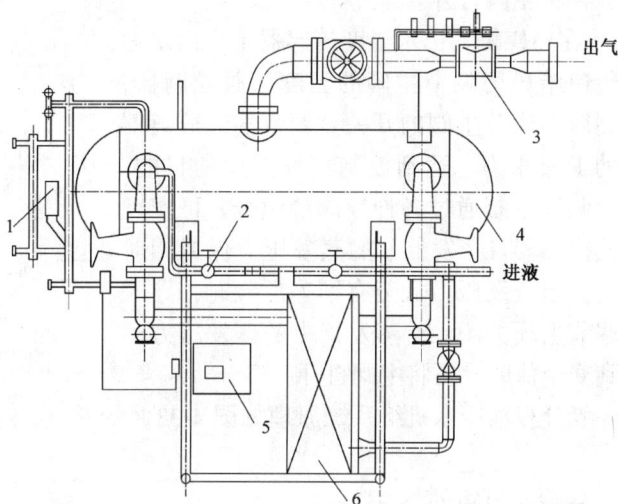

图 4-32　氨分板换冷水机组外形
1—液位计；2—节流阀；3—衡压阀；4—气液分离器；
5—电控箱；6—板式换热器

状的金属片叠装而成的一种新型高效换热器。氨介质有半焊式和全焊式两种，氟利昂介质为全钎焊式。由于其特殊的优越性，其应用量越来越广。与管壳式换热器相比，有无法比拟的优越性。

（1）传热效率高　由于不同的波纹板相互倒置，构成复杂流道，使流体在波纹板间流道内呈旋转三维流动，能在较低的雷诺数下产生紊流，所以传热系数较高。制冷剂与冷媒水的传热温差小，水侧结冰的可能性减小。即使短时结冰造成的危害也比管壳式要轻得多。管壳式如果结冰，会将换热管冻裂，造成整个换热器报废。

（2）换热面积调整方便　由于种种原因，需要增加或减少换热面积，只要松开压紧螺栓，增加或减少几张板片，即可达到目的。

（3）占地面积小　板式冷凝器结构紧凑，单位体积内的换热面积为管壳式的 2～5 倍，也不像管壳式那样要预留出管束的检修空间。因此实现同样的换热量，板式换热器占地面积约为管壳式换热器的 1/5～1/10。

（4）质量轻　板式换热器的板片厚度为 0.4～0.8mm。管壳式换热器的换热管厚度为 2.0～2.5mm，管壳式的壳体比板式换热器的框架重得多，板式换热器一般只有管壳式质量的 1/5 左右。

（5）清洗方便　框架式板式换热器只要松动压紧螺栓，即可松开板束，或卸下板片进行机械清洗，十分方便。

2. 冷水机组的工作原理

来自冷凝器或高压贮液器的高压液氨经过过滤器、电磁阀、节流阀变成低温低压液氨，进入气液分离器，靠重力进入板式换热器，与水进行热交换。低压液氨经吸热而蒸发成为氨气进入气液分离器，分离后的纯氨气经压力调节主阀进入系统中的低压循环筒或直接进入压缩机。

机组的供液由液位控制器来控制供液电磁阀的开启，保持气液分离器的正常液位。

压力调节主阀通过各种导阀的组合，可实现板式换热器（蒸发器）的蒸发压力保持相对恒定。当蒸发压力低于工作压力时，导阀将调节主阀关闭，待蒸发器中的蒸发压力上升到安全值时，再将主阀打开。

在冷媒侧，出水温度传感器采集出水温度传递给压力调节主阀的温度导阀控制器，控制压力调节主阀的开关，调节气液分离器内的工质压力，达到控制蒸发温度的目的。压力调节主阀通过各种导阀的组合，可实现板式换热器（蒸发器）的蒸发压力保持相对恒定。当蒸发压力低至有结冰危险时，导阀将调节主阀关闭，待蒸发器中的蒸发压力回升到安全值时，再将主阀打开。

氨分板换冷水机组系统原理如图 4-33 所示。

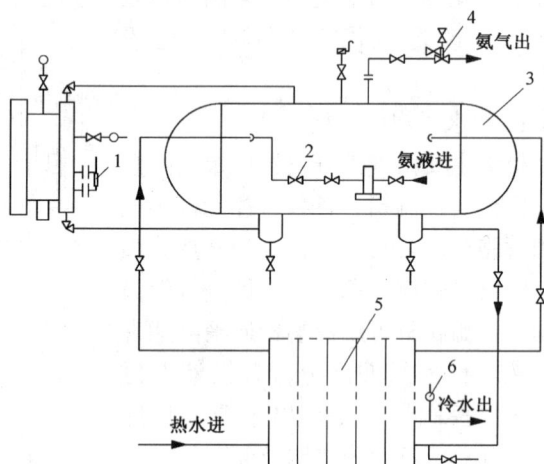

图 4-33 氨分板换冷水机组原理
1—液位控制器；2—节流阀；3—气液分离器；4—压力调节阀；
5—板式换热器；6—温度传感器

3. 冷水机组的特点

（1）制冷剂为氨。

（2）板换的材质为不锈钢，对流体无污染。

（3）板换本身不怕短时冻结，因而即使出现蒸发器水侧结冰的情况，也不会造成板式换热器的损坏，融冰后可继续使用。

（4）板换换热效率高，压缩机的能效高，同时也减少了冷媒结冰的可能性。

（5）机组可以与用户的控制中心连接，系统可进行远程 PLC 控制。

（6）操作简单。机组调试完成后，机组进入自动控制状态，一般不需进行人工操作，仅在季节变换时，冷凝压力出现较大变化时，可能需对节流阀进行微调，只要不使供液电磁阀频繁开启即可。

4. 操作要求

（1）回油 气液分离器的回油口需定期排油，必要时板式换热器供液管路下的放油口也需放油。由于要与整个制冷系统联合控制，装置的放油口可与系统的油路相连，进入集油器。较小的系统未设置集油器的，可直接将回油管接软管排入水沟，但要注意，油管应排入水面以下，以防有部分氨液排出。

（2）液位显示 液位计最好由油位来显示气液分离器中的液位，防止液位计结霜冻结。但需要注意的是，油与氨的密度不同，液位显示有一定偏差，真正氨液液位比油位显示的略高一些。

（3）长期停机 机组停机后应关闭电源。若长期停机，最好将供液截止阀和回气截止阀关闭，与系统断开。如果本系统与多个蒸发系统并联，有必要在恒压主阀后的吸气管上加装一个截止阀，可以与压缩机吸气主管道断开。

（4）应定期检查、清洗氨液过滤器中的滤网。检查、清洗滤网时将前后的电磁阀、截止阀关闭即可。

（5）为防止蒸发器（板式换热器）结冰，机组投入运行时必须确保水路畅通，有足够的水量流动。若要进行远程自动控制，需在程序中设定：水泵开启后延时，机组投入运行；机组停止运行后延时，水泵停止。

（6）水路还应有断水保护装置，当出现断水保护情况时，压缩机停机，整个系统停止运行。这时氨分机组蒸发器（板式换热器）中氨液的蒸发温度会因环境温度而有所升高，蒸发器（板式换热器）中残存的水的温度此时也就不会低于凝结温度而结冰。当水路恢复流量后，制冷系统延时启动，机组重新投入运行。

（7）机组的气液分离器、回气管路应在调试完成后进行保温处理，用聚氨酯或橡塑板保温均可。

二、低温盐水机组

低温盐水机组是在冷水机组的基础上衍生的一种制冷机组，不同的是将载冷剂由水换成了防冻结的盐水，主要用途是：①为谷物加工、水果加工、医药、食品等行业提供工艺冷却的低温水，既安装简便，又避免了使产品直接与工质换热可能造成的泄漏污染；②为石油、化工、机械等行业提供工艺冷却的低温水。此机组性能稳定，是一种较成熟的产品，目前在各行业使用较普遍。

1. 机组的工作原理

制冷剂（R22 或 R717）在蒸发器一侧流动吸收另一侧载冷剂的热量，并不断蒸发，当到达蒸发器出口时全部变成气体，并有一定程度的过热，此后被吸入压缩机。经压缩后的气体进入冷凝器冷凝为饱和液体并有一定的过冷，放出的热量被冷却水带走，过冷液体再经过（干燥）过滤器除去水分和杂质，经节流装置节流后变为低温低压液体和一部分闪蒸气体，进入蒸发器再循环。图 4-34 是氟利昂系统、开启式螺杆式压缩机组采用满液式蒸发器时的低温盐水机组的流程。

2. 机组的结构

主要由压缩机、冷凝器、蒸发器、节流装置和电气控制箱等组成。

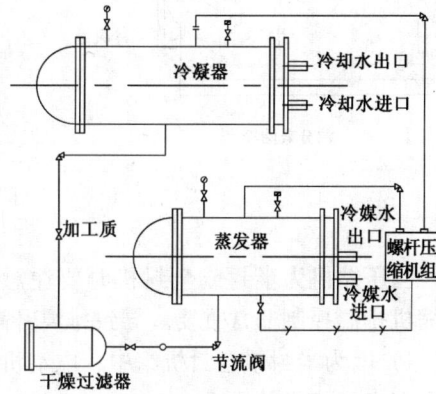

图 4-34　开启式螺杆式低温盐水机组流程（满液式蒸发器）

按压缩机形式不同，可分为活塞式、螺杆式、离心式等。

按蒸发器形式不同，可分为干式蒸发器和满液式蒸发器。

按机组运行及控制方式不同，可分为自动型和手动型。

按制冷剂不同，可分为氟利昂系统和氨系统等。

（1）配备不同的压缩机，系统配置略有不同。当压缩机为活塞式时，需配置油分离器，如图 4-35 所示。

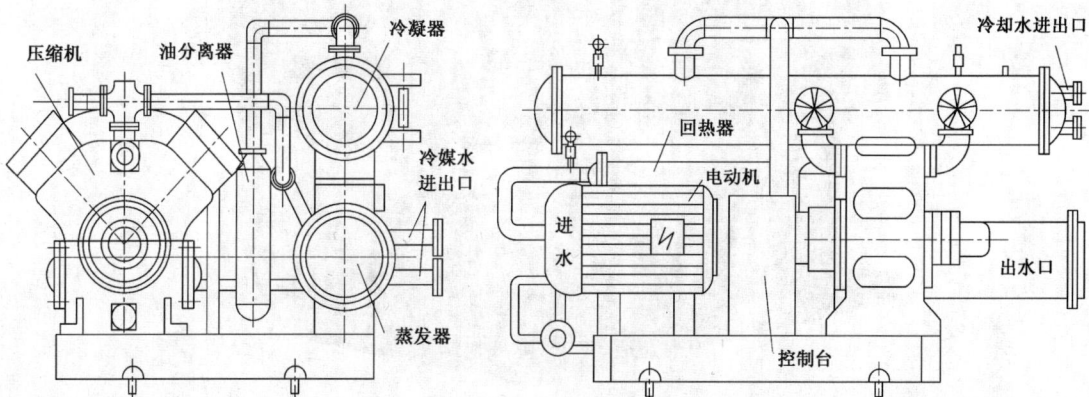

图 4-35　开启式活塞式压缩机组

当压缩机为开启式螺杆机时，需配置油分离器、油冷却器、油泵、油泵电动机等。一般螺杆机与这些辅助设备组成一个整体的螺杆机组使用，如图4-36所示。

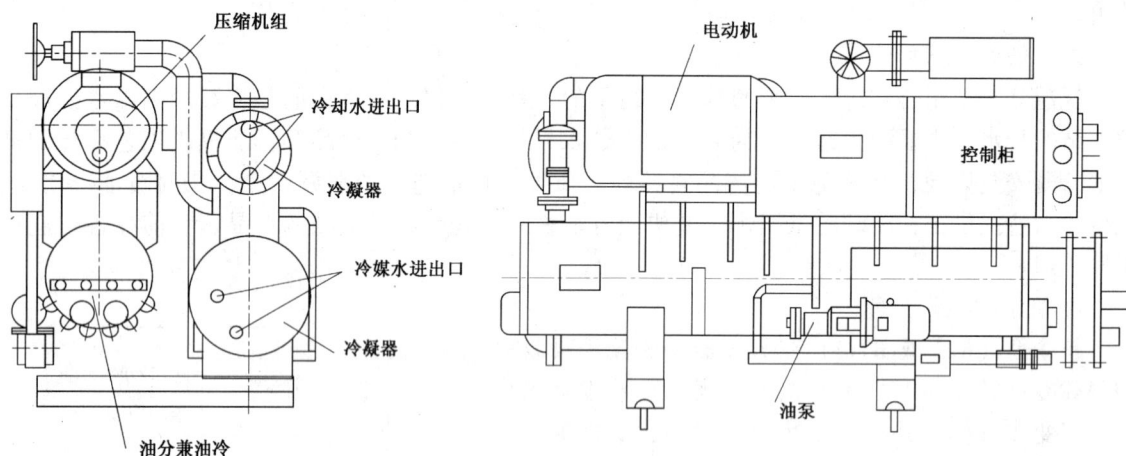

图4-36　螺杆式压缩机

当压缩机为半封或全封机时要注意，压缩机是靠压差供油，油温与排气温度相同。因此，压缩机排温控制非常重要。导致排温升高有以下几个方面：

1）因为半封或全封机组中，电动机包含在机体内，其冷却需利用压缩机吸气，而其放热同时会升高压缩机的排温。

2）由于压缩比增大，会导致排气温度升高。

3）吸气过热度过大，同样会导致排温升高。因此，在全封或半封机组中，需配置喷液冷却系统或外置油分、油冷等。

（2）配备不同的蒸发器。当蒸发器为干式蒸发器时（图4-37），机组的润滑油利用蒸发器内工质的流速就可将其带回压缩机。

图4-37　氨低温盐水机组（板式换热器）

当蒸发器为满液式蒸发器时,机组的润滑油随工质进入蒸发器。由于蒸发器内工质温度低,润滑油与工质分离,浮在工质上部,压缩机吸气不能将其带回压缩机。随着润滑油的增多,必然影响蒸发器的换热性能,因此要求必须采用适当的方法将油回收。目前较常用的有以下两种方法:

1) 引射回油。这是目前比较先进的一种回油方法。采用引射原理,利用压缩机吸排气,经过特殊设计的引射泵,将蒸发器内上层的油自动引射回压缩机,既可加油,又不会造成压缩机液击,是一种较理想的回油方式。

2) 手动回油。这也是目前较常用的一种回油方法。将回油阀接管接在蒸发器内正常液位的高点部位,或在圆筒的纵向两三个不同部位均接回油阀。根据液位不同和油流失的程度,适时打开不同的回油阀,抽回到压缩机。

低温盐水机组在自动化程度的选用上,越来越趋向于自动化程度高的配置,一来可以为国内整个国民经济的高速发展提供有利的经济基础,二来各行业生产流水线的自动化程度越来越高,相应配置的要求也越来越高。

在不同工质的低温机组选用中,氟利昂机组在市场上较普遍。上述介绍的也均是以氟利昂为工质的低温盐水机组。随着环保意识的增强,氟利昂机组的使用会逐步受到限制。氨作为环保工质,价廉易得,已越来越受到重视。但由于氨的危害性较高,其使用会受到一定的限制,特别是在民用建筑内使用。

第四节　板式蒸发装置

一、基本概念

1. 定义

(1) 板式蒸发装置(Plate Evaporator Device)　由板式蒸发器、预热器、分离器、冷凝器、泵类、阀门管件、电气、仪表及控制系统等组成的蒸发装置。

(2) 板式蒸发器　用于蒸发工艺过程中,以板片为主要传热元件的换热器。

(3) 流道　板式蒸发器内相邻板片组成的介质流动通道。

(4) 流程　板式蒸发器内介质向一个方向流动的一组流道形式。包括降膜式、升膜式和升降膜式。

(5) 工作压力(work pressure)　板式蒸发装置在正常情况下,其中任何一台设备可能出现的最高压力。

(6) 设计压力(design pressure)　在相应的设计温度下,用以保证板式蒸发装置正常工作的压力,该压力值不得低于工作压力。

(7) 设计温度(design temperature)　板式蒸发装置在正常工作情况和相应的设计压力下,设定的设备元件温度。其值不得低于表面在工作状态下可能达到的最高温度;在任何情况下,设备元件表面的温度不得超过元件材料的允许使用温度。

2. 适应范围

板式蒸发装置适用于轻工、化工、冶金、食品、制药、造纸、环保等行业。用于食品行业中某类产品生产的板式蒸发装置应符合该产品生产的相关国家标准、行业标准以及国家有关食品卫生安全的法律法规,用于制药行业中某类产品生产的板式蒸发装置应符合该产品生产的相关国家标准、行业标准以及国家有关药品卫生安全的法律法规。

3. 板式蒸发装置的型号表示

(1) 型号组成及含义　型号第 1、2 位表示板式蒸发装置,用"板式蒸发器"和"装置"的头两个字的汉语拼音大写字头 BZ 表示;第 3 位表示蒸发量;第 4 位表示控制等级,按表 4-13 分为三级。

板式蒸发装置的控制等级　　　　　　　　　　　　　　　表 4-13

级　别	控　制　功　能
I	压力控制 + 温度控制 + 流量控制 + 液位控制 + 智能仪表
II	压力控制 + 温度控制 + 流量控制 + 液位控制 + 浓度控制 + 智能仪表
III	压力控制 + 温度控制 + 流量控制 + 液位控制 + 浓度控制 + PLC 或计算机

［示例］

（2）型号编制示例　蒸发量为 5t/h，控制等级为 II 级的板式蒸发装置型号表示为：BZ-5II。

4．基本参数

（1）板式蒸发装置的额定蒸发量，见表 4-14。

板式蒸发装置的额定蒸发量　　　　　　　　　　　　　　表 4-14

额定蒸发量（t/h）	单效	双效	三效	四效	五效	六效以上	备　注
	≤10	≤20	≤40	≤80	≤160	160 以上	

（2）板式蒸发装置的设计温度和设计压力，见表 4-15。

板式蒸发装置的设计温度和设计压力　　　　　　　　　　　表 4-15

介　　　质	设计温度（℃）		设计压力（MPa）
	进　口	出　口	
工作蒸汽	≤180	—	≤1.0
蒸汽冷凝水		≤99	≤0.1
浓缩介质		≥45	≤0.2
冷却水	≤30	≤45	≤0.6

（3）板式蒸发装置的耗汽比，见表 4-16。

板式蒸发装置的耗汽比　　　　　　　　　　　　　　　表 4-16

	单效	双效	三效	四效	五效	六效以上
	耗汽比（kg/kg）（蒸汽/水）					
不带热力压缩	≤1	≤0.53	≤0.4	≤0.3	≤0.25	≤0.2
带热力压缩	≤0.53	≤0.4	≤0.3	≤0.25	≤0.2	≤0.18

5. 板式蒸发器的结构

（1）板式蒸发器的结构（图 4-38、图 4-39）。

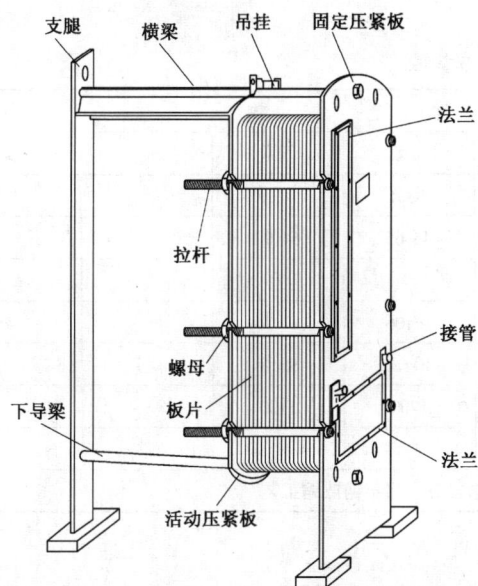

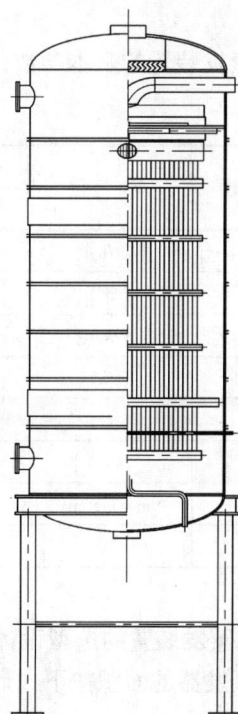

图 4-38　板式蒸发器的结构（之一）

图 4-39　板式蒸发器
的结构（之二）

（2）板式蒸发器的分类及代号

1）板式蒸发器的板片形式　板式蒸发器板片的波纹形式有许多种，如：球形波纹、水平波纹、竖直波纹、斜波纹等；板片上的开孔形式和开孔位置也有多种。

2）板式蒸发器传热元件的结构　板式蒸发器传热元件的结构形式通常有全焊式、半焊式、可拆式。

3）板式蒸发器的流程和流道形式分为降膜式（图 4-40），升膜式（图 4-41）和升降膜式（图 4-42）。

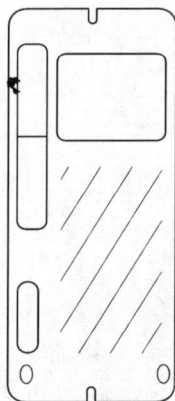

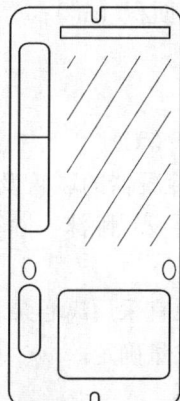

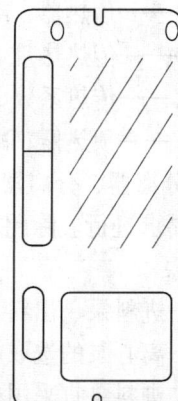

图 4-40　降膜式　　　　　　　图 4-41　升膜式　　　　　　　图 4-42　升降膜式

4) 板式蒸发器的材料 板式蒸发器主要零部件所用材料，必须考虑蒸发器的使用条件（如：设计温度、设计压力、介质特性和操作特点等）、材料的焊接性能、加工性能及经济合理性。

6. 板式蒸发装置的基本参数（表 4-17）

板式蒸发装置的基本参数 表 4-17

基 本 参 数	单 位	装 置 效 数					
		单效	双效	三效	四效	五效	六效以上
处理量	(t/h)	108.8	82.5	60.4	42.9		
进料浓度	(%)	23.74	32.41	45.65	64.98		
出料浓度	(%)						
蒸发水量	(t/h)	26.3	22.06	17.06	12.76		
蒸发温度	(℃)	124.2	114.4	104.1	93.8		
装机容量	(kW)	1500	1300	1200	1100		
所占空间	m×m×m						
备 注		详见第十三章第二节 甜菜糖浓缩工艺					

二、板式蒸发装置的选型设计

1. 板式蒸发器的面积按下式计算：

$$A = \frac{D \times r}{3.6 \times K \times (T - t)} \tag{4-23}$$

式中 A——板式蒸发器的理论计算面积，m^2；

  D——加热蒸汽量（kg/h）；

  r——汽化潜热（kJ/kg）；

  K——传热系数 $[W/(m^2 \cdot ℃)]$；

  T——蒸汽温度（℃）；

  t——物料温度（℃）。

2. 预热器、冷凝器的面积按下式计算：

$$A = \frac{Q}{3.6 \times K \times \Delta t} \tag{4-24}$$

式中 A——预热器、冷凝器的理论计算面积（m^2）；

  Q——传热热量（kJ/h）；

  K——传热系数 $[W/(m^2 \cdot ℃)]$；

  Δt——预热器、冷凝器的平均温差（℃）。

3. 分离器、分离器与板式蒸发器和冷凝器的联管及冷凝水气液分离罐的设计、制造按相关标准的要求进行。除此之外，分离器还要设置除沫、除雾和破涡器。

4. 泵

（1）进料泵、出料泵、冷凝水抽出泵宜采用离心泵。

（2）离心泵的选取应根据装置的蒸发量确定。

（3）进料泵宜采用单端面机械密封泵。

（4）出料泵、冷凝水抽出泵宜采用双端面机械密封泵。

（5）真空泵的极限真空度应不低于 0.095MPa。

（6）真空泵的抽气量应根据蒸发量来选择确定，同时按以下公式进行计算：

$$S_p = \frac{SC}{C - S} \tag{4-25}$$

式中　S_p——泵的抽气量（m³/h）；

　　　　S——真空系统的抽气量（m³/h）；

　　　　C——流量（m³/h）。

（7）电机的防护等级应不低于 IP44。

5．阀门、管路和管件

（1）板式蒸发装置与外界工作蒸汽管路连接处一般使用的关断阀为截止阀或柱塞阀。

（2）板式蒸发装置的产品管路均宜采用蝶阀。

（3）板式蒸发装置的冷凝水管路宜采用球阀。

（4）板式蒸发装置的冷凝水泵的出口管路应设置止回阀。

（5）板式蒸发装置的工作蒸汽管路上应设置安全阀。安全阀应按设计要求确定开启压力和回座压力。

（6）板式蒸发装置的产品和冷凝水管路上在适当的位置应设置便于观察的玻璃视镜。

（7）板式蒸发装置的预热器的蒸汽冷凝水管路上应设置能够连续排水的疏水阀。

（8）板式蒸发装置所用的不锈钢管应符合 GB/T14976 的规定；所用的碳钢管应符合 GB/T8163 的规定；所用螺旋焊管应符合 SY/T5037—2000 的规定。

（9）板式蒸发装置所用碳钢管件接头和法兰均应符合 GB/T12459 和 HG20592～20635 的规定。所用不锈钢管件接头和法兰应符合相关标准的规定。

6．控制和测量设备

（1）板式蒸发装置的控制和测量设备的基本要求为：

1）板式蒸发装置中控制部分由具有测控功能的控制器、电控柜、传感器、执行机构组成。控制器通过与其相连的传感器和执行机构完成对板式蒸发装置的控制功能。

2）传感器和执行机构应包括温度传感器、温度变送器、压力变送器、液位变送器、流量计、气动薄膜调节阀、电磁阀、换向阀、变频器、密度仪等。

（2）I 型板式蒸发装置控制系统应符合下列要求：

1）监控参数应包括：

（a）工作蒸汽进口压力和温度；

（b）预热器介质进口流量和累计流量；

（c）预热器介质进、出口温度和压力；

（d）板式蒸发器各效的蒸发温度和压力；

（e）冷凝器二次蒸汽的温度和压力；

（f）冷凝器冷却水进口和出口的温度和压力；

（g）浓缩介质出口压力；

（h）进料平衡罐液位。

2）温度控制应满足：

（a）智能调节仪上设置预热器介质出口温度，通过预热器介质出口上安装的温度传感器来控制在进料预热器蒸汽进口管路上安装的气动薄膜调节阀；

（b）温度控制精度为 B 级。

3）压力控制应满足：

（a）智能调节仪设定蒸汽压力；通过在一效蒸发器的蒸汽联箱上安装的压力变送器来控制在

蒸汽进口管路上安装的气动薄膜调节阀；

（b）压力控制的精度为±10kPa。

4）流量控制应满足：

（a）智能调节仪上设置进料流量，通过在板式蒸发器物料进口管路上安装的流量计来控制在介质进口管路上安装的气动薄膜调节阀或者安装在进料泵上的变频器；

（b）流量控制精度为±0.2%。

5）液位控制应满足：

（a）为实现设备的安全生产，防止断料，在控制柜上的液位智能控制仪表设置正常工作液位值，通过在进料平衡罐上安装的液位变送器控制进料液位；

（b）如果进料不足或断料，当液位低于第二设定值时，控制仪表发出控制信号自动打开补水电磁阀向进料平衡罐补水；

（c）如果液位继续下降至第三设定值时，控制仪表将发出报警信号进行声光报警，同时，发出关断信号自动关断蒸发器蒸汽入口气动薄膜调节阀，以防造成干烧、损坏设备。

（3）Ⅱ型板式蒸发装置的浓缩介质浓度控制应符合以下要求：

1）板式蒸发装置的浓缩介质出口管路上安装浓度测量仪器，其信号传至控制柜上的智能调节仪，该调节仪与流量智能调节仪组成串级调节控制，来控制介质入口管路上的气动薄膜调节阀，实现板式蒸发装置的浓度自动控制；

2）浓度控制的精度为±1%。

（4）Ⅲ型板式蒸发装置应符合以下要求：

可编程控制器（PLC）或计算机应具有人机数据交换操作界面功能，并可以对参数、报警设置等进行现场修改和设定。

（5）控制柜应符合下列要求：

1）控制柜应符合GB7251—1993的规定；

2）控制柜柜体可用不锈钢或者碳钢制作，碳钢制作的柜体表面要进行喷塑或喷漆处理；

3）控制柜应构成完整的接地保护电路；

4）柜体防护等级不低于IP40；

5）绝缘电压不小于1000V；

6）进出线应采用下进下出，柜门配置的电气测量仪表（电压表、电流表）精度等级应不低于1.5级，同时应配置启/停、自动/手动、信号指示等装置。

（6）传感器和执行机构

1）气动薄膜调节阀应符合下列要求：

（a）应选用具有线性或对数流量特性的阀门；

（b）应按照装置浓缩介质的类型、温度和压力等级选取阀体的材料，以满足装置运行和安全的要求；

（c）阀门的最大关闭压力应高于所控制环路可能出现的最大压力差值，否则应设置差压控制器；

（d）以蒸汽为介质的气动薄膜调节阀应具有断电自动复原功能。

2）变频器应符合下列要求：

（a）变频器应采用晶体模块型，用于三相鼠笼异步电机的无级调速，应适合电机和负载的要求；

（b）变频器防护等级为IP40；

（c）变频器的控制系统应具有调节上升时间和下降时间的线性调节功能，上升和下降时间应单独可以调节；

（d）变频器应具有下列保护功能：

过载保护、过电压保护和过电流保护；

瞬间停电保护、输出短路保护和接地故障保护；

欠电压保护、欠相保护和内部温升保护。

（e）在故障状态下，应保护电路并报警，进料泵和变频器应停止工作；

（f）变频器应具有模拟量和数字量的输入输出（I/O），所有模拟量的信号为 4～20mA 及 1～5V，变频器应符合电磁兼容的规定。

三、板式蒸发装置的调试

1. 板式蒸发器的检测与性能测试

（1）性能测试见第六章。

（2）液压试验和气压试验

1）液压试验介质一般采用水，且水温应不低于 5℃；奥氏体不锈钢板片组装的板式蒸发器，用水进行液压试验时，应控制水的氯离子含量不超过 25mg/L。

2）液压试验时，应用两个精度不低于 1.5 级，且量程相同的并在有效检验期内的压力表；量程为试验压力的两倍为宜，但应不低于 1.5 倍和高于 4 倍的试验压力；液压试验压力为设计压力的 1.25 倍。

3）若需要气压试验时，可采用抽真空方式进行，试验压力不低于 −0.088MPa；气压试验时，应用两个精度不低于 1.5 级，并在有效检验期内的真空表，量程为 0～−0.1MPa。

4）板式蒸发器两侧应分别进行液压试验，气压试验应在物料侧进行。

5）试验时应缓慢升压或抽气，达到规定的试验压力后，进行保压。保压时间为 20～30min，然后对所有密封面和受压焊接部位进行检查，检查期间压力应保持不变，不得采用连续加压或拧紧夹紧螺柱以维持试验压力不变的做法。

6）液压试验和气压试验合格后，应排放流道内的积水或泄掉真空。

2. 板式蒸发装置系统的初步调试

（1）首先对系统抽真空或充入压缩空气进行检漏，系统真空度或压力不得低于设计值，并保持 15 分钟以上带压检查。

（2）用水对整个装置进行试运行，水温应不低于 5℃，试运行时间不得低于 30 分钟。

（3）对于使用奥氏体不锈钢板片组装的蒸发、预热和冷凝用的热交换器，其所用水中的氯离子含量不应超过 25mg/L。

（4）对整个装置的真空度检查和水检漏试运行完成后，应对整个装置内表面进行清洗，为投料试生产做准备。

（5）清洗时应用一定浓度的酸、碱液清洗一定的时间，最后用清水清洗干净。

（6）清洗完成后，可以以水代料进行整个装置的浓缩操作模拟运行，检测水的蒸发量，调整整个装置的运行参数。

（7）每次用水试运行完成后，应及时将装置内的积水排放干净。

3. 电气和控制系统的调试

（1）检查所有电气元件的电源线和信号线的连接是否正确。

（2）从电气控制柜面板上启动/停止装置中所有的泵，调整泵的运转方向。增加或减少变频器的频率。

（3）从电控柜面板上对电磁阀和气动薄膜调节阀进行开启、调节及关闭。

（4）观察温度、压力、液位等参数在电气控制柜面板上的读数与现场表是否一致，不一致时进行调整。

（5）参数异常时，应在电气控制柜面板上显示报警。

4. 装置投料试生产

（1）装置投料试生产前，应检查物料、水、电、蒸汽、压缩空气等是否能够满足试生产的要求。

（2）检查完毕后，开始开启真空泵对装置进行抽真空，装置的真空度不得低于设计值。

（3）待系统真空度达到设计值后，可以将软水导入进料平衡罐，进行系统的循环操作，达到设计参数。

（4）待水在系统中完全循环起来后，打开进料预热器蒸汽阀和气动薄膜调节阀，使工作蒸汽进入预热器，气动薄膜调节阀将根据仪表设定值自动调节阀门开度，使水的预热温度控制在设定值范围。再打开一效蒸发器加热蒸汽阀和气动薄膜调节阀，使新鲜蒸汽进入一效板式蒸发器，气动薄膜调节阀将根据仪表设定值自动调节阀门开度，使一效蒸汽联箱压力指示达到设定值。

（5）依次启动各效冷凝水抽出泵。

（6）切断水源并把物料送到进料平衡罐。为了加快浓缩速度，把浓缩产品出口管路上的阀门开到排水位置，把水排入地漏。当看到产品流出时，再把阀门开到循环管路位置。

（7）从回流中取产品样品，并测量浓缩液的浓度，当浓度接近产品浓度要求时停止回流，并将浓缩液送到下一道工序。

（8）当全部物料处理完毕后，必须在软水中加入酸和碱对系统进行清洗。清洗方法按照使用说明书进行。

此外，用于食品行业中某类产品生产的板式蒸发装置所生产的浓缩产品应符合该产品的相关国家标准、行业标准以及国家有关食品卫生安全的法律法规；用于制药行业中某类产品生产的板式蒸发装置所生产的浓缩产品应符合该产品的相关国家标准、行业标准以及国家有关药品卫生安全的法律法规。

第五节　板式蒸发冷却装置、板式空冷冷却装置

一、概述

很多工业部门大量地使用水，水源为地下水或工业用水。近几年来，许多地方已禁用地下水，城市用水也很缺乏，节水显得越来越重要。方法之一是冷却，通过换热后重新使用。使用大量存在的空气和水直接接触冷却热水的装置称为冷却塔或冷水塔。冷却作用包括利用水和空气温差的传热和利用水自身蒸发的潜热，其中效果大的是水的蒸发。

为了促进水在空气中蒸发，仅靠提高塔的高度，不大可能使水温降到湿球温度以下。若要达到上述目的，必须使装置变得很大，故设计时使之比湿球温度高 3~5℃。此时，蒸发水分的主要着眼点是解决水和空气的相对速度（自然通风或强制通风，流动方向是逆流、顺流和直交流），接触面积和接触时间（水膜表面或水滴表面）。

1. 冷却方法的分类和特征

每蒸发水分 1%，水本身的温度就能降低 6℃，故，利用蒸发热的冷却方法是十分有利的。有以下几种冷却方法。

（1）冷水池和喷水池　仅依靠自然池或贮水池的表面蒸发进行冷却的冷水池的效率差，表面面积约为强制通风冷却塔的 2000 倍。

喷水池或喷雾池是在距离冷水池表面 1~2m 高的上方布置许多向上的喷嘴，在 0.5mHg 的压

力下喷出 $0.3 \sim 1.2 \text{m}^3/(\text{m}^2 \cdot \text{h})$ 水量的装置，其池的表面约为强制通风冷却塔的 100 倍。

(2) 大气式冷却塔　从塔上部的喷嘴散布水，布水量约为 $2 \sim 6 \text{m}^3/(\text{m}^2 \cdot \text{h})$，空气从水平方向自然地通过塔内。

(3) 自然通风冷却塔　大部分为空塔，塔的高度约为 $20 \sim 120\text{m}$，具有烟囱的作用，从塔下部吸入空气，从上部排出。在塔内部配置有布水器和充填物，在此处，空气和水直接接触。

(4) 强制通风冷却塔　由于效率较高，目前是空调、工业上广泛采用的冷却装置。不依靠自然通风，采用风机使空气流动，冷却效率高，性能稳定，体积较小。

根据塔内水和空气的流动方向可分为逆流型、直交流型、顺流型和混合流型。从热效率看，逆流型最好。

(5) 蒸发冷却器。

2. 蒸发冷却装置

(1) 定义　将以换热器替代冷却塔内的填充材料，在换热器内部流过被冷却流体的闭式回路的装置称之为密闭式冷却塔。由于被冷却流体不与空气直接接触，故与大气的污染程度无关。

(2) 蒸发冷却装置的性能　如图 4-43 所示，将采用空气冷却换热器内的水或油等被冷却流体（称为工艺流体）的冷却方法称为蒸发冷却器。从工艺流体来看，由于它与空气不直接接触，自成密闭回路，故也称为密闭式冷却塔。

从性能上看，由于工艺流体在换热器内流动时产生阻力降，故换热性能比开式冷却塔低。为此，必须设计和开发换热性能好的蒸发冷却器。表 4-18 表示各种类型冷却塔和蒸发冷却器的比较。

(3) 设计计算的方法

1) 手算法　从图 4-43 可知，Q' 表示蒸发冷却器的换热量，Gdh 表示空气的传热量，则

$$Gdh \approx K_a \left(h_w - h \right) AdZ$$

$$Q' \approx K_a \left(h_w - h \right) AZ$$

式中　t_w——工艺流体温度；

　　　　h_w——与 t_w 相同温度的饱和空气的焓；

　　　　h——空气的焓；

　　　　A——垂直于空气流动方向的蒸发冷却器正面面积；

　　　　Z——蒸发冷却器的有效高度（一般为换热器的高度）。

当 K_a 在蒸发冷却器的高度方向不变时，

$$K_a \approx \frac{G}{V} \int \frac{dh}{h_w - h} \approx \frac{W}{V} \int \frac{-dt_w}{h_w - h}$$

式中　V——蒸发冷却器的有效容积（$V = AZ$）；

　　　　W——工艺流体流量。

预先通过实验求出各种蒸发冷却器的 K_a 值，则能根据设计温度条件计算出 V 或 Z。

当入口工艺流体温度 t_{wl} 相同时，K_a 的实验结果表示它是布水重量速度 L/A 和 G/A，W/A 的函数，即

$$K_a' = c' \left(\frac{L}{A} \right)^{\alpha'} \left(\frac{G}{A} \right)^{\beta'} \left(\frac{W}{A} \right)^{\xi'}$$

式中，c'、α'、β'、ξ' 是通过实验确定的各种换热器的常数和指数，一般情况下：$\alpha' + \beta' + \xi' \approx 1$。

各种多管换热器的 K_a 实验结果如下：

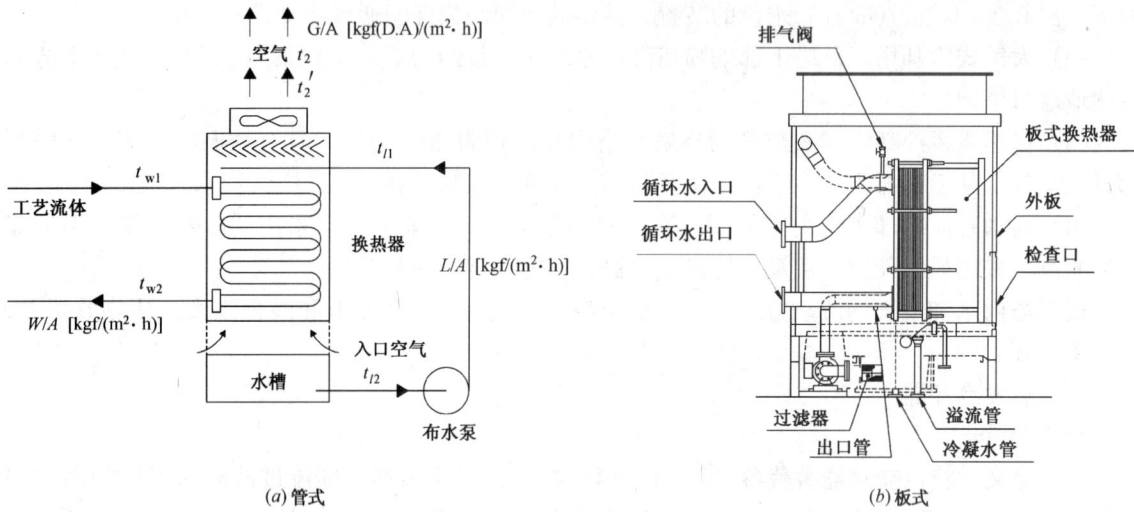

(a) 管式 (b) 板式

图 4-43 蒸发冷却装置

$$K_a = 1.55\left(\frac{L}{A}\right)^{0.3}\left(\frac{G}{A}\right)^{0.45}\left(\frac{W}{A}\right)^{0.25}\left(d_e d_i\right)^{-0.3} t_{wl}^{-0.75}$$

式中　$t_{wl} = 30 \sim 50℃$

$$\frac{K_a d_e d_j C_s}{\lambda_g} = 2.72\left(\frac{G}{A}\cdot\frac{d_e c_s}{\lambda_g}\right)^{0.4}\left(\frac{L}{A}\cdot\frac{d_e}{\upsilon_l r_l}\right)^{0.25}\left(\frac{W}{A}\cdot\frac{d_i}{r_w v_w}\right)^{0.35}Pr_w^{0.25}\left(\frac{d_e}{2}\right)^{0.05}\left(\frac{d_i}{l}\right)^{0.35}$$

式中　t_{wl}——入口工艺流体温度；

　　　d_e——换热器内空气侧的水力学直径；

　　　d_i——换热器的管内径；

　　　l——换热器内每根管的长度。

　当采用板翅式换热器时，K_a 的实验结果如下所示：

$$K_a = 2.6\left(\frac{L}{A}\right)^{0.3}\left(\frac{G}{A}\right)^{0.45}\left(\frac{W}{A}\right)^{0.25}\left(d_e d_i\right)^{-0.3} t_{wl}^{-0.75}$$

式中　$t_{wl} = 30 \sim 50℃$ 或

$$\frac{K_a d_e d_i C_s}{\lambda_g} = 3.05\left(\frac{G}{A}\cdot\frac{d_e C_s}{\lambda_g}\right)^{0.4}\left(\frac{L}{A}\cdot\frac{d_e}{r_l\upsilon_l}\right)^{0.25}\left(\frac{W}{A}\cdot\frac{d_i}{r_w v_w}\right)^{0.35}Pr_w^{0.25}\left(\frac{d_e}{2}\right)^{0.05}\left(\frac{d_i}{l}\right)^{0.35}$$

各种冷却方式的比较　　　　　　表 4-18

		开式冷却塔	密闭式冷却塔	蒸发式冷凝器	空气冷凝器
消耗水量		基准	少些	少些	不要
冷却风量 $[m^3/(USRt·min)]$		基准（6～7）	大(约2倍)(10～15)	大（约1.5倍）(10)	大（约4倍）(23～28)
作为空调装置的问题	制冷机、冷却塔、风机、喷雾器、泵等所耗动力(kW·h/USRt)	基准 (1.06)	大 (1.18)	相同 (1.05)	大 (1.25)
	噪声（dB）	基准（70～80）	相同	相同	略低
	适应建筑物	小、中、大规模	小、中、大规模,大气污染显著的地方	小、中、大规模	冷却水不够的地方小住宅,小、中、大规模

续表

		开式冷却塔	密闭式冷却塔	蒸发式冷凝器	空气冷凝器
使用时注意的事项	尺　寸	基　准	高度：相似 宽度：长	高度：相似 宽度：长	高度：相似 宽度：稍长
	运行重量（kgf/USRt）	基准（10~15）	重（约5倍）(60~80)	重（约5倍）(60~80)	重（约2倍）(25~80)
	容量（t/台）	3~1000	75~300	20~200	3~30
	投资（仅本体）	基准	高（约5倍）	高（约4倍）	高（约5倍）
	腐　蚀	冷却水管道 冷凝器	布水管道 冷却塔盘管	布水管道 冷凝器盘管	冷却风机的腐蚀小 冷却风机部分的腐蚀
	耐用年数（a）	10~15	10~15	10~15	10~15
	设置场所的限制	室外	室外	制冷机附近、室外	制冷机附近、室外

一般，从图4-43、图4-44和图4-45可知，空气和布水为逆流，布水和工艺流体为顺流。实验结果和分析结果都是以这种状态为基础的。图4-45虚线表示的是工艺流体从下往上流动，布水和工艺流体逆流时的 K_a 值，它约比顺流大25%。其原因从图4-46的肋管式换热器的实验结果可知，在接近实际使用的 L/A，W/A，G/A 条件下，空气侧、水侧和工艺流体侧的热阻完全相同。今后为了将 K_a 值提高到接近开式冷却塔的数值，必须缩小换热器的管内径 d_i，增加管数，即加大传热面积，管内带肋或增大工艺流体流速，即增加工艺流体的传热系数。以这种方法可以增加 K_a 或 α 值，但同时也增大了 $\Delta P/Z$，水滴将会和空气一起以飞沫方式流出。

采用板壳式换热器替代管壳式换热器既增加了传热面积也不会增大 ΔP，它们的 K_a 值接近开式冷却塔，是一种理想的冷却装置。

当对 K_a 值进行修正并将工艺流体的 W、t_w、h_w 替代冷却塔的 L、t_l、h_l 后，则能将冷却塔的计算公式和设计方法作为蒸发式冷却器的计算公式和设计方法，处理过程非常简单，方便。

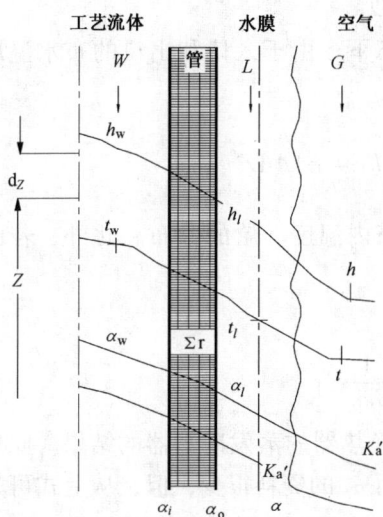

图 4-44　蒸发器内的温度和焓

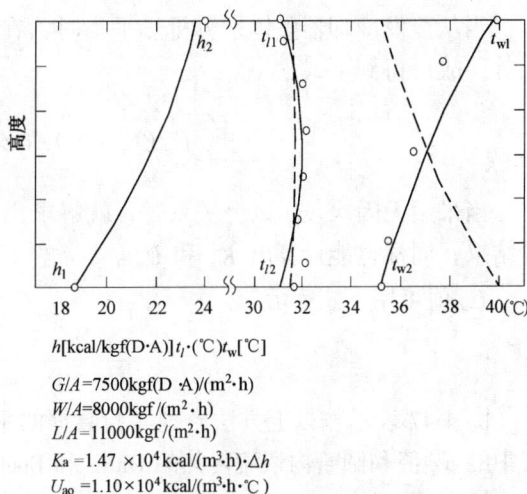

$h[\text{kcal/kgf(D·A)}]t_l[℃)t_w[℃]$

$G/A = 7500\text{kgf(D·A)}/(\text{m}^2·\text{h})$
$W/A = 8000\text{kgf}/(\text{m}^2·\text{h})$
$L/A = 11000\text{kgf}/(\text{m}^2·\text{h})$
$K_a = 1.47×10^4\text{kcal}/(\text{m}^3·\text{h})·\Delta h$
$U_{ao} = 1.10×10^4\text{kcal}/(\text{m}^3·\text{h}·℃)$

图 4-45　采用多管式换热器的蒸发
冷却器内的温度和焓

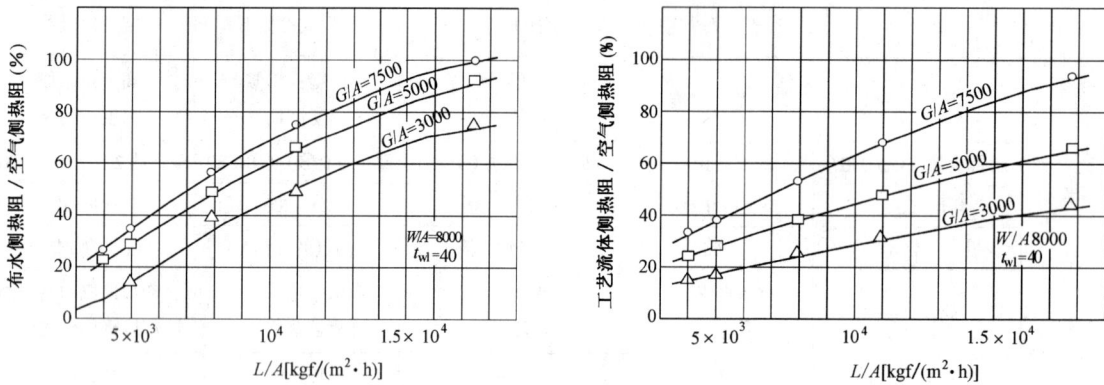

图 4-46 采用肋管换热器的蒸发冷却器的空气侧、布水侧和工艺流体侧的热阻比较

2）计算机法 这种方法最早是由 Parker 采用模拟分析蒸发冷却器的传热过程的方法，之后，水科、宫下、新津不断完善之后提出来的方法。

图 4-44 近似地表示蒸发冷却器内的高度从 $0 \sim Z_0$ 时的各流体的温度、熵的分布，在微小区间 $\mathrm{d}Z$ 内的传热过程用以下公式表示。

从工艺流体往布水的传热采用下式表示：

$$\pm WC_{pw}\mathrm{d}t_w = U_{a0}\left(t_w - t_l\right) A\mathrm{d}Z$$

式中 C_{pw} 表示工艺流体的比热。

从布水往空气的传热采用下式表示：

$$G\mathrm{d}h = K'_a\left(h_l - h\right) A\mathrm{d}Z$$

由于布水流量变化很少，故可忽略不计，即 $\mathrm{d}L/\mathrm{d}Z \approx 0$，则热平衡可用下式表示：

$$WC_{pw}\left(\mathrm{d}t_w/\mathrm{d}Z\right) = G\left(\mathrm{d}h/\mathrm{d}Z\right) - LC_{pl}\left(\mathrm{d}t_l/\mathrm{d}Z\right)$$

式中 C_{pl} 为布水的比热，其他符号与图 4-43、图 4-44 相似。

当从蒸发冷却器整体来分析热平衡时，在一般的状态下，由于入口和出口的布水温度几乎相等，故可得到下式：

$$\int_0^{Z_0} U_{a0}(t_w - t_l)A\mathrm{d}Z = \int_0^{Z_0} K'_a(h_l - h)A\mathrm{d}Z$$

当采用无因次表示以上关系时，就解求出蒸发冷却塔内温度、熵的分布。此外，若已知实验结果，同样也能计算出 K'_a 和 U_{a0}。

U_{a0} 值可用下式表示

$$\frac{1}{U_{a0}} = \frac{1}{\alpha_w \alpha_0} + \frac{2\Sigma r}{\alpha_i + \alpha_0} + \frac{1}{\alpha_l \alpha_0}$$

图 4-47 表示按以上方法整理实验数据的采用多管式换热器的蒸发冷却器的结果。此外，上式中的 α_w 值和圆管内紊流传热的 Dittus 和 Boelter 一致，而 α_l 的资料很少，但，从上式可知，由于 $\alpha_w \ll \alpha_l$，故它对 U_{a0} 的影响很少，即使采用没有空气流的流下水膜的传热系数值，影响也不大。图 4-47 中的 K'_a 值与改变多管式充填物的逆流冷却塔的 K_a 实验值大致相同，此时 $K_a \approx K'_a$，即与采用肋管换热器的蒸发冷却器的结果相似。

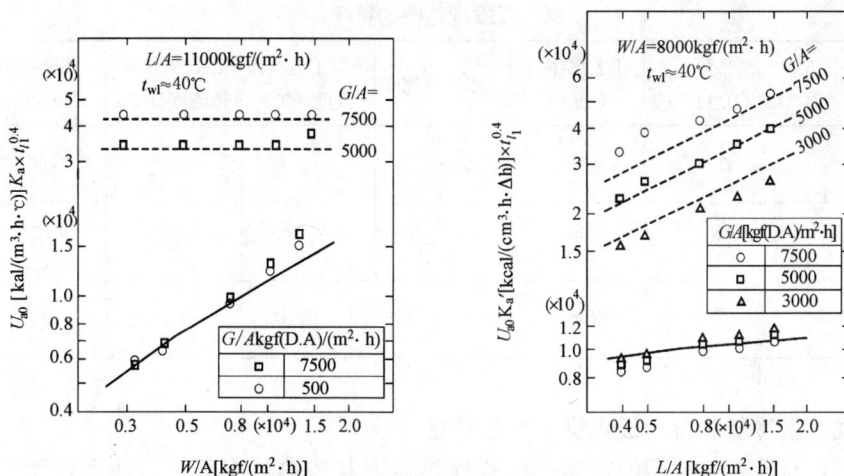

图 4-47　采用多管式换热器时蒸发冷却器的热特性

3）在蒸发冷却器现场的性能试验方法
图 4-48、图 4-49 表示采用上述计算方法求出
的肋管换热器蒸发冷却器的 Q'、t_1'、t_{wl} 和 L/A 的关系。从该图可知，与冷却塔一样，t_1' 对 Q' 的影响很大。为了与实际情况更为一致，当以蒸发冷却器的工艺流体（w、t_w 和 K_a）替代冷却塔的布水（l、t_l、h_l）时，可采用与图 4-50 所示的冷却塔性能试验方法和与表 4-20 完全一致的运行条件进行现场性能实验，从该图直接查出（W）/A 和 W/A 后计算（W）/W 的比，并进行蒸发冷却器的评价。

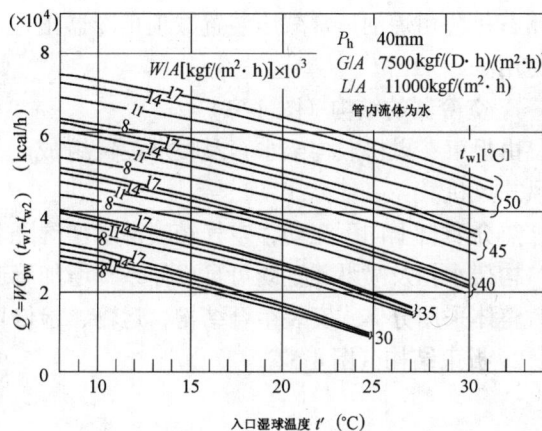

图 4-48　采用肋管换热器的蒸发冷却器的
负荷，W/A，t_{wl} 对冷却能力的影响

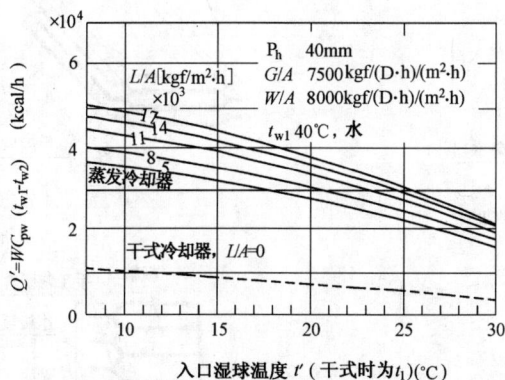

图 4-49　采用肋管换热器的蒸发冷却器
的 L/A 对冷却能力的影响

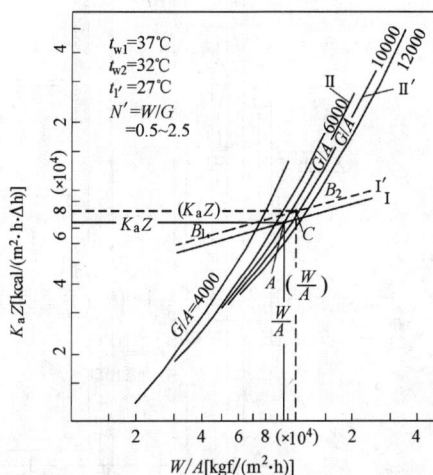

图 4-50　蒸发冷却器的设计点 A 和在设计
温度条件下修正的性能试验结果 C

蒸发冷却器的符号 表 4-19

	空气量 [kgf (D.A) /h]	工艺流体量 (kgf/h)	水空气比	入口工艺流体温度（℃）	出口工艺流体温度（℃）	热交换量 (kcal/h)	热特性
设计点	G	W	$N' = \dfrac{W}{G}$	t_{w1}	t_{w2}	Q'	$K_a Z$
性能试验时	Ⓖ	Ⓦ	ⓝ $= \dfrac{Ⓦ}{Ⓖ}$	ⓣ$_{w1}$	ⓣ$_{w2}$	Ⓠ′	Ⓚ$_aZ$
修正设计温度条件时	(G)	(W)	$(N') = \dfrac{(W)}{(G)}$	t_{w1}	t_{w2}	(Q')	$(K_a Z)$

二、板式蒸发冷却装置、板式空冷冷却装置

目前在石化行业普遍采用的普通空冷式换热器因其传热效率低、占地面积大，已不能满足炼油、化工技术的发展及装置大型化的需求。近年来开发的表面蒸发式空冷器虽然克服了普通空冷器的不足，但由于结构的限制，仍然不能适用于压降比较小的场合。1999 年，在板壳式换热器研制成果的基础上，研制开发出板式空冷器。2000 年 12 月，第一台板式空冷器成功应用于兰州石化公司炼油厂常减压装置减顶预冷器工位，替代原来 3 台（6 片 3 × 4.5）普通湿式空冷器使用。

1. 空冷器的结构（图 4-51）

由板束、风机、构架水箱及喷淋装置组成。传热单元为全焊式板束。风机采用垂直安装的引风式风机。

热介质自上向下流动，空气经喷淋水增湿降温后横穿板束，与热介质换热。

构架水箱及喷淋装置既可自成体系（增加管道泵），又可并入生产装置的循环水系统中。

整体采用分体式安装组合结构，运输、检修均较方便。

2. 板束结构（图 4-52）

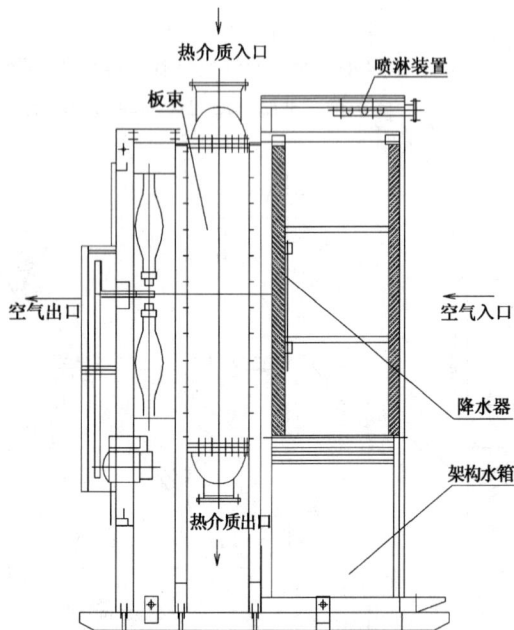

图 4-51 空冷器的结构

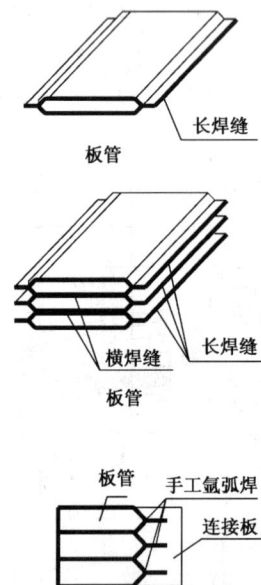

图 4-52 板束结构

板束是由 0.8mm 不锈钢薄板压制成型后的板片叠合而成。首先组焊两块成型好的板片纵向长焊缝（长度一般为 3m），称为板管。再将按设计要求数量的板管叠合组成板束（宽度一般为 3m），在板束的两端焊接板管与板管间的横焊缝。最后将板束与分隔连接板焊接。

3. 板式蒸发冷却装置、板式空冷冷却装置的性能

（1）板式空冷器的性能

1）是一种将板式换热器与空冷式换热器优点结合在一起的新型冷凝冷却设备。

2）采用全焊接式板束取代翅片管作为传热元件。

3）既具有空冷器节水效果好、环境污染小的特点，又吸收了板式换热器传热效率高、流通面积大、结构紧凑的特点。

4）适合炼油、化工等领域大型化生产装置对占地面积及压降要求严格的场合使用，可节省占地面积、节约工程及设备安装费用、降低装置操作费用。

5）同时具有传热效率高，压降小的特点。

（2）板式空冷器的防冻抗冻性能

1）普通空冷器冬季存在结冻问题，其原因是具有较大的迎风面积直接面对空气。

2）板式空冷器同普通空冷器相比迎风面积小 4 倍以上。

3）特殊的流道使得板式空冷器具有优异的抗冻性能。

4）在兰州炼油厂的成功使用说明了板式空冷器良好的防冻性能。

4. 板式蒸发冷却装置和板式空冷冷却装置与水冷器、湿式空冷器的比较

（1）板式蒸发冷却装置和板式空冷冷却装置的优越性

1）板式空冷具有优异的防冻、抗冻性能；

2）操作费用低；

3）施工费用低，重量轻，占地面积小；

4）使用寿命长，由于板片采用 304L，具有优良的抗腐蚀能力；

5）良好的维护性能，由于台数减少，设备的维护性能大大提高；

6）由于传热元件采用特殊的板型，不仅清洗吹灰方便，而且传热面积均为一次传热面积，同翅片管相比传热性能具有长效性；

7）投资优势大。

（2）板式蒸发冷却装置和板式空冷冷却装置与水冷器的比较，见表 4-20。

（3）板式蒸发冷却装置和板式空冷冷却装置与湿式空冷器的比较，见表 4-21。

板式空冷器与水冷器的比较　　　　　　　　表 4-20

以汽轮机乏汽冷凝器为例：蒸汽量 5750kg/h，温度 62℃/45℃

项　目	单　位	板式空冷器 2台－3×3	水冷器 BJS1200	节　省 数量	节　省 （%）
设备重量	（kg）	40000	14000		
设备造价	（万元）	155	18	137	
耗电功率	（kW）	44			
冷却水耗量	（kg/h）	5000	600000	595000	99
操作费用	（万元/年）	29.6	144	114.4	79
占地面积	（m²）	18	16		

设备开工率按 8000h/年，电费 0.4 元/度，软化水费 2.7 元/t；风机按每年 8000h 计算，水耗量分别按 6000h（板式空冷器）及 8000h（水冷器）计算

板式空冷器与普通湿式空冷器的比较　　　　　　　　　　　　表 4-21

以兰州炼油厂 500 万 t/常减压装置减顶冷凝器为例

项　目	单　位	板式空冷器 10 台 – 3×3	湿式空冷器 24 台/48 片 – 4.5×3	节　省	
				数量	（%）
设备重量	（kg）	200000	461760	261760	57
设备造价	（万元）	750	774.39	24.39	3.5
风机功率	（kW）	268	528	260	49
冷却水耗量	（kg/h）	14400	43200	28800	67
操作费用	（万元/年）	109.09	202.55	93.46	46
占地面积	（m²）	154.8	576	421.2	73

设备开工率按 8000h/年，电费 0.4 元/度，软化水费 2.7 元/t；风机按每年 8000h 计算，水耗量分别按 6000h（板式空冷器）及 2800h（湿式空冷器）计算

第六节　催化重整装置

一、催化重整装置

催化重整是炼油及石油化工工业中重要的工艺过程。它以石脑油为原料，通过临氢催化反应生产富含芳烃的重整生成油作高辛烷值汽油组分或烃原料，同时副产氢气。随着汽油的升级换代，市场对高标号清洁汽油的需求越来越大，催化重整装置作为生产高标号汽油最有效的加工手段越来越受到重视。催化重整主反应是脱氢芳构化，为体积增大的强吸热反应，从热力学角度看，高温低压有利于主反应进行，因此，目前催化重整均在临氢高温及相对较低的反应压力下进行，并且随着技术的进步，重整反应压力总体上在逐步下降（表 4-22）。催化重整较高反应温度和较低反应压力的热力学特征决定其反应产物温度较高，可以利用的热量较大，并且整个系统对压力降有较严格的限制。如何对重整产物中存在的巨大热量进行有效回收，并且保持系统压力降在经济合理的范围内与传热设备有很大的关系。图 4-53 是重整反应部分示意工艺流程图。从该图可知，E-201 重整进料/产物换热器是催化重整装置中的重要设备之一。

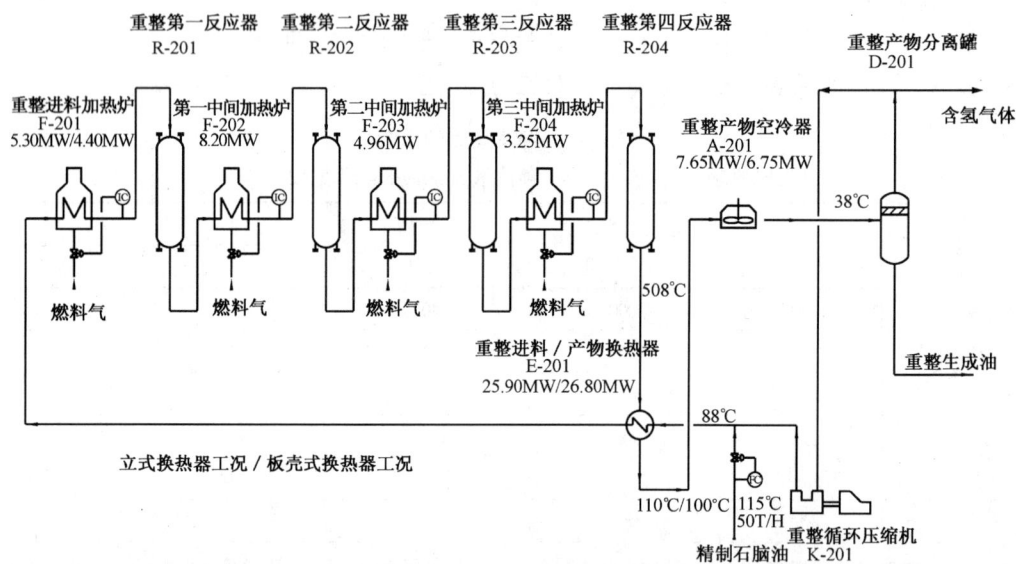

图 4-53　40 万 t/年催化重整装置重整反应部分示意工艺流程图

催化重整装置的重整反应条件　　　　　　　　　　　　　　　　　　　表 4-22

	半再生	超低压连续重整	乌石化催化重整
平均反应压力（MPa）	1.2	0.35	0.35
平均反应器入口温度（℃）	~500	~530	530
反应氢油比	~7	1.5~3.0	3.0

二、重整进料/产物换热器

1. 催化重整进料/产物换热器的性能参数（表 4-23）

从表 4-23 可知，由于重整进料换热器的换热量非常大（该装置约为 27MW），因此，即使热流出口温度降低 10~15℃，其增加回收热量的绝对值也是非常可观的。

2. 板壳式换热器

板壳式换热器是目前国际上一种先进、高效、节能，并集板式换热器和管壳式换热器优点为一体的新型换热设备，其结构如图 4-54 所示。从该图可知，由不锈钢波纹板组成的全焊式板束安装在壳体中，冷流进料液体经进料分配混合器与循环氢充分混合后，由设备底部进入板束的板程，由设备顶部流出；热流由设备上侧开口进入板束的壳程，由设备下侧开口流出，两程流体在板束中呈纯逆流换热，为解决热膨胀问题，在板束下端设置膨胀节。壳体采用了无泄漏密封结构形式的法兰，设备可拆。板片规格是 1000mm×8100mm，每张板片有分配段波纹和中间段波纹。

进料/产物换热器的性能参数　表 4-23

项　目	单　位	性能参数
设计压力	（MPa）	0.75/0.51
设计温度	（℃）	505/540
冷流温度（进/出口）	（℃）	87.3/486
热流温度（进/出口）	（℃）	527/100
冷流流量	（kg/h）	72771
热流流量	（kg/h）	73068
热负荷	（kcal/h）	23177000
总阻力降	（MPa）	≤0.08
面　积	（m²）	2800

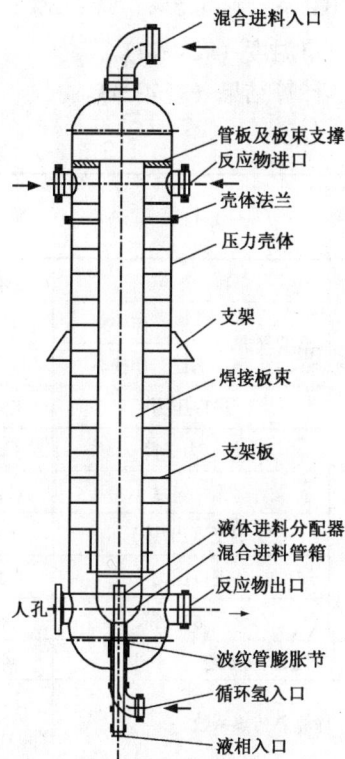

图 4-54　板壳式换热器结构图

（1）板片成型技术　传统板式换热器板片的波纹成型为一次压制成型，而大型板壳式换热器所用板片，由于受现有压机吨位、尺寸及模具制造成本的限制，无法实现一次成型。国外同类产品板片制造采用水爆成型，但这种成型方法技术难度大、成品率较低（一般为 73~84%），板片制造工艺繁琐，成本高。国内北京京海换热采用油压机模压成型作为波纹板片成型的方法，开发出整板分次连续压制成型的技术，压制完成的板片经检验合格率与成品率均为 99%。

（2）进料分配器　由于3000m² 板壳式换热器波纹板片尺寸大，物料在板束的进出口分配直接影响换热器的传热性能。该装置在进出口安装了物料分配段，并解决了分配段与中间段波纹的接刀、找正和定位等问题。国外同类产品的气液两相进料混合器采用两侧喷雾棒结构。该装置的进料分配器布置在板束下端，重整进料喷嘴与板束连为一体，油喷管可拆换，其结构独特，分配效果好，装配及更换方便。

（3）热膨胀的吸收　重整进料换热器的设计温度540℃，冷热端传热温差高达400℃以上。正常情况下，板壳程的金属壁温差约为120℃，开停工阶段的金属壁温差更大，故产生的热膨胀差非常大。设计采用了吸收壳体与板束热膨胀的多节膨胀节，考虑极端工况，下膨胀节可吸收板束与壳体间50mm的膨胀变形差，断开压紧板，在板束上端设置膨胀节吸收压紧板与板片间热膨胀差，将原齿型板改为条等措施。

（4）板束焊接与检验　板束由0.8mm的不锈钢波纹板片叠合并组焊而成，故，采用两台专用程控自动氩弧焊机，一台用于板管长焊缝的焊接，另一台用于板束的端头板管之间的横向焊缝焊接。3000m² 板壳式换热器板片间的焊缝长且密集，焊缝总长达3500m。为保证焊缝焊接质量，对每一条焊缝均采用了100％气密检验，100％氨渗透检验与100％PT检验。

3. 板壳式换热器的传热性能

（1）传热性能计算

1）传热性与热焓：进料（冷介质）采用循环氢组成和重路进料流程进行模拟计算；出料（热介质）采用循环氢组成、重整生成油流程，并根据汽油收率和产氢率推算产气组成后进行模拟计算。

产气比例（％）：

H_2：4.03％；C1：1.5％；C2：2％；C3：2.5％；i-C4：1.6％；n-C4：1.6％。

2）进出口温度（表4-24）。

3）传热计算结果（表4-24）。

传热计算结果　　　　　　　　　　　　　　　　　　　　　　　　　　　　　表4-24

项　　目			单　位	35t/h 进料		35t/h 出料			
						设　计		标　定	
板程介质进料	流　量		（kg/h）	44247.9		72771		59535.5	
	温度（进/出）	原料	（℃）	82.0	431.1	88.0	472	89.1	423.0
		循环氢		60.1				74	
	进口压力		（MPa/GPa）	0.373		0.570		0.418	
	压　力　降		（kPa）	26		18.7		51.9	
壳程介质出料	流　量		（kg/h）	44247.9		73068		59535.5	
	温度（出/进）		（℃）	93.2	472.8	100	508	100.2	467.8
	进口压力		（MPa）	0.251		0.33		0.282	
	压　力　降		（kPa）	19.5		53		28.4	
对数平均温差			（℃）	35.6		37.91		38.5	
计算总传热系数			［kcal/(m²·h·℃)］	349.6		382.4		357.5	
热　负　荷			（kcal/h）	14876809.8		23177000		18551704.4	
四反出料温度			（℃）	477.8		508		474.0	
出料至换热器管线热损			（kcal/h）	222637.0		359056.5			
热损占总热负荷比率			（％）	1.47		1.9			

4）结果分析：100%设计负荷下反应出料换热温度100.2℃，基本达到了100℃的设计温度。总传热系数为406kcal/(m²·h·℃)。

（2）压力降：经计算50000kg/h进料时，板程压力降、分配器压力降为16.7kPa，35.2kPa。100%设计负荷下板程压力降和壳程压力降的设计值分别为18.7kPa，53kPa。

4. 与国外产品比较

国外仅法国Packinox公司一家可以生产类似产品并用于催化重整与加氢装置（图4-55），该装置具有如下特点：

（1）板壳式换热器的板片采用水爆成型，采用氩弧焊焊接。

（2）板片为顺人字形波纹。

（3）板束在壳体内悬挂。

（4）双容器设计，热介质不与压力容器接触。

（5）壳体无设备法兰，不可拆卸与维修。

（6）喷雾棒结构的气液两相进料混合器。

（7）在板束与壳体接管之间，采用了3个膨胀节。

该装置的性能如下：

（1）单板最大尺寸：1400mm×16000mm。

（2）单元设备最大传热面积8000m²。

（3）操作温度：$t \leqslant 550$℃。

我国3000m²重整装置与国外装置的比较见表4-25。

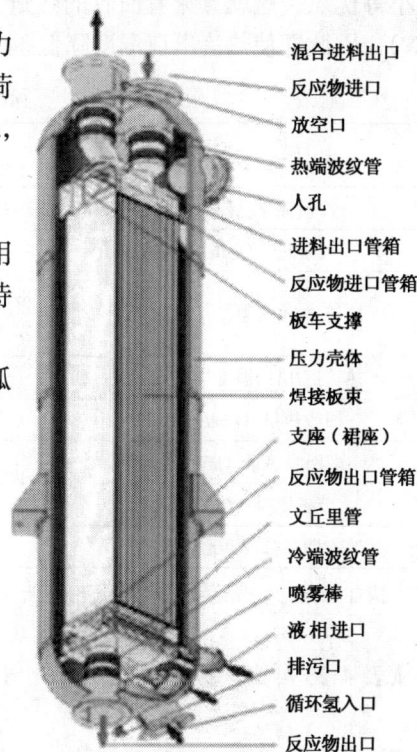

右侧图标注（自上而下）：混合进料出口、反应物进口、放空口、热端波纹管、人孔、进料出口管箱、反应物进口管箱、板车支撑、压力壳体、焊接板束、支座（裙座）、反应物出口管箱、文丘里管、冷端波纹管、喷雾棒、液相进口、排污口、循环氢入口、反应物出口

图4-55 板壳式换热器（Packinox公司）

国内外装置结构及性能比较 表4-25

产　　地	拆卸维修	板片成型	板束焊接	进料混合器	复杂程度	价格比
国内3000m²	可拆	模压成型	氩弧焊	喷雾头/中间	结构简单	1/3
国外 Packinox	不可拆	水爆成型	氩弧焊	喷雾棒/两侧	结构复杂	1

5. 与管壳式换热器的比较

板壳式换热器是目前国际上一种先进、高效、节能，并集板式换热器和管壳式换热器优点为一体的新型换热设备，已在世界各国炼油化工装置中得到广泛应用。同管壳式换热器相比，板壳式换热器具有如下特点（以乌鲁木齐石化公司40万 t/年连续催化重整装置重整进料换热器E201为例）：

（1）节省设备重量及设备投资费用　板壳式换热器设备重量为54t，比管壳式换热器96.5t轻42.5t。板壳式换热器投资440万元，比管壳式投资482.5万元低42.5万元。

（2）节省安装费用　板壳式换热器与管壳式换热器相比，设备总高度减少16.5m，设备重量减少42.5t。从而大大地降低了设备安装和设备检修费用。安装一台管壳式换热器所需费用约19万元，而安装一台3000m²板壳式换热器用150t吊车，仅用10万元，节约费用9万元。

（3）节省设备基础与框架　由于板壳式换热器尺寸小、重量轻，其设备基础承重减轻、框架相应减低20m，节约钢材35t，节省基础框架制造及安装费共计26万元。

（4）节省运行费用　与常规的管壳立式换热器相比，板壳式换热器具有传热效率高、端部温差小等优点，这就意味着回收的热量更多。由于重整进料换热器的换热量非常大（本装置为27MW），因此即使热流出口温度降低10℃，其增加回收热量也非常可观（表4-26）。

两种换热器的经济性比较　　　　　　　　　　表 4-26

形 式	管壳式换热器		板壳式换热器	
冷流流量（kg/h）	59535.5		59535.5	
热流量（kg/h）	59535.5		59535.5	
冷流进/出口温度（℃）	89.1（原料）	411.3	89.1（原料）	423
	74（循环氢）		74（循环氢）	
热流进/出口温度（℃）	467.8/110		467.8/100.2	
回收热量（kcal/h）			18551704.4	
多回收热量（MW）	…		0.9	
节省燃料（t/年）	…		688	
节省燃料费（万元/年）	……		68.8	

注：摘自"十五"国家重大技术装备研制项目《3000m² 板壳式换热器研制鉴定会议资料》。

从表4-26可知，板壳式换热器比管壳式换热器每年节约燃料688t，每年可节省燃料费68.8万元。

（5）节约加热炉、空冷器费用　上述多回收的热量，通常约占重整第一进料加热炉和重整产物空冷器热负荷的20%和15%，这两部分的设备投资及空冷器的操作费用也会因热负荷的减少而有所下降，以多回收的592774kcal/h的热量计算，节约加热炉投资34万元，节约空冷器设备费50.8万元，每年节约空冷器电费26.3万元。

（6）节约投资及节省运行费用汇总（表4-27、表4-28）。

节约投资汇总表（万元）　表 4-27

节省设备费	940[①]
节省安装费	9
节省基础与框架费	26
节约加热炉费	34
节约空冷器设备费	50.8
合　　计	1059.8

①同类产品比较。
注：摘自"十五"国家重大技术装备研制项目《3000m² 板壳式换热器研制鉴定会议资料》。

节省运行费用汇总表（万元/年）　表 4-28

节省燃料费	68.8
节省空冷器电费	26.3
合　　计	95.1

注：摘自"十五"国家重大技术装备研制项目《3000m² 板壳式换热器研制鉴定会议资料》。

根据以上分析结果可知，采用3000m² 板壳式换热器与管壳式换热器相比，节省投资1059.8万元，每年节省运行费用95.1万元，经济效益非常明显。

第七节　全焊接板式换热器在锅炉尾部烟道中的应用

北京博雅西园锅炉房在一台4.2MW燃气锅炉上，应用了京海换热制造的 HBQ0.6×1.2-1.0-60

全焊接60m² 板式换热器，用于提高生活热水温度。通过实际运行，排烟温度由 160℃下降到 46℃。自来水热水温度由 42℃上升到 47℃。经测试烟气中含氧量为 35%，一氧化碳含量为零。进入换热器的排烟正压值为 30mmH₂O，冷凝水的 pH 值为 6.5。

一、排烟降温的主要原理

从陕甘宁输入北京市区的天然气，其主要成分为：

甲烷 $CH_4 = 95.93\%$

乙烷 $C_2H_6 = 0.94\%$

丙烷 $C_3H_8 = 0.14\%$

丁烷 $C_4H_{10} = 0.03\%$

氮气 $N_2 = 0.31\%$

二氧化碳 $CO_2 = 2.65\%$

低位发热值 $Q_{dw}^y = 3511kJ/Nm^3$

从主要成分分析，天然气的主要成分是甲烷、乙烷、丙烷，并无其他腐蚀性气体。因此从天然气成分中分析，锅炉尾部烟气可以大幅度降低排烟温度，以减少排烟的热损失，提高锅炉燃烧效率。

二、具体措施

第一步：首先降低排烟温度至烟气结露温度，以便利用烟气的显热损失；

第二步：将露点的水蒸气再放热至露点水，以便利用烟气的潜热损失（即利用高位热值）。

通过以上两步措施，不但使锅炉燃烧时天然气的低位发热值得到了充分利用，而且使天然气中的高位发热值的潜力也发挥了作用，同时还可利用烟气中的冷凝纯水（今后设想作为锅炉补给水）。既节约了软化水又利用了低温热量，可以做到物尽其用。

1. 换热器热冷介质流程图（图 4-56）

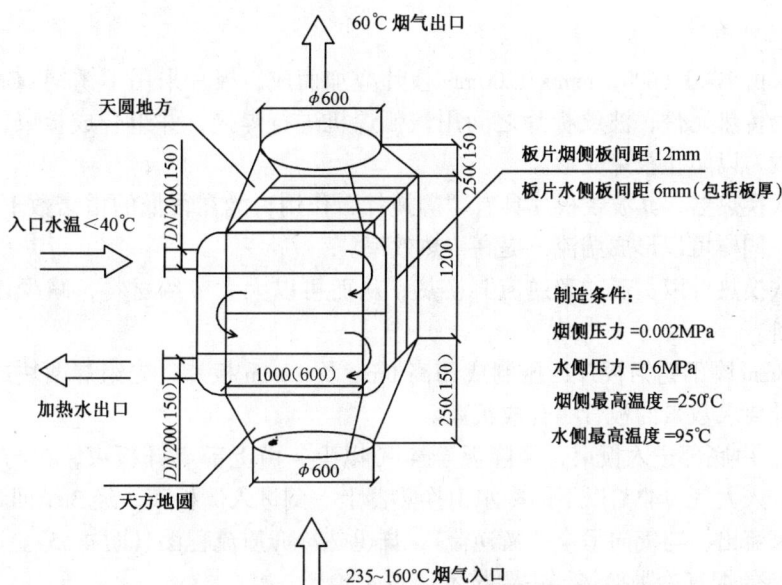

图 4-56 热冷介质流程图

2. 换热器连接系统图（图 4-57）

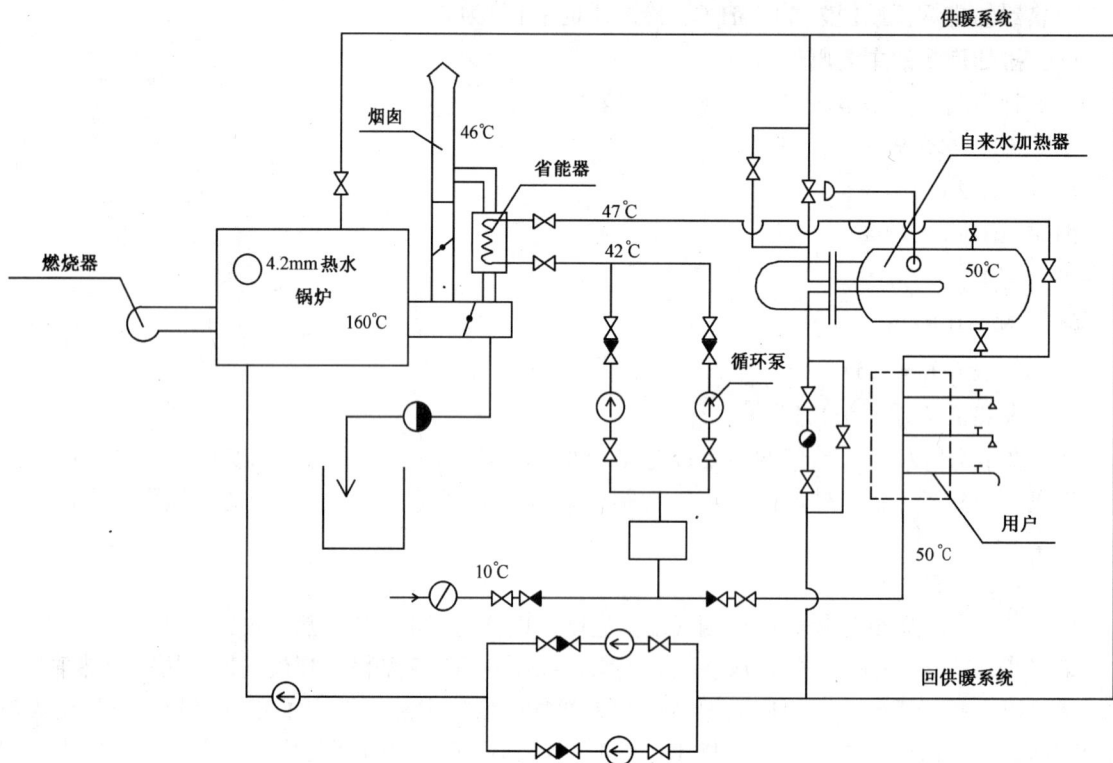

图 4-57　换热器连接系统图

3. 换热器的结构特点

（1）全焊接板束由 1000（600）mm × 1200mm 板片叠加而成，板片采用不锈钢 0Cr18Ni9 压制成波纹薄板片，作为传热元件，波纹板片之间用氩弧焊机进行焊接，并组合成板束，全部板束安装在受压的板壳内，以防止板束变形。

（2）全焊接板式换热器，其波纹板片具有"静搅拌"作用，能在很低的雷诺数下形成湍流，当烟气流速较低时，同样可以形成湍流，提高传热效率。

（3）全焊接板式换热可以实现"叉逆流"换热，从而可以大大节约材料，减少设备重量及制造成本，降低造价。

（4）板束用 0.8mm 厚不锈钢板片，压制成凸高 6mm 及 12mm 板片，先组焊两块成型好的板管，再将板管按设计要求数量的板管叠合成板束。

（5）160℃烟气，由底部进入板束，经降温至 46℃以上，由上部离开板束，再与烟管连接，将氮氧化物等废气排入大气。42℃以下的冷水由换热器上一侧进入侧板束，经 3 个回程后，47℃的加热水由下部板束流出，与气向呈全"叉逆流"，详见热冷介质流程图（图 4-55）。

4. 京海换热制造的烟气冷凝换热器主要技术见表 4-29。

表 4-29

烟气冷凝板式换热装置换热口技术参数表（板宽 300mm、600mm、1000mm 系列）

序号	型　号	锅炉出力 [t/h(MW)]	换热面积 (m²)	板片数 (片)	传热介质温度(℃) 烟气	传热介质温度(℃) 水	进出口烟气接管直径(mm)	进出水接管直径(mm) 热水供应/蒸汽炉	进出水接管直径(mm) 热水炉	外形尺寸(mm)(宽×长×高)	烟气阻力 (Pa)	水侧阻力 (Pa)	冲水重量 (t/台)
1	HBQ0.3×1.2-1.0-15	1.0(0.7)	15	40	235	40~50	300	100/50	100	300×360×1200	200	≤1000	~1.35
2	HBQ0.3×1.2-1.0-26	2.0(1.4)	26	72	235	40~50	400	150/50	150	300×630×1200	200	≤1000	~1.60
3	HBQ0.6×1.2-1.0-26	2.0(1.4)	26	36	235	40~50	400	150/50	150	600×324×1200	200	≤1000	~1.60
4	HBQ0.6×1.2-1.0-40	4.0(2.8)	40	56	235	40~50	500	150/50	150	600×504×1200	200	≤1000	~2.00
5	HBQ0.6×1.2-1.0-60	6.0(4.2)	60	84	235	40~50	600	200/50	200	600×720×1200	200	≤1000	~2.40
6	HBQ1.0×1.2-1.0-60	6.0(4.2)	60	50	235	40~50	600	200/50	200	1000×450×1200	200	≤1000	~2.50
7	HBQ1.0×1.2-1.0-80	8.0(5.6)	80	68	235	40~50	700	200/70	200	1000×580×1200	200	≤1000	~4.00
8	HBQ1.0×1.2-1.0-100	10.0(7.0)	100	84	235	40~50	800	250/70	250	1000×960×1200	200	≤1000	~4.50
9	HBQ1.0×1.2-1.0-150	15.0(10.5)	150	126	235	40~50	1000	250/80	250	1000×1200×1200	200	≤1000	~5.00

第五章 板式换热器和板式换热装置的制造工艺、安装与运行

第一节 板式换热器的制造工艺

一、典型的制造工艺

板式换热器由于零部件的品种较少，易于系列化、通用化，典型的制造工艺具有一定的普遍性和代表性。

1. 可拆卸板式换热器的制造工艺（图5-1）

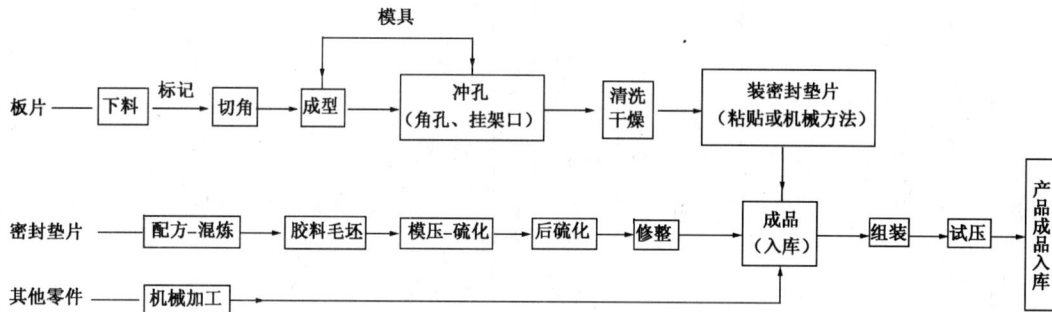

图 5-1 可拆卸板式换热器的制造工艺

如果采用复（组）合冲裁模，可将下料、切角、冲孔（甚至切边）等多道工序一次完成。不仅显著提高生产效率，而且更能保证零件的精度和质量。但是，需要配置较大冲裁力（1MN级以上）冲压机。

最先进的生产工艺是采用成卷的钢板压制板片，使下料、切角、成型、清洗、干燥、堆放等各工序均在一条自动生产线上完成，组装、试压也实现机械化，可24小时连续作业。

2. 半焊接板式换热器的制造工艺（图5-2）

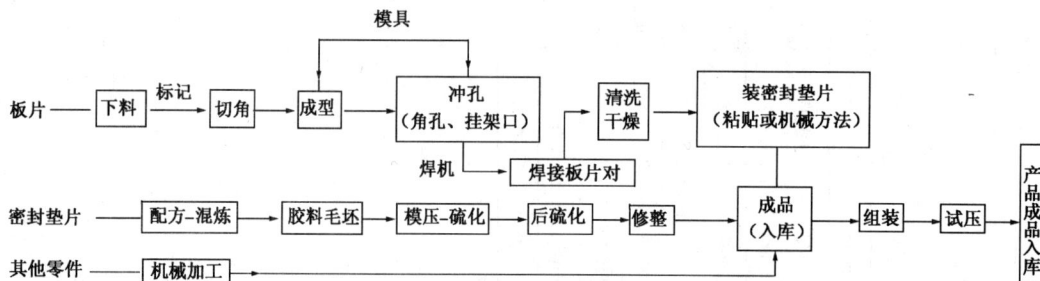

图 5-2 半焊接板式换热器的制造工艺

3. 全焊接板式换热器的制造工艺（图 5-3）

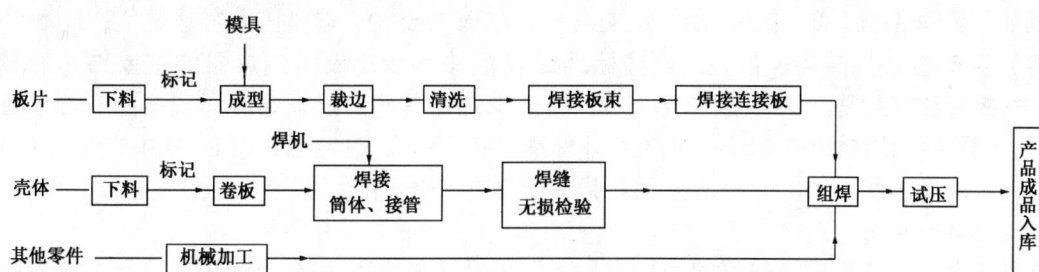

图 5-3　全焊接板式换热器的制造工艺

4. 钎焊板式换热器的制造工艺（图 5-4）

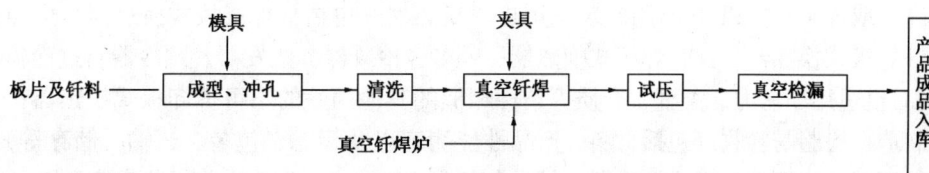

图 5-4　钎焊板式换热器的制造工艺

二、板片冲压用模具

板片采用冷冲模成型。设计、制造成型模时，应注意以下几点：

①采用无压边圈的拉深模（或称拉延模、压延模）；②凸凹模之间的间隙应经济合理，为保证波纹等部分的形状和尺寸精度，间隙不宜过大，单边间隙宜稍大于板材厚度；③应采取措施，防止板片成型后的回弹量过大，保证一定的平面度；④镶拼模块的分块尺寸应尽可能大，以减少拼缝；⑤所有相交处应圆角过渡；弯曲处的圆角半径应不小于板片厚度的 3~5 倍；这些要求对于压制钛板板片时尤其重要；⑥为保证板片的成型精度，提高模具的寿命和可靠性，模具的加工精度（尺寸公差、形位公差）应比板片的精度提高 1~2 级；⑦模具应尽可能采用数控加工中心（机床）加工；⑧模具的闭合高度应在液压机的最大闭合高度与最小闭合高度之间；⑨冲压模具的材料推荐按第一章第三节选用。

三、板片的压制力和液压机

冲压板片需用压制力为 10MN（kt）级以上的液压机。一般，每 $0.1m^2$ 板片的单板面积约需 5000~8000kN 的压制力，视板片的尺寸和结构参数而定；目前用于压制板片的液压机一般不大于 200MN，最大为 400MN。为便于安装模具，液压机的工作台尺寸每边至少应大于模具外形尺寸 50~70mm。

第二节　产品标准与质量要求

一、产品标准

产品标准是组织生产和质量控制的重要依据，也是最低的技术要求。令人遗憾的是，目前除了仅有一项国际标准——ISO 15547：2000（E）《Petroleum and natural gas industries——Plate heat exchangers》外，尚无任何公开的国外标准。国外企业一般仅承诺可按各种压力容器的标准或规范（例如，美国 ASME-Ⅷ、德国 AD – Merkblatter、英国 BS5500、瑞典压力容器规范、日本 JIS B 8243 等）生产板式换热器，但是，这些标准或规范并不涉及板式换热器的主要结构和核心零件——板片和密封垫片。即使 ISO 15547，也极少规定具体的质量指标。我国除有国家标准《板式换热器》（GB 16409-1996)外，尚有行业标准《制冷用板式换热器》（JB 8701-1998）和《食品工业用板式换热器》（QB 1009-90），可以说完全具有"中国特色"。

1.GB 16409-1996

这是首次颁布的板式换热器国家标准。适用于设计压力不大于 2.5MPa、设计温度不高于 260℃的可拆卸板式换热器，规定了有关设计、制造、检验与验收（包括材料、产品性能测定以及标志、包装、运输、储存等）的要求，是目前广泛采用的标准。

2.JB 8701-1998

这是首次颁布的制冷用板式换热器行业标准。适用于以液化气体为制冷剂，设计压力不大于 4.0MPa、设计温度为 0～200℃（最低蒸发温度 – 70℃；对于奥氏体不锈钢钎焊板式换热器，最低设计温度应高于或等于 – 196℃）的制冷装置用板式换热器（包括半焊接板式换热器、全焊接板式换热器、铜钎焊板式换热器、镍钎焊板式换热器；例如：冷凝器、蒸发器、预冷器、过冷器、油冷却器等）；同时也适用于压力、温度、介质等条件相似的其他用途的不可拆卸板式换热器；规定了有关设计、制造、检验与验收（包括材料、产品性能测定以及标志、包装、运输、储存等）的要求。该标准虽然不适用于可拆卸板式换热器，但是包括了 GB 16409-1996 的大部分内容，而且某些规定更加完善、合理。

3.ISO 15547：2000（E）

该国际标准也是首次颁布，主要适用于石油和天然气工业用板式换热器（包括可拆卸板式换热器、半焊接板式换热器和夹紧在框架内的全焊接板式换热器；例如：冷却器、加热器、冷凝器、蒸发器和重沸器等）。主要是基于用户订货方面的要求或建议，涉及有关名词术语的定义、机械设计、材料选择、制造、检验、试验和装运准备工作等内容；对于加工制造和产品质量方面几乎未作具体的规定。但是，尽管如此，许多要求仍有一定的指导意义。

4.QB 1009-90

适用于牛奶、饮料等食品工业，其适用范围较窄，且主要内容均包括在 GB 16409-1996 和 JB 8701-1998 之中。

二、产品的主要质量要求

1. 板片

（1）板片波纹深度和垫片槽深度的偏差应符合表 5-1 规定；

板片波纹深度和垫片槽深度的允许偏差 表 5-1

单板公称换热面积（m²)	≤0.3 或 钎焊板式换热器	>0.3～≤1.0	>1.0
波纹深度和垫片槽深度 的允许偏差（mm）	±0.10	±0.15	±0.20

（2）板片应抽样检测（用放大镜观察，并按 JB 4730 的规定进行渗透检测），不允许有微裂纹；

（3）板片最薄处的厚度应不小于板片厚度的 75%；

（4）板片材料及其性能要求参见第一章第三节。

2. 密封垫片

（1）垫片的厚度允许偏差　可拆卸板式换热器应具有正偏差，其值应不大于0.2mm；其他板式换热器按图样要求；

（2）垫片单边长度的允许偏差应符合表5-2规定；

垫片单边长度的允许偏差　　　　　　　　　　　　　　表5-2

垫片材料	标　准	最小偏差（%）	最大偏差（%）
丁腈类橡胶	JB 8701	-0.7	+0.3
氯丁、三元乙丙类橡胶		-0.8	+0.4
各种材料	GB 16409	不应有正偏差，其负偏差的绝对值应不大于单边长度的3‰，且不大于4mm	

（3）垫片的横截面应色泽均一，不应有机械杂质、气泡等缺陷（GB 16409）；或应符合图样要求（JB 8701）；

（4）垫片的外观（允许的表面缺陷）要求，见表5-3；

（5）垫片的材料及其性能要求参见第一章第三节。

垫片的外观要求　　　　　　　　　　　　　　　　　表5-3

表面位置	GB 16409	JB 8701
上下主密封面	应平整光滑，不应有任何气泡、凹坑、飞边及其它影响密封的缺陷	应平整光滑，不应有任何气泡、凹坑、凸起、裂缝等影响密封的缺陷
其余密封面	过渡修边不大于1.5mm；流痕不大于0.15mm（沿垫片宽度）和3mm（沿垫片长度）；凹凸不大于0.15mm（深度）和1.3mm（长度）	缺陷的长度或宽度应不超过2.0mm，高度或深度应不超过0.2mm

3. 组装

（1）钎焊板式换热器板片包装配后的直线度应不大于$2L/1000$（L为板片包总长度，mm）；

（2）板式换热器（包括带压紧板或框架板的全焊接板式换热器）组装后，压紧板（或框架板）间的平行度应符合表5-4的规定；夹紧尺寸L的偏差应不大于$\pm 0.2 N_P$（mm）（N_P为板片总数）；

压紧板间的平行度（mm）　　　　　　　　　　　　　表5-4

夹紧尺寸L	<1000	≥1000
平行度	≤2	≤$3L/1000$且≤4

（3）压紧板（或框架板）上的法兰密封面与接管中心线的垂直度应不大于法兰外径的1%

（外径小于100mm 时，按 100mm 计算），且不大于 3mm，法兰、压紧板（或框架板）的螺柱孔应跨中布置。

4. 焊接

（1）钎焊：保护气体——氮气的纯度（如果需要）应不低于 99.99%；应按评定合格的钎焊工艺进行焊接；

（2）钎焊板式换热器应按 JB 8701 的规定进行爆裂试验。爆裂试验必须有可靠的安全措施，试验介质为水；试验压力

$$P_b \geqslant \frac{4P[\sigma]}{[\sigma]^t}$$

式中　P_b——爆裂试验压力（MPa）；

　　　P——设计压力（MPa）；

　　$[\sigma]$——试验温度下端盖板（框架板）材料的许用应力（MPa）；

　　$[\sigma]^t$——设计温度下端盖板（框架板）材料的许用应力（MPa）。

（3）半焊接或全焊接板式换热器板片之间的密封焊可采用激光焊、氩弧保护电弧焊或等离子弧焊；激光焊的焊接工艺评定按 JB 8701 附录 C，其他焊接的工艺评定按 JB 4708 的规定进行。

5. 标准

半焊接或全焊接板式换热器壳体的设计、制造、检验等应符合国家标准 GB 150 的规定。

6. 压力试验

制造完成的板式换热器必须逐台进行压力试验（液压试验或气压试验）；冷、热两侧应分别进行单侧试压，未试压的另一侧应同时处于常压状态。

（1）液压试验

有特殊规定的钎焊板式换热器和其他换热器应进行液压试验，试验压力：

$$P_T = 1.25P\frac{[\sigma]}{[\sigma]^t}$$

式中　P_T——液压试验压力（MPa）；

　　　P——设计压力（MPa）；

　　$[\sigma]$——试验温度下壳体材料的许用应力（MPa）；

　　$[\sigma]^t$——设计温度下壳体材料的许用应力（MPa）。

（2）气压试验

1）钎焊板式换热器一般应进行气压试验，试验压力：

$$P_T = 1.15P\frac{[\sigma]}{[\sigma]^t}$$

2）气压试验的介质一般采用洁净的空气或氮气；试验时，应采取可靠的安全措施。

7. 泄漏试验

压力试验合格后的板式换热器（一般，可拆卸板式换热器除外）方可进行泄漏试验；试验介质为氮气。

（1）钎焊板式换热器和全焊接板式换热器应分别进行外漏和内漏试验；半焊接板式换热器仅需进行内漏试验；

（2）允许泄漏量：钎焊板式换热器应不大于 5.0×10^{-6} mbar·L/s；全焊接板式换热器内漏试

验时应不大于 1.0×10^{-5} mbar·L/s，外漏试验时应不大于 1.0×10^{-3} mbar·L/s；半焊接板式换热器应不大于 1.0×10^{-3} mbar·L/s。

8. 清洁度

可拆卸板式换热器的内腔应洁净、无杂物；制冷用板式换热器与制冷剂接触表面的杂质含量应不超过 200mg/m² （仅在形式检验时进行）。

9. 产品性能测定

性能测定的结果可为产品选型计算和正常运行提供科学依据。

（1）可拆卸板式换热器 每种形式的产品均应进行热工性能和流体阻力特性测定；测定系统、测量仪表及测量方法见第六章第二节；

（2）其他板式换热器

1）当用户需要时，应进行热工性能和流体阻力特性测定；测定系统、测量仪表及测量方法参见第六章第二节；

2）按规定工况实测的总传热系数应不小于供货方设计计算值的 95%；

3）按规定工况实测的压力降，每一侧应不大于供货方设计计算值的 110%。

第三节 板式换热器的试压、清洗、试运行

城市集中供热系统使用的板式换热器应按 CJJ28-1989 城市供热管网工程施工及验收规范的要求进行板式换热器的试压、清洗、试运行。

一、试压

1. 供热管网工程的设备应按设计参数及本规范的规定进行强度试验和严密性试验。

2. 热力站、中继泵站内的管道和设备均应进行水压试验。在管道和设备内部达到试验压力并趋于稳定后，30min 内压力降将不超过 0.5×98.1kPa 即为合格。设备的试验压力应符合下列规定：

管壳式汽-水换热器：汽侧，1.5 倍蒸汽工作压力；水侧，1.5 倍热水工作压力。

快速式水-水换热器：一次水侧，1.5 倍工作压力；二次水侧，1.5 倍工作压力，但不低于 8×98.1kPa。

容积式换热器：汽、一次水侧，1.5 倍工作压力；生活热水侧，1.25 倍工作压力，但不低于 6×98.1kPa。

GB50242-2002 建筑给水排水及采暖工程施工质量验收规范规定：换热器应以最大工作压力的 1.5 倍做水压试验，蒸汽部分应不低于蒸汽供汽压力加 0.3MPa，热水部分应不低于 0.4MPa。检验方法：在试验压力下，保持 10min 压力不降。

3. 试压过程中发现的渗漏部分应做出明显的标记并予以记录，待泄压后处理，不得带压进行修补。水压试验渗漏地方的修补，应按本规范有关规定执行。渗漏部位的缺陷消除后，应重新试压。

二、清洗

1. 供热管网的清洗应在试压合格后，用蒸汽或水进行。

2. 清洗时，要注意清除管线内的杂物不要堵塞板式换热器，故在清洗前应把不与管道同时清洗的设备、容器及仪表等与需清洗的管道隔开。

3. 设备和容器应有单独的排水口，在清洗过程中，设备中的脏物应单独排泄。

4. 管网清洗的合格标准：应以排水中全固形物的含量接近或等于清洗用水中全固形物的含量为合格。当设计无明确规定时，入口水与排水的透明度相同即为合格。

三、试运行（应符合 CJJ/T88-2000，J25-2000 城镇供热系统安全运行技术规程的规定）

1. 试运行应在供热管网工程的各单项工程全部竣工并经验收合格，管网总试压合格，管网清洗合格，热源工程已具备供热运行条件后进行。

2. 供热系统的热力站运行前的检查应满足以下要求：

（1）热力站内所有阀门应开关灵活、无泄漏、附件齐全可靠，换热器、除污器经清洗无堵塞。

（2）如果用污水作冷却介质，或回收污水的余热，或介质内含有粒状固定物时，要在板式换热器入口端安装过滤器或除污器，以免堵塞换热器。

（3）冷却水（被加热）温度超过 40℃时，应尽可能先进行软化处理，以免换热器结垢，影响传热效果。

（4）检查管线连接是否正确，避免两种介质相混，引起不良后果。

（5）热力站电气系统安全可靠。

（6）热力站仪表齐全、准确。

（7）热力站水处理及补水设备正常。

（8）运行前严格检查冷、热介质的进口阀门是否关闭，出口阀门是否开启。

（9）完成上述工作后方可启动，启动时先启动冷、热介质的泵，慢慢地打开冷介质的进口阀，然后打开热介质的进口阀，使介质缓慢地流入换热器，以免温度过高。

（10）检查所有密封面及所有焊缝处有无渗漏等不正常现象。

（11）缓慢地升温，同时测定和计算是否满足工艺要求，满足后，即可进入正常操作。

第四节　板式换热器和板式换热装置的运行与调节

一、板式换热装置的启动应符合以下规定

1. 水-水交换系统：系统充水完毕，调整定压参数，投入换热设备，启动二级循环水泵。

2. 汽-水交换系统：汽-水交换设备启动前，应先将二级管网水系统充满水，启动循环水泵后，再开启蒸汽阀门进行汽-水交换。

3. 生活水系统：启动生活用水循环泵，并将一级管网投入换热器，控制一级管网供水阀门，调整生活用水水温。

4. 软化水系统：开启间接取水水箱出口阀门，软化水系统充满水后，进行软水制备，启动补水泵对二级管网进行补水。

5. 按各自不同系统制定的具体操作规程进行，换热器应严格按使用说明书具体操作以免单向受压或压差过大而造成损坏。

二、板式换热装置运行时的参数检测

1. 供热系统应检测的参数主要有压力、温度、流量及热量等，参数检测的重点是热源、泵站、热力站、用热户以及主干线的重要节点。

2. 板式换热装置参数检测应符合下列规定：

（1）对于有供暖负荷、生活热水负荷的换热器连接系统，应分别检测供暖、生活热水的一、二级系统的供、回水温度，供、回水压力和换热器的进、出口压力、温度，并应检测供、回水流量和供热量。

（2）对于蒸汽系统，应检测供汽流量、压力、温度；当有冷凝水回收装置、汽-水换热器时，应分别检测一、二级系统的压力、温度、流量和汽-水换热器进、出口压力、温度及水位，并应检测凝结水回水流量。

（3）当采用计算机监控时，还应检测室外温度。

三、板式换热装置站运行时的参数控制

1. 低温热水供热系统（指供水温度小于或等于 95℃的热水供热系统）最佳运行流量应控制在 2.0～3.0 kg/（m²·h）范围内（供热系统的设计供、回水温差为 25～20℃之间，供暖设计热指标为 58～70W/m² 范围内）。当流量在 2.0～3.0 kg/（m²·h）之外时，说明供热系统出现了水力工况水平失调的问题，此时应进行系统的流量调节，使之达到《民用建筑节能设计标准（采暖居住建筑部分）》水输送系数的规定指标。

2. 当热用户供暖系统安装有温控阀时，由于温控阀的调节作用，供热系统的循环流量不再恒定不变。为便于节能，延长温控阀的使用寿命，二次网宜采用变流量调节。

3. 对于多热源、多泵站供热系统，当热负荷变化时，可能存在多个热源、泵站组合，满足同一供热要求。在这种情况下，需要通过供热量和循环流量的平衡计算、末端压差计算以及最小运行费用计算，确定最佳热源、泵站、换热器运行组合和运行方案。

4. 在同一供热系统中，同时具备供暖、空调、生活热水供应热负荷的称为多种类型负荷的供热系统，对于不同连接形式的系统，应分别采用以供暖负荷为主的调节方法或综合调节方法。

5. 换热器供热可靠度，对于区域锅炉房供热取为 85%，对于热电厂供热取为 90%。可靠度 =（有故障存在时系统的实际供热量/系统完好状态下应该给出的供热量）×100%。

四、板式换热装置运行时的调节与控制

1. 板式换热装置的调节应符合下列规定

（1）对二级供热系统，当热用户未安装温控阀时宜采用质调节；当热用户安装温控阀或当热负荷为生活热水时，宜采用量调节；生活热水温度应控制在 55±5℃。

（2）在板式换热装置进行局部调节时，对间接连接方式，被调参数应为二级系统的供水温度或供、回水平均温度，调节参数应为一级系统的介质流量。

（3）水-水交换系统不应采用一级系统向二级系统补水方式；当必须由一级系统向二级系统补水时应按调度指令进行，并严格控制补水量。

（4）蒸汽供热系统宜通过节流进行量调节；必要时，可采用减温减压装置，改变蒸汽温度，实现质调节。

（5）对换热器的运行参数，应进行检测、记录和控制，运行参数的检测、控制，可手动，也可自动；对常规自动控制仪表，宜以电动单元组合仪表和基地式仪表为主，条件具备时，宜采用计算机自动检测控制。运行参数的监控系统运行前应经调试。

（6）换热器在运行期间，当热用户无特殊要求时，民用住宅室温不应低于 18℃；热用户室温合格率应为 97%以上；设备完好率应为 98%以上；事故率应低于 2‰；热用户报修处理及时率应为 100%。

2. 板式换热装置参数的调节与控制

（1）换热器实际运行流量应接近设计流量。

（2）当系统出现实际运行工况与设计水温调节曲线不符时，应根据修正后的水温调节曲线进行调节；当采用计算机监控时，宜根据动态特性辨识，指导系统运行。

（3）当室内供暖系统未采用热计量、未安装温控阀时，换热器二次侧宜采用定流量（质调）调节；当室内系统采用热计量且安装有温控阀时，二次侧宜采用变流量（量调）调节。系统变流量时，宜采用不同特性泵组或改变水泵并联台数，或采用变频泵控制流量。为适应调频变速流量控制，系统宜采用双泵系统。

（4）在板式换热装置热用户入口或分支管道上应安装调节控制装置以便进行流量调节。

（5）系统末端供、回水压差不应小于 0.05MPa。

3. 板式换热装置计算机自动监控

（1）供热系统从热源、泵站、热力网、热力站至热用户宜采用在线实时计算机控制。

（2）根据需要和技术条件，应选择不同级别的计算机监控系统，分别实现下列功能：检测系统参数、调配运行流量、指导运行调节、诊断系统故障、健全运行档案。

（3）计算机监控宜采用分布式系统。

（4）计算机监控系统在停运期间，应进行断电保护。

4. 板式换热装置的运行调度

（1）供热系统（热源、热力站、热用户）必须实行统一调度管理，以保证供热系统的安全、稳定、经济、连续运行。

（2）板式换热装置调度应符合下列规定：

1）充分发挥换热器、水泵的能力，实现正常供热。

2）保证换热器、水泵安全、稳定运行和连续供热。

3）保证各用热单位的供热质量符合相关标准的规定。

4）结合系统实际情况，合理使用和分配热量。

5. 板式换热装置的调度管理主要工作应包括下列各项

（1）编制板式换热装置的运行方案、事故处理方案、负荷调整方案、停运方案。

（2）批准板式换热装置的运行和停止。

（3）指挥热力站事故的处理，组织分析事故发生的原因，制定提高供热系统安全运行的措施。

（4）参加编制热量分配计划，监视用热计划执行情况，严格控制按计划指标用热。

五、板式换热装置的停止运行及保护

（1）板式换热装置的停止运行应符合下列规定：

1）对换热器系统，应在与一级管网解列后再停止二级管网系统循环水泵。

2）对生活热水系统，应与一级管网解列后停止生活热水系统水泵。

3）对软化水系统，应停止补水泵运行，并关闭软化水系统进水阀门。

4）停泵后，先缓慢地关闭热介质进口阀门，再关闭冷介质的进口阀门，最后关闭两介质的出口阀门。

5）如果板式换热装置内装有放空阀，应打开。

6）对温度较高的介质及腐蚀性介质，应尽量使设备放空，以免打开设备时烫伤人和腐蚀设备。

（2）板式换热装置停运后，应采用湿保护的供热系统，其保护压力宜控制在供热系统静水压力 ±0.02MPa。

（3）板式换热装置停运后，应对站内的设备、阀门及附件进行检查和维护。

第五节　板式换热器和板式换热装置的诊断

一、诊断的目的

1. 了解和掌握换热器和板式换热装置供热系统的现况，进行物理性能劣化（腐蚀、磨损状况）的诊断，性能（换热器性能和运行性能）的诊断，并对室内环境（温度、湿度、尘埃及 CO_2 浓度和气流等）进行调查，找出性能变化的原因，推算出换热器（板式换热装置）的寿命，为完善换热器（板式换热装置）的维护保全计划，为换热器的维修、改造更新提出指导性意见。

2. 了解和掌握换热器（板式换热装置）供热系统当前的能耗、运行费，分析能耗和运行费偏高的原因，提出降低运行费用，管理费用，节能和节省人力，保障安全供热（冷）措施。

二、诊断方法和评价

1. 诊断流程

明确诊断目的后，应对必要的项目进行诊断。诊断的流程，如图 5-5 所示。

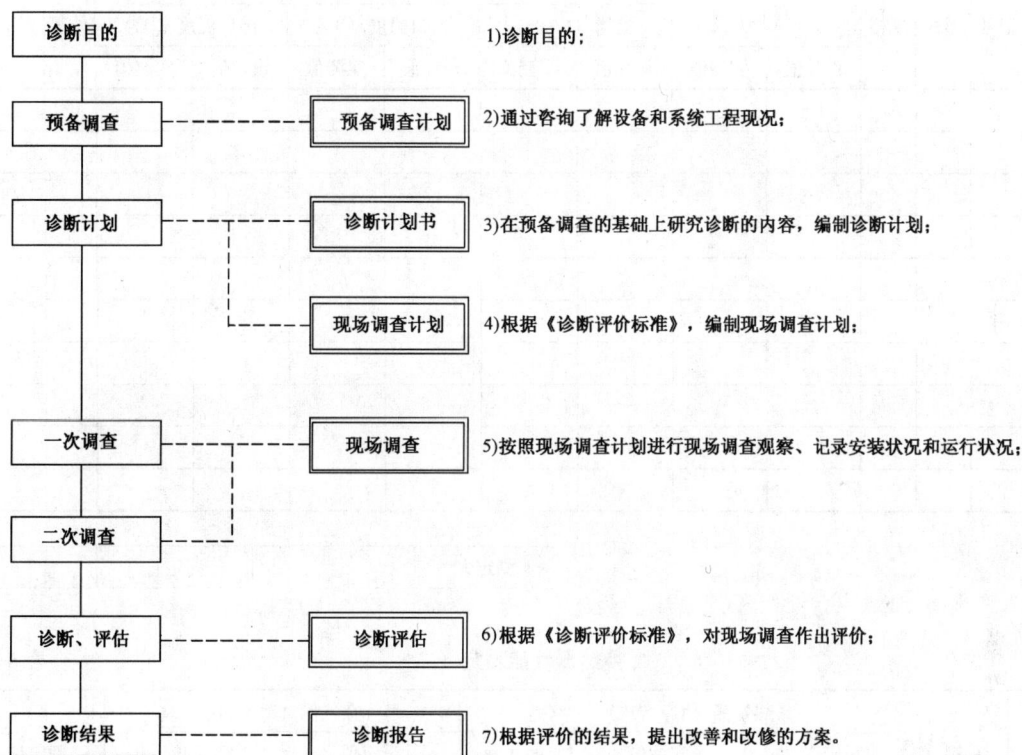

图 5-5　诊断流程

（1）预备调查　向运行管理人员了解如下问题：用户的要求，换热器等设备不合理运行的程度，换热器等设备的概况等，还要通过竣工资料、运行记录和法定检测记录等，大致掌握设备和系统的现况。

（2）诊断计划　诊断评价内容：

1）性能劣化诊断：换热器等设备劣化现象的程度，性能降低的程度。

2）安全性能诊断。

3）环境性能诊断等。

4）节能性能诊断，采用节能技术的状况、能耗的现况。

（3）调查

1）一次调查，主要是观察或用五官的调查，或对各种管理记录进行定性诊断。

2）二次调查，使用仪器进行调查，或根据分解检查、破坏调查等进行定量诊断。

（4）诊断、评价（图 5-5）要明确对换热器等设备、材料提出更新、补修、部分补修的意见，并提出维护保全计划。

2. 记录测定数据的格式

（1）换热器性能测定（表 5-5、表 5-6）。

换热器性能测定（一）　　　　　　　　　　表 5-5

NO	记号	形式	规格	蒸汽压力（MPa）		水						外观	判定	备注
						流量（L/min）		入口温度（℃）		出口温度（℃）				
				设计值	实测值	设计值	实测值	设计值	实测值	设计值	实测值			

测定人		测定日	

换热器性能测定（二）　　　　　　　　　　表 5-6

NO	种别	热媒侧（℃，MPa）				阀开度（%）	空气侧（℃，DB）				判定/备注
		设定值		实测值			设定值		实测值		
		入口	出口	入口	出口		入口	出口	入口	出口	

测定人		测定日	

（2）水泵性能测定（表 5-7）。

水泵性能测定 表 5-7

NO		机 器	记 号	名 称	设置场所	记录日期
		水泵				

	制造编号	口径	型 号	流量 (L/min)	扬程 (m)	转速 (r/min)	备注
本 体							

	制造编号	形式	ϕ	V	P	H_2	kW	A	转速 (r/min)	
电动机										

	流 量 (L/min)	扬程 (m)	转速 (r/min)	电 流 值 (A)		电压值 (V)	阀开度 (%)
设计值							
实测值		出口 / 入口		零调整	电流表		
判 定							
备 注							

测定人		测定日	

（3）管道性能测定（表 5-8）

管道性能测定 表 5-8

NO	种别/部位	压力（MPa）		流量（m³/min）		水温度（℃）		阀门开度 （%）	判定
		设计值	实测值	设计值	实测值	设计值	实测值		

项 目	检 验	项 目	检 验	项 目	检 验
漏 水		保温/隔热		机器连接	
结 露		外 装			
振 动		堵 塞			

测定人		测定日	

（4）过滤器性能测定（表5-9）

过滤器性能测定   **表 5-9**

NO	压力损失（MPa）		判 定	备 注
	设 计 值	实 测 值		

	测定人		测定日	

3．测定仪器

（1）流量测定仪器主要有机械式和非机械式两类。机械式可分为单束旋翼式（图5-6），多束旋翼式（图5-7），垂直螺翼式（图5-8），水平螺翼式（图5-9）等，非机械式可分为超声波式（图5-10），电磁式（图5-11）等。超声波流量计的规格，见表5-10。

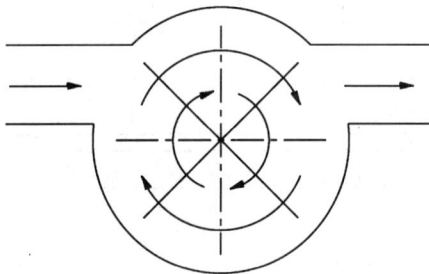

图 5-6 单束旋翼式   图 5-7 多束旋翼式

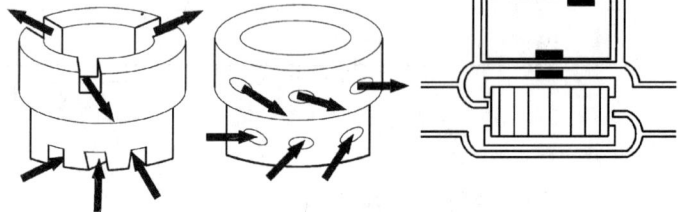

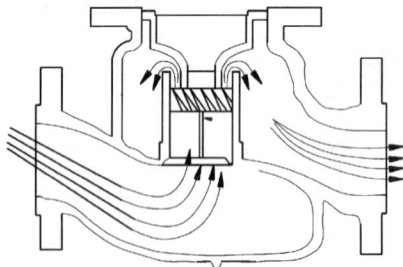

图 5-8 垂直螺翼式   图 5-9 水平螺翼式

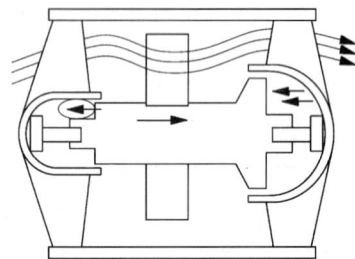

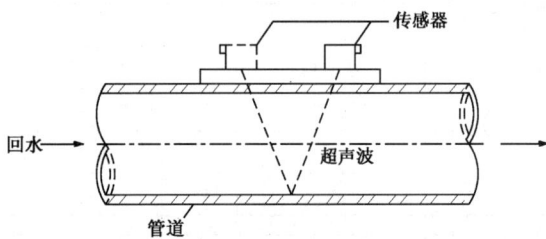

图 5-10 超声波流量计测定原理   图 5-11 电磁式流量计

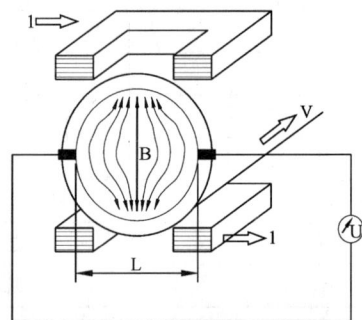

超声波流量计的规格　　　　　　　　　　表 5-10

测定对象	种　类	能传输超声波的均一媒体（上水、下水、工业用水、河川水、海水、纯水、油等）
	测试范围	−20～+100℃，+60℃以上时使用高温传感器
	浊　度	10000mg/L（度）以下
	注：不含气泡	
管道	种　类	钢管，不锈钢钢管，铸铁管，球铸铁管，氯乙烯管，FRP管，丙烯管，石棉管
	公称直径	25～5000mm
	注：公称直径范围：50～500mm使用标准传感器，25～50mm使用小型传感器，300～5000mm使用大型传感器	
	衬　里	焦油环氧，灰浆，橡胶，特氟隆
	直管段长度	上流侧：管道内径的10倍以上 下流侧：管道内径的5倍以上
测定范围	（流　速）	−10～0～+10m/s

测定精度　　管道公称直径＼流速	<1m/s	>1m/s
<300mm	±0.015m/s	显示值的±1.5%
>350mm	±0.01m/s	显示值的±1.0%

（2）热量表　热量表的构成如图 5-12 所示，规格型式见表 5-11。从该图可知，热量表由流量计、温度传感器和处理器三部分组成。用户热量表的公称直径为 15～40mm，一般采用机械旋翼式流量计，也可采用超声波流量计。建筑入口热量表和热源热量表的公称直径为 50～65mm 时，一般采用机械旋翼式流量表；公称直径为 80～150mm 时，也可采用超声波式流量计或机械式水平、垂直螺翼流量计；公称直径≥200mm 时，采用超声波流量计。

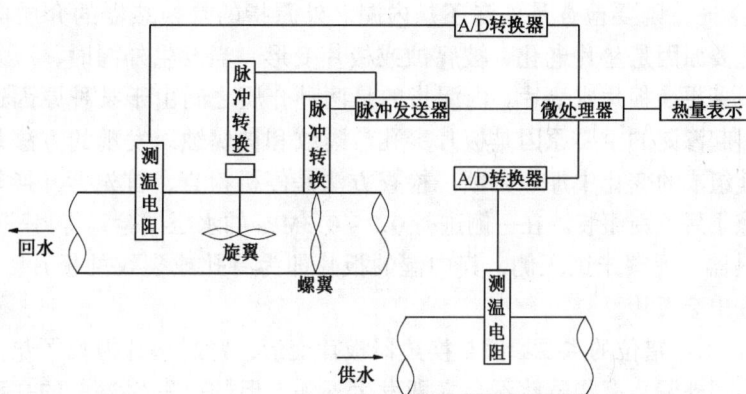

图 5-12　热量表

三、故障的诊断及处理

1. 板式换热器和板式换热装置的故障诊断和处理

（1）运行工况偏离设计要求　新投产的板式换热器如果达不到设计要求，应检查设计参数、设计计算、组装等是否正确。若开始运行时正常，经过一段运行时间后出现偏离设计工况的情况，如压力降增大或减少，介质出口温度上升或下降，则要采取以下处理方法。

热量表的种类 表 5-11

口 径		精度 ±2% 的测定值			精度 ±1% 测定值流量范围 (m³/h)	外形尺寸			质量 (kg)
A (mm)	B (in)	流量范围 (m³/h)	幅度变化范围	允许最大流量 (m³/h)		宽 (mm)	高 (mm)	长 (mm)	
32	$1\frac{1}{4}$	1~5	1/5	8	—	245	160	315	6
40	$1\frac{1}{2}$	1.5~10	1/6.6	15	—	245	160	315	6
50	2	2~20		30	6~20	360	180	480	8
65	$2\frac{1}{2}$	3.5~35		50	10.5~35	370	200	490	8
80	3	6~60		70	15~60	375	224	495	13
100	4	9~90		120	18~90	385	250	505	18
125	5	12~120		180	24~120	400	280	520	25
150	6	18~180	1/10	250	36~180	410	315	530	35
200	8	35~350		450	70~350	435	355	555	60
250	10	50~500		700	100~500	460	400	580	90
300	12	75~750		1000	150~750	480	500	600	150
350	14	95~950		1300	190~950	500	600	620	170
400	16	120~1200		1700	240~1200	525	750	645	220
450	18	150~1500		2000	300~1500	545	850	665	300

注：冷热水 0~220℃，允许环境温度 0~60℃。

1）若冷、热介质的入口参数与原设计相符，而出口参数达不到设计值时，则应停机，拆开检查板间有无堵塞或板片结垢等问题，并采取相应的处理方法。

2）若发生渗漏时，则要检查是外漏还是内漏。外漏指的是换热器的介质向外部空间的渗漏，引起渗漏的主要原因是垫片老化、被腐蚀或板片变形。当发生外漏时，应及时在渗漏部分做上记号，打开设备更换板片或垫片。内漏指的是两种介质之间由于某种原因造成高压侧介质向低压侧渗漏。引起渗漏的主要原因是板片穿孔、裂纹和被腐蚀。发现的方法是对低压侧的介质进行化验，从其组成的变化中加以判断。检查方法是停机检查，首先拆开换热器，清除板片表面上的污垢，擦干后重新组装。在一侧进行 0.2~0.3MPa 的水压试验，待另一侧流出水后即停止试验，打开换热器，观察未试压侧，其中湿的板片即为有孔或裂纹的板片。也可采用透光、着色检查方法，查出废板片。

3）板片错位，引起错位的主要原因是换热器板片变形；密封垫片滑离了垫片槽。板片错位后，有时很快就出现外漏，有些虽然不会立即发生外漏，但却是发生渗漏的一种隐患，处理方法，即时更换变形的板片和垫片。

（2）水泵的故障诊断和处理 影响水泵性能的主要因素如下：衬环和叶轮的间隙；叶轮内面和外面的锈和水垢；外壳内面的锈和水垢；叶轮的磨损等。处理的方法是检查和更换（表5-12）。

检查和更换时期　　　　　　　　　　　表 5-12

零部件	检查项目	检查时期					更换时期
		周	月	3个月	6个月	年	
外　壳	内面的锈、水垢、腐蚀、磨损					◎	15 年
叶　轮	内外面的锈、水垢、腐蚀、磨损					◎	4 年
衬　环	磨　损					◎	4 年
轴	滑动部的检查和磨损的检查					◎	带套管，不带套管
套　管	磨　损					◎	3 年
轴承（1）	声音、振动、温度	○					—
轴承（2）	磨损检查和润滑油的交换					◎	3 年
填　料	泄漏状况	○					1 年

影响最大的是叶轮和衬环，表 5-13 表示锈对水泵轴功率的影响，当叶轮和外壳上存在锈和水垢时，轴功率可能增加 12.3%。

锈增加的轴功率（kW）　　　　　　　　表 5-13

流量（L/min）	叶轮、外壳内有锈	叶轮除锈（外壳有锈）	叶轮、外壳均除锈
0	3.44	2.62	2.60
300	4.80	3.91	3.80
700	6.60	5.85	5.71
1000	7.65	6.85	6.65
1350	8.30	7.60	7.40

四、板式换热器的维修

1. 正常运行维修周期

(1) 需要维修的设备，应按安装顺序逆行拆开换热器。

(2) 在石油、化工行业中应用的设备，应按检修周期进行定期维修。

(3) 设备内的介质若是易燃、易爆或腐蚀性较强的介质，至少每年维修一次。

(4) 供热、空调系统使用的板式换热器，若未发生渗漏，也应三年维修一次。

2. 板片的清洗

(1) 清洗方法，有化学清洗法，机械清洗法和综合清洗法。

1) 化学清洗法：将化学溶液循环地通过换热器，使板片表面的污垢溶解、排出。

2) 机械（物理）清洗法：将板片拆开后用刷子进行人工洗刷，但对较坚硬、较厚的垢层，不易清洗干净。

3) 综合清洗法：是先用化学清洗软化垢层，再用机械清洗法除去垢层。

(2) 清洗时的注意事项

1) 化学清洗时溶液的流速应为 0.8 ~ 1.2m/s。

2) 不同的污垢应采用不同的化学清洗液。清洗液有稀释纯碱溶液，5%硝酸溶液（适合于水垢），5%盐酸溶液（适合于纯碱生产中生成的碱）等，但不得使用对板片产生腐蚀的化学清洗剂，清洗方法示意见图 5-13 所示。

3) 机械清洗时不允许用碳钢刷子刷洗不锈钢板片，并不得使板片表面有划痕、变形等。

4）清洗后的板片要用清水冲洗干净并擦干，放置时应防止板片发生变形。

3.垫片的维修

垫片在使用时若发生渗漏、断裂、老化等现象，要及时更换，更换的顺序如下：

（1）拆下废旧垫片，拆卸时不得使垫片槽内有划痕。

（2）用丙酮、丁酮或其他酮类溶液清除垫片槽内的残胶。

（3）用干净的布或棉纱擦净垫片槽和垫片。

（4）将胶粘剂均匀地涂在垫片槽内。

（5）把干净的新垫片贴在板上。

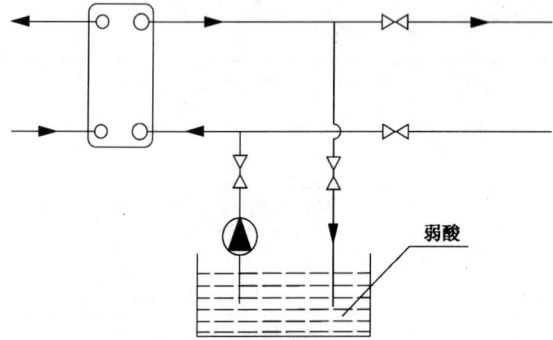

图 5-13　除垢清洗示意图

（6）贴好垫片的板片要放在平坦、阴凉、通风的地方自然干固 4h 后才可安装使用。

第六节　换热器维修与节能运行案例
——××化学工厂轻油生产设备的节能

一、概要

在炼钢用的焦炭制造过程中发生的焦炭气体（以下称为 COG）的精制工艺中生产出轻油。轻油生产设备分为从 COG 中吸收轻油的捕集工艺和为了提取轻油的加热、蒸馏工艺两部分，如图 5-14 所示。为了减少蒸馏过程中加热所耗燃料，在工艺过程中增加了 4 台换热器。图 5-15 表示吸收轻油温度与使用日数的关系，图 5-16 表示加热炉消耗燃气与使用日数的关系。从上述两图可知，运行 90 日之后，换热器出口的吸收轻油温度从 146℃下降至 127℃，加热炉所耗燃气量从 4700m³/d 上升至 7400m³/d，说明换热器的效率下降十分明显。图 5-17 表示使用换热器的种类。

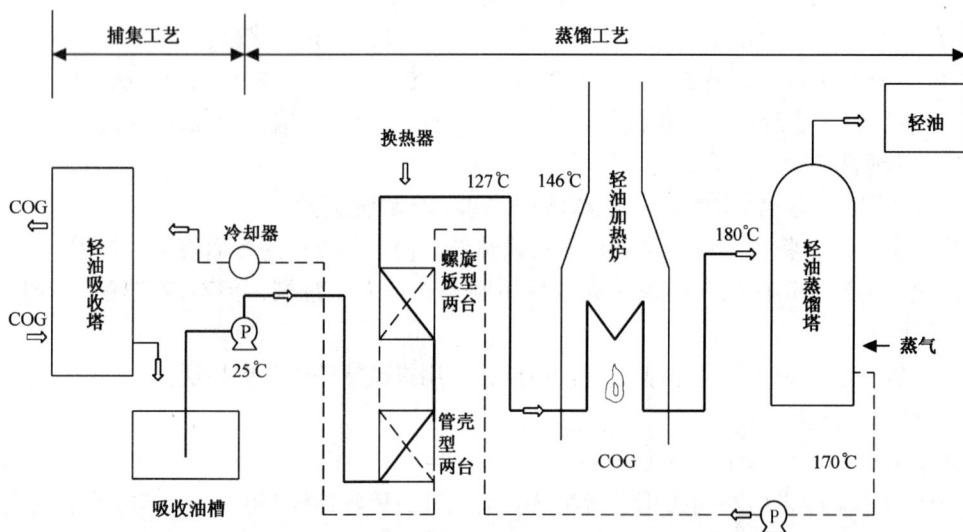

图 5-14　轻油生产工艺

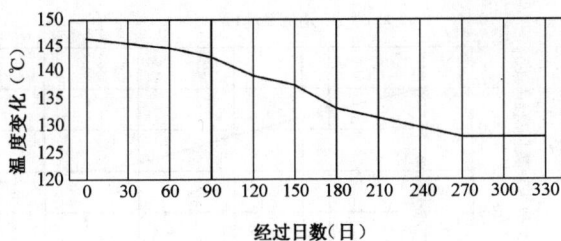

图 5-15　吸收轻油温度的变化（换热器出口）

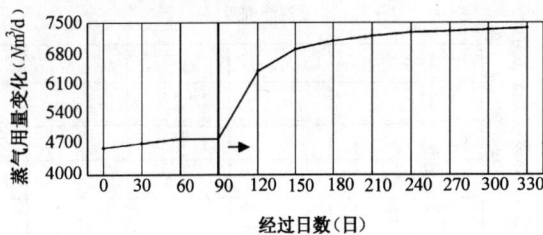

图 5-16　燃气用量的变化

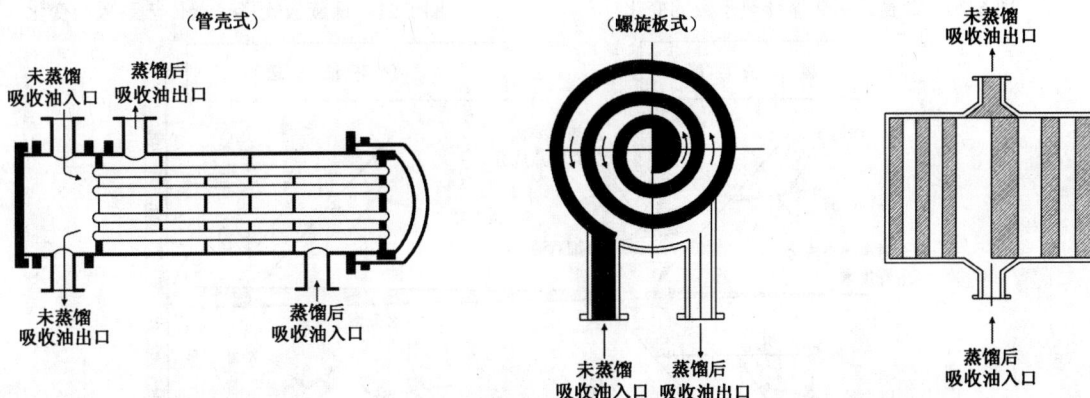

图 5-17　使用换热器的结构

二、换热器传热效率降低原因的分析

图 5-18 表示换热器传热系数和 COG 使用燃料的变化。通过管壳式、螺旋板式换热器解体检查发现，由于在传热面上附着了高沸点成分，故传热系数从清洗后的 375W/（m² · ℃）降低到 200W/（m² · ℃）以下，导致 COG 使用燃料的快速增加。

三、逆流清洗后不同换热器传热系数的变化

图 5-19 表示逆流清洗法，通过未蒸馏吸收油反向流动除去换热面的附着物，逆流清洗时，装置停止运行。图 5-20、图 5-21 分别表示实施逆流清洗后管壳式换热器和螺旋板式换热器传热系数的变化。从上述两图可知，螺旋板式清洗后的效果不明显。图 5-22 表示螺旋板式换热器效率下降的原因分析，主要原因是换热器内部的间距变窄，增加了压力降；循环吸收油时增加了高沸点成分；在换热器内堆积油泥等。

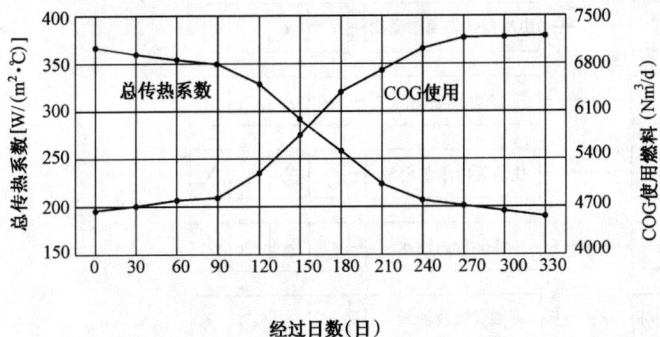

图 5-18　传热系数及燃料量的变化

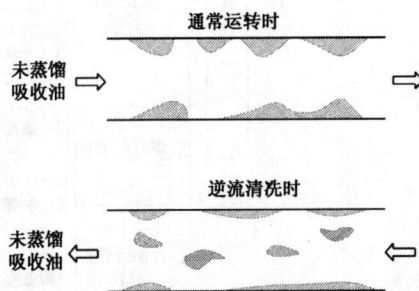

图 5-19　逆流清洗法

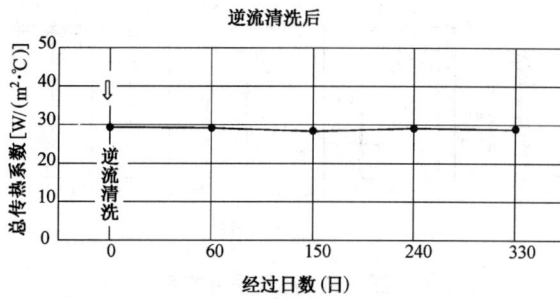

图 5-20　管壳式换热器传热系数的变化

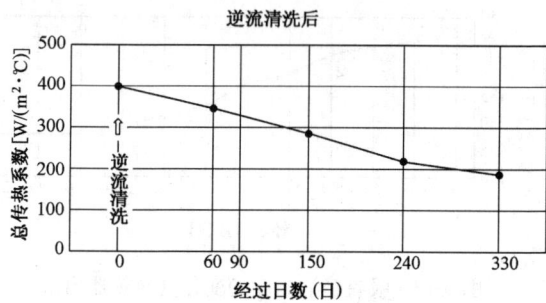

图 5-21　螺旋板式换热器传热系数的变化

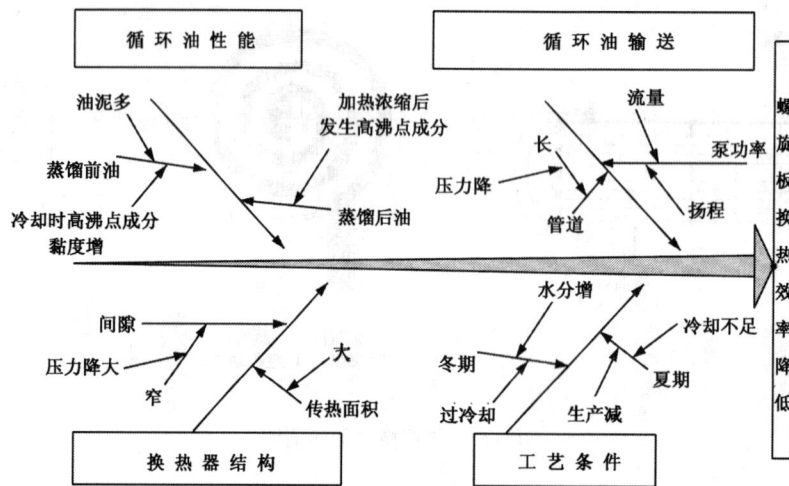

图 5-22　螺旋板换热器效率降低原因分析

四、提高换热器换热效率的措施

图 5-23 表示提高换热器传热性能的措施，包括更新换热器，换热器的清洗和改善吸收油的性能等。从图 5-23 可知，更换为特殊流道的板式换热器是可行的。

图 5-23　提高换热器传热性能的方法

注：△○×依次表示好、较好、差。

（1）宽-宽流道、宽-窄流道板式换热器和全焊板式换热器是两种适合于高黏度、大颗粒的换热器。北京京海换热生产的 $K_n BR07$、$K_n BR09$、$K_n BR12$ 的当量直径为 7mm/25mm，$K_b BR07$、$K_b BR09$、$K_b BR12$ 的当量直径为 16mm，以它们替代狭窄通道的螺旋板换热器是十分合理的。

（2）水蒸气清洗，属运行中的清洗方法，但在油内添加水分可能会发生事故，故应对添加的数量、时间和方法进行试验。

1）试验装置如图 5-24 所示。

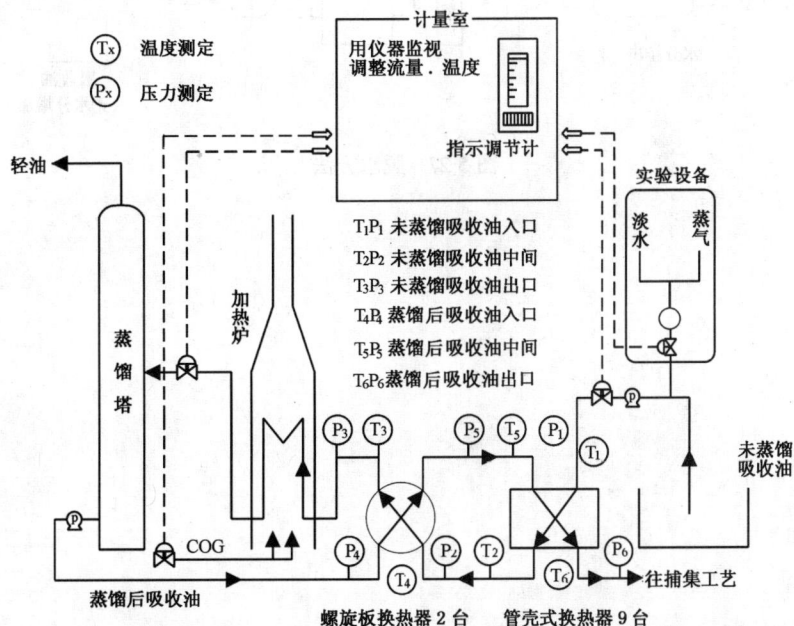

图 5-24　试验装置

2）试验结果

（a）注水量为 $0.5m^3/10min$，当注水量过大时，对蒸馏装置会产生不良影响。

（b）加水时换热器的压力保持在上限压力 0.75MPa 内（图 5-25）。添加蒸汽时的压力变化如图 5-26 所示。

（c）换热器解体清洗后传热系数约为 330W/（$m^2 \cdot °C$），加水清洗后换热器的传热系数约为 389W/（$m^2 \cdot °C$），说明加水清洗效果明显。

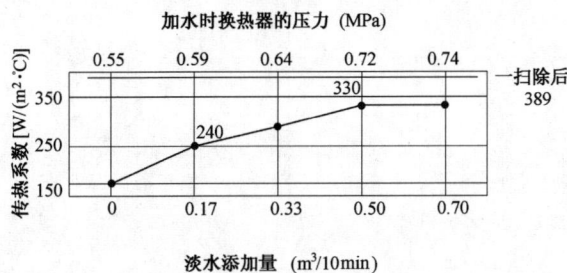

图 5-25　加水时换热器的压力

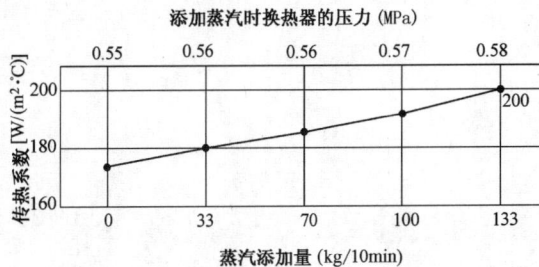

图 5-26　加蒸汽时换热器的压力

3）加淡水后的脱水方法，如图 5-27 所示。

脱水方法与以往方法相同，在分离器内不能确认排水量，但试验分析结果表明，轻油、吸收油均没有出现水分增加的现象，对品质无影响。

　　注水清洗方法是一种利用水分体积膨胀剥离附着物的方法，也是利用吸热反应剥离换热器内附着物的方法，是一种先进的清洗技术。

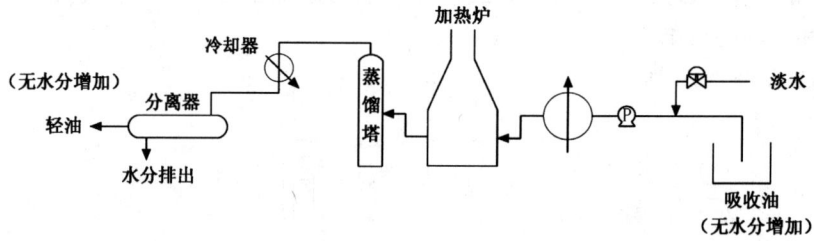

图 5-27　脱水方法

第六章　板式换热器性能试验

第一节　板式换热器试验的目的和方法

通过换热器性能试验获得可靠的性能试验数据是研究、了解换热器的一个重要方面。对新设计的换热器试验的目的是研究其运行性能，如换热器的换热效率，冷、热两种流体受热和冷却的程度，传热量，传热系数，流动阻力和热损失等，通过测试确定上述参数是否达到了设计要求。为此，试验前必须明确三个问题：①应该测量哪些物理量？②如何处理试验结果？③怎样推广应用？

相似第一定理指出应当在试验中测量描述该现象的相似准则中所包含的所有量；相似第二定理指出应当把试验结果整理成为相似准则间的关系式；相似第三定理阐明这些准则方程式可以应用到所有与试验现象相似的现象群上去。根据相似第三定理所规定的相似的充分与必要条件，可用来判断两现象是否相似。这样，从个别试验中获得的试验结果经整理所得的准则关系式不仅用于被试验的现象本身，而且能推广应用到未进行试验的与之相似的现象群上去，不必逐一进行试验，这将节省人力、物力和财力。

换热器试验分为元件试验、局部试验、整体试验和模化试验等。换热器元件是换热器的关键部件。

元件试验是在实验台上分别对元件内外工作流体进行对流换热试验，分别得到元件内外的对流换热系数 α_1 和 α_2。按照相似第二定理，可以对元件内外的对流换热数据整理成下列方程式：

$$\mathrm{Nu}_1 = f\ (\mathrm{Re}_1,\ \mathrm{Pr}_1)$$
$$\mathrm{Nu}_2 = f\ (\mathrm{Re}_2,\ \mathrm{Pr}_2)$$

式中　Nu，Re，Pr 分别是努塞尔数、雷诺数和普朗特数。

局部试验是根据换热器中换热元件排列方式取一组有代表性的排列进行的实验。

整体试验是在试验室条件下测出换热器的效率，工作流体加热和冷却的程度，流动阻力，传热系数和传热量等，验证换热器设计的可靠程度，也为换热器的实际应用提供可靠的数据。

模化试验是将试验对象缩小若干倍或放大若干倍后进行模拟试验研究，最后将取得的试验研究结果按模化理论转换到实物上。模化试验可以是热模化也可以做冷态模化试验。如仅需测定换热设备的流体流动状态和流动阻力时就可以做冷态模化试验，此时制作的模型只需保证与原型几何相似，模型制作比较简单，减少了制作设备费用。

第二节　板式换热器性能测定的系统、仪表及测量方法

符号：

A——换热面积（m^2）；

C_{pc}、C_{ph}——冷、热介质的比定压热容 $[\mathrm{J/(kg \cdot K)}]$；

C_{pL}——冷却水的比定压热容 $[\mathrm{J/(kg \cdot K)}]$；

d_{ec}、d_{eh}——冷、热介质流道的当量直径（m）；

G_L——冷却水体积流量（m^3/s）；

h_{R1}、h_{R2}——制冷剂的进、出口比焓（J/kg）；

Δh_R——蒸发器进出口处的制冷剂焓差（J/kg）；

J——比压力降，$J = \Delta P/NTU$（kPa/NTU）；

K——总传热系数［W/（$m^2 \cdot$ K）］；

ΔK——总传热系数的相对误差（%）；

M_R——制冷剂流量（kg/s）；

NTU——传热单元数；

P_{c1}、P_{c2}——冷介质的进、出口压力（MPa）；

P_{h1}、P_{h2}——热介质的进、出口压力（MPa）；

P_{L1}、P_{L2}——冷却水的进、出口压力（MPa）；

P_{R1}——膨胀阀进口处的制冷剂压力（MPa）；

ΔP_c、ΔP_h——冷、热介质侧的压力降（MPa）；

ΔP_L——冷却水侧的压力降，$\Delta P_L = P_{L1} - P_{L2}$（MPa）；

P_e——蒸发温度下的饱和压力（MPa）；

Q——平均换热量（W）；

Q_c、Q_h——冷、热介质的热流量（W）；

Q_L——冷却水侧的放热量（W）；

Q_R——制冷剂的吸热量（W）；

ΔQ——热平衡相对误差（%）；

r——汽化潜热（J/kg）；

S_c、S_h——冷、热介质的流道截面积（m^2）；

t_{c1}、t_{c2}——冷介质的进、出口温度（℃）；

t_{h1}、t_{h2}——热介质的进、出口温度（℃）；

t_e——蒸发温度（℃）；

t_{L1}、t_{L2}——冷却水的进、出口温度（℃）；

$t_{P_{R1}}$——对应于 P_{R1} 的饱和温度（℃）；

t_{R1}——制冷剂的过冷温度（℃）；

t_{R2}——蒸发器出口处的制冷剂蒸发温度（℃）；

Δt_1——蒸发器进口温差（℃）；

Δt_L——冷却水温差，$\Delta t_L = t_{L1} - t_{L2}$（℃）；

Δt_m——平均温差（℃）；

Δt_{sup}——过热度，$\Delta t_{sup} = t_{h2} - t_e$（℃）；

V_c、V_h——冷、热介质的体积流量（m^3/s）；

w_c、w_h——冷、热介质侧的板间流速（m/s）；

α——传热系数［W/（$m^2 \cdot$ K）］；

δ——板片厚度（mm）；

λ_c、λ_h——冷、热介质的导热系数［W/（m·K）］；

υ_c、υ_h——冷、热介质的运动黏度（m^2/s）；

ν——蒸汽比容（m^3/kg）；

ρ_c、ρ_h——冷、热介质的密度（kg/m^3）；

ρ_L——冷却水的密度（kg/m^3）；

Eu——欧拉数；

Nu——努塞尔数；

Pr——普朗特数；

Re——雷诺数。

一、适用范围和一般要求

1. 试验介质为液-液、液-汽、液-气、气-气、气-汽的板式换热器（包括加热器、冷却器、冷凝器、蒸发器、空气预热器、空气冷却器等）传热性能和压力降的测定；

2. 仅考虑板片热阻，未考虑污垢热阻；

3. 测试用板式换热器的介质流道数（热侧或冷侧）宜不少于 10 个；

4. 制冷用板式换热器的测定条件，见表 6-1；

制冷用板式换热器的测定条件（℃）　　　　　　　表 6-1

蒸发温度	冷却水进口温度	冷却水温差	冷凝器后膨胀阀进口温度	过热度	$\Delta t_L/\Delta t_1$	油含量
2℃	12℃	5℃	30℃	6.5℃	≤0.60	≤1%

5. 测定参数：冷、热介质的流量，进、出口的温度和压力降；

6. 通常，测定参数与数据的采集、处理，甚至试验过程的实时控制等均可采用计算机来完成。

二、测定系统

板式换热器性能的测定系统由冷源、热源、被测定换热器（或称"试件"）、介质（冷、热流体）循环系统以及测试仪表等组成。

1. 液-液或液-汽介质测定系统（图 6-1）

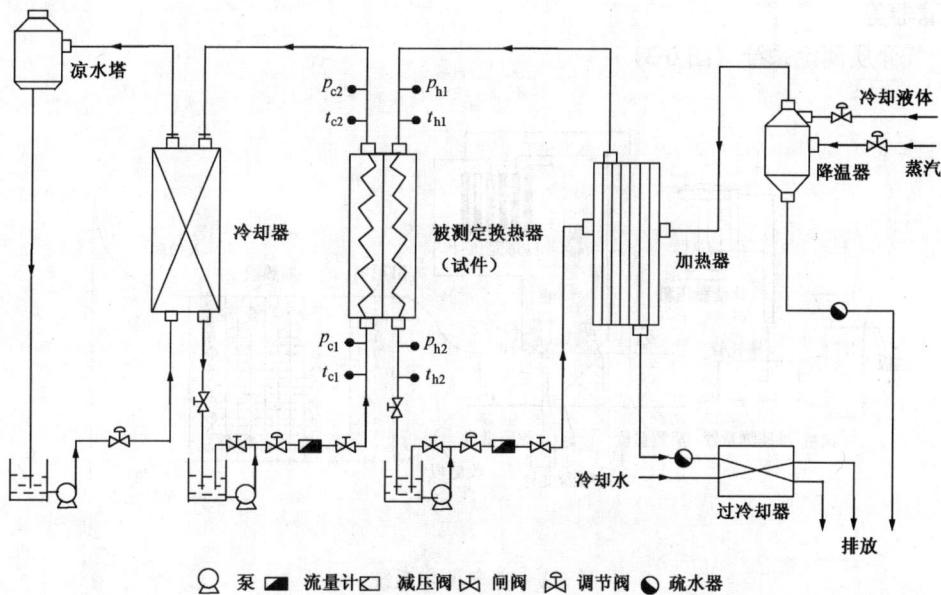

图 6-1　液-液或液-汽测定系统

冷、热介质经试件换热后，分别再经冷却塔（或冷却器）、加热器降温或升温至所要求的温度，继续循环使用。蒸汽冷凝液应进一步过冷，以便准确计量。

2. 制冷用板式换热器测定系统（图6-2）

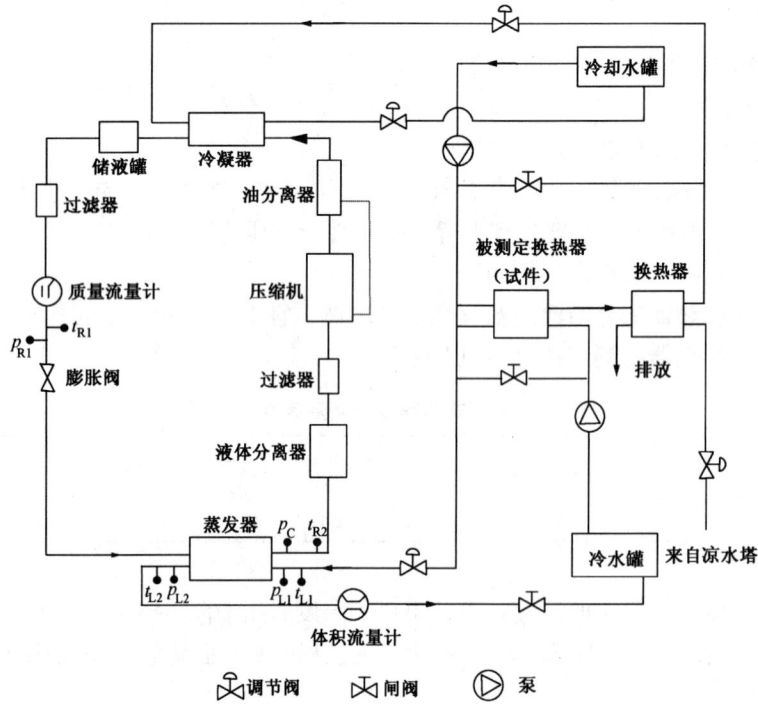

图6-2　制冷用板式换热器测定系统

测定系统除一般要求外，尚应有压缩机、冷凝器、膨胀阀、蒸发器、载冷剂循环系统、分离器、过滤器等。

3. 液-气介质测定系统（图6-3）

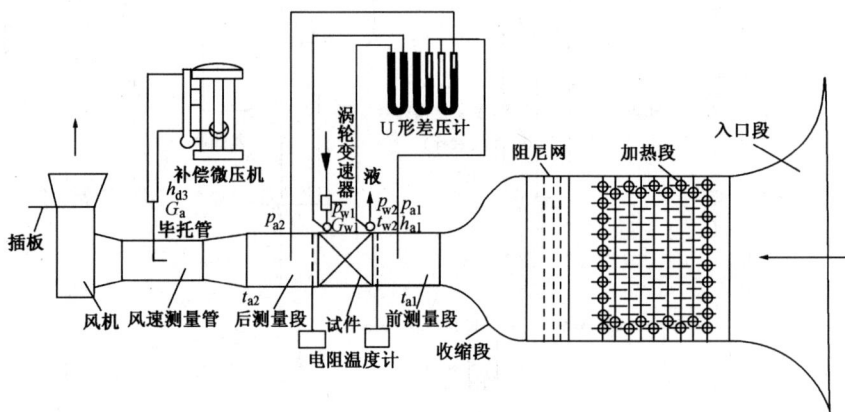

图6-3　液-气测定系统

测定系统由风洞系统和液体系统（油或水）两部分组成，每一部分均有预处理段和测试段。

预处理段用以保证达到测定所要求的参数；测试段必须保证测定参数的准确性，以便提供可靠的测定数据。

4. 气-气介质测定系统（图6-4）

测定系统由冷空气系统和热空气系统两部分组成，应保证无泄漏或其他不正常现象。

5. 气-汽介质测定系统（图6-5）

测定系统由空气系统和蒸汽系统两部分组成，且均有预处理段和测试段。预处理段应保证空气和蒸汽达到测定所要求的参数；测试段应保证测定参数的准确性。

三、测量仪表及测量要求

1. 测量仪表的精度和测量参数的允许误差应符合表6-2的要求，测量仪表应在有效检定期内使用。

测量仪表的精度和测量参数的允许误差　表6-2

项　　目	流　　量	温　　度	压　　力
仪表精度（%） GB 16409、JB 8701、JB 10379	±0.50 不低于0.25	±0.25 不低于0.25	±0.25 不低于0.25 （水银压力 计133Pa）
测量误差（%） GB 16409、JB 8701、ISO 3147	≤1 ±0.5 （流量、输 入热量）	≤1 ±0.1℃	≤1 ±1

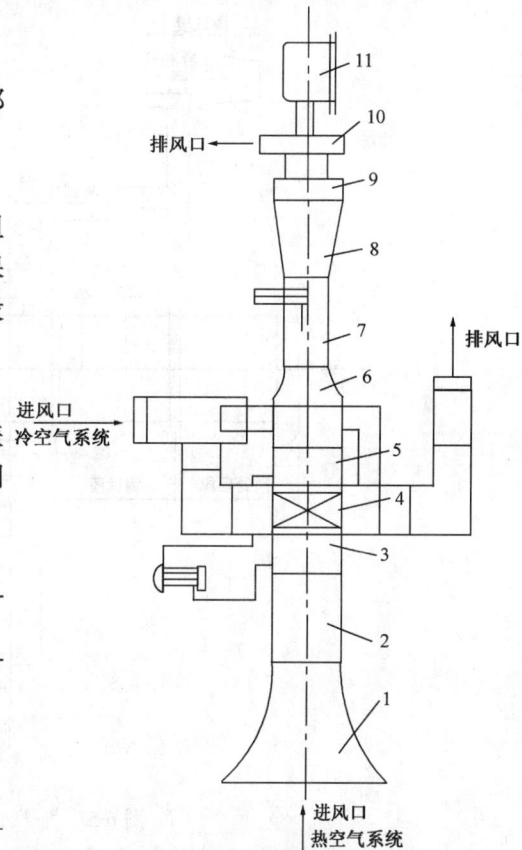

图6-4　气-气介质测定系统
1—收缩段；2—稳定段；3—前测试段；4—工作段（试件）；5—后测试段；6—收缩段；7—测量段；8—扩散段；9—调速风门；10—风机；11—电动机

2. 流量测量

（1）流量可采用标准节流装置（孔板、喷嘴）或其他流量计测定。流量计应安装在水平直管段上，其上游直管段长度应不小于20倍管径，且起始端应安装过滤器；下游直管段长度应不小于15倍管径。标准节流装置的测量方法应符合 GB/T 2624 的规定；

（2）测定制冷剂流量时，如果使用体积流量计，制冷剂必须充分过冷，流量计的前后均应安装一个视镜，以防产生散发气体而导致过大的测量误差。

3. 温度测量

（1）测温元件的感温点应位于管道中心；温度计必须安装在能准确测量介质温度的位置（一般，距进、出口法兰密封面的距离应不大于150mm）；温度计至试件进、出口的管线必须隔热良好；测量层流状态介质的温度时，在测温点上游2～3倍管径处需设置混合器；

（2）制冷剂的蒸汽出口测点应尽可能靠近蒸发器出口接管，过冷温度测点应尽可能靠近膨胀阀的进口。

4. 压力或压力降测量

（1）静压测点应位于距任何扰动件（变径、弯头、阀门等）下游至少5倍管径、上游至少2倍管径处；测压孔应与管壁面垂直；

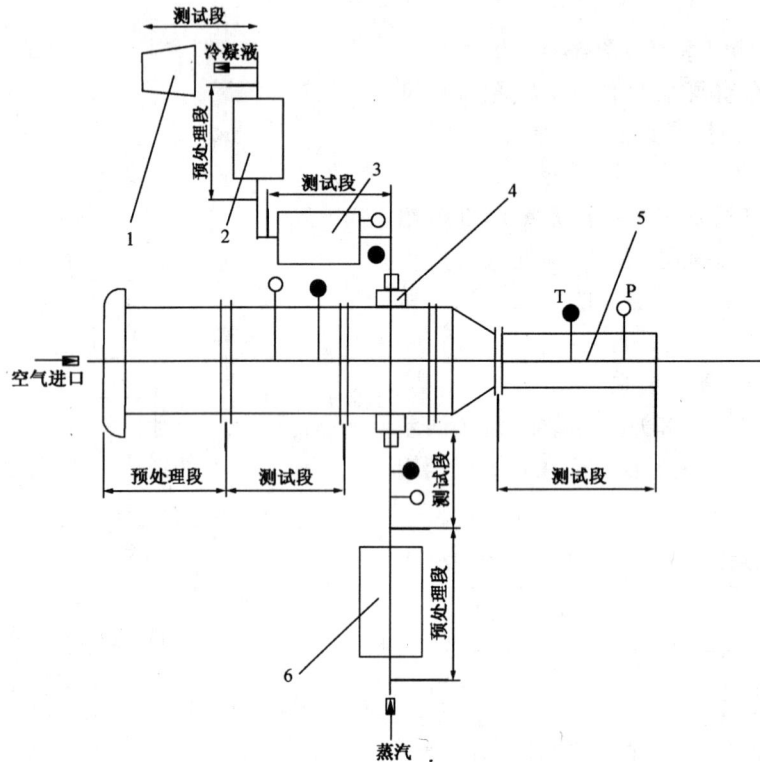

图 6-5　气-汽介质测定系统

1—计量装置；2—过冷器；3—凝结水箱；4—试件；5—风筒；6—减温减压装置；

T—测温口；P—压力或差压测口

（2）制冷剂压力的测点应位于直径等于蒸发器接管直径的直管段中部，且距蒸发器的距离不小于 10 倍管径。

四、测定方法和要求

1. 测定项目

（1）冷、热介质的流量或制冷剂的质量流量、冷却水的体积流量；

（2）冷、热介质的进、出口温度及其他测温点温度；

（3）冷、热介质的进、出口压力或蒸发器的出口压力，冷却水的进、出口压力及压力降。

2. 测定方法

（1）测试准备工作：排净设备及管线内的气体（制冷系统应进行干燥、抽真空处理），充满试验介质，开始运行并达到试验工况；

（2）首先使一侧的介质流量固定，另一侧的介质流量应在需要的最大范围内变化。固定流量侧的固定点数应不少于 3 点；变化流量侧的测点数（相对于每一固定点）应不少于 6 点；

（3）在每个测定工况下，系统均应稳定运行 30min 后，方可测取数据。关于稳定工况的条件，不同标准的规定也不尽相同：制冷用板式换热器应达到表 6-3 的要求，一般板式换热器应达到表 6-4 的要求；

制冷用板式换热器稳定工况的条件 表 6-3	
测 定 项 目	测定值波动范围
冷却水进口温度（℃）	±0.5
蒸发温度（℃）	±0.5
温　差（℃）	±0.3
制冷剂过冷温度（℃）	±3.0
蒸发器制冷剂的蒸汽出口温度（℃）	±0.5
过 热 度（℃）	±1.0
制冷剂流量（%）	±3.0
冷却水流量（%）	±1.0
热平衡相对误差（%）	≤5

一般板式换热器稳定工况的条件 表 6-4		
标　准	测 定 项 目	测定值波动范围
GB 16409	热平衡相对误差（%）	≤5
JB 10379	温度（℃）	≤0.5
	流量（%）	≤1
	热平衡相对误差（%）	≤5
ISO 3147	至少 6 次相同和成功的工况下：	
	温度（℃）	±0.2
	流量（%）	±2
	压力（%）	±2
	输入热量（%）	±1

（4）测试的持续时间至少达到 30min，整个测试期间内至少测取 5 组时间间隔相等的数据。

五、性能确定

1. 确定总传热系数 K 与流速 w 之间的关系，即 $K = f(w_c, w_h)$；

2. 确定努塞尔数 Nu 与雷诺数 Re 之间的关系，即 $Nu_c = f(Re_c, Pr_c)$、$Nu_h = f(Re_h, Pr_h)$；

3. 确定压力降 ΔP 与流速 w 之间的关系，即 $\Delta P_c = f(w_c)$、$\Delta P_h = f(w_h)$；

4. 确定欧拉数 Eu 与雷诺数 Re 之间的关系，即 $Eu_c = f(Re_c)$、$Eu_h = f(Re_h)$；

5. 为了便于对不同换热器的性能进行比较，可计算出在相同给定条件下（一般，水—水介质、逆流配置、热流体的定性温度为 40℃，冷、热流体两侧的板间流速均为 0.5m/s）的 K 和 ΔP 或 J。

六、测定数据处理

1. 测定数据的计算：一般板式换热器按表 6-5 进行；制冷用板式换热器按表 6-6 进行；

2. 测定结果取稳定工况下各组测量点计算的平均值；

3. 应在同一坐标系中，作出冷、热介质的 K-W、ΔP-W、Nu-Re 和 Eu-W 等相关关系曲线。K-W 和 ΔP-W 相关关系曲线，如图 6-6 和图 6-7 所示；

4. 总传热系数 K 的相对误差 ΔK 应不大于 10%。

一般板式换热器测定数据的计算		表 6-5
名　　　称	符　号	计 算 公 式
冷介质流速	W_c	$W_c = V_C/S_C$
热介质流速	W_h	$W_h = V_h/S_h$
冷介质热流量	Q_c	$Q_c = V_c \rho_c C_{Pc}(t_{c2} - t_{c1})$
热介质热流量	Q_h	$Q_h = V_h \rho_h C_{Ph}(t_{h1} - t_{h2})$

名　　称	符　号	计　算　公　式
平均换热量	Q	$$Q = \frac{Q_c + Q_h}{2}$$
热平衡相对误差	ΔQ	$$\Delta Q = \left| \frac{Q_h - Q_c}{Q_c} \right| \times 100$$
平均温差	Δt_m	当 $t_{h1} - t_{c2} > t_{h2} - t_{c1}$ 时： $$\Delta t_m = \frac{(t_{h1} - t_{c2}) - (t_{h2} - t_{c1})}{\ln \frac{(t_{h1} - t_{c2})}{(t_{h2} - t_{c1})}}$$ 当 $t_{h1} - t_{c2} > t_{h2} - t_{c1}$ 时： $$\Delta t_m = t_{h1} - t_{c2} = t_{h2} - t_{c1}$$ 当 $t_{h1} - t_{c2} < t_{h2} - t_{c1}$ 时： $$\Delta t_m = \frac{(t_{h2} - t_{c1}) - (t_{h1} - t_{c2})}{\ln \frac{(t_{h2} - t_{c1})}{(t_{h1} - t_{c2})}}$$
总传热系数	K	$$K = \frac{Q}{A\Delta t_m} \text{ 或 } K = \left(\frac{1}{\alpha_h} + \frac{1}{\alpha_c} + \frac{\delta}{\lambda_p} \right)^{-1}$$
传热系数	α	$$\alpha_h = Nu_h \frac{\lambda_h}{d_{eh}}; \quad \alpha_c = Nu_c \frac{\lambda_c}{d_{ec}}$$
努塞尔数	Nu	$Nu_h = C_1 Re_h^{m_1} Pr_h^{0.3}; \quad Nu_c = C_2 Re_c^{m_2} Pr_c^{0.4}$
欧拉数	Eu	$Eu_h = C_3 Re_h^{m_3}; \quad Eu_c = C_4 Re_c^{m_4}$
雷诺数	Re	$$Re_h = \frac{w_h d_{eh}}{\upsilon_h}; \quad Re_c = \frac{w_c d_{ec}}{\upsilon_c}$$

注：$C_1 \sim C_4$、$m_1 \sim m_4$ 是计算式中的系数。

制冷用板式换热器测定数据的计算　　　　　　　　表 6-6

序　号	项　目　名　称	符　号	计　算　公　式
1	制冷剂吸热量	Q_R	$Q_R = M_R \Delta h_R$
2	冷却水放热量	Q_L	$Q_L = G_L \rho_L C_{pRL} (t_{L1} - t_{L2})$
3	热平衡相对误差	ΔQ	$$\Delta Q = \frac{(Q_R - Q_L)}{Q_L} \times 100$$
4	对数平均温差	Δt_m	$$\Delta t_m = \frac{(t_e - t_{L2}) - (t_e - t_{L1})}{\ln \frac{t_e - t_{L2}}{t_e - t_{L1}}}$$
5	总传热系数	K	$K = Q_L / (A\Delta t_m)$

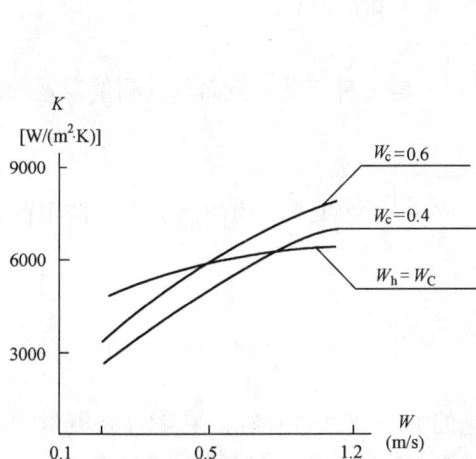

图 6-6　*K-W* 曲线

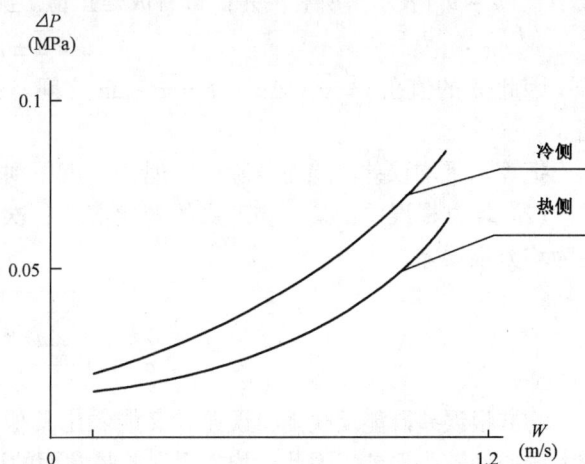

图 6-7　*ΔP-W* 曲线

第三节　板式换热器性能试验误差分析

一、试验中的误差分析

在换热器的试验中，由于测量方法、测量仪器、试验条件的影响，所测结果不可避免地会偏离实际真值，即存在误差。所以在换热器试验之后要计算试验数据的误差，误差越小，试验数据越可靠，其实用价值就越高。另一方面，通过误差分析，可以合理地确定对各参数测量精度的要求。如，在换热器的传热试验中，根据传热系数的数学表达式，可以通过测量流体的温度变化，流体的流量，热流量和换热面积等来确定换热器的传热系数。应当根据传热系数的精度要求通过误差分析来确定温度、面积、热量和流量的测量精度。根据选定的测量方法和测量仪表，如果温度和换热面积的测量精度较高，而热量和流体的流量测量的精度不高，则达不到传热系数的精度要求。为了解决这一问题，只有提高热量和流体流量的测量精度才能提高传热系数的精度。这时，再提高温度的测量精度是达不到提高传热系数精度的目的的。所以掌握误差分析的方法是换热器性能试验的重要组成部分。

二、误差的类别及误差的表示

测量值的误差按其性质可分为三类：①系统误差；②随机误差；③差错误差。

1. 系统误差：这种误差产生的原因主要是由于试验原理的近似性，采用仪表的精度等级不高，试验环境条件的影响和测量者测试习惯等。

2. 随机误差：当系统误差已消除或减小到很小时，在试验中对同一物理量进行多次测量所得的测量值也不是同一值，而是在一定的范围内波动的数值。这种误差具有随机性的特点，服从统一的统计规律，称为随机误差，增加测量次数能减小随机误差。

3. 差错误差：因错误而产生的误差。如，使用已损坏的仪表和读数错误等。

4. 误差的表示法：测量的物理量数据的误差大小可以用算术平均误差和均方根误差表示。

（1）算术平均误差：这种误差表示法的特点是用某物理量 u 的 n 次测量的算术平均值 $\bar{u}$ 代替真值，算术平均误差是 u_i 与算术平均值 $\bar{u}$ 的偏差在 n 无限增加时的极限，表示如下：

$$\delta = \lim_{n \to \infty} \frac{\sum_{i=1}^{n} |\bar{u} - u_i|}{n}$$

式中　$|\overline{u} - u_i|$ 表示将所有的差值都看成是正值。测定值 u 可表示为：

$$u = \overline{u} \pm \Delta u$$

因此 u 的值在 $a = \overline{u} + \Delta u$ 和 $b = \overline{u} - \Delta u$ 之间，a 和 b 就是相对于平均值而言的测量误差的范围。

把算术平均误差的绝对值除以物理量 $\overline{u}$ 就得到这些误差的相对值。

（2）均方根误差：某一物理量的测量值取各次误差平方和的算术平均值后开方，所得的值均为均方根误差。

$$\sigma = \sqrt{\frac{\sum_{i=1}^{n}(\overline{u} - u_i)^2}{n - 1}}$$

均方根误差既能反映随机误差，又能看出其他误差的大小或是否存在。它能反映测量中的较大误差和较小误差。因此，均方根误差是常用的误差表示方法，通常称之为标准误差。

三、误差的传递

在换热器传热特性的试验中往往需要将测得的一些物理量的数据经过一定的运算才能求出未知量。如，求换热器的传热系数 K 是流体温度、流体流量、换热面积和换热量的函数，试验中测得的数据是温度、流量、换热面积和换热量，计算的误差也是单个物理量的误差，传热系数 K 的误差取决于这些单个物理量的误差，即自变量的误差通过一定的函数关系传递给了因变量。

1. 和差运算关系的误差传递

设直接测定值为 X_1，X_2，$\cdots\cdots X_n$，间接测定值为 Y，两者的函数表示式如下：

$$Y = f(X_1, X_2, \cdots\cdots, X_n)$$

如果 Y 和 X_i 之间仅为和差关系，应有：

$$Y_i + \Delta Y_i = (X_{1,i} + \delta_{1,i}) \pm (X_{2,i} + \delta_{2,i}) \pm \cdots\cdots \pm (X_{n,i} + \delta_{n,i})$$

式中　$\delta_{1,i}$，$\delta_{2,i}$，$\cdots\cdots$，$\delta_{n,i}$ 为对应于 $X_{1,i}$，$X_{2,i}$，$\cdots\cdots$，$X_{n,i}$ 的误差，ΔY_i 是 Y_i 的相应误差，则有：

$$\Delta Y_i = \delta_{1,i} \pm \delta_{2,i} \pm \cdots\cdots \pm \delta_{n,i}$$

当 n 足够大时，将上式平方，然后求和，再除以 n，略去高价无穷小，最后得：$\sigma_y^2 = \sum_{i=1}^{n} \sigma_i^2$

式中　$\sigma_i = \delta_i^2 / n$

2. 乘积运算关系的误差传递

设函数 Y 是自变量 X_1、X_2 的乘积，对于 n 次测量有下列结果：

$$Y_i + \Delta Y_i = (X_{1,i} + \delta_{1,i})(X_{2,i} + \delta_{2,i})$$

$$i = 1, 2, \cdots\cdots, n$$

略去高价无穷小则有：

$$\Delta Y_i = X_{1,i}\delta_{2,i} + X_{2,i}\delta_{2,i}$$

将上式平方求和，然后除以 n，略去高价无穷小项，最后得：

$$\sigma_x = \sqrt{X_1^2 \sigma_{x2}^2 + X_2^2 \sigma_{x1}^2}$$

式中　$\sigma_{x1} = \delta_{x1} / n$

3. 一般函数的误差传递

设函数 $y = f(x_1, \cdots\cdots, x_n)$，式中 $x_1, \cdots\cdots, x_n$ 为 n 个自变量，其误差为 $dx_1, \cdots\cdots, dx_n$。因此函数 y 的误差可写为：

$$y \pm \mathrm{d}y = f\ (x_1 + \mathrm{d}x_1,\ \cdots\cdots,\ x_n + \mathrm{d}x_n)$$

将函数按泰勒级数展开并略去二阶以上的项,得:

$$y \pm \mathrm{d}y = f\left[\ (x_1,\ \cdots\cdots,\ x_n)\ \pm \frac{\partial f}{\partial x_1}\mathrm{d}x_1 \pm \cdots\cdots \pm \frac{\partial f}{\partial x_n}\mathrm{d}x_n \circ\right]$$

$$\mathrm{d}y = \frac{\partial f}{\partial x_1}\mathrm{d}x_1 + \cdots\cdots + \frac{\partial f}{\partial x_n}\mathrm{d}x_n$$

亦可写成:

$$\Delta y = \frac{\partial f}{\partial x_1}\delta x_1 + \cdots\cdots + \frac{\partial f}{\partial x_n}\delta x_n$$

将上式平方,对于 n 次测量结果就得到 n 个上式的平方。将各式相加用 n 除之,并舍去趋近于零的项,最后得:

$$\sigma_y = \sqrt{\sum_{i=1}^{n}\left(\frac{\partial f}{\partial x_i}\right)^2 \cdot \sigma x_i^2} \qquad i = 1,\ 2,\ \cdots\cdots,\ n$$

在换热器的传热系数计算公式中 $K = \dfrac{Q}{F\Delta t_\mathrm{m}}$。传热系数是 Q、F、Δt_m 的函数。设 σ_Q,σ_F,$\sigma_{\Delta\mathrm{m}}$ 是 Q,F 和 Δt_m 的测量误差,由于函数的传递可计算出传热系数的标准误差为:

$$\sigma_\mathrm{K} = \sqrt{\left(\frac{1}{F\Delta t_\mathrm{m}}\right)^2 \sigma_Q^2 + \left(\frac{Q}{F^2\Delta t_\mathrm{m}}\right)^2 \sigma_F^2 + \left(\frac{Q}{F\Delta t_\mathrm{m}^2}\right)^2 \sigma_{\Delta\mathrm{m}}^2}$$

第七章 换热器的防垢、防腐、清洗

换热器中的流体，在壁面上流过时，流体中的溶解盐类常会在壁面上析出，沉积而形成一定厚度的垢层，有时壁面也会因腐蚀而受损变质。这种表面结垢或形成腐蚀都会降低传热系数，特别当流体发生沸腾时，由于污垢迅速发展会导致垢下腐蚀。因此，换热器设备对流体介质有一定的要求。如果在运行管理中，对它重视不够，不注意掌握水质标准，不正确进行水质处理，不严格执行水质监督，必然会造成换热设备结垢，金属腐蚀，出力不足，检修工作量加大，使用寿命缩短等。

本章主要针对各类换热器，对各种流体介质，尤其对给水水质会造成换热器表面结垢、腐蚀等现象，提供一些水处理基本知识，及一些除垢、防腐及水垢清洗等方法，以便减少事故，延长设备使用寿命。

第一节 水中杂质对换热器的危害

一、概述

水和空气一样，是人们生存不可缺少的一种物质。水是氢的氧化物，是由一个氧原子和两个氢原子组成的分子，它们排列成三角形，如图 7-1 所示。

两个键的夹角为 104°45′。水分子这种不在一条直线上排列原子的结构形式，构成电荷的不对称分布，使水分子具有极性，并具有很大的静电吸引能力。这种结构形式也使水分子呈稳定的结构状态，只有在温度高于 2000℃时，它才明显地解离成氢和氧。

由于水分子间有氢键作用，所以液态水不只是以单个分子状态存在，同时还含有多个水分子的缔合体，如：$(H_2O)_2$、$(H_2O)_3$、$(H_2O)_n$ 等。

图 7-1 水分子

水是一种溶解能力很强的溶剂，它可以溶解许多固态、液态、气态物质。这些物质溶解于水中之后，分别是分子或离子状态、胶体状态、悬浮状态。

水在吸热和放热过程中，会出现物理三态变化。在常压下，当温度低于 0℃以下时，液态的水凝固成冰；当温度超过 100℃时，液态的水蒸发成气态水（蒸汽）。换热器由水-水换热、汽-水换热、烟气-水换热等均为物理状态的变化进行热量和能量的转换。

二、水的分类及其杂质

1. 水按其来源的不同分为四类

（1）天空水：如雨、雪、霜、雹等，在自然界中，一种比较洁净的水，硬度一般在 0.08 mmol/L，蒸发残渣不超过 30～40mg/L。

（2）地表水：河流、湖泊、人工水库中的水，它是由冰雪融化和天空水降落而聚集起来的水，其杂质含量因季节、地区的不同变化很大，其中悬浮物、有机物的含量较多，矿物质较地下水少。

（3）地下水：浅井水、深井水、地下河水、地下温泉等，这种水含矿物质较多，含有机物、

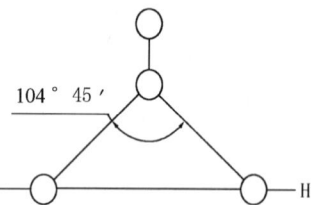

悬浮物较少。

(4) 海水：其中含有大量的溶解盐类，氯化钠、氯化镁的含量最多。

2. 水中杂质的来源

(1) 地下水流经岩层的时候，岩层中的矿物质溶解于水中，常见有 Ca^{2+}、Mg^{2+}、Fe^{2+} 等离子的重碳酸盐、氯化物、硫酸盐等。

(2) 地表水流经居民区、工业区的时候，带入各种工业和生活废物。如硫化氢、硫酸盐、氰化物、有机物碎片、腐蚀酸盐胶体、高分子化合物等杂质。

(3) 雨水降落过程中吸取了空气中的 N_2、CO_2、O_2 及尘埃等。

(4) 空气中的 CO_2、O_2 在其分压力下还会向水中溶解。

三、水中杂质对换热器的危害

1. 以离子或分子状态溶解于水中的杂质危害

(1) 钙盐类　在水中的主要构成有 $Ca(HCO_3)_2$、$CaCl_2$、$CaSO_4$、$CaSiO_3$ 等。钙盐是造成换热器结垢的主要成分。其中，$CaSO_4$ 是一种质硬、结晶细密的水垢，结构松散，附着力小，是一种比较松软的泥渣，从水中分离出来的具有流动性，即使附着在受热面上也容易清除。

(2) 镁盐　在水中的主要构成有 $Mg(HCO_3)_2$、$MgCl_2$、$MgSO_4$ 等。镁溶解在水中后，$Mg(HCO_3)_2$ 在受热分解后生成 $Mg(OH)_2$ 沉淀，$Mg(OH)_2$ 也是泥渣式水垢。溶解在水中的 $MgCl_2$、$MgSO_4$，在水 $pH < 7$ 时，由于水解作用会造成金属壁的酸性腐蚀。

(3) 钠盐　主要构成有 $NaCl$、Na_2SO_4、$NaHCO_3$ 等。$NaCl$ 不生成水垢，但在水中有游离氧存在，会加速金属壁的腐蚀；Na_2SO_4 的含量过高，会在蒸发器后的附件上结盐，影响安全运行；水中的 $NaHCO_3$ 在温度和压力的作用下会分解出 Na_2CO_3、$NaOH$、CO_2，会使金属晶粒受损。

2. 溶解氧气体的危害

换热器发生腐蚀的原因很多，但腐蚀最严重的、速度最快的还是氧气。在原子次序表上，铁的电位在氢之上，在不含氧的中性水中，系统金属表面的铁原子失去电子成二价的离子 $(Fe - 2e \rightarrow Fe^{2+})$，$Fe^{2+}$ 离子和水中的 OH^- 离子在静电引力作用下结合〔$Fe^{2+} + 2OH^- \rightarrow Fe(OH)_2$〕，并在水中建立下列平衡：

$$Fe^{2+} + 2OH^- \rightleftharpoons Fe(OH)_2$$

当水中有氧气存在时，$Fe(OH)_2$ 被进一步氧化成不溶性的氢氧化铁沉淀出来：

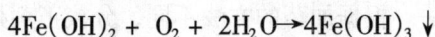

$$4Fe(OH)_2 + O_2 + 2H_2O \rightarrow 4Fe(OH)_3 \downarrow$$

由于 $Fe(OH)_3$ 沉淀，使阳极周围的铁离子转入水溶液，加速了腐蚀的进行。

从上面的反应可以看出，水和氧是铁受腐蚀的必要条件，阳极部位是受腐蚀的部位，阴极部位是腐蚀生成物堆集的部位。当腐蚀在整个金属表面基本均匀地进行时，腐蚀的速度就不会很快，所以危害性不大，这种腐蚀称为全面腐蚀。当腐蚀集中于金属表面的某些部位时，则称为局部腐蚀。局部腐蚀的速度很快，容易锈穿，坑蚀在换热器中是常见的局部腐蚀，所以危害性很大。

3. 以胶体状态存在的杂质对换热器的危害

(1) 铁化合物　主要成分是 Fe_2O_3，它会生成铁垢。当水中含有铁化合物较多时，水常呈黄色。

(2) 微生物　由于空调冷却循环水的水温、溶解氧、营养物等对微生物提供了有利于繁殖的条件，微生物将大量滋生繁殖。微生物来源于土壤和空气中，冷却循环水的温度较高时，经过冷却塔曝气，含氧量增加，在水中往往投加磷酸盐等药剂，正好是微生物的养料，冷却塔又大都设于露天，日光照射利于藻类生长，微生物的繁殖不但阻塞板片通道，有时还会堵塞管路，还会使金属腐蚀。

（3）污泥　冷却循环水中的污泥，来源于空气中的尘土及补充水中的悬浮物。空气和水在对流交换过程中，大量空气在塔内接受循环水喷淋，使尘土进入水中，逐渐沉积在流速较低的换热器中。

（4）粘垢　主要是微生物的分泌物与水中泥沙、腐蚀产物、菌藻残骸粘结而成，它们常常附着在换热器壁面上，产生各种有机酸，这种酸也会引起腐蚀。

因此，换热器流体水质要求非常重要。在运行管理中，应加强重视，配备一些必要的防垢、防腐设备，延长设备的使用寿命。

第二节　换热器的防垢处理

一、概述

换热器运行一定时间以后，在换热器内外壁上粘附一层白色水垢。水垢形成的主要原因是由于水中含有溶解度较小的钙、镁盐类，这种盐类有共同特性，其溶解度随着水温升高而下降，且变成难溶的盐类，这种盐类的存在，对换热器会产生以下几点后果：

1. 水垢导热性能很差，它比钢铁导热能力小 30～50 倍，有水垢存在就会使受热面传热变坏，因而使传热面不能达到理想的温度降。根据有关资料介绍，经实验，产生 1mm 厚的水垢，换热器将会下降 10%左右效率。

2. 水垢附在传热面上，难于清除，增加了检修费用，不仅耗费人力、物力，而且会使受热面受到损伤，降低换热器寿命。

3. 水垢产生后，会减小传热面内外流通截面，增加了传热面内外循环水的流通阻力，严重时流通截面很小，甚至完全被堵塞，就会使换热器不能正常运行。

为防止以上后果的发生，目前设计单位或运行单位经常采用加药软化处理、磁化及离子棒防垢处理、钠离子交换处理等方法。为便于大家对这些软化处理方法进一步了解，下面将对这些处理方法的原理、配方及操作方法分别介绍。

二、加药软化处理

加药软化处理，具有方法简单、效率高、经济性好和不需要专门的制水设备等特点，是一种实用性很强的防垢水处理方法。根据加药的方法不同，分校正剂处理和防垢剂处理两种方法。

1. 常用的校正剂

常用的校正剂有 $NaOH$、Na_2CO_3、$NaHCO_3$ 等。水中的永久硬度与校正剂反应，生成泥渣而不让永硬生成硫酸盐水垢。加入水中的校正剂能起校正水中永硬的作用。

2. 常用的防垢剂

常用的防垢剂是由校正剂一类药品和磷酸三钠、栲胶等物质组成的混合药剂。它们在水中解离后，游离出的 CO_3^{2-}、PO_4^{3-} 等能和水中硬度的盐类起反应生成泥渣而不结垢。在循环水系统中经常保持适量的 CO_3^{2-}、PO_4^{3-}，即使在水质发生变化（永硬度的含量增加）时，Na_3PO_4、栲胶等防垢剂仍可起到防止生成水垢的作用。

当给水的永硬较大，暂硬较小，且其计算硬度不超过 3～4mmol/L，一般采用校正剂进行循环水系统处理。

3. 给水中计算硬度按下式计算

$$H_g = H_F + P（M_R + H_F）\qquad mmol/L \tag{7-1}$$

式中　H_g——给水中的硬度（mmol/L）；

　　　H_F——给水中的永久硬度（mmol/L）；

　　　M_R——系统碱度，取 1（mmol/L）；

　　　P——系统排污率，取 10%。

4. 用校正剂时药剂消耗量按下式计算

$$G = D\left[H_F + P\left(M_R + H_F\right)\right]\frac{R}{\varepsilon} \quad \text{g/h} \tag{7-2}$$

式中　D——系统平均负荷（即系统总热负荷）（W）；

　　　R——校正剂的换算系数，数值上等于校正剂的当量；

　　　ε——工业校正剂的纯度；

　　　其余符号同上。

当给水的暂硬很大，永硬含量很小时，可采用防垢剂进行系统水处理。常用防垢剂由 Na_3PO_4、Na_2CO_3、栲胶三种药剂组成。

5. 用防垢剂作为系统水处理时，药剂消耗量的计算如下

（1）Na_3PO_4 的剂量：

$$G_f = G\frac{Q}{\varepsilon} \quad \text{g} \tag{7-3}$$

式中　G——在给水平均硬度条件每立方米所需量，见表 7-1；

　　　Q——系统小时循环水量（m³）；

　　　ε——工业 Na_3PO_4 的纯度系数。

Na_3PO_4 的剂量　　　　　　　　　　　　　　　　　表 7-1

给水的平均硬度（mmol/L）	0.8	1.6	2.4	3.2	4.0	4.8	5.6	6.4
Na_3PO_4 剂量（g/m³）	15	17	19	21	23	25	28	30

（2）Na_2CO_3 的剂量：

$$G_h = \frac{53}{\varepsilon}\left(M_R - M_S\right)Q \quad \text{g} \tag{7-4}$$

式中　M_R——系统碱度，取 10mmol/L；

　　　M_S——取样化验平均碱度（mmol/L）；

　　　其余符号同上。

（3）栲胶的剂量：

$$G_g = 5Q \quad \text{g} \tag{7-5}$$

（4）运行时防垢剂的剂量也可按表 7-2 的经验数据选取。

运行时防垢剂的剂量　　　　　　　　　　　　　　表 7-2

防 垢 剂	给水的总平均硬度（mmol/L）									
	0.8	1.6	2.4	3.2	4.0	4.8	5.6	6.4	7.2	8.1
Na_3PO_4（g/m³）	15	17	19	21	23	25	28	30	35	40
栲胶（g/m³）	5	5	5	5	5	5	5	5	5	5
Na_2CO_3（g/m³）	按化验碱度的高低加以调节									

1）加药地点：在换热器前或循环水泵前后，设加药罐，也可以在补水箱中。

2）加药方法：定期加入加药罐或补水箱中，一昼夜的消耗量分三次（每班一次）添加，Na_3PO_4、Na_2CO_3 可以直接加入罐中，栲胶应预先溶解，并经过滤后加入。

3）加药浓度：校正剂处理时，NaOH 浓度不超过 1.2%

Na_2CO_3 浓度不超过 5%

防垢剂处理时，Na_3PO_4 150 ~ 200 g/L

Na_2CO_3 125 ~ 150 g/L

栲胶 250 ~ 300 g/L

以上防垢剂配方，在使用时，应在技术人员指导下进行。为便于用户使用，着重介绍目前市场上有售配制好袋装的几种药剂。

1）YZ 型防腐防垢剂 由上海昱真水处理公司生产的稳定剂。它是由 NaOH、Na_3PO_4、腐殖酸钠等多种钠盐配制而成。此种药剂的特性为黑色固体，无毒、无公害。当 pH > 9 时，能有效地稳定水中各种结垢物质。其使用方法：第一次投加，按系统水量每吨水投 200g 药剂，把药剂分批投放在换热器前后连接管的加药罐或补给水箱中，将水质 pH 值调到大于 10；当 pH 值低时，适量多投，运行时按补水量，每吨水投 70 ~ 100g。系统无论是自来水，还是软化水，均要将系统水的 pH 值控制在 10 ~ 12，不允许 pH 值低于 9。

2）TGS - 901 型阻垢除氧剂 由天津化工研究院研制。该产品由吸附分散剂、有机磷酸阻垢剂、淤渣调节剂、有机除氧剂等多种有机化合物复配而成，通过这些化合物协同效应，达到阻垢、除氧的作用。例如：

（a）通过对钙、镁离子的分散作用，使其增加溶解度。

（b）通过对晶格的畸变作用，使结垢物的晶形发生扭曲和错位，令其不能形成硬垢附在金属壁上。

（c）用药剂的胶体物质能使水垢生成物的表面形成薄膜作用，阻止固体颗粒变大。

（d）有改变质点的电荷作用，阻碍固相质点的相互吸引增大。

（e）通过除氧剂的作用，能除掉锅水中溶解氧和形成金属保护膜，避免金属的腐蚀。

（f）中和剂能提高系统水 pH 值，防止设备腐蚀。

该种产品的加药方法、加药浓度详见产品说明书。该种产品的优点是可长期保存、不变质、性能稳定、运输及使用无危险、无副作用等。

以上几种防垢剂，已通过长期的实践，证明能起到防垢的作用。

循环水系统除采用加药剂外，当前在热水循环水系统，也有采用磁化及离子棒作为防垢处理。这种方法是利用物理原理，使水经过磁场的作用而改变水中杂质的结垢性质，达到防垢的目的。

三、磁化防垢处理

磁化防垢处理原理是利用水分子具有的极性，即水分子是共价化合。水的单个分子由极性和氢键的作用，聚合成双分子缔合体 $(H_2O)_2$ 或多分子缔合体 $(H_2O)_n$。当水流通过高强度的磁场之后，水中的多分子缔合体和离子磁场受到外界磁场的作用，原来单散的多离子组成的缔合体被拆散为单个的或短键的缔合体，它们以一定的速度垂直切割外界磁场的磁力线而产生感应电流。因此，每个离子按与外界磁场同方向建立新的磁场，相邻的带极性的离子或分子，就有秩序地相互压缩和吸引，从而导致结晶条件的改变，形成的结晶物很松弛，抗压、抗拉能力差，并且很脆，其粘结力和附着力也很弱，它们不易附着在受热面上形成水垢。

在外界磁场的作用下，水中离子发生的变化如下：

1. 外界磁场使水分子产生磁矩，与外界磁场方向相反的水分子缔合体，在外界磁场的作用下，发生转动和碰撞，造成多分子缔合体解体，使水分子平均缔合度减小。

2. 由于水分子平均缔合体减小，使 Ca^{2+}、Mg^{2+} 盐类在水中的溶解度增加，因此在较高温度下才能析出 $CaCO_3$、$CaSO_4$ 等结晶体。即使是在高浓度下析出的结晶体，其颗粒也较疏松。

3. 没有外界磁场的作用，Ca^{2+}、Mg^{2+} 离子本身的磁场是杂乱无章的。相邻的离子磁场相互抵消，保持中性状态，形成的结晶细小而密集。在外界磁场作用下，Ca^{2+}、Mg^{2+} 离子磁场随外界磁场的方向而改变，破坏了原来的离子间静电引力状态，导致结晶条件的改变，形成不定型的结晶，质松脆弱易于清除。

根据上述原理，制造成各种形式的磁化器，最典型的是永磁磁化器和强磁除垢器。

1. 永磁式磁化器　上海世进环保设备技术有限公司就是根据以上原理研制成为〈桥牌〉GS 型永磁水处理器。经上海市压力容器检验所和济南军区锅炉检验所检测以及用户单位多年使用反映，在锅炉及换热设备上使用均达到理想的防垢、除垢的效果。与钠离子交换和加药软化处理相比，无需食盐再生，无废液排放，不污染环境，无运行费用，是较理想的绿色环保产品。该产品于 2002 年 5 月 18 日通过上海市机械工程学会技术鉴定验收，同年 8 月获得国家专利。该产品的设计流量由 1.6t/h 至 1600t/h，管道设计规格由 20mm 至 550mm。该产品型号及规格见表 7-3，其管道具体连接方式如图 7-2 所示。

永磁水处理器型号及规格　　表 7-3

型号规格	流量（t/h）	尺寸 DN（mm）
GS 型 15	0.7	15
GS 型 20	1.2	20
GS 型 25	1.6	25
GS 型 32	2.5	32
GS 型 40	7.0	40
GS 型 50	12.0	50
GS 型 65	18.0	65
GS 型 80	28.0	80
GS 型 100	42	100
GS 型 125	100	125
GS 型 150	120	150
GS 型 200	180	200

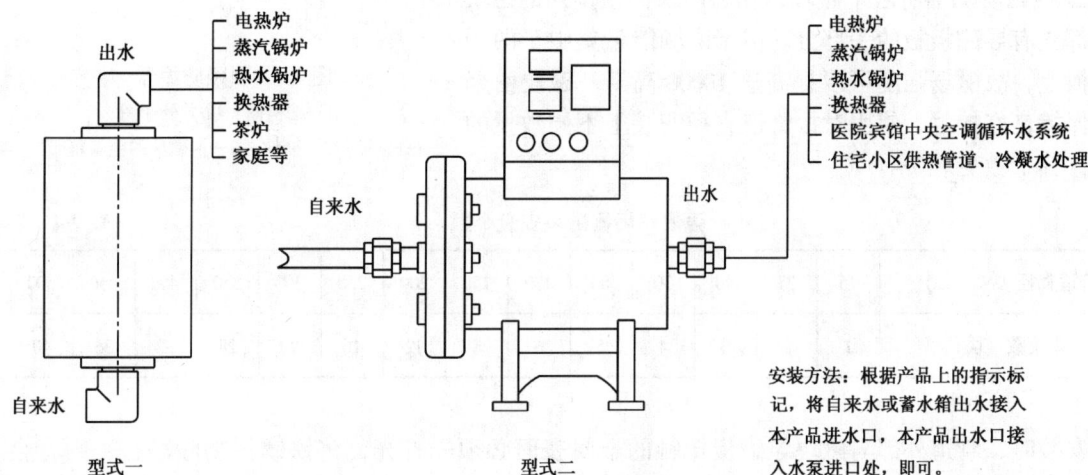

型式一

型式二

安装方法：根据产品上的指示标记，将自来水或蓄水箱出水接入本产品进水口，本产品出水口接入水泵进口处，即可。

图 7-2　GS 型永磁水处理器接管图

北京矿冶研究院实验厂制造的永磁式磁化器是用恒磁锶铁氧化体磁铁制成，其外壳有方形、圆形。方形由 8.5mm 钢板焊成长 85mm，宽 65mm，高 16.8mm 的锶铁氧化体磁铁，共 16 块。如图 7-3 所示，规律排列，磁化器中心有一方形铁芯；为便于与管道连接，外接口均为圆形；铁

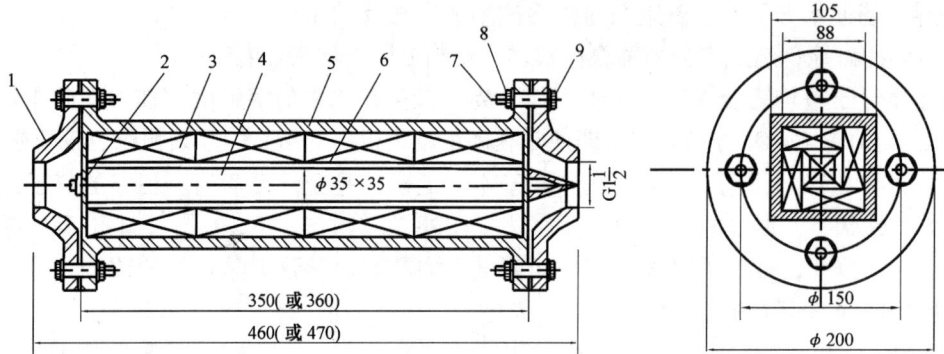

图 7-3　方形永磁式磁水器的结构
1—外接法兰（20 号钢）；2—开口销；3—锶铁氧化体永久磁铁；4—铁芯；5—外壳；
6—导水间隙；7—螺栓；8—螺母；9—橡胶绝缘套

芯与磁铁间的过水间隙为 3～4mm，最大不超过 5mm，水即由此间隙流过而切割磁力线；磁场强度为 2000～3000 高斯；水流速为 0.5～1m/s；容量为 2～3t/h。

20 世纪 80 年代从美国引进了永磁式磁化器，商品名称强磁防垢器。它与国内永磁式磁化器主要区别，在于永磁式磁化器是内磁式，必须安装在管道的某一段中间，水从磁化器内部流过；而引进的强磁防垢器是外磁式，只安装在金属管道外部，不需停产即可安装拆卸，不需清洗，没有水中逸出气体停滞和氧气铁屑在磁化器内堵塞等问题，不需设过滤器。这种强磁防垢器用于换热器的热、冷进水侧管段上较为理想，防垢器的构造如图 7-4 所示。

2. 强磁防垢器有若干磁块，相邻两块同性排列的磁块之间都夹有导磁极板的一部分。由于磁场能量集中于两个导磁板上，故磁场强度可以提高达 10000 高斯。磁块由金属带保持良好接触，使用时按管道直径安装上不同数量的磁块，其个数见表 7-4。

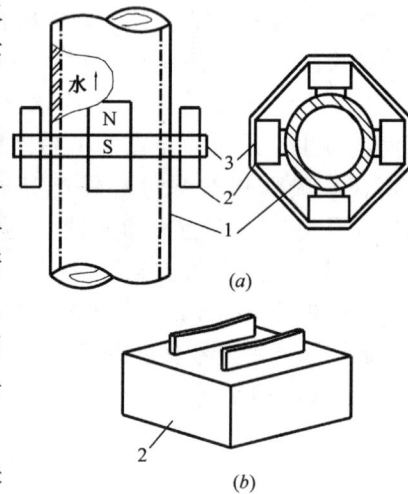

图 7-4　强磁防垢器
（*a*）结构图；（*b*）外形图
1—管壁；2—磁块；3—卡磁块的金属箍带

强磁防垢器磁块安装个数													表 7-4
管道直径 *DN*（mm）	15	25	40	50	80	100	150	200	250	300	350	400	450	500
磁块数（块）	1	2	3	4	5	6	8	12	16	20	28	32	36	40

安装时，管道外部与磁块导磁板接触的金属表面必须先打光，将铁锈污物除净，否则将会减弱效果。

四、离子棒防垢水处理

离子棒防垢水处理是一种新兴、先进的水处理设备。它是 1987 年美国的专利产品，长沙约克水处理公司引进了该产品。在热水循环系统、中央空调系统、循环冷却水系统中应用，均取得满意的防垢效果，是很有发展前途的新型水处理设备，尤其在换热器上应用，效果将更为显著。

1. 工作原理

（1）由于离子棒通过 8500V 高压静电场的直接作用，改变水分子中的电子结构，水偶极子将水中阴阳离子包围，并按正负顺序呈链状整齐排列，使之不能自由运动，水中所含阳离子不致趋向器壁，阻止钙、镁离子在器壁上形成水垢，从而达到防垢的目的。

（2）由于静电的作用，在结垢系统中能破坏分子间的电子结合力，改变晶体结构，促使硬垢疏松，并且会增大水偶极子的偶极距，增强其与盐类离子的水合能力，从而提高水垢的溶解速率，使已产生的水垢能逐渐剥蚀、脱落，从而达到除垢的目的。

（3）由于活性氧对无垢系统中的金属表面能产生一层微薄氧化膜，防止金属的腐蚀。

2. 组成

离子棒水处理器主要由电源箱、导管、探头三部分组成，如图 7-5 所示。

3. 技术参数

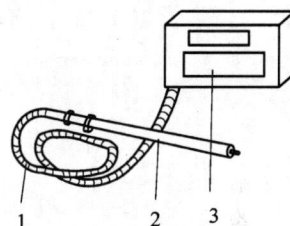

图 7-5　离子棒处理器
1—导管；2—探头；3—电源箱

探头长度：　　54.61cm

探头直径：　　ϕ28mm

导管长度：　　2.8m

输出电压：　　≥8500V

输入电压：　　220V±10V

功耗：　　　　10W

适应温度：　　1～99℃

适应水质：　　总硬度不大于 1000Mg/L（$CaCO_3$）

工作压力：　　0.1～1.75MPa

每套总重量：6kg

使用寿命：　　10～15 年

4. 特点

（1）电压高：进口芯片输出电压大于 8500V，最高可达 20000V；电压高，能防垢、除垢、除锈、杀菌灭藻。

（2）特氟隆保护：铅质电极棒探头涂有特氟隆保护层，耐 100000V 高压，绝缘效果好，安全性能好，可防止水中杂质粘附在探头上，让探头持久发挥效果，并便于清洁。

（3）棒式设计：利用管道本身代替外壳，节约原材料，节省制造成本。

（4）锥体螺纹连接：安装简单方便，接插式电线连接，快捷方便。

（5）安装容易，不占空间；不需另加阀门和旁路，安装费低；无需人工值守，节省人工费用。

（6）技术先进：水质报告能自动检测，通过专用软件即可打印，一目了然。

（7）使用安全：离子棒虽然电压高，但电流小于 1mA，无电解作用危及人身安全。

（8）符合环保要求：离子棒水处理是物理作用，在水中不发生化学作用，不会产生化学物质，排放出来的水对环境不产生影响，符合环境法规有关标准。

（9）离子棒在换热器的安装位置，如图 7-6、图 7-7 所示。

五、钠离子交换软化处理

1. 引言

含有 Ca^{2+} 和 Mg^{2+} 较多的水称为硬水。使 Ca^{2+} 和 Mg^{2+} 含量降低，甚至把它们基本上全部去除则称为软化。

硬水的概念完全是从生活来的，当水里的 Ca^{2+} 和 Mg^{2+} 含量太多了，就反映水里矿物质太多，饮用后对健康会有不好的影响。所以，我国饮用水标准规定生活用水不能超过 15mmol/L。

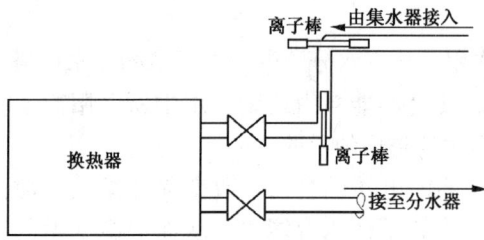
图 7-6　离子棒安装位置图（一）

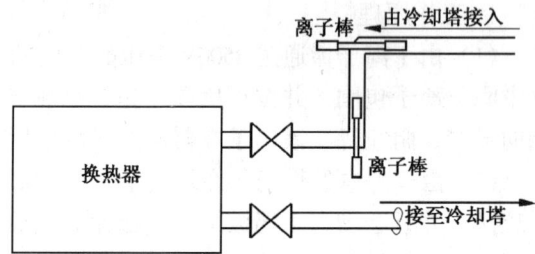
图 7-7　离子棒安装位置图（二）

给水中 $Ca(HCO_3)_2$ 和 $Mg(HCO_3)_2$ 是代表碳酸盐硬度的化合物，其溶解度，随着温度上升而降低，当到了 100℃时，它就分解出 $CaCO_3$ 和 $Mg(OH)_2$。化学反应方程如下式：

$CaCO_3$ 的溶解度为 13mg/L，$Mg(OH)_2$ 的溶解度为 5mg/L，水中大部分 Ca^{2+} 和 Mg^{2+} 都随着 $CaCO_3$ 和 $Mg(OH)_2$ 的沉淀而去除。例如北京南城的高含盐水 。采用加热方式达到去除 Ca^{2+} 和 Mg^{2+} 的方法，即为第一种软化法。

$CaCO_3$ 和 $Mg(OH)_2$ 的溶解度，在 0℃时也是很小的。因此，如果把所有的钙、镁盐类，在不加热的条件下，使绝大部分的 Ca^{2+} 和 Mg^{2+} 都随着 $CaCO_3$ 和 $Mg(OH)_2$ 的沉淀而去除，这种方法即是前面所说的加药剂软化法。其原理如以下化学反应方程：

（1）氢氧化钠（NaOH），去除 Ca^{2+} 及 Mg^{2+} 硬度

（2）碳酸钠（Na_2CO_3），去除 Ca^{2+} 及 Mg^{2+} 硬度

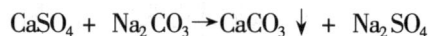

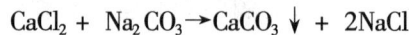

（3）磷酸三钠（Na_3PO_4），去除 Ca^{2+} 及 Mg^{2+} 硬度

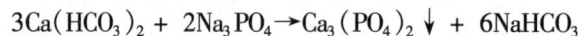

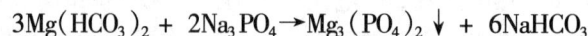

上面两种方法的共同点都是把钙和镁的盐类转化成 $CaCO_3 \downarrow$ 和 $Mg(OH)_2 \downarrow$，用这两种溶解度最小的钙、镁化合物来达到去除 Ca^{2+} 及 Mg^{2+} 的目的，它们是在钙和镁的盐类内部转化规律的应用。能不能利用钠盐的溶解度规律，把水里钙和镁的盐类转化成钠盐，以达到去除 Ca^{2+} 及 Mg^{2+} 的目的呢？这将是我们下面要介绍的，换热器防止结垢的最好办法是采用钠离子交换将钙、镁的盐类去除，简称第三种方法。

2. 钠离子交换原理

钠离子交换原理是将水中的 Ca^{2+} 及 Mg^{2+} 的盐类，利用置换的原理，将水中 Ca^{2+} 及 Mg^{2+} 用 Na^+ 离子置换，这样水中就没有 Ca^{2+}、Mg^{2+} 或 Ca^{2+}、Mg^{2+} 很少，即达到了软化的目的。

其化学反应方程如下：

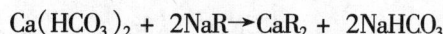

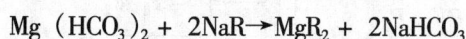

$$Ca(HCO_3)_2 + 2NaR \longrightarrow CaR_2 + 2NaHCO_3$$

$$Mg(HCO_3)_2 + 2NaR \longrightarrow MgR_2 + 2NaHCO_3$$

$$CaSO_4 + 2NaR \longrightarrow CaR_2 + Na_2SO_4$$

$$CaCl_2 + 2NaR \longrightarrow CaR_2 + 2NaCl$$

$$MgSO_4 + 2NaR \longrightarrow MgR_2 + Na_2SO_4$$

$$MgCl_2 + 2NaR \longrightarrow MgR_2 + 2NaCl$$

从以上反应式可以看出，当 Na^+ 全部被 Ca^{2+} 及 Mg^{2+} 置换后，交换剂就失效，不再起软化作用，这时就要用食盐液进行还原，把交换剂中的 Ca^{2+} 及 Mg^{2+} 置换出来。

$$CaR_2 + 2NaCl \longrightarrow 2NaR + CaCl_2$$

$$MgR_2 + 2NaCl \longrightarrow 2NaR + MgCl_2$$

经还原以后，离子交换剂又成为 NaR，恢复置换 Ca^{2+} 及 Mg^{2+} 的能力。

3. 固定床钠离子逆流再生

以往固定床，都是顺流运行，顺流再生，即软化时水流由上而下，而还原时食盐液也是由上而下。这种运行再生方式，新的食盐液首先流过饱和度较高的含 Ca^{2+} 及 Mg^{2+} 离子较多的交换剂层，食盐液中的 Na^+ 取代交换剂中的 Ca^{2+}、Mg^{2+} 离子，而底部交换剂层的 Na^+ 离子将逐渐被上部置换下的 Ca^{2+}、Mg^{2+} 离子所占位，要提高底部交换剂的再生度，就必须增加食盐液的剂量。因此，顺流食盐耗量较大，这种运行再生方式已逐渐被逆流再生方式所替代。逆流再生与顺流再生相反，始终是含 Ca^{2+} 及 Mg^{2+} 较少的盐液，流过饱和度较小的交换剂层，含 Ca^{2+}、Mg^{2+} 较多的盐液，流过饱和度较大的交换剂层。软化时也是如此，因此，逆流食盐液可充分被利用，而且降低耗盐，同时可以提高出水的水质。

4. 逆流再生的技术问题

逆流再生的关键在于是否能做到交换剂不乱层。为了保证不乱层，在逆流再生和置换时必须严格控制流速。对阳树脂而言，一般逆流再生的流速不超过 1.6m/h 可不乱层，这称为低速流再生。这样慢的流速，存在着增长了再生时间缺陷，为了提高再生流速而又不乱层，航空设计院姚荣佑高工发明了负（无）压逆流再生法，利用伯努利方程原理解决了低流速的关键难题，再生和置换时逆流速度可加大至 10m/h 以上不会乱层。

其方程原理推导如下：

取截面 I-I 与 III-III

$$H + \frac{P_3}{\rho} + \frac{W_3^2}{2g} = \frac{P_a}{\rho} + \frac{W_a^2}{2g} + \Delta P_1 \tag{7-6}$$

$$W_3 = W_a$$

$$\frac{P_3}{\rho} = \frac{P_a}{\rho} - H + \Delta P_1 \tag{7-7}$$

取截面 II-II 与 III-III

$$\frac{P_2}{\rho} + \frac{W_2^2}{2g} = \frac{P_3}{\rho} + \frac{W_3^2}{2g} + \Delta P_2 \tag{7-8}$$

根据连续性方程

$$W_3 F_3 = W_2 \sum F_2 \tag{7-9}$$

$$\frac{P_2}{\rho} = \frac{P_3}{\rho} + \frac{\left[\left(\frac{\sum F_2}{F_3} \right) - 1 \right] W_2^2}{2g} + \Delta P_2 \tag{7-10}$$

将式（7-7）代入式（7-10）

$$\frac{P_2}{\rho} = \frac{P_a}{\rho} - H + \frac{\left[\left(\frac{\Sigma F_2}{F_3}\right)^2 - 1\right]W_2^2}{2g} + \Delta P_1 + \Delta P_2 \tag{7-11}$$

为使 P_2 中间排液装置外部为负压（无压），中间排液装置和排液管的设计应符合以下条件：

$$\frac{\left[\left(\frac{\Sigma F_2}{F_3}\right)^2 - 1\right]W_2^2}{2g} + \Delta P_1 + \Delta P_2 < H$$

式中　　　　H——表示稳压器水面与中排管之间距离（m）；

P_a、P_2、P_3——表示各断面处的压力（Pa）；

W_a、W_1、W_2——表示各断面处的流速（m/s）；

F_2、F_3——表示断面Ⅱ-Ⅱ、Ⅲ-Ⅲ处的管道截面积（m²）；

ΔP_1、ΔP_2——表示各段局部压降（Pa）；

ρ——表示再生液密度（kg/m³）；

g——重力加速度（m/s²）。

当实际再生液流量与计算相符合，水位即保持稳定。

如果再生时再生流量大于计算流量，流速 W_2、W_3 相应加大，ΔP_1、ΔP_2 增大，液位上升，上部空间的空气受到压缩，压力 P_2 增大，阻止水位继续上升，所以上部空间的压力在一定程度上起到保持液位稳定的作用。

在此理论推导下，将中间排液装置设计成再生液在压力作用下全部被吸入分配管、再经排液管排出。实践证明，在分配管上的进水孔开多，排液管管径加大时，当再生液流经分配管内，就产生一定的负压，其值约为分配管高度的水柱。如果分配管负压保持 1.8mH₂O，再生液流速高达 16m/h 也不会引起树脂托起或乱层。设计逆流再生结构如图 7-8 所示。

5. 逆流再生软化过程

在固定床离子交换装置中，通常被处理水由交换器上部进入，经交换层交换后由下部流出，由于水和交换层的接触次序先后不同，离子交换的过程在交换剂层中也依次进行，也就是 Ca^{2+} 及 Mg^{2+} 离子在交换器中的交换过程是分层进行的，如图 7-9 所示。当水由上进入 Na^+ 型交换剂层时，水中的 Ca^{2+} 及 Mg^{2+} 离子首先接触到位于上部的交换剂层 1，在其间与 Na^+ 离子进行交换，被软化的水经下面几层流出，当层 1 失去交换能力后，离子交换工作就转入层 2 中进行，这时给水流经层 1 进入层 2 后开始交换，交换完 Ca^{2+} 及 Mg^{2+} 离子的软化水经层 3、层 4、层 5 流出。层 2 失效后，交换工作就转入到层 3 中进行，以此类推，直到层 4 失效。当交换剂失效到层 5 上缘时，出水的残余硬度开始增加，当残余硬度值增加到 0.03mmol/L 时，离子交换器就称之为"失效"，应停止运行，进行反洗再生工作。

交换器在运行时，流速控制要适当，对钠离子交换系统，当用 001×7 阳树脂交换时的运行流速，可依据给水的硬度大小控制在 30m/h 范围内。

6. 逆流再生过程

固定床一般分顺流再生和逆流再生。逆流再生，在运行时，水是向上流的水处理工艺。它运行到周期终点时，Na^+ 型床中各种离子分布的大概情况，上层为 Ca^{2+} 的失效层，中层为饱和层，底层是未交换的保护层，如上图 7-9 所示。在顺流再生时，新鲜的食盐液自上而下流动，在流动过程中，首先与上层失效交换剂进行离子交换，随着再生过程的进行，食盐液有效浓度逐渐降低，反离子（再生产物）浓度渐增。当食盐液进入下层时，使下层交换剂失效。本来下层交换剂还是具有交换能力的，但在再生过程中被反离子所饱和，又由于 Ca^{2+} 离子与交换基的集

合力比 Na^+ 大得多，要把 Ca^{2+} 置换出来，必须增加食盐液的耗量。因此，在顺流再生中，不但盐耗大，底部的交换剂一般得不到较好的再生。软化时，水流通过再生度较低的下层交换剂时，得不到深度软化，这就是顺流再生比耗高、水质差的原因，也是被逆流再生替代的必然结果。

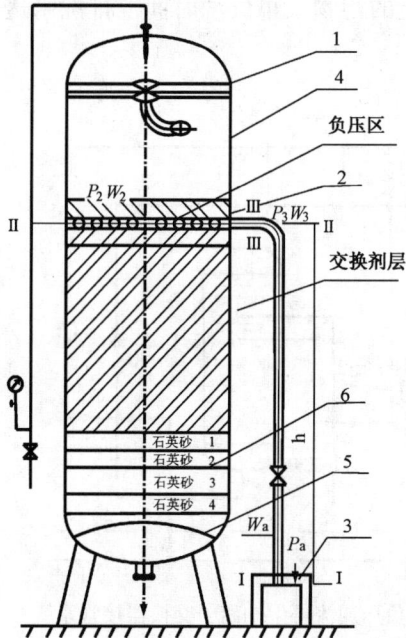

图 7-8　负(无)压逆流再生离子交换器示意图

1—进水装置；2—中间排液装置；3—稳压器；
4—窥视孔；5—弧形多孔板；6—石英砂垫层

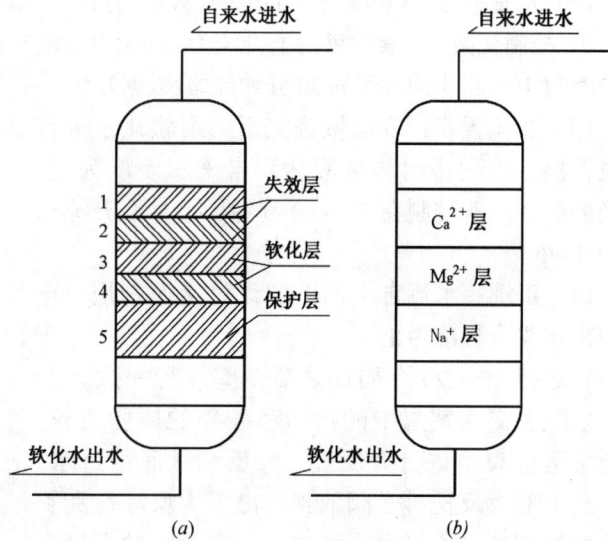

图 7-9　离子交换器

（*a*）离子交换器工作流程示意图；
（*b*） Na^+ 离子交换器运行终点时离子层分布情况

逆流再生则与上述顺流再生相反，食盐液由交换器底部进入，新鲜的食盐液首先通过没有失效的保护层，使下部交换剂层得到很高的再生度。食盐液在向上流的过程中，虽然有效浓度逐渐减少，反离子浓度逐渐增大，上层交换剂的再生度低，但并不影响运行时软化水水质。

逆流再生及置换：由交换器底部进入，由于底部保护层没有受到反离子（ Ca^{2+} 及 Mg^{2+} ）的污染，再生度很高，再生剂也得到了充分利用。因此逆流再生钠离子交换，显示了以下几个优点：

（1）出水质量好：因为逆流再生使浓度高的新盐液始终接触底部交换剂，所以底部交换剂的再生度高，再生剂得到了充分利用，出水质量小于 0.01mmol/L。

（2）节省食盐：因为逆流再生的盐液自下而上流动，盐液越往上流动，含钙、镁离子越多。由于交换器上部的钙、镁离子含量越往上越多，因此，盐液还能继续置换交换剂中的钙、镁离子，使盐液得到充分利用。盐耗量为理论量的 1.3 倍。

（3）工作交换容量增加：逆流再生交换器是逆流再生、顺流软化，由于再生度的增大和层次清楚，就使交换后饱和度增大。因此，在用等量再生剂还原的条件下，逆流再生交换剂的工作交换容量达 1200g（当量）/m^3。

（4）冲洗水耗量降低：逆流再生的再生剂利用率高、废液量少，反洗及正洗水量都减少，正洗时间可缩短。冲洗水耗量最佳的情况可降低 50% 左右。

（5）提高逆流再生流速：为了防止再生液和冲洗水上流时发生树脂托起或乱层，在交换层的表面部位，设中间排液装置。在排水处设水封，使上流的反洗水和再生液能在较高的流量下迅速吸入中间排液装置排走。

7.逆流再生时操作步骤

逆流再生交换器的系统如图 7-10 所示。

(1) 小反洗：交换器运行到失效时，停止运行后，反洗水从中间排液装置进水，对中间排液装置上面的树脂（称过滤层）进行反洗，以冲去积在表层上的污物，小反洗时间视排洗水透明度而定。

(2) 进食盐液：食盐液由底部进入，从中间排液装置排出，控制交换器中食盐液的上升流为 4m/h，食盐液的浓度为 7%，再生的时间约 30 分钟（试验数据）。

(3) 逆流置换：食盐液进完后，用软化水进行逆流置换，直到排出的废液达到自来水硬度为止，置换的时间一般控制在 30 ~ 40 分钟即可，上升流速也为 4m/h。

(4) 正洗：水流自上而下的流过交换剂层，正洗至出水符合标准为止。

在运行 10 ~ 20 个周期之后，应进行一次大反洗，以除去交换剂层中的污物和破碎的树脂微粒。在通常运行时不进行大反洗，大反洗从底部进水，废水经上部大反洗排水阀放掉。由于大反洗搅乱了整个交换剂层，所以大反洗之后，食盐液的用量应加大 1 倍左右。

8.影响离子交换容量的因素

离子交换剂的主要性能指标是交换容量，即交

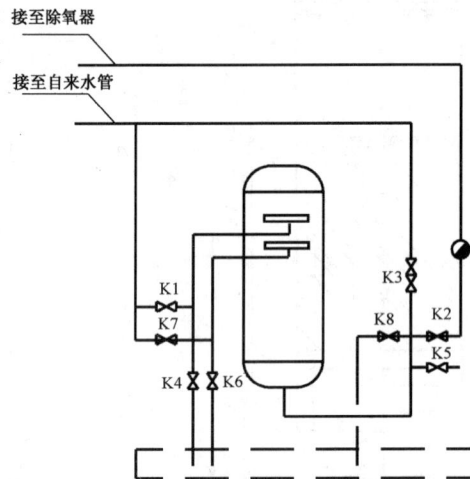

图 7-10　负压逆流再生钠离子交换器接管系统
K1—自来水进水阀；K2—软化水进水阀；
K3—反洗进水阀；K4—反洗水排水阀；
K5—食盐液进水阀；K6—食盐液排水阀；
K7—自来水进水阀；K8—正洗水排水阀

换能力。通常，工作交换容量是表示 $1m^3$ 处于工作状态的离子交换剂，在一个工作循环中所吸收的阳离子的摩尔数，其公式如下：

$$E = \frac{QH_0}{V} \quad mol/m^3 \tag{7-12}$$

式中　Q——从开始运行到软水硬度升高到 $0.03mmol/L$ 时，通过离子交换器的水量（m^3）；

V——装填交换剂的工作体积（m^3）；

H_0——原水的总硬度（$mmol/L$）；

E——离子交换剂的工作交换容量（mol/m^3）。

影响交换器交换容量的因素有下列几方面：

(1) 离子交换剂本身的特性因素：

1) 孔隙度：交换树脂按孔隙度可分为凝胶型、多孔型、巨孔型和高孔型四种。巨孔型和高孔型树脂的全交换容量都要比凝胶型树脂大，但凝胶型树脂工作交换容量大。

2) 交联度：树脂按交联度可分为低交联度、一般交联度和高交联度三种。高交联度树脂的结构严密，溶胀性小，虽然反应速度慢，但工作交换容量高。

(2) 离子交换剂层高度因素　离子交换剂层的高度对交换速度和残余硬度影响很大。在交换剂层的高度小于 1m 时，交换剂层的高度和出口残余硬度接近线型关系；当高度超过 1.5m 时，影响就不太显著，所以交换剂层的高度一般大于 1.5m 为好，同时还应根据交换剂本身的水力特征来决定填装高度。

(3) 给水的过滤速度因素　软化时过滤速度是个很重要的因素，钠离子交换，以阳树脂为交换剂时，推荐的过滤速见表 7-5。

水质硬度与运行速度的关系				表 7-5
给水硬度（mmol/L）	2~3	3~5	5~9	9~15
采用速度（m/h）	25~30	25~20	20~15	10~15

（4）交换剂颗粒的大小因素　交换剂的颗粒粒径会影响交换剂容量，交换剂的颗粒小，水与整个交换剂层的接触表面积就大，交换容量也就相应增大，但颗粒也不宜太细，粒径过小会造成水流阻力增大或产生流失现象。

9. 钠离子交换器经济运行分析计算

为便于对钠离子交换器经济运行评价，下面提供几个有关计算公式：

（1）再生一次用盐量：

$$G = \frac{E \cdot V \cdot B}{1000 \cdot 95\%} \qquad kg \qquad (7\text{-}13)$$

式中　G——再生一次用盐量（kg）；

　　　E——树脂工作交换容量，001×7 苯乙烯强酸型阳离子交换树脂工作交换容量可按 1000mol/m³ 估算；

　　　V——交换器内树脂（不包括压脂层）（m³）；

　　　B——盐耗（按 100g/mol 计）；

　　95%——盐的纯度。

（2）盐耗的计算：

$$B = \frac{G \cdot 1000}{Q(H_{总} - H_{残})} \qquad g/mol \qquad (7\text{-}14)$$

式中　B——实际盐耗（g/mol）；

　　　Q——运行一个周期制软化水量（m³）；

　　　$H_{总}$——给水总硬度（$1/2Ca^{2+}$、$1/2Mg^{2+}$）（mol/m³）；

　　　$H_{残}$——软化水残余硬度（$1/2Ca^{2+}$、$1/2Mg^{2+}$）（mol/m³）；

　　　G——再生一次用盐量（kg）。

通过北京几个大型供热厂的实际运行检验，凡是在锅炉房或热交换站运行中，用钠离子交换器进行水处理者，并按正确的操作程序及严格的水质监督，换热器中水垢可以减小到较小的程度，甚至可以做到无垢运行。

10. 钠离子交换器应用中故障及处理

（1）周期制水量逐渐减少　随着设备使用年限的增长，大部分设备的周期制水量都会有所下降，常见有下列五种原因：

1）树脂被污染　最常见的是铁中毒。树脂颜色逐渐变深，由浅黄至棕红再至褐色。铁中毒的树脂丧失了离子交换能力，需进行复苏，方能恢复交换能力。

树脂被沉淀污染，引起周期制水量逐渐减少也是常见的故障，这是由于采用不正确的再生方法而引起的树脂累计性中毒。再生时应该采用流动再生，不能用浸泡式再生或循环使用食盐液再生。因为再生时，树脂上吸附的大量 Ca^{2+} 和 Mg^{2+} 被交换到再生废液中，其中的 Ca^{2+} 与水中的 SO_4^{2-} 离子形成 $CaSO_4$ 沉淀。如果是静止浸泡，则 $CaSO_4$ 就附着在树脂表面，形成了一层水垢层膜，随着再生次数的增加，这层膜就越来越厚，从而阻止了与交换剂和外部的离子的交换。

2）树脂流失　树脂逐渐流失也是导致周期制水量逐渐下降的原因之一。对于上部或中部排水装置，在反洗强度过大，滤网破损时，会导致树脂的流失。

3）树脂被逐渐氧化　在夏季，自来水中有漂白粉和活性氧，这些氧化剂都使树脂被氧化而丧失交换能力，应该对这种水进行脱氧。常用的方法是使水流经装有活性碳的过滤罐，从而去掉水中的氧化剂。

4）配水装置被树脂堵塞　由于配水装置的缝隙网孔太大，缝中塞入树脂或者是树脂粒度偏小被堵塞。引起这种事故的原因有两条，一条是冬季贮存时被冻，树脂强度被破坏；另一条是储存中失水，再猛一下遇水，导致树脂体积急剧膨胀，从而强度遭到破坏。

5）食盐用量小或食盐浓度偏低，都会引起树脂转型不彻底，从而导致周期制水量逐渐减少。

（2）出水水质达不到标准　交换器出水水质达不到标准，常见原因有下列三种：

1）化验药品误差　指示剂铬黑 T 储存时间过长或缓冲溶液本身含硬度，都会影响化验结果，造成水质不达标的现象。发现水质差时，应首先检查药品，排除干扰因素。

2）反洗水阀门泄漏，有原水流入软化水管道造成化验结果偏高，甚至不合格，应及时检修或安置两个串联阀门。

3）选择设备及安装不合理　由于设备、安装不合格，导致出水不达标的现象多见于一般小型离子交换器，由于制造离子交换器的单位多而杂，有些小厂不具备技术力量，粗制滥造，造成设备先天毛病；再加上许多安装队没有水处理专业技术人员，选择设备和安装时管路存在很多问题，也会导致出水不达标。

（3）正洗时间过长　正洗时间过长是相当一部分离子交换器操作的通病，其原因有下列三种：

1）设备配水均匀性不好，下部或上部配水不均匀，造成水偏流，导致正洗时间过长。

2）在逆流置换时，一定用软化水，否则将导致正洗时间过长，周期制水量减少。

3）设备内存在死区，使这部分区域的再生废液不能及时排出，导致正洗时间长。通常，人孔存在死区。

（4）设备出力达不到设计要求　有的设备达不到单位时间内设计的产水量，这主要有下列五种原因：

1）自来水压力不够。在夏季自来水压力偏低，造成设备单位时间内出水量偏低。

2）设备系统阻力太大。设备内设计不合理，阻力太大。

3）阀门、管路及水泵有故障。

4）设备设计运行流速过高。在设计时，选择的运行流速过高，而实际运行时，由于原水硬度高，不能采用设计运行流速，故设备出力达不到。

5）树脂污染。在运行过程中，由于树脂破碎严重，造成排水装置被堵塞，阻力过大，会导致设备出力达不到设计值。

第三节　换热器的防腐

一、概述

金属由于周围环境介质的化学或电化学作用而遭受破坏称金属腐蚀。

金属腐蚀所引起的危害是相当惊人的。据有关资料介绍，全世界每年有 1/3 的金属被氧腐蚀掉，即使采取防腐措施，也有 1/10 被腐蚀掉。美国标准局曾做过一个调查，每年因腐蚀损失 700 亿美元，相当于 5600 多亿人民币。我们国家没有做过这方面统计，但从每年的锅炉因腐蚀报废情况来看是相当惊人的。

我国制造的容积式换热器、半容积式换热器、管壳式换热器、全焊接换热器、板式换热器等设备大都是采用碳钢和不锈钢材料制造。

此种设备应用在水-水热交换、汽-水热交换介质外，还有用于高温烟气热交换、废水的蒸发浓缩等工艺设备上。因此，防止腐蚀，减少检修，延长使用寿命尤其重要。

下面将简介一些腐蚀原因及防止的办法。

根据环境对金属的破坏作用，可以把腐蚀分为化学腐蚀和电化学腐蚀两类。化学腐蚀是金属和环境直接进行化学反应，例如：金属管的高温氧化等。电化学腐蚀是金属和环境发生电化学反应。

从腐蚀的观点来看，换热器仅仅是一层钢支撑着的磁性氧化铁薄膜，换热器腐蚀主要是金属在水及其溶液作用下发生的破坏。当钢表面同水接触时，发生如下电化学反应：

在阳极　　　　$Fe \rightarrow Fe^{2+} + 2e$

在阴极　　　　$H_2O \rightarrow H^+ + OH^-$

　　　　　　　$2H^+ + 2e \rightarrow H_2$

阳极反应物和阴极反应物在金属表面反应

$$Fe^{2+} + 2OH^- \rightarrow Fe(OH)_2$$

生成保护膜

$$3Fe(OH)_2 \rightarrow Fe_3O_4 + H_2 + H_2O$$

在正常情况下，金属表面在受到轻微的腐蚀后，就会被这层保护性的磁性氧化铁所覆盖，使腐蚀趋于停止。换热器的腐蚀控制主要取决于这层薄而均匀，附着牢固的保护膜的生成和维持。

去极剂阻碍保护膜的生成和部分地或全部地破坏已生成的保护膜，使金属发生严重腐蚀。溶解氧、过多的氢离子和氢氧根离子是主要的去极剂，并成为锅炉及换热器腐蚀的原因。

1. 溶解氧

当换热器内水中有氧存在时，金属表面生成的氢氧化亚铁，其反应式如下：

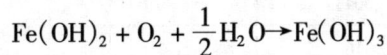

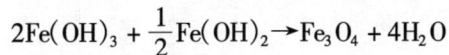

$$Fe(OH)_2 + O_2 + \frac{1}{2}H_2O \rightarrow Fe(OH)_3$$

$$2Fe(OH)_3 + \frac{1}{2}Fe(OH)_2 \rightarrow Fe_3O_4 + 4H_2O$$

2. 氢离子

当换热器内水中有过多的氢离子而呈酸性时，氢氧化亚铁将不能生成，换热器将发生剧烈腐蚀。

在阳极　　　　$Fe \rightarrow Fe^{2+} + 2e$

在阴极　　　　$2H^+ + 2e \rightarrow H_2$

3. 氢氧根离子

氢氧根离子对保护膜的形成是必要的。但是，在某些情况下，当这种离子达到很高浓度时，将发生保护膜的破坏。

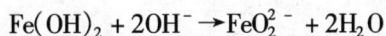

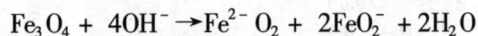

$$Fe(OH)_2 + 2OH^- \rightarrow FeO_2^{2-} + 2H_2O$$

$$Fe_3O_4 + 4OH^- \rightarrow Fe^{2-}O_2 + 2FeO_2^- + 2H_2O$$

铁酸盐和亚铁酸盐水解时，再生成氢氧根离子。

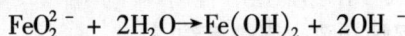

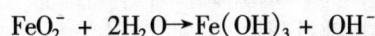

$$FeO_2^{2-} + 2H_2O \rightarrow Fe(OH)_2 + 2OH^-$$

$$FeO_2^- + 2H_2O \rightarrow Fe(OH)_3 + OH^-$$

就是说，氢氧根离子没有被消除掉，这就增加了腐蚀性。

目前在供热系统中发现严重腐蚀的部位在锅炉部位，汽-水容积式换热器、水-水容积式换热器、金属管道及钢制暖气片中，经有关部门分析主要是电热系统管道中溶解氧及 CO_2 引起。

4. 氯离子

氯离子对不锈钢板片换热器有一定的腐蚀性，因此，各类的不锈钢板材，均有一定的含氯离子使用范围，具体数值见表7-6、表7-7。

不锈钢在含氯介质中的使用范围　　　　　　　　　　表7-6

序号	板片材料	不锈钢适用最高氯离子含量（mg/L）					M_0 含量
		板壁温度（℃）	25	50	75	100	
1	SUS 304/304L（0Cr18Ni9）		100	75	40	< 20	0
2	SUS 316/316L（1Cr18Ni9）		400	180	120	50	2～3
3	904L		1000	500	250	130	4～5
4	254SM$_0$		5000	1800	750	400	6～6.5

不锈钢在含氯介质中的适用范围　　　　　　　　　　表7-7

最高温度（℃）　　板片材料 氯离子含量（mg/L）	60	80	120	130
10	304	304	304	316
25	304	304	316	316
50	304	316	316	TA$_1$
80	316	316	316	TA$_1$
150	316	316	TA$_1$	TA$_1$
300	316	TA$_1$	TA$_1$	TA$_1$
> 300	TA$_1$	TA$_1$	TA$_1$	TA$_1$

二、BF-30a 防腐阻垢剂

BF-30a 防腐阻垢剂：该药由北京化工学院研制，它是根据缓蚀作用原理，利用阈值效应规律，把具有多种功能的防腐阻垢剂配制成为 BF-30a 药剂，投放到水系统中，扩散到达并吸附于金属表面，从而连续地起到防止锅炉及换热器在运行时腐蚀结垢和停用时腐蚀的作用。

1. 药剂的使用方法

（1）对于用原水的蒸汽锅炉和热水锅炉系统

1）随锅炉上水按 $2kg/m^3$ 量基础投药；

2）运行期间随补水按 $1kg/m^3$ 量补充投药；

3）停用时按 $1kg/m^3$ 量投药、封闭锅炉。

（2）对于用软化水的蒸汽锅炉和热水锅炉系统

1）随锅炉上水按 $1.5kg/m^3$ 量基础投药；

2）运行期间随补水按 0.8kg/m³ 量补充投药；

3）停用时按 1kg/m³ 量投药、封闭锅炉。

2. 药剂的优点

（1）高效：对运行锅炉系统的缓蚀率、阻垢率达 99%。

（2）方便：只是按工艺要求投药。

（3）连续：不管运行或停用都能长期做到防腐阻垢。

（4）全面：不仅对锅炉的运行和停用起到防腐，而且对整个热网系统提供全面的防腐阻垢。

（5）廉价：不需要昂贵的除氧器及软化水器的投资费用，在停用或运行时均不需要更换药品，从而可节约运行费用。

三、pH 值的控制

在给水循环系统中，pH < 7 时，在金属表面形成的氧化膜，失去了保护作用。为了防止给水循环系统中 H^+ 的极化作用所造成的电化学腐蚀，将 pH 值控制到 9 以上。一般采用的方法是在系统中加氨水或瓶装的气态氨，其化学反应如下：

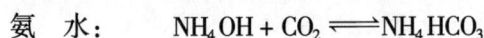

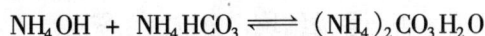

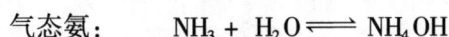

氨　水：　　　$NH_4OH + CO_2 \rightleftharpoons NH_4HCO_3$

　　　　　　　$NH_4OH + NH_4HCO_3 \rightleftharpoons (NH_4)_2CO_3 H_2O$

气态氨：　　　$NH_3 + H_2O \rightleftharpoons NH_4OH$

一般热水锅炉系统采用加碱性药剂的方法来提高 pH 值，以防止 H 或 CO_2 的腐蚀。

以上两种方法，均在介质中加入缓蚀剂及碱性药剂，使腐蚀电池的阳极过程减慢，金属的腐蚀速度降低。

四、海绵铁除氧防腐

从给水中除去溶解氧，以往常用的方法有热力除氧法、真空除氧法、解吸除氧法、氧化还原型树脂法等。海绵铁除氧法于 1994 年由武汉水利电力大学王蒙聚教授研究，航空设计院姚荣佑高工设计及试验。该产品具有低投入、易控制、易维修、除氧效果好、运行成本低等优点，是很有发展前途的新型除氧设备。下面将做详细介绍，其他方法可参看有关资料，这里不再叙述。

1. 海绵铁除氧防腐原理

海绵铁含铁量较高，活性疏松多孔。它可以提供足够多的表面积与氧发生反应，实际上是一种电化学腐蚀中的浓腐蚀电池现象，每一个腐蚀电池都有阳极有阴极。

阳极反应　　　$Fe \rightarrow Fe^{2+} + 2e$

阴极反应　　　$H_2O \rightleftharpoons H^+ + OH^-$

　　　　　　　$2H^+ + 2e \rightarrow H_2$

阳极反应物和阴极反应物

$$Fe^{2+} + 2OH^- \rightarrow Fe(OH)_2 \downarrow$$

由于 $Fe(OH)_2$ 在碱性软化水中遇到氧是不稳定的，它将被氧化成溶解度非常小的 3 价铁的氢氧化物，其反应式：

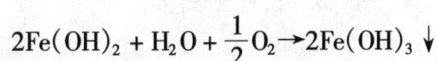

$$2Fe(OH)_2 + H_2O + \frac{1}{2}O_2 \rightarrow 2Fe(OH)_3 \downarrow$$

经几年的实践运行，当含氧的给水经海绵铁除氧剂后，溶解氧可减少到小于 0.05mg/L，总含铁量接近 0.02mmol/L。$Fe(OH)_3$ 的沉淀物，通过反冲洗很容易排掉。

2. 海绵铁除氧剂技术指标

海绵铁除氧剂目前还没有统一技术标准。根据实践使用，南非矿石与我国的神腐煤作为生产原料的海绵铁及金科厂生产的海绵铁均能满足除氧要求。至于海绵铁板结问题，主要由于某些制造厂不按研制要求，结构设计不合理，反洗强度不明确，缺乏技术指导所造成。

除氧器工艺参数应符合表7-8要求：

除氧器工艺参数要求　　　　表7-8

项　目	过滤速度	反洗强度	填料层高度	反洗水压力
单　位	(m/h)(空罐)	(L/m²·s)	(mm)	(MPa)
数　值	<15	>20	1000	>0.2

3. 除氧器的特点

(1) 进入除氧器的软化水不需要加热，在常温下可进行除氧。

(2) 对瞬间流量的变化适应性强，当流量超过设备额定出力1.5倍时，残余溶解氧浓度仍低于0.1mg/L。

(3) 海绵铁除氧剂为多孔隙铁粒，粒径大，填装密度轻，阻力损失小。

(4) 除氧剂需经常补充，定量反冲洗，否则容易结块，影响活性恢复。

4. 主要技术参数（表7-9）

除氧器主要技术参数　　　　表7-9

型　号	HGY-600	HGY-800	HGY-1000	HGY-1200	HGY-1400	HGY-1600	HGY-1800
出力(t/h)	4.2	7.5	11.8	17.0	23.1	30.0	38.1
处理后氧含量(mg/L)				<0.1			
工作压力(MPa)				<0.5			
工作温度(℃)				常温8℃以上			
海绵铁体积(m³)	0.28	0.50	0.79	1.13	1.54	2.00	2.55
设备空载质量(kg)	400	660	900	1360	2010	2370	2490
设备运行时总质量(kg)	1000	1750	2750	4150	5990	7920	10830

5. 除氧器的维护、保养及注意事项

(1) 新安装的除氧器或新添加除氧剂，在开始启用前，必须进行彻底反洗。反洗时要确保反洗强度，每次反洗必须达到如下要求：刚开始排出的水无色，约十分钟后水略带黑色，反洗时调节排污阀开闭多次。对除氧剂层瞬间冲松至排水变清为止。最后经正洗至排水溶解氧含量符合要求为止。

(2) 除氧器停运前，必须进行彻底反洗，然后充满水，带压密封，使空气不能进入，防止除氧剂结块。

(3) 停运期间，每月反洗一次。寒冷地区注意防冻。

6. 除氧器接管系统

海绵铁除氧器接管系统如图7-11所示。该图适用于直径1400mm以上，为分格式除氧器，详细操作见设备使用说明书。

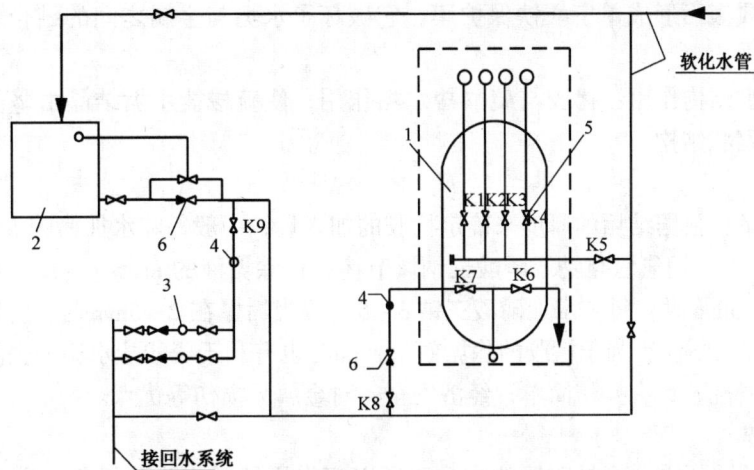

图 7-11　除氧器接管系统图

1—除氧器；2—呼吸贮水箱；3—补水泵；4—旋翼水表；
5—三通阀；6—单向阀

第四节　换热器清洗

一、引言

在本章第一节叙述了供热系统中水垢的形成及其对换热器传热的影响。供热系统在运行过程中，无论采用加药除垢水处理或钠离子交换软化水处理，虽能消除或减缓结垢的形成，但由于选用水处理设备（如自动钠离子交换器水质发生变化）或管理不善，并不能完全防止不结水垢。因此，运行一定时间就需要进行清洗，去除水垢及沉积污物。目前清洗水垢及沉积污物的方法，有机械法、碱性法和酸性法等。垢量少，且分布疏松时，可用喷水冲洗，管壳换热的可用钢丝刷或扁铲等工具将水垢沉积物消除，但不允许用碳钢刷子刷洗不锈钢板片。下面介绍几种常用的方法。

二、机械清洗法

机械清洗法一般采用喷水清洗。此法适用于化学清洗不能除去的碳化物垢层，它的优点是对设备的磨损率低。缺点是必须将设备拆卸。

喷水清洗，水压的选择很重要，常用压力为 50～70MPa。压力过低，清洗效果不好，而压力过高，又会损伤设备。因此在操作前应进行预试验，取得经验后操作。

喷水清洗，不仅可清洗管内，也可清洗管外，以及外壳内壁。用于清洗板翅、换热器或板式换热器，可获得较满意的效果。对于不锈钢板式换热器喷水清洗时，应控制水的氯离子含量。

三、栲胶与碱剂清洗

1. 清洗原理

栲胶与碱剂清洗是用橡碗栲胶与碱性药剂一起进行协同清洗。它的机理有以下三种作用：

（1）疏松作用：由于栲胶中的主要成分是单宁在碱性介质中，易水解成没食子酸，它对结垢的金属离子产生络合作用，对碳酸盐水垢产生溶解作用，因此，使水垢疏松而容易脱落下来。

（2）剥离作用：栲胶中单宁具有较强的渗透性，甚至可以穿过垢层渗透到水垢和设备基体金属之间，在金属表面形成单宁酸铁保护膜，它破坏了水垢与金属之间的结合强度，容易使水垢剥离下来。

（3）改变晶型结构作用：栲胶与硫酸盐水垢作用，使硫酸盐水垢结晶由坚硬致密的棒状结构变为较松软的网状结构。

2. 除垢方法

（1）栲胶用量：根据结垢的厚度来确定栲胶的加入量，一般每吨水加栲胶 5~10kg。

（2）调整 pH 值：用氢氧化钠或磷酸三钠调节栲胶，除垢液的 pH > 7，其用量根据垢厚来确定。当垢厚在 2~5mm 时，每吨水加磷酸三钠 3~5kg 或当垢厚在 2~5mm 时，每吨水加氢氧化钠 2~4kg。碱剂的加入不仅有利于栲胶的除垢效果，同时也有利于硫酸盐水垢的去除。

栲胶与碱剂清洗，具有操作简单，经济安全，对金属无损伤等优点。

四、盐酸清洗

盐酸是一种价格便宜、容易购置的商品，所以都采用盐酸作为除垢剂，它的除垢机理有以下四种作用：

1. 溶解作用

盐酸容易与碳酸盐水垢发生反应，生成易溶的氯化物，使这类水垢溶解。其反应如下：

$$CaCO_3 + 2HCl \rightarrow CaCl_2 + CO_2 \uparrow + H_2O$$

$$Mg(OH)_2 + 2HCl \rightarrow MgCl_2 + 2H_2O$$

2. 剥离作用

盐酸能溶解金属表面的氧化物，从而破坏金属与水垢之间的结合，结果就容易使附着在金属氧化物上面的水垢剥离而脱落下来，其反应如下：

$$FeO + 2HCl \rightarrow FeCl_2 + H_2O$$

$$Fe_2O_3 + 6HCl \rightarrow 2FeCl_3 + 3H_2O$$

$$Fe_3O_4 + 8HCl \rightarrow 2FeCl_3 + FeCl_2 + 4H_2O$$

3. 气掀作用

盐酸与碳酸盐水垢作用所产生的大量二氧化碳，在逸出过程中，对于难溶解或溶解速度较慢的垢层，具有一定的气掀动力，使之从管壁上脱落下来，水垢中碳酸盐成分愈多，在酸洗时这种气掀作用就愈强烈。

4. 疏松作用

对于含有硅酸盐和硫酸盐的混合水垢，虽然它们不能与盐酸反应而溶解，但当掺杂在水垢中的碳酸盐和铁的氧化物溶解在盐酸溶液之后，残留的水垢就会变得疏松，在流动酸洗情况下，它们很容易被冲刷下来。

五、盐酸清洗中缓蚀剂的应用

在盐酸清洗过程中，盐酸不仅对碳酸盐水垢有溶解作用，同时对钢铁也发生溶解作用。其反应为：

$$Fe + 2HCl \rightarrow FeCl_2 + H_2 \uparrow$$

结果将会产生以下两点危害：

（1）加快金属的腐蚀速度，使金属管壁遭到严重破坏，可能出现管壁变薄和局部穿孔。

（2）一部分氢原子可能扩散到钢铁组织内部与钢铁中的碳形成 CH_4，从而使金属的抗张强度降低。

为防止盐酸清洗过程中产生上述危害，通常加入少量的缓蚀剂，以防止或减缓金属腐蚀。

缓蚀剂在选择时应符合以下几点要求：

（1）应能有效地降低被清洗金属在酸洗中的腐蚀速率，要求金属在流动的酸液中腐蚀速率小于 $10g/（m^2·h）$。

（2）具有防止金属产生点蚀和氢脆性。

（3）具有较好的溶解性。

（4）具有低毒性，并无恶臭，便于排放处理。

目前，国内生产的盐酸缓蚀剂品种很多，有些是用化学药品配制而成，有些是医药工业的残液，经过适当的提取处理而制成。表 7-10 简要介绍国产部分盐酸缓蚀剂组成及使用范围。

国产部分盐酸缓蚀剂　　　　　　　　　　　　　　　　　　　表 7-10

缓蚀剂名称	主要成分	适用酸种	适用金属
天津工读-3 号	CH_2-N-	盐　酸	锅炉、碳钢换热器
乌洛托品	六次甲基四胺	盐酸、硫酸	黑色金属
粗吡啶	焦化或油页岩干馏副产物	7%盐酸、6%氢氟酸	锅炉酸洗
硝酸缓蚀剂	硫代硫酸钠、尿素、乌洛托品	硝　酸	钢铁、黄铜、不锈钢
氢氟酸缓蚀剂	q-硫醇基苯并噻唑	氢氟酸	锅　炉

注：不锈钢材质的换热器应慎重采用盐酸清洗。

六、02 - 缓蚀剂

为便于各单位自配缓蚀剂进行酸洗除垢处理，介绍一种北京市节能办曾经推荐过的 02 - 缓蚀剂。经实际应用，酸洗除垢效果很好，对金属腐蚀极其微小，很适合于用户自己动手配制，节省开支，提高技能，介绍如下。为便于理解和操作，用实例分步说明如下。

（1）查明情况：如用户使用一台 RVW-3Q 汽水卧式容积式换热器，总容积 $3m^3$（3000kg 水），结垢厚度在 5~10mm 之间，无腐蚀现象。

（2）确定配制稀盐酸量及 02-缓蚀剂量

1）根据结垢厚度查表 7-11，当结垢厚度在 5~10mm 之间时，查得纯盐酸占总溶液的 10%，即 $3000kg×10\% = 300kg$（100%纯度的盐酸）。市场上供应的工业盐酸纯度一般在 28%~31%之间。如果购到的盐酸经测定浓度为 30%，再查表 7-12。

纯盐酸的用量　　　　　　　　　　　　　　　　　　　　表 7-11

设备材质	结垢厚度（mm）	纯盐酸占总溶液的百分比（%）	缓蚀剂占总溶液的百分比（%）		处理时间（h）
			甲醛	苯胺	
钢板（锅炉）	<5	8（100%浓度）	0.25	0.25	4~6
钢板（锅炉）	5~10	10（100%浓度）	0.4	0.4	6~8
钢板（锅炉）	>10	15（100%浓度）	0.5	0.5	8~10

不同浓度盐酸的配制   表 7-12

市场工业盐酸浓度 (%)		31		30		29		28	
	用料	浓盐酸	加清水	浓盐酸	加清水	浓盐酸	加清水	浓盐酸	加清水
每百公斤溶液需用100%浓度盐酸的浓液的百分比(%)	用量 (kg)								
8		25.9	74.1	26.6	73.4	27.6	72.4	28.6	71.4
10		32.3	67.7	33.3	66.7	34.5	65.5	33.7	64.3
15		48.4	51.6	50.0	50.0	51.7	48.3	53.6	46.4

即得：　　33.3kg×30 = 999≈1000kg 盐酸（30%）

　　　　　3000kg×0.4% = 12kg　甲醛

　　　　　3000kg×0.4% = 12kg　苯胺

2）配 02-缓蚀剂用量计算　配方比例：20:0.5:1:1。

（70℃热水）20:（100%纯度盐酸）0.5:（甲醛）1:（苯胺）1

即得：　甲醛 = 12kg

　　　　苯胺 = 12kg

　　　　热水 20×12 = 240kg

　　　　盐酸 0.5×12 = 6kg

但是买来的盐酸纯度为 30%，故需要盐酸为 6kg/30% = 133.2≈134kg(盐酸从 999kg 中取出)。

3）02-缓蚀剂配制

（a）每次配制可按容器大小分多次按比例进行；

（b）操作顺序：热水中倾入盐酸，溶液呈浅黄色，再注入苯胺溶液呈桔黄色，再注入甲醛溶液，由桔黄色逐渐变为深红透明、上无浮物，迅速把配好的缓蚀剂倒入清洗的稀盐酸溶液中，同时用木棍搅拌均匀，然后打入需要清洗的设备中（顺序不能颠倒）。

（3）操作用具准备

1）塑料箱（1m³）1 个（或其他容器）

2）搪瓷盆 1 个

3）100℃酒精温度计 1 支

4）量杯 200mL、300mL 各 1 个

5）塑料水泵（G = 3000～5000kg/h）1 台

（4）清洗注意事项

1）把安全阀、压力表卸下，并接短管排一氧化碳和二氧化碳；

2）操作人员要戴口罩、风镜，穿工作服，戴橡胶或塑料制手套；

3）在预定排酸液前三小时，加温到 40～80℃，以发挥药品性能；

4）排出废酸应进行化验，在浓度 3% 以上可作其他使用，在浓度 30% 以下，也应尽量利用；当无法利用时，加火碱（NaOH）或石灰中和后排出，以防止污染环境；

5）处理水垢以后，再把设备上满水，并加 0.1%～0.2% 的火碱煮半小时，放出碱液后，再用清水冲洗即可使用。

注：若换热器主要部件材料是不锈钢时，应采用由硝酸、氢氟酸及少量盐酸组成特殊溶剂进行清洗。

応用篇

第八章 板式换热器及板式换热装置的应用原理及方法

第一节 在热利用设备中的应用原理及方法

一、板式换热器是一种应用广泛的热利用设备

图 8-1 表示热利用的体系。从该图可知，在利用热源的热能时，根据热源的温度和利用方法可分为若干种形式。温度范围从超过 1000℃ 的高温到 −200℃ 的低温。按利用的方法分为：获得动力和电力的方式，获得供热空调用热和获得工艺用热和原料的方式。利用热能时一定伴随着能量的转换，转换形态不同，其设备也不同。图 8-1 还表示热利用的形式和相对应的设备。热源在 700℃ 以上的高温领域，有在燃煤、石油、LNG 等的燃煤炉、燃气炉和高速炉等新型炉中发生的高温气体及热媒，有在炼钢厂内产生焦炭等高温的固体等。以这些高温的热作为锅炉和蒸汽发生器的热源，用于产生水蒸气。将水蒸气引入蒸汽气轮机后转换成动力或电，或直接将蒸汽用于工艺。燃烧气体除用于发生蒸汽之外，还可用它生产热水或温水，也可作为热泵的热源。燃烧气体还可作为各种发动机的驱动力，直接产生动力。此外，通过固—气换热器将高温固体的热量转换为高温气体的热量，当将它们导入排气锅炉后，即可产生蒸汽。在许多工厂中都产生排气，其温度范围为 150 ~ 700℃，特殊情况可超过 1000℃。因此，利用的方法也有许多。一般希望将温度较高的气体引入排气锅炉中，此时能效率较高地发生蒸汽。一般情况下，采用气—气换热器预热其他气体，以提高高温排气系统的效率。采用 400℃ 以下的中、低温排气产生热水或温水，或在蒸发器内用它蒸发氟利昂等低沸点介质，并导入低沸点介质透平，产生动力。当然，也可以用它作为热泵的热源。将从地热蒸汽和从工厂产生的热水（100℃ 以上）引入到

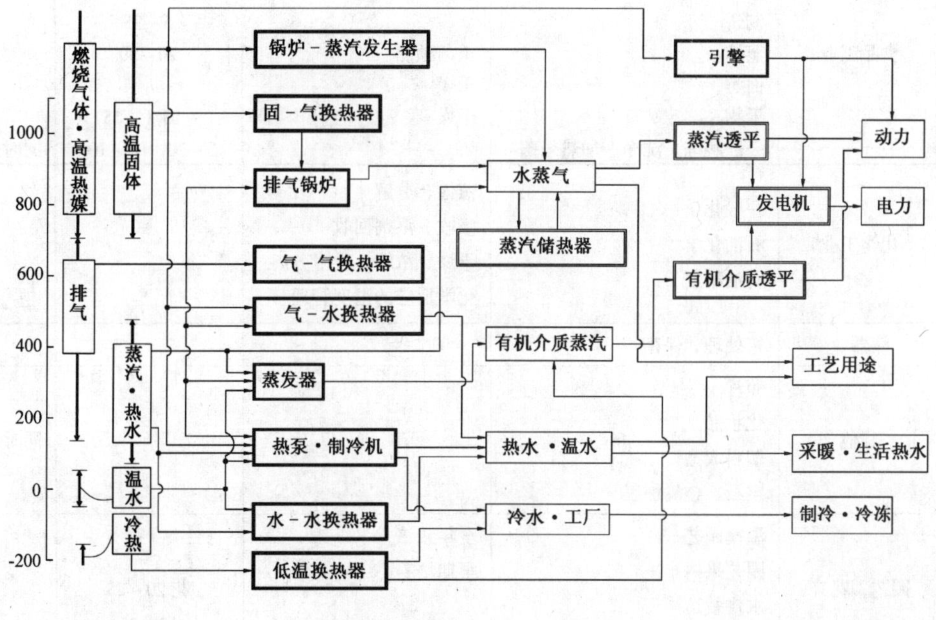

图 8-1 热利用体系

水蒸气/蒸汽透平，有机介质蒸汽/有机介质透平中变换为动力，或采用换热器、热泵等发生采暖和生活用热水等。在炼钢厂内和发电厂内大多产生 100℃ 以下的温排水，可采用换热器方式利用其热量，也可作为热泵的热源。有时也采用温度较高的热水或热带地区温度较高的海水作为蒸发器的热源发生有机介质蒸汽驱动透平等。以上叙述了各种热利用的方式，利用的设备有换热器、透平和引擎等，其中与板式换热器有关的为板式气-气换热器，板式气-水换热器，板式水-水换热器，板式低温换热器和板式蒸发器等。

二、板式换热器在工业、农业、建筑业等各领域中的应用（表 8-1）

板式换热器的用途　　　　　　　　　　表 8-1

分类	应用范围	内　　容	目　　的	必要温度（℃）	备　　注
第二产业	木材工业	建材、高级家具 运动器具、乐器等	木材的干燥 加工时的温湿度控制	60～80 20～40	干燥机（除湿机）
	皮革业	熟皮 毛皮	节能、品质好、保存	20～50 40%～65%RH 9～16	温湿度控制
	纤维工业	染色	节能、提高工作效率	40～100	热水利用
	电镀工业	电镀工程的冷却、加温	节能、省力	冷却 10～20 加热 50～80	同时需要冷热水
	印刷业	美术印刷工程 防止印刷不匀 防止特殊纸的伸缩	在质量上提高工作效率	22～48 45%～50%RH	
	制药业	片剂 散药制造工程 其他	防止变质 无尘、无菌化 实验动物无菌饲养	24～26 45%～60%RH	
	与半导体相关产业	I/C 印刷线路底板	温度控制 空气洁净精度管理	23～25	
	食品工业	熟化 饼干 制饼 蒸馏 面类 干物 一般解冻，洗净、加热杀菌	保存 预热干燥 杀菌预热 干燥 干燥	60%～90%RH 5～35 20～30 －10（－15） 5～20，80～100	洁净室 干燥机 同时使用冷热水
	化学工业	一般化学 石油化学 石油精制	蒸馏、分解 吸收、溶剂回收 干燥、浓缩、吸附分离 化学反应的温度管理		
	漆器业	精处理、保存			
	其他	照片 化妆品 塑料成型 宝石、金属加工			同时使用冷热水
第一产业	园艺，花卉	温室园艺 园艺果树 水耕栽培 植物工厂	全年栽培 早期培养	5～25 花 20～25 10～25	

续表

分类	应用范围	内　容	目　的	必要温度（℃）	备　注
第一产业	养殖、栽培、渔业	活鱼槽 幼鱼饲养槽 水温控制 养殖池的加温、冷却	缩短培养期 提高成品率	5～30	全年运行
	畜牧业	猪、牛舍的地板采暖 挤乳 焙烤	地板采暖的早期培养 挤乳的冷却、洗净 鸡的孵化	40～60	全年运行
	养蚕业	空调养蚕 生活热水	洗净	12～25 50	至3年 共同饲养
第三产业	生活热水采暖，空调	宾馆、旅馆 医院 浴池 住宅	生活热水 生活热水 浴池热水、更衣室制冷 热水泳池、淋浴 地板采暖	40～50 25～28 20～40	
	环境调节	洁净室 恒温恒湿设施 污泥处理设备 苗的无菌栽培 尖端技术相关设施	﹛制品试验 ﹛实验研究用 研究所等 污泥的干燥 提高效率	﹜23～25	

从表 8-1 可知，板式换热器的应用领域非常广阔。

板式换热器不仅是热利用设备，同时也是余热回收设备，是一种应用范围很广的节能产品和环保产品。

图 8-2 是世界上几个主要国家分部门终端能源消费结构概况，从该图可知，发达国家第二产业能源消费比例约为 30%～40%，第三产业约为 55%～65%，故上述国家节能的重点放在工业和民用方面。我国目前正处于发展阶段，终端能源消费比例与国外发达国家相比，尚有许多不同之处。如北京市 1998 年终端能源消费为 3480 万 t 标准煤，第一产业占 2.8%，第二产业占 65%，第三产业占 19.2%，生活消费占 13.1%，第二产业比重约为三分之二，高于发达国家的 30%～40%。但，随着经济的发展和人民生活水平的提高，第三产业和生活消费的能耗将逐年上升。故，今后节能的重点也在工业部门和民用（家庭服务）部门。在工业部门，板式换热器是利用废气余热，废水余热的重要设备；在民用部门，板式换热器是降低空调、采暖和生活热水用能的必备设备。板式换热器性能的改善和新型板式换热器的出现对节能将有很大的贡献。

经济的发展是以能源消费为基础的，经济越发展，能源消费就越多。煤炭、石油和天然气等矿物能源的大规模开发和使用，在给人类带来巨大物质财富，使人类生活水平大幅度提高的同时，也给人类的生存环境带来了巨大的不利影响。首先，矿物能源燃烧时会产生大量的二氧化碳。据统计，每燃烧 1t 标准煤排放二氧化碳约 2.6t，煤、石油、天然气的二氧化碳排放系数比为 1:0.8:0.6。二氧化碳是使地球大气变暖的罪魁祸首。大气变暖，致使地球南、北极的冰山大量地溶化，海平面上升，气候变化异常，直接影响人类赖以生存的条件；其次，矿物能源燃料还会产生大量的烟尘、二氧化硫和氮氧化物。据统计，每燃烧 1t 标煤排放二氧化硫约 24kg，排放氮氧化物约 7kg。烟尘是造成空气污染的重要原因。对于能源浪费严重、能源效率低的国家来说，节能更为重要。由于我国实施了有力的节能政策，年均节能接近 5%，能源效率从 25% 上升到 34%。18 年间全国节约的煤，相当于减排二氧化碳约 5.5 亿 t，改善了大气环境质量，作为节能产品之一的板式换热器为环境保护做出了贡献，故也将板式换热器称为环保产品。

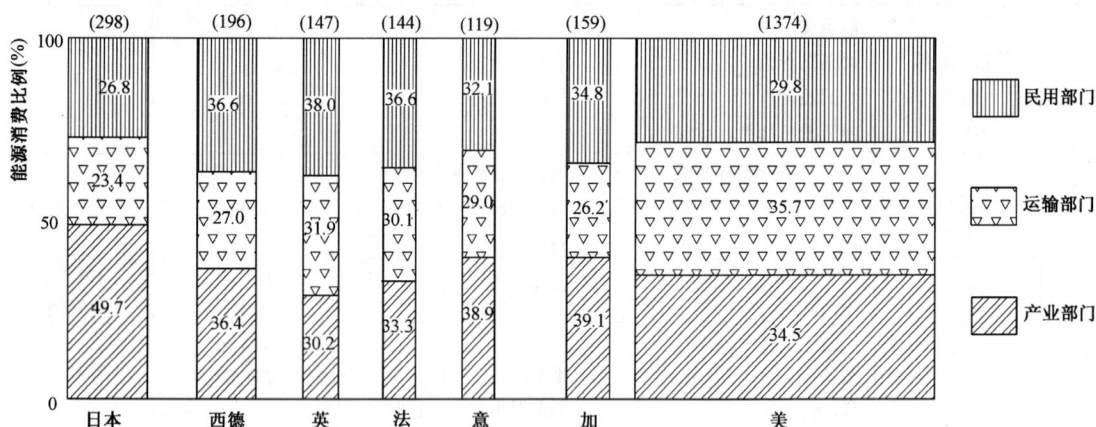

来源：OECD 能源平衡

图 8-2　分部门终端能源消费结构（%，括号内为 Mtoe）

第二节　在工业部门中的应用原理及方法

在所有工业领域内的生产工艺过程中都要消耗大量的能量，主要耗能的工艺过程为加热、冷却、杀菌、消毒、蒸发、蒸馏、分离、干燥等。板式换热器作为必备的用热设备和节能设备应用于所有的工艺过程。

一、工业部门技术节能措施和有代表性的节能技术开发课题

表 8-2 表示的是工业部门技术节能措施。从该表可知，在钢铁、石油化工、造纸纸浆、水泥、玻璃、印染和汽车行业中，板式换热器既是蒸馏分离工艺、黑液回收工艺等工艺过程中的必备设备，也是余热回收中的节能设备。

工业部门技术节能措施　　　　　　　　　　　　　　　表 8-2

	运行管理	附加设备		生产设备	其　他
		热能方面	电力方面		
钢　铁	主要生产设备的操作情况	余热回收情况（焦炭、烧结工艺的显热利用）	防止轧辊空转，控制电机速度，炉顶顶压发电，余热回收发电	连续铸造设备，直送轧制设备，连续退火设备	
石油化工	石脑油分解炉等的燃烧管理，蒸馏塔回流比的最优化，蒸汽压力适当	石脑油分解炉余热回收，管道和炉体保温，反应热的有效回收，排气回收，设置换热器	改进高密度聚乙烯挤压机的丝杆，高效率压缩机，燃气轮机，电动机转速控制	更换催化剂，采用低温低压工艺（低密度聚乙烯制造设备，气相法聚乙烯制造设备）	
造纸和纸浆	蒸汽压力适当，强化节水，有效利用余热	造纸机安装密封罩，设置换热器，设置燃烧自动调节装置	电动机转速控制		有效利用纸浆黑液（黑液浓缩罐，高温高压回收锅炉）

续表

	运行管理	附加设备		生产设备	其　他
		热能方面	电力方面		
水　泥	窑的燃烧管理	加强窑炉和悬浮预热器的隔热，设置预热器，利用中低温余热发电	动力的计算机控制（转数控制等）	新型悬浮预热器窑，悬浮预热器窑，高效碾磨机	
平板玻璃	熔化槽的状况（燃烧器的状况）	设置余热锅炉，改善运行状况，加强熔化槽隔热			
印　染	锅炉运行管理（氧气的自动控制），调整印染加热特性曲线	排气热回收，排水回收，废液的热回收，管路的保温和最短化，定负荷运行	马达转速控制	低浴化印染机，节水型洗涤机，温排风的热回收，防止热定形过干燥的干燥机	采用热电联供系统
汽　车	主要生产设备的运行管理（高效运行等）	喷漆工艺熔烘炉的保温和余热回收，热处理工艺的余热回收，炉子的隔热	机械加工工艺的电动机负荷控制，电加热（电热器）改为直接加热	减少喷漆工艺喷涂排气机的循环风量	废物焚烧炉的热回收（蒸汽发电等），采用热电联供系统

表 8-3 表示的是有代表性的节能技术开发课题。从该表可知，板式换热器是各行业节能技术出发点、代表性技术和课题中需要采用的重要设备之一。

有代表性的节能技术开发课题　　　　　　　　　　　　　　　　　**表 8-3**

行　业	今后节能技术开发课题		
	出发点	代表性技术	课　题
钢铁	生产过程合理化 余热回收 工发新型炼铁方法	连续铸造和热轧工程一体化 熔融废渣余热回收 熔融还原炼铁技术	开发无缺陷铸造技术 提高热回收率、有效利用残渣 确定最佳生产工艺
石油化工	生产过程合理化 高效设备的开发 低能分离技术的开发	气相法聚丙烯制造技术 高温燃气轮机 膜分离、抽出及吸收技术	开发低温、低压、高选择性催化剂 提高效率 开发高性能分离膜、最佳工艺
印　染	提高热溶液循环利用率 洗净水的最小化 非水加工	喷流式染色装置 顺流式洗净装置 电子束、等离子体加工装置	稳定印染质量 清除纤维碎屑等杂物 提高处理能力
造纸、纸浆	提高造纸效率 提高碱化过程效率、省略石灰窑制浆工艺节能	高浓度造纸技术 直接碱化技术 木屑微生物分解预处理溶剂分解	维持纸的质量（研制新型造纸机及改善纸浆配制） 保持纸浆质量 木屑微生物分解基础研究

二、在加热、冷却、蒸发、蒸馏分离等工艺过程中的应用

在工业部门中，常采用蒸汽或热水加热。以下介绍蒸汽的利用。

1. 蒸汽利用的方法

利用从锅炉或蒸发器中产生的水蒸气的方法有三类：

(1) 将水蒸气导入蒸汽透平获得动力，或通过换热器蒸发低沸点介质后导入透平获得动力。

(2) 以水蒸气作为工艺过程加热的热源。

(3) 将水蒸气引入加工制品内作为原料等。

2. 蒸汽的热利用

蒸汽热利用的方法有四种：

(1) 用蒸汽直接加热　用蒸汽加热液体的最简单方法是将蒸汽直接送入液体中。这种方法的装置简单，不需要回收蒸汽的冷凝水，在蒸汽搅拌作用下，液体的温度几乎一致。但，直接加热的效率与蒸汽的送入方法、送入喷嘴的位置和喷嘴的尺寸及布置方式等有关，送入蒸汽的装置是直接接触式换热器，热交换的形式属顺流式。图8-3表示热交换时的温度变化。理想状况下，温度 T_h 的过热蒸汽可将温度 T_c 的水加热至蒸汽的饱和温度 T_s，换热量为 Q。实际上，由于送入蒸汽喷嘴的压力损失降低了蒸汽的饱和温度，因此只能获得温度 T_s' 的水。此外，对于这种直接接触型

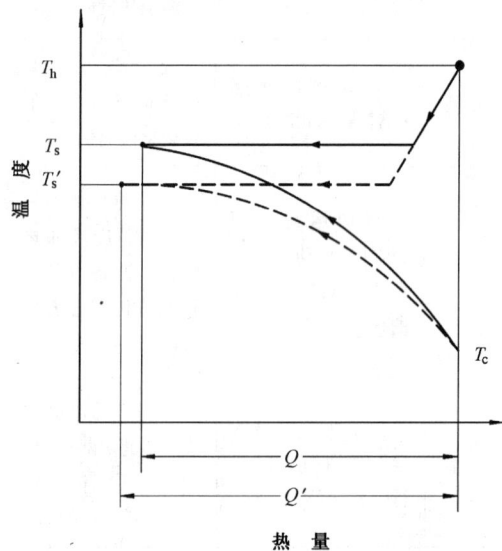

图 8-3　蒸汽直接加热时的温度变化

换热器，只有在双方流体存在温差时才能进行传热，获得的液温比蒸汽的饱和温度稍稍低一些。故，设计时一定要降低喷嘴的压力损失，并应能很均匀地分布蒸汽。

(2) 用蒸汽间接加热　在利用蒸汽作为各种工厂、民用建筑的热源时，大多都采用换热器的间接加热装置，将热量传递给其他的流体（空气或水）。使用的换热器有管壳式、套管式和板式等形式。不管采用那种方式，由于在蒸汽侧存在冷凝传热，传热系数大，故，在选择换热器尺寸时，经常依据被加热流体侧的种类来定。当被加热侧流体为空气或其他气体时，传热系数小，则所需换热器大；若为水或其他液体时，传热系数大，则所需换热器尺寸也较小。由于非对称型流道的截面积一侧为另一侧的 2 倍，适合于处理冷凝的流体，充分发挥了冷凝传热的效果，减少了被加热侧的压降，节省了传热面积，同时，也扩大了它的使用范围。虽然蒸汽侧的传热系数大，但以下的几个原因降低了它的传热系数，恶化了间接加热装置的性能。其中之一是水垢，水垢积淀在传热面之后会增加传热热阻，使被加热侧液体的温度达不到所需温度。当然，被加热流体也会产生水垢，同样也会增加热阻。使用过程中，要求两侧流体都应洁净。原因之二是空气，当在蒸汽侧混入空气后，冷凝传热系数将明显下降，结果降低了加热装置的性能。此外，当蒸汽冷凝后的凝结水层覆盖在传热面上后，也会降低传热系数。例如，当在管壳式换热器的壳侧存有冷凝水时，就会降低传热性能。因此，在间接加热装置中，必须采取防止混入空气和及时排除冷凝水的措施，当然，冷凝水的回收对于节能亦是非常重要的。

(3) 多效装置　若能很好地使用蒸馏工艺发生的蒸汽，则能降低蒸馏所需能量，方法之一是采用多效装置。图 8-4 表示的是原理图，为三效装置，图中同时还表示了各蒸发器的蒸汽

冷凝温度和溶液的蒸发温度。从该图可知，沸点低的溶液蒸馏的情况，蒸馏后依次进入下游的各蒸发器内，流体的温度和压力亦逐渐下降。该图所示的是溶液和蒸汽的流向相同，将这种方式称之为顺流式。当蒸汽和溶液的流向相反时，则称为逆流式。不论哪种方式，在多效装置中，每一效均能发生蒸汽，故节能与效数有关。当效数增加时，加热所需的蒸汽量能减少，当然，此时设备费也增加了，故，应采用适量的效数。图 8-5 表示我国某大型麦草浆厂采用的黑液蒸发浓缩工艺，主要设备：五效全板式蒸发器，总蒸发面积 6200m²；主要工艺参数：蒸发强度 $10 \sim 11$ kg 水/（m²·h），蒸发后浓黑液浓度：$26 \sim 28$ °Be′[①]（105℃）。主要原理如图 8-5 所示。

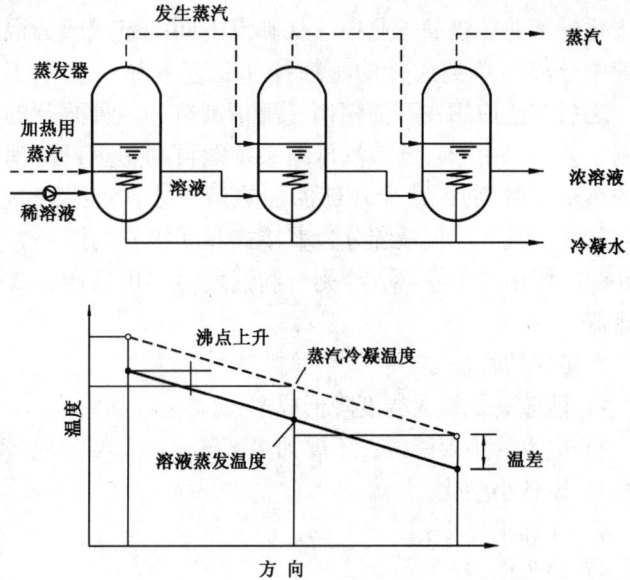

图 8-4　多效蒸馏

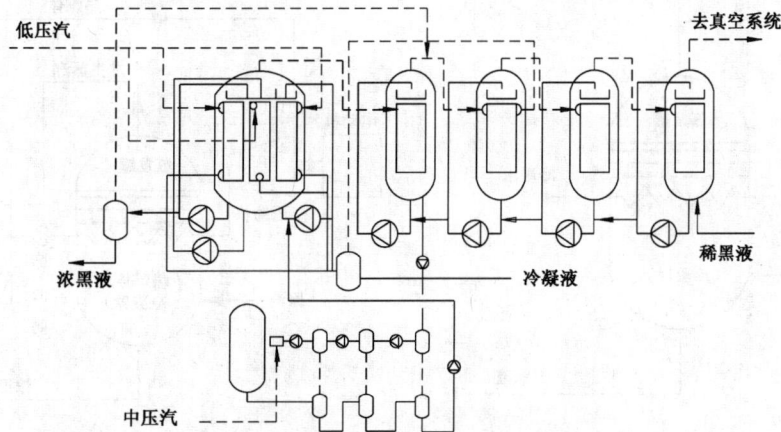

图 8-5　麦草浆黑液高温热处理蒸发流程图

（4）蒸汽压缩机的利用　在蒸发和浓缩工艺过程中采用蒸汽压缩机，通过动力或电力发生蒸汽的方式，称为自身蒸汽压缩系统，其原理如图 8-6 所示。在低压 P_1 的条件下，从蒸发器的溶液中引出蒸汽，在动力作用下，将压力为 P_1 的蒸汽压缩为压力为 P_2 的高温蒸汽，并以它作为蒸发的热源。在压力 P_1 的条件下，从溶液中发生蒸汽，该蒸汽的饱和温度为 T_{s1}。此时，发生蒸汽是溶液温度为 T_{ss} 的过热蒸汽，压缩机将压力为 P_1 的蒸汽压缩至压力为 P_2，并在蒸发过程中冷凝至压力在 P_2 下的饱和温度 T_{s2}，并从温度为 T_{ss}，压力为 P_1 的水溶液中发生蒸汽。此时的传热温差 $\Delta T_h = T_{s2} - T_{ss}$，水溶液的沸点上升为 $\Delta T_s = T_{ss} - T_{s1}$，对压缩机所作的功为 $\Delta T_h + \Delta T_s$。自身蒸汽压缩方式和热泵的工艺过程相似，即使没有热源或冷却水，也能进行蒸发操作。

---

① °Be′—波美度（一般制浆工厂习惯用波美计直接测黑液的相对密度来表示浓度，测得的值称波美度，用°Be′表示。）

由于单位蒸发量所需动力较小,因此,在多效装置中常采用自身蒸汽压缩方式。

从溶液中蒸发溶剂得到浓缩的蒸发操作工艺广泛应用于化学工业、食品工业中。从沸点不同的组成成分混合液中分离出单纯成分的蒸馏操作工艺开始于化学工业,之后广泛应用在石油精制、酒精制造、各种溶剂的精制工艺中。由于自身蒸汽压缩系统能再利用蒸发所消耗的热量(潜热),减少外部的加热量,故,该系统是高效节能的系统。该系统分为直接式和间接式(图 8-7、图 8-8),图中的蒸发器、冷凝器和蒸发罐均可采用板式换热器。

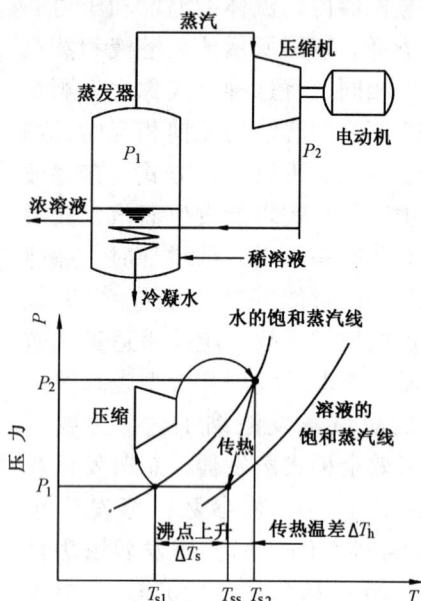

图 8-6 自身压缩系统

直接式的特征如下:

1)能效高,能大幅度降低成本;

2)电力为主要能源,不要加热蒸汽;

3)设备小型化;

4)冷却水量少;

5)回收期短;

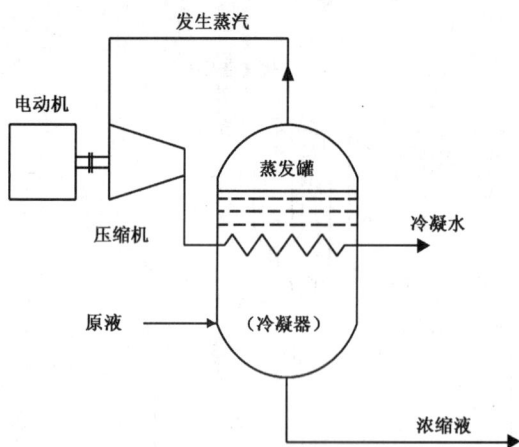

图 8-7 直接式

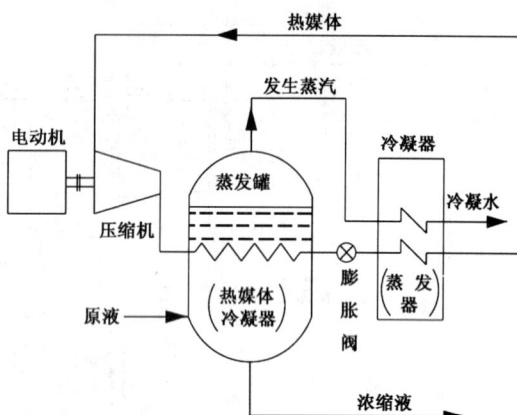

图 8-8 间接式

6)容量越大,优越性越明显。

适用范围:

1)升温在 20℃ 以内;

2)蒸发温度在 60~100℃;

3)处理液为腐蚀性少、结垢少的溶液,在食品、化学等生产工艺中常采用这种方式。

间接式指的是不直接使用蒸发原料液蒸汽的热能加热原料溶液,而是用于蒸发热媒。故,在这种系统中可在综合考虑处理液或浓缩液的性能、有无垢的形成等因素后,选择最合适的方式。该系统的特性如下:

1)适用于低温范围(10~40℃)的浓缩、蒸发;

2)适用于高温范围(80~185℃)的热回收;

3)由于可通过热媒体进行潜热回收,故适用于腐蚀性的原液或沸点较低的液体;

4)在低温条件下蒸发,能确保产品的质量;

5）温度不同，热媒体也不同（在低温范围 10～40℃时采用 R11、R12，在高温范围 110℃时采用 R114，在 130℃时采用戊烷，在 185℃时采用水）。表 8-4 表示适用的工艺过程。

适用工艺一览表　　　　　　　　　　　　　　　　表 8-4

种　类	分　类		适　用　工　艺
低　温	食　品	调味料制造、乳制品制造、果汁制造、咖啡制造、食品添加物制造	天然调味料的浓缩、牛乳的浓缩、果汁的浓缩、咖啡原液浓缩、天然提取物的浓缩
	医　药	抗生物质的制造、维生素的制造、酶的制造	抗生物质的浓缩、维生素的浓缩、酶的浓缩
	化　学	磷酸的制造	磷酸液的浓缩
高　温	石油化学	有机溶剂的制造	有机溶剂的蒸馏精制
	高分子化学	苯酚树脂的制造	苯酚树脂的蒸馏精制
	综合化学	化学制品的制品	脱溶剂工程
	食　品	酒精的制造	酒精的蒸馏精制
	纸、纸浆	纸制品	造纸工程
	炼铁、涂装	各种产品的涂装、涂装前处理废液的浓缩、钢材的制造	酸洗废液的浓缩

3. 啤酒厂麦汁煮沸槽的应用

从图 8-9 啤酒的生产过程中可知，啤酒的制造工艺过程大致上分为原料处理、加工、发酵、贮酒、过滤和装瓶等工艺。上述节能系统适合于制造工艺最终阶段的麦汁煮沸工艺。加工工艺指的是在粉碎的麦芽中加入热水成为麦汁后，在酶的作用下将淀粉改变为糖分的工艺。该麦汁在送至发酵工艺之前进行煮沸。煮沸是将加入了啤酒花的麦汁加热至 100℃，使原料中含有的异臭成分变成水蒸气，同时排除啤酒花的无效成分，使啤酒具有独特的色、香、味，故，它是左右啤酒质量的重要工艺过程。在煮沸工艺过程中消耗的能量约占工厂全部能耗的 35%。采用该系统后，降低了运行费，节能量非常明显。

图 8-10 表示以往的麦汁煮沸方式。在煮沸锅内部设有加热盘管，从锅外部引入

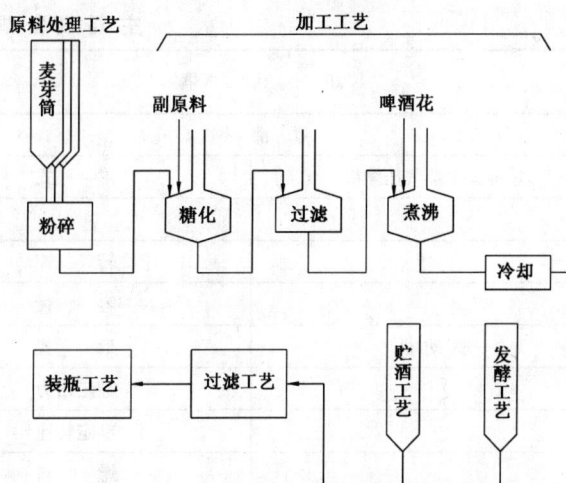

图 8-9　啤酒的制造

蒸汽煮沸麦汁。煮沸是分批配料，每次蒸发的水分约为充填量的 10%。图 8-11 表示的是适用于本系统的概念图。从煮沸锅的上部排出的水蒸气，直接进入到螺旋式水蒸气压缩机内，压缩后达到能重新加热的较高压力、温度（130～140℃）的水蒸气，该水蒸气通过设置在锅外部的板式加热器加热麦汁。在刚开始加热时，采用锅炉发生的蒸汽。但，当系统动作后，停止供给锅炉蒸汽，采用压缩机就能供给足够的能量，持续地进行煮沸。表 8-5 表示该系统的设计条件，表 8-6 表示主要设备的规格。

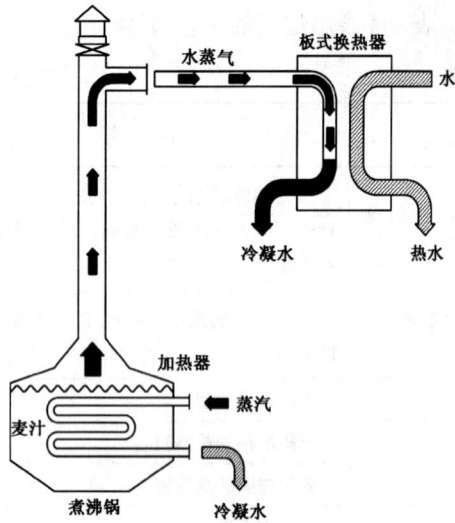

图 8-10　以往方式

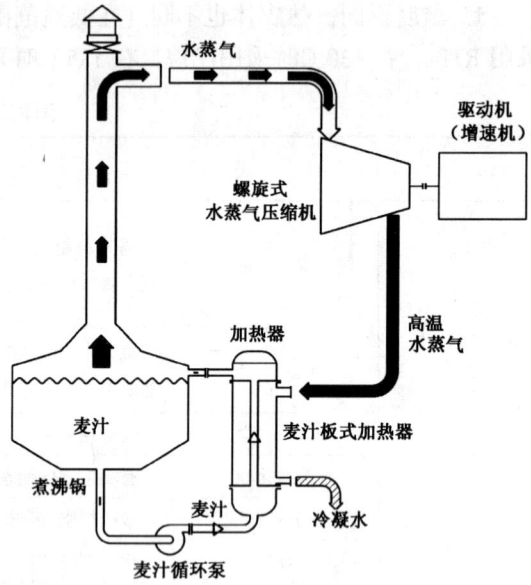

图 8-11　本系统概念图

系 统 设 计 条 件　　　　　　　　　　　　　　表 8-5

麦汁加热用水蒸气压力	0.328MPa	麦汁蒸发温度	100℃
麦汁加热用水蒸气温度	136℃（饱和换算）	蒸发水蒸气量	13t/h
麦汁蒸发压力	≈大气压	1个批量的煮沸时间	1.25h

主 要 设 备 规 格　　　　　　　　　　　　　　表 8-6

机　　　器		规　　　格
煮　沸　锅		已有（铜制）
螺旋式水蒸气压缩机	形　式	螺旋式压缩机
		转子直径 510mm
	转　速	3600r/min
	容　量	23070m³/h
驱动机	形　式	柴油发动机
	额定出力	1400ps
	额定转速	1750r/min
	燃　料	A 重 油
增速机	传 动 比	2.2
麦汁加热器	形　式	板式换热器
	传热面积	100m²
	材质（本体）	SUS304L
循环泵	形　式	双 吸 泵
	循 环 量	1240m³/h
	扬　程	12m
	电动机功率	75kW

　　由于该系统能实时地调节和控制对味觉有很大影响的水分蒸发量,因此,能保障啤酒质量的稳定性。由于该系统的压缩机直接吸收煮沸锅的排出蒸汽,故对煮沸锅内压力有很大影响。稳定内压不仅能保持制品的品质,而且也是为了保护煮沸锅本体(煮沸锅为开式,不属于压力容器,即使压力波动很小,都可能使锅变形)。锅内压力设定值为 + 200Pa,若压力为-200Pa,则系统停止运行。实际运行时,该值保持在 ± 100Pa 范围内。从原理上看,从煮沸锅上部吸收的水蒸气和用于加热的压缩机排出的蒸汽经常相等,在煮沸过程中的热平衡使系统处于非常稳定的状态下。此外,当系统刚启动,蜗杆投入运行时,可能有许多空气混入系统内,它们可能使系统发生故障。但,当麦汁加热器的蒸汽压力上升至 0.05 ~ 0.1MPa 时,由于该系统能及时地将空气排至系统之外,故能确保系统的稳定性。采用本系统的最大优点是经济性,运行费比以往方式低 33%。

第三节　在工业余热利用技术中的应用原理及方法

一、在工业废热利用技术中的应用原理及方法

　　在我国的总能量消耗中,工业部门约占 50% ~ 60%。在这些能耗中,约有 50% 的能量以废热排至大气、河川和海水之中,在工业部门中回收废热是一项非常重要的任务。图 8-12 表示废热和相关技术及利用的形态。

　　1. 排热的状况和各工业用热的温度要求

　　表 8-7 为工厂的利用温度和排热温度,从表 8-7 可知,虽然从工厂排出的水温较低,但数量较大。

工厂的利用温度和排热温度

表 8-7

类　　型		(排)　热　源	
石油化学		蒸馏工程	50 ~ 120℃
		冷却水排水	30 ~ 50℃
食品工业	干　燥	加压、常压干燥	60 ~ 150℃
		真空(冻结干燥)	80 ~ 140℃
	杀　菌	数分钟 ~ 数十分钟	60 ~ 80℃
			80 ~ 140℃
	热　处　理	热处理工艺	60 ~ 80℃(热水、蒸汽)
			60 ~ 80℃
造纸业		蒸解工程	150 ~ 160℃
		加热干燥工程	80 ~ 180℃
		排　　水	40℃以下
纤维工业		染色工程	50 ~ 80℃
		(排　水)	40 ~ 50℃
木材业		干　燥	45℃,6周
电解工厂		加　　热　50 ~ 60℃	脱　脂　40 ~ 50℃
		镀　　锌　20 ~ 25℃	

（废热形态）　　　　（具体例）　　　　　　　　　（废热利用技术）　　　　　　（废热的利用形态）

固体显热

　　赤热焦炭　　（1000℃）　　——————→　　淬火　　——————→　　空气预热

　　　　　　　　　　　　　　　　　　　　　　　　　　　　　　　　　　　蒸汽等

　　工业用炉体　　（300~700℃）　——————→　热介质式交换器　——————→　空气预热

　　　　　　　　　　　　　　　　　　　　　　　　　　　　　　　　　　　蒸汽等

废 气

　　高温气体　　（700℃ 以上 ）　——————→　高温气体用换热器　——————→　空气预热

　　　　　　　　　　　　　　　　　　　　　　　　　　　　　　　　　　　蒸汽等

　　加热炉气体、烧结炉气体、其他　——————→　高压气体发生装置　——————→　电力

　　　　　　　　　　　　　　　　　　　热管式换热器　　　　　　　　　　空气预热
　　中低温气体　　（150~400℃）　——————→　（全焊板式换热器）　——————→
　　　　　　　　　　　　　　　　　　　　　　　　　　　　　　　　　　　蒸汽等

　　热风炉气体、烟气、其他　　　——————→　热虹吸管　——————→　热水

废 水

　　高温水　　（60~90℃）　——————→　热泵（吸收式）　——————→　热水

　　　　　　　　　　　　　　　　　　　直接接触换热器　——————→　电力

　　　　　　　　　　　　　　——→　热泵（压缩式或吸收式　——————→　供暖空调
　　中、低温水　　（30~60℃）　——————→　低温用大型热管　——————→　温水

　　　　　　　　　　　　　┄┄┄→　化学的热输送，热贮藏技术　——————→　热交换

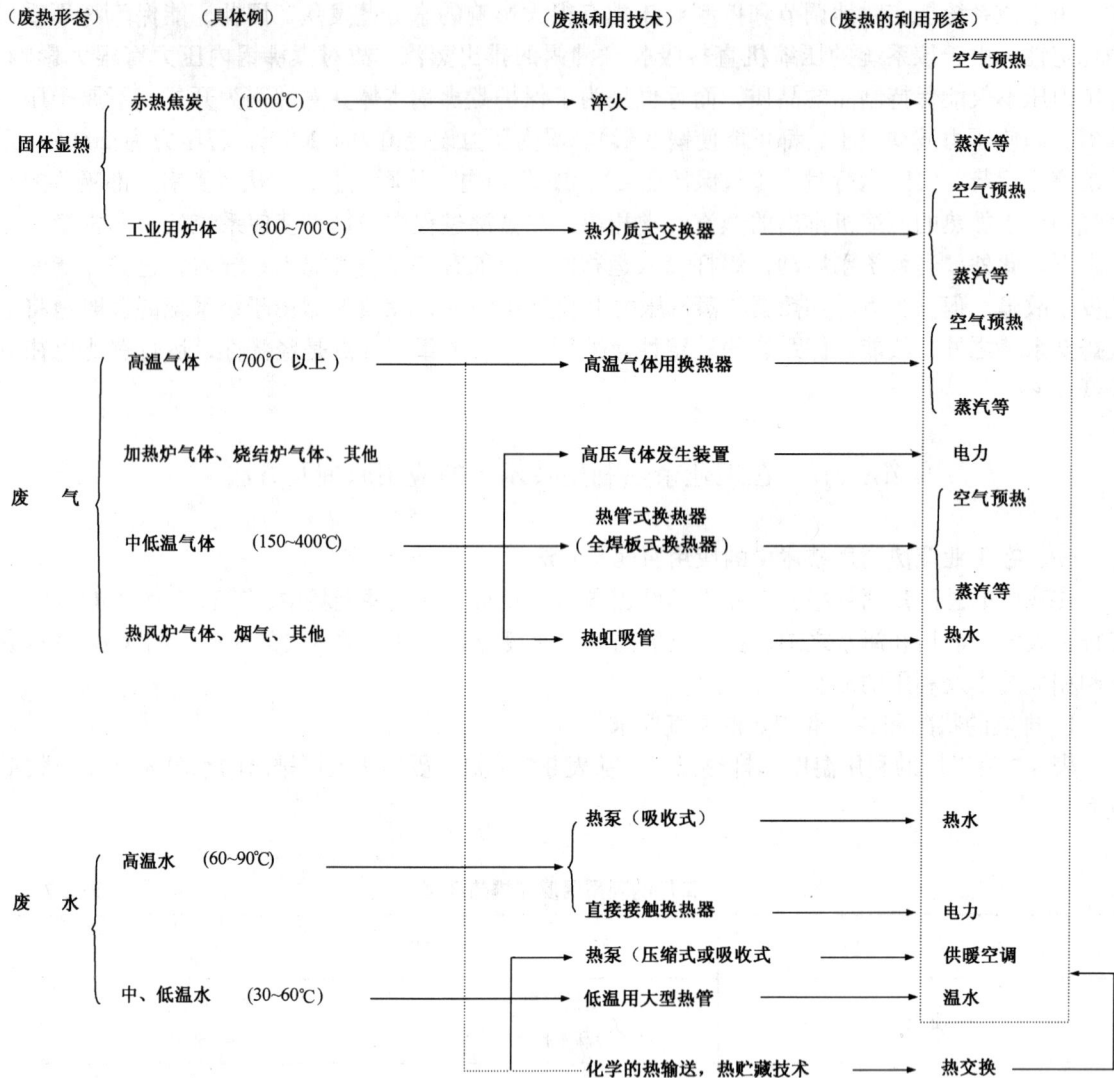

图 8-12　废热和相关技术利用形态

　　表 8-8、表 8-9 分别表示不同工业用热所需温度和热需要量的调查。从上述两表数据可知，工厂所需温度等级大多为 80 ~ 140℃，容量范围分布较散，但大多为 10 ~ 1000kW。

不同工业用热所需温度等级（%）　　　　　　　　　　　　　　表 8-8

温 度 类 型	100℃以下	~ 150℃	~ 183℃	183℃以上
食品、香烟	2.5	62.3	16.6	18.6
纤维工业	0.4	50.3	49.3	0
木材、木制品	1.1	9.3	6.6	83.0
造纸业	0	85.9	4.1	0
化学工业	4.8	26.9	50.0	18.8
橡胶制品	0	26.3	53.4	20.4
皮革制品	0	100.0	0	0
陶瓷工业	0	85.6	14.4	0

工厂用热调查结果　　　　　　　　　　　表 8-9

温度等级分类（℃） 热量（kW）	40~80	80~100	100~120	120~140	140~160	160~180
<10						12
10~20		1	15			
20~50		2	3	8		
50~100		5				5
100~150				12	1	
150~200	1	1				
200~300					4	
300~400					1	
1000~1500						1
10000~15000					2	
合　计	1	9	18	20	8	18

　　图 8-13 表示不同工业废热温度和可利用温度的分布状况。从图 8-13 可知，除石油化工和钢铁工业外，其他工业的可利用温度约为100~150℃。

　　2. 对废热回收设备的要求

　　（1）对回收设备的要求（硬件）

　　1）高温出力　现在开发的换热设备能提供185℃的温度，今后将开发高温出力的产品，出口温度达300~350℃。

　　2）扩大升温幅度　升温幅度越大，经济性越高，因此，今后升温幅度将大于40~50℃。

　　3）高效率化（提高 COP）　保持较高的升温幅度，提高 COP。

　　4）提高可靠性和安全性。

　　5）降低成本。

　　（2）提高利用技术的水平（软件）

　　1）提高适用性　在考虑全工艺过程能量平衡的基础上，提出最佳的总能利用系统。

　　2）确定系统最佳设计方法。

　　3）提高系统控制性能。

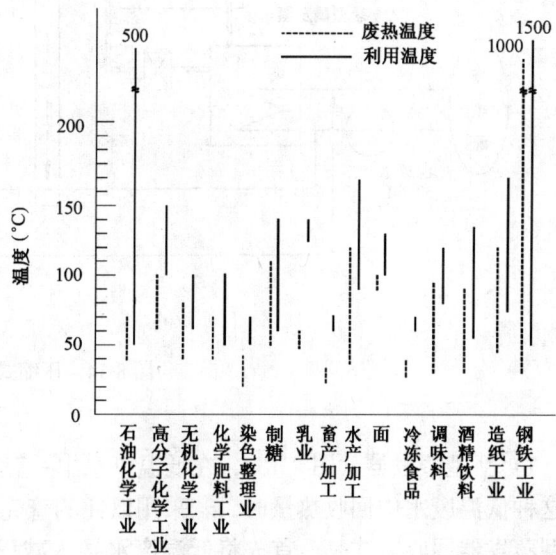

图 8-13　不同工业排热和可用温度
　　　　　分布状况

　　二、余热回收设备

　　1. 以板式换热器作为蒸发器、冷凝器的热泵

　　（1）新型蒸发器和高温发生冷凝器的热泵　表 8-10 表示根据排热热源侧（热源）和热利用侧（热汇）分类的工厂热泵系统。从表中可知，热泵分为 4 类：

　　A类：（水-水）系统（小五金处理液槽的温度调节装置），以蒸汽凝结水为热源加热处理液的系统。

B类：（水-空气）系统（干燥装置），在利用侧加热空气的加热装置、干燥装置。

C类：（空气-水）系统，在排热热源侧，利用气体排热的类型。

D类：（空气-空气）系统（高温除湿干燥系统）。

以上所述热泵能从 30~60℃ 的废水和150~300℃ 的较低废气中回收热量。其中，利用废水的热量能有效的产生 100~160℃ 较高温度的热水（图 8-14）。其中的新型蒸发器和高温发生冷凝器均采用全焊接板式换热器。

类 型	热 源	热汇（利用侧）
A	水（液体）	水（液体）
B	水（液体）	空气（气体）
C	（空气）（气体）	水（液体）
D	空气（气体）	空气（气体）

热泵的分类　　　　表 8-10

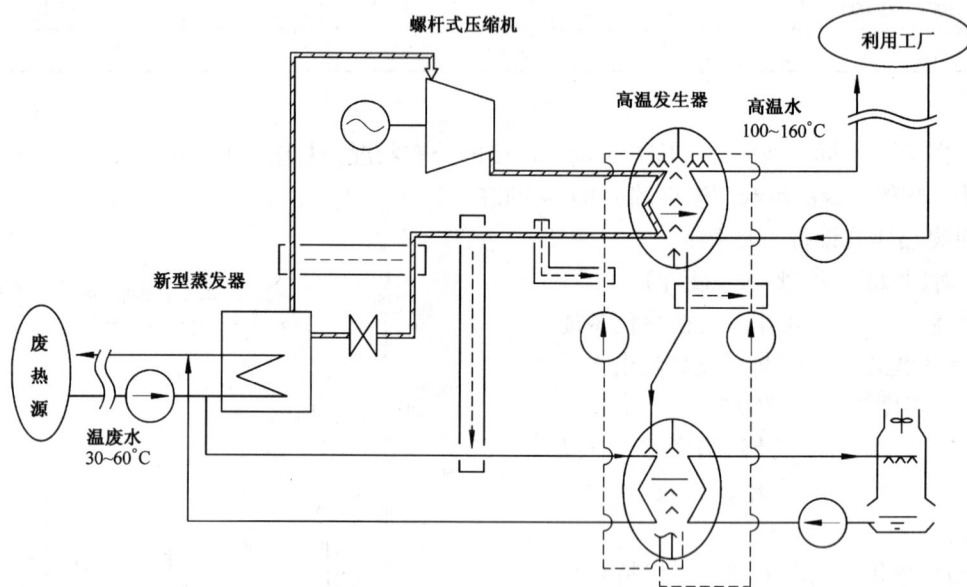

图 8-14　压缩式热泵系统

1）新型蒸发器（图 8-15），在低温废水中一般都含有水垢成分、污浊物质和腐蚀性成分。当从这种低温废水中回收热量时，若采用以往的管壳式换热器，传热管将被污染，降低传热效率。新型蒸发器回收方式是，首先将低温废水导入减压室，闪蒸蒸发产生清净的水蒸气进入全焊接板式换热器后进行热交换。

2）高温发生冷凝器（图 8-16），它的作用是使压缩机升温的冷媒更进一步升温，采用的原理是溴化锂水溶液的水蒸气的吸收发热的原理。其中，再生部、发生部采用的均是全焊接板式换热器。

（2）工业用热泵　工业用热泵一般采用钎焊式板式换热器作为蒸发器和冷凝器。

表 8-11 表示工业用热泵使用状况，表 8-12 表示已实际使用的热泵机组。

1）图 8-17 表示在溶剂的加热、冷却过程中使用热泵的流程，该系统的投资回收年限约为 3 年，每年运行费约为以往系统的 50%。

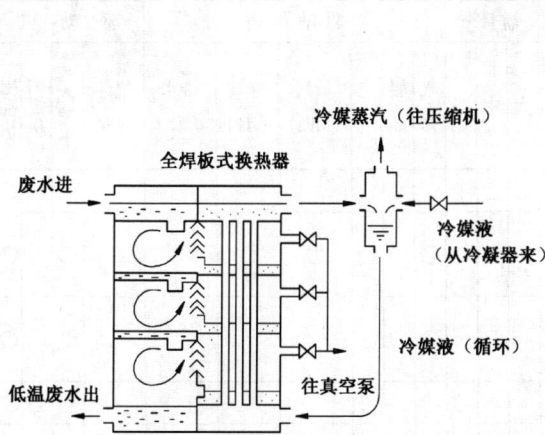

图 8-15　新型蒸发器

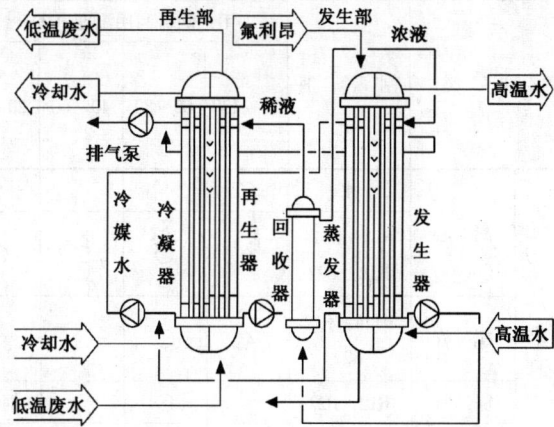

图 8-16　高温发生冷凝器

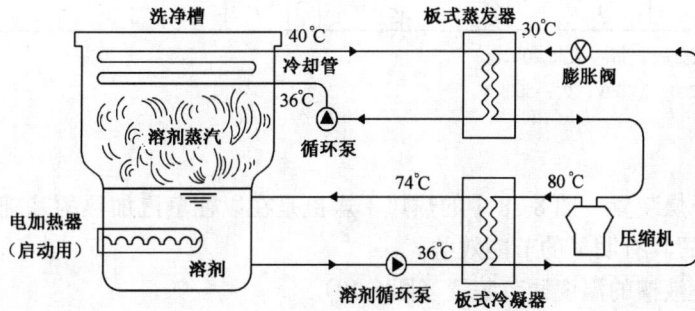

图 8-17　溶剂加热、冷却用热泵

工业用热泵使用状况　　　　　　　　　　　　　　　　　　表 8-11

用　　途	容　　量	热　　源	用　　途	特　　点
食品干燥	压缩机（3kW）	干燥机排气（20～30℃×湿度80%）	干燥机热源（15～40℃×湿度30%）	减少加热用燃料
染　色	加热能力 320kW	染色排水（25～35℃）	染色液加热（50℃）	减少加热用燃料
威士忌酒蒸馏排液的浓缩	压缩机（650kW）	蒸发蒸汽（≈100℃）	浓缩加热源（110～130℃）	减少加热用燃料
电镀液的加热、冷却	加热能力 166kW	电镀液（16℃）	脱脂液（45～55℃）	减少加热用热源和冷却水费
压铸成型机的冷却	冷冻容量 500kW	模具、油的冷却水（12℃/7℃）	供暖、热水（40℃/45℃）	减少制冷机功率、采暖用燃料
空气压缩机的冷却	压缩机（11kW）	空气压缩机的冷却水（43.5℃/40℃）	LPG 加热（70℃/80℃）	减少加热用热源和冷却水费

实 用 热 泵　　　　　　　　　　　　　表 8-12

种 类		制 冷 剂	用户侧可利用温度（℃）①				容量②			驱 动 能 源						驱 动 机			
			80~130	60~80	40~60	20~40	大	中	小	气体	轻油	电气	蒸汽(MPa)	排气(℃)	排水(℃)	气体透平	蒸汽透平	内燃机	电动机
压缩	离心	水	○				○	○					○						○
		R11，R114 R12，R22	△	○	○	○	○	○	△	○	○	○	○			○	○	○	○
	螺杆	R114，R12 R22	△	○	○	○	△	○	○									○	○
	往复	R12，R22		○	○	○		△	○	○	○	○						○	○
	喷射式	水	○	○			○		△				>1						
吸收	第一种 单效	水		○	○	○	○	○	○				>大气压	>250	>80③				
	第一种 双效	水		○			○	○					>0.5	>400					
	第二种	水	○	○			○	○	○						>80③				

①用户侧可利用温度分级，每一级高20℃。

②小：160kW；中：200～230kW；大：500kW。

③80℃为最低级。

2）高温除湿干燥装置　图 8-18 中的热风干燥机是在以往蒸汽加热的基础上，加上高温热泵的除湿部分，该装置具有明显的节能效益。

3）小五金处理液槽的温度调节装置（图 8-19）。

4）高温热泵式加热装置（图 8-20）。

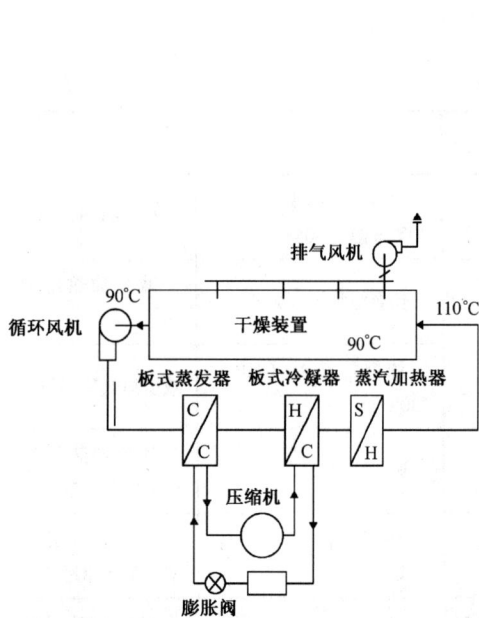

图 8-18　高温除湿干燥机

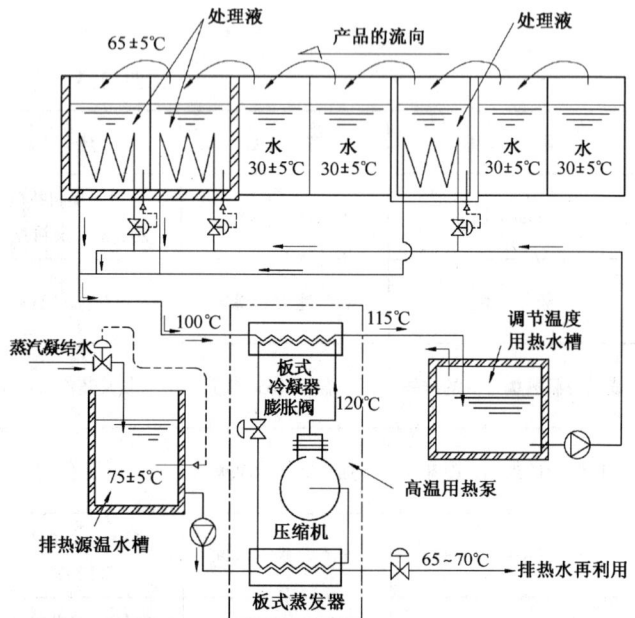

图 8-19　小五金处理液槽的温度调节装置

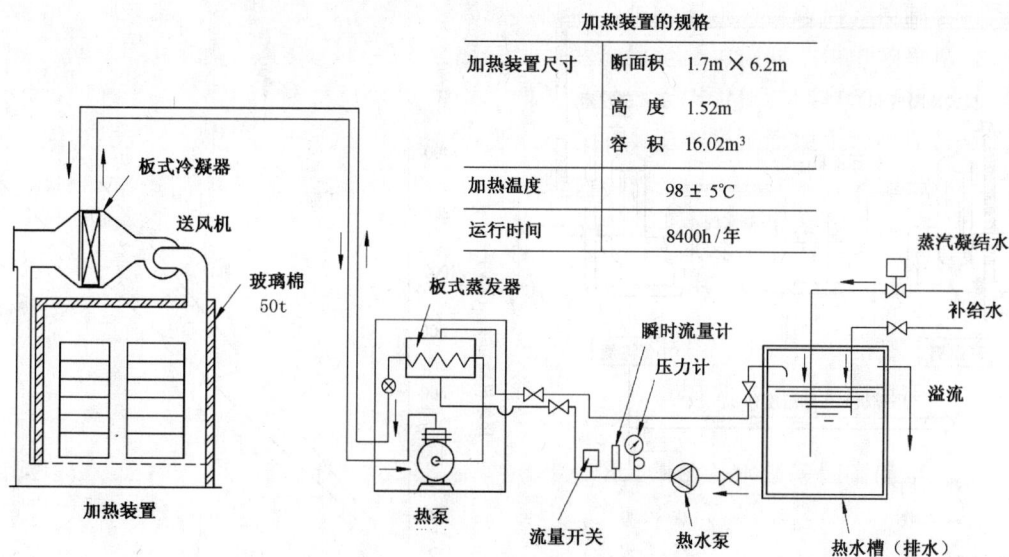

加热装置的规格		
加热装置尺寸	断面积	1.7m×6.2m
	高　度	1.52m
	容　积	16.02m³
加热温度	98±5℃	
运行时间	8400h/年	

图 8-20　高温热泵式加热装置系统图

（3）二级压缩式热泵　系统的特性，见表 8-13；系统流程，如图 8-21 所示。

从表 8-13 可知，该方式具有三项优点：

1）该机组绝热效率高，容量选择范围广，二级压缩式的压缩比高达 4.5，热泵利用温度最高达 185℃；

2）换热器的温差约为 3～4℃（以往约为 10℃），故热泵的 COP 高；

3）控制全自动化。

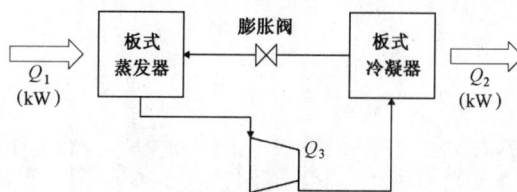

图 8-21　二级压缩式热泵流程

二级压缩式热泵的特性　　　　　　　　　　　表 8-13

	二级压缩式系统	以 往 类 型
热　媒	水	氟利昂
利用温度	最高 185℃	最高 130℃
压缩机的方式	二段透平式	螺杆式
换热器的方式	板式（液模式蒸式器）	自然对流或强制循环
效率（能效系数）	6	4.5

图 8-22 表示二级压缩式热泵的应用。从蒸馏塔顶部排出的蒸汽热量约为塔底加热热量的 90%，以往通过冷却器后排至大气。该装置的蒸发器以顶部排热的蒸汽为热源发生水蒸气，通过二级压缩的离心式压缩机提高压力和温度后进入冷凝器（加热器），放出潜热后变成凝结水，经膨胀阀减压后进入蒸发器，反复循环。图 8-23 表示蒸发温度和温差（冷凝温度和蒸发温度的差）与压缩比（压缩机吸入侧饱和蒸汽压力和排出侧饱和蒸汽压力的比）的关系。图 8-24 表示压缩机吸入蒸汽量和压缩机轴功率的关系。图 8-25 表示二级压缩式热泵的压缩机类型。图 8-26 表示 BTX 蒸馏工艺采用二级压缩热泵的流程。使用该装置后，与以往采用蒸汽加热原料相比，约节能 56%。

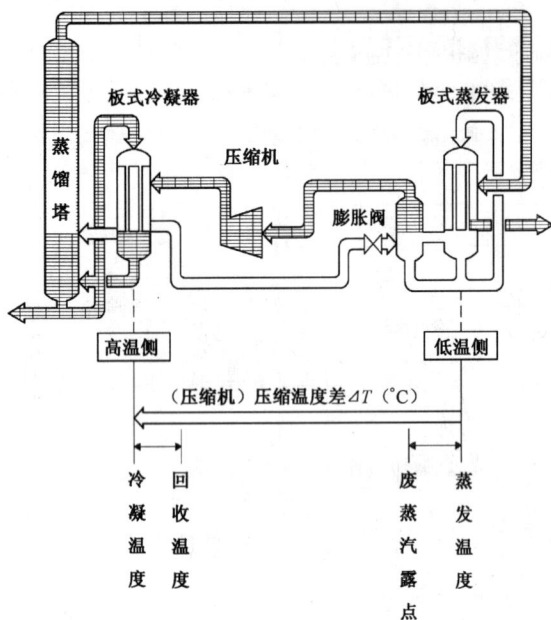

图 8-22　系统流程

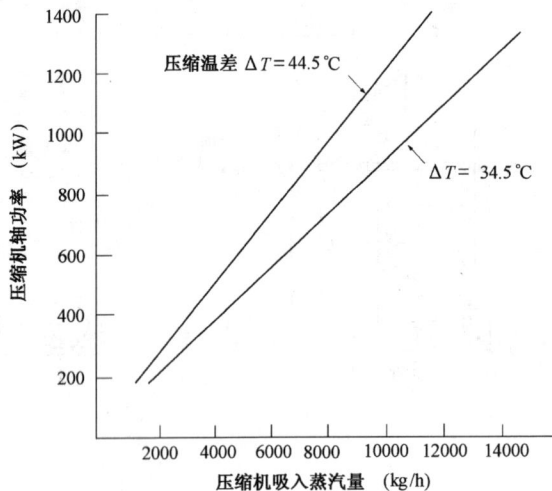

图 8-24　压缩机吸入蒸汽量和压缩机轴功率的关系

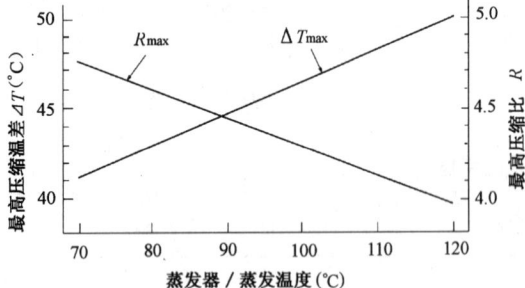

图 8-23　蒸发温度和温差与压缩比的关系

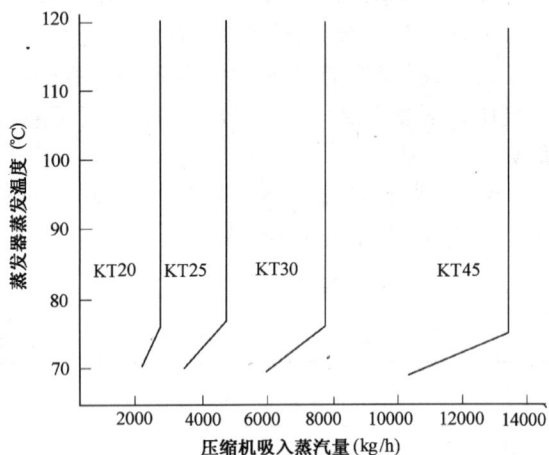

图 8-25　不同二级压缩机的蒸汽量与蒸发温度的关系

（4）热泵式低温蒸发装置　蒸发浓缩是各种化学工业中经常使用的生产工艺过程，由于水分分离的蒸发潜热大，故消耗的能量也大。在热能利用中已介绍了多效装置，本节介绍自身蒸汽再压缩式（Vapour Recompression，简称 VRC）的蒸发浓缩装置。由于 VRC 方式的水蒸气比容大，故蒸汽温度能达到 80℃以上。图 8-27 表示最简单的单效 VRC 蒸发装置的流程图。原液通过板式换热器 A、B 充分预热后，送至降膜式蒸发罐（板式）的顶部，通过设置在顶部的分配器均匀的分散至板

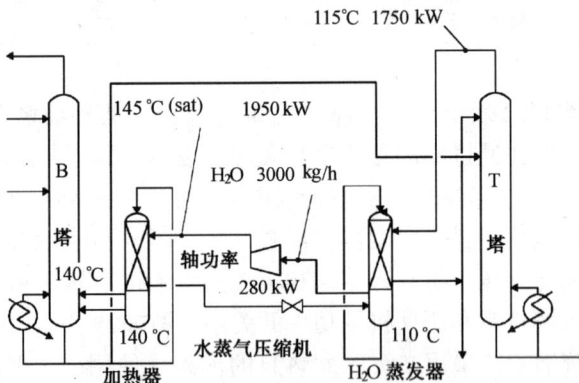

图 8-26　BTX 蒸馏流程

间，并在板间呈薄膜状向下流动，蒸汽通过另一侧板间加热原液并蒸发水分，浓缩到要求的浓度，浓缩液进入到蒸发罐的下部后，用泵送至板式换热器 B，换热后送至制品槽内。在蒸发罐内蒸发的低压水蒸气通过汽液分离器分离后进入压缩机，压缩后的过热水蒸气减温后成为饱和水蒸气送至蒸发罐。蒸发罐中的冷凝水通过冷凝水泵排送至板式换热器 A，换热后排至系统外。一般将这种蒸汽再压缩热泵称为开式循环热泵（Heat Pump Evaporator，简称 HPE）。这种方式与热虹吸管方式不同，液体浓度不同并不会形成沸点的上升，即使温差小也不会降低传热系数，加热时间短，特别适合于食品、药品的蒸发浓缩过程。图 8-28 表示双效蒸发装置，流入压缩机的蒸汽量约为全蒸发量的 1/2，故，压缩机能小型化，其运行费、设备费均比单效 VRC 低。

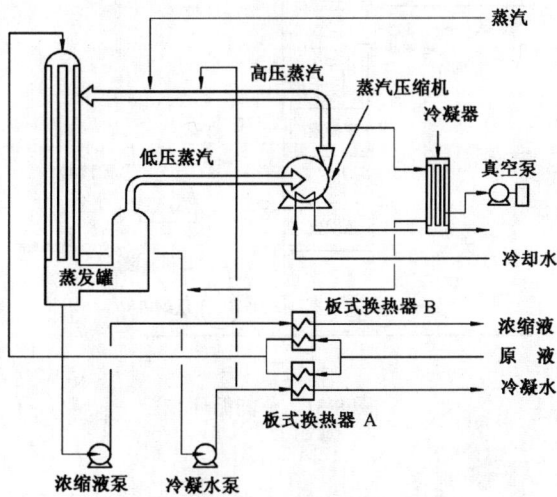

图 8-27　VRC 蒸发装置流程图　　　　　　　　　　图 8-28　双效 VRC

图 8-29 表示葡萄糖蒸发浓缩过程中采用 VRC 蒸发装置的流程。在加热蒸发葡萄糖时，对制品品质影响较大的因素是加热温度、加热时间和糖液浓度。蒸发温度越高，性能就越好，故，应尽可能的提高蒸发温度，并在尽可能短的时间内完成浓缩过程。由于采用了降膜板式蒸发罐

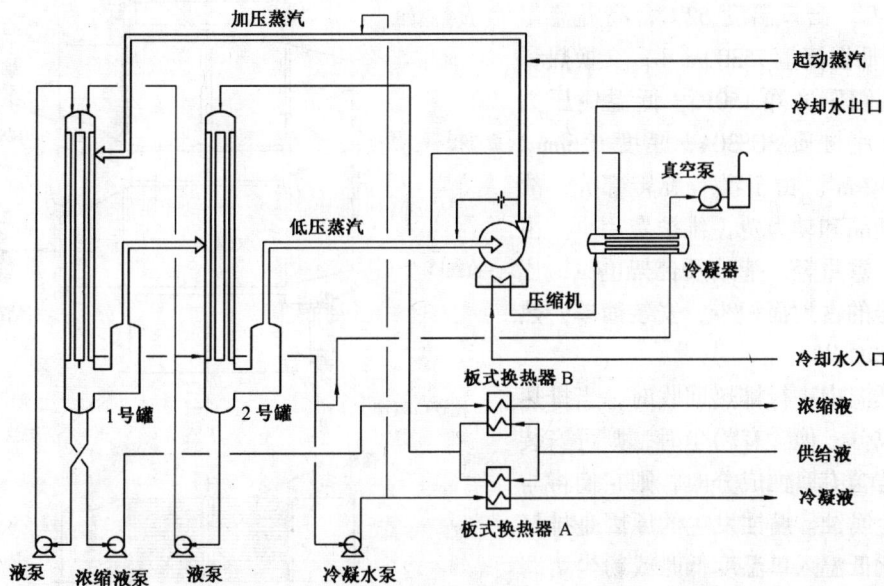

图 8-29　逆流双效 VRC 蒸发装置流程图

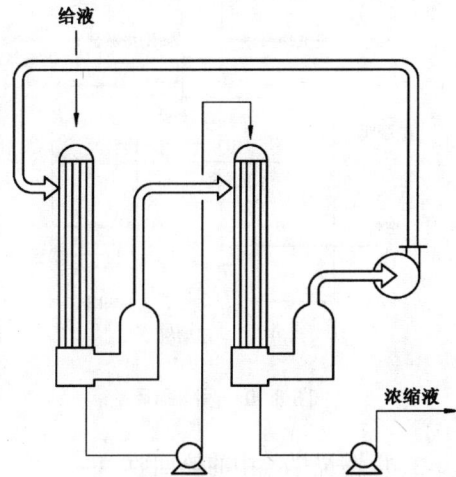

（全焊式板式换热器），无循环方式的加热蒸发时间仅为 10 秒，故在像食品或药品等特别重视产品品质的生产工艺中，采用这种方式是十分合适的。

（5）除湿干燥用热泵　该热泵与一般空调用热泵不同。从图 8-30 可知，它由压缩机、空气冷凝器、蒸发器、膨胀阀和水冷式辅助冷凝器构成。在蒸发器中进行冷却、除湿，降低了温度和含湿量后，进入空气冷凝器，通过间接加热获得相对湿度更低的干燥空气，用于含水材料的除湿干燥。图 8-31 表示利用循环余热方式降低蒸发器入口空气温度的方法，并且通过干燥室出口空气与蒸发器出口制冷剂的热交换，达到更节约的目的。

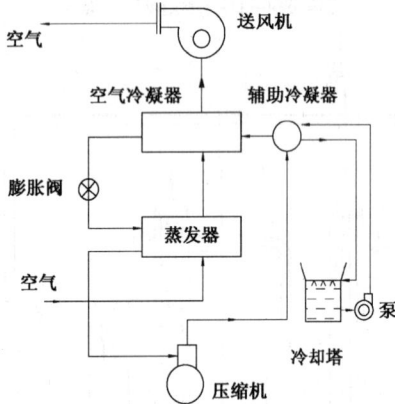

图 8-30　标准循环

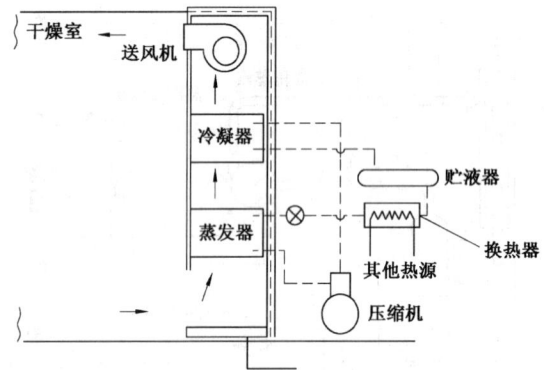

图 8-31　节能循环

2. 从燃烧排气中的热回收

（1）从火力发电站（含热电厂锅炉和工业炉）烟囱中排出的烟气温度约 120℃，在燃天然气、LNG 发电厂的烟气中含有大量的燃烧过程中产生的水蒸气，水蒸气的潜热约占烟气总含热量的 70% 以上，若相变为水，则能回收约 50% 的潜热。

1）板式气-气换热器（图 8-32）　高温侧入口温度 85℃，出口温度 70℃；低温侧入口温度 30℃，出口温度 52℃；高温流量 107400m³/h；低温流量 75300m³/h；交换热量 600kW，高温侧压力降 150Pa，低温侧压力降 500Pa；板片材质 SUS304、厚度 0.6mm，传热面积 669.9m²。由于没有旋转部分，故几乎没有消耗品和动力费，维护费用少。由于采用薄板，重量轻，基础及台架也少，比管壳式换热器的占地面积少，安装简单，热回收率可达 80% 以上。

从中、低温中进行排热回收时，当排热中不含腐蚀成分，但含有粉尘时，则可安装水洗装置。若含有腐蚀成分时，则它们将与粉尘一起产生腐蚀。腐蚀发生的原因是排气中水的露点比低温入口温度低时或粉尘堵塞通道等。当粉尘附着在传热表面上后形成热阻妨碍传热，并在接近低温流体温度的地方

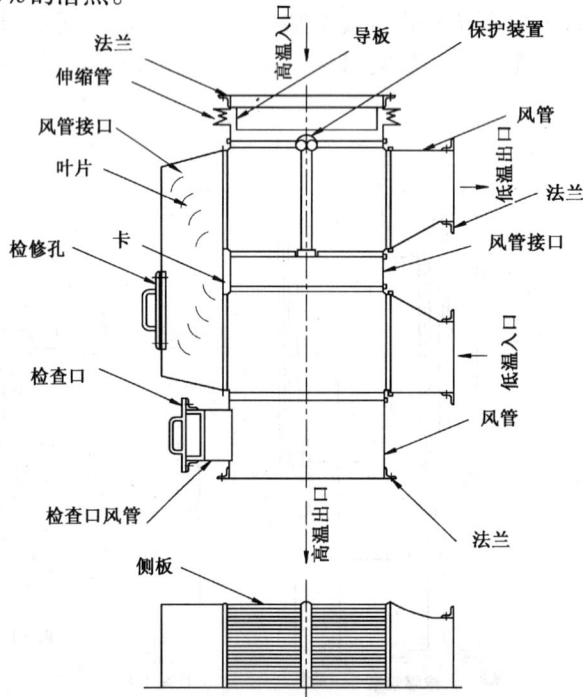

图 8-32　板式换热器的结构

引起结露，此时，更易附着粉尘，腐蚀的速度也更快。为了防止出现腐蚀现象，必须采取以下方法：

（a）使低温侧气体的温度高于高温侧气体的露点温度，这样就能防止高温侧发生结露现象；

（b）传热表面温度最低的地方不要附着粉尘；

（c）低温侧气体的温度应高于氧的露点温度。

（d）当排气中含有 SO_x 时，若 SO_x 低于 70mg/L 时，应进行低温预热；若 SO_x 为 70~200mg/L 时，应将低温侧气体的温度预热到不低于高温侧气体中水的露点温度；若 SO_x 在 200mg/L 以上时，则一定要用板式换热器作为预热器。

图 8-33 表示从燃烧重油排气中进行热回收的情况。从该图可知，采用热水换热器使低温侧流体循环流动，以免发生结露的问题。图 8-34 表示预热加热方式，即空气加热器和预加热器一体化的形式。图 8-35 表示低温侧流体自身循环方式，目的是用低温出口流体预热入口流体，防止出现腐蚀。换热器的选择与加热器的温度分布、循环量、伸缩量有关。流体成分等因素对换热器的选用也有很大影响。例如，排气的性质，排气成分（含水量、粉尘量及性质、腐蚀成分等），排气流量（m^3/h 或 kg/h 等），排气温度（高温侧入口、出口温度，低温侧入口、出口温度）以及换热率和回收效率，允许压力损失（Pa），最大最小排气量等。

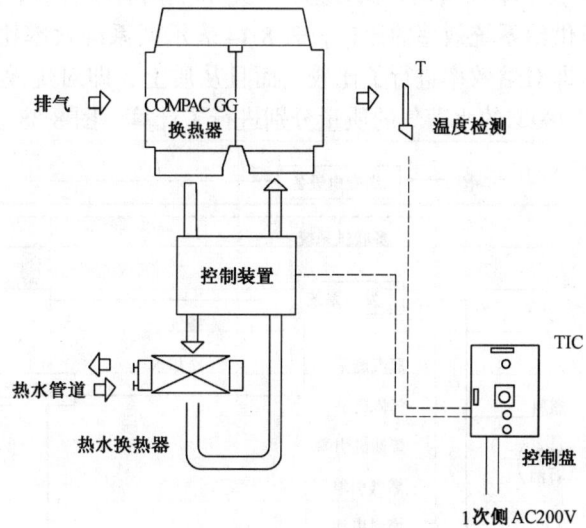

图 8-33　低温侧流体加热装置

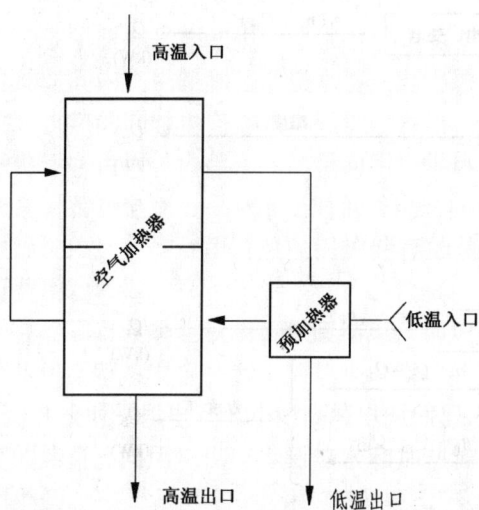

图 8-34　预热加热方式

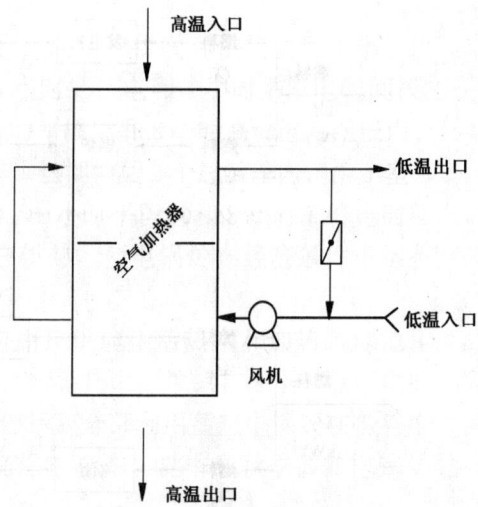

图 8-35　低温侧身循环方式

2）板式气体-给水预热器，作为省煤器而用于预热给水的板式气体-给水预热器，其结构与上述板式气体-气体换热器相似，存在的问题和解决的方法也相同。

(2) 燃气热电冷多联供系统中排气的热回收　图 8-36 表示燃气热电冷多联供的基本构成。

采用同一燃料同时产生电和热两种能量，是一种能有效利用能源的技术。系统内将产生电、蒸汽、热水、冷水、冷风等各种形态的能量。各种能量联供时的燃料能量利用率比分散供给的利用率高得多。当一个系统同时需要的电负荷为 Q_E，热负荷为 Q_B 时，若采用分供系统，即买电、用锅炉发生热，此时发电效率为 35%，送、变电效率为 0.9，则最终的效率为 31.5%，锅炉热效率为 88%。若采用多联供系统，即，当热量不够时，用锅炉补充，当热量过多时，则排至大气，锅炉的热效率为 88%。多联供中发电比例（或发电效率）为 30%，热发生比例（或热回收率）为 45%，从单项看均较低，但，从电和热两者联合看，热效率达 75%。图 8-37 表示多联供系统与分散供给系统效率的比较，表 8-14 表示两系统效率比较时使用的定义和取值，计算时不仅从量上，即对焓效率进行了比较，而且从质上，即对㶲效率也进行了比较。也就是说，对 80℃ 的热水和 280℃ 的水蒸气的质量分别进行了计算。图 8-38 表示两系统的热效率比较和节能率。

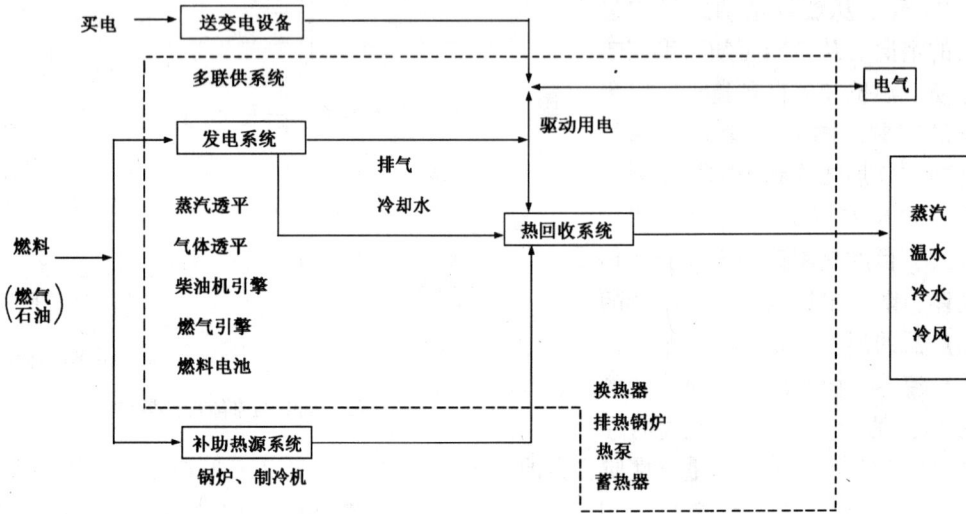

图 8-36　燃气热电冷多联供系统的构成

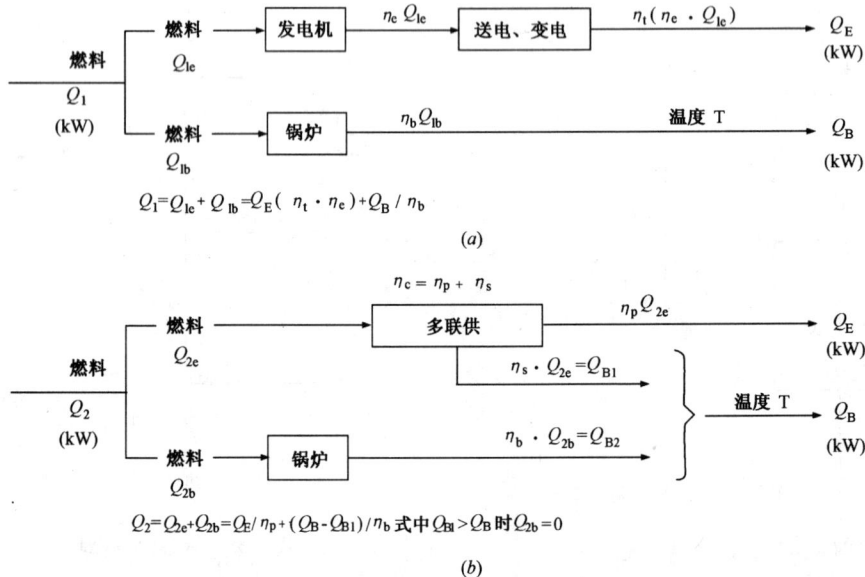

$$Q_1 = Q_{1e} + Q_{1b} = Q_E(\eta_t \cdot \eta_e) + Q_B / \eta_b$$

(a)

$$\eta_c = \eta_p + \eta_s$$

$$Q_2 = Q_{2e} + Q_{2b} = Q_E / \eta_p + (Q_B - Q_{B1}) / \eta_b \quad 式中\ Q_{B1} > Q_B\ 时\ Q_{2b} = 0$$

(b)

图 8-37　能效比较时采用的简单系统模型
(a)以往系统；(b)多联供系统

系统比较时使用的效率的定义和取值（参看图 8-37）　　　　　**表 8-14**

节能率 $\alpha = \dfrac{Q_1 - Q_2}{Q_1} \times 100\%$

分散系统的热效率 $\eta_{H1} = \dfrac{Q_E + Q_B}{Q_1} \times 100\%$

以往系统的㶲效率 $\eta_{E1} = \dfrac{\varepsilon_E + W \times \varepsilon_E}{Q_1 \times \beta} \times 100\%$

多联供系统的热效率 $\eta_{H2} = \dfrac{Q_E + Q_B}{Q_2} \times 100\%$

多联供系统的㶲效率 $\eta_{E2} = \dfrac{\varepsilon_E + W \times \varepsilon_E}{Q_2 \times \beta} \times 100\%$

式中　W——表示产生的热水或水蒸气量（kg/h）；

　　　ε_E——每千克热水或水蒸气的㶲；

　　　β——按燃料的高位发热量计算㶲值的换算系数：气体燃料为 0.975，液体燃料为 0.995；

　　　η_e——发电效率，取 0.35；

　　　η_b——锅炉热效率，取 0.88；

　　　η_s——多联供的发热量比例，取 0.45；

　　　η_t——送、变电效率，取 0.90；

　　　η_P——多联供的发电量比例，取 0.30。

从图 8-38 可知，多联供属总能利用系统，是热效率高的系统。但从节能观点看，热需要与电需要的构成比例对系统的节能率有很大影响，当热需要/电需要为 1.6 时，该系统的节能率为最大。图 8-39 表示，按㶲效率比较两项多联供系统的结果。从该图可知，热的利用温度对㶲效率有很大的影响。但，不论在哪种温度条件下，多联供系统都是㶲效率高的系统。

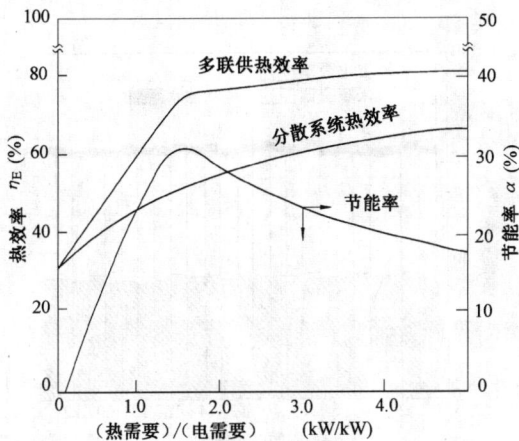

图 8-38　系统的热效率的比较和节能率

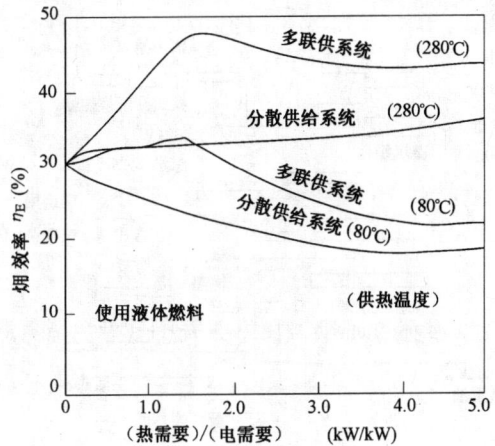

图 8-39　系统的㶲效率

图 8-40 表示使用柴油机引擎的多联供系统的构成和热平衡。

图 8-41 表示多联供系统的热平衡。图 8-42 表示多联供系统的投资和能耗费用。从图 8-41 可知，多联供系统的综合效率达到了 80%，其中采用板式排气换热器回收了大量的排气热量。从图 8-42 可知，与以往分散供给系统比较，初投资约增加 50%，但燃料费和能量消耗量却降低很多，故投资回收期约为 2 年。

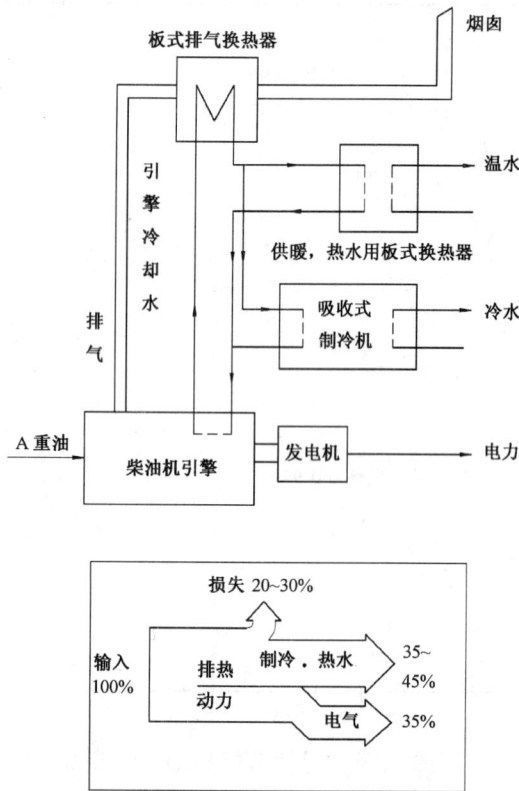

图 8-40　使用柴油机引擎的多联供系统

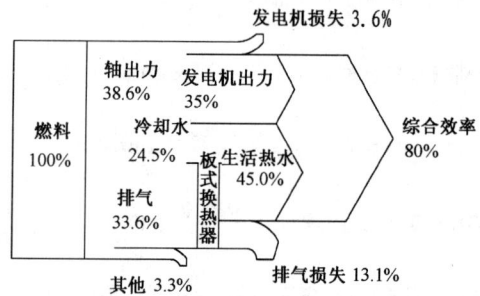

图 8-41　多联供系统的热平衡

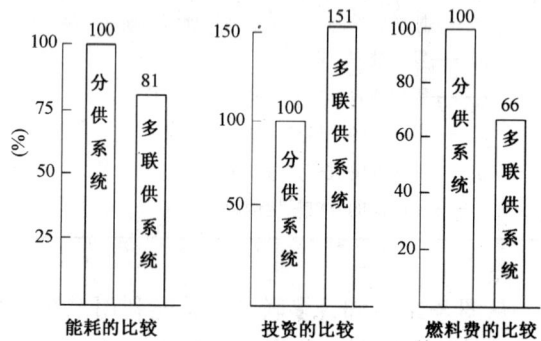

图 8-42　多联供系统与以往系统的比较

当使用了高效板式换热器后，多联供系统实现了连续稳定的运行（图 8-43）。图 8-44 表示采用该换热器后系统效率的变化。表 8-15 表示日平均的系统效率。

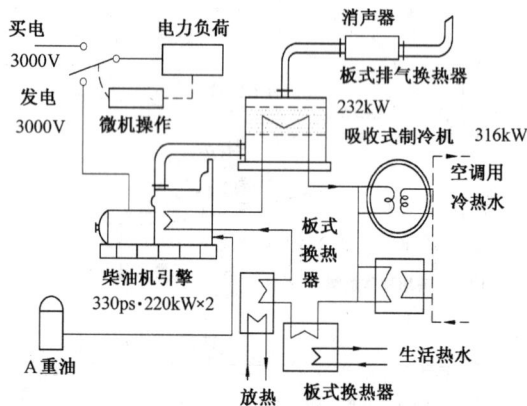

图 8-43　采用板式换热器的多联供系统

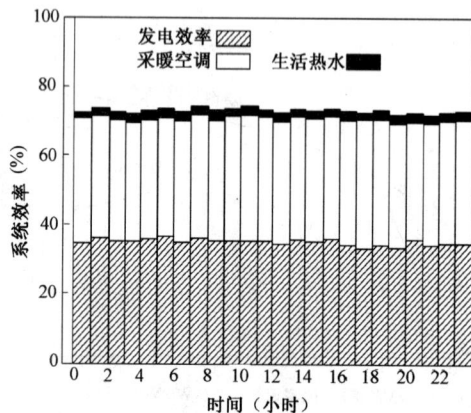

图 8-44　系统能效图

系统效率（日合计，4/11）　　　　　　　　　　表 8-15

	输入能量	输出能量			
		发电	供暖空调	生活热水	合计
能　量	2.14kL　21.19MW·h	7.45MW·h	7.49MW·h	0.56MW·h	15.5MW·h
效　率（%）		35.18	35.30	2.64	73.12

我国一些工程项目所使用的多联供系统是天然气引擎的多联供系统。图 8-45 表示系统的基本构成和能量比,图 8-46 表示系统示意图。该系统中,泵和风机的动力均使用自身的发电。由于能根据负荷的变化改变发电机的频率,因此,具有很明显的节能效果。实际运行时,由于风量和水流量与转速成比例,轴功率与转速的 3 次方成比例,故,当风量和水流量减少一半时,转速也减少一半,而轴功率则减少 13%,一般将这种控制称为 FCCA 系统(Frequency Controlled Co-generation Air Conditioning System)。

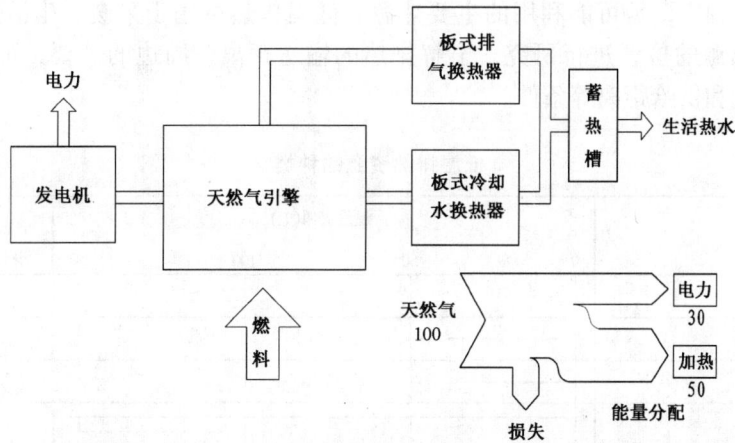

图 8-45　使用燃气引擎的多联供系统

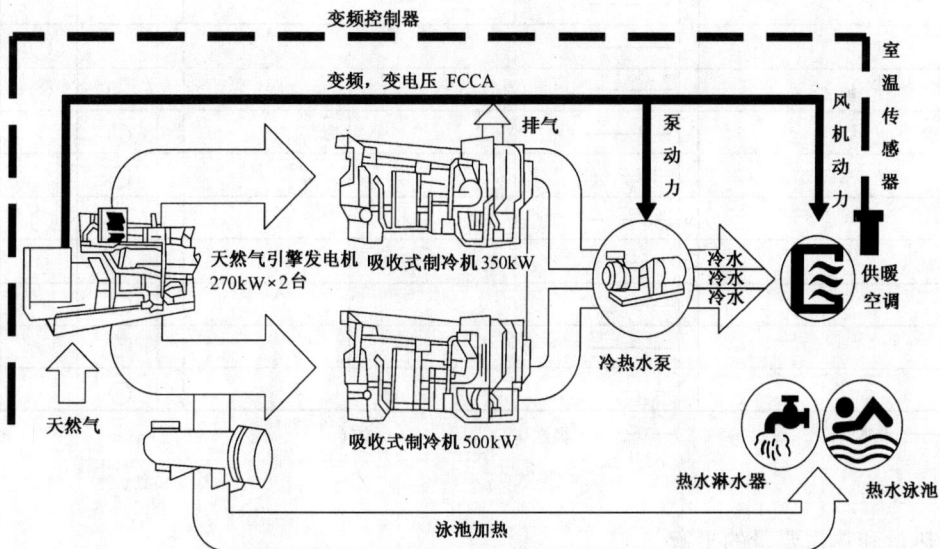

图 8-46　系统示意图

第四节　在城市废热利用中的应用原理及方法

一、城市废热

在大中城市中,民用能量所占的比例很高,今后需求量将更大,故城市的节能成为一项很重要的课题。例如,随着 OA 化等进展带来的各种各样的设备和大中城市写字楼建设的增多,今后能量的需要量将越来越多，供给城市能量的 50% 最终以废热的形式舍弃掉，其中大部分为 50℃以下的"低温排热"。它们是从送变电设施、地铁、下水处理场、冷库和火力发电厂等各种各样城市设施中发生的。它们存在于城市区域的各个地方，大部分尚未利用，预计将来数量将更大。近年来，随着换热技术和热泵等升温技术的进步，增加了回收利用的可能性。表 8-16 表示主要低温排热资源的种类。主要对象为火力发电厂，下水处理厂（处理水），垃圾焚烧设施，冷库，变电站，地铁和地下输电电缆等。但低温排热的分布是不均衡的，即具有区域性。例如，在城市中心部的贮量较大，其中火力发电厂和下水处理场是主要的热源。下水处理场不仅排热量大，而且分布范围广，是可能利用的主要热源。低温排热可用于采暖、生活热水，但必须对热的供需平衡和热源的位置进行研究，了解排热的输送距离，周边的需要，可能利用的程度，排热量，热需要量和供给距离等条件。

低温排热资源的种类　　　　　　　　　表 8-16

排 热 源	温度等级(℃)				排 热 量		
	0	50	100	150	少	中	多
住　宅						○	
大型商场						○	
公众浴池					○		
钢铁、化学等工厂							○
火力发电站							○
垃圾焚烧厂							○
下水处理厂							○
工业用水						○	
变 电 站						○	
地下送电电缆					○		
地　铁					○		
计算机中心						○	
冷　库					○		
滑 冰 场					○		
泳　池					○		
地 下 街					○		

注：———— 热水　　　—·—·— 蒸汽　　— — — 空气

1. 排热量和热需要量的平衡

图 8-47 表示排热量和热需要量的关系。从该图可知，仅仅依靠排热是不能满足峰值需要的，故，必须采用蓄热槽的方式满足住宅和公共设施总的热需要。

2. 系统设计

图 8-48 表示排热回收系统。排热回收设备采用板式换热器，回收方式为水冷方式，回收的排热为 30～35℃，回收的排热通过区域配管输送到住宅区，在各住宅楼设置子站，通过子站的热泵产生 45℃的采暖用热水和 60℃的生活用热水，在子站内还设置蓄热水槽，目的是使排热和热需要量平衡。

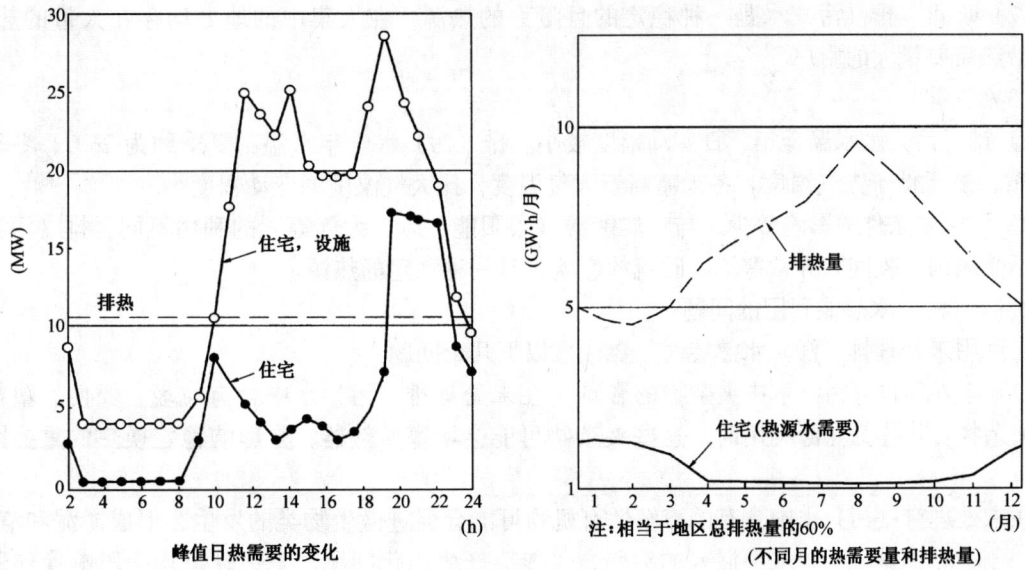

图 8-47 热平衡

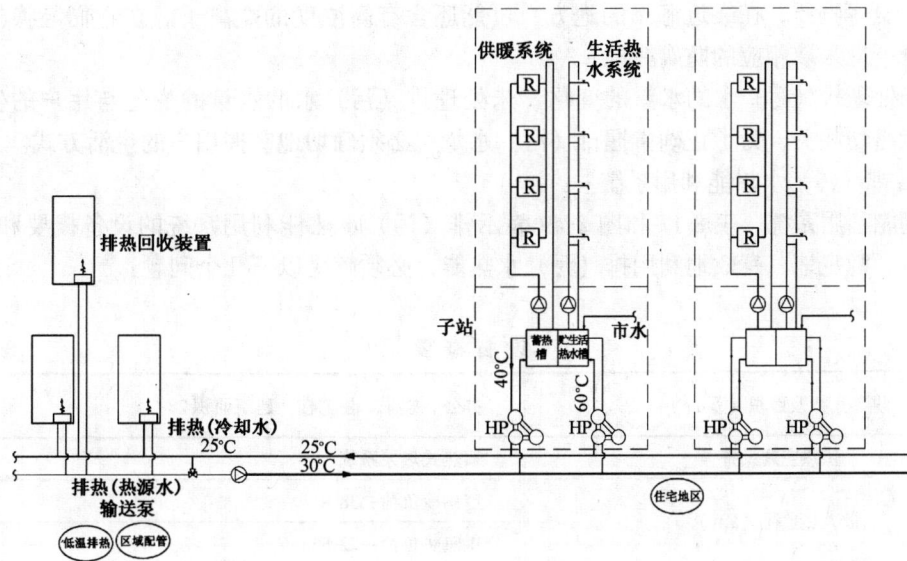

图 8-48 系统设计

二、在以生活排（污）水为热源的废热利用系统中的应用

1. 排（污）水热能的评价

据统计调查可知，排（污）水热量约占城市总排热量的 39%，排（污）水热能的利用条件与"距离"、"时间"、"质量"等有关。

（1）距离 排（污）水是一种在较大范围内能利用的未利用能。目前以排（污）水作为热源的利用形式有排（污）水处理水和未处理水二类。对于处理水则可在处理厂周边利用排（污）水热能；对于未处理水则通过下水管道及与下水相关的中继设施集中处理并使其靠近热用户，目的是降低热源系统费用。

（2）时间 排（污）水是一种稳定的且量大的热源，在人集中的地方均存在大量的热源，可供给热需要量大的用户。

（3）质量

1）排（污）水水温全年、日变动幅度较小。排（污）水全年水温：夏季约为26℃，冬季约为15℃，夏天低于大气温度，冬天略高于大气温度，比大气温度的变动幅度小。

2）受气象条件的影响较少，与自然能源（太阳能、风、大气等）的利用不同，排（污）水几乎不受风雨、夜间和异常寒流、暖流的影响，是一种稳定的热源。

2. 排（污）水热能利用的问题

在利用未处理排（污）水热能时，要注意以下几个问题：

（1）未处理排（污）水中夹杂物的影响 在未处理排（污）水中含有垃圾、粪便、塑料制品等夹杂物。当作为热源利用时，这些夹杂物可能会堵塞换热器，是影响稳定换热的重要因素之一。

在未处理排（污）水中含有的溶解性有机物可能会促进微生物类的发生，形成淤泥和渣滓。此外，冬季时，排（污）水中混入的油脂，可能会产生固化问题。上述现象均会影响换热器的换热能力。

（2）未处理排（污）水中含有的金属腐蚀物的影响 在未处理排（污）水中含有腐蚀金属的硫化氢，氨等物质，在靠近海岸的地方，可能还含有高浓度的盐离子。在它们与换热器直接接触的部分，应采取相应的防腐措施。

（3）未处理排（污）水的水量的变化 未处理排（污）水的水量的变化与用户的生活方式和城市性能密切相关，为了正确掌握排（污）水量就必须确切地掌握用户的生活方式。

3. 生活排（污）水热能利用系统

（1）热能利用系统 表8-17和图8-49表示排（污）水热能利用系统的设备概要和流程图。为了持续地、稳定地、有效地利用排（污）水热能，必须解决以下几个问题：

设 备 概 要   表 8-17

供热用户及面积（万 m²）		办公、娱乐、住宅楼 建筑面积 28
供热空调设备		蓄热式热泵系统
最大热负荷（MW）		空调冷负荷：38.8
		供热热负荷：22.56
全年热负荷（GW·h/a）		空调冷负荷：26.52
		供热热负荷：12.95
区域热网	冷水（mm）	$\phi 250 \sim \phi 800$ 供回水双管方式
	热水（mm）	$\phi 200 \sim \phi 600$ 供回水双管方式
供水温度（℃）		冷水：7，热水：47
供回水压力（MPa）		供 水：0.5，回水：0.1
主要设备	水源热泵	制冷量：10548kW，采暖量：12.79MW 2 台
	水源热泵	产汽量：3868kW，采暖量：5.03MW 1 台
	蓄热槽	冷水量：12MW·h，热水量：4.64MW·h 3 台
	换热器	换热能力：冷水：11.63MW，热水：8.96MW 2 台

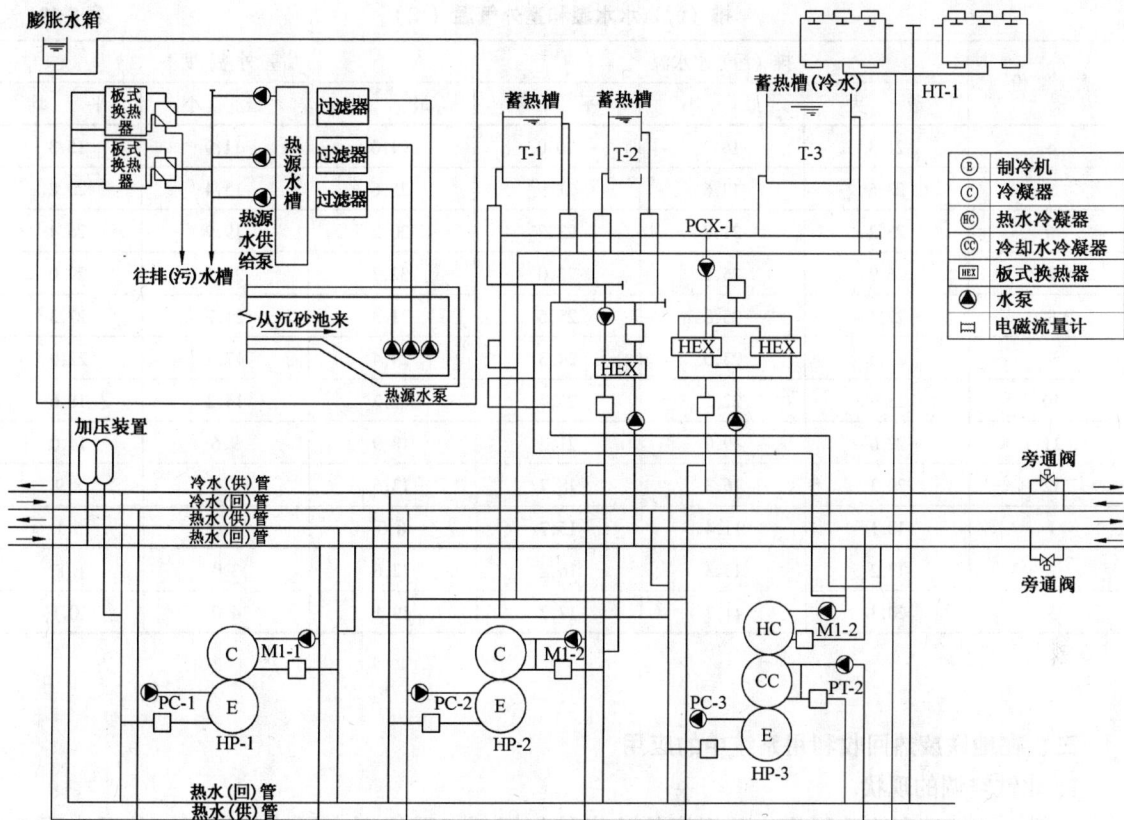

图 8-49　系统流程图

1) 设置非对称型板式换热器和旋转式过滤器，目的是防止夹杂物堵塞换热器流道。

2) 以不锈钢作为换热器板材和水泵主要部件的材料，防止腐蚀。为了防止各种污染物质污染换热器，系统中应设置自动清洗装置。

(2) 供热系统运行状况

1) 排（污）水水温的变化　表 8-18 表示排（污）水水温和室外大气温度的变化情况。从表 8-18 可知，最大和最小温差变化的幅度：排（污）水是 1.5 ~ 8.6℃，而室外气温却是 7.0 ~ 15.1℃。平均温差变化幅度：排（污）水在 15.7 ~ 26.0℃之间，约为 10.3℃，而室外气温却在 5.1 ~ 29.0℃之间，约为 23.9℃。由此可见，排（污）水水温变化幅度小，除在非常短的时间之外，它都是一种比较合适的热源。

2) 实际运行说明，通过排（污）水交换的热量：冷水约为 10.93GW·h，热水约为 1.65GW·h，热用户所需的热量：冷水约为 8.86GW·h，热水约为 2.61GW·h，由此可见，冬天供给热量约占总供热量的 63%。

3) 能效系数（COP）　热泵单机为 3.8，供热系统为 2.81，换算为一次能源，热泵单机为 1.35。

4) 节能性和环保性　实际运行说明，节能效果约为 30%，减少 NO_x 41%、SO_2 62%、CO_2 41%。

排（污）水水温和室外气温（℃）　　　　　　　　　表 8-18

月 份	排（污）水水温			室外温度		
	最 大	最 小	平 均	最 大	最 小	平 均
4	21.3	16.7	20.0	21.0	11.9	15.3
5	22.5	18.6	21.9	25.6	15.4	20.8
6	25.2	21.8	23.7	30.2	19.9	26.4
7	26.9	25.1	26.0	32.7	23.1	29.0
8	27.3	25.8	25.6	31.3	21.7	27.3
9	27.3	23.0	24.3	29.4	17.7	22.9
10	23.9	22.1	23.4	22.2	14.2	18.6
11	22.6	19.0	21.3	18.9	9.6	14.0
12	20.3	16.3	18.7	13.6	5.2	8.9
1	18.1	11.4	15.7	8.0	1.0	5.1
2	17.2	13.3	16.2	12.6	3.0	6.8
3	20.3	11.7	17.2	19.1	4.0	10.1

三、在地铁废热回收利用系统中的应用

1. 地铁空调的现状

一般，地铁站和地铁隧道内的温度均比室外气温低，受地下水影响的地区，其温度更低。当地铁运行时，地铁站和隧道内的气温可能比室外气温高，其主要原因是车辆运行时产生的热量，照明、泵动力、升降梯等附属设备的发热量，人体的发热量，隧道壁内的热量，从室外进入的热量等，其中前两项的发热量约占总发热量的 80% 以上。目前，地铁有两种换气方式：其一是，在运行列车的活塞作用下产生的自然通风换气方式；其二是，强制送排风的机械方式，当前以方式二为主。虽然有多种多样的车辆、地铁站的空调方式，但实施率仅为 40%，主要原因是车辆空调将会促进隧道内空气温度的上升，这种负面影响妨碍了车辆空调的发展。从地铁站内和隧道内发生的各种热量大部分从换气口排出，少部分从站内制冷机器排出，它们是造成城市温度上升的主要原因。

2. 地铁废热回收系统（之一）——以回收地铁的热量作为区域供暖空调的热源

该系统具有如下优点：由于属废热利用系统，故能长期、稳定、便宜地进行供热；由于属采用热泵的高效率热供给系统，故属高新技术；能实现城市中心地区地铁站的空调并达到节能的目的。图 8-50 表示地铁废热回收系统。该系统分为地铁热回收部、能量中心和用热三部分。地铁热回收部采用空气热源热泵系统，其中以板式换热器作为冷凝器，回收的热水温度约为 44℃ 的热水。能量中心采用热泵、锅炉系统，以地铁站内 44℃ 的热水作为蒸汽透平驱动热泵的热源，并将用户侧返回的 70℃ 的热水加热至 80～84℃ 的热水，之后通过锅炉将它们升温至 90℃ 供给用户。夏季，以 90℃ 的热水作为吸收式制冷机的热源，产出 7℃ 的冷水。

3. 地铁废热回收系统（之二）——多联供地铁空调方式 + 防灾措施

城市中心部分地铁站的全部电力或部分电力由燃气热电冷三联供供给，以回收废热作为吸收式制冷机的热源，并采用高效率热泵回收隧道和站内所有废热。这种方法既减少了隧道内空调能耗，又降低了排风口排出风的温度，从而具有明显的社会效益。发生的电力供给照明、泵和升降梯，多余的部分作为空调用动力。图 8-51 表示的是系统流程图。

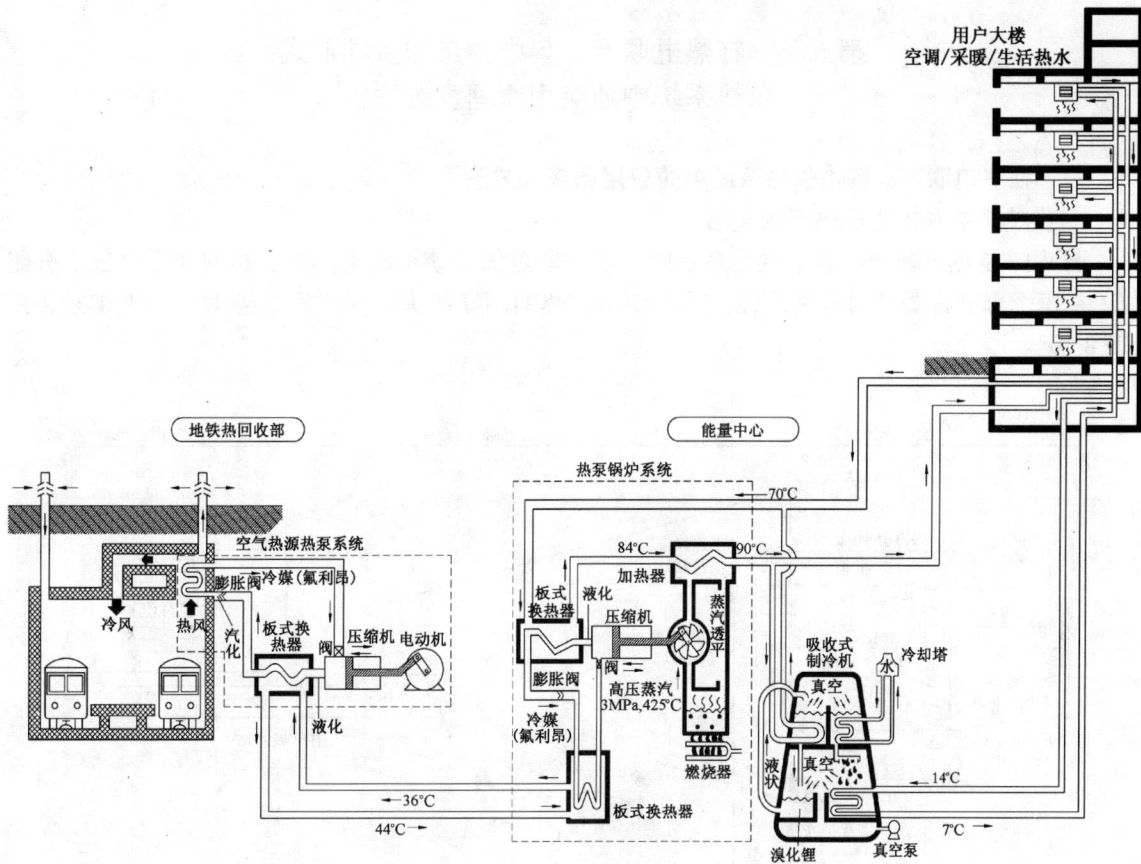

图 8-50　地铁废热回收系统

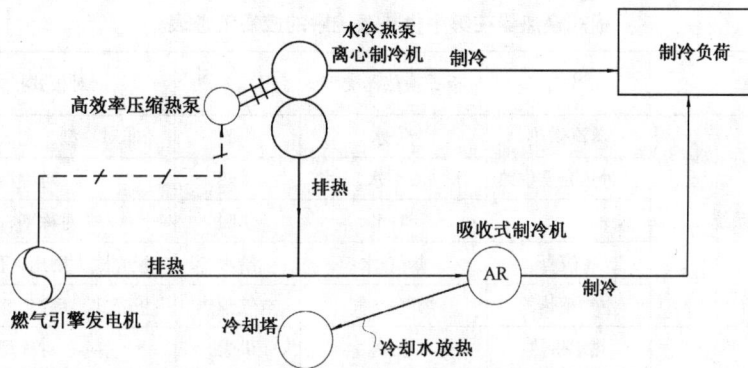

图 8-51　燃气热电冷多联供系统流程图

　　从防灾的角度看，分布式能源供电方式比大规模集中供电方式更可靠些。若在城市地铁站内设置燃气热电冷多联供方式，灾害时它可以作为紧急医疗中心，能确保重伤者和病弱者医治时所需的能源。但，要起到上述作用，必须具备以下条件：确保燃料供给的可靠性；采取相应的防止排气污染的措施；确保饮用水；污物和污水的处理。地铁排热是污染城市环境的重要原因之一，回收地铁废热并作为地铁空调的能源具有如下作用：改善城市环境；减少地铁能耗；有效地防灾。

第五节　在热电联产、集中供热和多种形式
供热系统中的应用原理及方法

一、在热电联产、集中供热系统中的应用原理及方法

1. 供热系统和板式换热器的应用

图 8-52 是热电联产、集中供热系统图。从该图可知，该系统由热源、热网和用户三部分组成。在每个部分都要使用换热装置，随着集中供热的不断扩大，板式换热器的应用也越来越广（表 8-19）。

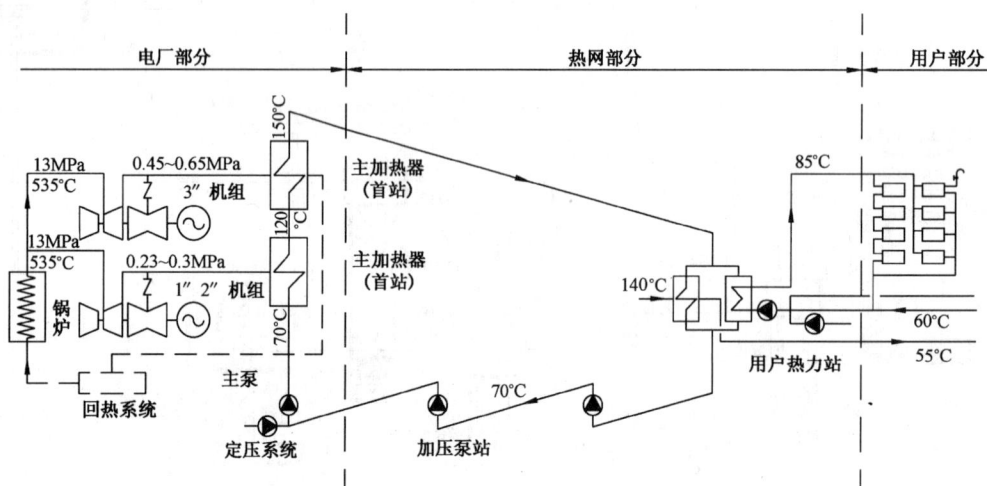

图 8-52　热电厂供热系统图

板式换热器在集中供热系统中的应用汇总表　　　　　　　　　　　表 8-19

系 统 类 型	方 式	板式换热器类型	用　户	对板式换热器的要求
蒸汽锅炉及供热系统	蒸汽供热	汽-水	供暖	非对称型，宽流道，耐温，耐压
	两种热介质供热	水（凝结水）-水	预热	对称型，常规
		汽-水	供暖	非对称型，耐温，耐压
	省煤器	烟气-水	给水	板壳式，耐压，低压力降，耐腐蚀
	空气预热器	烟气-空气	空气预热	板壳式，耐温，耐腐蚀，低压力降
热水锅炉及供热系统	热水供热	水-水	供暖	对称型，常规
	热力站	水-水	供暖	对称型，常规
热电厂及供热系统	低压给水加热器	汽-水	锅炉给水	非对称型，宽流道
	高压给水加热器	汽-水		非对称型，耐温耐压
	省煤器	烟气-水	给水预热	全焊式，耐温，低压力降，耐腐蚀
	空气预热器	烟气-空气	空气预热	全焊式，耐温，低压力降，耐腐蚀
	热网加热器	汽-水	热网供水	非对称型
	热力站	水-水	二次网供水	对称型，常规
燃气（油）锅炉及供热系统	热水供热	水-水	供暖	对称型，常规
燃气热电冷联供	排气热回收器	烟气-热水	供暖，制冷	板壳式，耐温，耐压，耐腐蚀

续表

系 统 类 型	方式	板式换热器类型	用　户	对板式换热器的要求
蓄热式电锅炉及供热系统	蒸汽供热	汽-水	供暖	非对称型，宽流道，耐温，耐压
	热水供热	水-水	供暖	非对称型，宽流道，耐温，耐压
多种能源供热系统	热力站	水-水	供暖	对称型，常规

2. 板式换热器的主要用途

（1）热力站　将连接热网和局部系统并装有全部与用户连接的有关设备、仪表和控制装置的机房称为热力站。

1）热水供热系统　最经济的单管式（开放式）系统如图 8-53*a* 所示，只有在供暖和通风所需热网平均小时流量与供热水所需的平均小时流量相等时，才是合理的。我国应用最广泛的是双管式供热系统。开式（半封闭式）系统如图 8-53*b* 所示，闭式（封闭式）系统如图 8-53*c* 所示。

当热源距离供热区很远时（如郊外热电厂），采用复合式供热系统是合理的。复合式系统是单管系统与半封闭双管系统的组合形式，如图 8-53*d* 所示。在该系统中将高峰热水锅炉设置在供热区。从热电厂到锅炉房通过一根管路，只满足热水供应所需的那部分高温水量，在供热区内则敷设半封闭双管式系统。

三管式系统可用于水流量不变的工业供热系统，以保证工艺需要，如图 8-53*e* 所示。该系统具有两根供水管路。其中一根供水管以不变的水温向工艺设备和供应热水换热器送水；而另一根供水管，以可变的水温，满足采暖和通风之需要。来自各局部系统的低温水，通过一根总回水管返回到热源端。

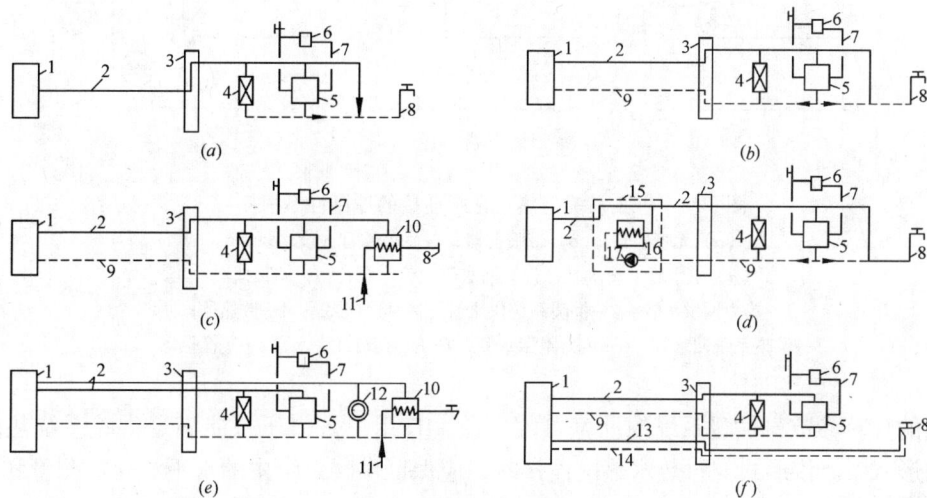

图 8-53　热水供热系统原理图

（*a*）单管式（开放式）；（*b*）双管开式（半封闭式）；（*c*）双管闭式（封闭式）；

（*d*）复合式；（*e*）三管式；（*f*）四管式

1—热源；2—热网供水管；3—用户引入口；4—通风用热风机；5—用户端供换热器；6—供暖散热器；

7—局部供暖系统管路；8—局部热水供应系统；9—热网回水管；10—热水供应换热器；11—冷自来水管；

12—工艺用热装置；13—热水供应系统供水管路；14—热水供应循环管路；15—锅炉房；16—热水锅炉；17—水泵

四管式系统如图 8-53f 所示。该系统金属消耗量很大，因此，只用于小型系统，以简化热力站网路。在该系统中，用于局部热水供应系统的热水，直接在热源端加热后，通过专用管路送到用户，并在用户端直接送入局部热水供应系统。此时，用户端不装设热水加热装置，热水供应系统的回水，直接回到热源端重新加热。该系统的另外两根管路，用于局部供暖和通风系统。

2) 双管式热水供热系统热力站

（a）供暖系统的连接　居住区和居住小区的最大热负荷一般是供暖负荷。供暖系统与热力网的连接形式取决于热介质种类、热网和供暖系统的计算参数、热网供水管和回水管的压力以及建筑物的用途，供暖系统与热网有六种连接方式，如图 8-54、图 8-55 所示。前五种形式（a、b、c、d、e）称为直接连接形式，此时供暖系统的水力工况取决于热网的水力工况。第六种（f）为间接连接形式，此时供暖系统的水力工况与热网的水力工况无关。供暖系统的热介质在板式水-水换热器内被加热。

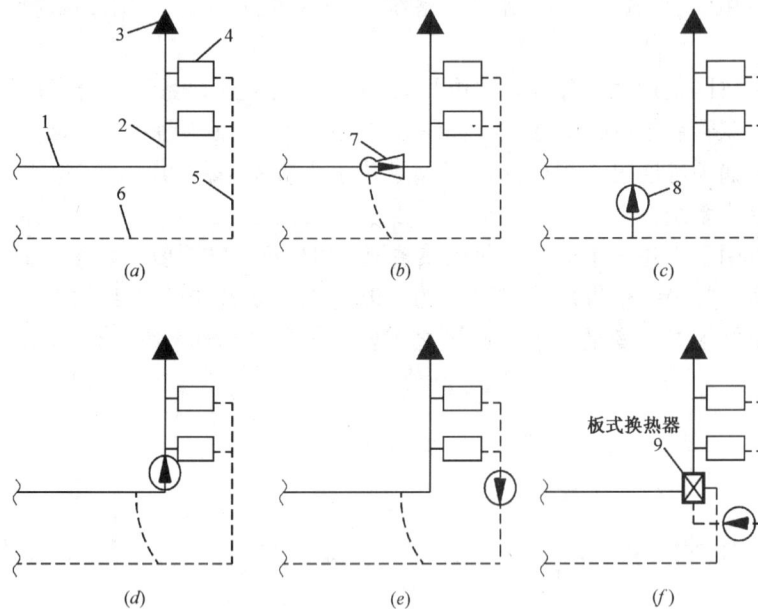

图 8-54　供暖系统与热水管网连接的原则性示意图
（a）无喷射器；（b）带喷射器；（c）跨越管上设水泵；
（d）供水管上设水泵；（e）回水管上设水泵；（f）间接式
1—热力网供水管；2—供暖系统供水管；3—排气装置；4—散热器；
5—供暖系统回水管；6—热力网回水管；7—喷射器；8—水泵；9—换热器

当热网的计算参数与供暖系统的计算参数一致，且用户入口压差能满足供暖系统热介质循环时，采用形式 a。该形式与过热水热网连接时，应保证供暖系统中的水不汽化。测量和控制仪表的安装布置如图 8-55 所示。在供暖系统入口和出口安装温度计。在供热系统初调节过程中，通过各种控制仪表（温度、压力等）迅速而准确地调整用户的供热量。运行时，通过控制仪表的工作，来合理供给用户热量，同时及时发现和消除热网及供暖系统的故障。在供暖系统回水管上安装压力调节阀，使热网回水管的压力高于供暖系统的静压，防止供暖系统发生回水管倒空的危险。在供水管上安装止回阀，防止网路水泵停止运行时发生系统倒空的危险。当热网的压力传到供暖系统内有可能超过 0.6MPa 时，应在供水管上安装压力调节阀，防止因压力过高而造成散热器的损坏。

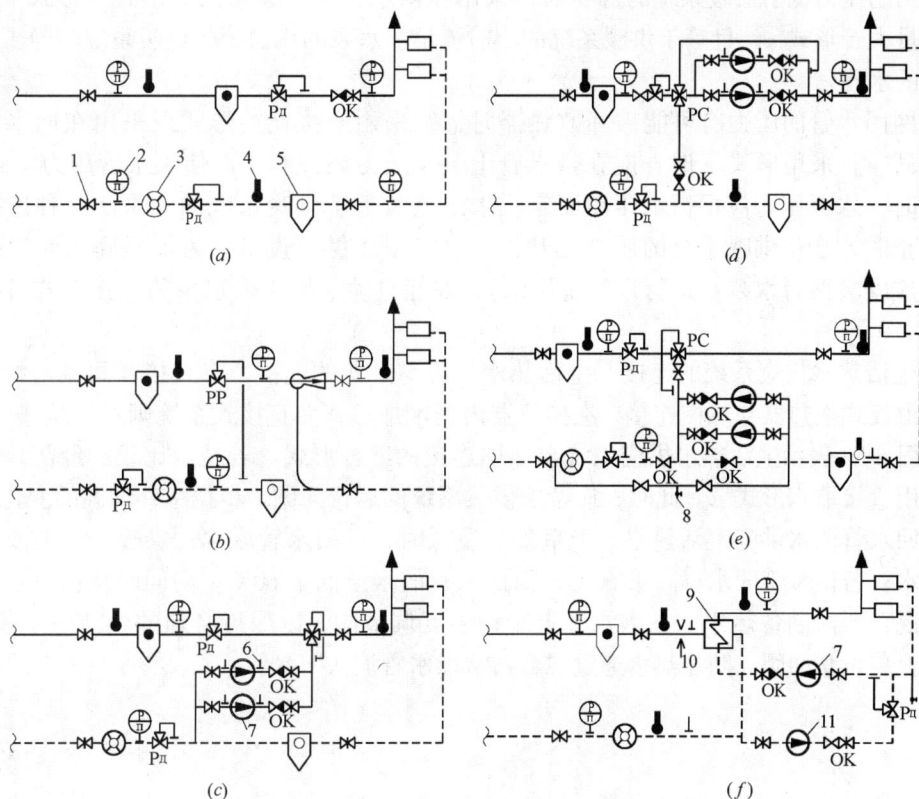

图 8-55 有控制仪表的供暖系统与热水管网连接的原则性示意图

(a) 无喷射器；(b) 带喷射器；(c) 跨越管上设水泵；

(d) 供水管上设水泵；(e) 回水管上设水泵；(f) 间接式

1—闸阀；2—指示压力计；3—流量计；4—温度计；5—除污器；6—压力表接管；

7—循环水泵；8—放水管；9—板式换热器；10—节流孔板；11—补水泵；

РД—压力调节阀；OK—止回阀；PP—流量调节阀；PC—混合调节阀

当热网的计算水温高于供暖系统要求的水温，且入口处的压差能保证喷水泵-喷射器运行时，采用形式 b。喷射器的作用是降低热网水温。除喷射器外，在入口节点还应装设流量调节阀。当有些热用户重新启动或关闭时，其他用户入口处的压力分布都将改变，其流量也发生变化，安装流量调节阀能稳定用户的压力分布，恒定供暖系统的流量。但是，在实施供热的量调节时，如靠改变热介质流量来调节供暖系统热负荷时，不宜装设流量调节阀，因为在量调工况下，热介质流量的减少，将导致供热系统全面的水力失调和热力失调。

这种形式的缺点是喷射器的效率不超过 10%，网路的压差应大于供暖系统循环压力的 9 倍，固定的混合系数使散热器不能进行局部的质调。

当热网供水管与回水管的压差较小，而不能使喷射器正常工作时，采用在跨越管上安装水泵的连接方式（形式 c）。在热力站内安装两台水泵，一台运行，一台备用。若热力站布置在建筑物内，则应采取消声措施或安装低噪声水泵。用闸阀或混合调节阀来调节被混合水的流量，可改变计算混合系数。此时，水泵的流量等于被混合的水量；水泵的压头等于系统的阻力加上水泵管路的压力损失。设有自动装置时，这种连接形式可改变混合系数，并可实现散热器放热的局部质调。

当热网的压力低于供暖系统的静压时，采用在供水管上安装水泵的形式（形式 *d*）。此时，水泵的流量大于形式 *c*，且等于供暖系统的小时流量。水泵的压力等于供暖系统的静压减去热网供水管内的水压。

若热网回水管的压力有可能破坏散热器时，则采用间接连接形式或采用在回水管上安装水泵的形式 *e*。采用形式 *e* 时，应在供水管上装设压力调节阀，以使供水管压力降到 0.6MPa 以下。此时，水泵压力应根据水压图而定，水泵流量等于供暖系统的流量。这种连接形式一旦水泵停止时，会使供暖系统的压力上升，并可能损坏供暖设备。为了提高水泵连接系统的可靠性，应安装两台水泵（运行泵和备用泵），并能自动切换。带水泵的连接形式可实现供热自动化。

（*b*）生活热水供应系统的连接　生活热水供应与热网的连接，有直接和间接两种形式。间接式系统由板式换热器与热网连接，在换热器内把水加热，而直接式系统则直接从热网中取水。图 8-56、图 8-57 表示生活热水供应系统与热网连接的五种形式。若技术比较和经济计算证明合理，可采用直接取水形式 *a*。此时，应考虑供热系统的运行问题。根据室外气温的变化，确定从供水管或回水管取水供应生活热水。当室外气温低时，从回水管取水；供暖季初期或末期则从供水管取水；若供水管的水温高于 60℃，而回水管的水温低于 60℃，则同时从供水管和回水管取水，在混合器内制备热水。在供水管上装设温度调节阀，以保持必须的生活热水供水温度。在跨越管上装设止回阀，防止热水通过混合器从供水管流入回水管。

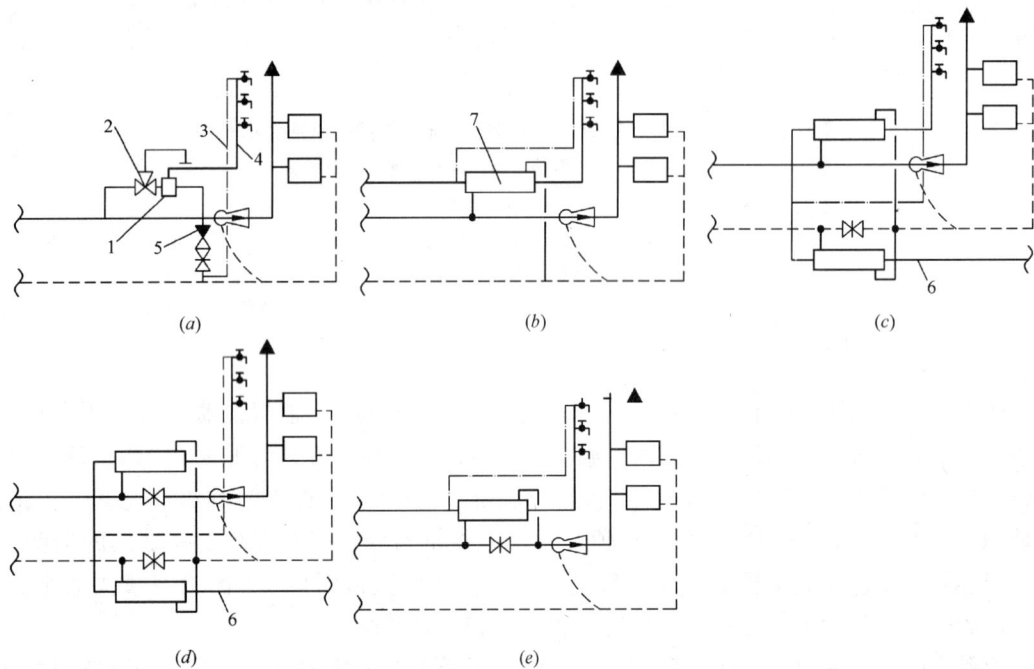

图 8-56　热水供应系统与热水管网连接的原则性示意图
（*a*）直接取水式；（*b*）并联式；（*c*）混合式；（*d*）双级串联式；（*e*）前置加热式
1—混合器；2—温度调节器；3—热水供应系统循环管；4—热水供应系统供水管；
5—止回阀；6—冷水管道；7—换热器

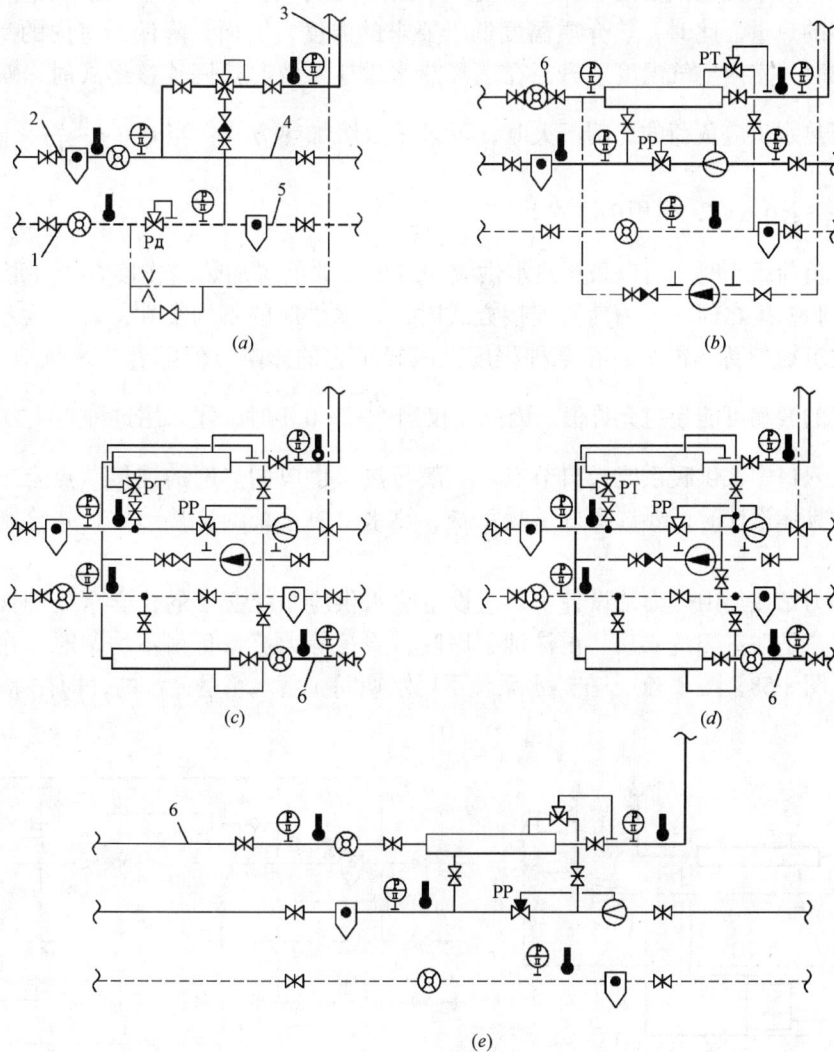

图 8-57　有控制仪表的热水供应系统与热水管网连接的原则性示意图

（*a*）直接取水式；（*b*）并联式；（*c*）混合式；（*d*）双级串联式；（*e*）前置加热式

1—热水网回水管；2—热水网供水管；3—热水供应系统供水管；4—供暖系统供水管；

5—供暖系统回水管；6—冷水管道；РД—压力调节阀；PT—温度调节阀；PP—流量调节阀

　　形式 *b* 至 *e* 均是与热网间接连接的形式。选择什么样的连接形式，取决于热水供应负荷与供暖负荷的比例。热水供应负荷很大，即热水供应最大小时耗热量超过供暖计算耗热量的 20% 以上 $\left(\dfrac{Q_{h\cdot w}^{max}}{Q_h} \geqslant 1.2 \right)$ 时，采用水加热器与热网并联的连接方式（形式 *b*）。此时，热网同时满足两种负荷——供暖和热水供应的要求，热网的流量等于供暖和热水供应的计算流量之和。为了减少热水供应的热网水流量和提高热电厂供应系统的热化效率，采用热水供应的双级加热（形式 *c*、*d*）。水先在第一级加热器内，用从建筑物供暖系统出来的回水预热，然后在第二级加热器内，由热网供水管的网路水加热到所需的温度。两级加热可以减少热水供应的网路水流量，热网供水管的水量只供第二级加热用。

　　双级连接加热器有混合式和串联式两种形式。在形式 *c* 中，一级加热与供暖系统串联，二级加热则并联；在形式 *d* 中，两级都是与供暖系统串联。当热水供应系统与热网采用双级连接时，供暖系统与热水供应系统是相互关联的，形式 *d* 更为明显。在用水量最大的时刻，供暖系统得不到足够的热量，此时，热介质温度低于要求的温度，因而，降低了室内的空气温度。当不从网路取水时，室内空气温度上升。在选择热水供应系统与热网连接形式时，对此应予以注意。一般，当热水供应负荷的比例不大时，可采用双级加热方式：当 $0.6 < \dfrac{Q_{h\cdot w}^{max}}{Q_h} < 1.2$ 时，采用混合式；当 $\dfrac{Q_{h\cdot w}^{max}}{Q_h} \leqslant 0.6$ 时，采用串联式。

热水供应负荷很小时，可以采用热水供应一级加热的前置加热器连接方式（形式 *e*），即加热器设置在供暖系统之前。采用前置连接方式时，热水供应的不均衡性，对供暖系统的运行影响很大，而建筑物的蓄热能力，在某种程度上减轻了它的影响。但随着热水供应负荷的增加，室内空气温度的波动可能超过允许值。因此，仅当 $\dfrac{Q_{h\cdot w}^{max}}{Q_h} < 0.1$ 时，才采用这种连接方式。

在用户引入口中，供暖系统入口节点，一般与热水供应同热网的连接节点合二为一。在作用户引入口的具体设计时，要选择好供暖系统、热水供应系统的连接形式，并绘制出用户引入口的系统图。

在区域热力站或集中热力站设计中，应设置热水供应系统必要的化学水处理设备。当热水供应系统的用户是浴室、洗衣房、游泳池、医院、旅馆等大流量且很不均匀时，在热力站内应安装蓄水箱（图 8-58、图 8-59）。在热水系统不用水期间，蓄水箱是充水的，即往水箱里送热水。

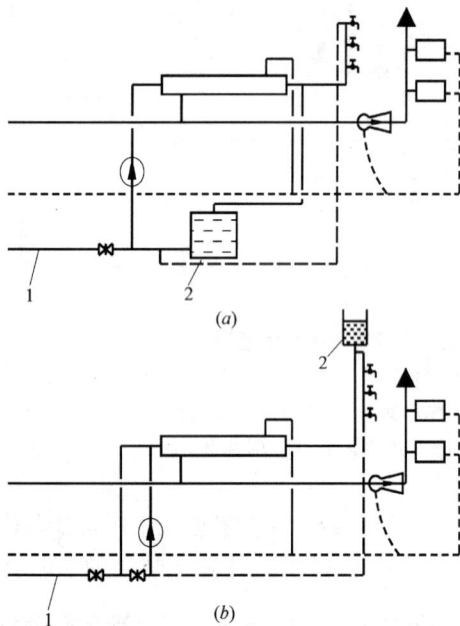

图 8-58 低位水箱
（*a*）和高位水箱 （*b*）的热水供应系统原则性示意图
1—冷水管；2—蓄水箱

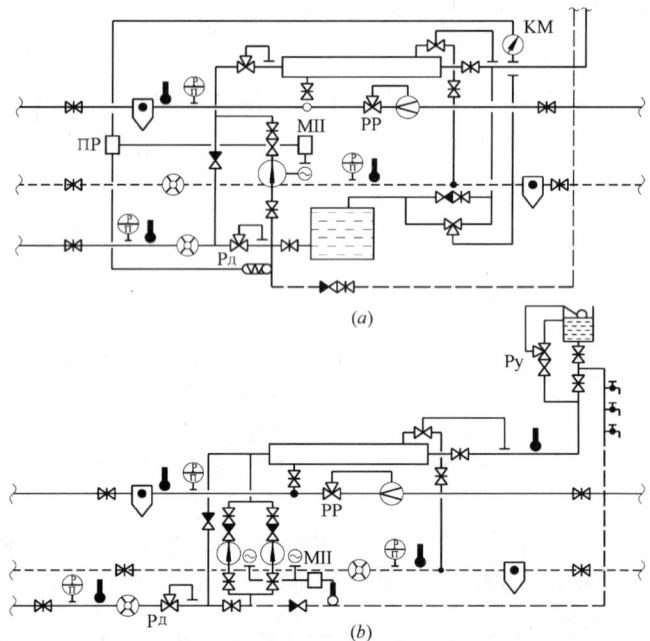

图 8-59 有低位蓄水箱
（*a*）和高位蓄水箱 （*b*）的热力站示意图
ПP—中间继电器；MП—磁力启动器；KM—接触式压力计；
PP—流量调节阀；PД—压力调节阀；Py—水位调节阀

在用水最大时，由换热器加热水，不足部分由蓄水箱补充。蓄水箱可装设在地下室和底层（低位布置）或装设在阁楼内（高位布置）。蓄水箱一般设两个，每一个为总容积的50%。低位布置时，水箱是有压的，闭式的，经常充满水。工作时有三种不同的工况：平均配水、停止配水和最大配水。平均配水时，将在换热器内加热的水送往热水供应系统；停止配水时，从换热器出来的热水被送入蓄水箱上部，水泵将水箱下部的冷水送至换热器；最大配水时，一部分水来自换热器，另一部分水来自蓄水箱，此时，冷水将热水排挤出蓄水箱。高位布置时，水箱是开式的。在不供水或用水不大时往水箱充水，靠水位调节阀调节水位。此时，水箱还起排气的作用。热力站内至少安装两台循环水泵，其中一台为备用泵。

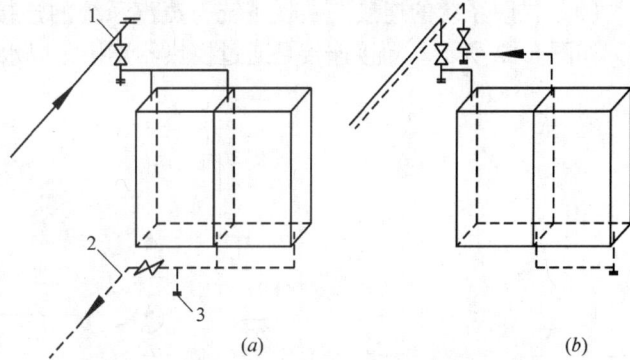

图8-60 空气加热器与热力网的连接示意图
（a）沿热媒流向并联连接；（b）沿热媒流向串联连接
1—热水管网供水管；2—热水管网回水管；3—带堵头三通

（c）通风系统的连接 工业与公用建筑物的通风是热网的重要用户，其连接形式如图8-60所示。在冬季，将室外冷空气通过空气加热器加热之后送入室内。空气加热器一般安装在供暖系统之前，以免降低热介质的温度。空气加热器可布置在阁楼上，当有汽化危险时可安装在喷射器（水泵）之后。通过流量调节阀调节送风温度。当流速小或室外气温较低时，空气加热器排管内的水可能会冻结。为了避免冻结，应使流体从上方流至下方并采取防冻措施。为此，在送风道内安装温度传感器，当送风温度低于给定值时，借助挡板关闭室外空气通往空气加热器的通道。

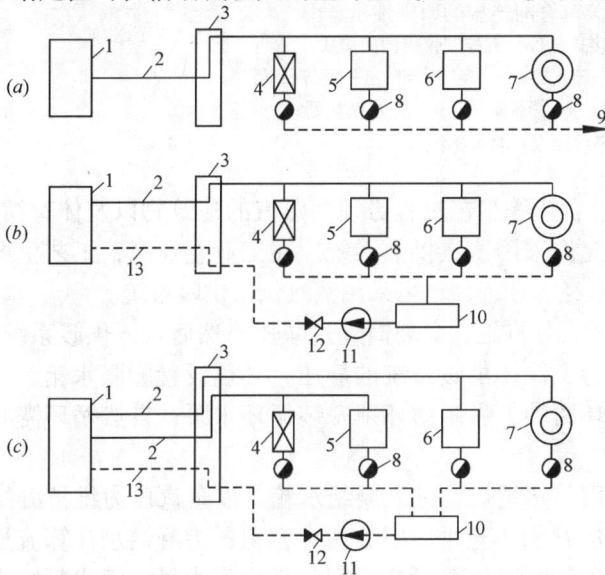

图8-61 蒸汽供热系统的网络原理图
（a）不回收凝结水的单管式系统；（b）回收凝结水的双管式系统；
（c）回收凝结水的三管式系统
1—热源；2—蒸汽管路；3—用户引入口；4—通风用热风器；
5—局部供暖系统的换热器；6—局部热水供应系统的换热器；
7—工艺装备；8—凝结水疏水器；9—排水；
10—凝结水水箱；11—凝结水泵；
12—止回阀；13—凝结水管路

3）蒸汽供热系统 蒸汽供热系统与水供热系统一样，可分为单管式、双管式和多管式等，如图8-61所示。

在单管式蒸汽供热系统中（图8-61a），蒸汽的凝结水不返回热源，只能用于热水供应，工艺用途或排入疏水系统，因不经济，故常用于用汽量不大的系统。在实践中应用得最为普遍的是凝结水返回热源的双管式蒸汽供热系统（图8-61b）。各个局部供热系统的凝结水收集到设在热力站的凝结水箱内，然后用水泵输送到热源中去。多管式蒸汽供热系统（图8-61c），常用于由热电厂提供蒸汽的工厂或用于生产工艺要求有几种压力的蒸汽供热场合。建造不同压力的多条蒸汽管路的费用，有时比热电厂只供给一种压力较高的蒸汽，而后在用户处减压为低压蒸汽所多消耗的燃料费用低。在三管式系统中，凝结水是沿着一条总凝结水管返回热源。

为了连续可靠地向用户供汽，也可

敷设蒸汽压力相同的备用蒸汽管路。若从热电厂供给三种不同压力的蒸汽是合理的,则蒸汽管路的数目可以多于两条。

4) 热力站内的热力系统

(a) 供暖系统的连接   供暖系统与蒸汽系统的连接,一般采用两种形式——直接式和间接式,如图 8-62 所示。间接连接是通过换热器连接,以水作为供暖系统的热介质。

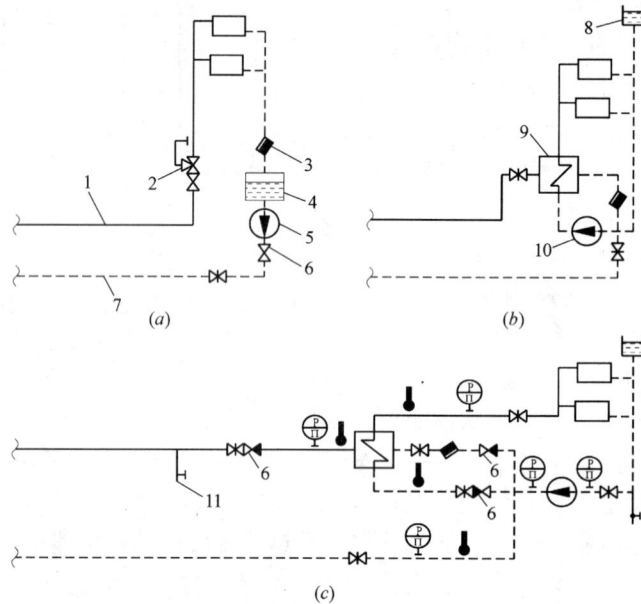

图 8-62   供暖系统与蒸汽管网连接的原则性示意图
(a) 直接式;(b) 间接式;(c) 有控制仪表的间接式
1—蒸汽管道;2—调节阀;3—疏水器;4—凝结水箱;5—凝结水泵;
6—止回阀;7—凝结水管;8—膨胀水箱;9—汽-水换热器;
10—供暖系统水泵;11—排污

在居住区,蒸汽主要用于洗衣房、浴室、食堂等工艺过程必须用蒸汽的建筑物以及体育馆、饭店、食堂、咖啡馆和商店等,有必要时也允许采用蒸汽供热系统。在工业企业区,工艺生产过程需要的蒸汽,主要通过蒸汽管网,如技术经济合理,也可采用蒸汽供给供暖系统。

供暖系统与蒸汽管网直接连接时,蒸汽送入分汽缸,必要时经过减压,然后送入供暖系统。热水供暖系统经换热器与蒸汽管网连接时,为了保持供暖系统的静压,必须设置膨胀水箱。热水供暖系统中水的循环有自然循环和强制循环两种。强制循环须安装循环水泵;自然循环需有足够的重力循环作用压头。

汽—水板式换热器后的凝结水应充分利用其热量后,进入凝结水箱。以蒸汽压力维持凝结水箱内 5~20kPa 的余压,并以闭式系统回收凝结水。至少应安装两个容积各为凝结水计算流量 50% 的水箱。自动输送凝结水时,水箱的容积不少于 20 分钟内返回的最大凝水量。闭式凝结水箱要设置玻璃水位计和压力表。

(b) 生活热水供应系统的连接   生活热水供应系统与蒸汽管网的连接有直接连接和经过换热器的间接连接两种形式,如图 8-63 所示。直接连接如图 8-63a 所示,热网的蒸汽以鼓泡方式进入高位蓄水箱,冷水由自来水管进入水箱。靠水位调节阀维持水箱的水位。

采用间接连接形式时,如有浴室、洗衣房和其他用水大户时,则采用高位蓄水箱的板式汽-水换热器与蒸汽管网的连接形式,如图 8-63c 所示。

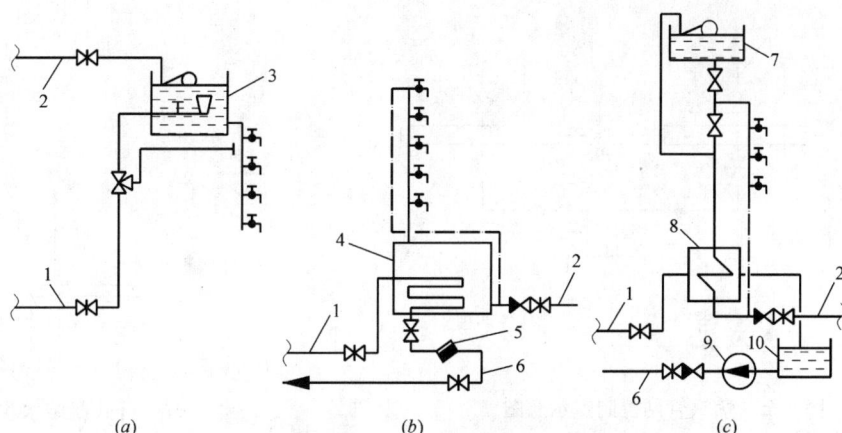

图 8-63　热水供应系统与蒸汽管网连接的原则性示意图

(a) 直接式；(b)、(c) 经过换热器连接

1—蒸汽管道；2—冷水管道；3—蓄水箱；4—容积式汽-水换热器；5—疏水器；6—凝结水管道；

7—高位蓄水箱；8—快速汽-水换热器；9—凝结水泵；10—凝结水箱

(c) 通风系统的连接　空气加热器与蒸汽管网的连接形式，如图 8-64 所示，主要取决于蒸汽压力。当压力低于 0.03MPa 时，应在空气加热器凝结水管上安装水力阻水器；当压力大于 0.03MPa 时，安装疏水器。一般采用凝结水淹没空气加热器的办法调节放热量。

(d) 工艺负荷的连接　与热网的连接形式，主要取决于热介质的种类和所连设备的特性。工艺负荷大多用蒸汽，所有工业企业用户都通过控制节点与热网连接，如图 8-65 所示。通常，一个企业有一个控制节点。

工艺、通风和供暖系统的蒸汽管都接到分汽缸上。用于同一负荷的蒸汽管、凝结水管应尽可能采用独立结构，凝结水在返回水箱之前要经过净化，靠水位调节阀来维持凝结水箱的水位。

5) 热力站的凝结水回收系统

(a) 开式凝结水回收系统　图 8-66 表示最简单的开式凝结水回收系统。来自用热设备 2 的凝结水，经疏水器 3 流入凝结水箱 4 内，然后用水泵 5 输送至热源。

开式回收凝结水系统的缺点：

• 凝结水吸收空气中氧气并导致凝结水管发生腐蚀。

• 二次蒸发的蒸汽会散失到大气中，并带走大量热量。

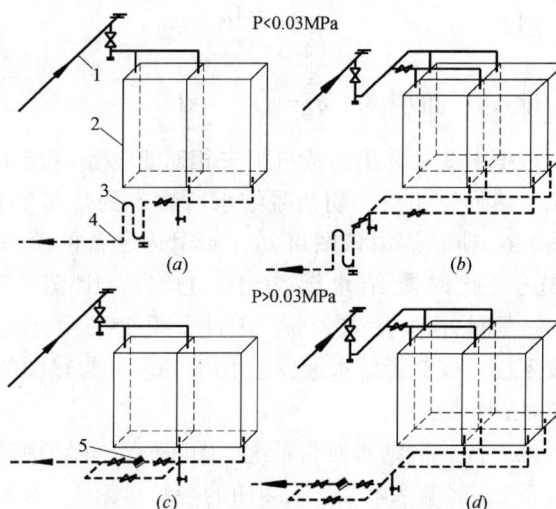

图 8-64　空气加热器与热网的连接示意图

(a)、(b)、(c)、(d) 均为沿热介质

流向并联连接的四种形式

1—蒸汽管网；2—空气加热器；

3—水封；4—疏水管；5—疏水器

在开式凝结水箱内损失的蒸汽与热量可由进入水箱内的凝结水热平衡方程式计算得出。假定有 1kg 熔为 $\bar{t}_{c1}$ 的凝结水进入凝结水箱内，在进入压力低于用汽设备汽压的水箱后，蒸发一部分凝结水，约有 x kg 熔排入大气，而剩下的 $(1-x)$ kg 以 $\bar{t}_{c2}$ 的熔值保留在水箱内。故 1kg 凝结水的热平衡方程式为：

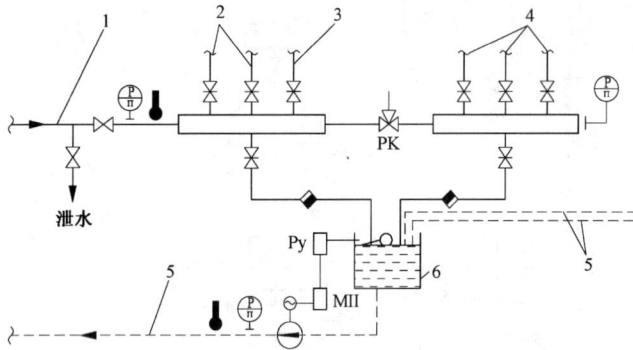

图 8-65　蒸汽管网控制点示意图

1—蒸汽管道；2—工艺用户；3—通风；4—采暖；
5—凝结水管道；6—凝结水箱；PK—调节阀；Py—水位调节阀；
MII—磁力启动器

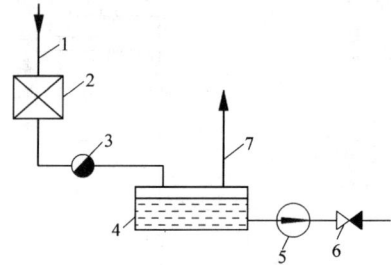

图 8-66　开式凝结水收集网络

1—蒸汽管路；2—用热设备；
3—凝结水疏水器；4—凝结水收集箱；
5—水泵；6—止回阀；7—排气管路

$$1 \cdot \overline{t_{c1}} = x \cdot i_s + (1 - x) \overline{t_{c2}} \tag{8-1}$$

式中　i_s——排入大气的蒸汽焓值（kJ/kg）。

因此　　　　　$x = \dfrac{\overline{t_{c1}} - \overline{t_{c2}}}{i_s - t_{c2}}$　kg

排入大气的热量：$q_s = x \cdot i_s$　kJ

根据上式计算出的蒸汽损失相对于初始凝结水量的百分比，热损失相对于初始凝结水所含有的热量的百分比，如图 8-67 所示。由该图可知，如用热设备的蒸汽压力为 0.5MPa（此时凝结水温为 151.11℃），则蒸汽损失为 9.7%，而热损失达 40.7%。因此，很少采用开式凝结水回收系统，仅在凝结水量少于 10^3 kg/h，且与热源的距离小于 500m 时才采用。

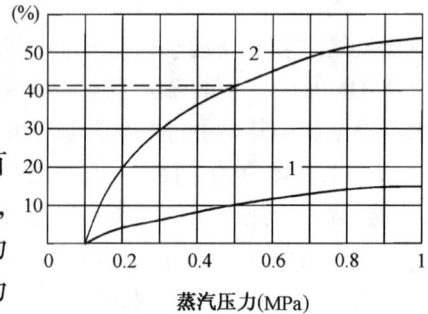

图 8-67　开式凝结水收集网络的蒸汽
损失 1 与热损失 2

（b）闭式凝结水回收系统　图 8-68 是实践中最广泛采用的形式。在系统 a 中，凝结水由用热设备 2，经疏水器 3 进入封闭的凝结水箱 5。水箱内的压力高于大气压力，当水箱设置在有人居住的建筑物附近时，水箱内压力不大于 0.12MPa，若设置在单独房间内时，其压力可稍高些。当 t > 104℃ 的高温凝结水进入水箱后，凝结水蒸发产生的二次蒸汽，可用于加热热水供应系统的水。压力调节阀 11 维持水箱内压力不低于规定值。换热器应设置在水箱的上方。在供暖期，进入水箱内的凝结水量可能发生变化，二次蒸汽进入汽-水换热器 13 的量亦变化。为了保证把一定量的水加热到所要求的温度，可从一次蒸汽管引一部分蒸汽，通过温度调节阀 12 送至换热器。凝结水用泵从水箱抽出，如抽水过速，以致水箱内形成真空时，水箱可能被压瘪。为此，应从蒸汽管通过减压阀，引入水箱内一部分蒸汽，以避免上述现象的发生。

在系统 b 中，凝结水首先加热热水供应系统的水，将凝结水冷却到 100℃ 以下，使之不产生二次蒸汽。

闭式凝结水回收系统中凝结水不会吸收空气中的氧，也不会产生凝结水蒸发损失和热损失。闭式系统的缺点是比较复杂。另外，水箱内产生的二次蒸汽量必须严格与汽-水换热器的冷却能力及被加热水的消耗量相匹配。

6）蒸汽供热热力站的控制检测仪表

（a）蒸汽供热系统方面

· 蒸汽入口主闸门后应装设记录式或指示式压力表和温度表；

· 减压阀前后应装设指示式压力表；

· 凝结水干管上应装设记录式或指示压力表；

· 减压蒸汽管路和凝结水管路上应装设指示式温度表；

· 如果供热负荷大于或等于 8GJ/h 时，应装设记录式流量表。

（b）水加热装置方面

· 在蒸汽管路上、水泵进出口管路上以及在加热水与被加热水的出入口管路上，均应装设指示式压力表；

· 在蒸汽管路与凝结水管路上，在每台加热器的加热水与被加热水的出入管路上以及冷水与热水的总管路上，均应装设指示式温度表；

· 在一次与二次热介质的管路上应装设记录式流量表或热量表；

· 在蒸汽联箱、蒸汽加热器及凝结水箱上应装设安全阀；

· 应装设排水及排气用的装置；

· 在热介质的冷凝侧应装设水位计。

（c）凝结水箱方面

· 水位计；

· 高、低水位的信号发生装置或远距离水位表；

· 用以测量水箱内凝结水温度的指示式温度表；

· 用以监视水箱内是否保持余压的指示式压力表；

· 凝结水采样阀的连接管座；

· 防止水箱内压力升高用的安全阀；

· 检测凝结水质量的有关仪表。

（d）凝结水泵管路方面

· 在水泵前后应装设指示式压力表；

· 应装设测量输送凝结水的温度表和流量表。

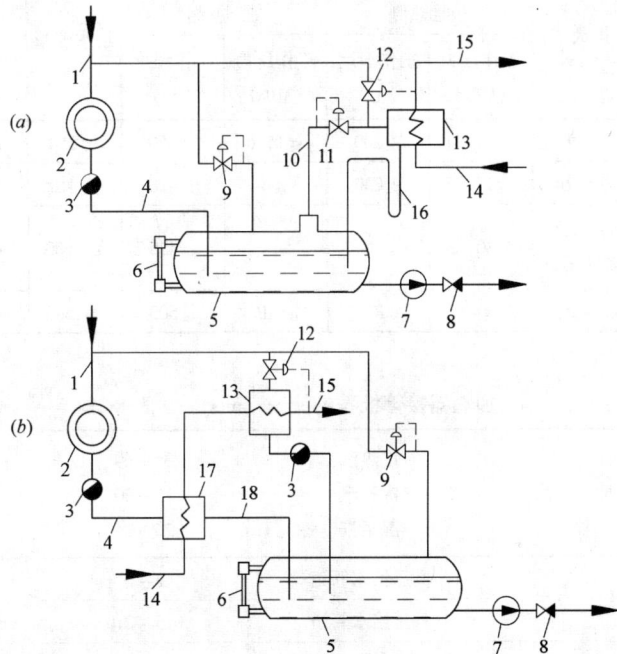

图 8-68　闭式凝结水收集网络

（a）带有凝结水蒸发的网络；（b）带有凝结水冷却的网络
1—蒸汽管路；2—用热设备；3—凝结水疏水器；4—凝结水管路；
5—凝结水收集箱；6—水面计；7—凝结水泵；8—止回阀；
9、11—阀前压力调节阀；10—二次蒸发蒸汽管；
12—温度调节阀；13—汽-水换热器；14—自来水管路；15—热水；
16—水封；17—凝结水冷却器；18—经冷却的凝结水

（2）**板式给水加热器**　给水加热器是热电厂回热系统的主要辅机之一。它是一种利用汽轮机抽汽加热锅炉给水，以提高热经济性的换热设备。给水加热器常用的技术数据：加热器参数范围见表 8-20，加热器传热管及连接管允许流速见表 8-21、表 8-22，加热器常用性能技术指标见表 8-23。

加热器参数范围　　　　　　　　　　　　　　表 8-20

机组类别	高压加热器					低压加热器				
	被加热侧		加热侧		给水流量(t/h)	被加热侧		加热侧		给水流量(t/h)
	工作压力(MPa)	工作温度(℃)	工作压力(MPa)	工作温度(℃)		工作压力(MPa)	工作温度(℃)	工作压力(MPa)	工作温度(℃)	
中　　压	≤7	≤200	≤1.6	≤350	≤250	≤0.8	≤150	≤0.25	≤150	≤220
高　　压	≤17.5	≤230	≤4	≤420	≤410	≤2.5	≤150	≤0.8	≤280	≤350
超高压及亚临界压力	≤30.5	≤300	≤8	≤475	≤3600	≤4.5	≤150	≤1	≤350	≤2800
超临界压力	≤40	≤350	≤10	≤500	>1500	≤4.5	≤150	≤1	≤400	>1000

加热器接管推荐的流速（m/s）　表 8-21

抽　汽	过热汽	35~60
	饱和汽	30~50
	湿蒸汽	20~35
给　水	高压给水管道	2~6
	低压给水管道	0.5~2.0
凝结水	凝结水泵出口管道侧	2.0~3.5
	凝结水泵入口管道侧	0.5~1.0
加热器疏水	加热器疏水管道：疏水泵出口侧	1.5~3.0
	疏水泵入口侧	0.5~1.0
	调节阀出口侧	20~100
	调节阀入口侧	1~2

传热管内给水流速限值（m/s）　表 8-22

管子材料	给水流速
不锈钢，蒙乃尔合金	3.0
铜镍合金	2.7
海军铜，铜	2.6
碳钢	2.4

加热器常用性能技术指标　　　　　　　　　　　　　表 8-23

项　目	单　位	计算方法或数值	性能指标说明
给水端差(TTD)	（℃）	$TTD = t_s - t_2$	(1) t_s——抽汽压力下饱和温度（℃） t_2——出口温度（℃） (2) 当 TTD≤1.1℃时，应设置过热蒸汽冷却段
疏水端差(DCA)	（℃）	$DCA = t_d - t_1$	(1) t_d——疏水温度（℃） t_1——进口温度（℃） (2) 当 DCA<5.6℃时，应设置外置式疏水冷却器 (3) 当 DCA 达 5.6℃时，应设置内置式疏水冷却段
抽汽压损	（%）	$\Delta p = \dfrac{p_1 - p_2}{p_2} \times 100\%$	(1) p_1——抽汽口压力（MPa） p_2——加热器进口压力（MPa） (2) 一般情况 Δp 为 5%~8%
投运率	（%）	$\Delta h = \dfrac{h_1 - h_2}{h_1} \times 100\%$	(1) h_1——机组运行小时数（h） h_2——加热器事故检修小时数（h） (2) 高压加热器的年投运率应不小于85%

续表

项　目	单　位	计算方法或数值	性能指标说明
堵管率	（%）	$\Delta n = \dfrac{n_1}{n_2} \times 100\%$	（1）n_1——被堵的传热管根数 　　n_2——总传热管根数 （2）当 Δn 达 15% 时，会使 TTD 明显上升，给水阻力大幅度增加，应换管或加热器
高压加热器退出运行		对于国产 200MW 和 300MW 机组，热耗率分别增加 2.6% 和 4.6%	锅炉燃烧部分受热面在不正常工况下运行，过热器超温，设备故障率上升
高压加热器端差变化		端差降低 1℃，使机组热耗率减少约 0.06%	对于大型机组

(3)板式热网加热器(首站)　图 8-69、图 8-70 表示热电联产供热原则系统图,图中 H_b、H_p 为板式热网加热器。热网加热器容量的选定取决于用户性质、负荷、供热介质和供热方式等。对于热电厂作热源的供热系统中热媒参数的确定涉及到热电厂的经济性,如提高热网供水温度,就要相应提高抽汽(或背压排汽)的压力,增加煤耗。国内热电厂供热系统,供、回水温度一般采用 130℃/70℃,但,若热水管网采用直埋敷设,供水温度由于受保温材料限制,目前不宜超过 120℃。对于区域锅炉房作热网的供热系统,若从减少投资上看,应选用较高热媒参数。当区域锅炉房有可能与热电厂热水管网联网并联运行时,设计供、回水温度应与热电厂的供热参数相同。

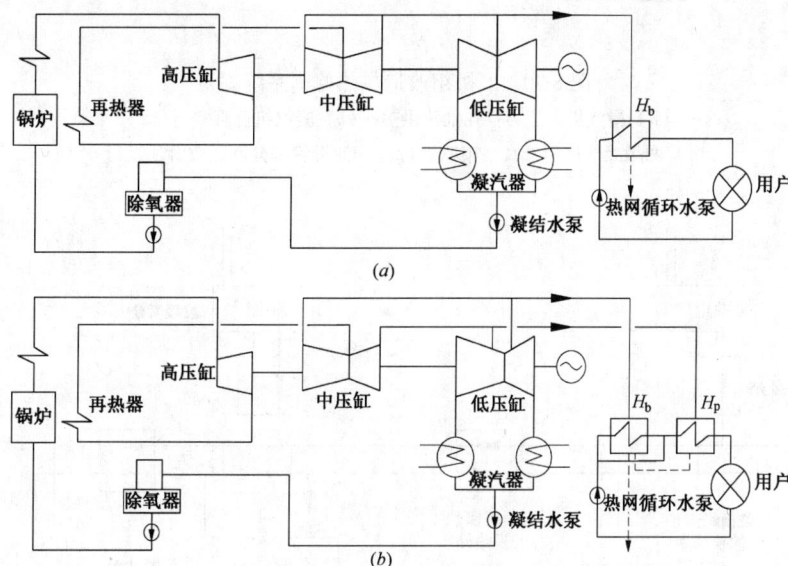

图 8-69　两用机组供热原则系统图
(a) 对称式供热发电两用机组；(b) 非对称式供热发电两用机组

二、在多种能源供热方式中的应用

多种能源可作为分散供热的热源,也可作为集中供热的热源。世界各国在同一供热系统中将天然气、油、垃圾、生物能、热泵等作为集中供热的热源,节能效益、经济效益明显。以板式换热器为主构成的热力站是多种能源供热方式中重要的设备之一,其作用是保证供热稳定和安全 (图 8-71)。

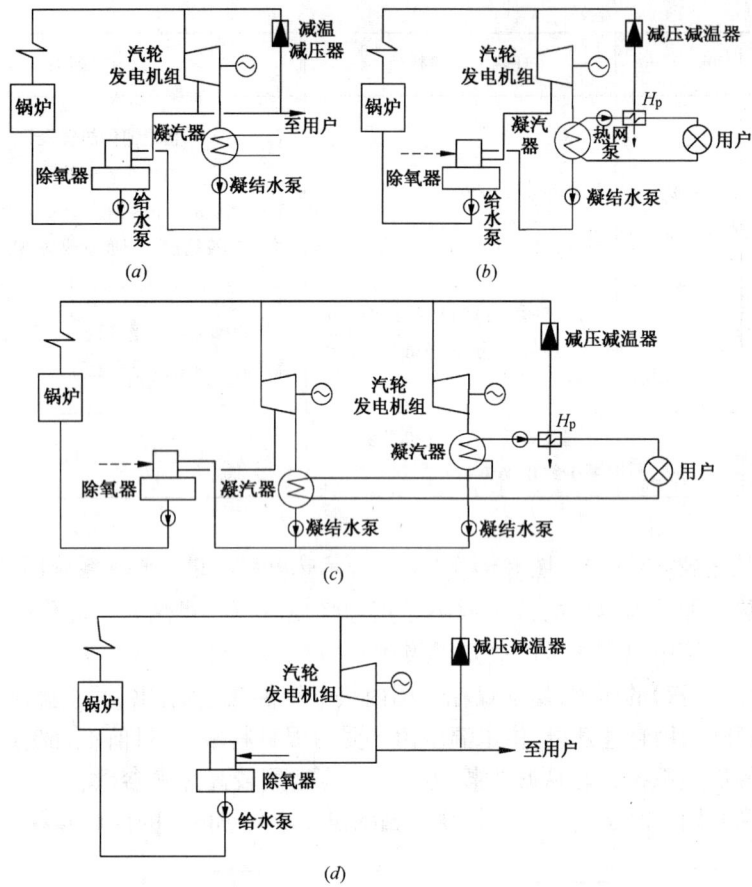

图 8-70 旧机组改造供热原则系统图

(a) 凝汽机改造为打孔抽汽供热;(b) 凝汽机低真空运行;
(c) 两级凝汽机组低真空串联运行;(d) 拆除部分叶轮改背压运行

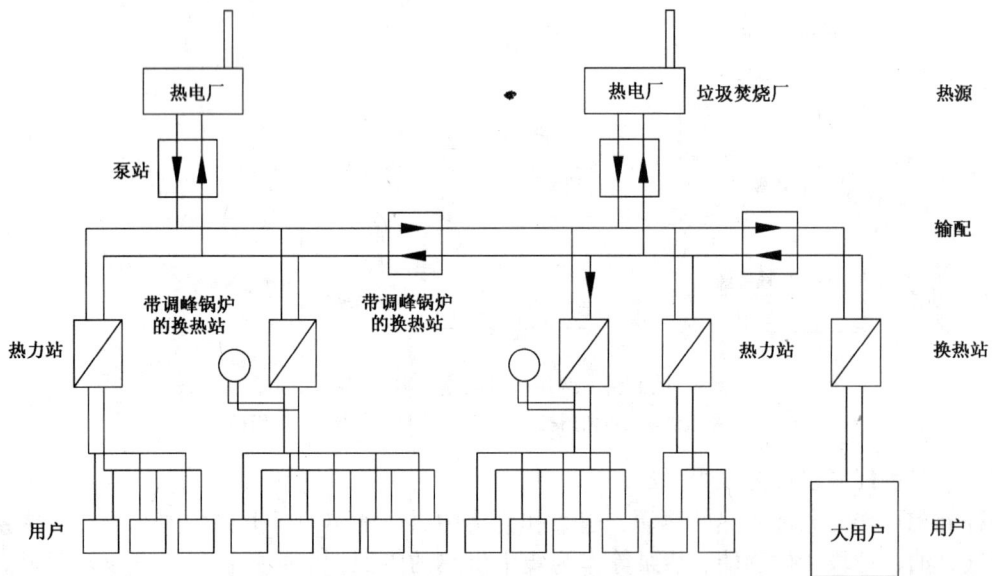

图 8-71 多种能源集中供热系统

三、在蓄热式电供热系统中的应用

蓄热式电供热方式是指建筑物供暖（或生活热水）所需热量的部分或全部在电网低谷时段制备好，以高温水的形式储存起来供电网非低谷时段供暖（或生活热水）时使用，达到移峰填谷，节约电费之目的。图 8-72 表示蓄热式电供热系统流程图。系统简介：建筑面积 6000m²，热负荷为 50W/m²，供暖时间为 7:00～16:30，蓄热时间为：23:00～7:00，整个办公楼的基载负荷为 85kW。蓄热系统选用 2 台 225kW 的电锅炉作为热源，利用谷电时间进行蓄热并为办公楼提供基载负荷，蓄得热量在 7:00～16:30 向办公楼供。该系统的主要设备配置及技术参数见表 8-24。北京市峰谷电价见表 8-25，结合供暖负荷和北京的电费政策，水蓄热运行方式分为：蓄热模式（23:00～7:00），该模式机组在谷电时间蓄热，当蓄热温度达到 120℃时自动停机，制得的热量蓄存在蓄热装置内，此模式运行时，可同时向办公楼供热，防止冻结。主机单供热模式（平电时间或用户特殊需要时），该模式一般不使用。蓄热槽单供供热模式：（7:00～16:30），该模式为正常情况下的工作模式，办公楼的热负荷全部由蓄热槽提供，不需开启热水机组。从表 8-24 可知，板式换热器按设计工况选择计算。

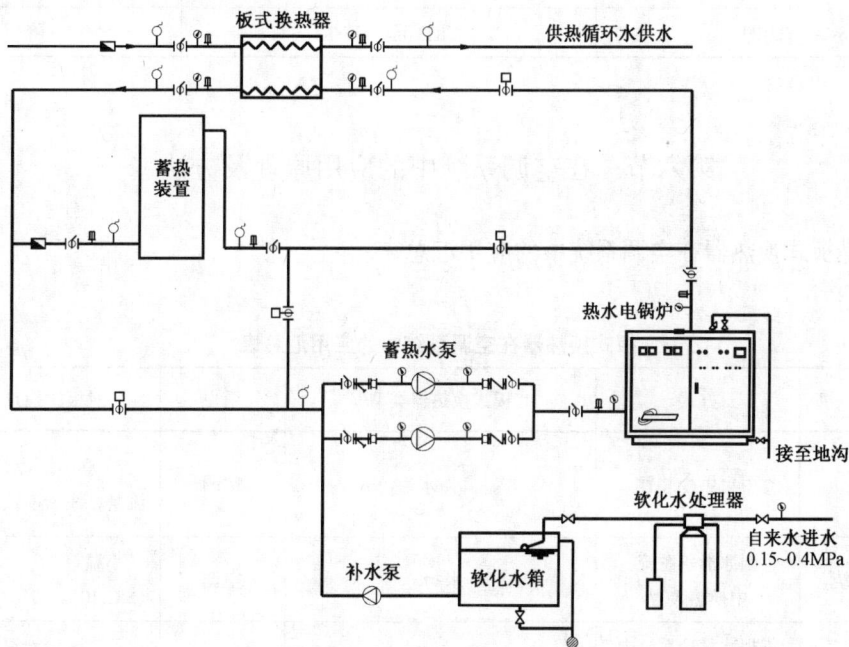

图 8-72　蓄热式供暖系统流程图

电锅炉蓄热系统设备配置及技术参数　　　表 8-24

序　号	设　备　名　称	型　号　规　格	数　量
1	蓄热电热水锅炉	225kW	2 台
2	供暖板式换热器	300kW	1 台
3	蓄热罐	18m³	2 个
4	热水循环泵	17.5m³/h, 34.4m, 4kW	2 台
5	蓄热水泵	10m³/h, 18m, 1.5kW	2 台
6	蓄热补水定压泵	6.3m³/h, 50m, 4kW	2 台
7	供暖末端补水定压泵	1.8m³/h, 33m, 1.1kW	2 台

续表

序　号	设 备 名 称	型 号 规 格	数　量
8	膨胀水箱		1个
9	控 制 系 统		1套

北京市峰谷电价表　　　　　　　　　　　表 8-25

时　　　间	价　　格	备　　注
23:00 ~ 7:00	0.247 元（kW·h）	平段
7:00 ~ 8:00	0.530 元（kW·h）	谷段
8:00 ~ 11:00	0.833 元（kW·h）	峰段
11:00 ~ 18:00	0.530 元（kW·h）	平段
18:00 ~ 23:00	0.833 元（kW·h）	峰段

第六节　在空调系统中的应用原理及方法

表 8-26 是板式换热器在空调系统中的应用汇总表。

板式换热器在空调系统中的应用汇总表　　　　　　　　　　　表 8-26

系统类型	方式	板式换热器类型	用户	对板式换热器的要求
区域供冷	中央供冷装置	水-水	空调	温差小，传热系数大，大流量，浅密度波纹板型
冰蓄冷空调系统	制冰滑落系统中换热装置	水-水	空调	小温差（5℃/10℃ ~ 7℃/12℃）
	常规冰蓄冷系统中换热装置	乙二醇溶液-水	空调	乙二醇溶液温度约为 3 ~ 7℃
输送系统中添加减阻剂	添加 ODEAO 界面活性剂	水-水	空调	小温差，低压力降，浅密波纹板型
液压吸收式除湿空调系统	除湿装置	三甘醇溶液-冷却水	除湿	非对称型，耐腐蚀
	再生装置	三甘醇溶液-热水	再生	非对称型，耐腐蚀，耐温
		三甘醇溶液-热风	再生	非对称型，耐腐蚀，耐温
水源热泵	蒸发器	氟利昂-水	蒸发	钎焊板型，直立安装
	冷凝器	氟利昂-水	冷凝	钎焊板型，直立安装
氨分板换冷水机组	蒸发器	氨-水	蒸发	钎焊板型，直立安装
低温盐水机	蒸发器	氟利昂-水	蒸发	钎焊板型，直立安装

一、在区域供冷中的应用

区域供冷指采用集中设置的大型制冷站向一定范围内的需冷单位提供冷媒的供冷方式。由于这种方式在节能、环保和运行方面具有明显的优势，故在欧、美、日等国家和地区得到了广泛的应用。日本东京临海新都心建设为了向全区有效地供能、保护环境、节约能源、改善城市景观和防灾，采用了区域供冷供热方式。1993 年获准供能范围为 3000m²，1995～2000 年供热（冷）的预定对象为 27 个企业单位，总建筑面积为 171 万 m²，总供冷量为 131MW。全区分设 3 个机房，分别设置在台场（49.9MW）、有明南（51.7MW）以及青海南新开地的办公楼地下层内。制冷采用吸收式制冷机及电动离心式制冷机。此外，设有燃气锅炉和利用垃圾焚烧工厂的排热产生蒸汽。各机房的装机容量见表 8-27，供冷方面采用了多种设备，双效吸收式制冷机可采用垃圾焚烧工厂的排热蒸汽，也可使用蒸汽锅炉产生的蒸汽来制取冷水，热回收型热泵则利用廉价的夜间电力将制得的冷水或热水贮存在蓄热槽内，蓄热的出水经板式换热器后

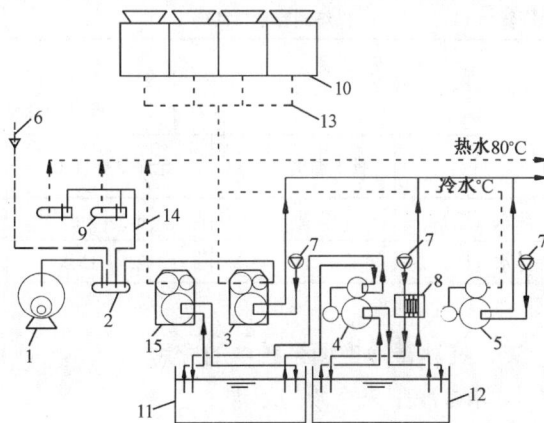

图 8-73　区域供冷供热系统示意图
1—蒸汽锅炉；2—蒸汽集管；3—双效溴化锂吸收式制冷机；4—热回收型热泵；5—离心式制冷机；6—来自垃圾焚烧工厂的废热蒸汽；7—输送水泵；8—板式换热器；9—热水换热器；10—冷却塔；11—低温热水槽；12—冷水槽（蓄冷）；13—冷却水系统；14—蒸汽系统；15—吸收式热泵

进入建筑物的冷水系统（图 8-73）。供热系统中采用了蒸汽吸收式热泵的热源，电动热回收热泵以及板式冷水换热器等设备。热回收热泵所制得的低温冷水作为吸收式热泵的热源，并制得 80℃热水供热网使用。垃圾焚烧工厂排热蒸汽供热量为 29MW。按计算所利用的热量全年为 153GW/年（换算为一次能），预计最终可占全年用能的 17.4%。全区的冷热水管道设在规划好的共同地沟内，冷热水的供回水温度见表 8-28，供回水压力为（550～750kPa）/（300～450kPa）。

三个区域供冷站的装置容量　　　　　　　　　表 8-27

	冷热源设备	台场供能站	有明南供能站	青海南供能站
冷水侧	双效型蒸汽吸收式制冷机	9114kW×4	8793kW×3	8793kW×1
	电动离心式制冷机	10551kW×1	10551kW×2	10551kW×1
	热回收型热泵	2814kW×1	2110kW×2	9848kW×1
	板式冷水换热器	3517kW×2	3517kW×2	3517kW×2，4924kW×2
	蓄水槽：冷水专用/冷热水兼用（m³）	2000/1000	3750/500	8350/550
	供冷侧设备容量合计（蓄热槽、蓄热专用机除外）（MW）	54.2	54.5	36.2
热水侧	板式热水换热器	14MW×3 9.3MW×1	18.6MW×2 9.3MW×1	17.4MW×1，4.7MW×1
	蒸汽吸收式热泵	4.1MW×1		
	蓄热槽（热源水）（m³）	600	（冷热兼用：500）	（冷热兼用：550）
	供热侧设备容量合计（MW）	55.2	46.5	22.1
蒸汽侧	蒸汽锅炉	30t/h×3	25t/h×3	24t/h×1，14t/h×1
	垃圾焚烧工厂排放蒸汽（MW）	14.5	14.5	

续表

	冷热源设备	台场供能站	有明南供能站	青海南供能站
计划最终装置容量	供冷侧容量（MW）	84.4	100	100
	供热侧容量（MW）	73	94.9	73

冷热水供回水温度   表 8-28

	标准温度（℃）	允许温度（℃）		标准温度（℃）	允许温度（℃）
冷水（送）	7	6.5~7.5	热水（送）	80	75~85
冷水（回）	14	12.5~15.5	热水（回）	60	55~65

二、在冰蓄冷空调系统中的应用

1. 冰蓄冷中央空调的原理

冰蓄冷中央空调是指建筑物空调时间所需冷量的部分或全部在非空调时间利用储冰介质的显热及其相变过程的潜热迁移等特性，将能量以冰的形式储存起来，然后根据空调负荷要求释放这些冷量，这样在用电高峰时期就可以少开甚至不开主机。当空调使用时间与非空调时间和电网高峰和低谷同步时，就可以将电网高峰时间的空调用电量转移至电网低谷时使用，达到节约电费的目的。

在一般大楼中，空调系统用电量占总耗电量的 35%~65%，而制冷主机的电耗在空调系统中又占 65%~75%。在常规空调设计中，冷水主机及辅助设备容量均按尖峰负荷来选配。这不仅使空调系统的电力容量增大，而且使得主机等空调设备在绝大部分情况下均处于部分负荷状态运行，显得很不经济。空调负荷的分布在一年之内极不均衡，尖峰负荷约占总运行时间的 6%~8%。如果设计中能选择与实际冷负荷相匹配的制冷机，而且让其在绝大多数情况下高效运行，这对空调系统节能是十分有利的。

冰蓄冷从系统构成上来说只是在常规空调系统的基础上增加了一套蓄冷装置，其他各部分在结构上与常规空调并无不同，它在使用范围方面也与常规空调基本一致。

2. 冰蓄冷空调与常规空调的比较

（1）冰蓄冷系统特点　冰蓄冷空调代表着当今世界中央空调的先进水平，预示着中央空调的发展方向，有如下优点：

1）减少冷水机组容量，降低主机一次性投资；总用电负荷少，减少变压器配电容量与配电设施费。

2）利用峰谷电价差，平衡电网负荷，大大减少空调年运行费。

3）利用灵活，节假日部分办公楼使用的空调可由融冰提供，节能效果明显。

4）可以为较小的负荷（如只使用个别办公室）融冰定量供冷，而无需开主机。

5）具有应急功能，提高空调系统的可靠性。

6）上班前启动时间短，只需 15~20 分钟即可达到所需温度，而常规系统则需 1 小时左右。

7）可实现低温供水，提高空调品质，长期使用可避免空调综合症产生。

（2）常规冷水机组系统特点

1）冷水机组的数量与容量较大，设备的增加加大了维护、维修工作。

2）总用电负荷大，增加了变压器配电容量与配电设施费。

3）耗电设备的容量大，导致设备运行费用较大。

4）运行方式不灵活，在过渡季节形成大马拉小车的情况，浪费了主机的配置能力，增加了运行费用。

5)休息时间几个办公室的加班,需要开主机运行,主机的频繁开停对机组的寿命影响很大。

3.冰蓄冷中央空调系统设计原则

(1) 经济　蓄冰系统设计需依据影响初期投资及运行成本的各种因素综合考虑而确定。蓄冰空调系统中的蓄冰容量越大,初期投资越高,但可节约更多的运行成本。因而在方案设计时,需详尽研究系统的电力增容投资、峰谷电价结构及设备初投资等资料,以期达到最佳的经济效益,在降低初期投资的同时节约更多的运行成本,转移更多的高峰用电量。

(2) 完整可靠　评价蓄冰系统品质的最重要的依据是系统的整体效能及运行稳定性。进行系统设计时,需结合蓄冰系统的运行特点,优选各种设备,以使系统配合完美,符合整体运行要求。同时,各种配套设备也要求能经受长期稳定工作的考验,减少对系统的维护,满足寿命要求。

(3) 有效地利用空间　与常规空调系统相比,蓄冰装置需占用较大空间,由于蓄冰装置可以放置于冰槽、冰罐或地坑、阀基等其他各种可能的空间里,而冰槽、冰罐可放置于地面、屋顶或汽车道绿化带下面,从而不占用有效空间。

4.蓄冰模式选择

(1) 全量蓄冰模式　主机在电力低谷期全负荷运行,制得所需要的全部冷量。在电力高峰与平峰期,主机不需要运行,所需冷负荷全部由融冰来满足。虽然运行费用低,但系统的蓄冰容量、主机及配套设备容量均较大,系统的初期投资较高。

(2) 负荷均衡的分量蓄冰模式　主机在设计负荷日均以满负荷运行,当主机制冷量小于冷负荷时,不足的部分由融冰补充,主机在电力低谷期全负荷运行,制得所需要的全部冷量,运行费用虽然较全量蓄冰高,但初期投资最小,回收周期最短。

冰蓄冷相对于其他空调方式,各有优缺点,具体某一建筑物来说,是否适宜采用蓄冰空调,要根据实际情况来决定。一般,可按实际情况统计出一天甚至一年的空调冷负荷,并按常规空调及蓄冰空调的设计要求确定不同的设备容量,而后根据当地电力部门颁布的峰谷差价与实际运行能耗,计算这两种系统一次性综合投资值与各自的运行费。只要冰蓄冷系统多发生的一次投资在三年左右能予以回收,采用冰蓄冷系统就是适宜的。而对于一些大型、超大型的建筑物,由于制冷设备综合投资的减少要大于蓄冰装置设备费,冰蓄冷就更能显示其优越性了。

5.板式换热器在冰蓄冷系统中的应用

(1) 在制冰滑落式系统中的应用　该系统的基本原理如图 8-74 所示。其中板式换热器为水-水换热器,一次侧水温 5℃/10℃;二次侧水温 7℃/12℃。

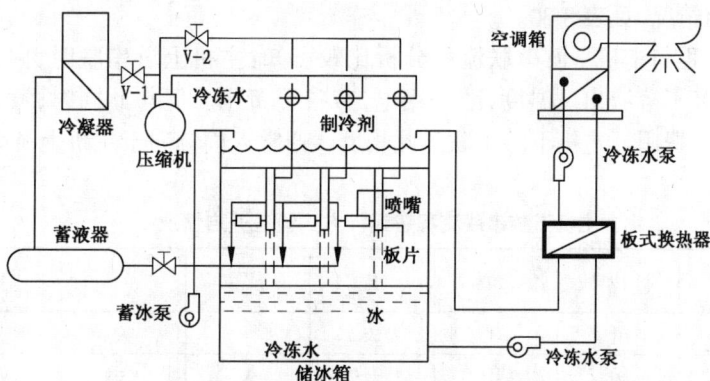

图 8-74　制冰滑落式系统原理图

(2) 在常规冰蓄冷系统中的应用

流程配置 在冰蓄冷系统流程中，按制冷机组与蓄冷装置的相对位置不同可设置为串联连接和并联连接；在串联连接中又可分为制冷机组位于蓄冷装置上游或者下游的流程配置。

（a）串联流程。串联配置的蓄冷系统，无论是满负荷或部分负荷运行方式，都能保持恒定的供冷温度，系统运行稳定，且较易实现对系统运行的自动控制。串联流程对较大的供回液温差的系统较有利，尤其是大温差及分量蓄冷运行策略时，其溶液泵的电功率减少，更适宜于低温空调的供冷。

串联流程中按制冷机组与蓄冷装置的相对位置前后不同，又分为制冷机位于上游或位于下游的流程配置。

• 主机上游串联流程如图 8-75 所示。制冷机位于蓄冷装置的上游。即溶液循环回路中，回液先经制冷机组的冷却后，再经过蓄冷装置释冷冷却至空调负荷要求的供冷温度。主机上游串联流程各运行方式设备开启情况，见表 8-29。

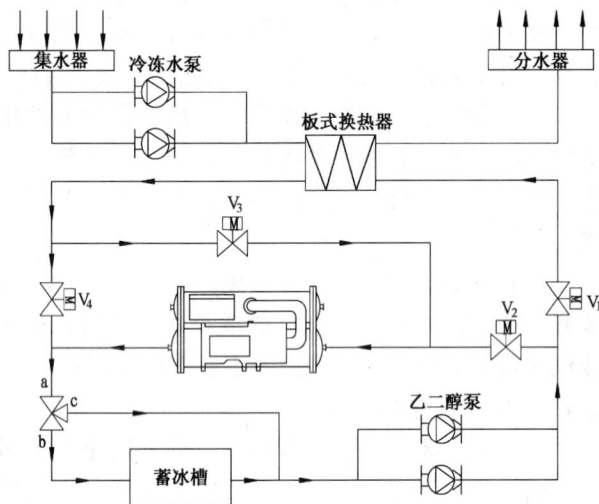

图 8-75 主机上游串联流程示意图

主机上游串联流程各运行方式设备开启情况 表 8-29

运行方式	制冷机	乙二醇泵	V_1	V_2	V_3	V_4	三通阀
制　冰	开	开	关	开	关	关	a-b
融冰供冷	关	开	开	关	关	开	调节
制冷机供冷	开	开	开	关	开	关	a-c
制冷机与融冰同时供冷	开	开	开	关	开	关	调节

• 主机下游串联流程，如图 8-76 所示。制冷机位于蓄冷装置的下游，即溶液循环回路中，回液先经蓄冷装置释冷冷却后，再经过制冷机组冷却至空调负荷要求的供冷温度。主机下游串联流程各运行方式设备开启情况，见表 8-30。

主机上游串联流程与主机下游串联流程分析比较可知：主机上游串联时，白天用电高峰时期作空调负荷运行，提高了溶液出口温度，减少用电，节省了费用。但与此同时，蓄冷装置没有充分应用，为此增加了投资费用。主机下游串联与此相反。通常人们倾向于主机上游串联方式。

主机下游串联流程各运行方式设备开启情况 表 8-30

运行方式	制冷机	乙二醇泵	V_1	V_2	V_3	V_4	三通阀
制　冰	开	开	关	开	关	关	b-a
融冰供冷	关	开	开	关	关	开	调节
制冷机供冷	开	开	开	关	开	关	c-a
制冷机与融冰同时供冷	开	开	开	关	开	关	调节

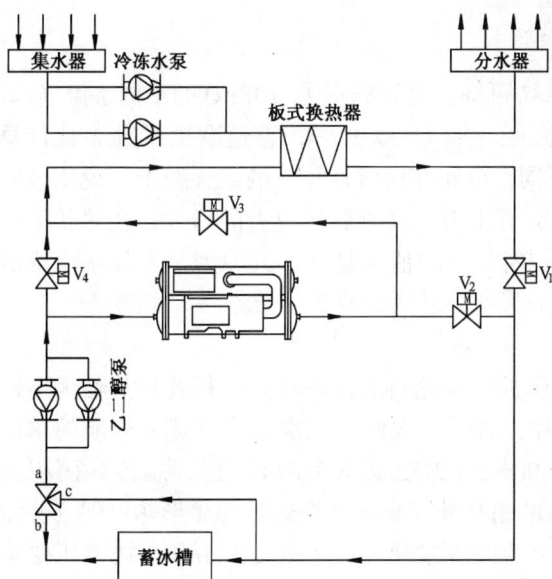

图 8-76 主机下游串联流程示意图

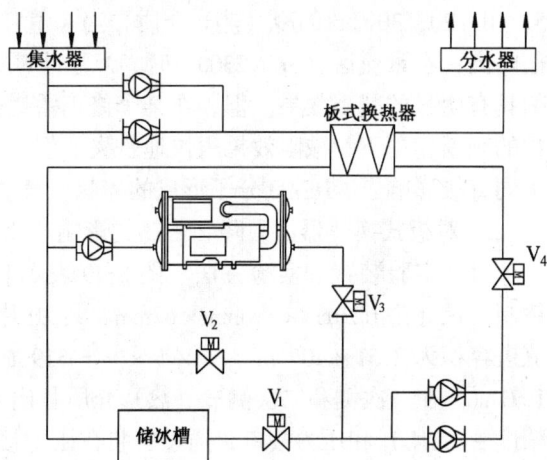

图 8-77 并联流程示意图

（*b*）并联流程，如图 8-77 所示。制冷机组和蓄冷装置在流程中处于并联位置。该流程常用于供回液温差约为 5℃的系统。并联流程各运行方式设备开启情况，见表 8-31。

并联流程各运行方式设备开启情况   表 8-31

运 行 方 式	制冷机	初级乙二醇泵	次级乙二醇泵	V_1	V_2	V_3	V_4
制　　冰	开	开	关	开	开	关	关
制冰同时供冷	开	开	开	开	开	调节	调节
融冰供冷	关	关	开	关	调节	调节	开
制冷机供冷	开	开	开	开	关	调节	开
制冷机与融冰同时供冷	开	开	开	开	调节	调节	开

该运行方式有以下特点：

• 制冷机与蓄冰装置入口温度相同，通常情况下，设定的入口温度不致过高或过低，能均衡地发挥制冷机和蓄冰装置的效率。

• 冷负荷的增减变化由制冷机组和蓄冰装置并联分担，为此所采用的温度控制及流量分配方法就较为复杂。

• 维持混合后溶液温度的恒定以及控制效果不如串联流程。

三、在输送系统中的应用

在集中供热和区域供冷的系统能耗中，输送系统水泵能耗较大，水泵功率与输送系统的流量和压力降有关，降低输送系统的压力降可显著地减少水泵轴功率。

在冷（热）介质中添加减阻剂后，使管内流动状况从紊流改变为层流，从而降低了流动压力降，减少了输送动力。除此之外，它还降低了传热系数，故也减少了管道的热损失，提高了输送系统的热效率。

1. 减阻剂的特征

采用 ODEAO 界面活性剂作为减阻剂，这种界面活性剂比以前采用的第 4 级铵盐的杀菌性低，泄漏或废弃时对环境的影响减少，使用时也不需要添加离子等，属非离子型界面活性剂，价格较便宜，在水中的添加浓度约为 3000mg/L。

2. 在直管段的减阻效果

图 8-78 表示添加 ODEAO 的减阻效果。从图 8-82 可知，对于添加了 ODEAO 的不同水温（t = 5，10，20，30℃）的冷（热）介质，当 λ 值在层流区（Re < 2300）时，管道摩擦系数 λ 比计算值略高；在紊流区（Re > 2300）时，λ 与计算式不同，分布在层流计算值的延长线上，说明减阻剂具有明显的减阻效果。但，在某个修正雷诺数 Re' 以上时，随着剪切应力的增大，在棒状微胶粒的割断作用下，减阻效果很快地丧失。但，水温越高，Re' 值也越高，其原因是添加水温度的不同直接影响了 ODEAO 分子形成的棒状，微胶粒的形状，从而也改变了紊流涡大小的变化。

3. 对板式换热器压力降和传热的影响

（1）实验装置和实验方法　图 8-79 表示实验用板式换热器的概略图。该板式换热器为不锈钢制，尺寸为 623mm × 196mm × 67mm。共 20 片板片，通过一次侧或二次侧冷（热）介质的单侧流道容积为 2.51×10^{-3} m³（$h \times b \times w = 519$mm × 190mm × 2.82mm × 9mm 流道），总传热面积为 1.71m²。在一次侧和二次侧冷（热）介质各出入口的角孔外安装测定换热量的 T 形热电偶（测定精度 ±0.1℃）和压力接口，通过安装在压力接口上的微压差计（最小刻度 0.1mm）或差压传感器（测定精度 ±0.5%）测定出入口的压力损失。实验时，为了尽量地减少冷（热）介质温度变化的影响，使二次侧热介质的温度 t_{2i} = 17℃，流量 G_2 = 0.51，1.0，2.0kg/s；一次侧热介质的温度为 t_{1i} = 15℃，水和添加 ODEAO（0.3%）水的流量 G_1 可任意改变，测定一次侧冷（热）介质出入口间的压力降 ΔP、一次侧和二次侧之间交换的热量 Q。整理实验数据时，使用当量直径 d_e 作为尺寸代表参数，$d_e = 4 \times$（流道截面积/浸润周长），并采用以下计算公式：

$$DR = (\lambda_w - \lambda_d) / \lambda_w \times 100\% \tag{8-2}$$

$$HTR = (N_{uw} - N_{ud}) / N_{uw} \times 100\% \tag{8-3}$$

$$\Psi = \left\{ Q_t / \frac{1}{4} \pi \cdot d_e^2 \cdot l \cdot \rho \right\} / \varepsilon \tag{8-4}$$

式中　DR 表示减阻率；在相同 Re' 条件下，λ_w、λ_d 分别表示水和添加 ODEAO 水的摩擦系数；HTR 表示总传热系数降低率；N_{uw}、N_{ud} 分别表示水和添加 ODEAO 水的努塞尔数；Ψ 表示轴功率比；ε 表示泵耗功率。

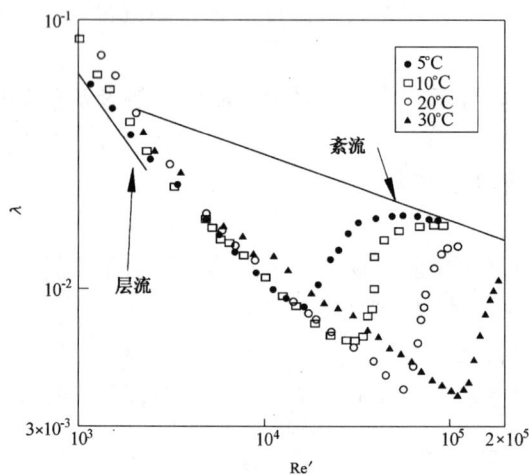

图 8-78　添加 ODEAO 的减阻效果

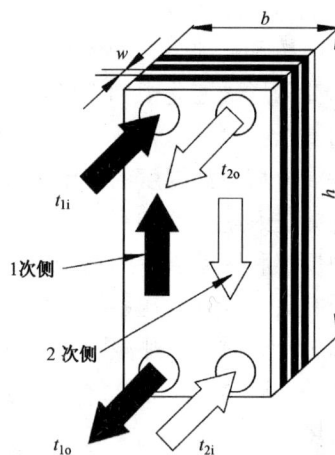

图 8-79　实验用板式换热器

（2）试验结果 图 8-80 表示添加 ODEAO 水后的板间摩擦系数 λ。当二次侧冷（热）介质的 $Re' = 600 \sim 2000$ 时，比水的 λ 低，说明在板式换热器内添加 ODEAO 具有减阻效果。从图 8-81 的减阻率可知，对于直管段部分，添加 ODEAO 的最大 DR 约为 70%，且 Re' 的范围很广（$10^3 \sim 10^5$），对于板式换热器，添加 ODEAO 的最大 DR 约为 25%，且 $Re' = 600 \sim 2000$，其范围很窄。

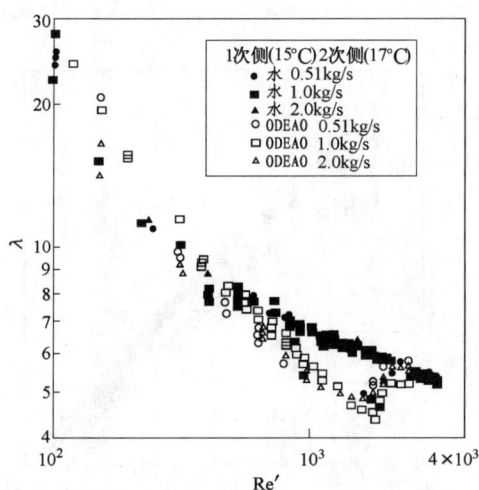

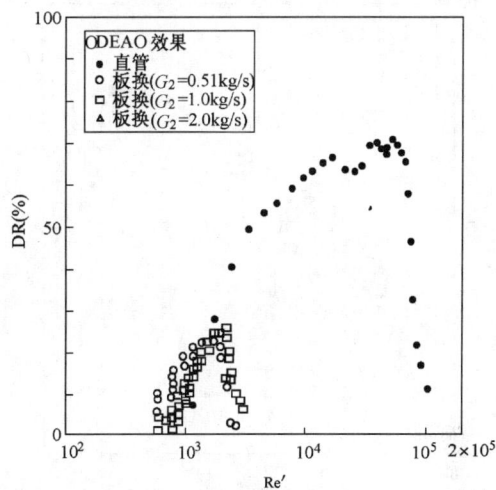

图 8-80 板式换热器添加 ODEAO 的 λ　　　　　　图 8-81 板式换热器添加 ODEAO 的 DR

图 8-82 表示以二次侧冷（热）介质 G_2 为参数时，一次侧（水或添加 ODEAO）和二次侧冷（热）介质（水）间的总传热系数 K $[W/(m^2 \cdot K)]$ 与一次侧冷（热）介质流速的修正雷诺数 Re' 的关系。从图 8-82 可知，与管壳式换热器一样，在所有 G_2 条件下，添加 ODEAO 的总传热系数均比水的总传热系数低。从定性上看，随着压力降的降低，板式换热器的总传热性能亦下降。

图 8-83 表示板式换热器添加 ODEAO 的换热系数。从该图可知，换热系数的降低是导致总传热系数降低的主要原因。图 8-84 表示板式换热器添加 ODEAO 的 HTR，从该图可知，板式换热器添加 ODEAO 的 HTR = 55%。

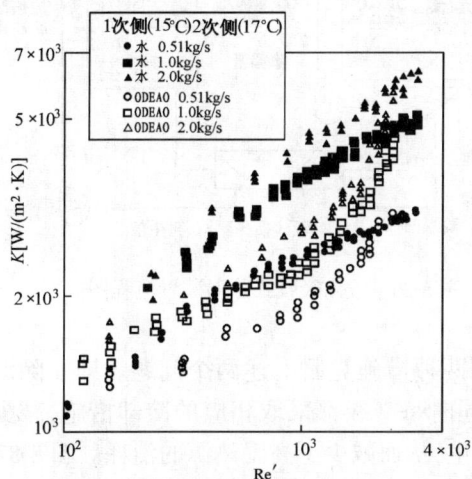

图 8-82 板式换热器添加 ODEAO
的总传热系数　　　　　　　　图 8-83 板式换热器添加 ODEAO
的换热系数

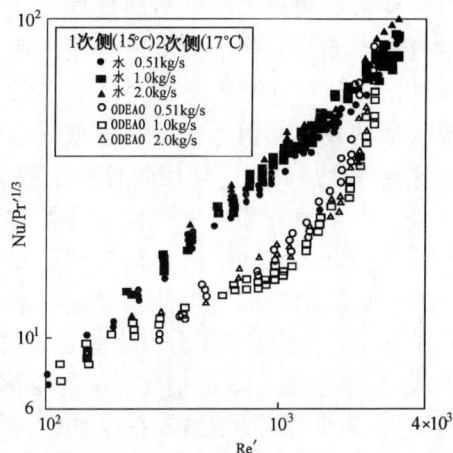

图 8-85 表示板式换热器一次侧冷（热）介质（水和添加 ODEAO）的泵功率比 Ψ 与 Re' 的关系。从该图可知，随着压力降的降低，泵功率亦降低了。但在压力降降低的 Re' 范围（$Re' = 600 \sim 2000$）内，虽然 ODEAO 的 Ψ 值略低，但是在换热量相同的条件下，仍比水消耗的功率稍高些。

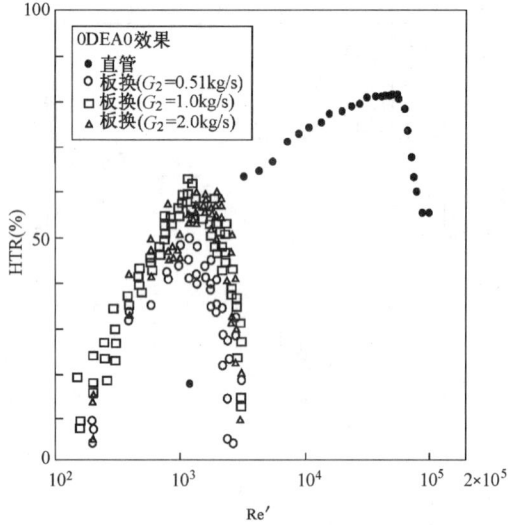

图 8-84　板式换热器添加 ODEAO 的 HTR

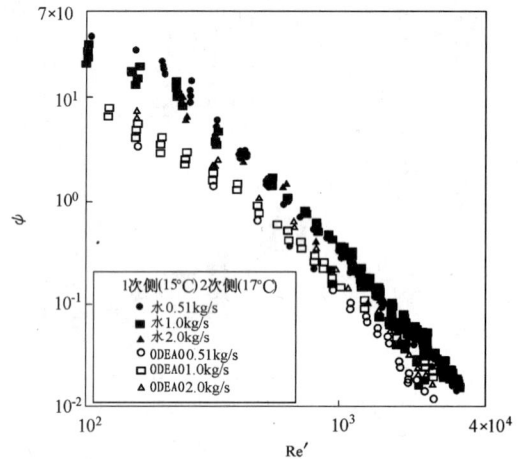

图 8-85　板式换热器添加 ODEAO 的 Ψ、Re' 的关系

四、在液体吸收式除湿空调系统中的应用

图 8-86 是液体吸收式除湿装置的系统图。这种除湿机体型小，但处理空气量较大，装置分为吸收部和再生部。在吸收部内，液体吸湿剂大量地吸收湿分之后，吸收液的浓度变稀，除湿能力也随之降低。因此将稀溶液送往再生部加热浓缩，水分蒸发，溶液浓缩恢复吸湿性后重复使用，再生部比除湿部小，并且水分脱离吸收液后将随同再生部的空气排至室外。作为除湿最常用的吸收液有氯化锂和三甘醇。表 8-32 表示各种液体吸收剂的性能，但，由于吸收液一般会腐蚀铁板等金属材料，使用时必须注意。除此之外，由于稀释和再生过程为变湿过程，不可逆损失大，导致该类系统的效率低，产出冷量与消耗的再生热量之比一般

图 8-86　液体吸收式除湿装置流程图

约为 $0.3 \sim 0.6$。为此采用了分级除湿和板式换热器等两种措施克服上述两个问题。即在除湿的过程中盐溶液的浓度随着湿空气温度的变化而变化，同时每一级都采取相应的冷却措施，减少了不可逆损失，并使溶液的浓度提高到 10%，更容易被再生，从而减少了高温热源的消耗。图 8-87 表示除湿流程，其中除湿过程不断被冷却，冷却水一部分来自室外的冷却塔，一部分来自室内回风的间接蒸发器，间接蒸发冷却产生的冷水先用于冷却除湿后的新风，而后用来冷却除湿过程的溶液，对室内回风的焓的回收也使得整个系统运行的能效比大大提高。板式换热器是液体吸湿剂和冷却水，液体吸湿剂和空气的换热器，采用不锈钢材质具有防腐性。图 8-88 表示再生流程。

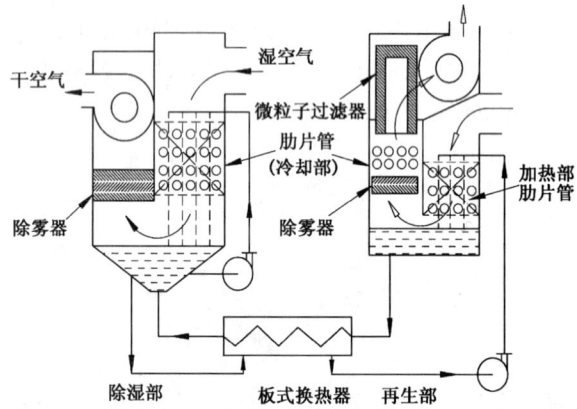

常用液体吸收剂　　　　　　　　　　　　　　　　　　　表 8-32

吸收剂	常用露点（℃）	浓度（%）	毒性	腐蚀性	稳定性	主要用途	备注
氯化钙水溶液	−3～−1	40～50	无	中	稳定	城市煤气的除湿	
二甘醇	−15～−10	70～95	无	小	稳定	一般气体的除湿	沸点245℃，用简单的分馏装置就能再生，再生温度150℃，损失量减少
丙三醇溶液，无水	(3～6)～15	(70～80)～100	无	小	高温下氧化分解	工业气体的干燥	在真空条件下蒸发再生，只需要很少的加热负荷。即使浓度为50%～60%，仍具有吸湿性
磷酸	−15～−4	80～95	有	强	稳定	实验室用吸湿剂	由于有毒性和腐蚀性，在工业上使用的不多
苛性钠苛性钙	−10～−4		有	强	稳定	工业用压缩气体的除湿	必须高温加热，操作很麻烦。用于分离 CO_2 和 H_2O
硫酸	−15～4	60～70	有	强	稳定	化学装置的除湿	操作危险，用途有限，但效率极高
三甘醇	−15～−10	70～95	无	小	稳定	空调一般气体的除湿	沸点238℃，有挥发性，无腐蚀性，空调上用它除湿
氯化锂水溶液	−10～−4	30～40	无	中	稳定	空调，杀菌，低温，干燥	沸点高，在低浓度时吸湿性大，再生容易，黏度小，使用范围最广

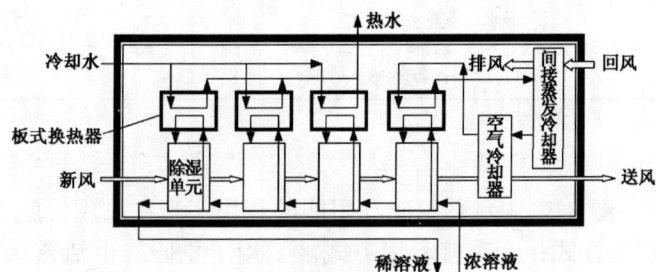

图 8-87　除湿器流程示意图

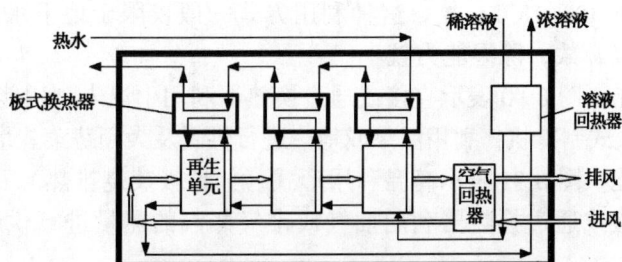

图 8-88　再生器流程示意图

从该图可知,对于再生也采用了分级的方法,用高温热源再生比较浓的溶液,用低温热源再生比较稀的溶液,从而提高了热源的利用效率。

第七节　在未利用能的利用中的应用原理及方法

一、未利用能及其利用

1. 未利用能

表 8-33 表示未利用能的分类,大致上分为自然类和城市设施(人工)类。根据温度等级分为低温、中温和高温。低温温度范围一般为数度至 40℃,接近环境温度,可以利用的部分是显热,即温度差能量。中温温度范围从数十度至数百度,可利用的主要部分仍然是显热。高温温度指的是数百度的燃烧气体,可利用发生蒸汽的潜热。从利用方面看,不论是自然类,还是人工类,技术上都不存在太大的问题。自然类的未利用能有空气、太阳能、风力、土壤;作为城市设施的未利用能有空调排热等。空气、太阳能、风力、土壤等到处存在;空调排热可通过热回收器或热泵等简单的进行利用。一般,根据经济性、节能性决定是否利用上述未利用能。

未利用能的分类　　　　　　　　　　　　表 8-33

未　利　用　能		温　度　等　级
自　然　类	地　　热	中温～高温
	温　　泉	中　　温
	河、川水,海水,湖水,地下水	低　　温
城市设施(人工)类	清扫工厂,工业废弃物,下水污泥	高　　温
	工厂,发电厂	低温～高温
	下水,变电站,电缆	低　　温
	地铁,冷库,游泳池,浴池	低　　温

2. 未利用能的利用

(1) 低温未利用能　图 8-89 表示低温未利用能的利用。当在民用设施上利用低温热能时,大致分为:①热泵的利用方式;②直接利用方式。当用于供暖、生活热水时,温度范围应在40℃以上。此时,应采用热泵方式,如利用河水、利用地下水等的热泵供暖。空调方式是低温未利用能的主要方式。空调时,除采用制冷机(或热泵)外,采用空气冷却盘管亦能直接利用。冷却盘管可能利用的温度差受到冷却盘管出口空气的必要温度(16～19℃)的制约,故利用的下限温度约为 15～18℃。故,这种利用方式一般仅限于地下水,由于它的温度比空调用冷水(5～7℃)高,故,除湿能力较小。

(2) 中温未利用能　图 8-90 表示直接或通过换热器利用中温未利用能进行供暖、生活热水的方式,制冷采用吸收式制冷机,利用温泉或地热进行供暖及大棚蔬菜栽培就属于这种方式。

(3) 高温未利用能　图 8-91 表示高温利用形式(如垃圾焚烧排热)。即首先利用高温高压的蒸汽发电,然后直接或通过换热器利用抽气或排气蒸汽的热量进行供暖、生活热水或用于制冷。

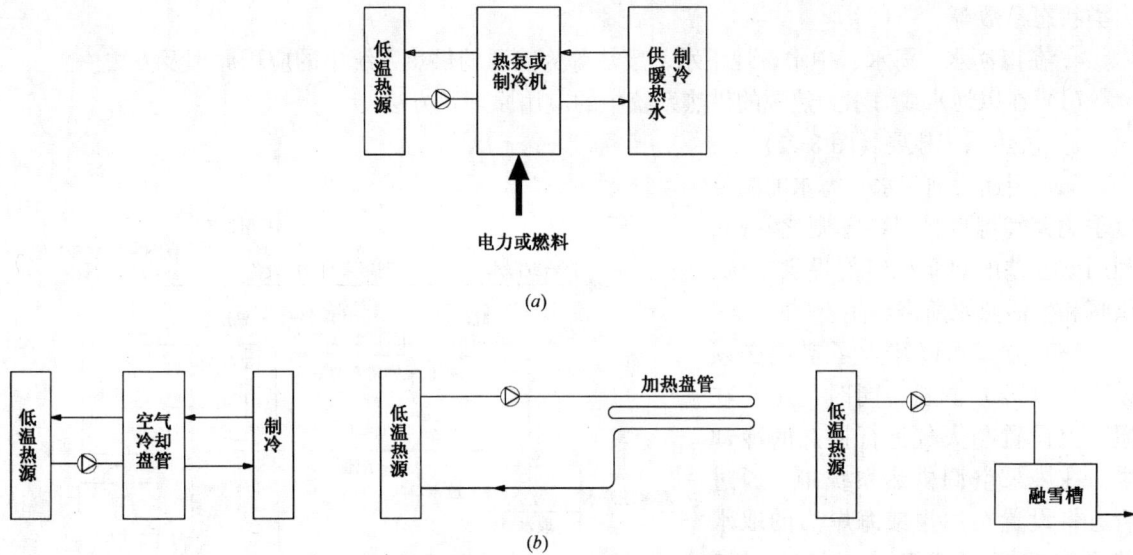

图 8-89　低温热源的利用
(*a*) 比热泵作为热源的利用；(*b*) 直接利用

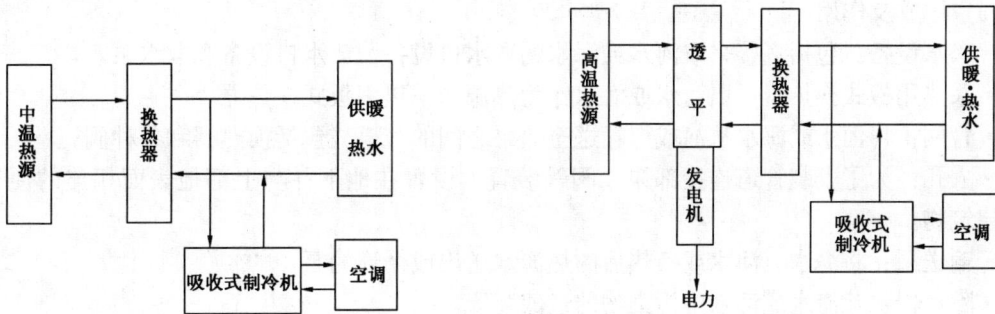

图 8-90　中温热源的利用　　　　　　　图 8-91　高温热源的利用

3. 未利用能利用的条件

(1) 未利用能的数量和质量。数量指的是可回收利用的未利用能的多少，当然，未利用能数量多是取得较大回收效益的必要条件。但是，仅从数量多还不能表明其利用价值，未利用能利用价值的大小在很大程度上取决于它的质量。未利用能的质量主要表现在含热介质本身的物理和化学性质上。首先是它所具有的能级，其次是含热介质对金属材料有无腐蚀性和腐蚀的程度。设有流量和温度相同的两种含热液流或气流介质，一种是对一般换热器制造材料碳素钢材不具腐蚀性，另一种却对廉价的碳素钢具有强烈的腐蚀性而要求采用价昂的材料，显然，后者所含废热的利用价值就不如前者。

(2) 未利用能的洁净度。无灰渣无杂质的洁净含热介质流的未利用能，回收起来比污浊的介质流容易得多。含有很大灰量的介质流往往会给回收系统和设备带来不少麻烦，如换热器表面上的积灰一方面会增加热阻，降低设备的传热效率；另一方面还可能阻塞流道。

(3) 未利用能的时间特性。未利用能的散发时间特性指的是某一工艺过程或设备在一昼夜间散发余热的规律性。如：有些设备在 24 小时内稳定散发出等量的余热，有些则随时间而变化，还有一些则是间歇的散发。

除上述因素之外，影响未利用能利用的条件还有介质的可燃性、爆炸性、有无毒害性及压力类状态参数等。

4. 在以河水、海水、中水、地下水、废热等为热源的供热系统中的应用原理及方法

(1) 在以河水或海水为热源的供热系统中的应用原理及方法

1) 供热系统概要 (图 8-92)

(a) 用途：河川水、海水的温度
夏季比大气温度低，冬季则比它高，
利用该温差的热泵机组能提供空调、
供暖和生活热水所需热能。

(b) 方式：以往为了空调必须
设置热（冷）源机，同时，还要在
屋顶上设置与大气进行换热的冷却
塔。在热泵空调供热系统中，通过
管道将设置在河岸或海岸边的取水
装置中的河水或海水直接或间接
（板式换热器）送至热泵机组内，进
行热交换后，重新输送至河或海中。

2) 利用河水或海水的设备

(a) 构成及作用

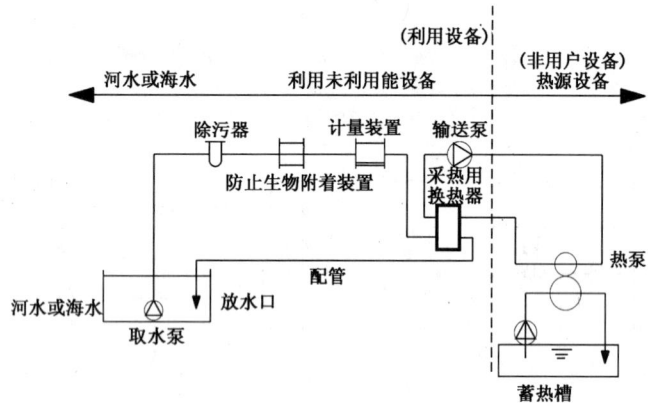

图 8-92　以河水或海水为热源的供热系统

• 采水设备：包括直接采取河水或海水的取水口设备，放水口设备和取水泵。

• 采热用板式换热器：以河水或海水作为热源的采热用板式换热器。

• 管网：将河水或海水从河或海输送至热泵之间的管道（包括换热器和各种阀）。

• 人孔：为了安装管道连接部泵、阀等装置，设置在地下并与上部地表面相连的便于人出
入的建筑物。

• 输送泵：将海水、河水或换热后的热源水送出或循环的泵。

• 除污器：除海水或河水中污染物的过滤装置。

• 防止生物附着装置：防止河水或海水中的生物附着在管网上的装置。

• 计量装置：为了计量和管理而设置的从河水或海水中得到的热量的装置。

• 自动调节装置：通过流量控制、温度控制，自动地调节供热（冷）量的装置。

(b) 条件　水量、水温、水质必须符合用户的要求。所有设备的性能均需达到国家和相关
部门标准的规定。

(2) 在以中水或排（污）水为热源的供热系统中的应用原理及方法

1) 供热系统概要

(a) 用途　中水（将处理后的生活排水或水作为饮用水之外的生活用水）或排（污）水的
温度与河水或海水一样具有夏季比大气温度低、冬季比它高的特征，采用热泵能有效地利用其
温差，给用户提供供暖、空调和生活热水所需热能。

(b) 方式　采用热泵方式，并以中水或排（污）水的冷（热）能替代以往空调系统的冷
却塔。

2) 利用中水或排（污）水的设备　与以河水或海水为热源的供热系统相似，包括采水装
置，采热用换热器，管网、人孔、输送泵、除污器、计量装置、水槽［存中水或排（污）水或
换热后的热源水，作为调峰用的水槽或水箱］、自动调节装置等。

(3) 在以地下水为热源的供热系统中的应用

1) 供热系统概要 (图 8-93)

（*a*）用途　地下水与河水或海水一样，夏天的温度比大气温度低，冬天比它高，采用热泵能有效地利用其温差，但，必须增加利用地下水的相关设备。

（*b*）方式　采用热泵方式，同时还需设置取水井，回灌井，以地下水作为热泵的热源。

2）利用地下水的设备　与以河水或海水为热源的供热系统相似，利用地下水的必备设备包括采水装置（取水井、回灌井、取水泵）、管网、人孔、输送泵、除污器、计量装置、水槽、自动调节装置等。

（4）在以燃烧废弃物时发生的热水或蒸汽作为热源的供热系统中的应用原理和方法

1）供热系统概要（图 8-94、图 8-95）

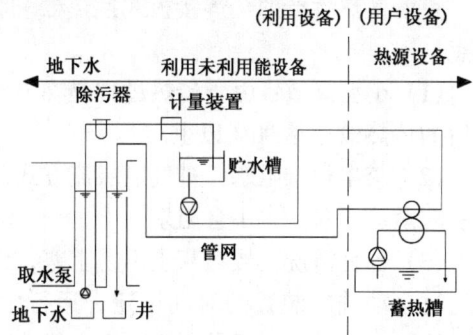

图 8-93　以地下水为热源的供热系统

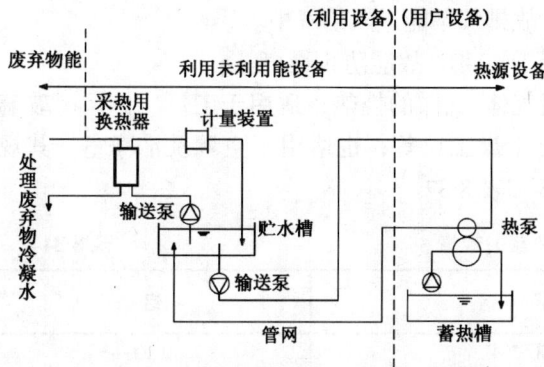

图 8-94　利用燃烧废弃物冷凝水的供热系统

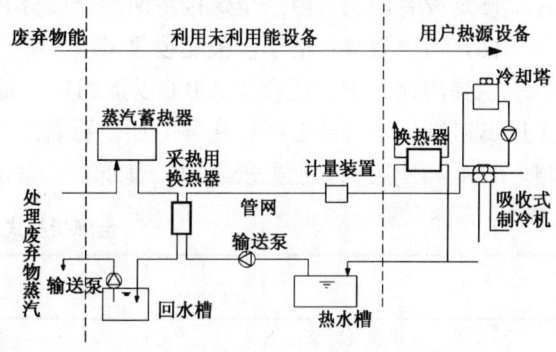

图 8-95　利用燃烧废弃物蒸汽的供热系统

（*a*）用途　采用热泵、吸收式制冷机能有效地利用燃烧废弃物的能量，并以它们作为供暖、空调和生活热水的热源，但，同时还必须增加相应的利用废弃物能量的设备。

（*b*）方式　通过采热用板式换热器将燃烧废弃物发生的废热（包括利用发电后的热水或蒸汽）产生热水或蒸汽，然后通过管网将它送至热泵或吸收式制冷机，换热后返回原系统。

2）利用燃烧废弃物的设备　如图 8-94、图 8-95 所示，利用燃烧废弃物的设备包括采热用换热器、管网、人孔、输送泵、除污器、计量装置、水槽、蒸汽蓄热器（为了调节蒸汽压力的蓄蒸汽槽）、回水槽、自动调节装置等。

二、板式换热器在未利用能利用中的作用

1. 板式换热器的作用

换热器在低温未利用能的利用中是不可缺少的重要设备之一。以低温介质（海水、河川水、排污水）和换气排气为对象的换热器必须具有高效率、小型、紧凑和便于维修的优点，故板式换热器是首选的设备。

2. 适用于自然能源的板式换热器的主要性能指标

传热系数 $5000 \sim 6000 W/(m^2 \cdot K)$，传热单元数（NTU）$7 \sim 8$。NTU 等于 8 表示在一次侧、二次侧水温范围相同时，传热温差的比接近 8，换句话说，相对于一次侧温度变化为 5℃时，二次侧水温接近一次侧水温，两者 Δt_m 可达 0.5℃。

京海换热生产的浅密波纹型板式换热器就属于这种类型的换热器。

3. 适用于城市废热的板式换热器的主要性能指标

空气热源的设置面积、体积降低约为 38%，承压能力提高约 25%。排（污）水热源的设置面积、体积降低率约为 40%，承压能力提高约 20%。

京海换热生产的全焊接板式换热器和板壳式换热器就属于这种类型的换热器。它具有如下特点：

（1）小型高效：由于传热过程是在 0.5mm 的薄板中进行的，故具有很高的传热效率，串联之后的传热效率达 90% 以上。

（2）灰尘很难阻塞：排气以层流方式流过平板上下，同时，由于与气体流入面成 60°角，不会引起紊流，灰尘也不会阻塞。

（3）容易清洗：虽然灰尘不易阻塞，但，若用于灰尘量特别多的地方（100mg/m³ 以上）时，应通过自动洗净装置的时间设定，运行中可在适当的间隔内的任意时间进行洗净。一般采用 60℃ 的热水，有时，还必须用碱水进行洗净。

（4）寿命长：结构非常简单，没有驱动部分和老化因素。

（5）没有污染：由于全焊接将两种介质分开，故排气不能进入给气中。

（6）消声效果：由于薄板能吸收风压，噪声低于 40dB，故能防止噪声。

主要用途如下：适合于 450℃ 以下的中、低温气体-气体的换热；适用于工厂、钢厂、玻璃工厂、造纸厂、食品工厂、化学工厂、石膏工厂、干燥工厂等；也适用于空调及洁净室。其规格、性能和使用例分别见表 8-34、表 8-35、表 8-36 和表 8-37。

全焊接板式换热器的规格   表 8-34

	不 锈 钢	铝
材质（标准）	SUS304L	Al 100
板 厚（mm）	0.5	0.5
间 距（mm）	7.0	7.0
温度范围（℃）	~450	~170
耐 压（kPa）	3	1

4. 主要使用例
（1）乳粉厂（表 8-35）

乳粉厂使用例   表 8-35

	给 气	排 气
风 量（m³/h）	29300	55800
入口温度（℃）	20	90
出口温度（℃）	71	56.6
含湿量（g/kg）	10	40
压力降（Pa）	150	300
效 率（%）	73	
回收热量（kW）	490	
全年回收量（kW）	2.4×10^9	
洗 净	每 10 小时 5 分钟	

（2）造纸工厂（表 8-36）

	给　　气	排　　气
		造纸工厂使用例　　　表 8-36
风　　量（m³/h）	12000	20000
温　　度（℃）	20→117	180→63
回 收 热 量（kW）	384	

（3）石膏板厂

给气（℃）20℃→66℃

排气（℃）80℃→48℃

回收热量：325kW

节约燃气量：160000m³/h

（4）制油工厂（表 8-37）

制油工厂使用例　　　表 8-37

	给　　气	排　　气
风　　量（m³/h）	8100	13082
温　　度（℃）	16→71.5	90→60
含 湿 量（g/kg）	7	15.8
效　　率（%）	80	
回 热 热 量（kW）	150	

5. 回收废液的板式换热器

　　节能指的是如何有效地利用燃烧时产生的热量。一般采用下式评价，热利用的效率 = 总热消耗量（总热负荷）/热发生量（燃料耗量）。对应于一定的热负荷，为了减少燃料耗量，必须增加热利用的次数，即①增加热回收量；②回收温度尽量高。即，要求按下式计算热回收率（图 8-96）。

$$\eta = \frac{t_0 - t_i}{T_i - t_i} \times 100\% \qquad (8-5)$$

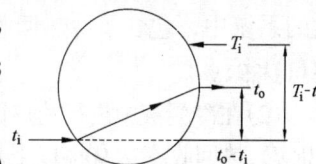

图 8-96　热回收率

　　在排热利用系统中，用液体回收排出液携带的热量的液-液板式换热器，单流程的热回收率就能达到 70% 以上，而管壳式换热器单流程的热回收率仅能达到 30% ~ 40%。

　　表 8-38 表示各种工业生产过程中采用液-液板式换热器的热回收率，热回收量从 10kW 至 10MW，节能金额的计算方法如下：

$$节能金额 = \frac{燃料费用 \times 锅炉效率}{发热量}$$

热回收的应用实例　　　表 8-38

序号		流体	流量（t/h）	温度（℃）	回收热量（kW）	热回收率（%）	节能金额（万元/年）
①	排热	反应液	12	60→21	0.4	91	167.2
	得热	结晶液	11	56←12			
②	排热	冷凝液	32	130→50	3	94	1246.4
	得热	BFW	70	82←45			

续表

序号		流体	流量（t/h）	温度（℃）	回收热量（kW）	热回收率（%）	节能金额（万元/年）
③	排热	冷凝液	30	90→35	2	93	760
	得热	BFW	21	85←22			
④	排热	排热水	33	27→21	0.2	68	98.8
	得热	给水	33	24←18			
⑤	排热	擦洗机散水	25	45→28	0.5	84	205.2
	得热	BFW	19	41←19			
⑥	排热	冷水塔	528	32→26	3.7	43	509.2
	得热	排水处理给液	300	18←7			
⑦	排热	冷水塔	350	50→37	5.5	90	684
	得热	BFW	130	46←10			

以下介绍表 8-38 的概况。

（1）给液/排液的热回收　在高温条件下实现，采用给液回收排出液的热量，回收过程注意如下问题：

1）流量尽量相等；

2）尽量靠近用户以减少管道费用。这种方式广泛用于吸收器/分馏塔、加热分解（纸浆等）、加热处理（灭菌等）、染色、处理后的清洗（金属处理等）等的处理过程中。从表 8-38 可知，使用板式换热器具有很高的热回收率。

在高温条件下进行反应，而在低温条件下进行结晶化的结晶分离，然后将反应液返回反应槽的系统中，包含了冷热回收，故热回收效率好。表 8-38 所示①的 Na_2SO_4 分离系统中的热回收率可达 91%。

（2）在冷凝液中进行的热回收　这种方式广泛应用于中温热源，排热是冷凝液，得热是锅炉给水（BFW），热回收率达 90% 以上。表 8-38 中②表示的是无机工业，③表示的是橡胶工业的应用例。

（3）在低温热源中进行的热回收

1）由于从温度为 30~50℃ 的低温热源中进行回收，故，必须增加热的利用次数。

2）低温热源的利用。表 8-38④所示的是冬季养殖给水温度下降时，采用养殖排水对给水进行预热的情况。表 8-38⑤所示的是使用擦洗机散水的冷却热预热 BFW 的情况。以冷水塔回水作为热源时，可回收大量的热量。表 8-38⑥表示排水处理给液的预热。⑦则表示 BFW 的预热。

第八节　在地热核能中的应用原理及方法

一、在地热中的应用原理及方法

1. 地热资源及地热利用的方式

（1）地热资源　我国广大地区存在 90℃ 以下的低温地热资源，其中在京、津、辽东半岛、福建、广东等地区，分布面积广，储量大。如天津，至 1979 年底统计，已利用的水温高于 30℃ 的热水井有 259 眼（其中用于工业约占 70%，用于生活约占 25%，用于农业约占 5%，年开采总量约为 4894t/年，折合标准煤量约 14 万 t/年，折合热量为 $1.1 \times 10^9 kW \cdot h/$年。

我国低温地热能储量大、面积广，但由于品位低，可以应用的范围有限，只能用在供暖、

生活热水、农业温室等。温度达到 80～90℃ 的有可能用于吸收式制冷，但效率低。在城市能量
消耗结构中，工业生产（占首位），居民炊事都要
消耗高品位热能。因此尽管在低温地热丰富的地
区，地热能占总能源供应的比例也是有限的，对
它不能抱过高的期望。以天津市为例，根据地质
部门勘测报告，地温梯度每百米深超过 3.5℃ 的热
异常地区面积已达 720km²；根据目前开采量和城
市发展能源最佳供应方案（1981 年天津市科技情
报所提出的"天津市能源初步预测报告"数据），
地热在总能耗中占的比例不到 2%。

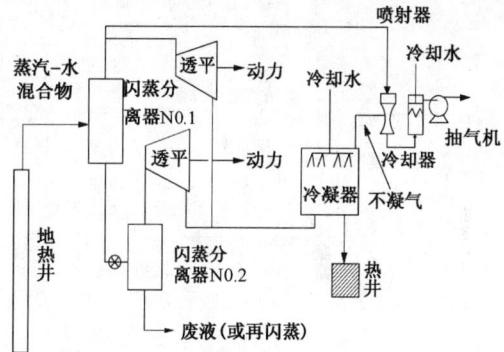

图 8-97

　　虽然低温地热在总能量供应中比例不高，但
在城市新建区有可能取代大部分居民冬季取暖炉
或供热锅炉，这对减轻城市大气污染的作用是非常大的，此项经济收益目前尚无法计算。另外
它还可全年供应生活热水，提高生活水平，减轻家务劳动。

　　大规模开采地热投资甚大，要慎重，必须综合考虑技术先进、生产可行、经济合算、社会
合理。首先地下、地上要做大量的勘测、研究、技术经济分析工作。

　　（2）地热利用方式

　　1）地热发电　用地热热水产生动力发电的流程有三类，第一类是直接用热水闪蒸的蒸汽驱
动透平。其流程如图 8-97 所示。常常把它设计成多级多次闪蒸膨胀，以提高其热效率。

　　第二类是加热第二工质（例如丙烷、异戊烷、R-113 等）做闭式循环，以驱动透平，这即是
所谓双循环法。它又有两种方式：一为用热水直接加热工质，其流程如图 8-98 所示；另一类为
利用热水的闪蒸蒸汽以加热工质（图 8-99）。

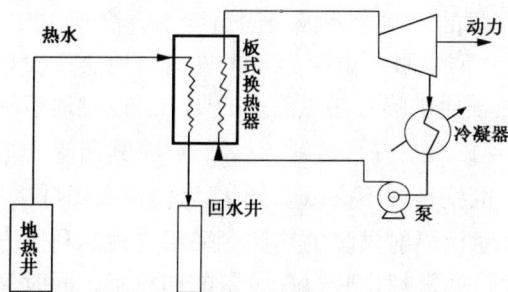

图 8-98　热水直接加热工质流程

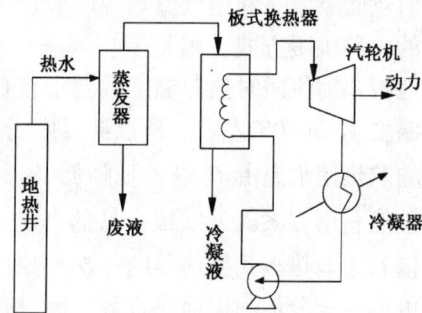

图 8-99　热水经闪蒸后加热工质的流程

　　第三类为将压力较高的蒸汽-热水两相混合液直接引进"全流"型透平以产生动力驱动发电
机，其流程如图 8-100 所示。

　　2）供热　通常 90℃ 以下的地热水称为低温地热，近 20 年来我国地热供热经验表明，能应
用于供热的初始温度最低大致为 45℃。利用方式有：

　　（a）直接供热　利用地热水可用作生活热水、采暖或者用于地热温室、地热孵化厂、热水
养鱼等。由于多数地热井水温不高，同时经常碰到地热水中含有腐蚀性较强或有放射性的有害
物质，故不宜直接利用，而采用在井口设置井口板式换热器间接供热的方式。

　　（b）间接供热　图 8-101 表示低温地热间接供热方式，系统分为地热水侧部分，中间板式换
热器部分和循环水供暖部分，根据用户散热设备又可分为散热器和地板辐射供暖两种方式。

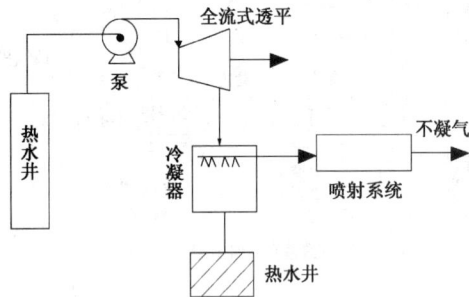

图 8-100　生动力托动发电机其流程

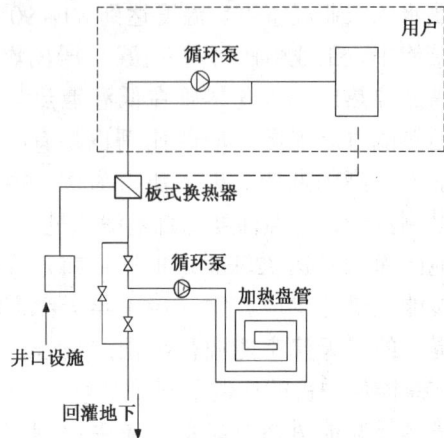

图 8-101　低温地热间接供暖方式

地热井的放热量

$$Q_D = CG_D \ (t_1 - t_2) \tag{8-6}$$

式中　G_D——地热井的出水量（h/t）；

　　　t_1，t_2——分别为地热井的出水温度和回灌水温度（℃）；

　　　C——水的比热 [kJ/（kg·℃）]。

当地热井的出水量 G_D 一定时，为提高地热井的放热量，应尽量降低回灌水温度 t_2，而 t_2 应该高于供暖循环系统（二次环路）的回水温度 t_4，但是，t_4 的大小受到用户散热器设备的制约。由此可知，确定合理的供暖循环系统的回水温度 t_4 和地热井的回灌水温度 t_2，是地热间接供暖系统设计的关键。它影响地热井的利用率和板式换热设备及用户散热设备的初投资。低温地板辐射供暖系统是利用低温热源，通过埋置于地面下的加热盘管，以被加热的地面向室内进行供热的一种供暖方式。根据卫生要求，人们长期停留的房间，地板表面温度不宜高于30℃。因此，地板辐射供暖对热源温度的要求较低，一般供、回水平均温度为40℃左右。地热一次环路回水温度 t_2 为50℃左右，所以此温度正好满足地板辐射供暖对热源温度的要求。通过地板辐射供暖的散热使水温由 t_2 进一步降低（一般降低10~15℃左右）达到 t'_2、然后将其回灌于地下。这种热利用方案就可以很容易的解决上述难题，也就是说不必以降低 t_4 为代价来降低 t_2、而是直接利用地热板式换热器的一次环路的回水作为地板辐射供暖的热源。采用这种热利用方案不仅可以更充分地利用地热资源，而且还可以大大降低常规供暖热源设备的初投资，同时又不影响二次环路的供暖系统正常运行。地板辐射供暖系统从地热一次水的回水中获取的热量为：将上式中的 $(t_1 - t_2)$ 用通过地板辐射供暖系统的温降 $(t_1 - t'_2)$ 代替，则得到地板辐射供暖系统由地热一次水的回水中获取的热量 Q_D，如下式所示：

$$Q_D = CG_D N(t_1 - t'_2) \times 10^3 \quad \text{kJ/年} \tag{8-7}$$

式中　N——供热小时数（h）；

其他符号同前。

例如：天津某地热井的出水量 $G_D = 100t/h$，供暖期为120天，通过地板辐射供暖系统的温降 $(t_1 - t'_2)$ 为10℃，则地板辐射采暖系统全年供暖期获取热量 Q_D 可近似的由上式估算。将 $N = 120 \times 24 = 2880h$ 及 $G_D = 100t/h$ 等代入该上式，则

$$Q_D = 4.187 \times 100 \times 2880 \times 10 \times 10^3 = 1.2 \times 10^{10} \quad \text{kJ/年}$$

折合成标准煤 $G = 1.2 \times 10^{10}/4.187 \times 7000 = 411.4 \times 10^3 kg$（411t）。也就是说，在天津地区采

用此种方案，当地热井的出水量为 100t/h 时，仅一个供暖期就可以节约标准煤 411t 左右。如果用这部分热量供暖，增加供暖面积约为 3 万 m^2。

（*c*）热泵　图 8-102 表示地热热泵供热方式。主要目的是充分利用地热热源。

（3）地热供热的问题

1）腐蚀问题　地热水中的腐蚀成分是氯离子（Cl^-）和溶解氧（O_2）。氯离子半径小，穿透能力强，因此容易穿过金属表面已有的保护层，对碳钢、不锈钢及其他合金形成较强的缝隙腐蚀、孔蚀与应力腐蚀等。氯离子对金属的腐蚀作用还与温度有关。图 8-103 表示了不锈钢 304 和 316 产生局部腐蚀时氯离子浓度与温度的关系。从图中可以看出 60℃的地热水氯离子含量即使在 200mg/L 时，也会使不锈钢产生局部腐蚀，温度越高腐蚀作用越强。此外在地热水出地面后，溶入地热水中的氧也是地热水系统中最常见最重要的腐蚀性物质。

能抗氯离子腐蚀的非金属材料，如强度、热工性能和经济条件合适时应首先考虑选用。

2）地热可用温降问题　地热供暖的能力取决于地热井的出水量、水温和用后的排放水温。当地热井成井后出水量和水温已不能改变，而排放水温可由设计选定。用后的排放温度越低，从地热中获得的热量就越多。为了保证供暖所需的散热量，地热供暖后最低排放水温受终端散

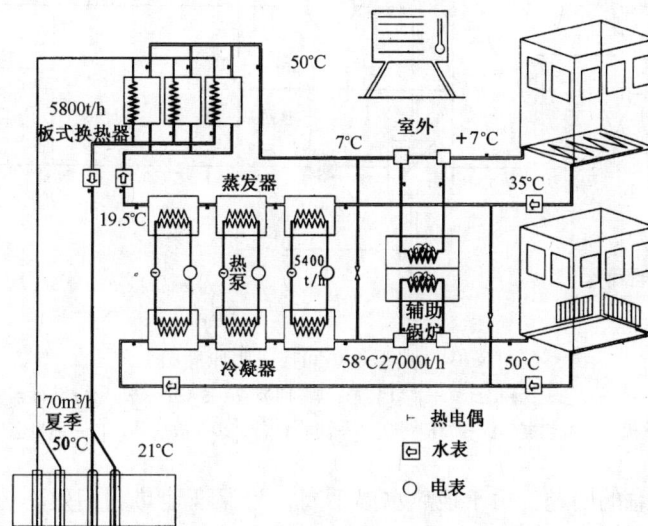

图 8-102　地热热泵供热方式

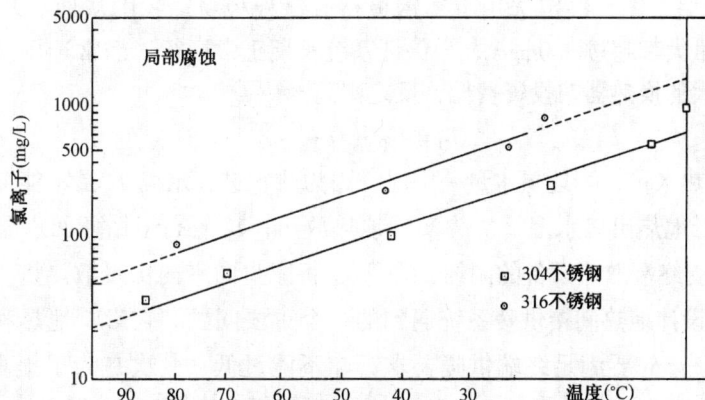

图 8-103　地热水氯离子含量、

水温对不锈钢 304 和 316 局部腐蚀关系图

热系统的制约，所以地热最低排放水温是由散热器类型和散热面积决定的。即，终端散热设备决定允许的最低排放水温，排放水温决定地热供暖可用热量。

影响最低排放水温的因素众多，其主要因素和依照影响的重要次序为：当地燃料价格，散热设备价格，锅炉房投资，地热井投资，地热资源费，当地供暖期长短，贷款利率等。由技术经济分析和实际使用经验得出。目前，在我国供暖系统用铸铁散热器的条件下，适宜的排放水温大多都在 40℃以下。如与燃煤锅炉房供暖相比较，在两种经济效益相同情况下，求得的最低排放水温大多在 30℃左右。

地热先供供暖，然后供生活热水是可行的。两者之间是否有矛盾，取决于热水负荷。如果热水负荷已全部满额，就不再考虑供暖，因为热水负荷使水和热都得到了利用，又是全年负荷，效益比供暖高几倍。

2. 钛板板式换热器

钛板板式换热器的选择

1）采用钛板板式换热器地热间接供热系统，如图 8-104 所示。

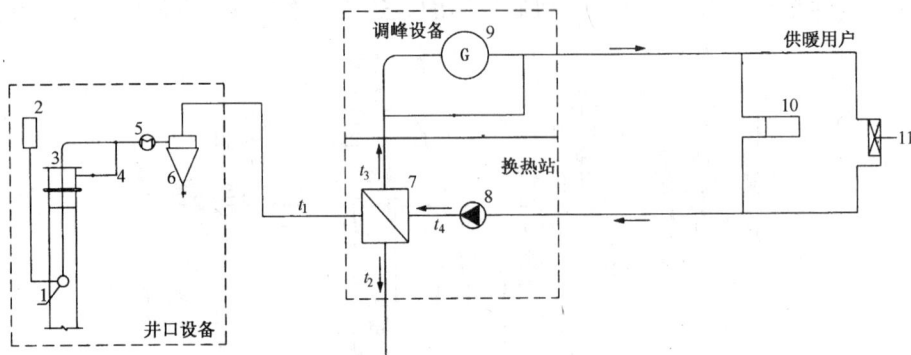

图 8-104 典型地热间接供暖原理图

1—地热井；2—变频器；3—井口装置；4—回流管；5—热水表；6—除砂器；
7—钛板板式换热器；8—循环水泵；9—调峰设备；10—散热器；11—风机盘管

2）选择计算时注意的问题 由于地热水温不高，为保证地热利用效率，必须尽量降低设计可用的地热水入口水温 t_1 与循环水出口水温 t_3 的温差，同时还要能方便的拆开以便观察腐蚀情况，清洗结垢，故只能选用板式换热器。板材可参照图 8-103 地热水氯离子含量、水温对不锈钢304 和316 局部腐蚀关系图，决定选用不锈钢板材或钛板板材。我国从地下基岩层开采的地热水，通常氯离子含量大都超过 300mg/L，为保证系统长期正常运行，经常选用钛板换热器。地热水温高、传热温差大的换热器初投资费低，反之则高。

地热放热量 $$Q_D = G_D (t_1 - t_2)$$

式中，G_d 为地热水量，当地热水量一定时，因为热水进口水温 t_1 是不能变的，要地热多放热，必须尽可能降低地热出口水温 t_2。为实现地热放热，t_2 应高于循环回水温度 t_4，只有降低 t_4 才能降低 t_2。t_4 受终端散热设备的制约，降低 t_4 将减少向室内供暖散热量。因此确定合理的循环回水温度 t_4 是设计地热间接供暖系统遇到的一个重要问题。它影响地热利用率、终端散热量和换热器初投资。t_4 先要满足终端供暖要求，t_4 不能过低；其次是为了提高地热利用率，t_4 要尽可能的低，然后再考虑换热器的合理的传热温差，降低换热器的初投资。

对于低温地热采用钛板换热器的间接供暖系统，板式换热器的 NTU 约为 5。图 8-105 表示板式换热器内简化的典型热力参数变化关系，图中横坐标表示二次回路循环水量 G_H 和地热水量

G_D 间的比值，Q_D 表示地热传出的热量。

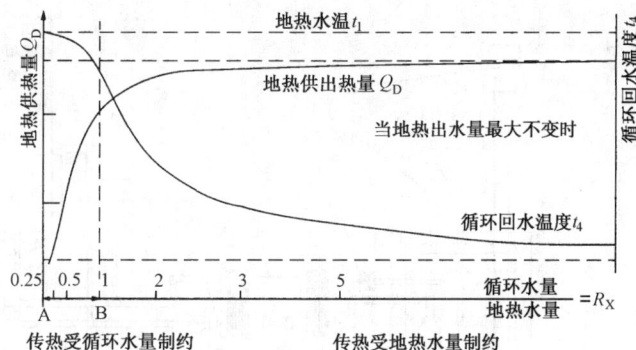

图 8-105　地热间接供暖换热器内典型热力参数图

由图 8-105 可知：循环水量要大于地热水量，设计应当选 $G_H/G_D \geqslant 1.1$，否则循环水量将限制地热水的放热，但过大的循环水量传热量增加很小。

终端散热器决定 t_4 最低限度，t_2 应大于 t_4，为了提高地热利用率，要使 t_2 尽量接近 t_4，甚至可认为 $t_2 = t_4$，与地热直接供暖相比，这种方式可减少由传热温差引起的地热损失，换热器的传热温差可依靠 $t_1 - t_3$ 获得。

适当降低 t_3，加大 t_1 与 t_3 之间的温差可以减少板式换热器面积，减少初投资。但为达到要求设计温度，所需的另一部分热量可由调峰热源承担。

由于地热水比常规系统更容易结垢，影响传热，故换热器的传热面积应当有 10% 左右的余量。有条件时，设计者可以按照地热供暖的参数允许变化范围，选出优化的热力参数，使换热器的初投资更低。

二、在核能利用中的应用方法

供暖负荷数量大、相对集中，利用热水为输热介质，可以形成较大规模的供热系统，可允许单座核反应堆的功率达到 100MW 至 500MW 的商用规模。因此，为区域供热系统提供低温热能的核供热项目是最有可能实现安全经济的供热目标。从各国现有十几种商用供热堆的设计来看，普遍存在的问题是在设计上大多沿用已有的用于发电的动力堆的类似技术，反应堆系统还都处在一定压力之下，所加压力从 7 个大气压到 25 个大气压不等，不仅需要安装价格昂贵的大型压力容器，而且还需要设置重重防泄漏设施，花费较大代价，又不是最好的固有安全的办法。

对于供暖所需的低温热能，完全可能由不加压力的水池型反应堆提供，这就是由我国提出的一种崭新的设计——常压供暖供热反应堆（亦称深水池供热堆）。

1. 常压供暖供热堆的构成及工作原理

（1）核供热系统　低温核能供热系统的主要构成如图 8-106 所示，它包括：

1）产生热量的水池型反应堆；

2）确保具有放射性的池水不与热网水直接接触的中间回路；

3）进入居民区的普通供热管网。

供暖供热要求低于 95℃ 的供水温度，管网循环水温一般选为 90℃/60℃。在核供热系统中，利用不锈钢板式换热器的先进技术，中间回路循环水温可选为 95℃/65℃，而反应堆冷却水温为 100℃/70℃。

考虑到要更好地发挥核供热燃料成本低的特性，用于供暖供热时最好配置调峰锅炉，核供热带基本热负荷。对于高温差热网，核供热循环水温仍可为 90℃/60℃，可利用调峰锅炉将热网设计水温提高到120℃，从而达到降低热网干线造价的目的。

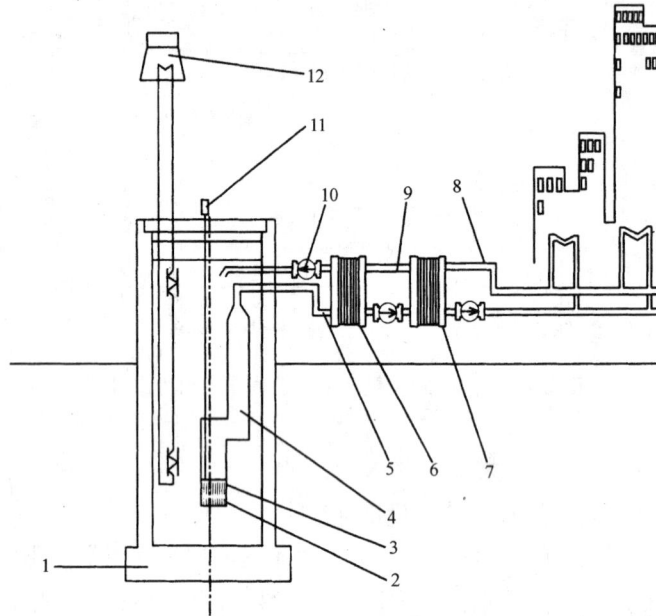

图 8-106　核供热反应堆示意图

1—反应堆水池；2—堆芯；3—控制棒；4—衰减筒；5—主回路；
6—主换热器；7—中间换热器；8—热网；9—中间隔离回路；
10—主循环泵；11—控制棒驱动机构；12—余热冷却系统

（2）核供热堆的构成　核供热堆已完成 120MW 及 200MW 的设计，现以 200MW 为例做些简要的介绍。

反应堆的核心是称为堆芯的部分，堆芯由垂直排列的许多燃料棒组成，棒与棒之间是水。在棒的锆合金包壳内装的是低富集二氧化铀。棒的直径为 10mm，长约 1.5m。每 60 根棒组成一个 8×8 排列的组件，200MW 供热堆堆芯由 249 个组件排列组成。当这些元件棒发热时，棒外的水就将热量带走。

常压供暖供热堆的最大特点是将反应堆堆芯放在一个大而深的水池之中，由于水静压力的作用，允许堆芯出口水温超过 100℃，而不出现沸腾。这种结构简单的反应堆可以提供供暖供热所需要的温度。反应堆水池为圆柱形，由钢筋混凝土制成，其内径 8m，深 20m。内表面为不锈钢衬里，外表面有碳钢制的防渗外壳。池水表面为大气压，堆芯在水池底部，可以保证在任何情况下，堆芯都能被水淹没，不会发生堆芯熔化事故。

核燃料放出的热能是由水泵驱动的循环水带出的。温度约为 70℃的水自堆芯底部进入堆芯受热并冷却堆芯后，水温升到约 100℃，从堆芯上部流出，经放射性衰减筒进入换热器，水温降到约 70℃后又回到水池及堆芯底部，当水泵故障时；靠温差形成的密度差来驱动池内水的流动，形成自然循环而不需要循环水泵来强迫水流动。

循环水把热量传递给主换热器，主换热器将热量传递给中间回路。六个换热器及循环水泵分别布置在池外的六间泵房内。当出现设备故障时，可单独对任何一间泵房进行检修，而不致使供热中断。中间回路水的压力高于池水侧，可以保证换热器出现泄漏时，带有放射性的池水不进入中间回路。

（3）反应堆工作原理　堆芯的铀棒中装有二氧化铀，铀中含有低富集铀 - 235 的原子。这种铀原子核在碰到中子时会发生分裂反应，称为核裂变反应。在裂变过程中放出更多的中子，同时也释放出巨大的能量——核能。这些中子又能使其他铀 – 235 的原子核发生裂变，只要"堆"在一起的铀棒数量足够多，裂变反应就能自己维持下去，不断释放能量。

为使裂变反应得到控制，堆芯内还装有由强烈吸收中子的材料制成的控制棒。当控制棒插入时，中子因被吸收而使裂变反应减少，反应堆功率下降。当提升控制棒时，中子数量不断增加，反应堆的功率也就不断上升，直至额定功率。控制棒的驱动机构就放置在水池顶盖之上，通过钢丝绳牵引控制棒做上下运动。由于水池为常压，这些机构也异常简单。

从反应堆的工作原理上可以看出，它与锅炉的燃烧原理完全不同。对于锅炉，即使供应供暖所需的低温热，也必须保持炉内燃烧的高温条件；反应堆则不然，反应堆可随负荷的需要而改变自己的工作温度，这也正是常压低温供热堆的原理所在。

（4）辅助系统　为保证反应堆正常工作，供热站内还设有其他辅助系统。池水回路水处理系统；余热载出系统；中间回路水处理系统；电气、仪表和控制系统；液体废物处理、固化和存放系统；剂量监测、采样系统；去离子水供给系统；设备冷却水系统；消防水系统；通风系统；乏燃料贮存及运输系统等。在供热站中心控制室里，各回路及反应堆运行的参数用计算机集中监测及显示。

2. 低温核供热是理想的供热热源

（1）低温核供热站是理想的清洁热源　低温核供热站是一种理想的清洁热源，它不像煤供热站那样会向外部环境散发灰渣、烟尘和硫、氮、碳等氧化物以及汞、镉、苯并芘等致癌物质，一旦用核供热站取代了煤供热站就可以从根本上消除对大气环境的严重污染（表 8-39）。

煤供热站和核供热站有害物质的年排放量（t /年）　　　　　表 8-39

	二氧化硫	氮氧化物	烟灰和特殊物质
2×200MW 煤供热站	6000 ~ 16000	3300 ~ 3800	– 440
2×200MW 低温核供热站	0	0	0

（2）常压采暖核供热站优异的安全性　常压采暖供热堆是一种低温常压装置，它与核电站及加压供热堆有很大的不同。不仅安全性好，其经济性也有许多特点：

1）混凝土水池是结构上的主要设备，它不需要像核电站及加压供热堆那样的压力壳、安全壳、稳压器、安全注水等设备和系统，其结构特点使建造投资下降很多；

2）反应堆的一些其他设备，如换热器、水泵、阀门等，是处在低温和低压之下，它们的损坏又不会危及反应堆的安全，因而设备的安全级别低，不像核电站中设备昂贵；

3）池内水温最高不超过 100℃，使用的材料便宜，贵重材料用得很少；

4）技术上采用国内成熟技术。主要设备和材料来自国内，没有很多需要研制的设备，对投资十分有利。

按照国内不同设计单位对投资的估计，一座 120MW 常压供暖核供热站总投资大约 1.4 亿元，一座 200MW 核供热站大约 1.9 亿元（均以 1996 年初价格计算）。与国内现有大型燃煤锅炉相比，其投资还是要高一些，但与其他加压供热堆相比，投资成倍的下降。

（3）供热成本低　供热成本主要是由投资折旧及燃料成本构成，按通常计算方法，其中燃料成本占主要成分。投资折旧部分由于总投资低于其他各种加压供热堆。这部分成本的下降是明显的。而核燃料成本在常压供暖供热堆中，比加压供热堆也有较大的下降。常压水池型反应堆堆芯易于接近，采用供暖供热的最佳燃料管理模式，经过深入的核燃料燃烧效率计算后，得出结论认为：常压供暖供热堆功率在 100MW 至 200MW 范围内，其燃料成本将会接近电功率

600MW（热功率 1800MW）核电站的相应成本。而在国际评论资料中，对加压供热堆的分析认为上述两者成本会相差 40%。

常压供暖供热堆设计中，燃料成本以及供热成本的下降，对低温核供热的应用具有深远意义。由现行核燃料价格（国内、外价格接近）计算，与燃煤锅炉相比，消耗约 60 元的核燃料产生相当于 1t 煤（热值 21000kJ/kg）的发热量。如按年节煤 1.67 万 t，煤价按 180 元/t 计算，则每年仅燃料费用就可节省 2000 万元。

3. 核能利用对板式换热器的要求

从图 8-110 可知，200MW 核供热站将水泵、换热器分成 6 个环路，每个环路有主换热器和中间换热器，共计 12 台换热器。120MW 供热堆分成 4 个环路，共计 8 台换热器。主换热器一、二次侧供回水温度为 95℃/65℃，90℃/60℃。

（1）Δt_m，主换热器和中间换热器的 $\Delta t_m = 5℃$；

（2）NTU，主换热器和中间换热器的 NTU = 6；

（3）流量，主换热器和中间换热器的一、二次侧流量约为 1000t/h；

（4）适合的板型：浅密波纹（BHR）型，这种板片传热系数大，特别适合于 NTU 大的换热。

第九章 板式换热器及板式换热装置在空调系统中的应用

第一节 浅密波纹（BRH）型板式换热器在区域供冷系统中的应用

一、区域供冷的定义

区域供冷的定义：由一个或多个制冷站生产空调用冷水，由连接制冷站和各建筑的管网向该区域各类建筑输送空调冷水，并通过板式换热器向楼内建筑提供冷水的系统。冷水的生产可以采用电驱动或蒸汽驱动的冷水机组。也可采用以燃气轮机或燃气锅炉排气为能源的吸收式冷水机组。如何规划设计，将因区域内建筑物种类和功能及冷负荷等具体因素而确定。为达到最大的有效性和可靠性，所有区域供冷机房将相互联结。

商业建筑群空调具有如下特点：

1. 白天使用系数高，与供电高峰时间一致；

2. 由于建筑群的多样性，如办公楼与影剧院商场等高峰负荷时间的不同时性，导致总体负荷系数低，一般同时使用系数可达 0.5～0.7；

3. 空调负荷较大。商业建筑群的多样性与空调负荷特性，非常适合建造以蓄冷为冷源的区域供冷系统，规模效应会使其初投资低于每一业主单独设置制冷机房，减少设备总的装机容量，减少分散到各单体建筑的制冷设备用房面积和配套的变、配电等设施的用房面积，可为业主提供更多的供出租面积。冷站集中建造、选用大型优质的高效制冷设备、采用蓄冷技术、充分利用峰谷电价差使运行费用减少、采用自学习的省钱控制程序进行全自动控制等技术，使以蓄冷为冷源的区域供冷技术具有非常强的竞争力。

二、北京中关村西区区域供冷系统（资料来源：许文发等《区域供冷系统在中关村西区的实际应用》）

中关村西区总占地面积 51.44 公顷，规划地上建筑面积 100 万 m^2，地下建筑总面积约 50 万 m^2。西区用地主体功能以金融资讯、科技贸易、行政办公、科技会展为主，并配有商业、酒店、文化、康体、娱乐、大型公共绿地等配套公共服务功能。

中关村西区建设中采用了外融冰式蓄冷的区域供冷技术，为区内地下空间和地上建筑提供空调冷冻水。制冷站建设采用模块方式，可按不同开发阶段和冷水需求情况进行建造，利于资金安排，也能准确地把制冷站设置在最大负荷的建筑物附近，西区计划建两个外融冰式蓄冷制冷站。两根 $DN500mm$ 主供回水管敷设在易于维护和管理的地下综合管廊内，主供回水管为环状管网，两个制冷站均与环状管网相连，每个制冷机房通过环状管网相联，这样的系统则能达到最大的有效性和 360 天 24 小时不间断提供 1.1℃空调冷冻水的可靠性。地下空间的商用区与地上各建筑物的换热站与环状管网相连，13.3℃的空调回水（二次水）经板式换热器与一次水 1.1℃/12.2℃进行热交换，二次水的供水温度为 2.2℃，稳定可靠的区域低温供冷技术，具有保护区内环境、节约能源、节约初期投资、降低运转成本、平衡电网负荷等独特的优点。

三、区域供冷用户换热站对板式换热器的要求

一次水供回水温度 1.1℃/12.2℃，二次水供回水温度 2.2℃/13.3℃，温度接近值（或末端温差）约为 1℃，NTU 约为 10。目前，只有浅密波纹板式换热器（BRH）才能满足要求，因为此工

艺条件中，$NTU = 10.1 \left(NTU = \dfrac{\Delta t}{\Delta t_m} \right)$。

第二节　浅密波纹（BRH）型板式换热器在超高层建筑空调系统中的应用

最近几年来，我国的超高层建筑在深圳、广州、上海大批出现，如上海 88 层金茂大厦（420m），深圳发展中心大厦（165m），深圳彭年广场（222m），深圳加里中心（145m），深圳赛格广场（300m）和深圳蓝天大厦（450m）等。

一、超高层建筑空调水路系统（资料来源：刘天川《超高层建筑空调设计》）

1. 梯级换热方式（图 9-1、图 9-2）

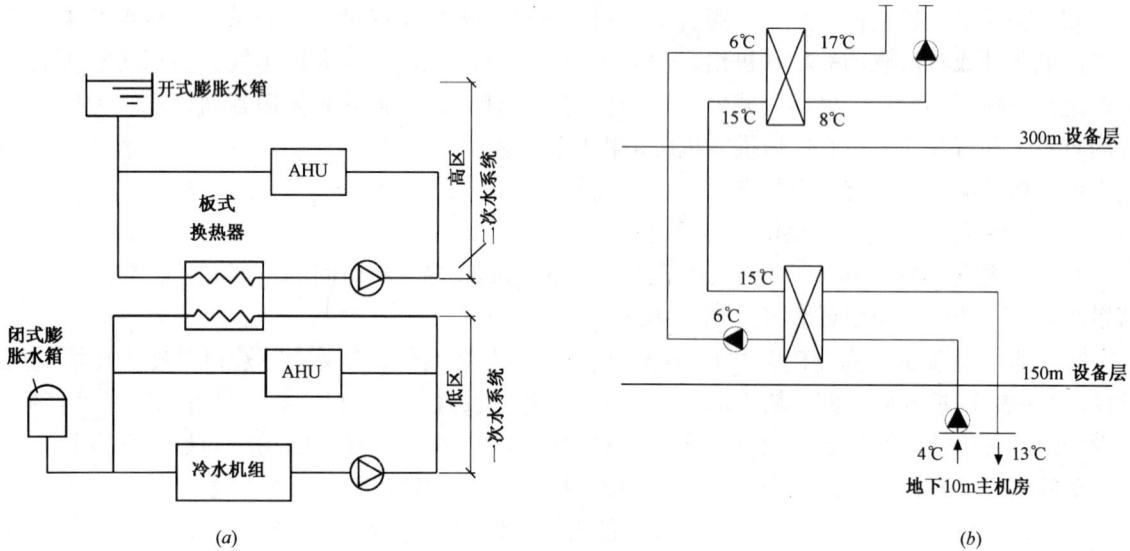

图 9-1　梯级换热

（a）水系统分区图；（b）梯级换热示意图

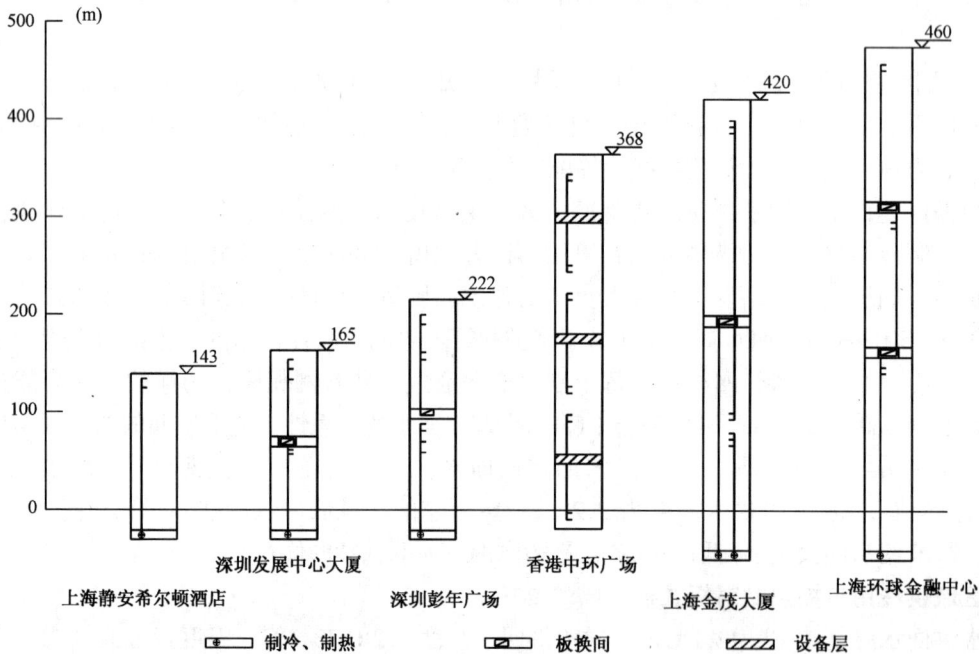

图 9-2　几幢典型超高层建筑设备层与设备转换层示意图

目前我国超高层建筑大多数空调水路系统为中间加板式水-水换热器的梯级换热方式，包括一次板式换热和二次板式换热二种换热方式，把冷水从低层区提升至高层区进行闭式热交换，使低层区与高层区承受各自高度的压力，从而减少低层区承压过大的问题。

该系统的主要特点有：

（1）每区的高度一般控制在 100m 左右；

（2）以板式换热器作为一次水与二次水换热的设备。因为该型换热器的效率高，一、二次水的温差可达到 1℃。换热器通常设置在设备层内；

（3）为了保证二次水的去湿能力，其水温不能过高，一般在 7~8℃，于是，一次水温度一般取 5~6℃。因此，对于溴化锂吸收式冷水机组，难以达到这样的要求；

（4）系统在分区时，应尽量用足一次水可能达到的高度，也就是建筑物的负荷尽可能由一次水承担，这是重要的节能手段。二次水由于其能级较一次水低，故处理空气的能力稍逊；过多地利用二次水量，将增加换热器面积，增加二次水的循环量，即能耗增加；

（5）由于一次水系统高度一般较高，冷水机组又位于地下室等较低位置，故冷水机组被置于水泵的吸入侧，以免因水泵压力的影响对它提出更高的承压要求。至于二次水系统中板式换热器与水泵的相对位置，即使板式换热器的最大承压值可达 2.0MPa 以上，但仍应遵循尽可能降低其承压值的原则。

2. 对板式换热器的要求

（1）高的承压能力　图 9-2 所示的上海静安希尔顿酒店为中间不设设备层的水系统，膨胀水箱放置在 146m 处，水泵扬程为 37.5m，系统内最大压力约为 1.9MPa，选用设备的承压能力约为 2.1MPa。图 9-2 所式的上海金茂大厦（420m），高区水系统承压为 2.8MPa。对于一幢 500m 的高层建筑，若中间不设设备层，最大静水压力将达到 5.0MPa，由于设备承压能力是有限的，故只能采用一次板式换热，当高层高度过高时，也可采用二次板式换热来解决设备承压问题。

一次板式换热器，二次板式换热器的承压与超高层建筑的高度有关，与板式换热器所处的位置有关。如上海金茂大厦的宾馆公用区，空调服务对象为 52~57、86~屋顶 4 层，冷水通过设置在 51 层的板式换热器与办公高区的一次冷水系统交换后获得，工作压力为 2.1MPa；宾馆客房区，空调服务对象为 58~85 层客房，冷水通过设置在 51 层的板式换热器与办公高区的一次冷水换热而获得，工作压力为 2.1MPa。

（2）高的 NTU　以深圳发展中心大厦为例，一次板式换热器的一次水为 5℃/10℃，二次水为 7℃/12℃，此时 $\Delta t_m = 2$，$NTU = \dfrac{5}{2} = 2.5$

实际运行时，一次板式换热器的一次水为 7℃/12℃，二次为 10℃/14℃。

此时 $\Delta t_m = \dfrac{3-2}{\ln \dfrac{3}{2}} = 2.46$，$NTU = \dfrac{5}{2.46} = 2$

从设计工况上看，由于一次板式换热器的 Δt_m 非常小，即促进换热的温压很小，导致 NTU 很大。从实际运行工况看，由于选择的板式换热器的 NTU 仅为 2，说明板式换热器的传热系数较低，导致实际运行参数达不到设计要求。设计时应尽量选择 NTU 高的板，如北京京海换热生产的浅密波纹板的 NTU 较高，是超高层建筑一次板式换热器和二次板式换热器的首选。

3. 板式换热器的设计

（1）温度：一次板式换热器：一次侧 5℃/10℃，二次侧 7℃/12℃；

二次板式换热器：一次侧 4℃/13℃，二次侧 6℃/15℃；

二次板式换热器：一次侧 6℃/15℃，二次侧 8℃/17℃。

设计时，根据具体条件一次侧与二次侧的温度设计值可略有不同。

（2）承压能力：承压能力与超高层建筑的高度和板式换热器所处位置有关，从我国超高层建筑看，板式换热器最高承压能力为 2.0 ~ 2.5MPa，根据 GB50242—2002《建筑给水排水及采暖施工质量验收规范》的规定，换热器应以最大工作压力的 1.5 倍做水压试验的要求，板式换热器的试验压力应大于 4.0MPa。

二、实例（深圳发展中心大厦空调水路系统）

深圳发展中心大厦是一座具有国际水准的现代化综合大厦，由高级写字楼与各种商务、餐饮、娱乐设施等组成。占地 7585m²，建筑面积 75900m²，主楼 43 层。空调水系统采用四管制，高层区是通过设在 27 层的水-水板式换热器把冷、热量从地下一层传递至高区。制冷机房设在地下一层，两台 210RT 制冷机向高层区（27 层以上）写字间供冷，三台 375RT 与一台 400RT 制冷机向裙房与低层区写字间供冷（图 9-3）。

第三节　在冬季与过渡季利用冷却塔供冷技术中的应用

一、上海金茂大厦免费供冷系统（资料来源：刘天川《超高层建筑空调设计》）

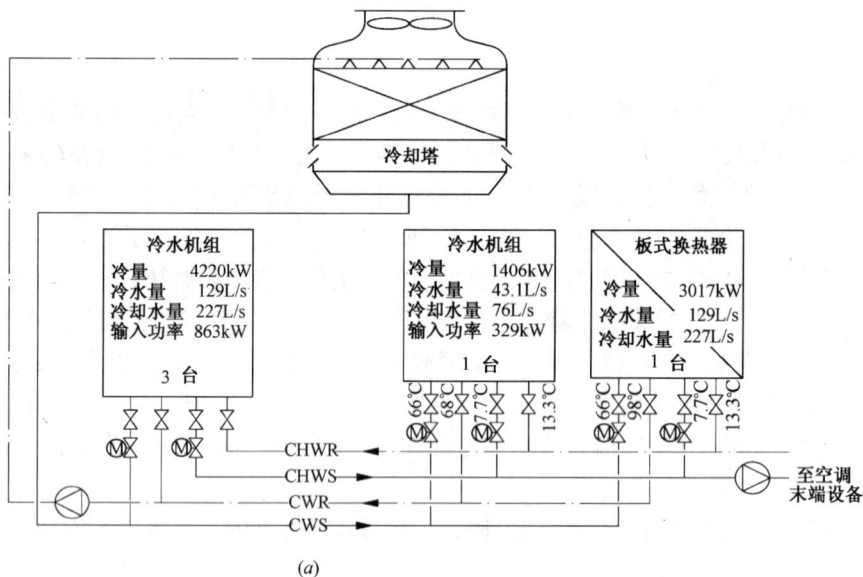

(a)

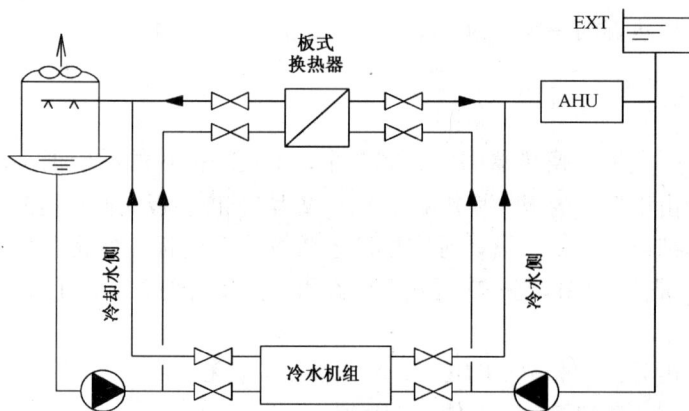

(b)

图 9-4　免费供冷示意图

金茂大厦位于上海浦东陆家嘴金融贸易区，大厦总建筑面积约 30 万 m²，总高 420.5 米。大厦由美国 SOM 公司设计，其中空调工程由德国 ROM 公司承包。

制冷机房设置在地下三层，装设了 8 台离心式冷水机组和 2 台用于免费供冷的板式换热器（图 9-4），其中一组在过渡季利用冷却水免费供冷。运行模式：①当室外干球温度低于 15℃时，机械制冷运行模式停止，进入免费供冷运行模式。②打开板式换热器接管上的电动阀，由冷却塔来的 6.6℃冷却水进入板式换热器，经换热后，通过冷却水泵将 9.8℃冷却水送至冷却塔，同时，空调系统中的 13.3℃回水经板式换热器冷却至 7.7℃，随后被冷水泵送到空调用户。③当冷负荷超过免费供冷的冷量时，则转入机械制冷运行模式，关闭板式换热器接管上的电动阀，直至下一次免费供冷模式。

二、北京华润大厦廉价冷源系统（资料来源：建设部建筑设计院孙淑萍）

1. 工程概况

北京华润大厦位于北京市东城区，东临建国门北大街（东二环路），南靠东总布胡同，北接三峡大厦用地。该地区将迅速发展成为一个主要的金融商务中心。位于该地区的华润大厦要建成具有国际一流设施的高档智慧型办公大楼。

华润大厦为建设部建筑设计院与霍克国际(亚洲、太平洋)有限公司合作设计。总建筑面积 71000m²，建筑高度 100m，地下 3 层，地上 26 层。地下第 3 层为五级人防；地下第 1、2 层一部分为汽车库(地下第 2 层车库兼作六级人防)，一部分为设备用房。地上 1、2 层为商业、餐饮用房，3 层为商务、办公用房，4 层为康乐及室内花园，5～25 层为公用房，层高为 3.85m，26 层为设备层。

2. 空调系统（图 9-5）

本工程空调系统的主要特点为：内区为常年供冷风的 VAV，外区为 VAVBox 带水加热盘管的变风量、四管制系统，在冬季利用天然冷源制冷水，即廉价冷源系统，且为租户设置了常年供应的冷却水系统。

冷源采用四台 500RT 的电动离心式冷水机组，冷冻水供、回水温度为 7℃/13℃。关于冷冻水供、回水温度，霍克国际有限公司的工程技术人员曾建议选用 5.6℃/14.4℃（8.8℃温差，这种做法在美国应用较多），我们用的水温差为 6℃，比常规的循环水量减少 20%，管道及水泵均比较小，水泵耗电量也少。

另外，在制冷机房设置了一台板式换热器，在冬季及过渡季节，使用板式换热器将冷冻循环水与冷却水换热降温，为大楼内区提供廉价冷水，充分利用天然冷源降温，无需在冬季运行制冷机，节能效果好。为防止冻冰，冷却水的最低温度控制为 7℃/12℃，板式换热器的换热温差取 2℃，在空调冷水侧，板式换热器与冷水机组为串联系统，而在冷却水侧，板式换热器与冷水机组为并联系统。这样，冷源有三种运行搭配：

（1）夏季离心式冷水机组、冷却塔制冷。

（2）冬季当室外湿球温度达到 5℃以下时，只使用板式换热器与冷却水交换提供冷水。

（3）当室外温度升高，仅使用换热冷水不能满足负荷侧要求时，就同时开启离心机组与板式换热器串联运行，空调回水先通过板式换热器降温，再进入制冷机，由制冷机提供不足部分。这时，由于冷却水温度仍然较低（可能低于制冷机极限温度），为保证制冷机安全运行，将通过板式换热器后的冷却水旁通进入制冷机。

热源为城市网热，由设在大厦的板式换热器交换为 75℃/60℃低温热水，分两部分使用，一部分供外区的 VAVBox，其使用温度为 75℃/65℃，另一部分供空调机组，使用温度约为 75℃/55℃，两部分回水混合温度约为 60℃　比常用的 10℃温差加大了 30%。

三、板式换热器的设计

1. 对板式换热器的要求　由于一次水温度 6.6℃/9.8℃，二次水温度 7.7℃/13.3℃，故

$\Delta t_{\mathrm{m}} = 2.07$，$\mathrm{NTU} = \dfrac{13.3 - 7.7}{2.07} = 2.7$。

2. 国产板式换热器中，北京京海换热生产的浅密波纹板片在温压较低时的传热系数较高，NTU 较大，是一种比较适合于免费供冷的板式换热器。

四、存在问题

北京有些地方使用过冷却塔冷却水在过渡季或冬季直接向内区的风机盘管供冷，实现了节能运行的目的。但，由于冷却塔本身存在结冻问题，故冬季使用时应注意。

第四节　汽-水板式换热器、全焊接板式换热器、非对称（FBR）型板式换热器在空调供热系统中的应用

供暖季节运行空调供热系统向室内提供热水（热风），使室内达到舒适状态。建筑空调加热热源方式有城市热力，燃油、燃煤、燃气锅炉，加热热媒有蒸汽、热水等。

一、以蒸汽为热媒的加热方式

蒸汽热力系统按照工艺配置可分为：蒸汽生产、用汽设备（板式换热器）、蒸汽输送和冷凝水回收管道。

最典型的蒸汽生产设备是锅炉，空调系统中燃煤锅炉的热效率一般为 60%～70%，燃油（气）锅炉可以达到 80%以上。蒸汽在用汽点（换热器）放热凝结后的凝结水原则上都应该回收，这些凝结水也需要通过凝结水管网回收至锅炉房。

长期以来，人们比较注重锅炉热效率，偏重于购置高效率的锅炉或者实施提高锅炉效率的技术改造，对蒸汽的使用效率和蒸汽管网中的热能回收利用重视不够。实际上，整个蒸汽系统的热效率由锅炉的热效率、蒸汽管网热效率、蒸汽使用侧的热效率等三部分组成。整个蒸汽热力系统的热量损失如图 9-6 所示。

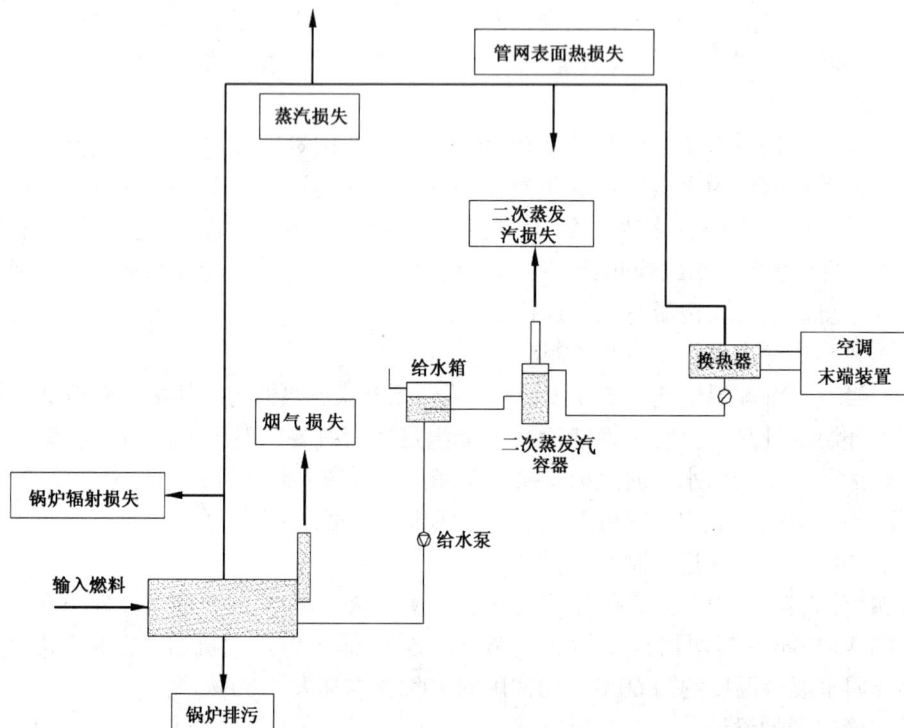

图 9-6　蒸汽热力系统的热量损失分析

　　1. 蒸汽供热系统中的热损失

　　（1）锅炉的热损失

　　1）锅炉排烟损失。它是锅炉总热损失中最主要的一项。

　　2）锅炉排污损失。该项损失不仅损失热量，也损失了系统中的软化水。

　　3）锅炉本体和锅炉房内管道及附属设备的表面散热损失。

　　（2）管网中供汽管道的热损失

　　1）沿程阻力损失。

　　2）蒸汽泄漏损失。由于管道连接处法兰接口密封不严等原因将会造成大量的热损失。例如压力为8MPa的蒸汽管道上有一个0.8mm的小孔，一年的蒸汽泄漏量相当于2.5t标准煤。

　　3）管道散热损失。例如一根直径150mm的钢管有3m管长没有保温，管内为8MPa的饱和蒸汽，一年的散热损失可折算为5t标准煤。

　　（3）蒸汽用户的热损失。用汽设备是蒸汽管网中蒸汽的最终用户，它的能量利用率的高低对整个热力系统效率的高低起着至关重要的作用。但用汽设备因工艺不同多种多样。采暖通风与空气调节设计规范中规定，民用建筑应采用热水作热媒，故空调供热系统采用蒸汽热媒时的用户设备是间接加热方式，即通过换热器加热的热水送至风机盘管装置或空调机组的热水盘管。换热器的效率和蒸汽放热后的凝结水不回收或回收率低，将会形成凝结水排放热损失和水损失。

　　（4）凝结水回收管网中的热损失

　　1）蒸汽排空损失。由于缺乏性能先进、可靠的凝结水回收设备，蒸汽设备使用后的蒸汽直接排空，或者凝结水回收方式不合理，凝结水回收系统中的二次蒸发汽直接排空，不仅造成能量损失，而且还造成很大的经济损失。

　　2）凝结水损失。空调供热系统中，有些因条件限制或对凝结水回收的重要性认识不够，把凝结水直接排放。

　　凝结水包含的显热占蒸汽总热能的20%。假设锅炉补充水的温度为20℃，回收6t凝结水相当于把1t水从20℃加热到100℃的饱和蒸汽的热量，也就是说回收6t凝结水其热能相当于1t的蒸汽。

　　2. 蒸汽供热系统中换热器的选择

　　（1）选择换热器的条件

　　1）蒸汽参数的选择　图9-7表示水-水蒸气热力特性。从图9-7可知，水加热后温度升高，在一个标准大气压下，水被加热到100℃时汽化，继续加热，水温不再变化，此时加入的热量全部转化到蒸汽当中，在热力学

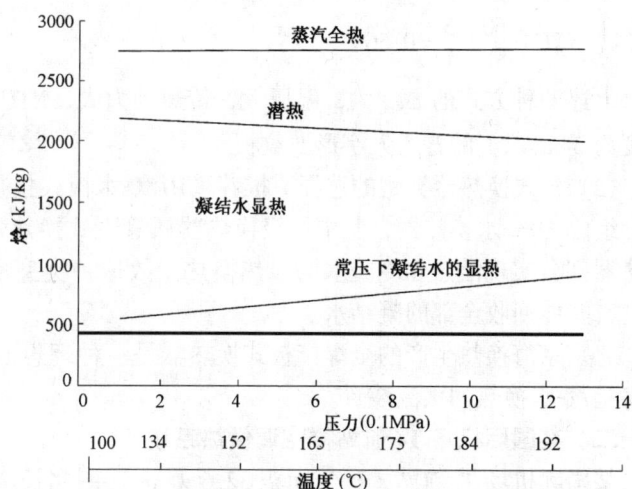

图9-7　水-水蒸气热力特征

中把这两部分热量分别称为显热和汽化潜热。1kg水每升高1℃，需要加入的热量大约是4.2kJ，这部分热量叫显热。水从常温20℃加热到100℃，吸收的热量大约是340kJ。水在100℃时沸腾，此时获得的热量使水转变成蒸汽，1kg水转化为蒸汽需要输入的热量是2257kJ，这部分热量称为汽化潜热。可见一个大气压条件下，汽化潜热可以是水的显热的6倍。从图9-7上的蒸汽全热线和凝结水显热线可以发现，蒸汽所携带的总热量远大于同温度下的饱和水包含的热量，多出的

部分就是对应压力下的汽化潜热。

如果蒸汽的温度等于所在压力对应的饱和温度，称之为饱和蒸汽，饱和蒸汽的总热量等于对应的饱和水和汽化潜热的和。如果对饱和蒸汽继续加热，蒸汽的温度将高于所在压力对应的饱和温度，称之为过热蒸汽，过热蒸汽的总热量包括蒸汽的显热、汽化潜热和饱和水的显热。在使用蒸汽加热空调用热水时，一般使用饱和蒸汽。蒸汽的温度与压力有关，5 个工程大气压（即 0.5MPa）时，饱和蒸汽的温度为 152℃，通过控制蒸汽的压力就可以得到所需温度的蒸汽。蒸汽在换热器放热时，蒸汽凝结，凝结过程释放出与同温度下汽化潜热等量的热量，也叫凝结潜热。由于凝结潜热和蒸发潜热完全相等，所以这两个术语可以互为通用。蒸汽凝结时的温度与蒸发时的温度相等，在凝结过程中保持不变，这个特性使蒸汽特别适合那些需要固定加热温度的工艺过程。随着压力增加，蒸汽的潜热略有下降。在空调供热系统中，由于要求的供热温度仅为 60℃，且主要是为了利用蒸汽的潜热，故不适宜采用压力高的蒸汽，这样使得可利用的汽化潜热下降。另外，蒸汽的温度随压力的升高而升高，温度升高增加了蒸汽管道和热力设备的散热损失。而且，压力高的蒸汽其凝结水（饱和状态时）的温度也高，增加了凝结水回收的难度。

2）换热器类型的选择　公共建筑提供给空调机房的面积十分有限，设备占地面积小，传热效率高，维护管理方便是建设、设计、施工各方共同关注的问题。由于板式换热器的换热量比、压降、结构紧凑性、适用性和检查、维修、清洗等性能比其他换热器好，故，在许多工程上获得了较为广泛的应用。

3）NTU（图 9-8）　以 0.2MPa、133℃饱和蒸汽为热源，通过换热器向风机盘管提供 60℃热水时的 $\Delta t_{\mathrm{m}} = 78.125$℃　NTU = 0.128；以 0.2MPa、133℃饱和蒸汽为热源，通过换热器提供 60℃生活热水时的 $\Delta t_{\mathrm{m}} = \dfrac{128-73}{\ln\dfrac{128}{73}} =$

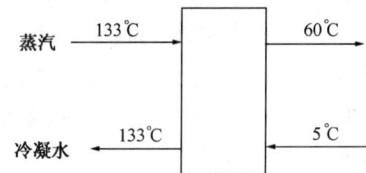

图 9-8

98.21，$\mathrm{NTU} = \dfrac{60-5}{98.21} = 0.56$。

上述两种方式的 Δt_{m} 大，温压大，传热动力大，NTU 小于 1，此时可采用常规板型，即波纹高度为 3mm 以上的普通人字形波纹板。

（2）板式换热器类型的选择　推荐采用汽-水板式换热器，或由一级换热器和板式换热器二部分组成的汽-水换热器，其中一级换热器属管壳式换热器，是汽化潜热换热的主要部分；板式换热器部分实现潜热和冷凝水的显热换热。故这种类型换热器能实现蒸汽全热的换热，换热效率高，并能回收全部的凝结水。

北京京海换热生产的全焊接板式换热器是一种理想的汽-水换热装置，不久以后，这种换热器将是汽-水换热的主流装置。

二、某国际机场 T_2 航站楼空调供热系统

某国际机场 T_2 航站楼建筑面积 32.6 万 m²，南北长 746.6m，东西最大长度 341.8m，可接纳旅客流量每小时 9210 人（最大小时流量可达 15000 人），最大年旅客流量 2625 万人次，日平均起降航班约 530 架次，年进出港航班可达 19.3 万架次。T_2 航站楼的空调供热系统既要满足旅客、工作人员等的基本使用和舒适性的需要，同时还要提供空港各配套系统正常运行的功能设施和环境。

图 9-9 为 T_2 航站楼的空调供热能源系统。图 9-10 为某机场地区蒸汽、高温水管网示意图，图 9-11 为 T_2 航站楼热力站示意图。从图 9-9、图 9-10、图 9-11 可知，T_2 航站楼的夏季空调冷水由

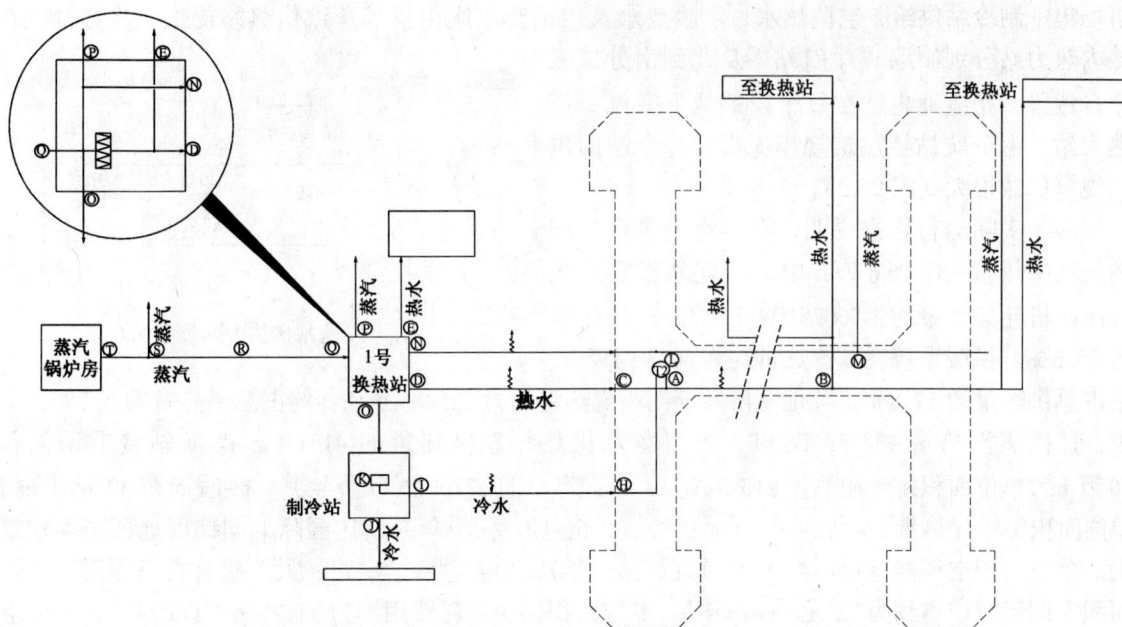

图 9-9　T₂ 航站楼空调供热能源系统

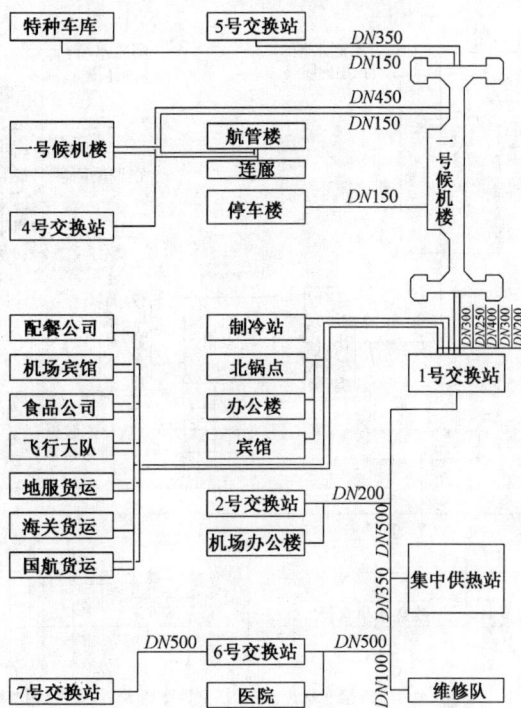

说　明

① 集中供热站蒸汽出口压力为 1.0MPa，温度为 250℃。

② 1号2号6号交换站为汽-水换热站，其中1号、6号站既生产
130℃/90℃的高温水，又生产设计温度95℃/75℃常温供暖水。

③ 4号、5号、7号交换站为水-水换热站，用高温水生产设计温度
95℃/70℃常温供暖水。

④ 配餐公司、飞行总队新楼为汽-水换热供暖，机场宾馆为高温水直供，
食品公司、飞行总队等区为水-水换热供暖。

图 9-10　某机场地区蒸汽、高温水管网示意图

机场集中制冷站供给，空调热水、供暖热水及生活热水则由机场蒸汽供热站提供一次热源，在
楼内热力站分别制取。T$_2$ 航站楼从北到南分成三
个自然段，相应地也就在每个段的地下室设一座
热力站，由于航站楼建筑规模庞大，每个站的供
热规模仍然很大（图 9-12）。

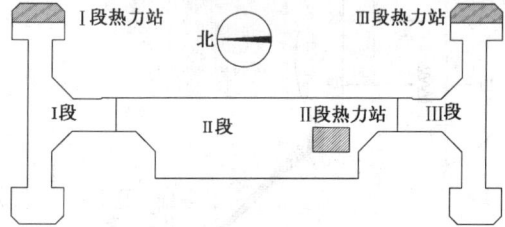

图 9-11　T$_2$ 航站楼热力站位置示意图

多年实际运行数据说明，在蒸汽供热厂生产
的蒸汽供热量 337706MW·h 中，T$_2$ 航站楼空调系
统制冷机耗蒸汽量约为 56075MW·h，约占总供热量
的 16.6%，供暖系统耗蒸汽热量约为 60130MW·h，
约占总供热量的 17.8%，其他蒸汽系统耗蒸汽热量约为 22548MW·h，约占总供热量的 6.7%，三
项合计耗蒸汽热量 138753MW·h，约占蒸汽供热厂总供热量的 41.1%。T$_2$ 航站楼空调面积
26 万 m^2，单位面积每年耗热量 215.7kW·h/（m^2·年）[0.776GJ/（m^2·年）]，供暖面积 32.6 万 m^2，
单位面积每年耗热量 184.5kW·h/（m^2·年）[0.664GJ/（m^2·年）]，比国际上同纬度地区同类建筑
大。单位面积空调能耗费用约为 38.9 元/（m^2·年），加上电费、水费、人工费、折旧费后，单位
面积空调运行成本约为 78 元/（m^2·年）。单位面积供暖能耗费用约为 33.21 元/（m^2·年），加上电
费、水费、人工费、折旧费后，单位面积供暖运行成本约为 66.42 元/（m^2·年）。说明 T$_2$ 航站楼
空调、供暖节能降耗潜力很大。

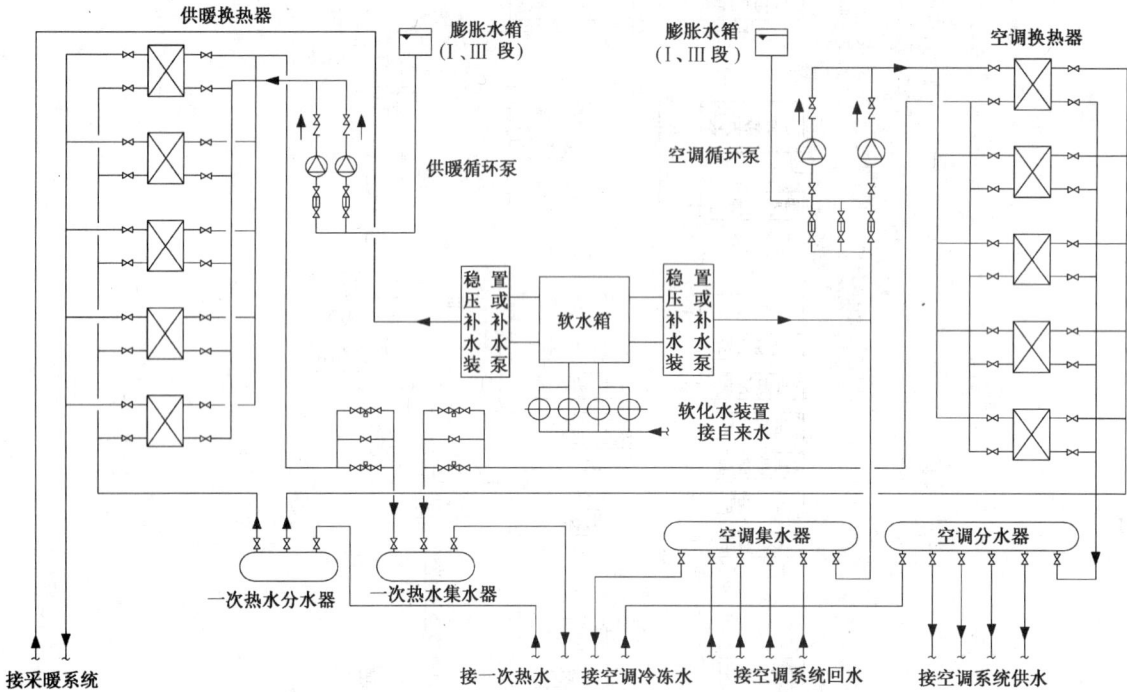

图 9-12　T$_2$ 航站楼换热站示意图

T$_2$ 航站楼节能降耗涉及的面很广，换热站的节能也是节能的重点。如 1 号换热站系统复杂，
有汽-水换热高温水系统，有汽-水换热低温水供热系统，有蒸汽系统、热水系统和凝结水系统
等。目前换热设备的运行能耗较高，效率较低，凝结水回收率不高。从该站的实际运行情况来

看，提高换热站的运行效率是一项系统工程，必须从设计、设备采购、施工和运行管理上全面考虑，选择适合于汽-水换热的换热器是提高能效、降低能耗的前提。

三、深圳彭年酒店空调供热系统（资料来源：刘天川《超高层建筑空调设计》）

深圳彭年酒店位于深圳市罗湖商业中心区，为一座按国际五星级标准设计的酒店与高级写字楼，建筑面积约 11.4 万 m^2，地下 4 层，地上 37 层，地面建筑高度 222m（总高度 245m），地下室深 13.6m。从节能与运行管理方面考虑，将空调系统划分为酒店空调系统（B4～23F）、办公楼空调系统（25～45F）、旋转餐厅空调系统（50～52F）、观光塔空调系统（55～57F）。酒店空调系统的冷源为 3 台 2461kW 离心式冷水机组，冷媒为 134a，冷水进出水温度为 12℃/7℃，冷却水进出水温度为 32℃/37℃，冷水机组设于 B4 层制冷机房内；热源为 3×3t/h 蒸汽锅炉，蒸汽压力 0.8～0.9MPa，蒸汽通过 2 台汽水换热器（设于 B4 层制冷机房内）换热获得低温热水（进出水温度为 48℃/55℃），锅炉房设于裙房屋面（5F），锅炉烟气通过钢板烟囱从 47 层屋面排放。酒店空调系统（图 9-13）为一次泵变水量系统，管路为双管制。为了降低办公层空调冷水机组等设备承压，办公层空调水系统通过设于 24 层设备层的 4 台中间板式换热器作竖向分区。板式换热器的高、低温侧的设计进出水温度为 14℃/9℃，7℃/12℃（图 9-14）。表 9-1 为 2001 年度彭年酒店冬季空调供热系统主要运行数据，从该表数据可知，酒店冬季空调供热时间较短，供热系统能满足使用要求。

2001 年度酒店冬季空调供热系统主要运行数据　　　　　　　　　　表 9-1

主要参数	换热器实际运行台数（台）	热水平均供水温度（℃）	热水平均回水温度（℃）	热水循环量（m^3/h）
1 月份	1	45	40	153

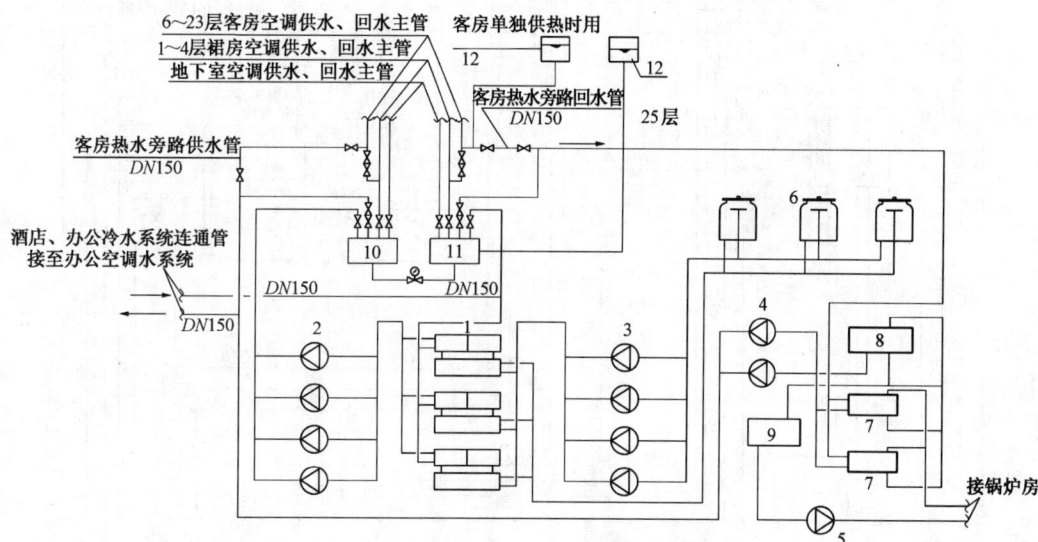

图 9-13　酒店空调水系统图

1—冷水机组；2—制冷水泵；3—冷却水泵；4—热水泵；5—凝结水泵；6—冷却塔；7—汽-水换热器；
8—水-水换热器；9—凝结水箱；10—分水器；11—集水器；12—膨胀水箱

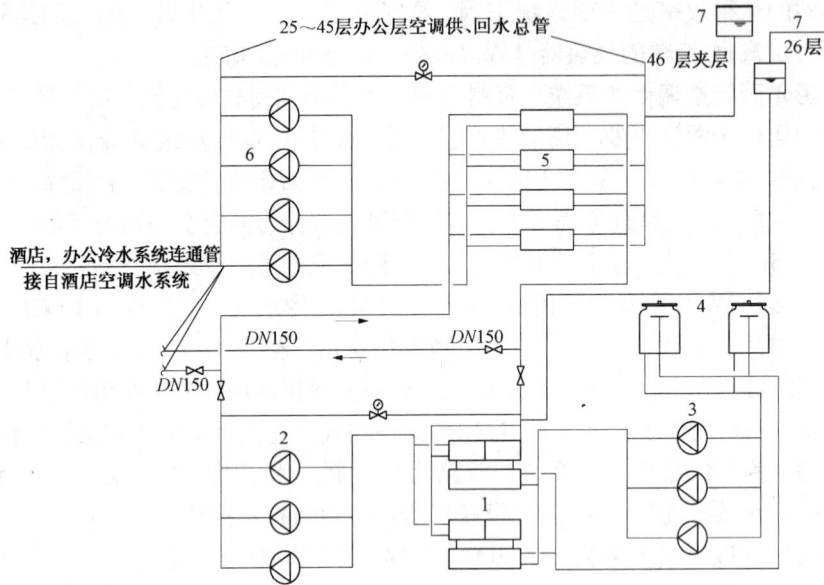

图 9-14　办公层空调水系统图

1—冷水机组；2—冷冻水泵；3—冷却水泵；4—冷却塔；

5—板式换热器；6—冷冻水泵；7—膨胀水箱

图 9-15 表示换热器的控制，换热系统具有如下控制功能：

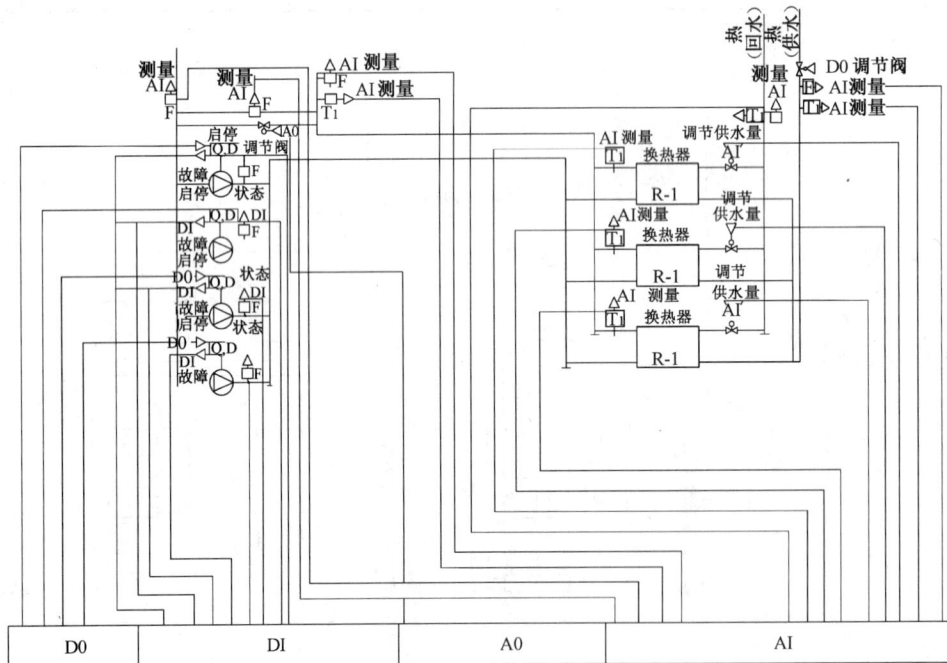

图 9-15　冷热水板式换热器的控制

（1）具有时间程序，远距离控制及现场手动操作等功能。

（2）温度控制，由二次热水（冷水）供水管的温度（T_3、T_4、T_5）分别控制各换热器的一次热水（冷水）供水电动调节阀，保证二次热水供水水温恒定。

（3）台数控制，通过二次热水（冷水）供回水总管上的温度传感器及流量传感器测出负荷的供回水温差和水流量，计算出负荷的实际耗热量，从而自动决定设备的运行台数。任何工况下，均可通过压差旁通阀和泵的工作特性去调节负荷的水流量。

（4）显示、记录、报警

1）各台水泵的运行状态显示和故障报警；

2）一次热水供回水温度、压差、流量（瞬时值及累计值）显示；

3）二次热水（冷水）的供回水温度、压差、流量（瞬时值及累计值）及热量（冷量）瞬时值及累计值显示。

4）各控制阀的阀位显示。

四、在大连××广场空调供热系统中的应用（资料来源：大连市建筑设计研究院　郝岩峰等）

1. 工程概况

大连××广场位于大连市火车站前繁华的中心商业区，是一个集百货、餐饮、娱乐为一体的现代化超大型综合性地下建筑物。地下 5 层，地上设有两栋 6 层的塔楼，总建筑面积 14 万 m^2，其中地上建筑面积 2 万 m^2。

设计负荷：空调总冷负荷为 21000kW，冷负荷指标为 150W/m^2，总热负荷为 14000kW，热负荷指标为 100W/m^2。

2. 空调冷热源

（1）冷源：采用了 3 台美国产 3340kW 三级压缩离心式冷水机组，3 台日本产 3270kW 蒸汽双效溴化锂吸收式冷水机组，冷水机组进出水温度为 7℃/12℃。

（2）热源：热源为城市集中供热外网供给的 250℃、0.8MPa 的过热蒸汽。夏季经减温减压装置降为 0.6MPa 的饱和蒸汽，供溴化锂吸收式冷水机组使用；冬季经减温减压装置降为 0.4MPa 的饱和蒸汽，供汽-水换热器生产 60℃/50℃ 的热水。汽-水换热器为 3 台 5000kW 板式换热器。

（3）水系统（图 9-16）。

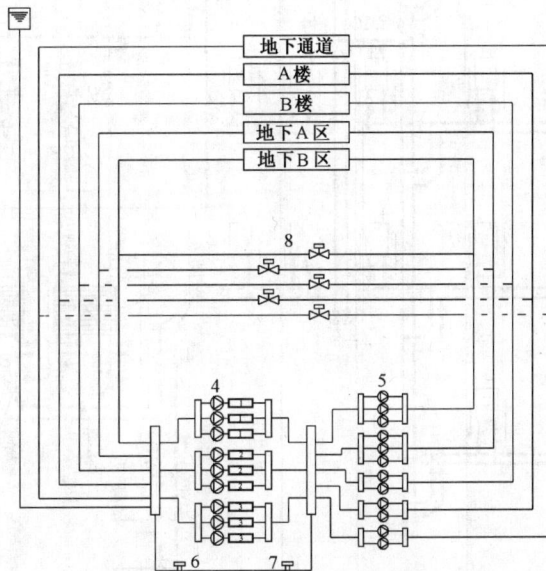

图 9-16　空调水系统原理图

1—离心式冷水机组；2—吸收式冷水机组；3—汽-水换热器；

4——次泵；5—二次泵；6—流量开关；

7—流量计；8—压差控制阀

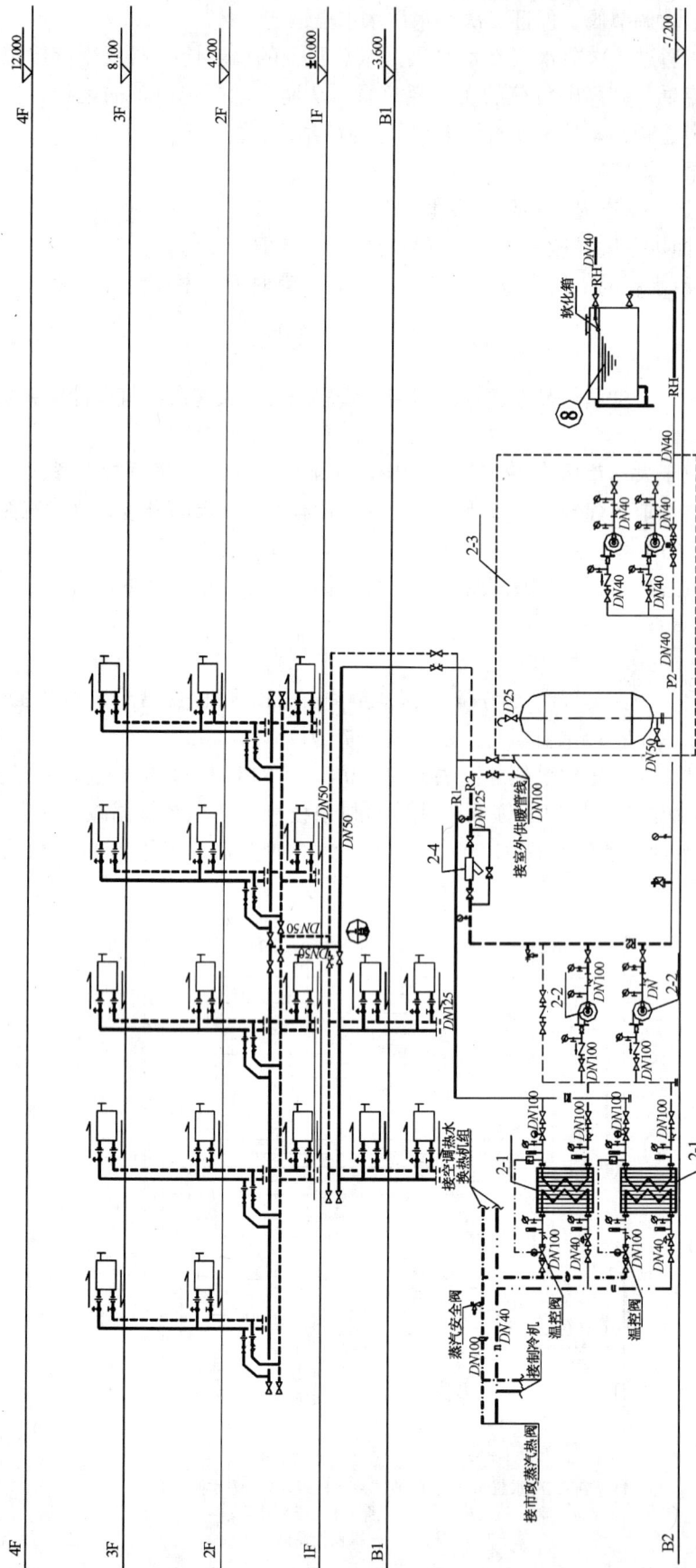

图 9-17 供暖系统原理图

3. 非对称（FBR）型、宽-宽流道（K$_n$BR）型是两种适合于汽-水换热的板式换热器。FBR型、K$_n$BR型具有如下特点：

（1）FBR两侧流道断面积比大于1.7，K$_n$BR则大于4，宽流道适合于蒸汽，窄流道适合于水。

（2）FBR型、K$_n$BR型系统中有长度、宽度小于3的短板型，这种板型特别适合于汽-水换热，蒸汽不会过冷凝，水侧不会发生蒸汽。

（3）蒸汽从上角孔流进，从下角孔排出的流动方式，便于排除凝结液。

（4）在汽-水换热中，顺流、逆流对传热系数影响不大，设计时，蒸汽侧为单程，水侧根据需要可选择多程，但板间流速宜小于0.5m/s。

五、在石家庄中苑商务大厦空调系统中的应用（设计人：郭保华）

1. 概况

（1）建筑概况 本工程总建筑面积约为1.81万 m²，地下高度为7.20m，地上高度62.4m，分为高区和低区两部分。低区主要功能为商场和餐厅，其中B2～B1层为配电室和设备用房；1～2F为商场，3F为餐厅和厨房，4～17F的高区为办公用房。建筑层高为：B2层3.6m；B1层3.6m；1F4.2m；2～3F3.9m；高区办公部分为3.60m。

（2）供暖系统

1）本工程的空调系统设计为高区4～17F办公部分。空调系统采用风机盘管加新风机组系统。夏季供冷、冬季供热，冬夏手动转换。空调水系统设电动两通阀控制，风机盘管设三速开关。空调计量采用数字模拟计量方式，利用风机盘管的两通阀进行时间计量，具体做法由专业厂家完成。

2）本工程高区冷热负荷分别为：1660kW和1340kW；冷热机房设置于B2层，夏季选用一台蒸汽溴化锂冷水机组为冷源，为系统供冷；冬季采用两台汽-水板式换热器为热源，为系统供热，蒸汽由室外市政管网接入机房内，蒸汽供汽压力为0.4MPa；夏季冷水的供回水温度为7℃/12℃，冬季热水的供回水温度为60℃/50℃。

3）新风系统：4～17F办公室设新风系统，其新风由每层新风机组直接供给。

（3）空调系统

1）低区商场餐厅部分热源由小区热力站供给，供暖负荷125kW，供回水温度为95℃/70℃，资用压头为0.15MPa。供暖管道采用焊接钢管，直径大于40mm焊接，其余丝扣连接。明装管道除锈后刷防锈漆、银粉各两遍，室外管道做法与小区原外线同。

2）低区商场餐厅散热器采用四柱760，TZ4-6-5型，标准散热量139W/片，工作压力0.5MPa，供暖方式为双管上供上回式，供、回水干管梁下安装，干管坡度不小于0.003。

3）高区办公部分的卫生间、新风机房、水箱间设供暖系统，其热源由本工程的冷热站供给，其散热器采用钢铝柱辐射对流型（GLZF-500-20型），标准散热量60.5W/柱，工作压力1.2MPa，供回水温度为60℃/50℃；每组散热器安装温控阀调节水流量，高区供暖管材采用无缝钢管。

2. 供暖系统的设计

（1）供暖系统，如图9-17所示。

（2）冷热源机房，如图9-18所示。

（3）换热站主要设备，见表9-2。

换热站主要设备表 表9-2

序号	名称、型号及规格性能	单 位	数 量	备 注
1	板式换热器机组（空调）			
1-1	板式换热器	台	2	

序号	名称、型号及规格性能	单 位	数 量	备 注
1-2	二次热水循环泵 SB（R）-ZL125-100-310 $G=150\text{m}^3/\text{h}$ $H=32\text{m}$ $N=22\text{kW}$	台	3	二用一备
1-3	二次补水泵 $G=11\text{m}^3/\text{h}$ $H=80\text{m}$ $N=11\text{kW}$	台	2	一用一备
2	板式换热器机组（供暖）			
2-1	板式换热器 BRS01-1.6-5	台	2	
2-2	二次热水循环泵 $G=30\text{m}^3/\text{h}$ $H=32\text{m}$ $N=7.5\text{kW}$	台	2	一用一备
2-3	定压补水装置：定压灌 $\phi1000\text{mm}$ 补水泵 $G=2\text{m}^3/\text{h}$ $H=32\text{m}$ $N=1.5\text{kW}$	套	1	
2-4	除污器 $DN125\text{mm}$ 1.6MPa	台	1	

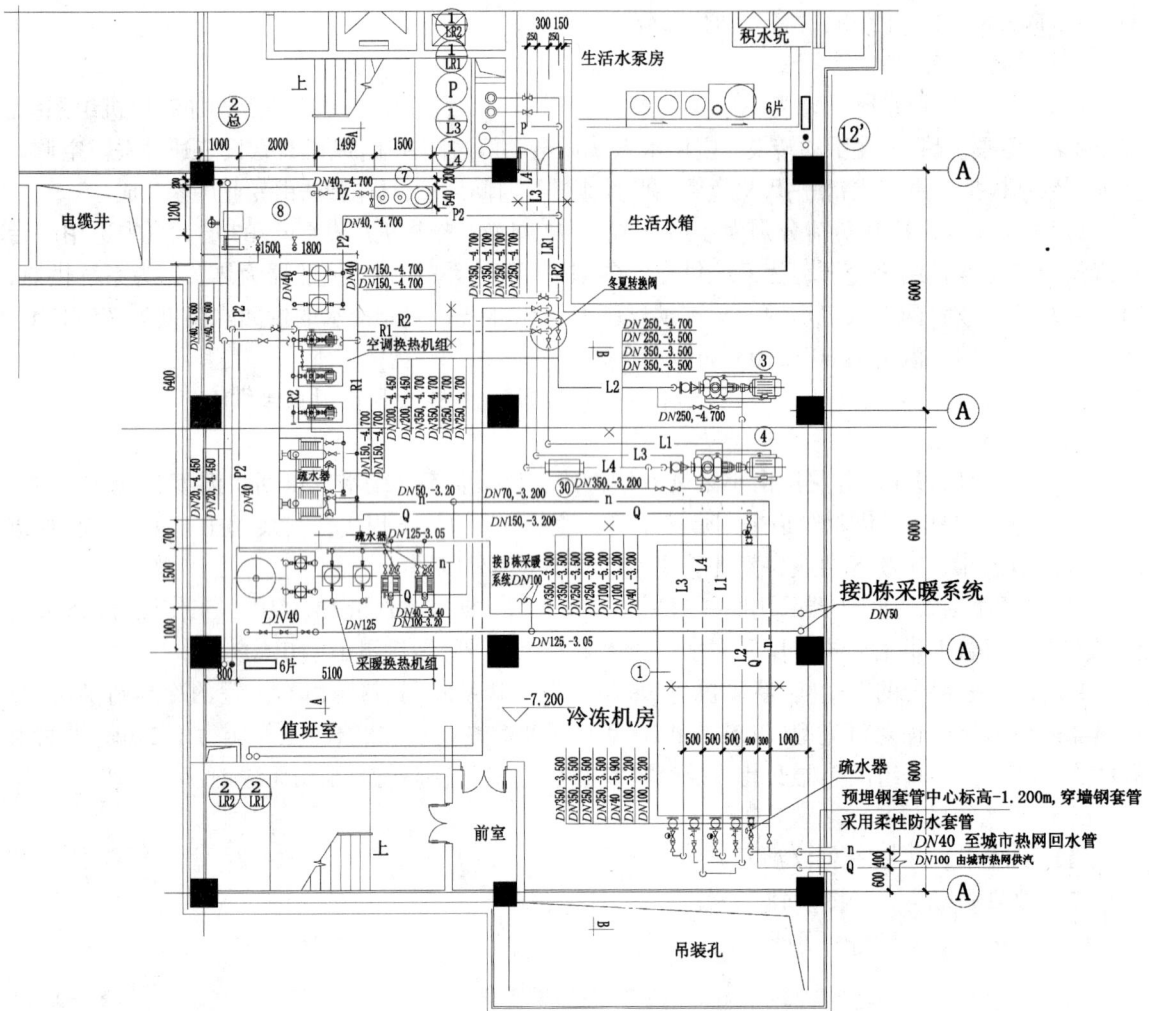

图 9-18 冷热源机房平面图

第五节　在冰蓄冷空调系统中的应用

一、冰蓄冷空调系统

冰蓄冷空调系统一般由制冷设备、蓄冷设备、辅助设备、调节控制等部件组成。

蓄冷系统的制冷机组与蓄冷设备所组成的管道系统可以是多种多样的，基本上可分为串联系统和并联系统。串联系统，分为机组位于蓄冷设备的上游和机组位于蓄冷设备的下游两种。并联系统，分为单（板）换热系统和双（板）换热系统。通常冰蓄冷式系统宜采用板式换热器将冷冻水系统与蓄冷系统隔开，二次冷媒一般为乙烯乙二醇水溶液（或称为卤水），这样蓄冷设备可以免受空调冷冻水系统过高的静压。图 9-19、图 9-20 分别表示并联单板换热式和并联双板换热式系统。

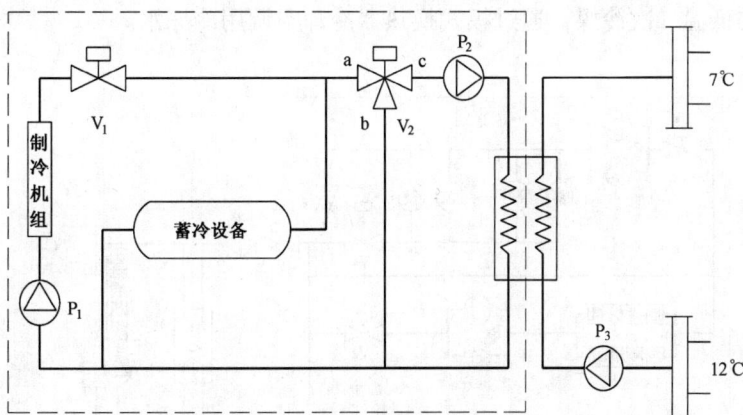

图 9-19　单板换热式

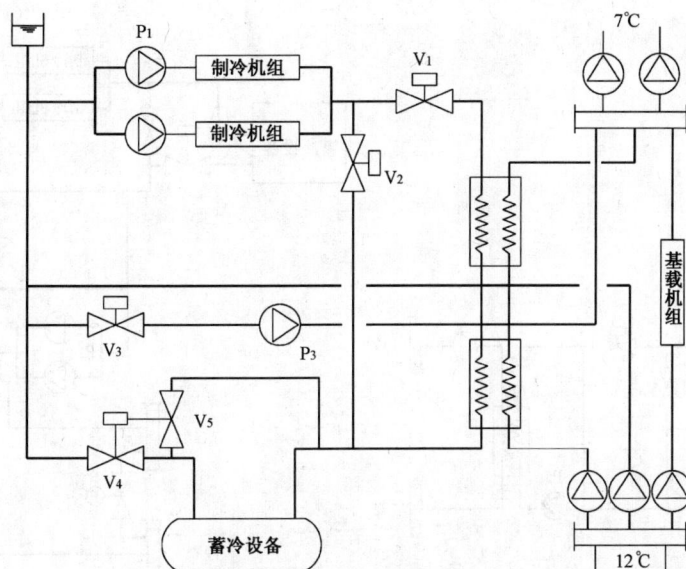

图 9-20　双板换热式

　　图9-19适用于采用封装式蓄冰槽的冰蓄冷系统，该系统也为二次泵系统，封装式蓄冰槽的流动阻力较小，故可不单独设融冰泵。该系统由两部分组成，一部分为空调用冷冻水系统，介质为水，另一部分为二次冷媒（乙烯乙二醇水溶液）系统（图中虚线框内部分）可进行蓄冷或供冷。二次冷媒系统是由制冷机组、蓄冷设备、板式换热器、泵、阀门等组成。图9-20表示的是另一种形式的并联系统（双板换热式系统），该系统有三个回路：一路为基载机组（常规空调冷水机组）回路，可昼夜供给空调用冷冻水；另一路为通过板式换热器被来自双工况制冷机组制出的低温二次冷媒冷却的空调冷冻水回路；最后一路为来自蓄冷设备融冰释放产生的低温二次冷媒通过另一板式换热器冷却的空调用冷冻水。该系统对于制冷机组与蓄冷设备来说，更具有独立性。在制冷机组与蓄冷设备同时供冷时，可启动 P_1、P_2 来实现。同时供冷时是以主机优先，还是蓄冷设备优先，可根据需要而定，也可通过最优化运行策略来控制。

　　图9-21、图9-22、图9-23表示串联系统。图9-21表示主机在上游的串联系统，图中虚线框内部分为二次冷媒系统。该系统由双工况制冷机组、蓄冷设备、板式换热器、泵、阀门等串联组成，利用制出的低温二次冷媒，通过板式换热器冷却空调用冷冻水。

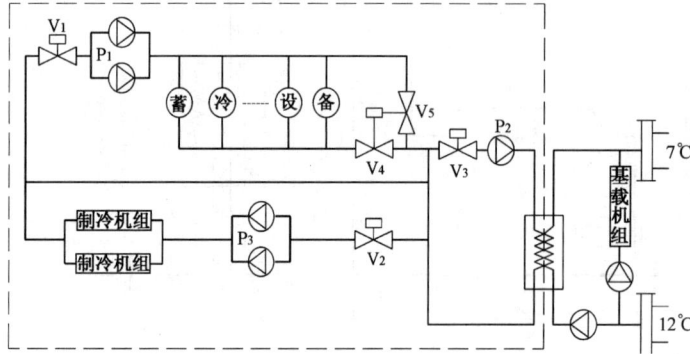

图 9-21　串联系统（之一）

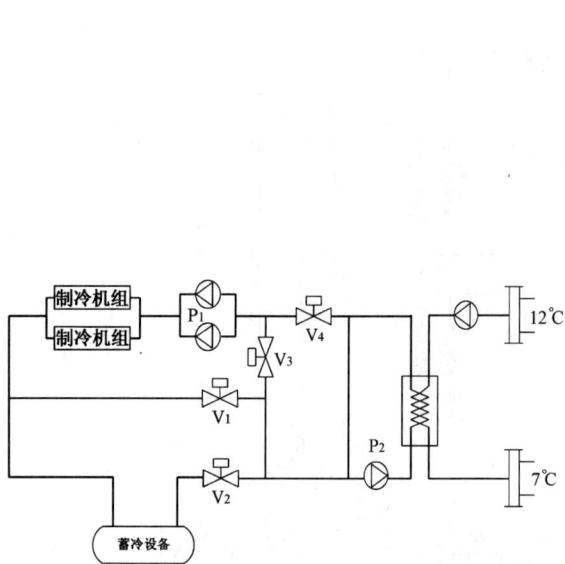

图 9-22　串联系统（之二）

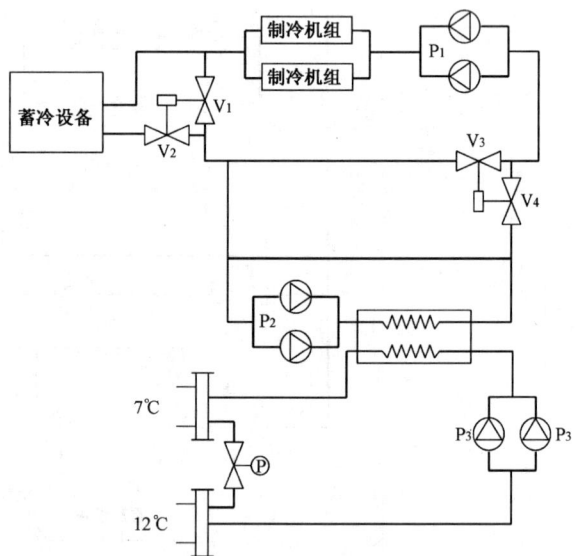

图 9-23　串联系统（之三）

二、对板式换热器的要求

1. 温度

冷冻水侧温度为12℃/7℃。

乙二醇侧温度与运行模式有关。图 9-24 表示主机优先运行模式的系统负荷与温度图。该模式尽可能依靠主机来满足建筑物空调冷负荷，冷量的不足部分由蓄冰槽来补充。在全日冷负荷较大时，一般采用主机优先运行模式。从该图可知：设计供水温度为 3.3℃，设计回水温度为10.8℃，设计供水可调温度为 5.8℃。图 9-25 表示融冰优先运行模式，即融冰提供恒定的冷负荷，不足部分由冷水机组来补充，在全日冷负荷为设计日冷负荷 90% 以下时，采用融冰优先运行模式可使运行更加经济。从该图可知，设计供水温度为 3.3℃，设计供水可调温度为 5.2℃，设计回水温度为 10.8℃。

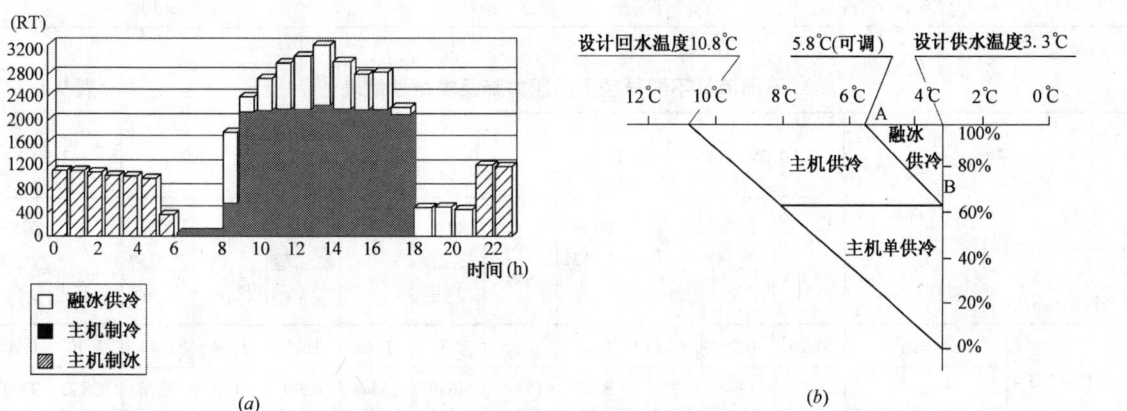

图 9-24　主机优先系统负荷与温度图
（a）柱状图；（b）坐标图

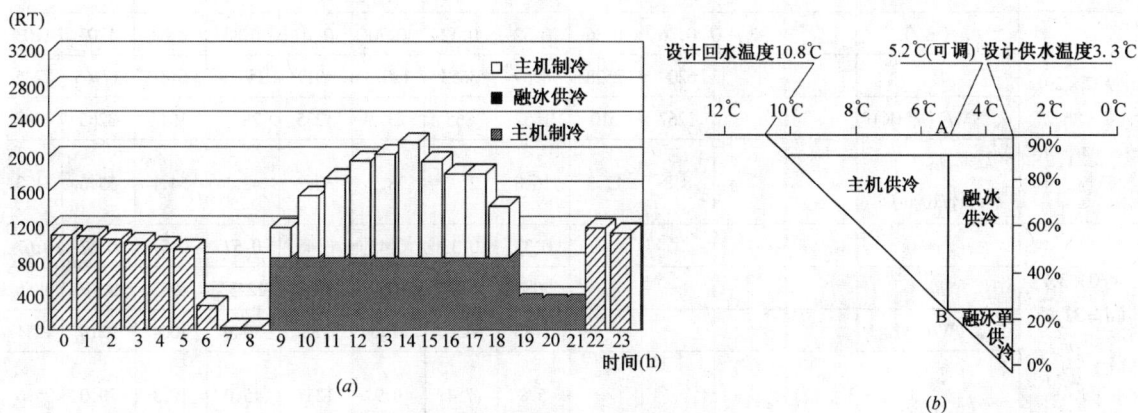

图 9-25　融冰优先系统负荷与温度图
（a）柱状图；（b）坐标图

2. Δt_m

$$\Delta t_m = \frac{3.7 - 1.2}{\ln\frac{3.7}{1.2}} = 2.22 \quad （图 9-26）$$

3. NTU

$$NTU = \frac{3.7}{2.22} = 1.66$$

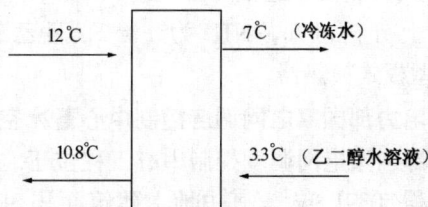

图 9-26

4．乙二醇水溶液的性能

作为载冷剂的乙二醇水溶液除具有防冻液的功能之外，还具有相对安全、无腐蚀性、导热性能较好等性能，且价格适中，但使用寿命有限，且有毒。

乙二醇水溶液的物性参数见表9-3，不同流量不同管径下的压力降及换热性能见表9-4。

乙二醇水溶液的物性参数　　　　　　　　　　表 9-3

物性参数 ＼ 流体种类	水（＋5℃）	20%乙二醇溶液（－5℃）
密度 ρ (kg/m³)	1000	1025
运动粘滞性系数 μ (m²/s)	1.519×10^{-6}	3.73×10^{-6}
导热系数 λ [W/(m·K)]	0.55	0.94
导温系数 α (m²/s)	1.3×10^{-7}	1.24×10^{-7}

不同流量不同管径下的压力降及换热性能表　　　　表 9-4

管径(mm)	流量 (m³/h) 项目	0.3 (0.083L/s) 水 5℃	20%乙二醇 －5℃	0.7 水 5℃	20%乙二醇 －5℃	1.0 水 5℃	20%乙二醇 －5℃	1.35 水 5℃	20%乙二醇 －5℃	1.7 水 5℃	20%乙二醇 －5℃	2.0 水 5℃	20%乙二醇 －5℃
$\phi25\times2.3$ (d=20.4) 3/4″	v (m/s)	0.26	0.26	0.59	0.59	0.85	0.85	1.15	1.15	1.44	1.44	1.70	1.70
	Re	3424	1394	7923	3227	11415	4649	15444	6290	19339	7876	22830	9298
	α_w [W/(m²·K)]	725	286	2112	902	2946	1522	3751	2201	4492	2750	5128	3270
	h_f (kPa/100m)	6.6	8.5	28.6	36.7	54.3	74.5	92.1	118.2	136.5	175.2	182.6	234.2
$\phi32\times29$ (d=26.2) 1″	v (m/s)			0.36	0.36	0.52	0.52	0.70	0.70	0.88	0.88	1.03	1.03
	Re			6209	2528	8969	3653	12073	4917	15718	6181	17765	7235
	α_w [W/(m²·K)]			1267	510	1852	865	2397	1235	2878	1647	3265	1999
	h_f (kPa/100m)			8.8	11.3	16.8	21.5	28.2	36.2	42.1	54.1	55.6	71.3
$\phi40\times3.7$ (d=32.6) 1 1/4″	v (m/s)			0.33	0.33	0.45	0.45	0.57	0.57	0.67	0.67		
	Re			7082	2884	9657	3933	12233	4982	14379	5856		
	α_w (W/m²·K)			1183	456	1613	738	1949	1004	2218	1241		
	h_f (kPa/100m)			5.8	7.4	9.9	12.7	15.0	19.3	20.0	25.6		

5．板式换热器的选型

从以上分析可知，NTU 为 1～2，且乙二醇的黏滞性系数比水大，故可选择宽-窄流道（K_nBR）型板式换热器。

三、电力部国家电网调度控制中心蓄冰空调系统（资料来源：建设部建筑设计院宋孝春）

电力部国家电网调度控制中心工程位于北京宣武区白广路二条，主楼为长方形，南北走向，总建筑面积 50391.9m²，其中地上建筑面积 38046.2m²，地下建筑面积 8669.2m²，建筑主体高度 113.45m，制高点 123.45m，地上 27 层，裙房 6 层，地下 3 层。全楼空调总冷负荷为 6523kW，冷

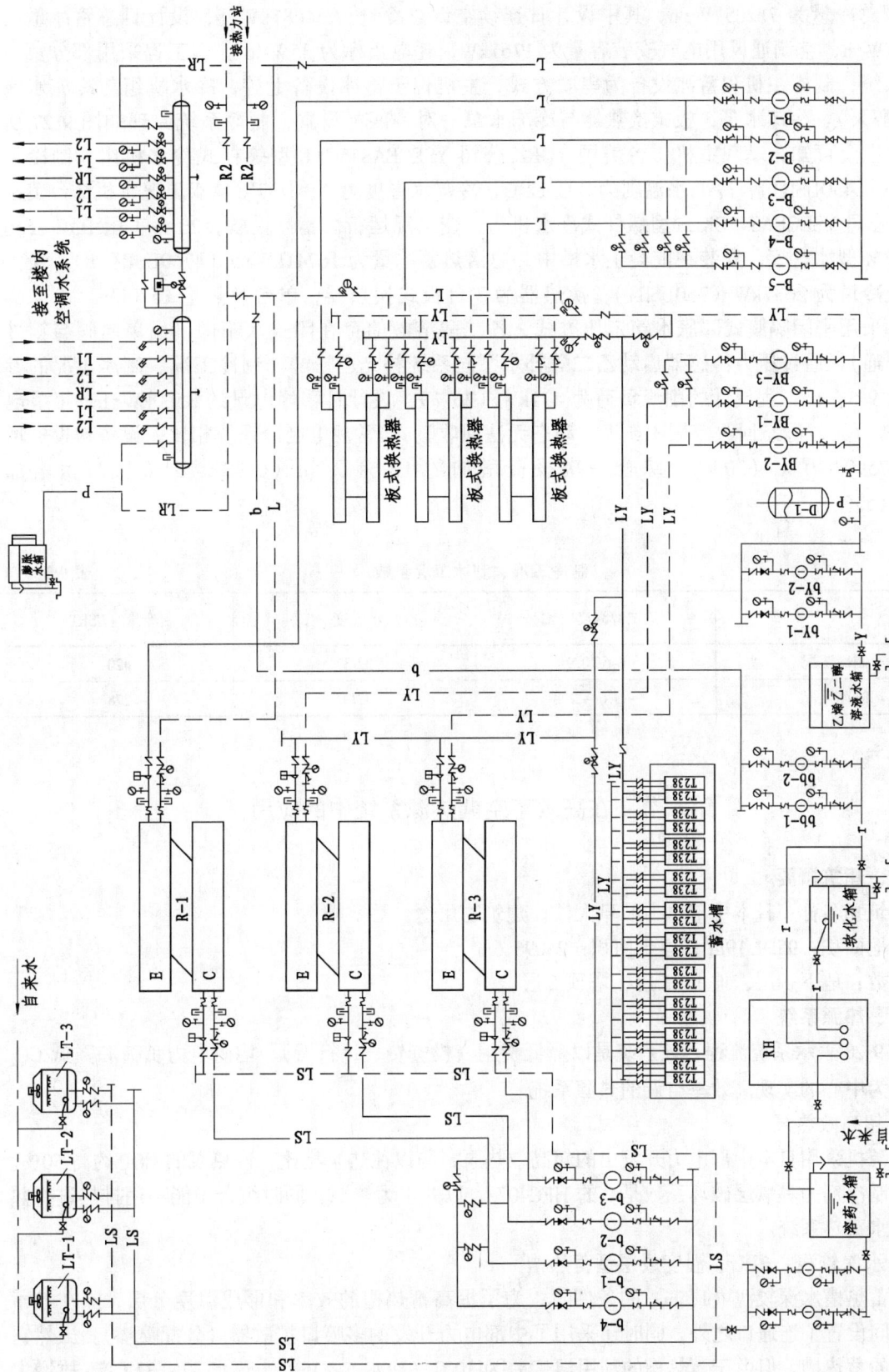

图 9-27 蓄冰制冷系统图

指标 $129W/m^2$，夜间空调冷负荷为 $1512kW \cdot h$，总热负荷为 $6047kW$，热指标为 $120W/m^2$，设计日空调总冷量为 $78265kW \cdot h$，其中设计日连续空调总冷量为 $34681kW \cdot h$，设计日总蓄冰量为 $43588kW \cdot h$，空调通风用电气安装容量为 $1761kW$，耗电指标为 $35W/m^2$。本工程采用部分负荷蓄冰系统，制冷主机和蓄冰设备为串联方式，主机位于蓄冰设备上游，冷水机组与冷冻水泵（乙二醇泵）、冷却水泵，板式换热器与冷冻水泵一对一匹配设置，制冷系统原理如图 9-27 所示。从图上可知，基载主机 1 台美国 YORK 公司 YSECEAS45CKC 型螺杆式冷水机组，制冷量 $1512kW$（430USRT），冷冻水温度为 $7℃/12℃$，冷却水温度为 $32℃/37℃$。双工况主机 2 台美国 YORK 公司 YSECEAS45CKCS 型螺杆式冷水机组，变工况运行。蓄冰设备，20 台美国 BAC 公司 TSU238M 型冰盘管，安装在混凝土水槽中，总潜热蓄冰量为 $16741kW \cdot h$（$4760USRT \cdot h$），最大融冰供冷量为 $2637kW$（750USRT），换热器为 3 台板式换热器，单台换热量 $1570kW$。乙二醇系统，采用密闭隔膜式膨胀水箱定压方式，乙二醇溶液储存在闭式水箱内（用单向阀与箱外空气连通），通过压力传感器启动乙二醇补水泵向系统补充乙二醇。制冷工况、制冰工况的参数见表 9-5。该工程设计的削峰负荷为 $471kW$（26%），设计日移峰电量约 $3500kW \cdot h$，年节电费用 12 万元，静态回收年限 1.5 年（动态无法回收）。与常规电制冷系统相比，设备初投资增加约 175.04 万元（20%），综合一次投资增加约 17.54 万元（0.85%），机房面积增加 $223m^2$（50%）。

制冷工况、制冰工况参数　　　　　　　　　　　　　　表 9-5

	乙二醇温度（℃）	冷却水温度（℃）	制冷量（USRT）
制冷工况	6.6/10.9	32/37	420
制冰工况	−5.6/−2.8	32/37	278

第六节　在高效率空调热源系统中的应用

一、建筑概要

建筑物名称：日本中部电力岐阜大楼；建筑物用途：写字楼；

占地面积：$9559.19m^2$；建筑面积：$24096.6m^2$；

层数：地下 1 层，地上 11 层，塔顶 2 层。

二、热源系统

图 9-28 表示系统流程，该系统是以降低费用（投资费、运行费）、均衡电力负荷和降低 CO_2 排放量为中心的实现高效率空调的热源系统。

1. 超高效热泵

热源机采用日本中部电力开发出的超高效热泵，与以往热泵相比，该热泵的 COP 约高 50%。此外，制冷剂为臭氧层破坏系数是 0 的 HFC407e。以井水为热源，同时组合了能利用排热进行热回收的水蓄热系统。

2. 水深较浅、多槽、温度成层型蓄热槽

在蓄热槽水深较浅（1.5m）的条件下，为了提高蓄热槽的效率和形成温度分层，除在各蓄热槽之间设置了连通口之外，同时还采用了中部电力开发的多喷口扩散器（分配喷嘴）。虽然它是多槽的蓄热槽，但由于蓄热槽的利用温度差为 $10℃$（冷水 5～15℃，热水 47～37℃），故增大了蓄热量。

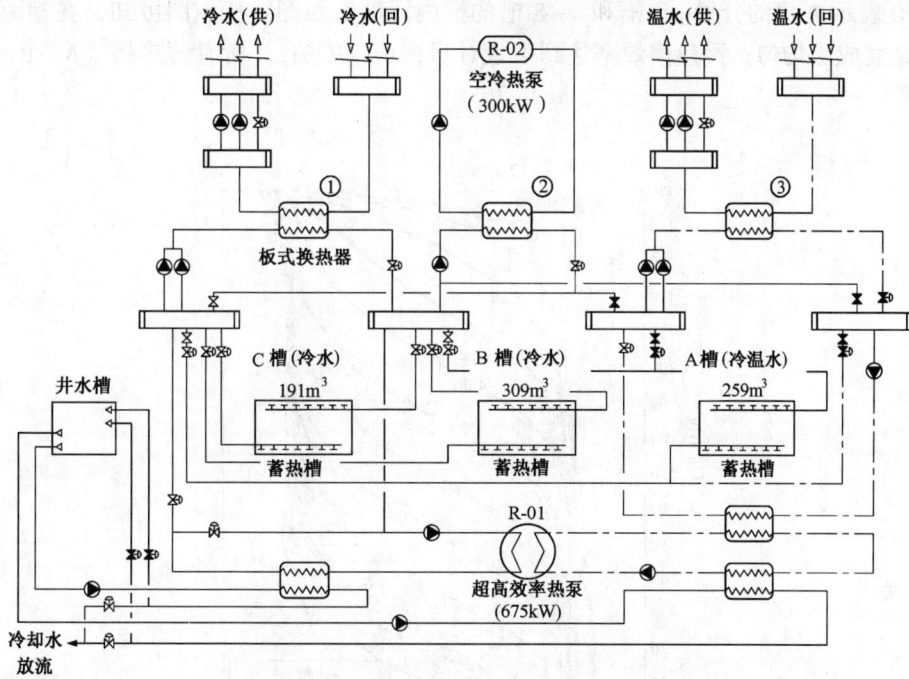

图 9-28　水蓄热系统的系统流程图（热回收运行时）

3. 高 NTU 板式换热器

该系统冷水、热水均采用间接供给方式，两侧温差均应小于 1℃，换热驱动力 Δt_m 很小。为了提高换热效率，均采用高 NTU 板式换热器。

三、实测结果及评价

1. 超高效率热泵的运行状况

图 9-29 表示运行 1 年期间内的 COP 和包括泵动力在内的系统能效系数（SCOP）的实测值。实测的 COP：制冷运行时最大为 6.5，热回收运行（同时发生冷、热水）时最大达 8.0。由此可知，超高效热泵对节能有很大的贡献。

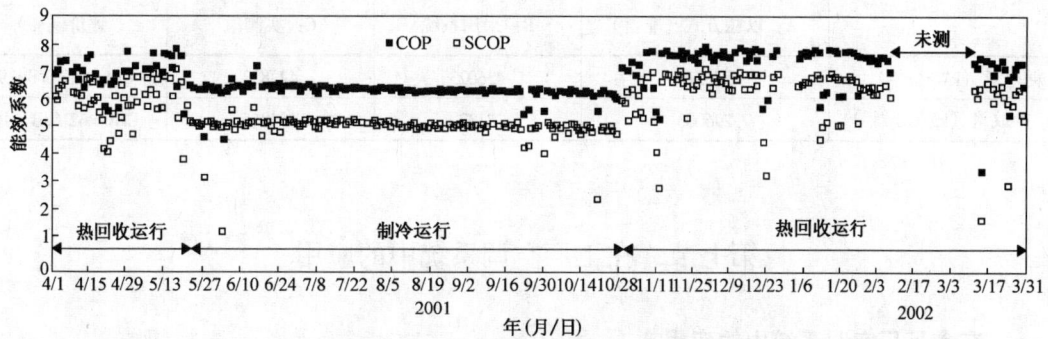

图 9-29　超高效率热泵的日能效系数

2. 水深较浅、多槽、温度成层型蓄热槽的运行状况

图 9-30 表示 A 槽的分槽 a-1 槽和 a－8 槽的槽内温度剖面图。从该图可知，在相距最远的分槽之间，温度成层均匀；蓄热槽效率达到了设计目标值（90%）；所有蓄热槽（A、B、C 槽）温度成层均衡。

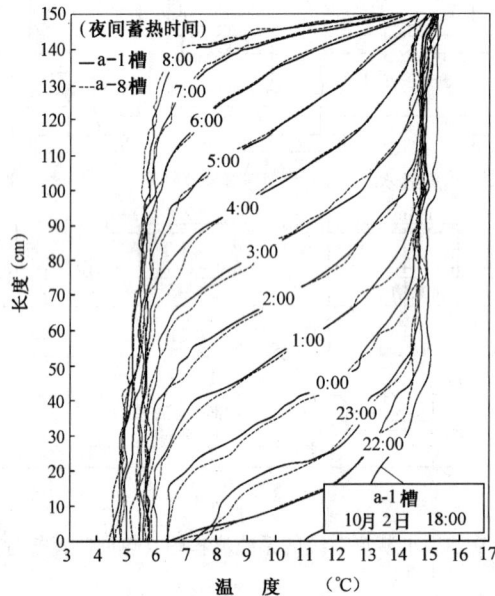

图 9-30　分槽的槽内温度剖面图
（2001 年 10 月 2 日 22 时～10 月 3 日 8 时）

3. 热源系统的评价

表 9-6 表示全年用电量、CO_2 排放量的设计值和实测值的比较。从表中数据可知，所用测定值均低于设计值。此外，全年夜间转移率为 64%，低于目标值（80%），但，通过调整热负荷预测值，夜间转移率还能提高。

全年用电量和 CO_2 排放量的比较　　　　　　　　　　　　　　　　　表 9-6

	A：以往方式（非蓄）	B：采用系统	C：实测值	评价（%）
耗电量（kW·h/年）	575513	436023	422833	C/A = 73 C/B = 97
CO_2 排放量（kg·CO_2/年）	296063	181330	184055	C/A = 62 C/B = 102

第七节　在工厂空调系统中的应用

一、在食品厂空调系统中的应用

1. 建筑概况

规模：地上 2 层；建筑占地面积：1822m²；建筑面积：2934m²；

机房面积：空调、卫生热水机房面积（A）93m²，（B）93m²，A/建筑面积 = 2.4%，B/建筑面

积 = 2.4%；

空调、供暖面积：1936m²，空调（供暖）面积/建筑面积 = 66%。

2. 空调系统（图 9-31）

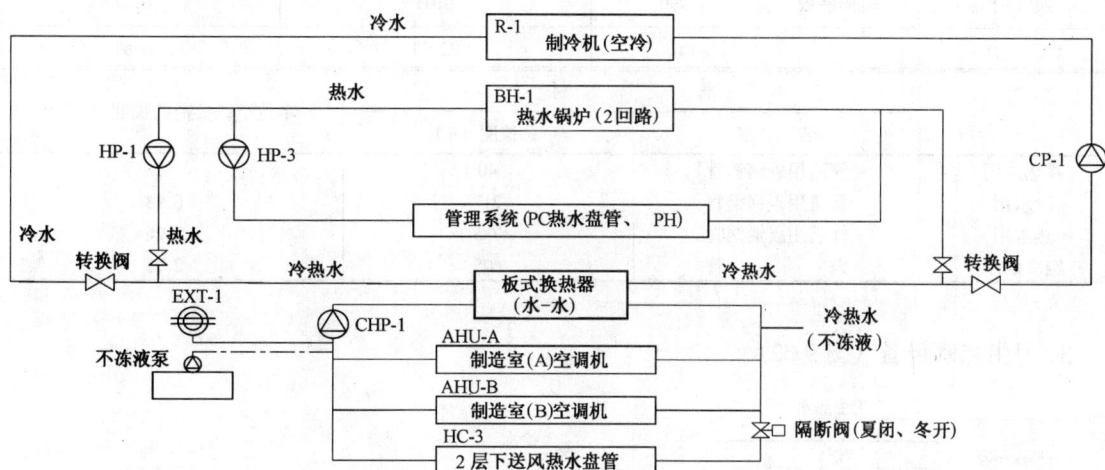

图 9-31　热源流程图

空调方式：工厂，单风管方式；办公，单冷空调多联机型（内组装热水盘管）。

制冷负荷：合计 206kW，合计/建筑面积 = 0.07kW/m²。

供暖负荷：合计 290kW，合计/建筑面积 = 0.09kW/m²。

空调风量：全空气方式，风量/空调面积 = 1.5m³/（h·m²）；水（或制冷剂）—空气方式：风量/空调面积 = 4.9m³/（h·m²）；新风量：风量/空调面积 = 3.3m³/（h·m²）；食品厂的风量：风量/空调面积 = 1.5m³/（h·m²）；典型室的换气次数 20 次/h。

空调系统数：低速 2 系统。

换气系统：系统数 57 系统，风量合计 25040m³/h，风量合计/建筑面积 = 8.5m³/（h·m²）。

冷热水循环：冷水：流量 320L/min，供水 7℃，回水 12℃；热水：流量 545L/min，流量/空调面积 = 0.28L/（m²·min），供水 70℃，回水 60℃；冷热水：流量 340L/min，流量/空调面积 = 0.17L/（m²·min）。

热源装置：①冷热源：空冷式制冷机组——电动机驱动，106kW×1 台，合计容量 106kW，容量/空调面积 = 54.8W/m²。②热源：真空式热水锅炉（双回路）——轻油，58.1kW×1 台，合计容量 58.1kW，容量/空调面积 = 30W/m²。

空气过滤器：机组型，效率：重量法 90%。

电力：合同电力一般 400kW，空调电力 100kW，空调电力/建筑面积 = 0.034kW/m²。

电力构成：热源机器 35.6%，空调用泵 9.3%，空调风机 40.7%，换气风机 14.4%。

负荷构成：见表 9-7。

工程用材料，见表 9-8。

自动控制、中央控制：远方操作启、停（12 点），警报（21 点）。工厂用蒸汽锅炉运行状态监测采用 NTT 线的控制方式。

负荷构成　　　　　　　表 9-7

	夏期	冬期
	空调（kW）	供暖（kW）
合　　计	220	347

工 程 用 材 料   表 9-8

	管 材		单位风量的风管面积	单位建筑面积的风管面积
	名　称	面积 (m²)	[m²/ (m³/h)]	(m²/m²)
空调用	镀锌钢板	1830	22.50	0.62
换气用	镀锌钢板	790	0.03	0.27
合　　计		2620	22.53	0.89

	管　　材		单位空调负荷的长度 (m/kW)
	名　　称	总长度 (m)	
冷热水用	管道用碳钢钢管	40	
冷水用	管道用碳钢钢管	217	0.98
热水用	管道用碳钢钢管	785	2.26
制冷剂用	铜　　管	605	2.75

3. 卫生热水设备 (图 9-32)

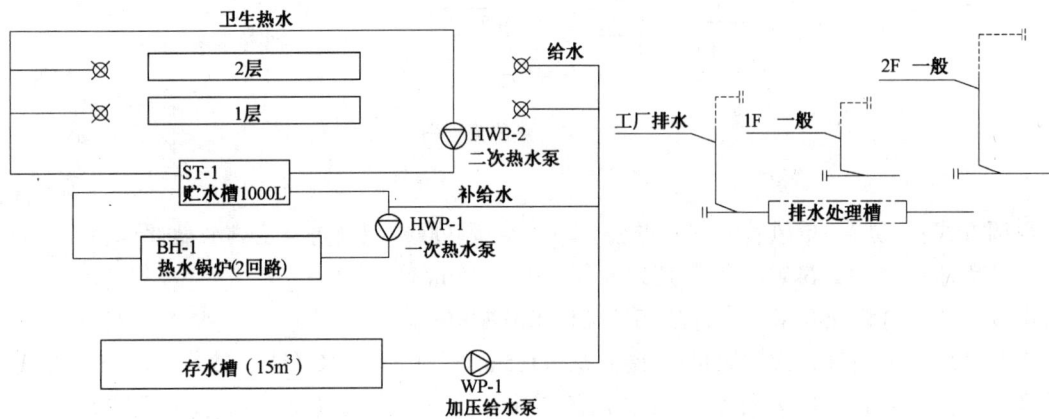

图 9-32　给水、卫生热水、排水流程图

水源：使用上水、引入管口径 40mm，用水量 26m³/日，每小时平均给水量 2.6m³/h。

给水：方式，泵压送式；系统，单一系统；给水泵，流量 500L/min×1 台，泵合计 500L/min；上水存水槽，位置 1 层机房；形式，地面放置，15m³×1 台；卫生器具最高水压 190kPa。

卫生热水：蓄热水槽系统：单一系统；热源：与采暖合用锅炉，合计加热能力 58.1kW，合计蓄热水量 1000L，蓄水槽 1000L×1 台；锅炉负荷构成：卫生热水 58.1kW，其他 58.1kW。

排水、通气：排水方式为污水、杂排水合流式；排水泵，100L/min×3 台，泵合计 300L/min。

卫生电力：合计 8kW，卫生电力合计/单位面积 = 2.7W/m²。

二、在新闻印刷工厂空调系统中的应用

1. 建筑概况

规模：地上 3 层，建筑占地面积：5442.63m²，建筑面积：12669.69m²，其中工厂：10514m²，办公室：1952m²。

机房面积：空调，1418m²，卫生，91m²，空调、卫生机房合计面积 (A)：1509m²，电气：608m²，中央监控室、防灾中心：66m²，机房合计面积 (B)：2183m²，(A)/建筑面积 = 12%，(B)/建筑面积 = 17%。

空调、供暖面积：8823m²，空调 (供暖) 面积/建筑面积 = 70%。

2. 空调系统（图 9-33）

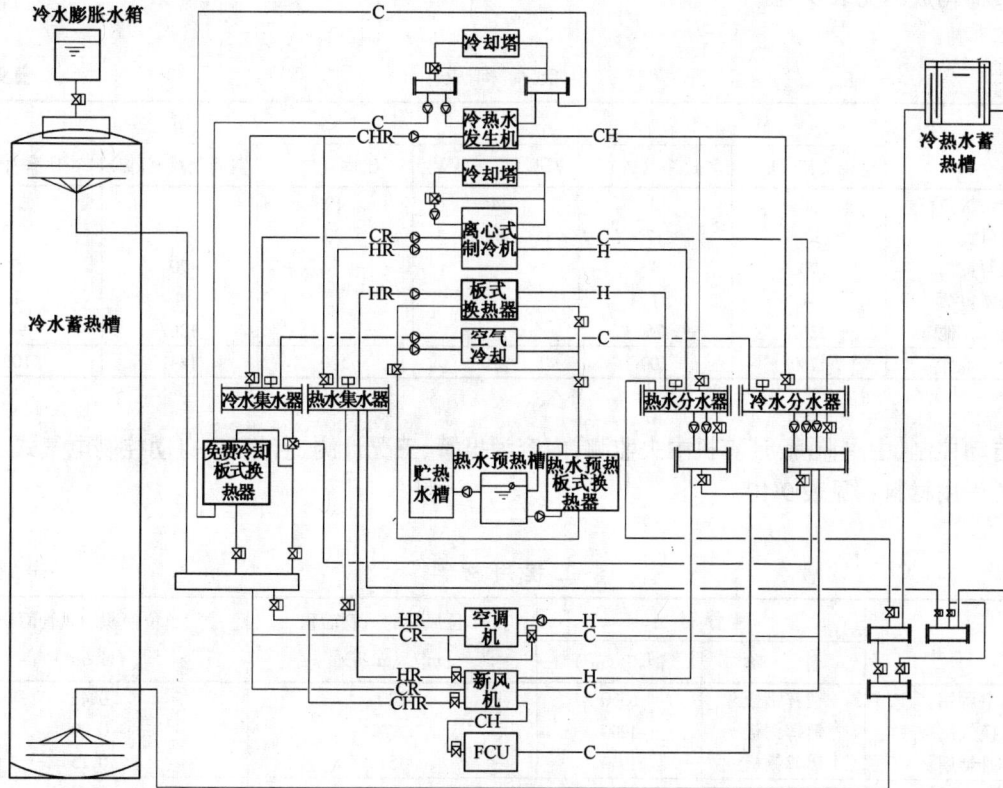

图 9-33　热源系统图

空调方式：工厂，单一风管式＋变风量单一风管式；办公室，风机盘管机组（二管式）。

空调负荷：合计 1780kW，合计/建筑面积 = 0.14kW/m²。

供暖负荷：合计 220kW，合计/建筑面积 = 0.017kW/m²。

空调风量：水（或制冷剂）-空气方式，风量/空调面积 = 32m³/（h·m²）。新风量：风量/空调面积 = 2m³/（h·m²）；工厂部分的风量：风量/空调面积 = 32m³/（h·m²）。

空调系统数：低速 17 系统。

换气系统：系统数 54 系统，风量合计 79000m³/h，风量合计/建筑面积 = 6.2m³/（h·m²）。

冷热水循环：冷水，流量 5000L/min；流量/空调面积 = 0.6L/（m²·min）；供水 7℃；回水 12℃。热水，流量 2000L/min；流量/空调面积 = 0.2L/（m²·min）。冷热水，流量 2500L/min，流量/空调面积 = 0.3L/（m²·min）。

热源装置：①热源，冷热水发生机—直燃机，879kW×1 台；空冷热泵—电动，451kW×1 台（热回收），合计容量 1330kW，容量/空调面积 = 100W/m²。②冷热源，离心式制冷机，冷却塔放热，879kW×1 台（双级），容量/空调面积 = 100W/m²。③蓄热槽，冷水槽 500m³，冷热水槽 150m³，水槽合计 650m³。

空气过滤器：自动卷绕式；效率，重量法 85%。

板式换热器：高 NTU 板式换热器。

电力：合同电力一般 1600kW；空调电力 970kW（其中备用 37kW），空调电力（扣除备用）单位面积 = 0.08kW/m²；电力构成：热源机 40%，空调用泵 23%，空调用风机 25%，换气风机

2%，排烟风机9%，其他1%。

负荷构成：见表9-9。

负 荷 构 成 表9-9

	夏 期		冬 期			
	空调负荷（kW）	比率（%）	采暖负荷（kW）	比率（%）	空调负荷（kW）	比率（%）
围护结构负荷	30	2	20	10		
新风负荷	309	17	200	90		
照明负荷	70	4			70	5
人体负荷	4	1			4	1
其 他	1367	76			1367	94
合 计	1780	100	220	100	1441	100

自动控制、中央监测：计算机中央监测，内容为报警、工况计测、启停等；自动控制电气式。

工程用材料：见表9-10。

工 程 用 材 料 表9-10

	风 管 材 料		单位风量的风管面积	单位面积的风管面积
	名 称	面积（m²）	［m²/（m³/h）］	（m²/m²）
空调用	镀锌钢板	5300	100	0.41
换气用	镀锌钢板	1200	87	0.09
排烟用	镀锌钢板	1940	151	0.15
合 计		8440	338	0.65

	管 材		单位面积的管道长度
	名 称	长度（m）	（m²/m²）
冷热水用	管道用碳钢钢管	1560	0.12
冷水用	管道用碳钢钢管	1370	0.10
热水用	管道用碳钢钢管	840	0.06
冷却水用	管道用碳钢钢管	260	0.02
蒸汽用	压力管道用碳钢钢管	410	0.03
制冷剂用	铜 管	540	0.04

3. 卫生设备（图9-34）

水源：市政水、井水合用，市政水引入口径40mm，井水量73m³/日，每日使用水量16m³/日（市政水），每时平均给水量2m³/h（市政水）。

给水：方式为加压给水式（市政水、井水）；系统为饮用（市政水），空调用、洗净水（井水）；给水泵为市政水加压泵200L/min×2台，井水加压泵500L/min×2台，泵合计1400L/min；市政水水槽，位置1层水槽室，形式为地面布置，7.5m³×1台；井水水槽，位置1层水槽室下部，形式利用建筑躯体，15m³×1台；卫生器具最高水压400kPa。

卫生热水：方式为蓄热水槽（带盘管）；系统为2层制版室，3层浴室；热源为低压蒸汽，合计加热能力298kW，合计蓄热水量5000L，蓄热水槽为2、3层5000L×1台；蒸汽锅炉：直流锅炉，燃料天然气，额定出力627kW，台数2台，合计额定出力1254kW；锅炉负荷构成，卫生热水627kW，其他627kW；其他热源为空冷热泵，双级离心式制冷机。

排水、通气：排水方式为污水、杂排水合流式。

卫生电力：合计50kW，卫生电力合计/单位建筑面积＝4W/m²。

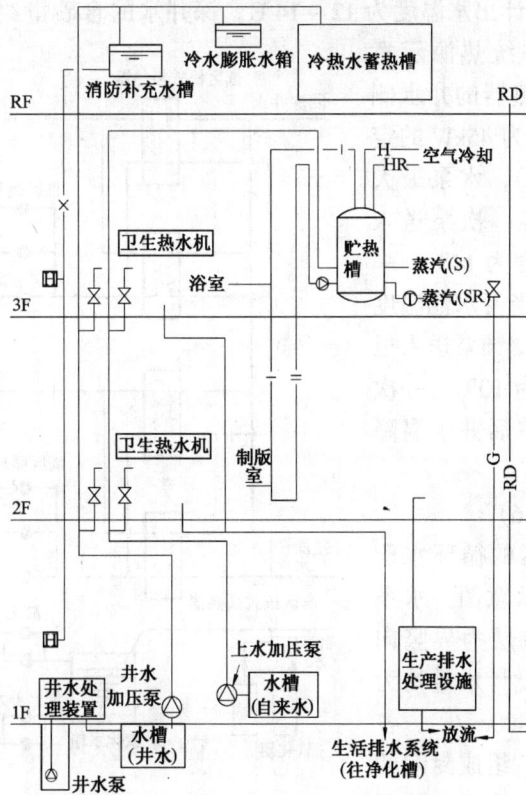

图 9-34　给水、卫生热水、排水系统图

第八节　在水源热泵空调系统中的应用

一、概述

以井水为热源的水源热泵空调系统近几年来在我国发展较快，板式换热器是这种供热系统中不可缺少的设备之一。

1. 水源热泵供热系统（图 9-35）

以北京嘉和丽园住宅公寓楼的水源热泵空调系统为例加以说明。该住宅楼由三座（A 座、B 座、C 座）塔式建筑构成，地上最高 32 层，地下 3 层，总建筑面积 87948.7m²，设计空调冷/热负荷指标分别为 64W/m² 和 51.8W/m²，空调面积约为 7 万 m²。空调系统利用的地下水源取自建在建筑物周围，深度约为 170m 的四眼井，井管径为 φ500mm，井与井之间的距离约为 120m，四眼井可开采水层累计深度约为 50～160m，地下水位埋深约为 18～20m，每眼井的设计出水流量约为 200m³/h，每眼井分别配置了一台额定功率

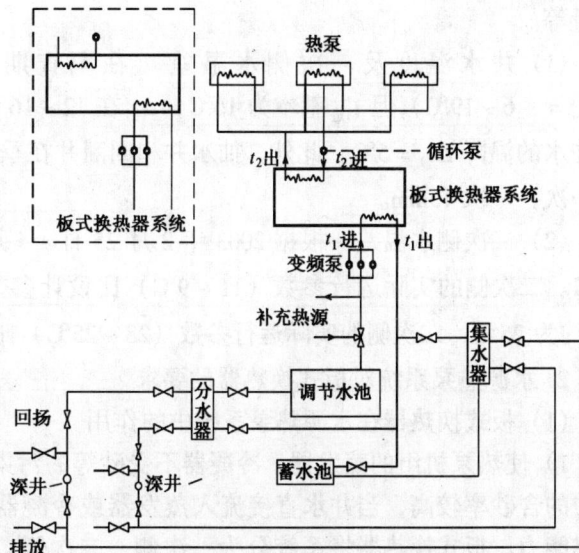

图 9-35　水源热泵空调系统热源示意图

45kW 的深井水泵，井水设计出水温度为 12~14℃，深井水的含砂量约为 1/10000。图 9-35 为该
公寓楼的水源热泵空调系统热源示意
图。从该图可知，板式换热器的井水侧
（一次侧）设置了 3 台功率为 45kW 的定
流量泵（其中一台为备用），水泵最大
水流量为 200m³/h。夏季经一次泵送入
板式换热器的井水设计温度为 14℃，一
次侧的设计温升为 10℃，当蓄水池温度
大于 28℃ 时回灌。冬季经变频泵送入板
式换热器的井水设计温度为 10℃，一次
侧的设计温降为 6℃，换热后井水温降
至 8℃ 后再进行回灌。

2. 供热水系统（图 9-36）

图 9-36 是板式换热器的循环水侧
（二次侧）的供热水系统示意图。水系
统为双管异程系统，以 16 层为界竖向
分为高、低区。高、低区设计水量均为
360m³/h（后实际运行改为 400m³/h），各
个水源热泵机组相互并联，组成封闭的
双管回路系统，通过板式换热器与地下
水进行换热。在二次侧的高、低区分别

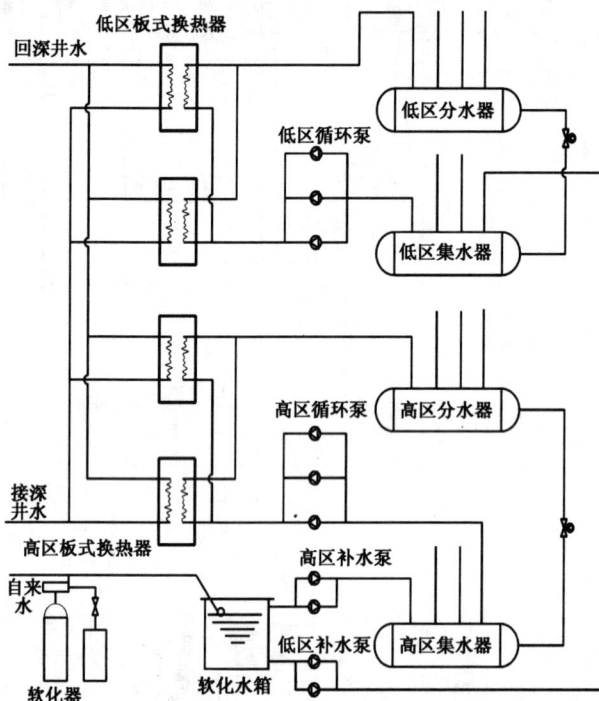

图 9-36　二次侧供热水系统示意图

设置了 3 台定流量循环泵（其中一台为备用），额定功率为 30kW，系统定压方式为变频泵补水
定压。

二、水源热泵系统对板式换热器的要求

1. 实际运行时的数据

北京工业大学陈超教授等在 2002 年 9 月~2004 年 1 月对该系统的运行状况进行了调查，调
查内容包括换热器一次侧进/出水温度 $t_{1进}/t_{1出}$，二次侧进/出水温度 $t_{2进}/t_{2出}$ 及水泵的耗电量和水
流量等。

(1) 井水温度及一次侧水温差　在调查期间，尽管室外日平均气温的波动较大
（$\Delta t_w = -6~19℃$），但 $t_{1进}$ 基本为 16℃，$t_{1出}$ 在 12~16℃ 之间波动，井水的最大温降 $\Delta t_1 = 4℃$。夏
天井水的温降 $\Delta t_1 = 5℃$。此外，抽水井和回灌井在季节转换时切换一次，回灌井一般 10~15d 回
扬一次，一次 15min。

(2) 二次侧水温差　根据 2003 年 2 月 25 日~4 月 15 日的调查，$t_{2进}$ 约为 9~10℃，$t_{2出}$ 约为
11℃。二次侧的实际运行参数（11~9℃）比设计参数（12~6℃）小。夏天 $t_{2进}$ 约为 27~28℃，
$t_{2出}$ 约为 25℃，二次侧的实际运行参数（28~25℃）比设计参数（32~18℃）小。

2. 水源热泵系统对板式换热器的要求

(1) 板式换热器在水源热泵系统中的作用

1) 使热泵机组的蒸发器，冷凝器不受砂等的污染，具有持久的良好的换热能力。由于深井
水中的含砂率较高，当井水直接流入蒸发器或冷凝器时，流速偏低会使砂沉积在管道内，降低
传热能力。板式换热器将系统分为一次侧、二次侧，井水不直接流至蒸发器，冷凝器内，从而
使它们具有持久的良好的换热效率。

2）使井水热负荷适应用户侧热负荷的需要。板式换热器将系统分为一次侧、二次侧，从图9-36可知，夏天当蓄水池温度大于28℃时回灌。

3）通过板式换热器实现二次侧的高、低区分区供热。

（2）水源热泵系统对板式换热器的要求　从板式换热器在系统中的作用可知，板式换热器只具有中间过渡的作用，不具备加热（冷却）的作用，故要求板式换热器的传热温差越小越好，从调查实测数据可知，不论冬季还是夏季，井水的温差仅为5℃，温差范围较小，若板式换热器损失1℃温差，则效率将降低20％。由此可知，水源热泵系统对板式换热器的要求为：①$\Delta t < 1℃$；②NTU 大于 5。

（3）浅密波纹（BRH）型板式换热器是满足以上要求的最合适板型。

第十章 板式换热器及板式换热装置在供热系统中的应用

第一节 非对称（FBR）型板式换热器在集中供热系统中的应用

一、各种供热方式的 Δt_m 和 NTU

1. 空调系统供暖换热器的 Δt_m 和 NTU

一次侧水：60℃→53℃，21m³/h；二次侧水：50←45℃，28.8m³/h

$\Delta t_m = 8.96℃$，$A = 6.4m^2$

$NTU_h = (60 - 53)/8.96 = 0.78$，$NTU_c = (50 - 45)/8.96 = 0.56$

两侧流量比：$G_h/G_c = 21/28.8 = 0.73$，NTU_h 与 NTU_c 相近，故选择对称型板式换热器。

2. 地热供暖换热器的 Δt_m 和 NTU

一次侧水：99℃→90.3℃，330m³/h；二次侧水：91←82.3℃，330m³/h

$\Delta t_m = 8℃$，$A = 130m^2$

$NTU_h = NTU_c = 8.7/8 = 1.08$

两侧流量比：$G_h/G_c = 1$，$NTU_h = NTU_c$，故选择对称型（BRS）板式换热器。

3. 生活热水

一次侧水：58℃→12.1℃，18m³/h；二次侧水：55←4℃，16.2m³/h

$\Delta t_m = 5.13℃$，$A = 68.25m^2$

$NTU_h = (58 - 12.1)/5.13 = 8.94$，$NTU_c = (55 - 4)/5.13 = 9.94$

两侧流量比：$G_h/G_c = 18/16.2 = 1.11$，$NTU_h \approx NTU_c$，故选择对称型（BRS）板式换热器。

4. 太阳能供暖系统

一次侧水：50℃→45℃，30m³/h；二次侧水：45←40℃，30m³/h

$\Delta t_m = 5℃$，$A = 15m^2$

$NTU_h = NTU_c = (50 - 45)/5 = 1.0$，故选择对称型（BRS）板式换热器。

5. 集中供热

一次侧水：130℃→80℃，10m³/h；二次侧水：95←70℃，20m³/h

$\Delta t_m = 20℃$，$NTU_h = (130 - 80)/20 = 2.5$，$NTU_c = (95 - 70)/20 = 1.25$

两侧流量比：$G_h/G_c = 10/20 = 0.5$，由于二侧流量比为2，$NTU_h/NTU_c = 2$，若选择对称型板式换热器，一次侧的流速仅为二次侧的50%，则一次侧流道内流体与板间的对流传热系数约为二次侧的70%，板式换热器的传热系数约为2500~3700W/（$m^2 \cdot K$）；若采用非对称型板式换热器，一次侧介质通过小流道，二次侧通过大流道，则能将一次侧介质通道内的对流换热系数提高到原来的1.5倍，则总传热系数将增加到3000~4000W/（$m^2 \cdot K$）。

6. 游泳池加热

加热水：78℃→36℃，36.5m³/h；游泳池水：50←26℃，64m³/h

$\Delta t_m = 17.48℃$，$A = 25.9m^2$

$NTU_h = (78 - 36)/17.48 = 2.4$，$NTU_c = (50 - 26)/17.48 = 1.37$

两侧流量比：$G_h/G_c = 36.5/64 = 0.57$，$NTU_h/NTU_c = 1.75$，故选择非对称型板式换热器。

二、非对称（FBR）型板式换热器是为集中供热系统量身定制的换热器

1. 非对称（FBR）型板式换热器的适用范围

（1）北京京海换热生产的 FBR 01 型板式换热器主要性能见表 10-1。从该表可知，$\dfrac{\text{大流道处理量}}{\text{小流道处理量}} = 2$。

（2）适用范围：当 $G_c/G_h > 1.7$（或 $v_c/v_h > 1.7$）时，均适合于采用非对称（FBR）型板式换热器。

（3）热电联产、集中供热系统一次侧水供回水温度 130℃/80℃，150℃/80℃，115℃/70℃，相应的二次侧水供回水温度 95℃/70℃，80℃/60℃，此时两侧流量比均大于 2，故应选用非对称（FBR）型板式换热器。

FBR01 型板式换热器性能　　　　　　　　　　　　　　**表 10-1**

公称换热面积（m²/h）	板片数（片/台）	处理量（0.5m/s）(m³/h)		传热系数（W/m²·K）	压力降（kPa）
		大流道	小流道		
0.6	7	7	3.5	6000（0.5m/s）	热侧 30kPa 冷侧 25kPa （0.5m/s）
1	11	12	6		
2	19	22	11		
3	27	32	16		
5	43	50	25		
7	59	60	30		
9	77	92	46		

2. 在集中供热系统中采用非对称型板式换热器的优越性

（1）在板间流速为 0.5m/s 时，板式换热器的传热系数可达到 6000W/（m²·K），约比采用对称型板式换热器时提高了 1.5 倍。

（2）减少了板式换热器面积，计算出的传热面积约比对称型板式换热器少 20%~30%，降低了初投资。

（3）由于二次侧为大流道，即使二次侧中含有一些污染物质，也不会发生堵塞现象，减少了维护工作量。

（4）非对称型板式换热器减少了二次侧的水泵消耗功率。由于 $NTU = \dfrac{A \cdot K}{G \cdot G_P} = \dfrac{t_1 - t_2}{\Delta t_m}$，该式的右边表示工艺条件，用 NTU_P 表示，左边表示板式换热器的装置条件，用 NTU_E 表示。故当工艺的温度变化较小，Δt_m 变化大时，NTU_P 也小。如集中供热的二次侧相对于一次侧而言，NTU_P 较小。当工艺温度的变化大，Δt_m 变化小时，NTU_P 也大。NTU_E 即 $\dfrac{A \cdot K}{G \cdot C_P}$ 表示换热器的能力，由于 $G \cdot C_P$ 已定，故设计时必须使它与 NTU_P 一致，计算出 $A \cdot K$。K 值大时，则 A 小。传热面积 A 是流道与流程，即传热长度的集合，全传热长度是单位传热长度与流程数的乘积，若每 1 流程的 NTU 为 NTU_e 时，则 $NTU_E = n \times NTU_e$。当 $NTU_E = NTU_e = NTU_P$ 时，换热器为 1 个流程，$NTU_e < NTU_P$ 时，则为多流程。在集中供热系统中，$NTU_h = 2.5$，$NTU_c = 1.25$，一般按 NTU 大的一方进行换热器的设计计算，此时在流道内的流速二次侧为一次侧的 2 倍，不仅压力降大，而且还不能充分发挥它的传热性能，故选择换热器时，二次侧经常采用多流程方式才能满足二次侧换热的

要求，但却加大了水泵的耗电功率。若按 NTU。小的一方设计换热器，则一次侧的流速降低，换热系数从二次侧的 11342W/（m²·K），降至 7843W/（m²·K），总传热系数从 5681W/（m²·K），降至 4561W/（m²·K）。最终导致传热面积增加约 20%～30%。

（5）不会出现对称型换热器一次侧因流速过低而结垢的现象。

三、非对称（FBR）型板式换热器在清华大学供热系统中的应用

1. 清华大学供热系统（资料来源：清华大学　付林）

（1）热源　现有供热系统中一共有三个供热热源——南区锅炉房、东区锅炉房和一个燃气锅炉房。燃气锅炉房和东区锅炉房位于东主楼东北的东区锅炉房内，南区锅炉房位于能科楼南边的南区锅炉房内。各个锅炉房锅炉容量见表 10-2。

各个锅炉房锅炉容量　　　　　　　　　　　　　　　　　表 10-2

所属锅炉房	锅炉型号	锅炉台数	容量（MW）	供热面积（万 m²）
南区锅炉房	DHL 热水锅炉	3	14	63
东区锅炉房	DHL 热水锅炉	1	14	25
	DHL 热水锅炉	1	29	50
	SHL 蒸汽炉	1	20t/h	15
燃气锅炉房			60t/h	

（2）热力网和热力站

1）南区锅炉房的热网，如图 10-1 所示，供应清华大学内南北主干道以南的区域，供热面积 60.8 万 m²。

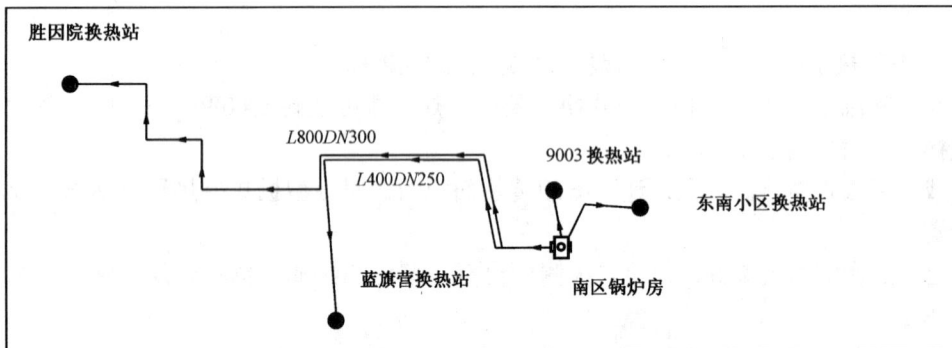

图 10-1　2000～2001 年南区锅炉房一次管网示意图

2）南区锅炉房，有 4 座热力站，各热力站的供热面积，见表 10-3，站内的换热器全部为北京京海换热生产的 FBR 型板式换热器。

2000～2001 年南区锅炉房供热面积表　　　　　　　　　　表 10-3

热力站名称	东南小区	9003	胜因院	蓝旗营小区	总　计
供热面积（m²）	179679	151305	192115	83611	607295

3）东区锅炉房供应清华大学内南北主干道以北的区域，供热面积 48.8 万 m²，一次管网如图 10-2 所示。

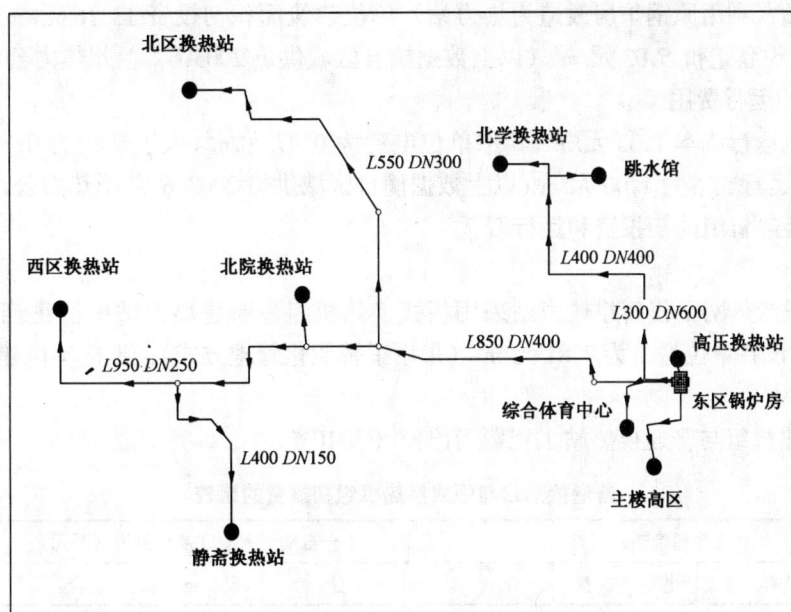

图 10-2　2000～2001 年东区锅炉房一次管网示意图

4）东区锅炉房，有 9 座热力站，各热力站的供热面积见表 10-4，站内换热器全部采用北京京海换热生产的 FBR 型板式换热器。

2000～2001 年东区锅炉房供热面积表　　　　表 10-4

名　称	北　院	西　区	静　斋	北　区	北　学	游泳馆	体育馆	主楼高区	高　压	总　计
供热面积（m²）	181983	79596	12281	114206	27000	9600	12600	22000	28699	487965

（3）清华大学集中供热的发展　清华大学 2000～2001 年供暖季供暖面积 134 万 m²，到 2005 年供热面积将达 245 万 m²，2011 年将达 315 万 m²，平均每年新增建筑面积 12.6 万 m²。

第二节　板式换热机组在集中供热系统中的应用

一、在集中供热系统中热力站的初投资和运行费

1. 在集中供热系统中热力站的发展趋势

我国的城市集中供热系统由热源、热网、热力站和用户组成，绝大多数的热力站均采用板式换热器。进入 21 世纪后，我国每年新建集中供热面积约 1.5 亿 m²，新建热力站约 1500 座（10 万 m²/座），约需板式换热器 15～30 万 m²。

2. 在热网工程中，热力站的投资约占 20%

以某市热电联产热网工程为例，工程费用约占总投资的 75%，其中热网（一级网、二级网、过河钢架桥、顶管工程费）约占 80%，热力站（土建、工艺）约占 20%。在热力站费用中，土建约占 20%，工艺（含电控）约占 80%。

3. 热力站的初投资

新建热力站单位建筑面积初投资 10.35 元/m²，其中土建单位建筑面积造价 5.36 元/m²，占 51.8%，设备单位造价 4.99 元/m²，占 48.3%（以上数据摘自区域供热 2003.6，兰州热力公司贾兰梅）。

改造热力站（利用原锅炉房改造为热力站）单位建筑面积初投资 13.16 元/m²，其中土建造价 8.12 元/m²，设备造价 5.03 元/m²（以上数据摘自区域供热 2003.6，兰州热力公司贾兰梅）。

4. 热力站的运行费用

热力站单位运行成本 1.33 元/m²，其中单位电耗为 0.97 元/m²，人工费约为 0.3 元/m²，当无人工费用时，单位运行成本为 1.06 元/m²（以上数据摘自区域供热 2003.6，兰州热力公司贾兰梅）。

二、板式换热机组的初投资和运行费

1. 初投资

某市热电联产热网工程新建热力站采用板式换热机组，新建热力站单位建筑面积初投资约为 8.84 元/m²，设备单位造价为 7.81 元/m²（采用了智能化管理方式），土建单位建筑面积投资仅为 1 元/m²。

2. 板式换热机组与普通换热站工程费用比较（表 10-5）

普通换热站与板式换热机组初投资的比较　　　　表 10-5

热力站规模	普通换热站（万元）			全自动无人职守换热机组（万元）			差 值
	土 建 费	设 备 费	合 计	土 建 费	设 备 费	合 计	
7MW	15.4	21.0	35.4	7.8	10.9	18.7	17.7
3.5MW	10.5	14.5	25.0	6.0	7.9	13.9	11.1

注：以上资料来自于秦皇岛热力公司

从表 10-5 可知，板式换热机组的土建费约为普通换热站的 50%，即说明采用板式换热机组是降低集中供热系统初投资的重要措施之一。

3. 板式换热机组的运行成本

热力站自控系统的投入，不仅提高了室温合格率，而且提高了热力站的运行效率，节能降耗效果明显。减少运行费用主要表现在以下两个方面：

（1）以 7MW 换热站为例，按以往普通换热站运行维护人员平均每站约需要 3.5 人计算，实现"无人值守"后，年节约开支约 3.5 万元。

（2）热力站采用自控后，实现了根据室外气候参数的改变自动改变供热量的按需供热运行模式，提高了能源利用率，这部分的节约量也非常明显。

三、京海换热生产的板式换热机组的特点

（1）板式换热器采用集中供热系统专用的 FBR 型板式换热器，在相同换热量的条件下，换热面积约为 BRS 的 70%，既降低了投资，也减少了换热器的占地面积。

（2）采用先进的计算机软件优化设计，主要配备设备均选用国内外知名品牌产品，具有体积小、结构紧凑、重量轻、安装维修方便、操作简单、运行可靠、噪声低、节约能源等优点。

（3）板式换热机组就地自控可以实现气候补偿，补水定压，开车自检，顺序启动，失压保护，断电保护，恢复供电，自动开车，超温保护，超压保护，二级系统分阶段量调，电机运行超载过流保护，恒压差供热和变温差供热，事故状态电话呼叫报警等功能。除此之外，二级系统的量调为供热计量创造了条件。

第三节　全焊板式换热器在热电厂首站换热中的应用

热电厂供热系统是热电厂的主要组成部分，它由热源、首站换热站、供热管网、各热力站及终端热用户组成。

一、首站的构成（图 10-3、图 10-4）

图 10-3 表示热电厂供热原则性系统图。图中的 9（板壳式换热器），11（一次循环泵），10（板式换热器）和 12（二次循环泵）等组成供热首站。

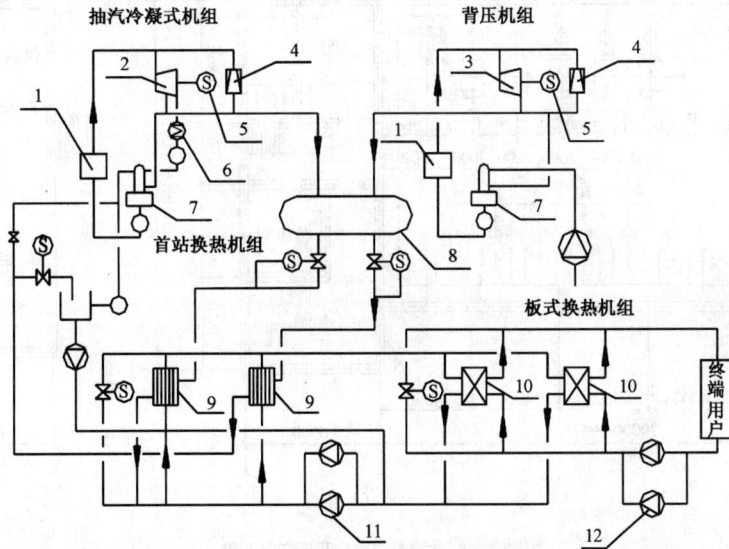

图 10-3　热电厂供热原则性系统图

1—锅炉；2—抽汽冷凝式汽轮机；3—背压汽轮机；4—减压阀；5—发电机；

6—凝汽器；7—除氧器；8—集汽分汽器；9—板壳式换热器；

10—板式换热器；11——次循环泵；12—二次循环泵

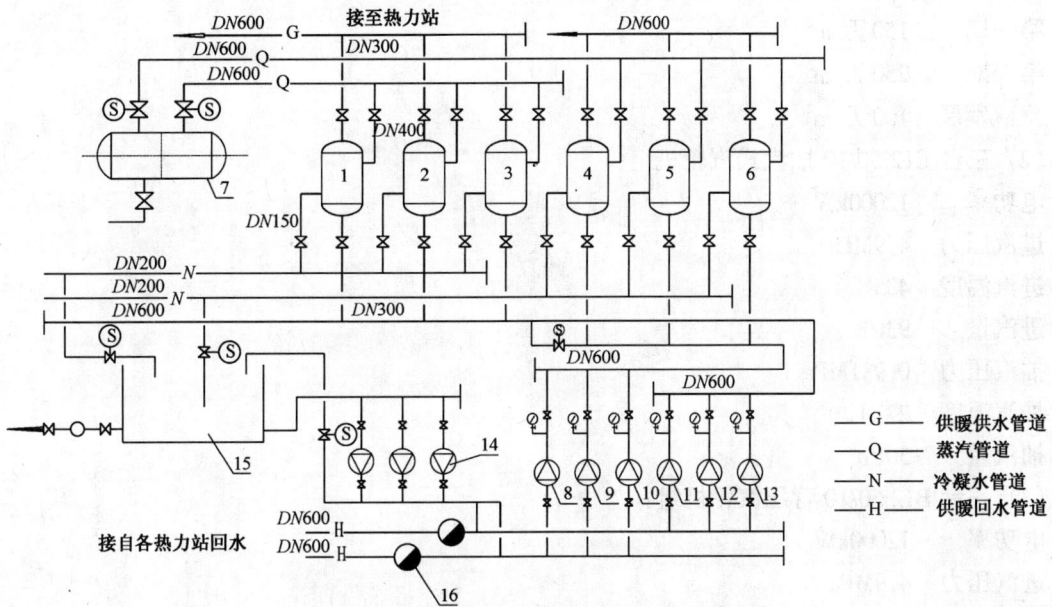

图 10-4　首站热力管道系统

1~6—板壳式换热器；7—集汽分汽器；8~13—循环水泵；

14—补水泵；15—补水箱；16—除污器

图 10-4 表示首站热力管道系统。从该图可知，首站的管道包括蒸汽管道 Q，冷凝水管道 N，供暖供水管道 G 和供暖回水管道 H。图 10-5 是首站设备平面布置图。

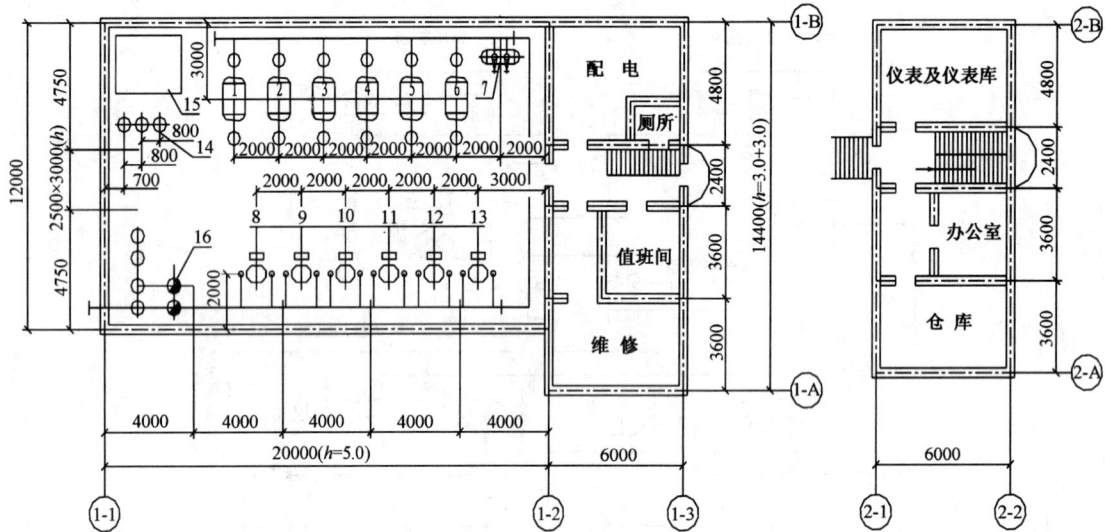

图 10-5   首站设备平面布置图

1~6—板壳式换热器；7—集汽分汽器；8~13—循环水泵；
14—补水泵；15—补水箱；16—除污器

二、首站的设计（以某热电厂提供的设计参数为依据）

1. 热负荷计算

（1）首站设计供暖面积：

第一期　　150 万 m²

第二期　　250 万 m²

预留发展　100 万 m²

（2）三台 C12-50/10 抽汽式汽轮机组：

电功率　　12000kW

进汽压力　4.9MPa

进汽温度　435℃

进汽量　　93t/h

抽汽压力　0.981MPa

抽汽温度　271℃

抽汽量　　50t/h

（3）一台 B12-50/10 背压汽轮机组：

电功率　　12000kW

进汽压力　4.9MPa

进汽温度　435℃

进汽量　　147.7t/h

（4）一级网（首站）：

供水温度　130℃

回水温度　70℃

（5）二级网（各热力站）：

供水温度　80℃

回水温度　60℃

（6）最远热力站离首站约 13000m。

（7）热负荷估算　根据热电厂提供首站的供暖面积，并按照 2003 年全国民用建筑工程设计技术措施 1.3 节供暖方案估算指标，对于只设供暖系统的民用建筑物，当仅知道建筑总面积时，其供暖热指标可参考下列数值：

1）住宅　　45～70W/m²

2）办公楼　60～80W/m²

3）旅馆　　60～70W/m²

4）商店　　65～75W/m²

由于对供暖面积的建筑物未进一步调查，为便于计算暂定每平米供暖指标为 60W/m²，即：

第一期总热负荷　　　$Q_1 = 150$ 万 m² $\times 60$W/m² $= 9000$ 万 W

第二期总热负荷　　　$Q_2 = 250$ 万 m² $\times 60$W/m² $= 15000$ 万 W

预留发展总热负荷　　$Q_3 = 100$ 万 m² $\times 60$W/m² $= 6000$ 万 W

其中热负荷已包括首站、热力网、热力站及二次热力网的热损失。

2. 换热器的选型

目前在热力站设计中常选用的换热设备有管壳式换热器、可拆式板式换热器、波节式换热器及混合式水加热器等。

本次设计拟选全焊板式换热器。全焊板式换热器是目前国际上先进的高效能节能换热设备，全焊板式换热器采用波纹板作为传热元件，板束板片间用电焊进行焊接。

全焊板式换热器与常用管壳式换热器相比，具有结构紧凑的优点，因此在完成同样换热任务的情况下，全焊板式换热器的体积小，重量轻，从而可大大节约用户设备安装空间。

全焊板式换热器，板束装在压力壳内，提高了全焊板式换热器的安全可靠性。与管壳式换热器一样，除了受压力容器设计级别限制外，全焊板式换热器的使用压力没有绝对的限制。因此全焊板式换热器既具有传热效率高、结构紧凑、重量轻的优点。同时，又继承了管壳式换热器耐高压及耐高温、密封性能好、安全可靠等优点，与管壳式换热器相比具有更加优异的结构特点。

（1）由不锈钢板波纹板组成的板束安装在壳体中，回水由设备底部进入板束板程，高温水由设备顶部流出。

（2）蒸汽热流由设备上侧进入板束多程，凝结水由设备下侧流出，两流体在板束中呈现纯逆流换热。

本设计具体选型 HBQL0.6×1.8-1.6-180 型，换热面积每台为 180m²，共计 6 台。其中 3 台为一期工程。其他 3 台为二期工程。发展期暂不考虑，但在总图平面布置及建筑上预留发展余地。

全焊板式换热器选择北京京海换热生产的全焊板式换热器。

1）型号：HBQL0.6×1.8-1.6-180 型

2）数量：6 台

3）热量：$Q = 40000$kW/台

4）供水温度：$t_1 = 130℃$

5）回水温度：$t_2 = 70℃$

6）水侧压差：$\Delta P = 10.7\text{kPa}$

3. 循环水泵的选择

依据热电厂供热原则系统图，首站的热源主要来自抽汽式汽轮机及背压式汽轮机的余压，过热蒸汽各为 0.981MPa，抽汽及背压温度约为 271℃。

抽汽及背压蒸汽，经全焊板式换热器冷凝至 80℃返回热电厂除氧水箱，部分冷凝水作为一次热网的泄漏水补充。

蒸汽经全焊板式换热器放热后将一次热网返回的 70℃回水加热至 130℃，并通过循环水泵加压，经一次供暖管网至中继泵站及各热力站换热至二次循环水系统的 60~80℃。

根据热电厂的总体规划，供热部分采取分期实施的原则。第一期供 150 万 m^2 建筑物供暖，为节省一期工程的投资，首站换热站的设计方案土建部分考虑一次建成，设备安装可采取分期实施原则。第一期先安装 3 台板壳式换热器及 3 台循环水泵。第二期再安装同样型号各 3 台。为便于设备的选型，供暖面积暂按 200 万 m^2 计算，其热负荷估算如下。

（1）热负荷估算：$Q = F \times q \text{kW}$

式中　F——总供暖面积，$2 \times 10^6 \text{m}^2$；

　　　q——每平方米的单位耗热量，60W/m^2。

即　　$Q = 200 \text{万 m}^2 \times 60\text{W/m}^2 = 12000 \text{万 W}$

（2）热水循环泵总流量计算：$G = Q / \left[1.163 \left(t_g - t_h \right) \right] \text{t/h}$

式中　G——总流量（t/h）；

　　　t_g——一次侧供水温度，130℃；

　　　t_h——一次侧回水温度，70℃。

即　　$G = 12000 \text{万} / \left[1.163 (130 - 70) \right] = 1719.7 \quad \text{t/h}$

（3）循环水泵扬程计算：

$$H = 1.1(H_1 + H_2)$$

式中　H_1——全焊板板式及热力站换热器压力降，取 7m；

　　　H_2——首站至中继泵站压力降，取 40m（供回水）。

即　　$H = 1.1 (7 + 40) = 52\text{m}$

（4）一次循环水泵选用 SB（R）-ZLU350-300-485 型泵共 6 台，其中 4 台运行，2 台备用。

总流量　　　$G = 1000\text{m}^3/\text{h}$

总扬程　　　$H = 52\text{m}$

电机功率　　$N = 200\text{kW}$

泵组重量　　$q = 2160\text{kg}$

4. 供热系统的补水及补水泵选择

（1）供热系统的补水

1）热水网在正常运行时会损失一部分水量，发生故障时还会增加额外的水量损失，对这些损失的水量应及时予以补充。

2）根据"小型火力发电厂设计技术规定"正常补水量一般为热网循环水量的 1%~2%。本方案设计选用凝结水作为正常泄漏补充。因实际补水量小于 0.5%，故采用凝结水作补水，由于水质要求不高，故也可用软化水，由热电厂确定。

3）补水方式采用变频调速定压系统补水，其工作原理，安装在循环泵前定压点处的压力传感器感受到补水泵出口压力值后，反馈回变频控制柜，与给定压力比较后，控制变频器调节电机转速，使水泵流量随之变化。当补水泵出口压力低于给定压力值时，供电频率增加，电动机转速提高。水泵流量增大，反之流量则减少。如果超过给定压力值，则自动停机。这样，通过变化水泵流量的方法可保证热网系统压力不变。若系统水受热膨胀而使系统超压，则靠电磁阀及安全阀的定压泄水以确保系统的安全可靠。

此种定压方式具有以下特点：

（a）运行管理方便，达到设定压力自动停机。

（b）与常规补水泵相比节省电能。

（c）具有过压、过流、欠压、过载、短路、过热保护和故障音响及灯光报警信号。

（d）具有手动、自动两种控制方式。自动控制时，有备用泵连锁和变频电源。自控系统故障时，可自动切换为人工运行。

（2）补水泵的选择 补水泵选择原则是根据补水量和事故补水量等因素确定。一般取热网系统正常补给水量的4倍。

1）补水泵流量计算

$$G_A = G \times 1\% \times \frac{4}{3}$$

式中 G_A——补水泵流量（t/h）；

　　G——循环水泵总流量；

　1%——正常补水量；

　　4——事故补水量倍数值；

　　3——考虑备用泵的同时工作系数。

$$G_A = 1719.7 \times 2 \times 0.01 \times 4/3 = 45.8 \quad t/h$$

2）补水泵扬程计算

补水泵扬程选择原则：

(a) 确保系统充满水，不倒空。

(b) 确定系统不汽化。

根据本工程首站、中继泵站及热力站水循环系统串联连接及地形标高差不大的特殊性，初步确定补水泵扬程定压为30m。

其中：

a）130℃高温水汽化压力为18m；

b）系统地形标高差为12m；

c）补水泵定压点为30m；

d）电磁阀泄压点：31m开，33m闭；

e）安全阀定压点：35m；

f）补水泵的选择：

补水泵型号：QPG80-200B　3台；

流量：56.6~30.5m³/h；

扬程：33.4~40.5m；

电机功率：7.5kW；

噪声：58dB（A）。

5. 热工控制

首站换热站是利用热电厂汽轮机抽出的蒸汽来加热供暖系统的循环水，并供给各热力站及热用户。

为使供热量既不多也不少,正好满足用户的需要必须对输送热量和热力工况进行调节。

为了完成这些任务,首先必须全面掌握整个供热系统的运行情况,及时发现问题,然后应对出现的问题,进行准确分析和判断,及时指挥供热系统做出相应的调整,保证供热系统安全经济运行。因此,首站换热站的热量和工况调节是至关重要的。

首站主要的控制项目有:供水温度自动调节、蒸汽压力自动调节、循环水泵控制、补水泵定压控制等。

(1) 供水温度自动调节 供水温度自动调节的任务是改变供水温度,使之适应室外温度的变化,从而使室内温度控制在一定的范围内,采用方法:一种是使热网循环水不完全经板壳式换热器,其中一部分回水直接从旁通管路通过,然后与供水混合;另一种采用变频方法,调节电机转速。

(2) 蒸汽压力自动调节 蒸汽压力自动调节的任务是改变板壳式换热器入口蒸汽压力以改变蒸汽流量的多少。

(3) 循环水泵控制 热网循环水泵控制的任务是改变水泵的转速进而改变循环水量和水泵扬程,使之适应系统总热负荷的变化,本方案初步设想可以采用变频调速也可采用回水旁通流量的调节,以适应更大的调节范围。

(4) 热网定压控制 热网定压控制的任务是保证热网安全运行,防止出现汽化现象并保证供热系统有一个稳定的工作点。

(5) 热网供暖调度科学化 首站内设立热网供暖调度中心,中心主要任务:

1) 实时准确检测热网供暖的运行数据。

2) 综合分析及时发出控制指令,作出操作指示。

3) 诊断故障确保系统安全运行。

供暖的目的,首先应根据所掌握的数据对系统可能出现的故障进行预测,尽量做到防患于未然,一旦系统发生故障,应能及时报告故障点,并作出处理故障的措施。

(a) 积累运行数据 热网供暖投入运行后,由于设计状况和实际运行状况不可能完全相符以及其他种种原因,用户的负荷特性经常变化。仅靠以往的设计调度管理方法,很难保证供暖在最佳状态下运行及节约能源的目的。因此必须在不断积累运行数据的基础上,进一步完善调度管理方法,找出最佳运行规律。

(b) 中心主要实施的措施 根据热网供暖系统的特点,采用二级分布式计算机监控管理系统,即在中心调度室设置监控管理主机和通信控制装置组成监控管理层在各热力站、检查井、管网最不利点设置现场测控机和检测仪表,组成现场测控层。

该装置的设置与整个供热系统有密切的关系,需由热电厂统一协调,再做深入细致的工作。

6. 工艺部分主要设备表(表 10-6)

主 要 设 备 表 表 10-6

序　号	名 称 及 规 格	单　位	数　量	备　注
1	板壳式换热器 换热面积:$F = 180m^2$	(台)	6	
2	集汽分汽器:$\phi 1200mm \times 2000mm$ $P = 1.6MPa$	(台)	1	
3	一次循环水泵 SBR-ZLU-350-300-485 总流量:$G = 1000t/h$ 总扬程:$H = 52m$ 电机功率:$N = 200kW$	(台)	6	

续表

序　号	名称及规格	单　位	数　量	备　注
4	补水泵 QPG80-200B 流量：$G = 30.5 \sim 56.6 t/h$ 扬程：$H = 33.4 \sim 40.5 m$ 电机功率：$N = 7.5 kW$	（台）	3	
5	补水箱 $3.0 \times 2.5 \times 2 = 15 m^3$	（台）	1	
6	单梁超重机：$L = 12m$，$q = 2t$	（台）	1	
7	除污设备：$\phi 500mm$	（台）	2	

第四节　板式换热器在电锅炉供热系统中的应用

一、在某医院 37 号电锅炉蓄热式供热系统中的应用（资料来源：国电华北电力设计院　肖明东等）

1. 供热系统（图 10-6）

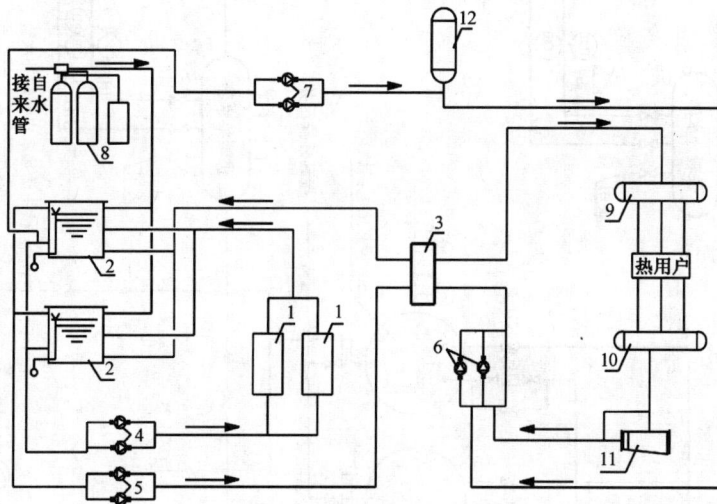

图 10-6　供暖系统示意图

1—电锅炉；2—蓄热水箱；3—板式换热器；4—蓄热泵；5—供热泵；
6—循环泵；7—补水泵；8—软水器；9—分水器；10—集水器；
11—卧式角通除污器；12—立式密闭膨胀罐

2. 主要设备

主要设备包括电锅炉、蓄热水箱、水泵变频调速装置、蓄热泵、供热泵、板式换热器、循环泵、软化水装置、定压装置及其附属设备等。其中板式换热器一次侧主要有电锅炉、蓄热水箱、蓄热泵、供热泵、板式换热器等，板式换热器二次侧有系统循环泵、板式换热器、定压装置及用户等。该系统供热面积：家属楼 15000m²，口腔门诊楼 3500m²。在供暖期的 4 个月（约 120 天）内，11 月中旬至 12 月中旬（约 30 天）平均每天需用谷电 6h，12 月中旬至 2 月中旬（约 60 天），平均每天需用谷电 8h 加平电 1h，2 月中旬至 3 月中旬（约 30 天），平均每天需用谷电

图　例

水泵	⊘
截止阀	▷◁
止回阀	▷◁
分流阀	▷◁
电动调节阀	▷◁
电动蝶阀	▷◁
碟阀	▷◁
除污器	⊠
温度计	○
压力表	○
软接头	▨
供暖一次供水管	——YG——
供暖一次回水管	——YH——
供暖二次供水管	——BG——
供暖二次回水管	——BH——
水厂上水管	——SS——
软化补水管	——BS——
排污泄水管	——PW——
溢流管	——YL——
温度测点	TE
液位测点	LT
压力测点	PIT
流量测点	FQIT
温度调节阀测点	TCV
电动阀测点	EV

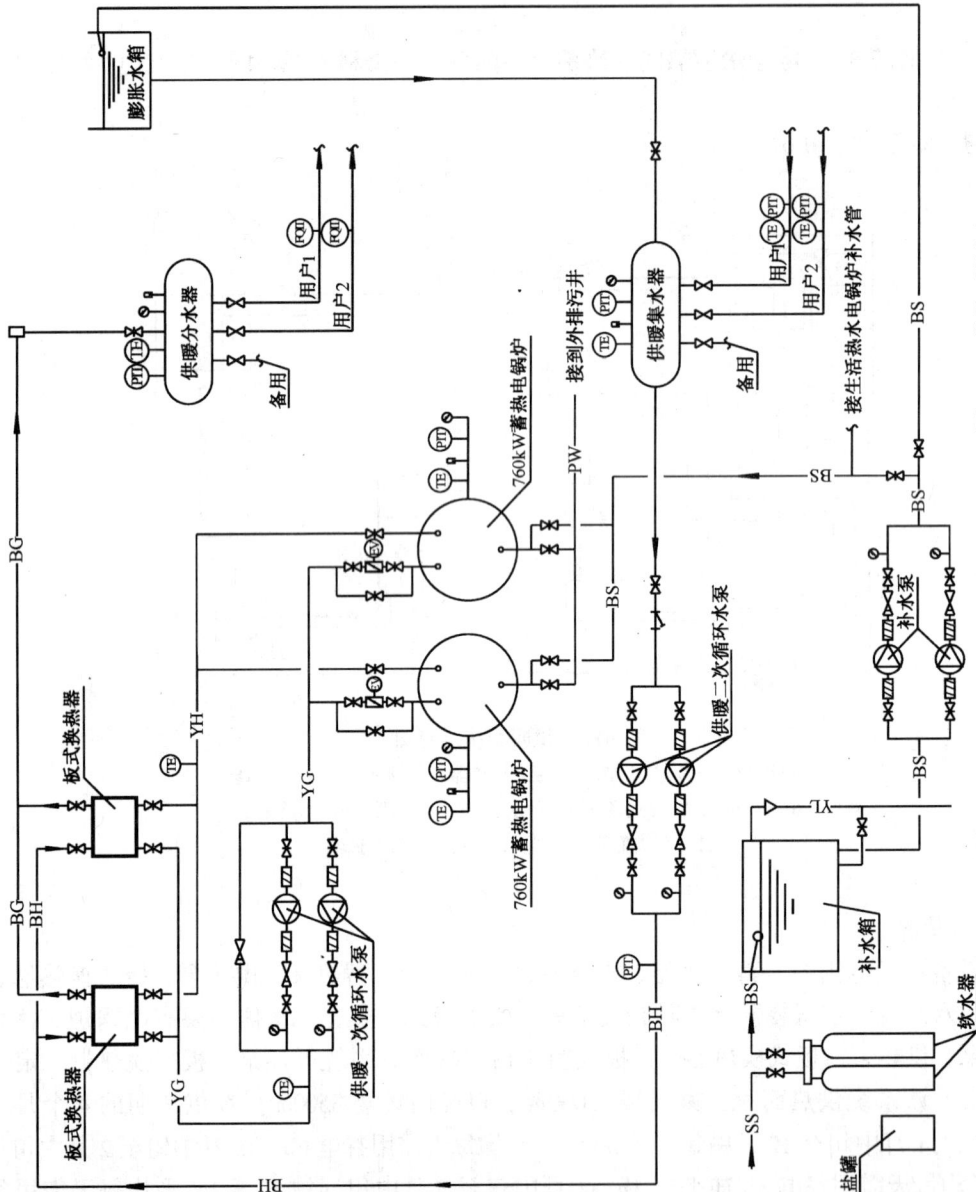

图10-7　供热系统图

4h，供暖期每平方米年运行费用约为 22.88 元。

二、在某培训中心蓄热电锅炉供热系统中的应用（资料来源：国电华北电力有限公司）

某培训中心总建筑面积 16000m²，包括客房、办公室、宿舍和娱乐设施等。设计供暖总负荷为 1155kW，设计生活热水热负荷为 900kW（包括泳池加热）。蓄热电锅炉的运行方式为 8 小时低谷电 + 4 小时平段电。供暖系统选用 2 台 760kW 蓄热电锅炉，生活热水系统选用 2 台 500kW 蓄热电锅炉，承压蓄热电锅炉内蓄热温度可达 140℃。

1. 供热系统（图 10-7）

2. 主要设备（表 10-7）

主要设备　　　　　　　　　　　　　　　　　　表 10-7

名　称	规　格	数　量	备　注
蓄热电锅炉	锅炉容量 760kW，380V，蓄热容量 40m³	2 台	
蓄热电锅炉	锅炉容量 500kW，380V，蓄热容量 20m³	2 台	
板式换热器	换热量 500kW	2 台	工作温度 140℃，采用 FBR 型
供暖一次循环水泵	65m³/h，$H=17m$	3 台	
供暖二次循环水泵	100m³/h，$H=32m$	2 台	
生活热水循环泵	50m³/h，$H=20m$	2 台	
补水泵	11.7m³/h，$H=44m$	2 台	
自动软水器	5m³/h	1 台	
补水箱	1500mm × 1500mm × 2000mm	1 个	
生活热水循环泵	22.3m³/h，$H=10m$	2 台	
生活热水换热器	换热量 450kW	2 台	

3. 运行方式

冬季供暖期采用和生活热水蓄热电锅炉同时运行，向用户供暖和供应生活热水。供暖期较寒冷的时间内，供暖和生活热水蓄热电锅炉每天在 8 小时低谷电和 4 小时平段电时间段内运行，向用户供热的同时也向蓄热电锅炉内蓄热；其余 4 小时平段电和 8 小时高峰电时间段内，蓄热电锅炉停运，由锅炉内蓄存的热量向用户供热。在冬季供热期前后 2 个过渡季内，由于室外环境温度较高，蓄热电锅炉只在 8 小时低谷电时间段内运行，8 小时平段电和 8 小时高峰电时间段内蓄热电锅炉停运，均利用蓄热电锅炉储存的热量向用户供热。使电锅炉在经济条件下运行，降低运行费用。

在春季、夏季、秋季，供暖结束，锅炉房只需向用户供应生活热水和加热游泳池用水，此时可将供暖蓄热电锅炉和生活热水电锅炉并联使用，4 台蓄热电锅炉只在 8 小时低谷电时间段内运行，8 小时平段电和 8 小时高峰电时间段内电锅炉停运，全部利用蓄热电锅炉在低谷电时间内储存的热量，向用户供应生活热水和加热游泳池。确保在春季、夏季和秋季蓄热电锅炉的运行费用最低。

4. 对板式换热器的要求

（1）设计工作温度 140℃。

（2）一次侧、二次侧流量比 $G_c/G_h \geq 2$，故应选择非对称（FBR）型板式换热器。

第五节 在公共洗浴设施中的应用

一、循环式浴池的设备设计
1. 浴池用水的水质（表 10-8）

公共浴池的水质标准　　　　　表 10-8

水 质 项 目	原　　水	浴 池 水
色　度	不超过 5 度	—
浊　度	不超过 2 度	不超过 5 度
氢离子浓度	pH: 5.8～8.6	—
过锰酸钾消耗量	10mg/L 以下	25mg/L 以下
大肠菌类	在 50mL 中不能检测出来	1 个/mL 以下
军 团 菌	10CFU/100mL 以下	10CFU/100mL 以下
氨 性 氮		1mg/L 以下

2. 使用水量

按照下式求出浴池的使用水量

$$Q = Q_1 + Q_2 + Q_3 + Q_4 + Q_5 + Q_6 \tag{10-1}$$

式中　Q——浴池使用水量；

Q_1——入池前清洗消毒场所和厕所、盥洗室等的用水量（L/人）；

Q_2——饮食设施内的用水量（L/人）；

Q_3——浴池换水水量（浴池容量）（L）；

Q_4——全浴池的补给水量（L/日）；

（概算值为最大洗浴人数 × 60L/人 × 0.3）

Q_5——过滤器的逆洗水量（L/日）；

Q_6——浴池和入池前场所的清扫水量（L/日）。

由于公共浴池用水量的资料较少，不能以此作为设计的依据，但可根据浴池的实测值推算出如下的数据和设计方法。

Q_1——大约为 120～150L/人，其中热水用量约为 45～60L/人。

Q_2——与设备的项目有关，可利用饮食设施的资料进行推算。

Q_3——在不同日改变浴池的换水或浴池组换水时，为最大浴池或同时换水的最大浴池组的浴池容量。

Q_4——是相当于浴池溢流水量的补给水量。

Q_5——与过滤器逆洗的程度有关，但每日逆洗时，该值约为过滤器泵容量的 30%～50%，当洗浴人数多时，逆洗时间则长。

Q_6——作为概算值约为浴池容量的 5%～10%。

除以上数据之外，当设置井水处理装置和除铁装置时，还应增加逆洗水量。

二、蓄热水槽
有关规范规定，循环式浴池应每周一次以上将浴池的水完全排出并更换；在浴池休息时间，要对浴池、过滤装置进行清扫、消毒；同时对浴池进行供水，由于要在短时间内向浴池供满水，故，许多场合都设置与设施内最大的浴池容量相吻合的蓄热水槽。

设置浴池用蓄热水槽时，为了防止蓄热水槽内的军团菌类的繁殖，必须使热水温度保持在60℃以上，并设置专用的消毒装置。此外，蓄热水槽还要定期进行清扫、消毒，故，在热水槽的底面便于维护管理的位置设置排水阀。

当蓄热水温度高于向浴池供水的温度时，为了调节热水温度，可采用用水稀释的方法或采用板式换热器冷却的方法。

三、循环系统

为了保持浴池的水质，应使浴池内的热水均匀循环、过滤。故，设计时配置了循环出口和入口，目的是防止浴池内不发生死水区域。循环热水从设置在浴池水面下的入口流入浴池内，为了降低吸入口的流速，避免发生洗浴者有被吸的感觉，故，设置与循环量相应的 300~600mm 矩形的吸入口。由于在靠近水面的地方浮游污染物较多，故一般通过溢流方式清除。

图 10-8 表示浴池的循环系统。我国常使用的是（*a*），即从浴池的侧面供水，从底面回水的方式，但当浴池原水（温泉或井水）量不充分或使用市政水时，为了节水和降低加热量，也可采用回收溢流（*b*）的方式。

在溢流回水方式中，为了清除沉淀在底面的砂，则应采用从底面清除 20%~25%，从溢流口回水 80%~75% 的回水方式。溢流回收槽仅流过溢流水，而不要将浴池的排水和浴场清洗用排水排至其中。

为了使浴池水的游离残留氯浓度合适，希望每个浴池都设置过滤装置。

循环系统的机房设置在低于浴池底面的位置，此时循环泵没有吸入扬程，过滤器和板式换热器的空气也易于排出。

四、加热系统

表 10-9 表示浴池的加热负荷计算方法，表 10-10 表示饱和蒸汽的蒸发潜热和饱和水蒸气分压，表 10-11 表示与空气温湿度有关的水蒸汽分压。此外，可按以下的概算式计算出概算值。

$$q = 60(t_w - t_a)A \tag{10-2}$$

式中　　q——浴池加热负荷（W）；

t_w——浴池内的热水温度（℃）；

t_a——浴室的室温（℃）；

A——浴池表面积（m^2）。

温泉浴池时，若浴池加热负荷和温泉供给量与温泉温度满足下式要求时，则不必加热。

$$Q_s \geqslant 0.86q/(t_h - t_w)$$

式中　　Q_s——温泉供给量，（L/h）；

t_h——温泉温度，（℃）；

上述的加热负荷是利用时间带的负荷。原则上，由于浴池内的热水每周应更换 1 次，故，除在温泉供给充足的地方和设置了与浴池容量相应的蓄热水槽的情况之外，均应对浴池的循环水进行加热。此时，由于热水的排除，浴池的清扫、消毒，供水和加热均需要消耗一定的时间，因此应根据浴池的关闭时间，计算加热能力，并与按浴池放热量求出的加热量进行比较，以其中较大值作为设计的加热能力。

(a)

(b)

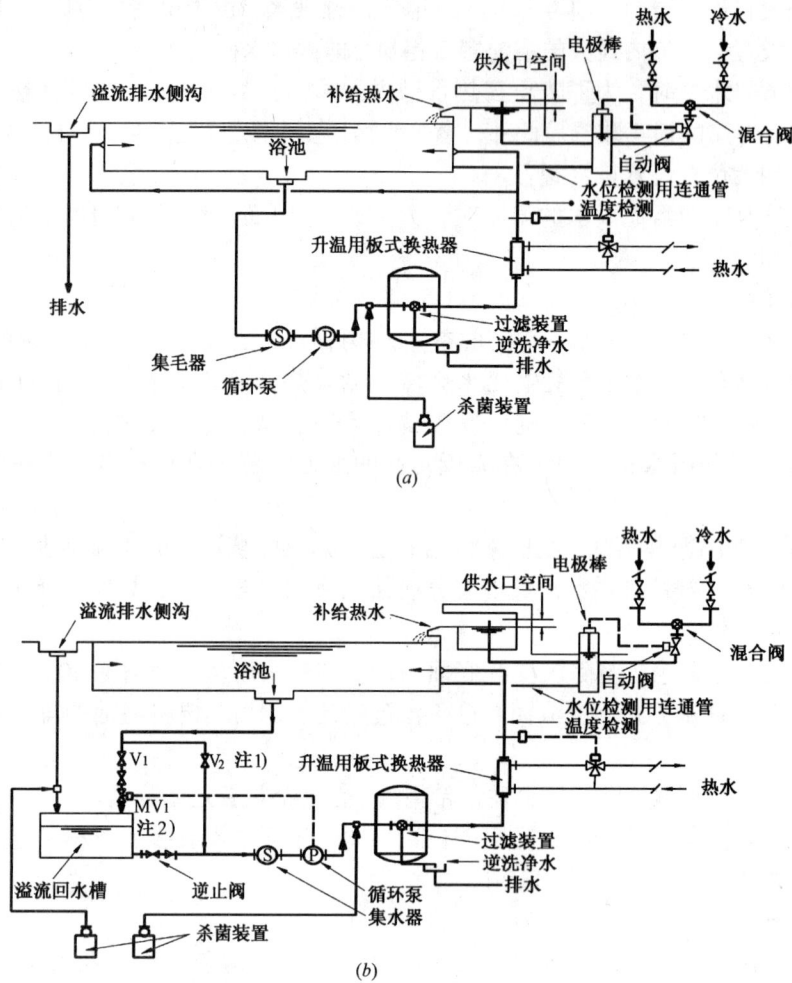

注：1）阀V_1常开，V_2常闭，过滤器逆洗时V_1闭，V_2开
　　2）MV_1和循环泵连动

图 10-8　浴池循环系统

(a) 一般的过滤器；(b) 溢流回收型过滤系统

	浴池的加热负荷计算方法	表 10-9

浴池的加热负荷 L	$L = q_e + q_t + q_s + q_p + q_h + q_f$ q_e——水面蒸发的热损失（W） q_t——水面传热的热损失（W） q_s——浴池壁面、底面的热损失（W） q_p——管道、过滤装置的热损失（W） q_h——入浴者的损失热量（W） q_f——补给水的加热负荷（W）
水面蒸发的热损失 q_e	室内 $q_e = (0.114v + 0.134)(P_w - P_a)A_1 \cdot 0.2778\gamma$ 室外 $q_e = (0.061v + 0.125)(P_w - P_a)A_1 \cdot 0.2778\gamma$ v——浴池水面上的风速（m/s）（一般室内：0.5，室外：3.0） P_w——等于水温的饱和空气温度的饱和水蒸气分压（kPa） P_a——空气的水蒸气分压（kPa） A_1——浴池的水表面积（m²） γ——水温的饱和蒸汽潜热（kJ/kg）

水面传热的热损失 q_t	$q_t = a(t_w - t_a)A_1$ a——浴池水面的传热系数〔W（$m^2 \cdot$℃）〕（室内：9，室外：35） t_w——浴池的水温（℃） t_a——室内温度（℃）（一般为25℃）
壁面、底面的热损失 q_s	$q_s = k_w(t_w - t_g)A_w$ k_w——壁面、底面的传热系数〔一般为1W/（$m^2 \cdot$℃）〕 t_g——地面温度（相当于该地区的年平均气温），与空气接触时为 t_a A_w——浴池的壁面、地面面积（m^2）
管道过滤装置的热损失 q_p	$q_p = q_{p1} + q_{p2}$ q_{p1}——管道、阀门的热损失（W） q_{p2}——过滤装置的热损失（W），表面积的概算值为 40W/m^2 概算值 $q_p = 0.03(q_e + q_t + q_s)$
入浴者的损失热量 q_h	$q_h = 0.1(q_e + q_t + q_s)$

饱和蒸气的蒸发潜热 γ 和饱和水蒸气分压 P_w　　　　　表 10-10

水温 t_w（℃）	蒸发潜热（kJ/kg）	饱和水蒸气分压（kPa）
38	2411.7	6.62
39	2409.3	6.99
40	2406.9	7.38
41	2404.5	7.78
42	2402.1	8.20
45	2394.9	9.58

空气温湿度和水蒸气分压（kPa）　　　　　表 10-11

温度（℃）＼湿度（%）	0	5	10	15	20	21	22	23	24	25	26	27	28
40	0.245	0.349	0.491	0.682	0.936	0.885	1.058	1.124	1.194	1.268	1.345	1.427	1.513
50	0.306	0.436	0.614	0.853	1.170	1.244	1.323	1.405	1.493	1.585	1.681	1.784	1.891
60	0.367	0.524	0.737	1.023	1.403	1.493	1.587	1.686	1.791	1.901	2.019	2.140	2.269
70	0.428	0.610	0.860	1.194	1.637	1.742	1.852	1.967	2.090	2.218	2.354	2.497	2.647
80	0.489	0.698	0.982	1.364	1.871	1.990	2.116	2.248	2.388	2.535	2.690	2.854	3.026
90	0.550	0.785	1.105	1.535	2.105	2.239	2.381	2.529	2.687	2.852	3.028	3.210	3.404
100	0.611	0.873	1.228	1.705	2.339	2.488	2.645	2.810	2.985	3.169	3.363	3.567	3.782

　　由于浴池使用氯消毒，故应考虑氯对设备的影响，在加热循环水时，应采用耐腐蚀的换热器，而不直接用锅炉或热水器等直接加热。

　　换热器一般采用板式换热器，加热器则常使用对运行无资格要求的真空式热水器和无压开放式热水器。

　　浴池的水温与入浴者的数量有关，可在每个浴池设置加热器，根据各个浴池的温度控制加热量，希望在浴池内设置池温的检测装置。但，从管理上看，一般将温度传感器设置在浴池机房室内的循环水管上，当根据浴池的放热负荷决定加热器的加热能力时，则根据设置在回水管上的热水温度传感器进行控制，但该值若是比按浴池内全部水进行加热的加热量小得多时，则应根据过滤器出口水温进行加热量的控制。

　　当加热器的能力比一般的加热负荷大得多时，浴池进水的水温偏高。为了防止烫伤，则应预先根据浴槽的放热负荷设定必要的进水温度，使浴池保持在适当温度之内，季节不同设定温度亦不同。一般根据经验设定温度可保持浴池水温不会偏高。

　　五、浴池补给水（热水）供给系统

　　当浴池已设有一定的供水空间时，则可采用直接供水方式。在溢流回收方式中，溢流水送至回收槽内，但不要采用新鲜补给水与循环热水混合的方式。一般补给水直接流入浴槽内。但，当入浴人数多时，为了避免浴槽水位降低，则可通过自动水位控制系统控制自动给水阀进行给水。

第六节　非对称（FBR）型在燃气锅炉房供热系统中的应用

一、在北京丰台区××住宅小区中的应用（设计人：郭保华）

1. 概况

该住宅小区建筑面积 38 万 m^2，地下高度 7.10m，地上高度 79m，户内全部为散热器供暖。

锅炉房内设置 4 台 WNS7.0-1.0/115/70 型燃气热水锅炉，一次水经分水器至非对称型（FBR）换热器换热成 95℃/70℃的供暖热水。

供暖系统分为南区、北区两部分。

2. 锅炉房的设计

(1) 锅炉房平面图（图 10-9）。

(2) 锅炉房主要设备（表 10-12）。

锅炉房主要设备表　　　　　　　　　　　　　　表 10-12

序　号	名称、型号及规格性能	单　位	数　量	备　　注
1	燃气锅炉　　　WNS7.0－1.0/115/70-Q 型	（台）	4	
2	锅炉热水循环泵　　SFGR250-365A 型　$G=324\sim576m^3/h$　$H=35.5\sim25m$ $N=55kW$	（台）	1	
3	锅炉热水循环泵　　SFGR200-315（I）A 型　$G=264\sim486m^3/h$ $H=31.5\sim23m$　$N=45kW$	（台）	2	
4	二次热水循环泵　　SFGR250-400A 型　$G=576m^3/h$　$H=40m$　$N=90kW$	（台）	2	包括换热站 1 台
5	二次热水循环泵　　SFGR200-400（I）B 型　$G=242\sim450m^3/h$ $H=41.4\sim29.6m$　$N=55kW$	（台）	4	包括换热站 2 台
6	除氧加压泵　　SFG65-125 型　$G=17\sim32.5m^3/h$　$H=21.5\sim18m$ $N=3.0kW$	（台）	1	
7	全自动钠离子软水器　　JYAF-3900-B$_2$ 型	（套）	1	
8	软化水除氧组合水箱　　4000mm×2000mm×3000mm	（组）	1	
9	常温过滤式除氧器　　JYG-25 型	（套）	1	

序　号	名称、型号及规格性能	单　位	数　量	备　注
10	变频定压补水装置　HLS-24/0.3-DQ 型	(套)	1	
11	变频定压补水装置　HLS-21/0.8-DQ 型	(套)	2	
12	分水器　$DN800mmL = 2300mm$	(台)	1	
13	除污器　$DN350mm$　$P = 1.6MPa$	(台)	3	包括换热站 1 台
14	板式换热器　FBR08 型　$100m^2$	(台)	6	包括换热站 3 台
15	防爆型轴流通风机　$L = 9000m^3/h$　$P = 130Pa$　$N = 0.75kW$	(台)	2	
16	防爆型轴流通风机　$L = 1000m^3/h$　$P = 100Pa$　$N = 0.025kW$	(台)	1	
17	反洗水泵　SFG65-160 型　$G = 17 \sim 32.5m^3/h$　$H = 34.4 \sim 27.5$　$N = 5.5kW$	(台)	1	

3. 供热系统的设计

(1) 供热系统图 (图 10-10)。

(2) 板式换热器的选型　由于一次侧供、回水温差为 115 – 70 = 45℃；二次侧供、回水温差为 95 – 70 = 25℃，一次侧供、回水温差/二次侧供、回水温差 = 45/25 = 1.8，故选择非对称型 (FBR) 板式换热器。

二、在总参兵种部生活热水供热系统中的应用 (设计人：郭保华)

1. 概况

热源：蒸汽锅炉，蒸汽压力 0.4MPa。

换热器：板式换热器

用户：公共浴室及公寓的生活热水，热水量 $32m^3/h$，热水温度 60℃。

2. 生活热水供热系统

(1) 换热站平面 (图 10-11)。

(2) 换热站主要设备 (表 10-13)。

换热站主要设备表　　　　　　　　　　　　　　　　表 10-13

序　号	名称型号及规格性能	单　位	数　量	备　注
1	板式换热器　BRS02-1.6-15	(台)	2	
2	板式换热器　BRS01-1.6-2	(台)	1	
3	热水供水泵　TQL65-125 $G = 32.5m^3/h$，$H = 18m$，$N = 3kW$	(台)	2	一用一备带变频调速器
4	热水供水泵　TQL32-125 $G = 5m^3/h$，$H = 20m$，$N = 0.75kW$	(台)	2	一用一备带变频调速器
5	热水循环泵　TQL25-160 $G = 4m^3/h$，$H = 30m$，$N = 1.1kW$	(台)	2	
6	热水贮水罐　$\phi1200mm$　$V = 3m^3$	(台)	1	
7	加 药 罐	(台)	1	

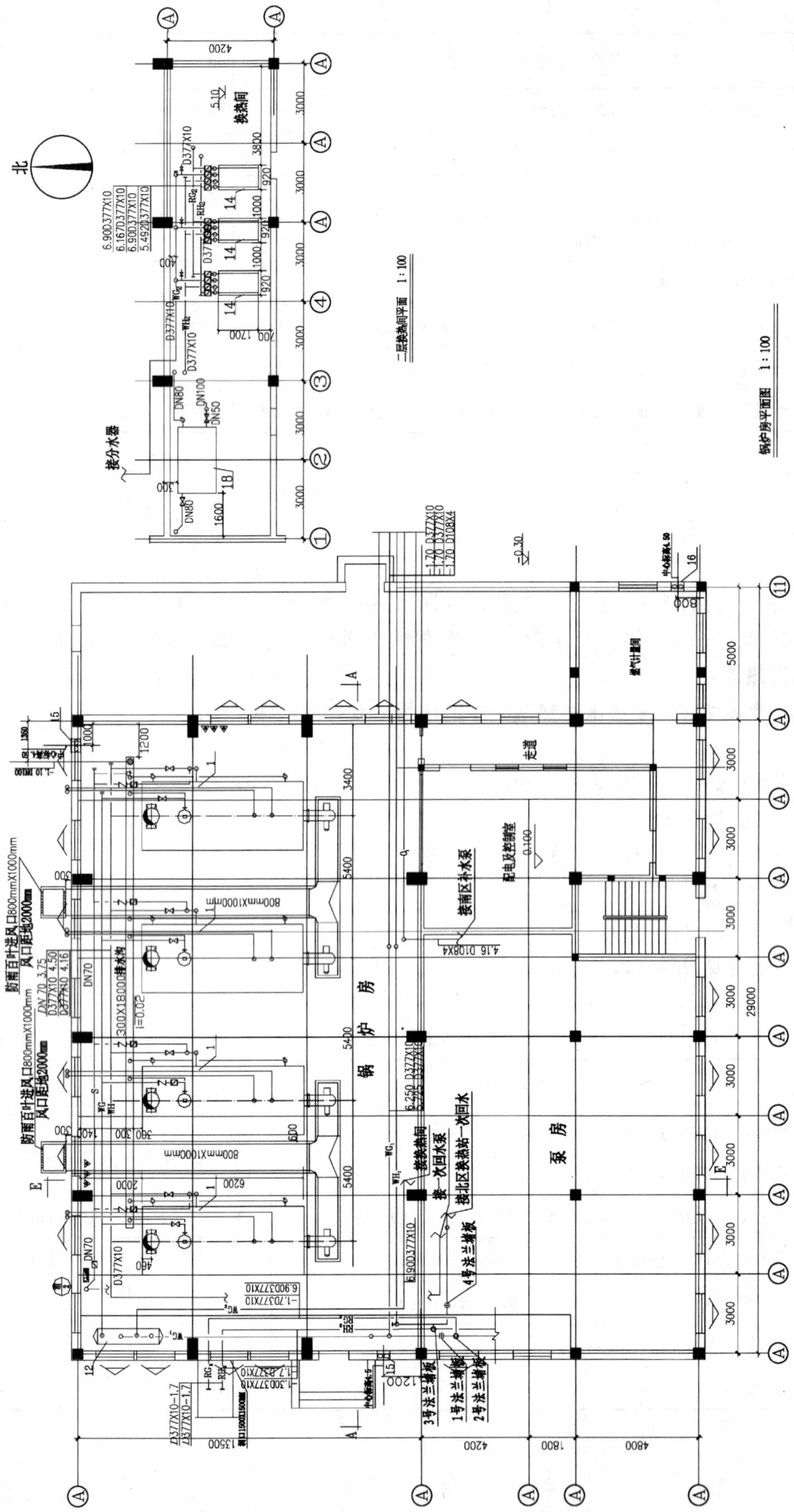

一层换热间平面 1:100

锅炉房平面图 1:100

锅炉平面图

图10-9

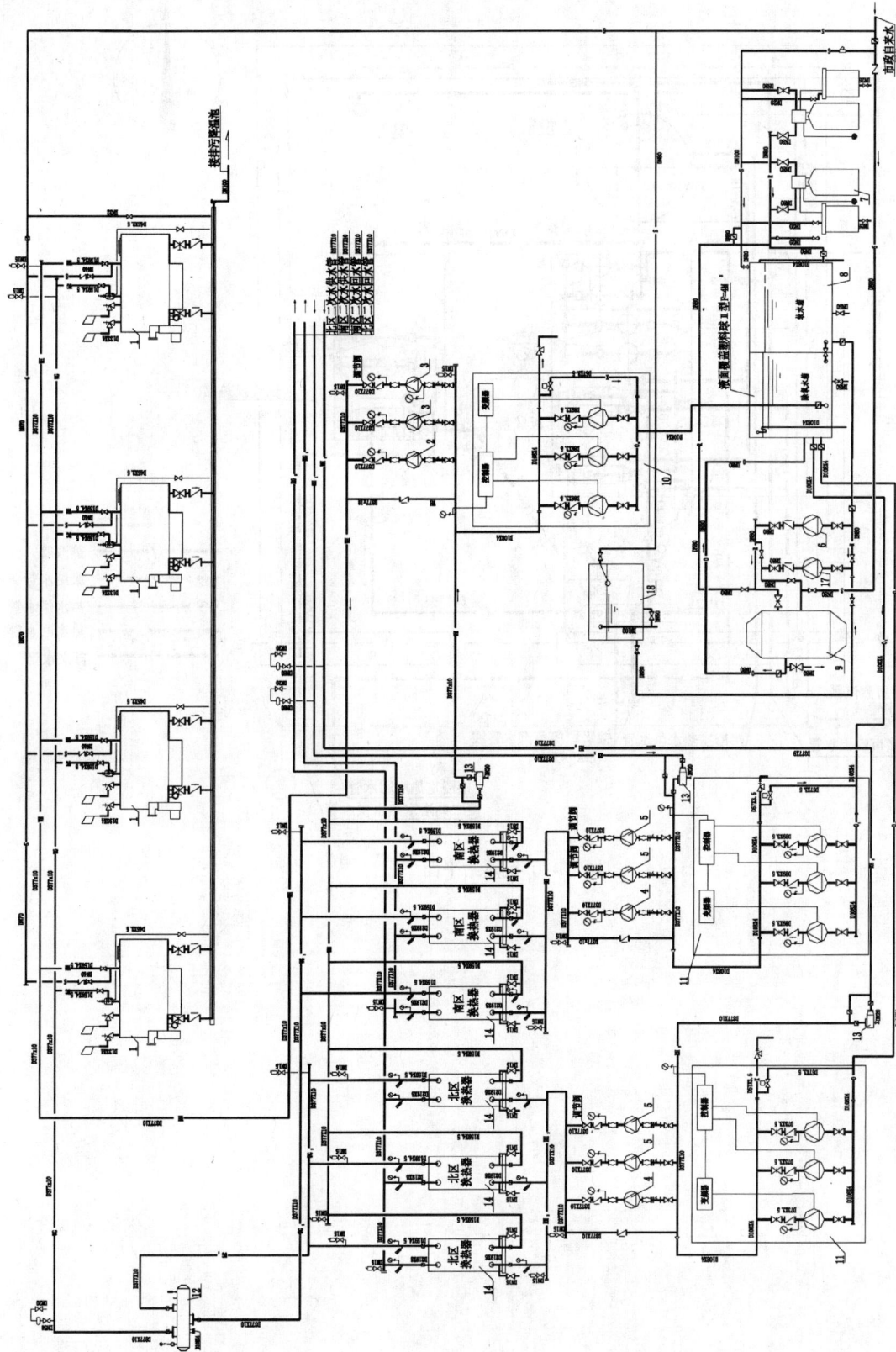

图 10-10 供热系统图

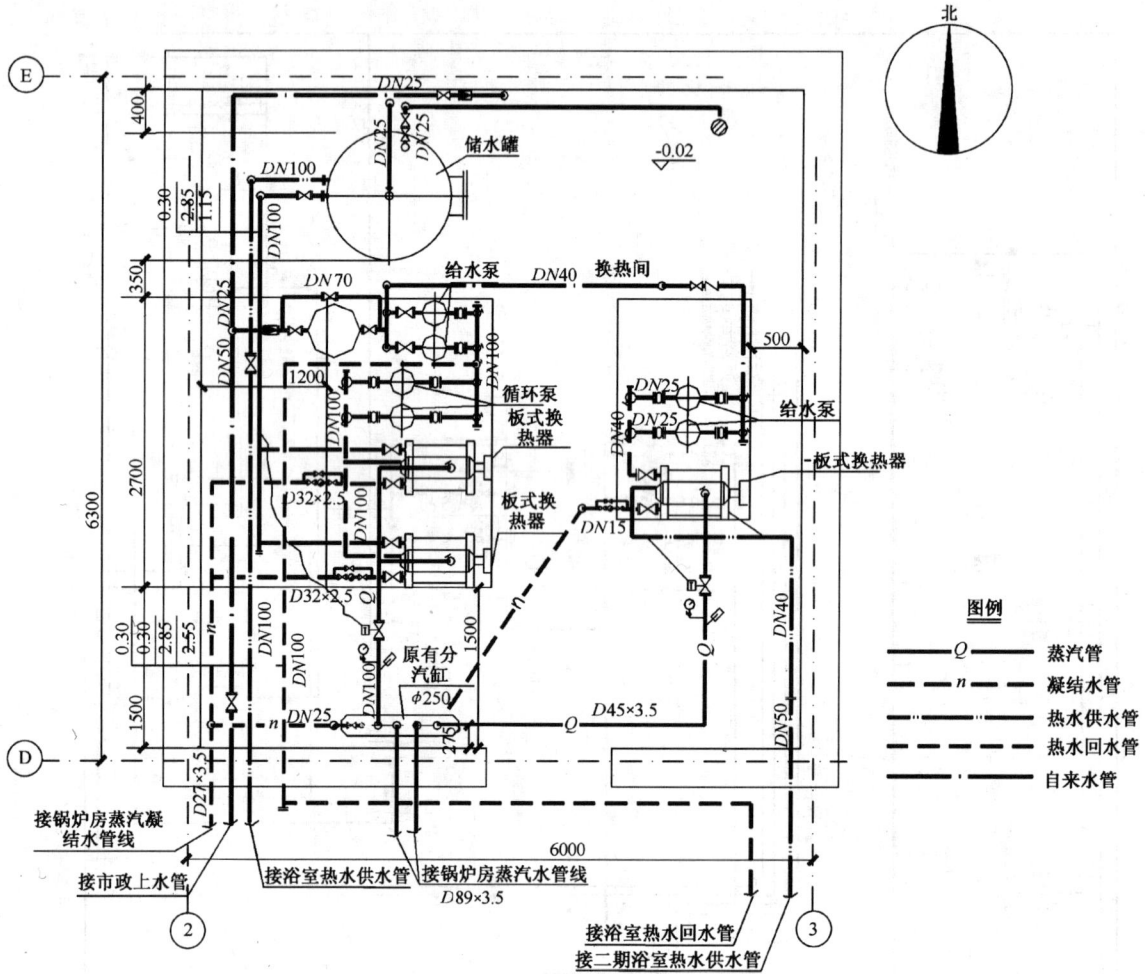

图 10-10 换热站平面

第十一章　板式换热器在可再生能源利用中的应用

第一节　在地热利用中的应用

一、板式换热器在地热梯级利用中的作用

1. 通过板式换热器将地热热能利用系统分为一次水、二次水系统，保证地热利用设备可靠运行，实现安全供热。

较深层地热水质好、腐蚀性很小的地热水是很少见的，由于供暖的地热水温度不能过低，故经常需要钻深井，深井地热水水质中最常出现的腐蚀成分是氯（Cl^-）和溶解氧（O_2）。氯离子半径小，穿透能力强，因此容易穿过金属表面已有的保护层造成对碳钢、不锈钢及其他合金的缝隙腐蚀、孔蚀及应力腐蚀等。我国从地下基岩层开采的地热水，通常氯离子含量大都超过300mg/L，腐蚀性较强。为了解决地热供暖系统的腐蚀和水力稳定性问题，国内外的地热供暖系统，主要采用间接供暖方式，即通过板式换热器将地热供暖系统分为一次水、二次水系统，从而实现可靠、安全供热。

2. 通过板式换热器实现地热热能梯级利用。

地热供暖的能力与地热井的出水量、水温和用后的排放水温有关。当地热井成井后出水量和水温已定，排放水温与用户的供暖方式有关。如供暖设备为散热器时，地热排放水温约为40℃，若地热井水温为70℃，则地热可用温差约为30℃。最近为了充分利用40℃以下温度段的低品位热能，许多地热开发有限责任公司采用热泵机组供热，合理降低尾水排放温度。从已建项目可知，尾水排放温度可达17℃，此时地热可用温差达到了53℃，地热热能利用率提高约1.7~1.8倍，提高了地热的供热能力。除热泵装置外，板式换热器是这种系统的关键设备之一。

二、地热利用对板式换热器的要求

1. 防腐蚀要求

由于氯离子对304、316不锈钢会造成腐蚀，故地热利用时常采用钛板板式换热器。但钛板价格较高，为了降低板式换热器的投资，北京京海换热可提供高性价比的板式换热器，适用于氯离子含量小于500mg/L的地热利用系统。

2. 板式换热器两侧的温降和流量

为了提高地热热能利用率，必须尽量地降低尾水排放温度。以散热器供暖方式为例说明板式换热器两侧的温降和流量（图11-1）。从该图可知，地热水：一次侧温差为70 - 45 = 25℃；二次侧温差为60 - 40 = 20℃。换热器两侧流量比为1.25。

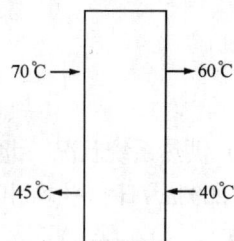

图 11-1　散热器暖

3. 板式换热器的 Δt_m 和 NTU

$$\Delta t_m = 7.2$$

$$NTU = \frac{25}{7.2} = 3.47$$

4. 适合的板式换热器的类型

（1）板材：钛板或254SMo板。

（2）板类型：浅密波纹板、波深 3 ~ 4mm。

三、北苑家园六区地热 - 热泵供热系统（资料来源：北京市华清地热开发有限责任公司李文伟）

1. 概述

北苑家园居住区位于北京城区以北，规划总建筑面积 210 万 m^2，分 6 个区。北苑家园 6 区共有 18 栋商住和住宅楼，总建筑面积约 40 万 m^2，其中住宅 34.6 万 m^2，配套用房约 5.5 万 m^2。小区内以高层建筑为主，住宅最高层数为 25 层。住宅室内供暖采用低温地板辐射供暖系统，配套用房采用散热器供暖系统；住宅均设有生活热水系统。

由于该地区地热资源比较丰富，地热水温度可达 60 ~ 70℃，该温度适用于低温地板辐射供暖系统及生活热水供应。为了合理的利用地热资源，改善北京的大气环境，减少温室气体的排放量，该小区采用以地热利用为主的集中供热方式，实现资源的合理利用。

2. 地热热能梯级利用系统（图 11-2）

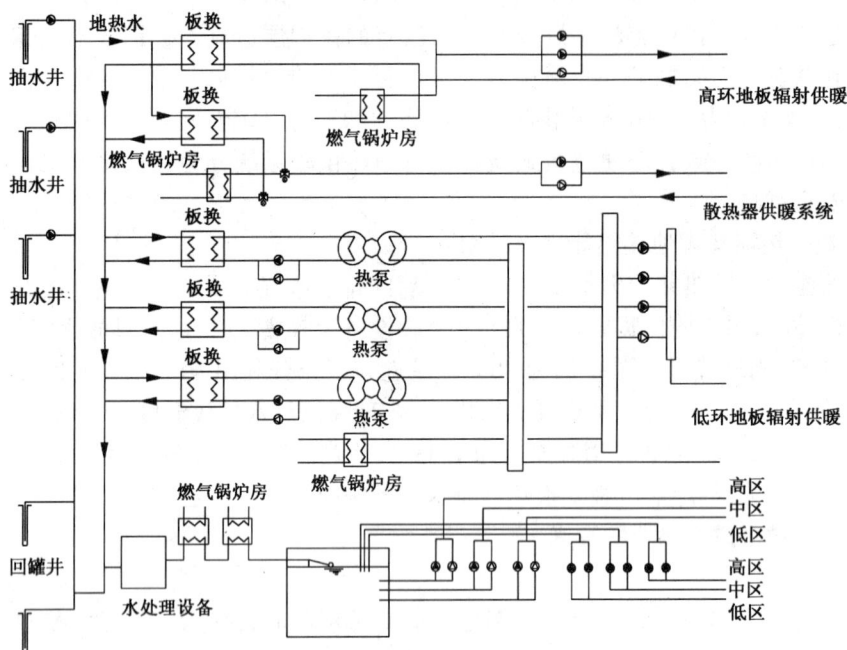

图 11-2 北苑家园地热热能梯级利用系统

（1）供热系统状况 北苑家园地热供热系统设有地热井 6 口，3 抽 2 灌 1 备。每口井平均日出水量 2000m^3/日，平均出水温度 68℃ 左右，设计回灌温度 18℃，可利用地热水供热量约 14500kW。

小区供暖系统根据系统压力和形式分为三个系统，即住宅高环、住宅低环及配套用房的散热器供暖系统。小区供暖总负荷 24000kW，其中住宅高环系统 8000kW、低环系统 14000kW，散热器系统 2000kW。住宅地板供暖供回水温度 50℃/40℃，散热器供暖系统供回水温度 60℃/40℃。小区生活热水根据供水压力不同分低区、中区、高区三个系统，最高日用量约 1500m^3。生活热水供水温度 55℃。

由于现有地热水供热量有限，不足部分由北苑小区集中燃气锅炉房供热系统补充加热。

（2）地热热能利用情况，见表 11-1、表 11-2。

供热热量分配表　　　　表 11-1

系统形式	地热水供热量	热泵供热量	燃气锅炉房	合　计
	（kW）	（kW）	（kW）	（kW）
住宅高环系统	6640	0	1340	7980
住宅低环系统	7800	2200	4000	14000
散热器系统	0	0	2000	2000
生活热水系统	0	0	10500	10500
合　计	14440	2200	17840	34480
分配比例	0.42	0.06	0.52	1.00

能源利用状况　　　　表 11-2

能源类型	地　热　水	天　然　气	电	合　计
供热量（kW）	14440	17840	2200	34480
设计小时耗能	249m³/时	2054m³/时	2200kW	

注：上述能耗不含输配费用。天然气热值按 34860kJ/m³ 计算。

由上表可见，现有地热水供热量只能提供总供热量的 42%，热泵提供 6%，其余 52% 的热量需燃气锅炉房提供。

3. 地热热泵系统经济性分析

(1) 投资（表 11-3、表 11-4、表 11-5）（不含一次管网及井口装置）合计：2567 万元。

供暖系统投资　　　　表 11-3

序　号	项　　　目	数　量	费用（万元）	备　注
1 主要设备	热泵机组	3	405	
	板式换热器	12	119	
	水　泵	32	211	
	小　计		735	
2	站内施工材料及安装费		244	
3	站内供暖系统合计		979	
4	二次网施工及安装费		368	含外网地沟费用
5	总　计		1347	

生活热水系统投资　　　　表 11-4

序　号	项　　　目	数　量	费用（万元）	备　注
1 主要设备	射流曝气装置	1	2.1	
	除铁锰装置及锰砂滤料	1	18.5	
	活性炭过滤及滤料	1	20.5	
	水　泵	22	66.7	
	板式换热器	2	9.2	
	小　计		117	

续表

序　号	项　目	数　量	费用（万元）	备　注
2	站内施工材料及安装费		65	
3	站内生活热水系统合计		182	
4	生活供水网施工及安装费		81.1	不含外网地沟费用
5	总　计		445.1	

配电与自控投资　　　　　　　　　　表 11-5

序　号	项　　目	数　量	费用（万元）	备　注
1 主要设备	高、低压柜	34	222	
	直流屏	3	45	
	变压器	2	37	
	π 接柜	6	30	
	启动器与变速器	40	92	
	现场控制设备		110	
	控制系统		60	
	小　计		596	
2	施工材料及安装费		179	
3	总　计		775	

（2）运行费，见表 11-6。

地热-热泵系统热价构成与计算　　　　　　　　　　表 11-6

项　　目		打井及一次网	热泵站及输配管网	热泵站土建	合　计
折旧费	初投资（万元）	4300	2122	1000	7422
	回收年限（年）	40	20	50	
	年折旧（万元/年）	107.5	106.1	20	233.6
	供暖季总负荷 （×10000kW·h）		4270		
	折合热价 [元/（kW·h）]		0.0547		
运行费用	年运行费（万元/年）		594		
	折合热价 [元/（kW·h）]		0.1391		
综合热价 [元/（kW·h）]			0.1938		

从表 11-6 可知，地热热泵系统的供热热价约为 0.194 元/（kW·h）（53.9 元/GJ），低于小区集中燃气锅炉房的供热热价 0.275 元/（kW·h）（76.1 元/GJ）。

四、在大庆林甸地热利用中的应用

1. 基本情况

1) 设计单位：天津地热研究培训中心　天津甘泉集团有限公司设计研究院

　　施工单位：天津甘泉集团有限公司

2）工程地点：黑龙江省大庆市，北纬46°23′、125°19′的林甸县。

3）热源：地热水，井口水温54℃；设计可用出水量125m³/h；原有两台旧的4.2MW热水供暖锅炉，启用地热后拆掉一台，留一台用于严冬时的补充调峰加热。

4）工作要求：要求地热供暖面积不小于4万m²，以地热作为供暖的基础负荷，利用原有锅炉供调峰负荷，调峰锅炉的累计燃料消耗量不超过常规锅炉燃料消耗量的20%；同时利用地热供应全年非饮用生活热水，高峰供热水能力50m³/h。

供暖建筑大多是砖石结构的四层办公室和六层住宅，原有供暖系统为上分单管下行串联式，办公室用大60型，住宅用760型铸铁散热器。为了避免破坏室内原有装修，要求在改为地热供暖时，尽可能不要改装散热器。

2．地热水的腐蚀

由北京市地质工程勘察院1999年4月7日针对该地热水提交的"地热水质检验报告表"可知，地热水含有氯离子334.8mg/L，是腐蚀供暖系统的主要因素，碳钢、316及304不锈钢在该地热水介质中均不耐腐蚀，供暖应选用经钛板换热器的间接供暖系统。

3．供热流程（图11-3）

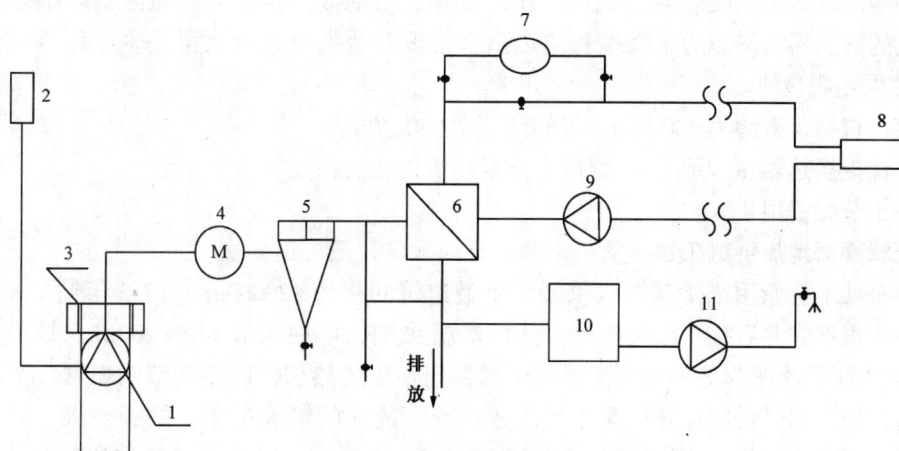

图11-3　供热系统原理图

1—潜水泵；2—变频调速器；3—密封井口；4—水表；5—除砂器；6—钛板换热器；
7—调峰锅炉；8—终端散热器；9—循环水泵；10—水箱；11—变频恒压供水泵

（1）供暖季：54℃地热水用耐热潜水电泵抽出，流经热水表计量出水量，经排气除砂，送至换热器。为节省地热水量和潜水电泵的耗电量，增加地热利用的经济效益，设变频调速装置控制潜水电泵。依据供暖期的供暖需要和非供暖季生活用水需求，调节地热井的出水量。在冬季为综合利用地热水，将供暖放热后的地热水作为非饮用生活用水供应。

地热水→钛板换热器放热→蓄水箱→供到生活热水用户。

供暖循环水→钛板换热器吸热→严冬需要调峰加热时经锅炉二次加热→终端散热系统→循环水泵→回到钛板换热器。

（2）非供暖季：为节省电力，地热井口改用小型号的潜水电泵，地热水经除砂器后直接进入恒压供水系统，然后向外供出。

4．供暖设计负荷

（1）实况调查：1998年完井后，当年冬季甲方用地热水在局部系统做了地热直接供暖实验，认为在冷天供暖供水 54℃、排水 48℃，大致能满足供暖要求。

（2）负荷估算：按现场调查，将供暖建筑分为平房、住宅、办公楼三类，每类建筑选典型和高负荷供暖房间，按面积加权平均得出计算热损失 $q = 70.5W/m^2$。

由经验得知因地热供暖是连续供暖，按常规算出的供暖负荷可适当折减 20% ~ 30%。

5. 设计供暖循环水温和地热利用温降

参照投资单位意见，不变动原有室内供暖系统；同时考虑尽量减少供暖钛板换热器面积，降低排放的地热水温，提高地热利用率。按上述原则优化计算分析得出，当地热进入换热器水温 54℃，水量 125t/h，在设计工况下，地热水离开换热器水温 46℃，然后送至生活热水；供暖循环水被加热后离开换热器时水温 50.5℃；在严冬室外日平均气温低于 -15℃左右时，启动调峰锅炉适当加热；当接近设计工况时，将循环水加热至 57℃，送至终端散热后，回水温度 44℃。

6. 运行情况和效益评估

据现场调查，1999 年以前供暖面积 29932m²，供暖耗煤约 1800t/年，平均每平方米煤耗约 60kg。

1999 年冬启用设计的地热供暖，平均用地热水量约 80t/h，地热水温 54℃，部分尾水供生活热水。1999 年供暖面积增至 38200m²，按照过去标准煤耗计算为 2292t/年，现调峰供暖耗煤约为 500t/年，调峰煤耗约占供暖煤耗的 22%，比设计预想值约高一倍。究其原因调峰锅炉燃烧效率低，原提供的散热器散热能力不准确和地热出水量没有达到设计出水量是主要原因，但节约燃煤 78%，效果是明显的。

当地煤价包括运费约为 300 元/t，煤的热值 20930kJ/kg。

投入：钛板换热器 30 万元，折合每平方米建筑供暖面积投资为 7.5 元。

产出：年节煤费用。

五、天津静海地热供热工程（资料来源：天津大学　王万达）

天津静海某单位原用锅炉房燃煤供暖，供暖建筑面积约 120000m²，1996 年钻了一口 2777m 深的地热井，根据完井后抽水试验报告，井口水温 92℃，可抽水量 140 ~ 200t/h。该单位要求将原 95℃/70℃供暖系统改为冬季地热供暖和增加供全年生活热水，以达到节约燃料，节约劳务和保护环境的目的，同时希望在原供暖系统少改动或不改动的情况下满足供暖要求。一期工程要求将已有的 12 万 m² 改装为地热供暖，同时满足 7 万 m² 住宅、1250m² 地热游泳池和 330m² 公共浴室用生活热水的需求；二期用原有锅炉作调峰加热后，达到总供暖面积 20 万 m²。

1. 确定方案

由于该地热井水质分析报告中氯离子含量 2205mg/L、矿化度 5746mg/L 的原因，地热水不应直接进入供暖系统，同时考虑供暖系统的水力稳定性，设计采用了经钛板换热器的间接供暖方案；供暖后的地热尾水经除铁处理供生活用水。

2. 确定供暖负荷

首先依据该单位 1995 年冬季供暖的锅炉房运行记录和向运行管理人员、供暖用户口头调查，其次是根据天津静海地区气象资料进行计算。据供暖记录整理出供暖期的每日最高、最低供出量，如图 11-4 所示。从图 11-4 可知，在初冬和初春，供暖开始和将结束时，很不稳定，估计是由烧火和用户使用两方面都不正常造成，而在较冷的严冬季，供热稳定和用户也注意了保暖，情况比较正常平稳，为此分析负荷时仅采用严冬的全部数据。

据天津气象局提供天津静海地区 1995 年冬季室外日平均气温小于或等于 -7℃的天数为 0，小于或等于 -6℃出现 3 天，小于或等于 -5℃出现 1 天，小于或等于 -4℃出现 15 天。用 19 天加权平均求出相应于日平均气温 -4.4℃时的热负荷，再折算出按室内温度 18℃在当地室外供暖设计计算温度 -9℃下的高峰供暖负荷。

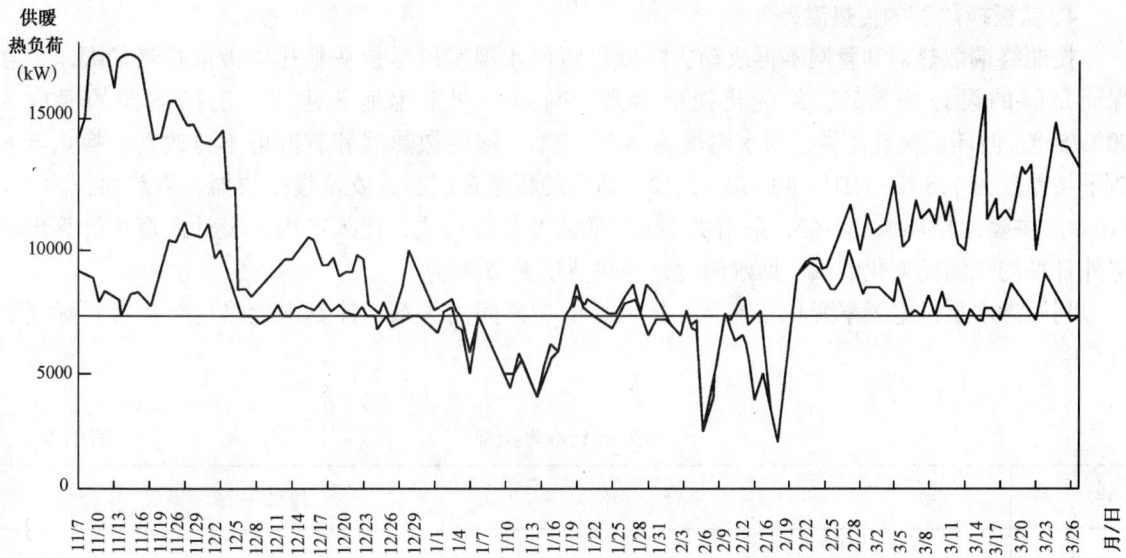

图 11-4　供暖期每日最高、最低供出量

$$Q_p = （6995\text{kW} \times 3\text{ 天} + 9115\text{kW} \times 1\text{ 天} + 6163\text{kW} \times 15\text{ 天}）/19\text{ 天}$$
$$= 6449\text{kW}$$

设计高峰负荷

$$Q = 6449\text{kW} \times \frac{18 - (-4.4)}{18 - (-9)} = 7774\text{kW}$$

3. 终端散热器平均温度

据锅炉房管理人员介绍，过去锅炉供暖时为防止热水在锅炉内汽化，长期在 70℃ 以下运行，在循环水平均流量约 570t/h 的大流量、循环水温降 10℃ 左右小温降状态下运行。供暖记录整理出的平均供水温度、回水温度和供热量，如图 11-5 所示。在室外日平均气温 – 6℃ 情况下，终端散热器平均温度约为 58.6℃。利用散热器放热量 $Q = FK（t_p - t_n）$ 计算式，将其折算到室外为 – 9℃ 时，为满足供暖要求，散热器平均温度应是 62.3℃。计算表明原散热器安装余量约有 40%，在改为地热低温供暖时，此余量将可得到充分的利用。

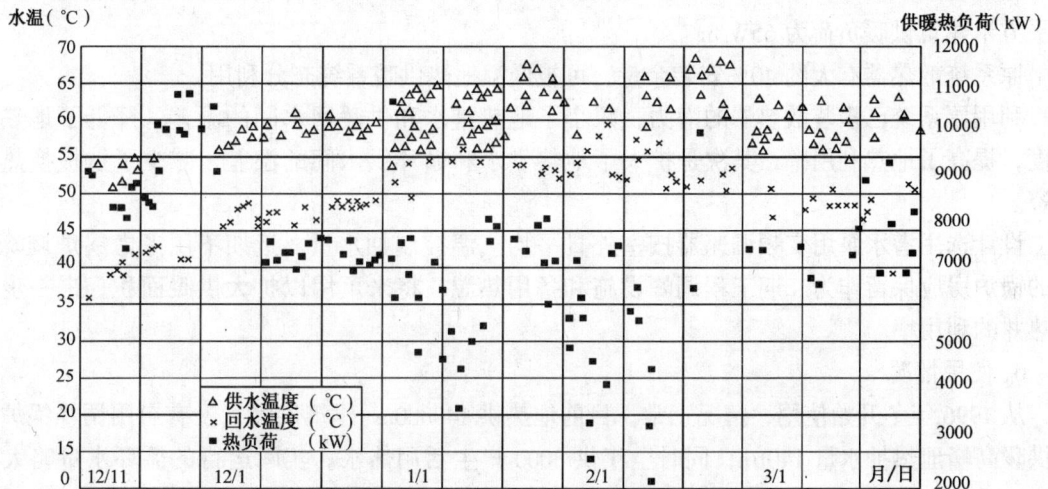

图 11-5　平均供水温度、回水温度和供热量

4. 钛板换热器的传热温差

按照终端散热器和管网不再改动，降低供暖回水温度以尽量从地热中汲取热量的要求，在保证足够的设计余量后，经优化换热参数，确定一期工程地热水进、出换热器的温度为90℃/50℃,循环系统设计供、回水温度为74℃/47℃，终端散热器和管网可不再改动。换热器对数平均温差为7.8℃，NTU = 40/7.8 = 5.12,适合的板型是浅密波纹钛板换热器，换热面积为2 × 116m²。供暖期循环水量不变，采用供热工程质调节计算公式，代入室内外设计温度可计算出随室外日平均气温而变化的供、回水温度，即供热质调节曲线。

利用潜水泵供电频率变化与流量、压头、电功率间的关系，计算出地热运行参考指标（表11-7）。

地热运行参考指标　　　　　　　　　　　　　　表 11-7

序　号	项　　目	符　号	单　位	地热运行参考数值			
1	室外日平均气温	t_w	（℃）	5	0	- 6	- 9
2	供暖需热量	Q	(kW)	3743	5183	6910	7774
3	供暖循环水量	G	(m³/h)	250			
4	循环供暖供水温度	t_g	(℃)	49	59	69.0	74
5	循环供暖回水温度	t_h	(℃)	36	41	45.0	47
6	地热水温	t_d	(℃)	90			
7	地热排出水温	t_2	(℃)	50			
8	变频数		(Hz)	20	28	38	43
9	地热水量	G_d	(m³/h)	80	113	150	170
10	地热水扬程	ΔH	(m)	13	25	45	58
11	理论电功率	N	(kW)	4.8	13.2	32	47

实际耗电量要比理论耗电多些。

5. 设计结论要点

按1995年冬季供120000m²采暖记录数据分析估算，该单位供暖设计高峰负荷是7774kW，每平方米建筑供暖负荷为65W/m²。

原系统散热器有大约40%安装余量，可被低温地热供暖系统充分利用。

利用原系统已多装散热器的潜力，减小了地热排水和供暖回水间的温差，降低了地热排水温度，提高了地热利用率；其次是扩大了地热供水和循环供水间的温差，减少了钛板换热器的投资。

设计选用潜水泵用变频调速器按室外日平均气温控制抽水量。近期不用考虑锅炉调峰。原有的锅炉房应保留作为二期工程调峰设施和备用热源，将来可用以扩大供暖面积，进一步增加地热井的利用率。

6. 使用情况

从1996年冬开始使用，情况正常，目前地热供140000m²建筑供暖，没有启用调峰锅炉，冬季供暖高峰地热抽水量140t/h；同时全年供3000户生活用热水。实际运行的循环水量略大于设计值，其他参数接近设计值。由于系统已有调峰锅炉，供暖总面积可扩大到超过200000m²，环境和社会效益还可大幅增长。

第二节　在城市污水利用中的应用

一、以城市污水为热源的供热空调系统工艺流程

1. 用户距离污水收集厂较近时，进入机房为污水原水的工艺流程，如图 11-6 所示，系统图如图 11-7 所示。

图 11-6　工艺流程

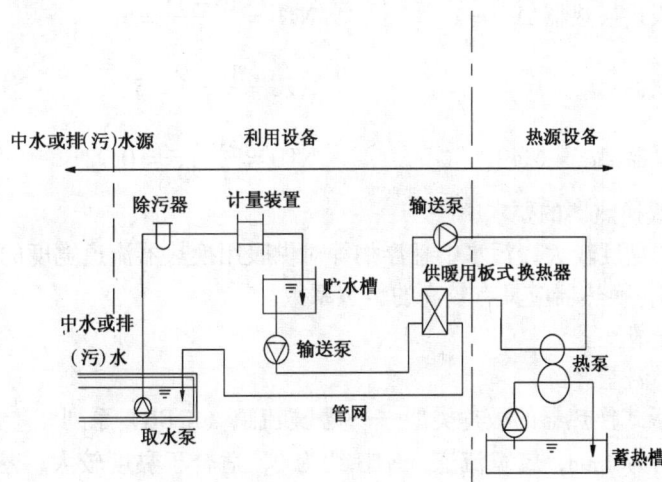

图 11-7　以中水或排（污）水为热源的供热系统

在机房内，对污水原水进行预处理后，通过板式换热器换热，为水源热泵机组提供热源。冬季，水源热泵机组从污水中获取热量后，升温到 50℃以上，用于小区供暖和集中供给热水；夏季，水源热泵机组将从小区空调系统获取的废热，转移到污水中。同时利用获取的废热，免费提供热水。

2. 污水处理厂范围内，污水（或中水）的利用。

对于污水处理厂的各个污水处理中间环节（如：曝气沉淀后预处理污水；一次沉淀池出水；二次沉淀池出水；中水出厂干管等）而言，则可将该部分污水或中水直接用于水源热泵机组的换热。

3. 中水回水或中水排入河道干管附近用户的中水的利用。

由于干管内输送的是中水，其利用方式更为简单，机房构成与污水处理厂相同。

二、对板式换热器的要求

1. 城市污水的水温

由于城市污水来源广泛，如众多小溪汇流入江河。目前监测资料显示，冬季城市污水的水温在 12～15℃之间，较室外平均气温高 13～16℃，是水源热泵能量采集和提升系统的较好的低温热源；夏季城市污水的水温在 25～30℃之间，较使用空调时的室外气温要低，也是水源热泵空调系统较好的散热体。

2. 板式换热器的 Δt_m, NTU

图 11-8 表示利用城市污水时，板式换热器的温度变化状况。

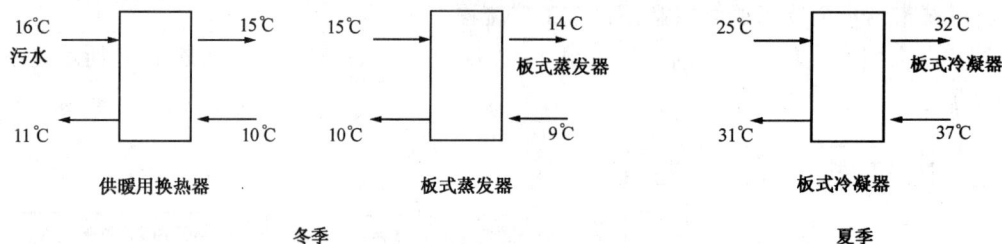

图 11-8 板式换热器的温度变化状况

冬季：供暖用板式换热器 $\Delta t_m = 1$ $NTU = \dfrac{16 - 11}{1} = 5$

板式蒸发器 $\Delta t_m = 1$ $NTU = \dfrac{14 - 9}{1} = 5$

夏季：板式冷凝器 $\Delta t_m = 6.49$ $NTU = \dfrac{31 - 25}{6.49} = 0.92$

3. 对供暖用板式换热器的要求

(1) 城市污水的黏度较大，污水中悬浮物等对供暖用换热器流道宽度的要求。

(2) NTU = 1 ~ 5，换热器应具有较高的传热系数。

(3) 运行时便于清洗。

(4) 大流量，小温差。

4. 推荐供暖用板式换热器的板片类型——宽-宽流道（$K_b BR$）系列

该系列板间距约为 4mm，属宽流道，NTU 约为 2，适合于黏度较大，悬浮杂物较多的污水。北京京海换热生产这类产品。

三、在日处理量 2 万 t 的小型污水处理厂中的应用（资料来源：北京市天银地热开发有限责任公司）

1. 供热能力的计算

(1) 平均小时污水处理量：830m³/h。

(2) 污水可利用温差：5℃。

(3) 城市污水供热量：$q = G \cdot C \cdot \Delta t = 830 \times 1000 \times 1 \times 5 = 4150000$kcal/h

$\qquad\qquad\qquad\qquad = 4825.6$kW

(4) 水源热泵机组电机功率：$N = \dfrac{4150000}{3.5 \times 860} = 1378.7$kW

(5) 水源热泵机组供热能力：$Q = q + N = 4825.6 + 1378.7 = 6204.3$kW。

2. 供热面积的计算   供暖单位建筑面积设计热指标为 35W/m²，则计算供热面积约为 18 万 m²。

3. 当以燃气锅炉作为调峰锅炉时，则总供热面积可达 25 万 m²。

第三节   在海水冷却系统中的应用

一、在厦门国际大厦中的应用（资料来源：厦门市建筑设计院 黄章星等）

厦门国际大厦位于厦门鹭江道繁华商业区，为高档办公大楼。地下 3 层，地上 31 层。建筑总高度 140m，地面高度 126.9m，总建筑面积 50632m²，其中地面面积 41776m²。大厦地面以上均为办公楼，附有面积不大的商场，均考虑空调。国际大厦空调计算冷负荷为 6976kW，采用单机制冷量 3488kW 的离心式冷水机组 2 台，制冷机房设于地下 1 层，采用海水冷却，图 11-9 为海水冷却系统原理图，其中 2 台钛板式换热器放置地下 1 层制冷机房内。表 11-8 为海水冷却主要设备及造价表，表 11-9 为日常运行费用表，表 11-10 为海水冷却系统所占面积。从上述表中数据可知，海水冷却系统的投资、运行费，实际运行说明海水冷却系统安全可靠，不存在污染等问题。但在使用时，要注意以下问题。

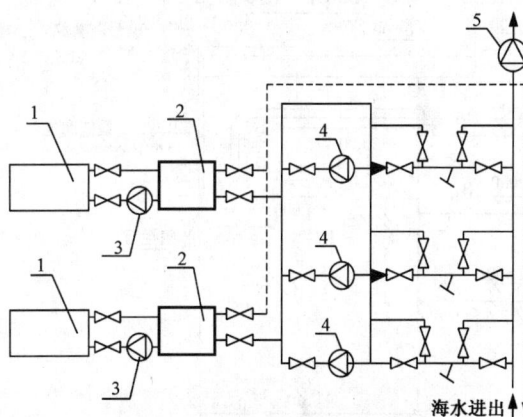

图 11-9　海水冷却系统原理图

1—冷水机组；2—板式换热器；3—冷却泵；
4—海水泵；5—真空泵

海水冷却系统的投资　　　　　表 11-8

项　　目	规　　格	数　量	价格（万元）
钛板板式换热器		2 台	112
冷却水泵	S300 − 19（$N = 55$kW，800m³/h，19m）	2 台	4.22
海水泵	S300 − 19（$N = 55$kW，800m³/h，19m）	3 台	6.33
海水管道施工	ϕ625mm 铸铁	100m	20
真空泵系统	SZB-8	1 台	0.8
合　　计			143.35

日 常 运 行 费　　　　　表 11-9

项　　目	规　　格	数　量	费用（万元）
冷却水泵	S300 − 19（$N = 55$kW）	2 台	13.915
海水泵	S300 − 19（$N = 55$kW）	2 台	13.915
海水系统维修			3
合　　计			30.83

注：①电费和水费计算公式：

功率或水量 ×（10h/d）×（23d/月）×（5月/年）× [1.1元/（kW·h）] 或（1元/t）。

②海水系统维修费包括日常潜水清理取水口，海水进出水管维修等费用。

（1）海水抽取与排放。由于取水处为码头，无法伸出吸水管，根据现场条件可设一抽水阴井，海水经阻拦网后进入阴井，通过 ϕ625mm 管道进入地下一层制冷机房（图 11-10）。

（2）海水过滤。在取水口设置脏物阻拦网可防止较大脏物被吸入。在进入水泵前设置微

海水冷却系统所占面积　表 11-10

项　　目	所占面积（m²）
地下一层制冷机房	420
合　　计	420

孔过滤器可保证脏物不进入水泵和板式换热器，为方便清洗设置了反冲洗装置。反冲洗时开启另一台水泵，关闭欲冲洗水过滤器进出口阀门，开启冲洗阀，将脏物冲至排水管排入大海（图 11-11）。

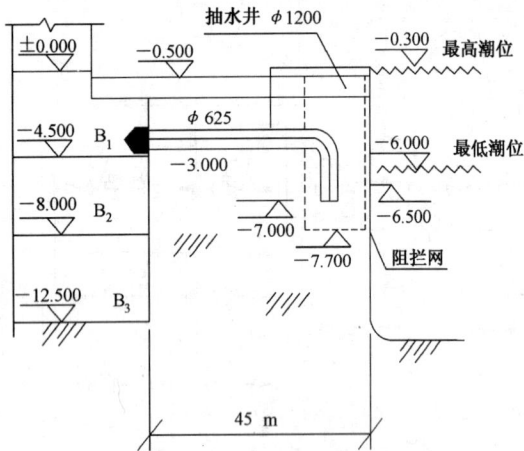

图 11-10　海水入户示意图

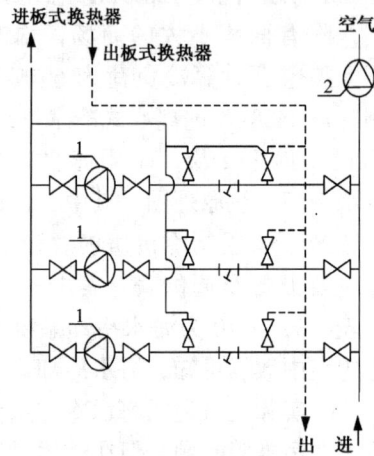

图 11-11　海水过滤示意图
1—海水泵；2—真空泵

(3) 海水中贝藻类微生物对进出水管的影响。海水中贝藻类微生物极喜繁殖吸附，特别在非空调季节管内水不流动时，贝藻类吸附会使管道截面变细。为此，在空调季节结束后应关闭海水闸阀，放空闸阀后海水，冲洗后冲入淡水保护管道与设备。海水闸阀前管道若损坏可以从抽水阴井中抽出更换。

说明：海水冷却系统对板式换热器的要求与城市污水利用中采热用板式换热器的要求相似，故一般采用 $K_b BR$ 宽流道系列板式换热器。

二、日本长崎元船地区商业设施中利用海水的热源设备

1. 概况

建筑物名称：长崎元船商业设施"梦彩都"。建筑面积：83920m²。

层数：地下1层，地上6层，塔顶2层。竣工：2000年3月。

2. 海水热源系统概要

海水热源系统包括两部分：利用海水温差能量的系统和夜间制造冷水，白天使用的冰蓄冷系统（图 11-12）。

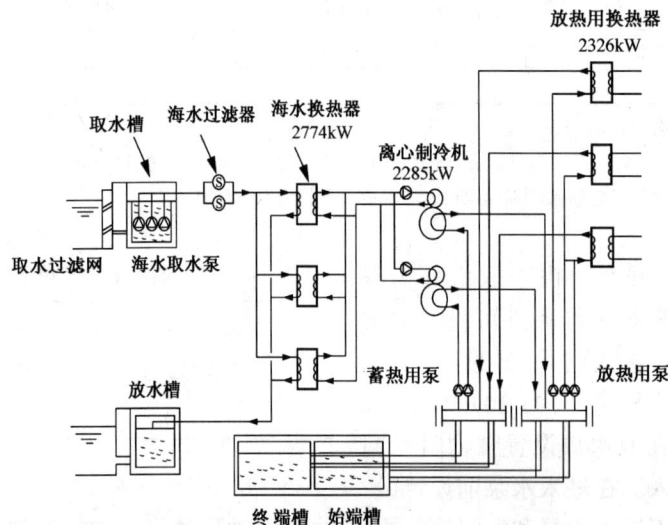

图 11-12　系统图

3. 实测结果

（1）运行状况。图 11-13 表示 2001 年采用海水热源设备后的用电量与 2000 年未采用该系统时的用电量的比较。从该图可知，该系统节电量约为 13%，节电效益非常明显。

至 2000 年 12 月，为了防止海洋生物附着，采取了海水泵常年运行的方案，该方案增加了耗电量。为此，采用了海水泵与热源联动的试验运行方案。实践证明，该方案削减了耗电量。2000年夏天，输配用电比率约为全部耗电量的 40%，采用该方案后，降低至 30%（图 11-13）。改变运行方式后，由于加快了热水防污装置的启动频率，因此，即使海水泵停止运行，也没有发现海洋生物附着带来的不良影响。

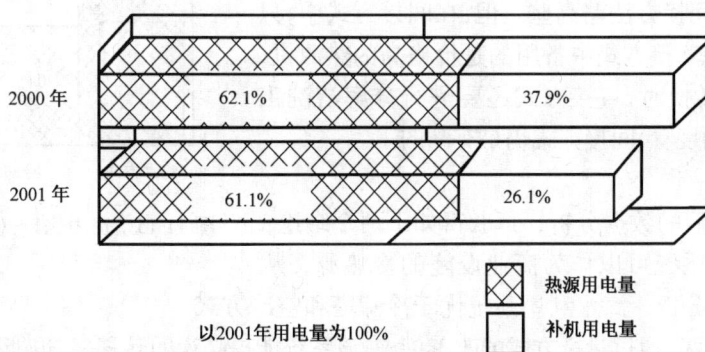

图 11-13　全年用电量的变化

（2）COP 和夜间转移率。在比较各月的系统 COP 时发现，夏季高，造成该现象的原因是，在冬季负荷小时，海水取水泵等依然是定流量运行。

夜间转移率：热负荷夜间转移率分别为 74.2%（2000 年）和 78.3%（2001 年）；电力夜间转移率分别为 65.3%（2000 年）和 75.2%（2001 年）。由于中间期和冬季只放热，故热负荷夜间转移率为 100%，而电力夜间转移率，由于放热泵和海水取水泵等白天也运行，故，该值比热负荷夜间转移率低。

4. 模拟比较

通过简化梦彩都热源系统的海水间接利用系统，编制了模拟软件。利用该模拟方法对海水利用与冷却塔方式和空冷方式进行了比较，也做了直接利用和间接利用的比较，同时掌握了海水间接利用方式的能耗特征。

（1）与冷却塔方式和空冷方式的比较

热源 COP 的比较：从夏季 8 月份的平均值看，海水利用方式为 4.78，冷却塔方式为 4.71，空冷方式为 2.96，说明海水利用方式最好。当海水温度与大气环境温度相差得越多时，该方式的优越性越明显（图 11-14）。

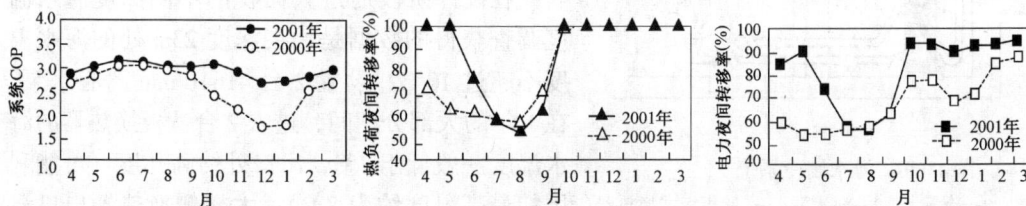

图 11-14　COP 和夜间转移率

系统 COP 的比较：从夏季 8 月份的平均值看，海水利用方式为 3.38，冷却塔方式为 3.53，空冷方式为 2.70，说明冷却塔方式略高于海水利用方式。在海水利用方式中，虽然热源 COP 高，但，海水泵的用电量增加了输送耗电量，故，系统的用电量比冷却塔方式高（图 11-14）。

当从费用方面评价海水利用方式时，海水利用方式的用电量比冷却塔方式稍高些，但，由于冷却塔方式需要补充水，从图 11-15 的比较可知，当综合考虑电费和水费后，海水利用方式的优点更明显。

（2）与海水直接方式的比较

系统 COP 的比较：以海水直接作为热源机的冷却水的方式（直接方式）比间接方法略高些。但，在间接方式中，只需备用换热器，而在直接方式中备用的是价格高的热源机，不仅如此，在冷暖转换时，直接方式还要进行分解清洗工作。故，从定性的角度看，间接方式仍是有利的。

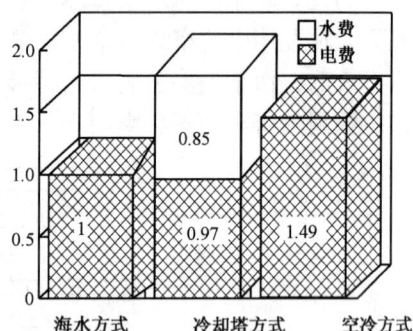

图 11-15　费用比较（以海水方式为 1）

5．小结

通过运行 2 年后的数据分析，可获得如下两个结论：

（1）海水利用系统可以作为商业设施的冷热源，从费用和环境效果上分析，海水利用系统优于冷却塔和空冷方式。

（2）根据测定结果，通过运行方式的改善措施，该系统能提高夜间转移率，也能降低输送用电量。

三、加拿大写字楼、商业大楼海水制冷装置

1．海水制冷优越性

每年约 10 个月采用海水制冷，投资回收期 2 年，降低运行、维修费。

2．概要

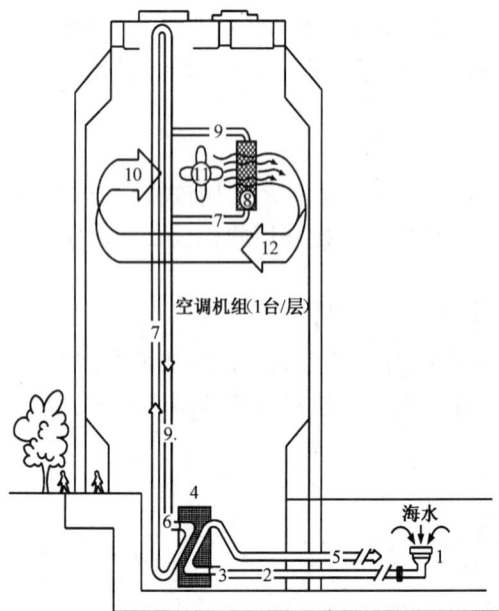

图 11-16　海水制冷系统

1—海水取水；2—冷海水；3—海水泵；4—钛板板式换热器；
5—温海水出口；6—大楼循环水泵；7—冷水；8—冷却盘管；
9—温水；10—热风；11—空气循环风机；12—冷风

在加拿大哈利法克斯湾的写字楼、商业大楼区域内，采用低温海水实现楼宇制冷。将海底冷海水导入设在建筑物地下室的钛板板式换热器，冷却大楼制冷用水后，送至设在各层的空调机，冷却建筑内的热风后重新送到海底。该地区全年约有 10 个月采用这种空调方式。

3．原理（图 11-16）

海水制冷系统由两部分组成。第一部分通过离心泵从港底抽取海水并送至设在大楼地下室机房内的钛板板式换热器，换热后返回海底。第二部分通过钛板板式换热器被海水冷却的冷水送至大楼内的空调机组。

4．状况

在设计阶段通过大面积的不同深度海水温度调查获得的数据是，在深度 23m 处的海水温度不超过 10℃。设置 2 台 4164L/min 离心水泵。在 1 年的大部分期间，进入 2 台钛板换热器的海水温度一般低于 7℃，出口处约高几度（可能利用的最高温度约为 8℃）。大楼侧换热器出口温度约为 10℃，流量约为 3634L/min。机房内所有海水侧管道均为 200mm 的 PVC 管。海水制冷系

统的特征之一是具有便于维修的旁通循环管路系统。为了防止生物附着，在海洋生物易于生长的地方添加盐类，并设置双重过滤器防止异物进入换热器内。

5. 经济性

全年海水制冷系统节约电费 55000CAD［电价 0.065CAD/（kW·h）］，减少维护费 49000CAD，节约冷却水费用 2500CAD，节约水处理费 2000CAD。但，增加添加盐类费 4500CAD，故节约额约 104000CAD。与以往制冷系统相比，该系统增加投资 200000CAD，故投资回收期为 2 年。

第四节　在海洋温差发电系统中的应用

一、海洋温差发电的原理

在赤道附近或我国南海，东海海水表面的温度约为 20～30℃，深度为 500m 时海水的温度约为 2～7℃，夏季温差约为 20～25℃，冬季约为 15～20℃。海洋温差发电是利用表层海水与深层海水的温差能量进行发电的发电系统，发电原理如图 11-17 所示。在蒸发器内，用表层海水加热在 18～25℃条件下蒸发、沸腾的动作流体（氨或氟利昂 22）的液体。该蒸汽（氨蒸汽或氟利昂蒸汽）通过透平旋转发电机发电，之后用深层海水冷却液化离开透平的蒸汽，再用动作流体泵将该液体输送到蒸发器内，反复循环实现海洋温差发电（OTEC）。

二、蒸发器和冷凝器的优化

从图 11-18 可知，表层海水和深层海水的温差很小，蒸发器（冷凝器）海水进出口的温差小，故需要大量的海水循环，循环水量大约是每生产 1MW 电需要的水量是 3～4m³/s，因此，要求的换热器就非常大，每 1MW 约需换热器面积 5000m²。

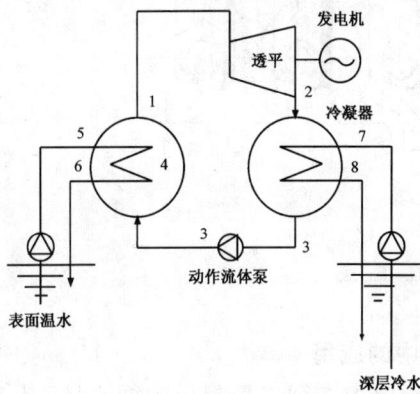

图 11-17　海洋温差发电原理　　　　图 11-18　以 NH₃ 作工质的闭式郎肯循环 OTEC 系统

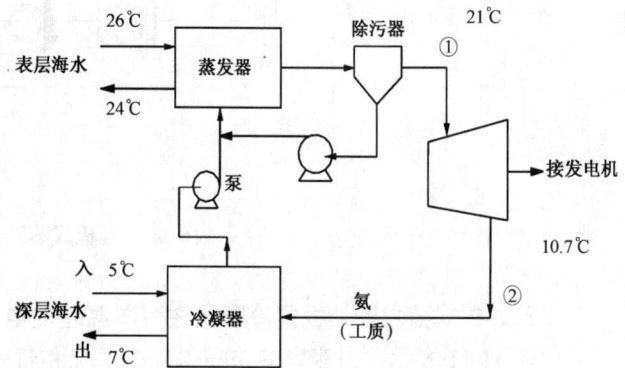

海水的腐蚀性强，整个系统的材料都需具有抵抗强腐蚀性的能力。

图 11-19、图 11-20 分别表示板式蒸发器的板和板式冷凝器的板，图 11-21 表示板式蒸发器的流动状态。在图 11-19 左侧的白色表面上喷镀铝粉末后，传热表面上形成了许多空穴，当动作流体流过时，促进了气泡的发生，提高了沸腾的传热系数。右侧为热海水通过的人字形凹凸面，促进了湍流，增加了热海水的传热系数，其压力损失也比以往板式换热器小得多。图 11-20 冷凝器用板片的特殊表面促进了冷凝传热。板式蒸发器的实际结果，当动作流体是氨，热海水流速为 1.0m/s，热海水入口温度为 23℃时，传热系数为 4200W/(m²·K)，压力降为 4.5m。板式冷凝器的实际结果，当动作流体是氨，流速为 1.0m/s，入口温度为 7.4～11.3℃时，传热系数为

$4000 \sim 4500W/ (m^2 \cdot K)$。

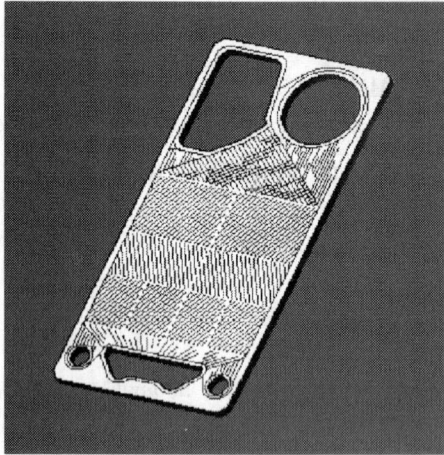

图 11-19 板式蒸发器的板

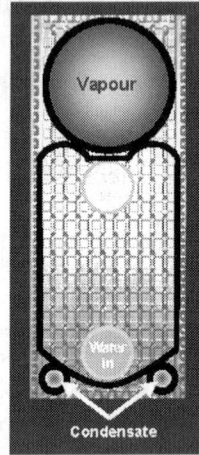

图 11-20 板式冷凝器的板

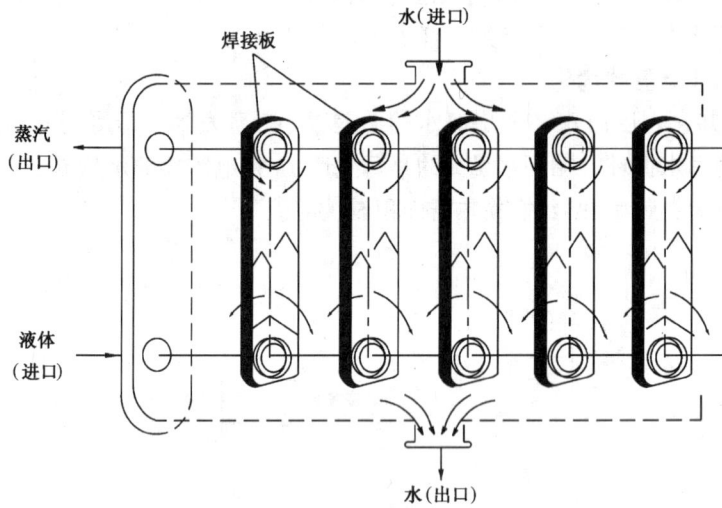

图 11-21 板式蒸发器的流动状态

三、板式蒸发器，板式冷凝器在海洋温差发电系统中的应用

表 11-11 表示美国建设的 Mini-OTEC 系统和日本九州电力在德之岛建设的德之岛工厂概况。表 11-12 表示氨，氟里昂动作流体的比较。

板式蒸发器，板式冷凝器在海洋温差发电系统中的应用　　　　　　　表 11-11

	德之岛工厂	Mini-OTEC
额定出力（kW）	50	50
海水温度（℃）	40.5（柴油机的排水）	26.1
冷水温度（℃）	12	5.67
动作流体	氨	氨
蒸发器	板式	板式

续表

	德之岛工厂	Mini-OTEC
冷凝器	水平平滑管型	板式
透平转速（r/min）	24800	
取水管	$L=2300$m，深度 370m，$D=0.6$m	$L=645$m，深度 651m，$D=0.61$m
设计厂内动力（kW）	17	32.3

使用板式换热器的发电系统的比较　　　　表 11-12

	氨	氟利昂 22		氨	氟利昂 22
热海水入口温度（℃）	28	28	冷海水流量（t/s）	266.7	317.0
冷海水入口温度（℃）	7	7	动作流体流量（t/s）	3.0	19.1
郎肯循环效率	3.27	3.12	蒸发器侧压力降（kPa）	36.4	29.4
蒸发器传热面积（×10^5 m²）	2.41	3.07	冷凝器侧压力降（kPa）	47.5	39.8
冷凝器传热面积（×10^5 m²）	3.01	4.02	蒸发器传热系数［W/（m²·K）］	3992	2762
送电端出力（MW）	70.1	66.8	冷凝器传热系数［W/（m²·K）］	3577	2475
热海水泵动力（MW）	11.8	10.5	最佳热海水流速（m/s）	0.72	0.63
冷海水泵动力（MW）	15.8	15.8	最佳冷海水流速（m/s）	0.64	0.55
动作流体泵动力（MW）	2.3	6.9	传热面材质	钛	钛
热海水流量（t/s）	259.0	285.0			

四、海洋温差发电的前景分析

表层海水与深层海水的温差越大，海洋温差发电系统的经济性越高。据日本上原春男分析，海洋温差发电的最下限温差约为 15～16℃。根据世界各地海水温度分布的调查结果可知，在从北纬 40°到南纬 40°以内的范围内，都可建设海洋温差发电系统，在南北 20°范围内，海洋温差发电系统的发电能力可达 600 亿 kW。

第五节　在太阳能利用中的应用

一、太阳能资源及太阳能利用的方式

1. 太阳能的利用与太阳能资源的分布

太阳能的利用与太阳能资源的分布密切相关。我国太阳能资源分布的主要特点是：太阳能的高值中心和低值中心都处在北纬 22°至 35°这一带，青藏高原是高值中心，如拉萨市被称为"日光城"。四川盆地是低值中心，如称为"雾都"的成都市的年平均日照时数仅为 1152.2h，年平均晴天为 24.7 天，阴天达 244.6 天。太阳年辐射总量，西部地区高于东部地区，除西藏和新疆外，基本是南部低于北部，原因是南方多数地区云雾雨较多。在北纬 30°至 40°地区，太阳能的分布情况与一般的太阳能随纬度而变化的规律相反，太阳能不是随着纬度的增加而减少，而是随着纬度的增加而增长。我国太阳辐射资源区划分为四个资源带：一类为资源丰富地区（$H \geqslant 6700$MJ/m²），主要包括青藏高原，甘肃北部，宁夏北部和新疆南部等地；二类为资源较丰富地区（$H = 5400 \sim 6700 \text{MJ/m}^2$），主要包括河北西北部、山西北部、内蒙古南部、宁夏南部、甘肃中部、青海东部、西藏东南部和新疆南部等地；三类为资源一般地区（$H = 4000 \sim 5400 \text{MJ/m}^2$），主要包括山东、河南、河北东南部、山西南部、新疆北部、吉林、辽宁、云南、陕西北部、甘肃东南部、广东南部、福建南部、江苏北部和安徽北部等地；四类为贫乏地区（$H < 4200 \text{MJ/m}^2$），主要包括长江中下游，福建、浙江和广东的一部分地区，这些地区春夏多阴雨（约60天至90天），秋冬季太阳能资源还可以。四川、贵州两省为我国太阳能资源最少的地区。

2. 太阳能利用的方式

（1）太阳能供暖

1）放热方式。组合补助热源（蓄存在蓄热槽内）的热向室内放热系统放热，与以往的供暖方式基本相似。但，由于供暖系统的热源是太阳能，热源温度较低，故，常采用的放热方式为：①低温辐射供暖方式；②风机盘管机组方式；③热风供暖方式等。

2）太阳能热泵。采用热泵方式时，由于蓄热温度较低，故，集热器的结构较简单，并能实施夏季制冷。图11-22是使用太阳能热泵的几种方式。

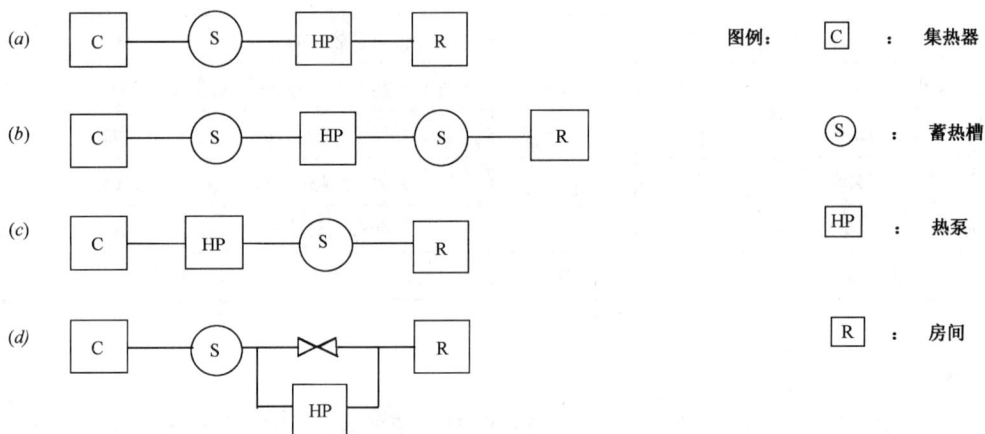

图11-22　使用热泵的供热方式

（a）为使用低温蓄热槽方式，可适应供暖负荷的要求运行热泵。当蓄热槽过小，水温大于45℃以上时，热泵可能不起作用。

（b）在低温侧和高温侧均设置蓄热槽的方式，控制和能源利用上较优。

（c）仅在高温侧设置蓄热槽，热泵直接与集热器结合的方式。若集热器的循环水量较多，则在阴天也能集热。

（d）当蓄热槽的水温高时，直接供热；当温度较低时转换至热泵供热，这种方式，耗电量最少。但，控制较复杂。

（2）太阳能制冷、供热　在太阳能制冷系统中可采用吸收式制冷机，也可采用压缩式制冷机。当然，夏季也能使用太阳能热泵制冷。使用吸收式制冷机的太阳能制冷系统的基本形式如图11-23、图11-24所示。当太阳能不够时，采用补助热源加热发生器。但，吸收式制冷机的COP低于一般压缩机，故，仅在太阳能资源较丰富地区采用。与热泵并用的方式，虽然系统较复杂，但，能源利用效率较高。在有辅助热源时，使用双效吸收式制冷机。

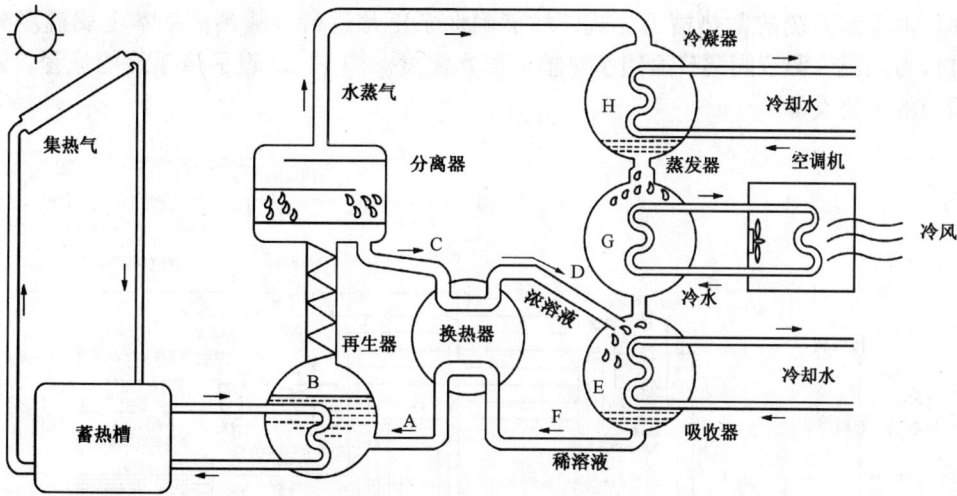

图 11-23　太阳能吸收式制冷机的动作原理

（3）太阳能供热、制冷、生活热水方式

1）供暖和生活热水相结合的方式（图 11-25）。

2）补助热源方式（图 11-26）。

图 11-25　供暖和生活热水相结合

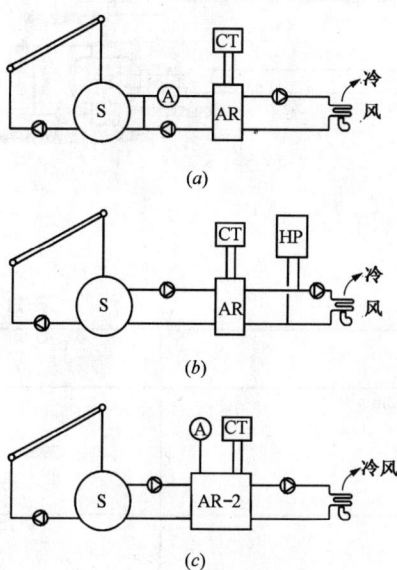

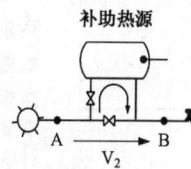

图 11-24　使用吸收式制冷机
的太阳能制冷系统
（a）补助加热再生方式；
（b）与热泵同时使用；（c）双效式

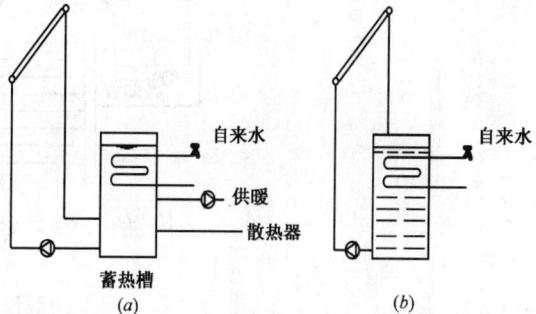

图 11-26　补助热源

二、某体育馆太阳能利用工程

该系统是太阳能制冷、供暖、生活热水和游泳池加热的太阳能系统。通过设置在体育馆屋面上的集热器产生热水，贮存在机房内的蓄热槽内。不直接将热供给负荷侧，而是通过中间板式换热器供给。当太阳能不足时，通过燃气锅炉补充。为了防止集热器结冰、沸腾，当集热器循环泵停止运行时，排放集热器、集热管道内的水。并对高温水采取相应的处理措施，防止泵发生气蚀。由于该系统的蓄热槽为立式，故能确保泵正常运行。蓄热槽基本上属温度分层型，故，通过自力式温度调节阀调节返回蓄热槽的回水温度。图 11-27 表示该系统的流程。表 11-13 表示该系统的主要设备。

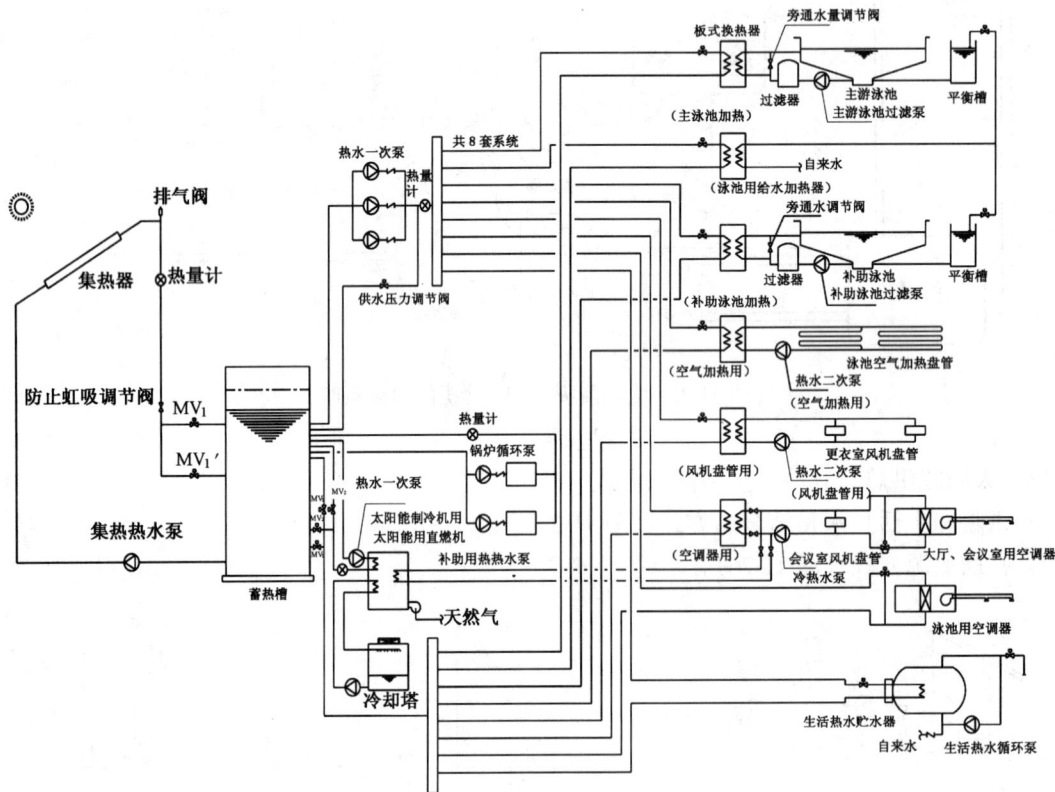

图 11-27　太阳能系统流程图

主要设备一览表　　　　　　　　　　　　　　　　　　　表 11-13

名　称	规　格		台　数
集热器	平板型	有效集热面积 1.92m²	396
	热介质	水	
	集热板倾斜角	水平 30°	
	集热板方位角	南	
蓄热槽	容量	立式 20m³	1
	材质	钢板	
	尺寸	φ2250mm × 6000H	
	保温	玻璃纤维 100mm	
太阳能用直燃机	太阳能吸收式制冷机		1
	容量	单效 30RT	
		双效 40RT	
补助热水锅炉	燃气锅炉		2
	容量	406kW	
	压力降	30m	
板式换热器（主泳池加热）	换热量	157kW	1
	水量	450L/min	
	材质	SUS316	

续表

名　称	规　格	台　数
板式换热器 （补助泳池加热）	换热量　　43kW 水量　　123L/min 材质　　SUS316	1
板式换热器 （泳池补给水加热）	换热量　　105kW 水量　　300L/min 材质　　SUS304	1
板式换热器 （空气加热）	换热量　　90kW 水量　　233L/min 材质　　SUS304	1
板式换热器 （风机盘管）	换热量　　28kW 水量　　80L/min 材质　　SUS304	1
板式换热器 （空调器）	换热量　　105W 水量　　300L/min 材质　　SUS304	1
大厅会议室 用空调器	风量　　10400m³/h 制冷能力　　83kW 采暖能力　　88.4kW	1
泳池用空调器	风量　　19000m³/h 采暖能力　　162.9kW	1
生活热水贮热槽	换热量　　256kW　尺寸　　ϕ1400×3000L 贮热量　　4000L　材质　　不锈钢板	1
集热热水泵	单吸离心式 ϕ50mm×ϕ40mm×360L/min×39m×5.5kW	1
热水一次泵 （一般用）	单吸离心式 ϕ80mm×ϕ65mm×903L/min×25m×7.5kW	3
热水一次泵 （太阳能制冷机）	单吸离心式 ϕ65mm×ϕ50mm×432L/min×19m×3.7kW	1
锅炉循环泵	单吸离心式 ϕ100mm×ϕ80mm×1163L/min×10m×5.5kW	2
主泳池过滤泵	单吸离心式 ϕ150mm×2700L/min×26m×18.5kW	1
补助泳池过滤泵	单吸离心式 ϕ100mm×1100L/min×26m×7.5kW	1
热水二次泵 （空气加热）	单吸离心式 ϕ50mm×ϕ40mm×233L/min×28m×3.7kW	1
热水二次泵 （风机盘管）	单吸离心式 ϕ40mm×ϕ32mm×80L/min×22m×1.5kW	1
冷热水泵	单吸离心式 ϕ65mm×ϕ50mm×400L/min×29m×5.5kW	1
生活热水循环泵	立式泵 ϕ40mm×150L/min×10m×0.75kW	1

三、某工程太阳能生活热水利用系统

1. 该工程概要

（1）负荷（表 11-14）

系统概况　　　　　　　　　　　　表 11-14

序　号	项　　目	规　　格
1	负　荷	工厂食堂厨房用热水、工厂淋浴、洗衣
2	热　量	$40m^3$/日，自来水升温至 60℃；535MW·h/年
3	集热面积	$391m^2$（$1.81m^2 \times 216$）
4	集热量	240MW·h/年
5	节能量	换算轻油量 39×10^3 L/年

1）建筑物：RC 结构，6 层，高度 26m；

2）集热器：设置在屋面上；

3）泵，换热器，控制盘设置在 1 层机房内；

4）蓄热槽、锅炉设置在 1 层机房内。

（2）系统内容　该系统由集热、蓄热、生活热水和控制、计量等结构组成，图 11-28 表示该系统的概要，表 11-15 为系统主要设备一览表。

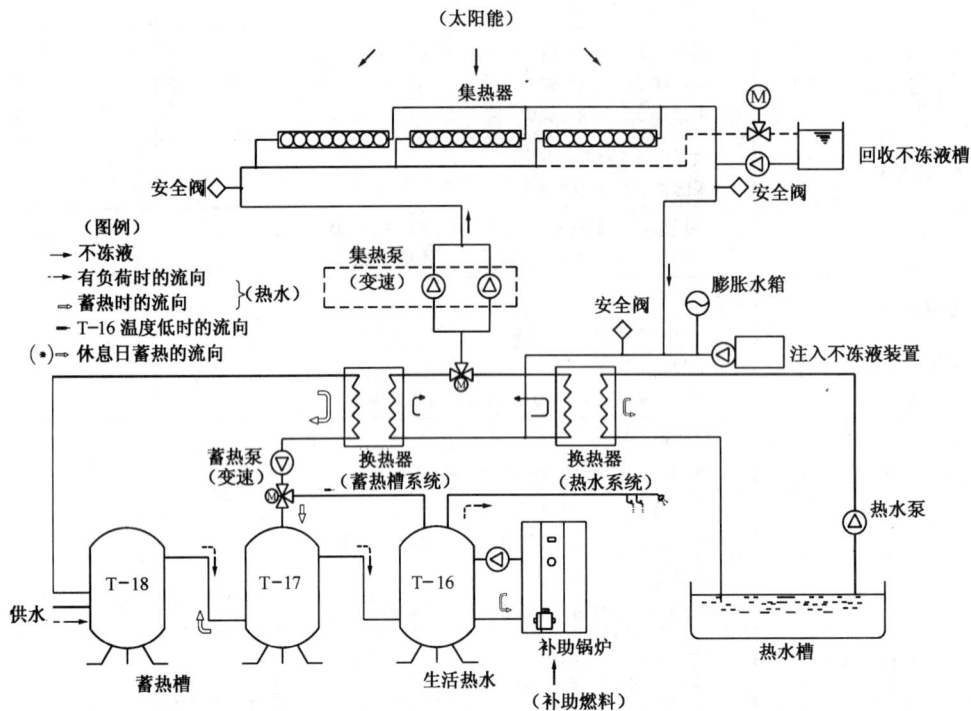

图 11-28　太阳能系统图

主要设备一览表　　　　　　　　　　　　表 11-15

设　　备	数　量	形　式	规　　格
集 热 器	216	真空管形（FES8）	（外形尺寸）$2950 \times 1000 \times 177$（mm） （重量）67kg；保有水量 3.4L （设置条件）方位：212°；倾角：25°
蓄 热 槽	3	密闭形	（容量）$10m^3$ （保温）GW－100mm （材质）SS 环氧树脂涂层

续表

设　备	数　量	形　式	规　格
不冻液	3900L		浓度40%（结冻温度：-11℃）
换热器	2	板式换热器	（传热面积）4.5m² （换热量）夏季：252kW 冬季：225kW
膨胀水箱	1	闭式	（容积）1000L（最高使用温度）115℃ （最高使用压力）0.8MPa
补助锅炉	1	燃油	（额定）280kW （最大连续入力）400kW （最高使用压力）0.4MPa
不冻液回收槽	1	开放式	（容积）1.5m³ （材质）耐热FRP
不冻液注入装置	1		（泵）1.0MPa；24L/h （槽）200L；PVC制

2. 实际运行和数据分析

表 11-16 表示 1982 年 5 月至 1983 年 1 月实际运行数据。从表 11-16 可知，换热率（集热量和换热后的热量之比）9 个月的平均值为 96.3%，热损失部分为 3.7%。

四、某办公楼太阳能供热空调系统

1. 太阳能供热空调系统流程（图 11-29）

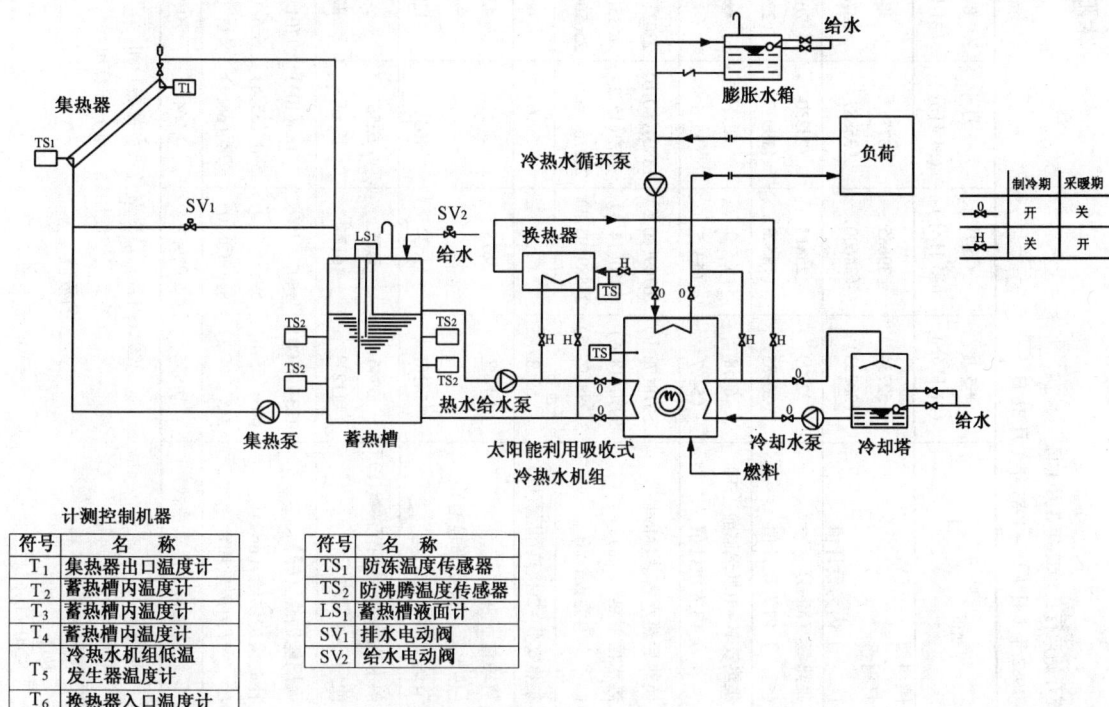

图 11-29　太阳能供热空调系统流程图

表 11-16

太阳能系统运行数据

太阳能系统开始运行：1982 年 3 月 1 日

测定时间：1982 年 5 月 1 日～1983 年 1 月 31 日

序号	项　目	*5月 (31日分)	*6月 (30日分)	7月 (31日分)	8月 (31日分)	9月 (30日分)	10月 (31日分)	*11月 (30日分)	12月 (31日分)	*1983年1月 (31日分)	合　计 (1982年5月～1983年1月)
1	倾斜面日射量 (Mcal)　（ ）内为设计值	52734 (38383)	39685 (34600)	37557 (35887)	38422 (37644)	36080 (27750)	37464 (27160)	28568 (26108)	29197 (26457)	35866 (33341)	335573 (117) (287330) (100)
2	集热量 (Mcal)　（ ）内为设计值	32079 (20985)	25813 (18508)	23330 (19917)	26380 (22933)	20610 (15360)	22170 (14132)	11930 (13191)	14084 (10330)	15345 (17473)	191741 (125) (152829) (100)
3	集热效率-1(换热器前)(%)　（ ）内为设计值	60.8 (54.7)	65.0 (53.5)	62.1 (55.5)	68.7 (60.9)	57.1 (55.4)	59.2 (52.0)	41.8 (50.5)	48.2 (39.0)	42.8 (52.4)	57.1 (107) (53.2) (100)
4	换热后热水蓄热 (Mcal) 热水槽蓄热 (Mcal)　（ ）内为设计值	25318(78.9) 5970(18.6) 31288(97.5)	20769(80.5) 3820(14.8) 24589(95.3)	18804(80.6) 3572(15.3) 22376(95.9)	23021(87.3) 2635(10.0) 25656(97.3)	18076(87.7) 1919(9.3) 19995(97.0)	19577(88.3) 1994(9.0) 21571(97.3)	10815(90.7) 417(3.5) 11232(94.1)	11923(84.7) 1438(10.2) 13361(94.9)	14433(94.1) 211(1.4) 14644(95.6)	162736(84.8) 21976(11.5) 184712(96.3)
5	集热效率-2(换热器后)(%)	59.3	62.0	59.6	66.8	55.4	57.6	39.3	45.8	40.8	55.0
6	节约量 (L) (热水蓄热量换算轻油) 节约金额 (元)	4727 14181	3878 11634	3511 10533	4298 12894	3375 10125	3655 10965	2019 6057	2226 6678	2695 8085	30.384 91152
7	热水补助锅炉使用轻油量 (L) 使用轻油量 (元)	3746 11238	5375 16125	6356 19068	2059 8715	5082 15246	4266 12798	5331 15993	6731 20193	5950 17850	45742 137226
8	太阳能供给 (m³) 补助锅炉供给 (m³)　（ ）内表示构成比	1234 (100) 689 (55.8) 545 (44.2)	1407 (100) 591 (42.0) 816 (58.0)	1518 (100) 540 (35.6) 978 (64.4)	1101 (100) 656 (59.6) 445 (40.4)	1261 (100) 504 (40.0) 757 (60.0)	1109 (100) 510 (46.0) 599 (54.0)	1158 (100) 318 (27.5) 840 (72.5)	1304 (100) 324 (24.8) 980 (75.2)	1145 (100) 357 (31.2) 788 (68.8)	11237 (100) 4484 (40.0) 6753 (60.0)
备注：日射量倾斜面换算系数		0.956	0.957	0.964	0.968	1.035	1.119	1.226	1.284	1.289	

注：①轻油量换算式

$$轻油量 = \frac{热水蓄热量}{单位发热量 \times 锅炉效率} = \frac{热水蓄热量}{8240 \times 0.65}$$

轻油费：3 元/L

②（内含）是根据（热水蓄热）和（补助锅炉使用轻油量）推算出的数值

③集热效率-2

$$= \frac{(热水蓄热量) + (热水热量)}{倾斜面日射量} \times 100$$

④*标志表示的是当数据不足时，采用日平均值换算后的值

2. 设计要点

设计太阳能供热空调系统时要注意以下几个问题：

(1) 太阳能集热器能有效地利用太阳能；

(2) 提高太阳能系统的运行效率；

(3) 提高系统设备的效率。

3. 提高系统效率的措施

(1) 夏季：作为冷热水机组利用；冬季：作为吸收式热泵利用（图 11-30）。

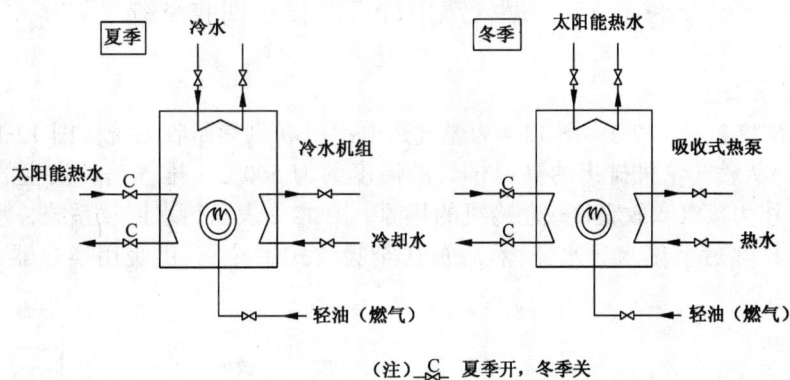

图 11-30　冬季供暖负荷多时（热泵运行）

(2) 当供暖负荷和制冷负荷平衡时，以冷热水机组方式运行，即，夏期 = 冷水机组；冬季 = 热水机组。

第十二章 在燃气热电冷三联供系统（分布式能源系统）中的应用

第一节 燃气热电冷三联供热回收系统

一、热回收系统

图 12-1、图 12-2、图 12-3、图 12-4 为燃气热电冷三联供热回收系统。图 12-1 表示燃气热电冷三联供系统，从燃气轮机排出的高温排气的温度约为 500℃，排气锅炉发生的蒸汽压力约为 1.0~1.6MPa，作为蒸汽双效吸收式制冷机的热源。图 12-2 表示热水回收系统，水套冷却水进入排气锅炉回收排热后至热水分水器，然后被送至吸收式制冷机、供暖用换热器或蓄热槽内，供

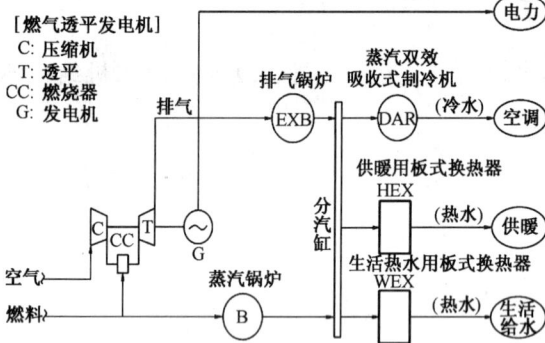

图 12-1 燃气热电冷三联供系统

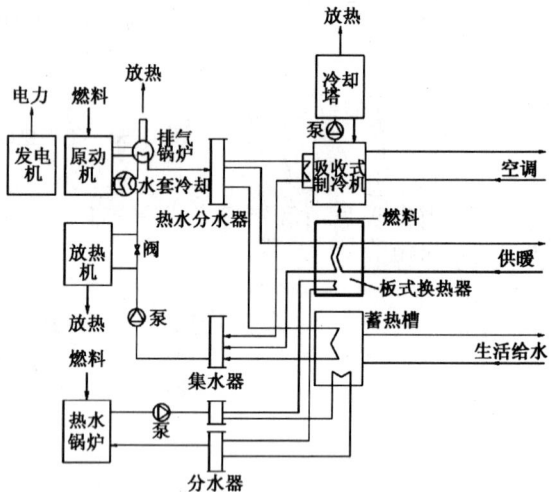

图 12-2 热水回收系统

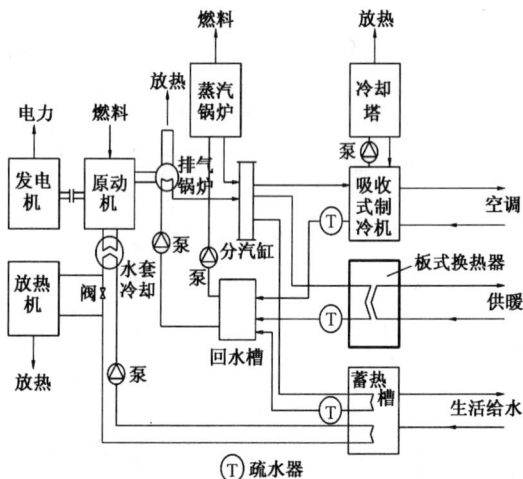

图 12-3 热水、蒸汽回收系统

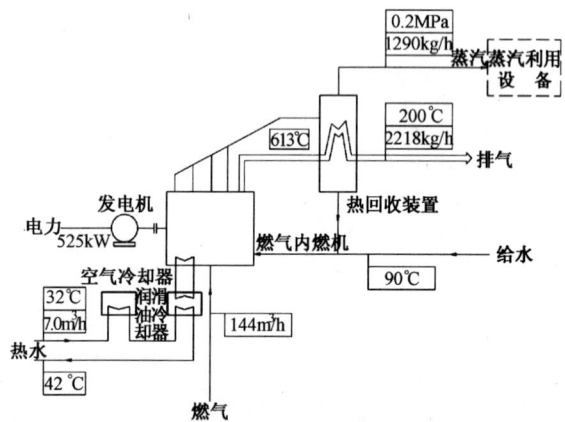

图 12-4 低压蒸汽回收系统

水温度约为 85～95℃。吸收式制冷机为单效机，热力系数约为 0.6～0.7。图 12-3 表示热水、蒸汽回收系统，分别回收水套冷却水和排气的热量，前者回收热水，后者回收蒸汽。图 12-4 表示低压蒸汽回收系统，回收的蒸汽压力约为 0.2MPa。

　　图 12-5 表示采用排气换热器和水-水换热器回收排气热量的柴油内燃机-蒸汽循环系统，回收热量全部为热水。图 12-6 表示 90kW 燃气-蒸汽联合循环，该系统供给电力和热水。表 12-1 为该系统的热回收量。从该表可知，90kW 燃气-蒸汽联合循环排热回收量约为 448L/min。

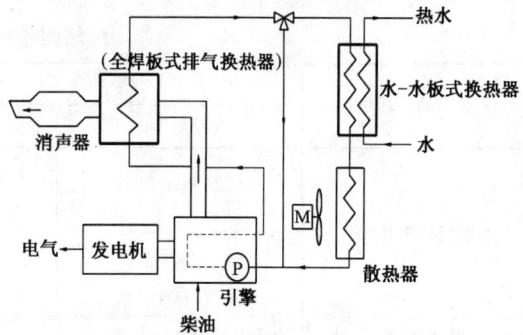

图 12-5　柴油机引擎燃气-蒸汽联合循环系统流程图

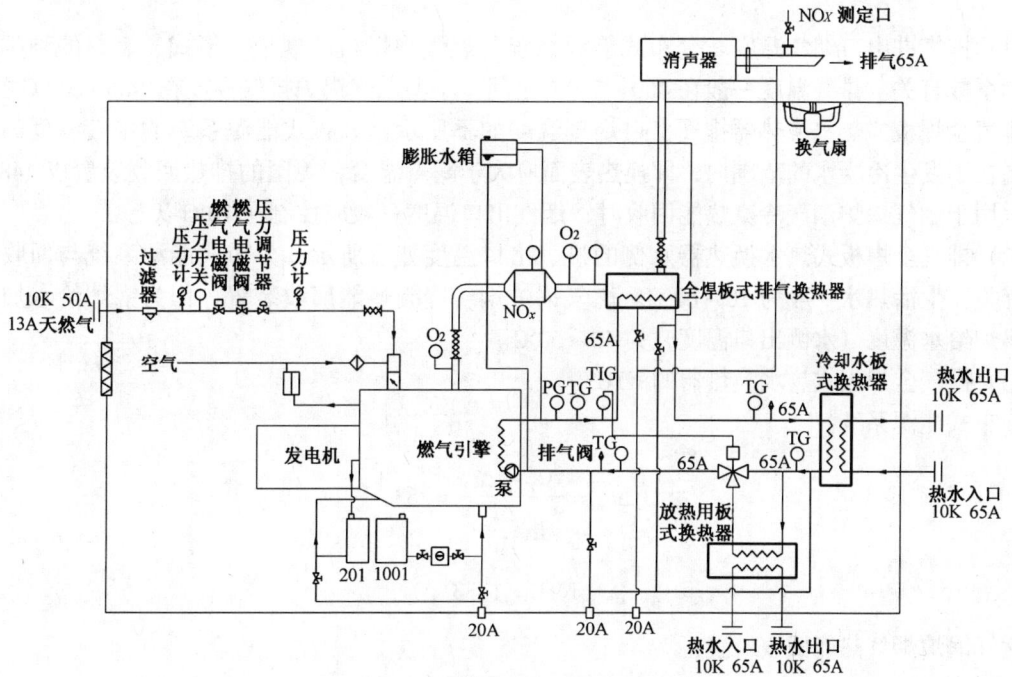

图 12-6　90kW 燃气—蒸汽联合循环流程

90kW 燃气-蒸汽联合循环热平衡　　　　　　　　　　表 12-1

（燃气 13A，排热回收温度：入口 80℃→出口 85℃）

条　　　件	排热回收热水量：448L/min			排热回收热水量 548L/min		
	（50HZ）		（100％出力时）	（60Hz）		（100％出力）
发电功率（％）	50	75	100	50	75	100
（kW）	45	67.5	90	55	82.5	110
燃气量（Nm³/h）	15.6	20.5	25.5	18.9	24.6	30.3
热回收量（kW）	106.6	132.1	156.3	130.3	159.1	185.6
发电效率（％）	25.8	28.5	30.5	25.2	29.0	31.4
排热回收效率（％）	59.1	55.8	53.2	59.6	56.0	53.0
综合效率（％）	84.1	84.3	83.7	84.8	85.0	84.4

二、全焊板式换热器——排热回收装置

1. 排气热水换热器之一（全焊板式换热器）（表 12-2）

排热回收全焊板式换热器　　　　　　　　　　　表 12-2

原 动 机	热　　媒		换 热 器 名 称
	排热侧	利用侧	
燃气内燃机	排气	热水	排气热水换热器
		蒸汽	排气蒸汽换热器
	水套	热水	热水换热器
	冷却水	蒸汽	蒸汽回收装置
燃气轮机	排气	蒸汽	排气锅炉

（1）排气进出口烟气温度　分布式能源系统与燃气内燃机的规模、形式、燃料的种类和空气过剩系数有关。排气温度一般在 450～550℃之间。小型燃气锅炉排气温度在 140～200℃之间。

排气全焊板式热水换热器排气出口烟气温度如下所示：分布式能源系统的排气温度的下限应控制在不发生冷凝水的范围内，即换热表面应大于露点温度，美国的排热回收装置以 148℃为下限。用于燃气锅炉烟气冷凝热能回收时，烟气出口温度一般应控制在 70℃以上。

（2）排气全焊板式热水换热器水侧的进、出口温度如下所示：分布式能源系统与回收热的用途有关，生活热水一般为 10～60℃。燃气锅炉烟气冷凝热能回收装置，作为锅炉给水加热器时，锅炉给水温度（水侧出口温度）为 40～50℃。

（3）排气全焊板式热水换热器的 NTU：

分布式能源系统：

$$\Delta t_{\mathrm{m}} = \frac{\Delta t_1 - \Delta t_2}{\ln \dfrac{\Delta t_1}{\Delta t_2}} = 263$$

$$NTU = 1.33$$

燃气锅炉烟气热能回收装置：

$$\Delta t_{\mathrm{m}} = 65.5$$

$$NTU = 1.0$$

（4）对换热器的要求：

耐温：分布式能源系统的排气温度达 500℃以上，换热器应具有耐高温的能力；

耐腐蚀：冷凝液的 pH 约为 4.5～5.0；

排烟压力降：50～100Pa；

易维修：当应用于分布式能源系统时，必须进行频繁的洗净。

（5）合适的换热器——全焊板式换热器　全焊式耐温能力大于 700℃，不锈钢材料耐腐蚀能力较强，具有"静搅拌"作用，板间流道宽，维护、清洗简单。烟道阻力损失小。生产厂家：北京京海换热。

2. 排气热水换热器之二

（1）利用方式（图 12-7、图 12-8、图 12-9、图 12-10）。

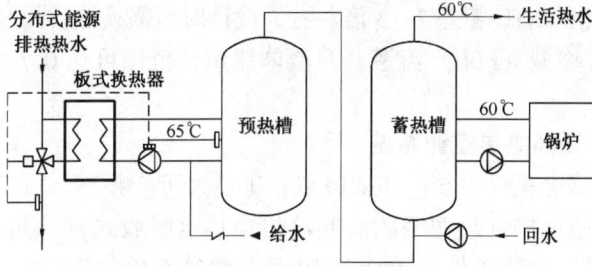

图 12-7　设置预热槽的生活热水系统

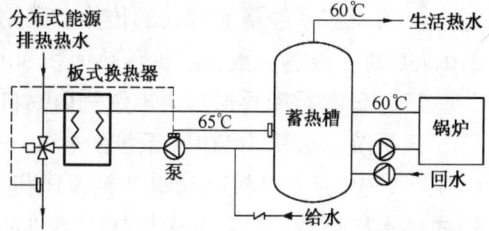

图 12-8　不设置预热槽的生活热水系统

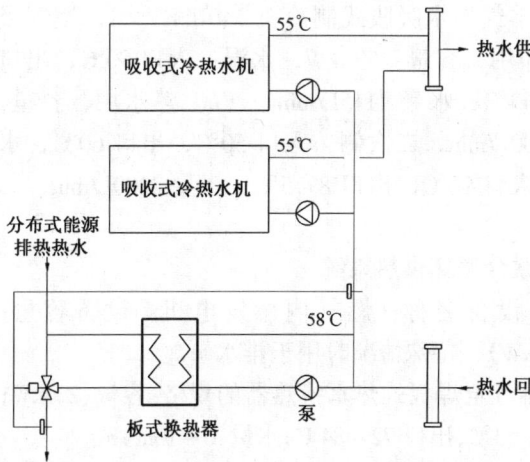

图 12-9　供暖与吸收式制冷机串联

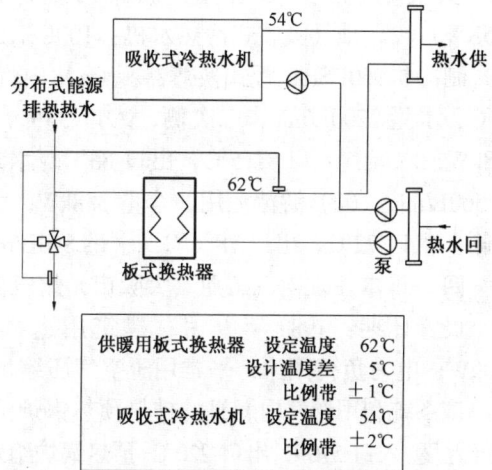

图 12-10　供暖与吸收式制冷机并联

图 12-7 表示设置预热槽利用分布式能源排热加热生活热水的情况，此时，预热槽不仅能有效的利用分布式能源的排热，而且设定温度比蓄热槽高，由于给水先通过预热槽加热后供给蓄热槽，故能减少锅炉加热量。此外，预热槽的尺寸必须满足负荷变化的大小。一般，当设置二台蓄热槽时，其中一台为预热槽。

图 12-8 表示不设置预热槽的生活热水系统。设计时，将分布式排热温度设计的比锅炉供水温度高，目的是控制锅炉加热量。

图 12-9 表示供暖和吸收式制冷机串联的情况，排热优先用于吸收式冷热水机，目的是提高排热利用的效率。此外，即使排热量变化时，也能用吸收式冷热水机提供稳定的热源。

图 12-10 表示供暖和吸收式冷热水机并联的情况。为了充分发挥供暖用板式换热器的作用，供暖用板式换热器的设计温度略高于冷热水机。

（2）板式热水换热器排热热水侧进、出口温度：当排热热水温度为 88℃（$\Delta t = 10℃$）时，在额定工况下，能节约燃气量 10%。当排热热水温度大于 80℃时，排热热水温度越高，热回收的性能越好。但必须控制在燃气内燃机和系统管道允许的温度范围内。

（3）板式热水换热器的 NTU：

生活热水系统：$\Delta t_m = 41.66$　　　　NTU≈0.24～1.32

采暖系统：　　　$\Delta t_m = 25$　　　　NTU≈0.4～0.5

（4）对换热器的要求　当排气板式热水换热器用于生活热水系统时，排气热水侧温差约为 10℃，生活热水侧温差约为 55℃，两侧温差约相差 5 倍。

（5）合适的生活热水板式换热器——非对称（FBR）型板式换热器　从以上分析可知，热水换热器两侧的 NTU 不一致，生活热水系统两侧的 NTU 相差 2~3 倍左右，设计时所需换热器尺寸过大。为了实现经济、有效的传热，采用非对称型（FBR）流道，两流体流量比范围可达 0.7~2.0，提高了传热系数，减少传热面积 30% 以上。

三、日本兵库县加古川市燃气内燃机联合循环供热空调系统

该系统是被称为 FCCA 系统的燃气—蒸汽联合循环系统。主要特点：①通过可变频率、可变电压（VVVF）发电机驱动空调泵、风机。②通过排气热源吸收式制冷机，热水吸收式制冷机，板式热水换热器等设备利用燃气内燃机的排热。安装年份：1982 年 10 月。建筑面积：30505m²。运行时间：1500h。电力负荷用途：冷热水泵、风机盘管、空调器等。设备名称：可变频率型燃气内燃发电机。设备容量：燃气内燃机出力：（400~200ps）×2，发电机功率：（270~135KW）×2。排气吸收式冷热水机：100USRT×1，排气热水吸收式制冷机 140USRT×1，燃气吸收式制冷机 960USRT。板式换热器：（a）内燃机冷却用，容量：776kW，水温：入口 90℃，出口 85℃，水量 2200L/min，二次侧，入口 33℃，出口 43℃，水量 1115L/min。（b）热水用，容量：388kW，水温：入口 87.5℃，出口 85℃，水量：2200L/min，二次侧，入口 50℃，出口 60℃，水量 560L/min。（c）游泳池用，容量 388kW，水温：入口 90℃，出口 87.5℃，水量 2200L/min，二次侧，入口 72℃，出口 78.6℃，水量 840L/min。

四、日本住友电气工业（大阪市）燃气内燃机联合循环供热系统

设置日期：1983 年 9 月；建筑用途：工厂；设备名称：燃气内燃发电机。设备容量：480kW；电力负荷用途：平常用于空气压缩机（440kW），特殊情况时用于排水泵。

该系统利用燃气内燃机的排热预热锅炉给水。排气全焊板式热水换热器的规格：容量：220kW；排气温度：入口 570℃，出口 220℃；预热锅炉给水：入口 53℃，出口 72~84℃；水量：6~10m³/h。

图 12-11 表示燃气联合循环系统，图 12-12 表示节能效果。

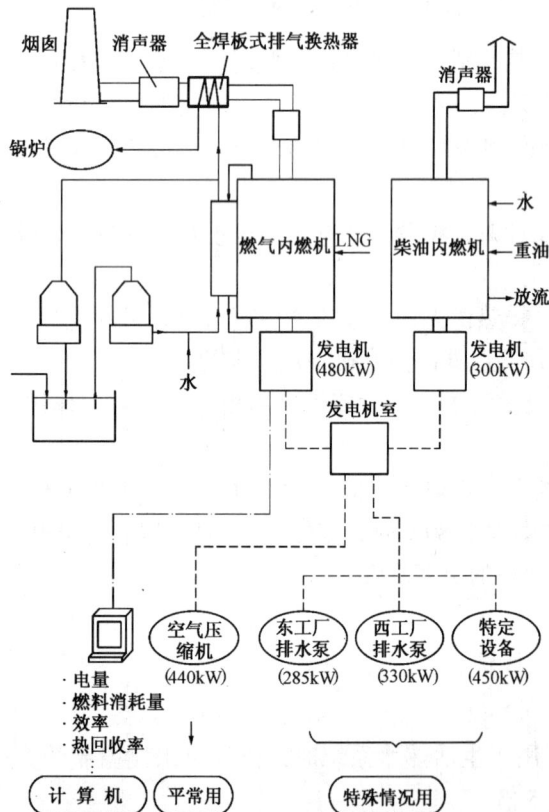

图 12-11　燃气内燃机联合循环系统

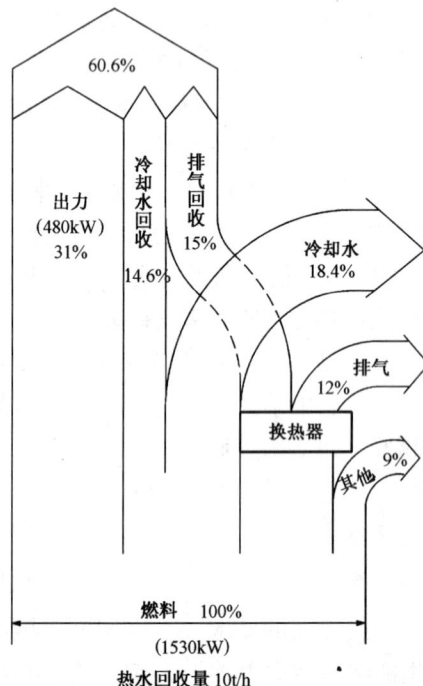

图 12-12　节能效果

第二节　全焊板式排（烟）气热回收装置

在分布式能源系统（燃气热电冷三联供系统）中，燃气的排热回收不仅对整个系统的经济性有很大的影响，而且还是一项与可靠性、耐久性、维护管理密切相关的重要的技术。按照排热排出的形态和排热回收的形态，排热回收用换热器分为排气排热（蒸汽、热水、热风）换热器和冷却水排热（蒸汽、热水、热风）换热器。其中，进入排气排热回收用换热器中的排气经常为高温（500～600℃）的燃烧排气，燃烧气体中的水分冷凝发生的冷凝液对整个分布式能源系统的耐久性影响很大。

一、冷凝液的性质

在分布式能源系统中，排气换热器（以下简称 EGHE）占了很重要的位置。排气中损失的热量约为全部热量的30%以上，能否有效地回收这些热量是分布式能源系统成功的关键之一。目前，回收排气热量中的60%～70%，以它们作为供暖、制冷和生活热水的热源。为了提高热回收率，就希望降低排气出口温度，但带来的问题是在 EGHE 出口和烟道产生冷凝液。

1. 冷凝液的调查

燃烧天然气时，排出的是碳酸气体、水、氧、氮等的混合气体。在出口排气中含有的水分以过热蒸汽的状态存在，但当排气温度下降至露点温度以下时，排气中的水分结露，变为冷凝液。露点温度与排气中水分的分压力有关。图 12-13 是根据水分的分压力的变化与 CO_2 含量的变化关系绘制的露点温度计算值的曲线图。从该图可知，当在理论值的燃烧空气量的条件下燃烧天然气时，若排气中的 CO_2 为9.5%时，则露点温度为59℃。

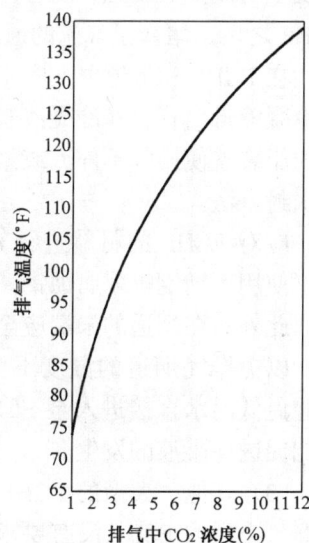

图 12-13　排气的露点温度

在冷凝液中，含有 SO_4^{2-}、Cl^-、F^-、NO_2、NO_3^-、NH_4^+ 等离子，但混入量很少。由于，分布式能源系统运行时间较短，存在许多未认识的问题，故，尚不了解这些离子在冷凝液中具有什么作用，对系统有什么影响。

美国燃气协会（AGA）在以下条件：

（1）使用排气冷凝液；

（2）冷凝液的 pH 为2.4，Cl^- 为200mg/L；

（3）排气温度为130～210℉，冷凝液的温度为120℉；

（4）为了维持 Cl^- 量，必须经常向排气中喷 HCl；

（5）在设定的时间内，在干、湿交换等条件下，反复地进行试验，试验期为三个月，反复操作8600次。对铝、铜、合金、铜镍合金、硅铁、耐热镍铬铁合金、耐盐酸镍基合金等材料进行了以下腐蚀状态试验：

1）全面腐蚀；

2）点状腐蚀；

3）焊接部、接头等产生的腐蚀；

4）应力腐蚀等。

试验结果说明，冷凝液对铝合金、铜合金的腐蚀性强；在许多合金上都发现了点状腐蚀；

在 409、439 等铁氧体系的不锈钢和 316L、合金 20 等奥氏体系中出现了焊接部的腐蚀；裂缝腐蚀出现在奥氏体系的 304L 中；应力腐蚀多发生在奥氏体系的材料上。

2. 实际调查

日本燃气协会通过调查卡的方式对 EGHE 进行了实地调查，调查总数为 51 项，不合格数为 3 项，其中 2 项为初期漏水，1 项为结有水垢。由于运行时间短，除早期事故外，基本上都能正常运行。

（1）漏水的原因和措施　EGHE 出厂时已按规定进行了耐压试验，确认不漏水，本体无缺陷。分析漏水的原因，可能是组装时，接头和连接管道之间没有放置密封垫。冷运行时确认不漏水，通气试运行时仍应紧固连接部分的螺栓。

（2）结垢、水锈的原因和措施　燃气机启动时，低负荷运行时及冬季运行时，可能产生冷凝液（图 12-13）。排气冷凝液的 pH 一般为 2.8 ~ 8.2。如上所述，由于冷凝液中含有的多种离子加快了对碳钢的腐蚀，腐蚀产生的锈进入 EGHE 之后，堵塞了气流的通道。

在 EGHE 和烟道中，应安装尺寸较大的冷凝液排出管，在冷凝液管的末端应通过加压装置使排气不外流或采用适当深度的水封方法。

应对 EGHE 的材料进行充分的研究，建议使用不锈钢等耐腐蚀钢。

此外，在烟道的末端应全面地实施保温，以免排气烟道的温度下降。设计时，应避免低温水直接进入至 EGHE 内，它们可能促进冷凝液的发生。

（3）其他　大型的 EGHE 应每年定期检查，小型的 EGHE 没有要求。但应每年打开一次，清扫内外面，目的是保持传热效率不变。

二、全焊板式排气热回收器

1. 结构及特点

图 12-14 是北京京海换热生产的全焊板式排气热回收器。全焊板式换热器是目前国际上先进的高效、节能换热设备。全焊板式换热器采用波纹板片作为传热元件，板束板片间采用先进的专用氩弧焊焊机进行焊接，全焊式板束装在压力壳内。波纹板片具有"静搅拌"作用，能在很低的雷诺数下形成湍流，且污垢系数低，传热效率是管壳式换热器的 2 ~ 3 倍。在存在气、液两相（两相流）的应用场合中，全焊板式换热器的"静搅拌"作用，克服了管壳式换热器由于介质折流"翻转"造成的气、液两相分离。"静搅拌"作用还

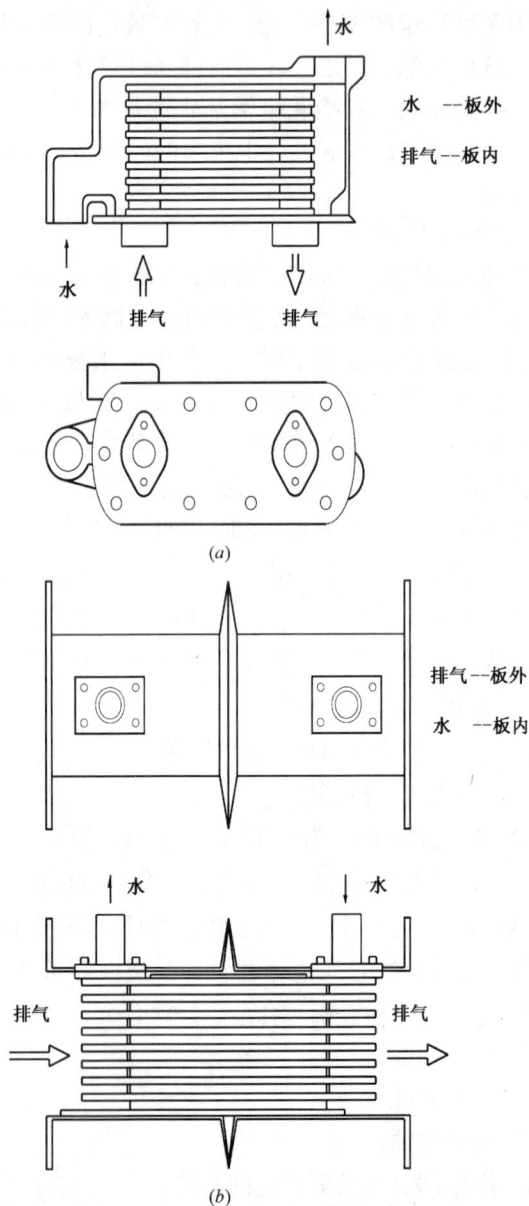

图 12-14　全焊板式排气热回收器

大大降低了结垢，从而使设备的维护和清扫（如果需要的话）非常方便。

全焊板式换热器可实现真正的"纯逆流"换热，与管壳式换热器相比，冷端及热端温差较小，可以多回收热量，从而可大大节约装置的投资和运行费用。

全焊板式换热器与管壳式换热器相比，还具有结构紧凑的优点。因此，在完成同样换热任务的情况下，全焊板式换热器的体积小、重量轻，从而可大大节约用户的设备安装空间及安装成本。

全焊板式换热器板束装在压力壳内，提高了全焊板式换热器的安全可靠性，与管壳式换热器一样，除了受压力容器设计级别限制外，全焊板式换热器的使用压力没有绝对的限制。因此全焊板式换热器既具有传热效率高、结构紧凑、重量轻的优点，同时又继承了管壳式换热器耐高压及耐高温，密封性能好，安全可靠等优点。与管壳式换热器相比具有更加优异的结构特点。

由不锈钢波纹板组成的板束安装在壳体中，冷流由设备底部进入板束板程，由设备顶部流出；热流由设备上侧开口进入板束板程，由设备下侧开口流出，两流体在板束中呈全逆流换热。同时，为解决热膨胀问题，在板束上下两端设置膨胀节。

大型全焊接式换热器板束是由 0.8mm 不锈钢薄板压制成型后的板片叠合而成。首先组焊两块成型好的板片两侧纵向长焊缝（长度一般为 6～10m），组成板管，再将按设计要求数量的板管叠合组成板管束，在板束的两端焊接板管与板管间的横焊缝，最后将板束与分隔连接板焊接。

2. 换热器的选择

由于回收排热回收量所需的费用即换热器的费用与分布式能源系统的经济性有很大的关系。故，选择换热器是设计分布式能源系统中的重要工作之一。

（1）选择顺序　图 12-15 表示换热器的选择顺序。决定换热器尺寸、费用的主要因素是传热面积，首先必须掌握计算时必要的基本数据，即换热器入口、出口的排气、水的温度，流量和流向。

换热器入口排气侧的温度、流量根据燃气内燃机排气条件确定。该排气条件与负荷率和空燃比有关。故，必须以内燃机在什么状态的条件下运行作为设计点。

水侧的出口温度与回收热的用途有关，生活热水为 60～80℃，工艺蒸汽则必须与已运行蒸汽锅炉的运行工况一致。若用作双效吸收式制冷机，则必须发生 0.8MPa 的蒸汽，若用作单效用吸收式制冷机，则为 0.1MPa，120℃ 的蒸汽。水侧的入口温度，若为吸收式制冷机，则为回收热利用后的回水的温度，若为生活热水或工艺用蒸汽，水被消费后不能返回。

在决定换热器出口排气温度时，排气温度的下限应控制在不发生冷凝水的范围内，即换热表面温度应大于露点温度。美国的排热回收装置以 148℃ 作为下限，也有 120～130℃ 的实例。在临界温度变化的间歇运行条件下，运行开始时可能发生冷凝水。故，设定的临界温度应比连续运行高。该临界值是确定分布式能源系统综合效率、换热器传热面积和费用的最重要

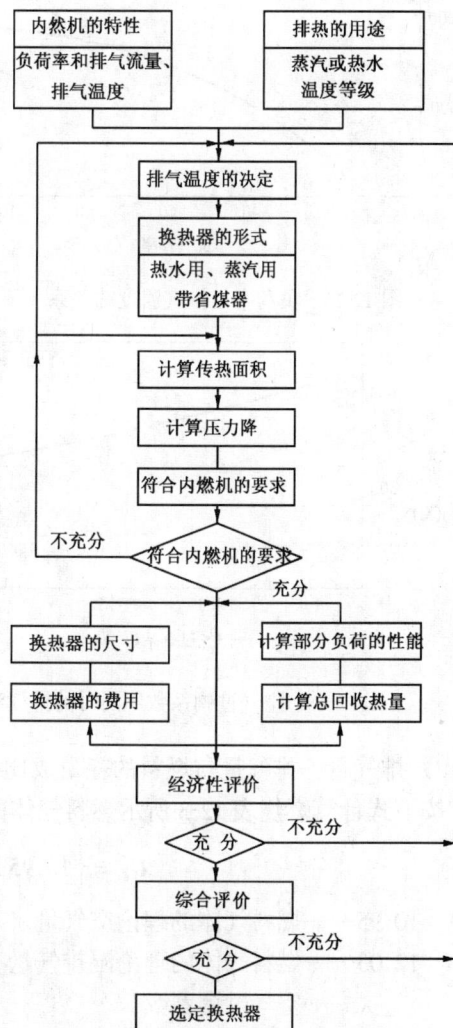

图 12-15　换热器的选择顺序

数值。故，应通过最终的经济性的评价确定最佳的换热器的出口排气温度。之后，根据上述基础数据计算排气和水的平均温差及传热系数，计算出传热面积，换热器的尺寸。然后，计算部分负荷时的排热回收量，它们是计算全年总回收热量的基础数据。最后，计算全年节能量和节约费用，并进行投资回收率等经济性评价。

（2）排气 排气的温度、数量是设计全焊板式排气热回收器的重要参数，同时，还要考虑换热时冷凝水的发生状况。

1）排气温度 排气温度不仅与内燃机的规模、形式、燃料的种类有关，即使是相同的内燃机，它还与空气过剩系数（实际的空气量/理论空气量）、点火时期的调整条件、转速、负荷率等运行条件有关。此外，引入热回收器的排气温度还与内燃机排气集管的有无，脱氮等处理的有无等有关。图 12-16、图 12-17、图 12-18 表示 100 马力燃气内燃机在各种条件下的排气温度。

2）排气成分 燃料组成相同，则排气成分相同。但，空气过剩系数变化时会发生某些变化。图 12-19 表示燃烧表 12-3 所示城市煤气组成时，排气成分与空气过剩系数的关系。实际上，CO、碳氢化合物等未燃部分仅为 0.01% ~ 0.1%，其中空气过剩系数越小，CO 越多；空气比几乎对碳氢化合物没有影响。

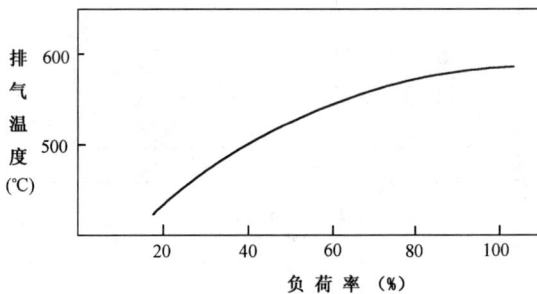

图 12-16 负荷率与排气温度的关系

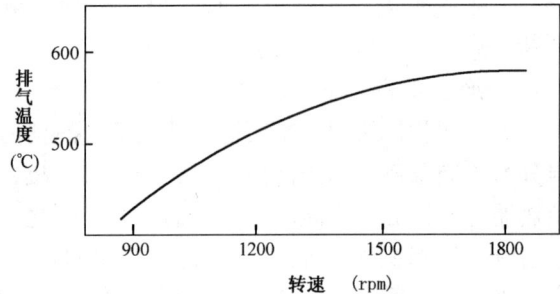

图 12-17 转速与排气温度的关系

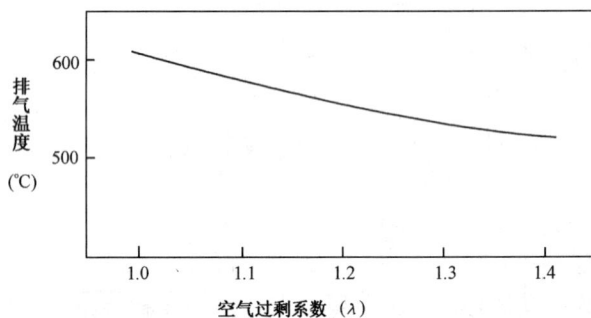

图 12-18 空气过剩系数不同时的排气温度变化

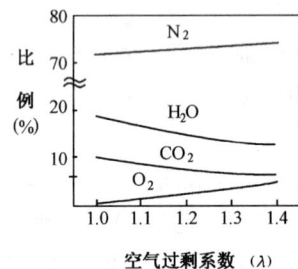

图 12-19 排气成分的变化

3）排气量 排气量与燃料的耗量成比例，即因转速、负荷率而变。
按下式计算燃烧表 12-3 所示燃料气体的湿排气量 G_{ex}：

$$G_{ex} = \left\{ 10.95 \times (\lambda - 1) + 12.05 \right\} \times g \qquad (12-1)$$

式中   10.95——燃料气体的理论空气量（Nm^3/Nm^3）；

12.05——燃料气体的理论湿排气量（Nm^3/Nm^3）；

λ——空气过剩系数；

g——燃料耗量（Nm^3）。

图 12-20 表示排气量与空气过剩系数 λ 的关系。实际上，排气的温度约为 500 ~ 600℃，则排

气的体积约为图 12-20 的 3 倍以上。

燃 气 组 成　　表 12-3

成　　分	比例（%）
CH_4	88
C_2H_6	6
C_3H_8	4
C_4H_{10}	2

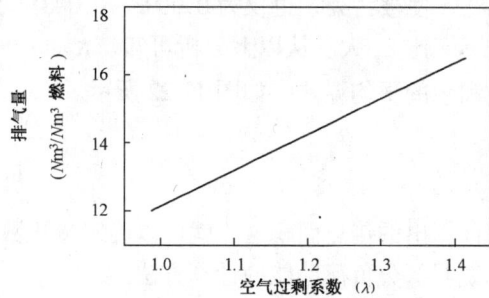

图 12-20　排气量的变化

4）排气冷凝液

（a）冷凝液量　在排气中含有的水分，在排气热回收器冷却过程中冷凝后发生冷凝水。排气的露点与空气过剩系数有关，一般为 50～60℃。理论上说，排气温度不低于 60℃，就不会发生冷凝液。实际上，换热器传热面可能会低于 60℃，或在内燃机启动时，负荷低、排气温度低时，或热水温度低时都可能发生冷凝液。

冷凝液量与燃气用量成比例，对于表 12-3 所示的燃气，每立方米约产生 1.8kg 冷凝液。设计热回收器时，必须设置冷凝液排出口，目的是排出上述冷凝液。

（b）冷凝液性质　从各种内燃机的排液口采取冷凝液，分析后可得出如下结论：

冷凝液的 pH 约为 5～6，呈微酸性。当有除氮催化剂时，pH 约为 7～8，呈微碱性。当浓缩较强时，此时的 pH 可能达到 2～3。

（3）传热面积的计算

计算过程　按公式 $Q = K \cdot A \cdot \Delta t_m$ 计算热回收器的传热面积。按 $Q = C \cdot C_g (t_{g1} - t_{g2})$ 计算设计工况下交换的热量。热回收器出口的排气温度与运行条件和回收热的温度级别有关，其下限值一般为 120～150℃。比热 C 与温度和空气过剩系数有关。但在空气过剩系数为 1.0～1.4 范围内时，比热的变化约为 1%（图 12-21）。

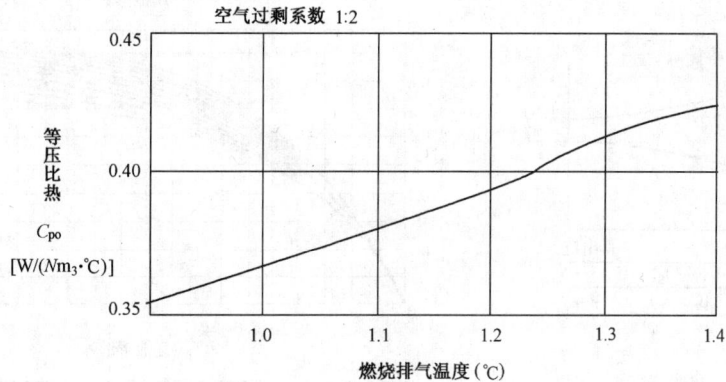

图 12-21　燃烧 13A 城市煤气排气的等压比热

$$总传热系数 \; K = \frac{1}{\dfrac{1}{\alpha_g} + \dfrac{\delta_t}{\lambda_t} + \dfrac{1}{\alpha_w} + R_f}$$

式中　α_g——排气侧的换热系数，与换热器的结构，排气速度有关。一般为 25～180W/（m²·℃）。

　　δ_t/λ_t——传热壁的热阻，热阻的倒数表示热通过的程度，其值约为 11630～23260W/（m²·℃）。

　　α_w——水侧的换热系数，其值约为 3500～6000W/（m²·℃），在蒸发状态下，可达 45000～60000W/（m²·℃）；

R_f——板壁被污染后增加的热阻，称为污垢系数。由于燃气内燃机的排气是清洁的，即使被污染，也仅为 $0.0002 \sim 0.0004 m^2 \cdot ℃/W$，其倒数为 $3000 \sim 6000W/（m^2 \cdot ℃）$，也比 α_g 大。从以上分析可知，$K \approx \alpha_g$。

排气和水的平均温差，如图 12-22 所示。

$$\Delta t_m = \frac{\Delta t_1 - \Delta t_2}{\ln \dfrac{\Delta t_1}{\Delta t_2}}$$

根据计算出的传热面积 A，就可以确定流程数、板片数，概略尺寸和压力降。

以下说明部分负荷性能的计算方法：

在计算部分负荷时的换热量时，前提条件是已知传热面积，根据热回收器的入口条件，计算出出口条件和换热量。此时，不能采用 $Q = K \cdot A \cdot \Delta t_m$ 的方法，而是采用 NTU（Number of Transter Units）的方法。

即用 $NTU = \dfrac{K \cdot A}{（CG）_{min}}$ 表示。排气用换热器 $（CG）_{min}$ 为排气侧 $（CG）_g$。排气侧和水侧的温度效率 ϕ_g、ϕ_w 分别为：$\phi_g = \dfrac{t_{g1} - t_{g2}}{t_{g1} - t_{w1}}$，$\phi_w = \dfrac{t_{w2} - t_{w1}}{t_{g1} - t_{w1}}$，该温度效率是 NTU 和热容量比 $R = \dfrac{（CG）_w}{（CG）_g}$ 的函数，并与流动方式有关（图 12-22、图 12-23）。

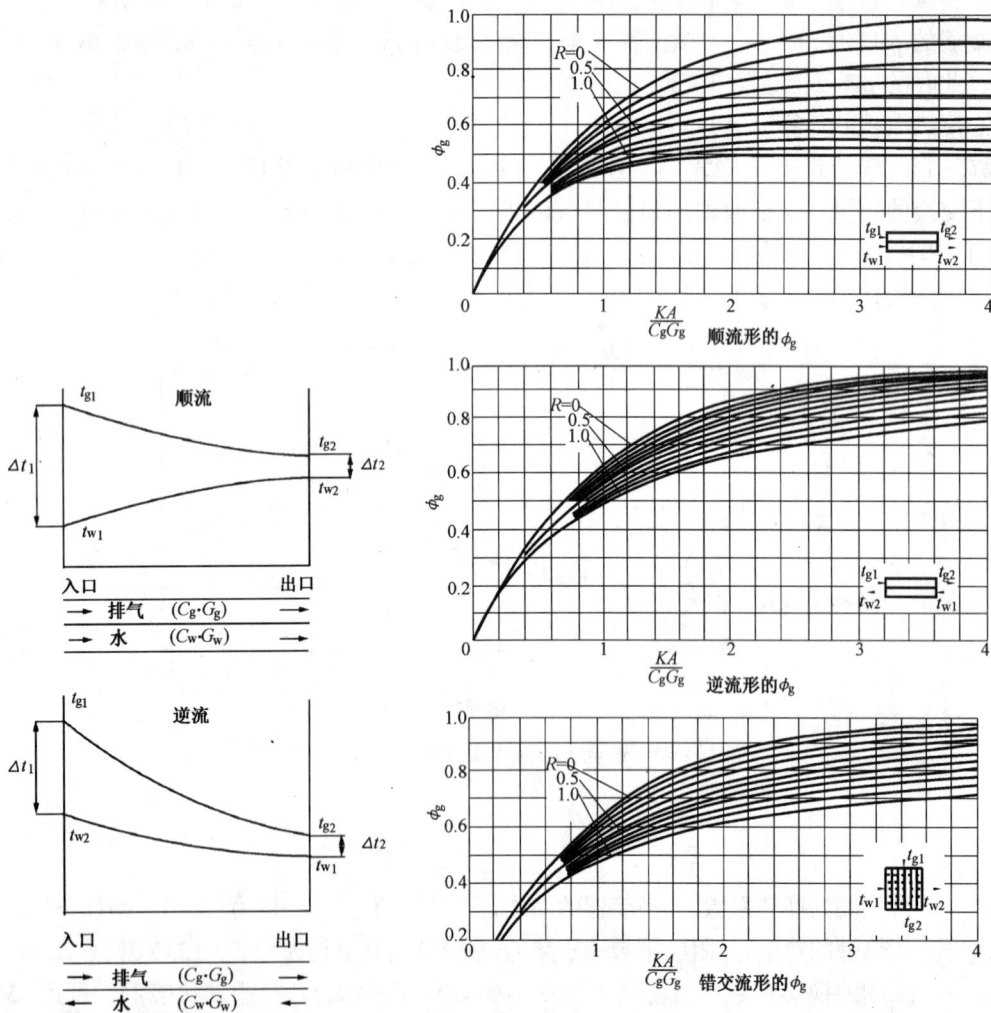

图 12-22　热回收器内的温度分布　　　　图 12-23　ϕ_g 与 NTU、R 的关系

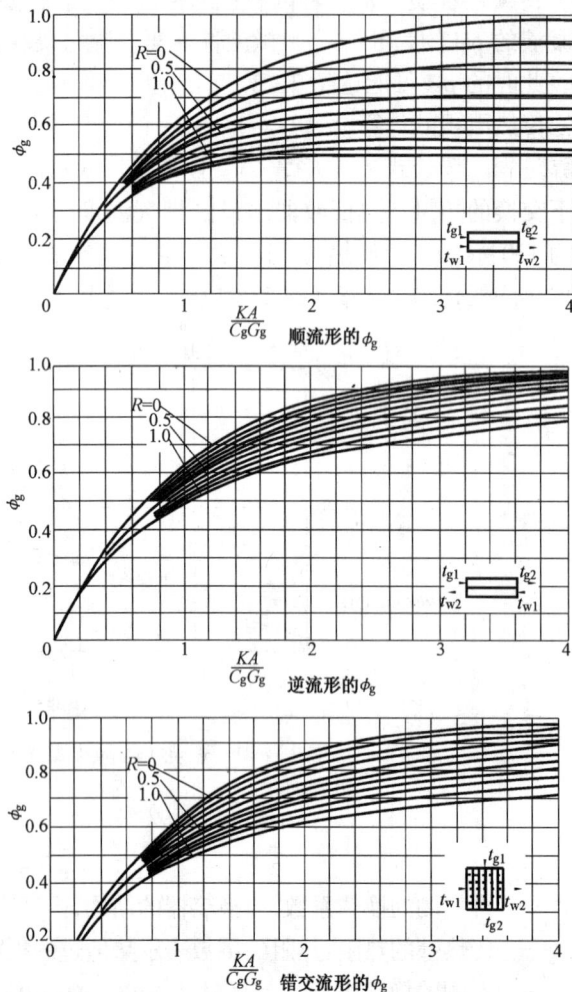

当已知部分负荷时内燃机的排气条件、排气流量 G_g，比热 C_g，温度 t_{g1} 和水侧的换热器入口温度 t_{w1}，比热 C_w 时，首先计算 NTU 和 R，然后根据图 12-23 计算排气侧的温度效率 ϕ_g，最后计算换热量 Q。

$$Q = (CG)_g \times (t_{g1} - t_{g2}) = (CG)_g \times \phi_g \times (t_{g1} - t_{w1})$$

三、全焊板式热回收器的经济性评价

从温度 t_{g1} 的燃气内燃机排气中回收温度 t_{w2} 的蒸汽热水时，在热回收器出口排气温度 t_{g2} 的条件下，按照上述方法计算出的必要传热面积、回收热量的变化如图 12-24 所示。

当热回收器排气出口温度越接近蒸汽温度 t_{w2}，传热面积 A 增加的越多。但由于回收热量 Q 与 $t_{g1} - t_{g2}$ 有关，即随着出口排气温度 t_{g2} 的降低，回收热量成直线增加。

热回收器的设备费 $C = \alpha \cdot A^\gamma + \beta$，式中，$\alpha$、$\beta$、$\gamma$ 是与热回收器形式有关的常数。从定性上看，如图 12-24 所示，它与传热面积 A 一样，当越接近蒸气温度 t_{w2}，增大的比例就越大。

用回收单位热量的设备费 C/Q 表示排热回收的经济性，如图 12-24 点划线所示，设备投资效率（投资回收率）存在最低点。当从热电冷联供系统考虑设备费时，该最低点靠近低温侧，即大约位于有效温差 $(t_{g2} - t_{w2})$ 的 10% ~ 20% 的位置上。

以上定性的叙述了经济性。但若已知全年的实际回收热的利用量，则评价的经济性更为有效。

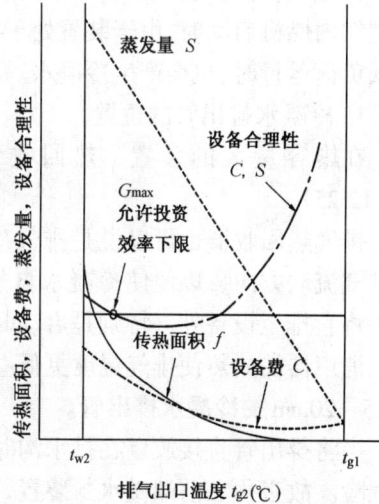

图 12-24　热回收器的经济性

四、设置全焊板式排气热回收器时的注意事项

虽然热回收器不是蒸汽锅炉和热水器，但排气热回收器仍然必须与其他主要机器一样设置在便于检查和维修的位置上。其目的是便于日常运行时的检查、记录和保持设备的高效率运行。

设置位置与热回收器的种类有关，一般距离墙面约 0.45m。当排气流过壳侧或热量直接传至外部托架上时，特别要注意安全和防止烫伤。由于安全阀、计量仪表、调节阀等一般安装在顶部，故应预留维修用空间。排气热回收器设置在消声器的上流，排气声音可能透过壳体传至外面。故希望将它放置在四周设有隔声墙的房屋内，或对壳体采取隔声措施。

排气管或水管将内燃机振动的力和热膨胀传递至排气热回收器上。故应通过补偿器减少它们对热回收器的影响。

由于排气热回收器内水的加热源是高温排气，若运行时水完全不流动，理论上水温可达 350℃，水压可能超过 220℃ 时的蒸汽压力。此时可能发生危险，作为安全措施，在蒸气锅炉上安装安全阀，在热回收器上安装膨胀水箱或安全阀。若在热水器出口侧不设控制阀或止回阀时，则管道的一端应向大气开放，即设置使系统安全的安全阀。

由于燃气内燃机的燃烧性非常好，故经常在理论空气量（空气过剩系数 $\lambda = 1$）的条件下运行，没有过剩空气，排气中的水分的容积比达到 18%。像这种水分多的排气的露点比燃烧液体排气的露点高的多。各种燃料的水露点见表 12-4。

各种燃烧排气的水露点　　　　　　　　　　　　　表 12-4

燃料的种类	空气过剩系数 λ	排气中的水分（%）	水露点（℃）
重　油	2.5～3.0	4～5	29～33
LPG	1.0～1.3	12～16	50～56
天然气	1.0～1.3	14～18	53～58

在排气管上设置了 DE-NOx 装置，排气热回收器和消声器，废热回收时的温度在120℃以下。当燃气内燃机启动时，由于装置处于冷态下，故会产生意想不到的大量的冷凝水。此外，冬季运行或低负荷运行时，也会产生冷凝水。

1. 冷凝水排出管的位置

在热容量大的装置、热回收装置和管道底部冷凝水积聚的地方安装冷凝水排出管（图 12-25）。

排气热回收器也可以说是排气冷却器，是一种容易产生冷凝水的设备。布置时，坡度应朝向排气流动方向，以便使冷凝水自然地流出。在最低的位置上，设置 15～25mm 的冷凝水排出管，将它排至设备外。特别是启动时，由于冷循环水较多，故排出的冷凝水也多。

消声器的放热使排气温度更低些，故在冬季经消声器也会产生冷凝水，最好在较低位置设置 15～20mm 的冷凝水排出管。

当将排出管直接放置在排水沟时，可能同时排出排气，在排气中含有的少量的 CO 等可能带来危险。故必须在前端做水封装置，防止排气漏出。图 12-26 表示水封的一种做法，水封的高度 H 与排气系统冷凝水排出管的位置有关，一般 $H = 100～150$mm。

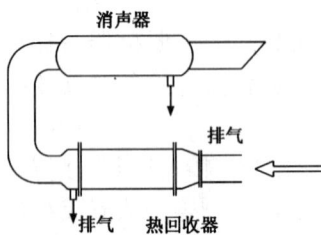

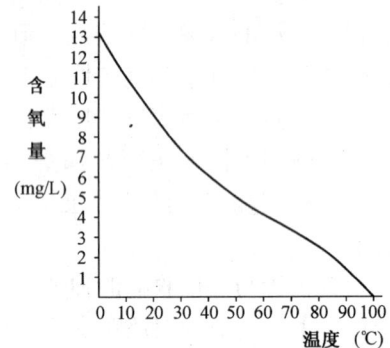

图 12-25　冷凝水排出管的安装位置　　图 12-26　水封　　图 12-27　水中的气体

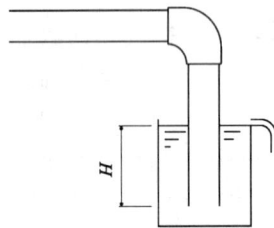

2. 排空气管的位置

水中含有的空气随着热水温度的上升而游离出来（图 12-27）。在流速缓慢的位置或凸形管道高的位置上，必须设置排空气管（图 12-28）。当下流侧水管往上倾斜时，不仅能自然地排出空气，而且还能排出排气中的空气。在排气热回收装置的集管或水室，由于水流缓慢，空气更易积聚，因此，应设置易于排出空气的排空气管，以便排出空气。

当排气量不够时，易于产生如下所述的故障：

(1) 循环泵的流量不够或产生气蚀现象。

(2) 燃气内燃机的冷却不足，并可能出现危险，导致紧急停机。

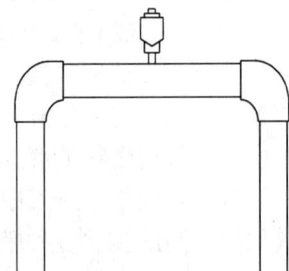

图 12-28　排气管的位置

（3）排气热回收器处于干烧的状态。

3．检查项目

平时必须对排气热回收器进行日常的检查。对于蒸汽锅炉，相关的法规规定了检查的事项，关于处理措施和检查内容及方法也在相关的资料中做了相关的规定。

排气热回收器的检查内容如下所述，仅供参考。

（1）排气有无泄漏。

（2）有无漏水现象。

（3）温度计、压力计有无异常值。

即使对于法规没有检查规定的热回收器，每年也必须按照生产厂家说明书的要求对以下项目进行一次以上的检查。

（1）温度计、压力计是否正常。

（2）安全阀是否正常。

（3）水侧有无污染或有无悬浮物。

（4）排气侧有无污染等。

根据日常检查的情况，尽快地发现异常，并采取合适的处置措施，将事故防患于未然。

4．法规

当排气热回收器的规模、使用方法与锅炉或压力容器相当时，则必须符合相关法规的规定。

（1）设置报告　拟建的甲方必须向劳动局提出设置报告。

（2）选择施工负责人　甲方负责人选择能承担该项任务的施工负责人，并向劳动局提出选择报告。

（3）竣工检查　甲方向劳动局提出竣工检查申请书，接受竣工检查。

（4）性能检查　甲方向劳动局提出性能检查申请书，接受性能检查。

（5）定期自主检查　甲方在使用期间内，必须进行自主的定期检查。

五、应用例

燃气内燃机排气热回收器的应用，见表12-5。

燃气内燃机排气热回收器的应用　　　　　　　　　　　表 12-5

系　　　统		燃气内燃机热泵
内燃机规格	生产厂	久保田
	形式	DG1402
	缸数×内径（mm）×行程（mm）	3×（　）×（　）
	总排气量（L）	1.4
	额定出力（ps/rpm）	17/1800
排气热回收器规格	方式	全焊板式热回收器
	热水或蒸汽通路	板　间
	排气通路	板　内
	换热量（kW）	（　）
	材质　壳体	SUS304
	材质　板	SUS304
	重量（kg）	（　）

注："（　）"内数据在引用的国外资料中未明确注出。

第十三章　蒸发装置的应用

第一节　全焊板式蒸发装置在造纸工业中的应用

一、充分利用蒸煮废液，回收热能的重要性

根据北京、天津地区较大造纸企业的粗略估算，造纸厂能源费用平均约占总产值的 10% ~ 11%，占产品总成本的 13% ~ 14%，能源费用在成本中占有相当大的比重。

造纸技术先进的国家，回水率均在 80% 以上。我国管理较好的纸厂回水率也仅为 30% ~ 40%，凝结水回收率低，不仅浪费燃料，而且浪费大量水。

造纸蒸煮黑液（或红液）具有较高的发热量和较好的燃烧性，是造纸工业重要的自产能源。黑液经过蒸发浓缩燃烧后，不仅产生了大量的热能，而且可以使碱（NaOH）回收循环使用，减少环境污染。如：××造纸厂碱回收得到的自产能源相当于 6 万 t 标准煤，占全厂总能耗的 17%，占动力燃料总量的 19% 左右。又如××造纸厂，碱回收装置所产生的有效能源，约占全厂综合能源的 22%，效益十分可观。

表 13-1 为日本造纸工业的能源汇总表。从该表可知，回收黑液的热量约为 12.583×10^{10} kJ（3.5×10^{10} kW·h），约占总燃料的 35.4%，约占总热量的 26.1%。

日本造纸工业的能源汇总 　　　　　　　　　　　　　　　　　　　　　　表 13-1

能　源		发热量	使用量	热量（$\times 10^{10}$ kJ）	燃料比例（%）	电力比例（%）	总热量比例（%）
燃料	重油	41580kJ/L	5026（千/kL）	20899.2	58.9		43.3
	煤柴油	37380kJ/L	31（千 kL）	117.6	0.3		0.2
	轻油	38640kJ/L	7（千 kL）	25.2	0.1		0.0
	LPG	50400kJ/kg	24（千 t）	121.8	0.3		0.3
	煤	25200kJ/kg	484（千 t）	1218	3.4		2.5
	天然气	41160kJ/m³	1（百万 m³）	4.2	0.0		0.0
	城市煤气	42000kJ/m³	14（百万 m³）	58.8	0.2		0.1
	回收黑液	12600kJ/kg	9988（千 t）	12583.2	35.4		26.1
	废材	16800kJ/kg	284（千 t）	478.8	1.4		1.0
计				35506.8	100		
电力	自发　火力		9864（百万 kW·h）			44.3	
	自发　水力	10290kJ/（kW·h）	504（百万 kW·h）	516.6		2.2　46.5	1.1
	购入电力	10290kJ/（kW·h）	11919（百万 kW·h）	12264		53.5	25.4
计			22287（百万 kW·h）			100.0	
购入能量的热量				34708.8			71.8
总热量合计				48287.4			100

二、全焊接板式蒸发装置在黑液浓缩工艺中的应用

图 13-1 是日产 200t 牛皮纸的某造纸厂黑液浓缩工艺中全焊板式蒸发装置系统的流程图。从图 13-1 可知，1~6 号蒸发器是黑液浓缩设备的关键装置，稀黑换热器、纯水换热器、洗涤换热器等换热器也是综合节能的关键设备。

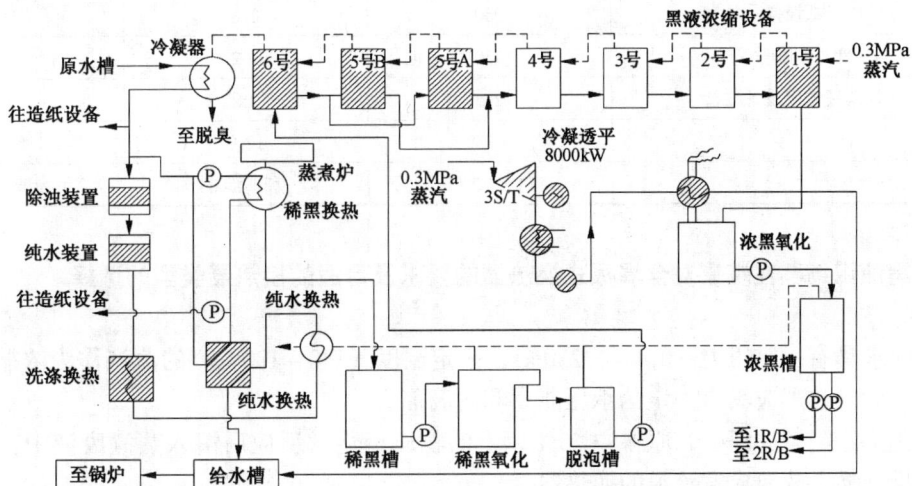

图 13-1 黑液浓缩设备的流程图

在黑液浓缩设备中，蒸汽压力逐渐下降，目的是有效地利用蒸汽的潜热。最后产生的真空度为 80~86kPa 的蒸汽，在冷凝器内被冷却水冷凝成冷凝水后送至造纸设备(DIP)。冷却水吸收蒸汽的潜热后升温。从蒸煮炉来的稀黑液在氧化装置内被浓缩成浓黑液，被空气氧化后的排气排至大气。其能量分配见表 13-2，三项合计 $14.33 \times 10^3 kW$，当蒸汽焓值 $i = 2772 kJ/kg$ 时，则相当于 18.6t/h 蒸汽。

能量分配		表 13-2
往冷却水	稀黑氧化排气	浓黑氧化排气
$8.47 \times 10^3 kW$	$4.50 \times 10^3 kW$	$1.36 \times 10^3 kW$

采用图 13-1 所示的综合节能措施之后，能量的利用状况如图 13-2 所示。

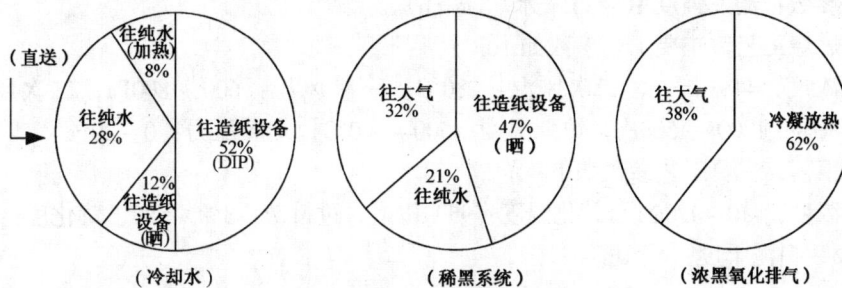

图 13-2 能量的利用状况

黑液浓缩蒸发装置使用 0.3MPa 蒸汽约 15t/h。从表 13-3 可知，热回收率达 80%，不仅提高了能源利用率，同时也提高了造纸厂的回水率。

节 能 效 果 表 13-3

项 目	3T 增加发电（kW）	蒸汽节约（t/h）	电力增减（kW）
往纯水（直送）	402	3.2	＋0
往纯水加热	325	2.6	＋5
往造纸设备	350	2.8	＋5
往 3T 冷凝加热	150	1.2	＋5
1、2 号黑液浓缩设备改造	275	2.2	－84
合 计	1502	12.0	－69
	白天 3500h	夜间 4500h	＋为减，－为减

三、黑液浓缩蒸发装置对全焊板式换热器的要求及合适的换热器类型的选择

1. 要求

(1) 要求具有一定压力（0.4～1.2MPa），一定温度（140～180℃）的蒸汽作为浓缩蒸发装置的加热源，故换热器应具有一定的承压能力和耐温能力。

(2) 化学法制浆过程中，原料中 50% 以上的物质经化学反应后溶入蒸煮废液中，由于黑液中含有纤维介质，故要求宽流道的换热器。

(3) 蒸发装置的蒸发强度约为 10～11kg 水/（$m^2 \cdot h$），蒸发后浓黑液浓度：26～28°Be，故要求传热效率高的换热器。

(4) 维修管理方便，拆装简单。

2. 全焊板式换热器是最合适的黑液浓缩设备

全焊板式换热器是北京京海换热最近生产的既具备板式换热器传热效率高，又具有管壳式换热器耐高温、耐高压等优点的换热装置，而且结构形式为可拆式，维修非常方便。图 8-5 是使用在××造纸厂的北京京海换热生产的黑液浓缩蒸发装置图。

3. 在国内 100t/d 麦草浆黑液碱回收工程中的应用

以××大型麦草浆厂的碱回收工程为例，碱回收能力为 100t 干固物/d。

(1) 黑液提取工段 主要设备：4 台 18m^2 水平带式洗浆机，6 台双网压滤机，1 台 33m^2 长网洗浆机。

(2) 黑液浓缩蒸发装置

主要设备：蒸发装置为多效全焊板式蒸发装置，总蒸发面积 6200m^2。

主要工艺参数：蒸发强度 10～11kg 水/（$m^2 \cdot h$）。

(3) 黑液燃烧工艺，主要工艺参数如下：

入炉黑液浓度：44%，一、二次风温：280℃，一次风压：600～800Pa，二次风压：800～1000Pa，三次风压：1200～1500Pa，炉膛温度：500～600℃，炉膛压力：0～20Pa。

(4) 苛化工艺，主要工艺参数如下：

滤液质量浓度：110～120g/L，苛化温度：95℃以上，过量灰：3%～5%，苛化度：＞85%，白泥残碱：＜2%，白泥干度：＞50%。

第二节 在甜菜糖浓缩工艺中的应用

蒸发装置广泛应用在各种工业的蒸发浓缩工艺上，主要原因是节能性和经济性。

在甜菜糖的制造工厂内一般采用高压锅炉＋背压透平系统，即采用热电联产系统，该系统的热效率较高。以下介绍的是更节能的 SSHP 系统。图 13-3 表示甜菜糖工艺的蒸发装置（多效用罐）。如图 13-3 所示，甜菜糖浓缩一般为高压浓缩，由于在其他的许多工艺中使用低压蒸汽，因此，可利用从多效用罐的抽汽作为它们的热源，目的是提高热能利用率。从该图可知，通过多效用罐将甜菜糖溶液从 18% 浓缩到 65%，处理量为 30t/h，消耗 135℃ 饱和蒸汽 29.8t/h，分别从第一、第二、第三个罐中抽汽 5t/h。浓缩达到要求的浓度。图 13-4 上四行分别表示每罐的蒸发蒸汽的饱和温度、饱和压力、蒸汽使用量和蒸发量；中三行分别表示热损失、传热面积和总传热系数；下四行分别表示溶液浓度、温度、入口溶液量和出口溶液量。

蒸汽饱和温度(℃)	135	124.2	113.7	102.7	90
蒸汽压力 (MPa)	0.319	0.231	0.165	0.114	0.071
供给蒸汽量 (t/h)	29.8	29823(kg/h)	21307	17065	12523
蒸发蒸汽量 (kg/h)		26307(kg/h)	22065	17523	12763

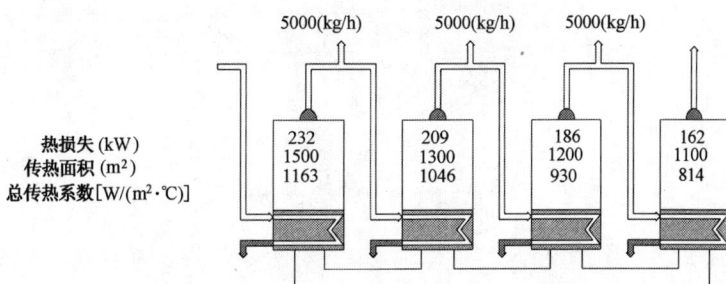

	5000(kg/h)	5000(kg/h)	5000(kg/h)	
热损失 (kW)	232	209	186	162
传热面积 (m²)	1500	1300	1200	1100
总传热系数[W/(m²·℃)]	1163	1046	930	814

溶液浓度(%)	23.74	32.41	45.65	64.98
溶液温度(℃)	124.5	114.4	104.1	93.8
入口溶液量(t/h)	108.8	82.5	60.4	42.9
出口溶液量(t/h)	82.5	60.4	42.9	30.1

图 13-3 蒸发装置的流程

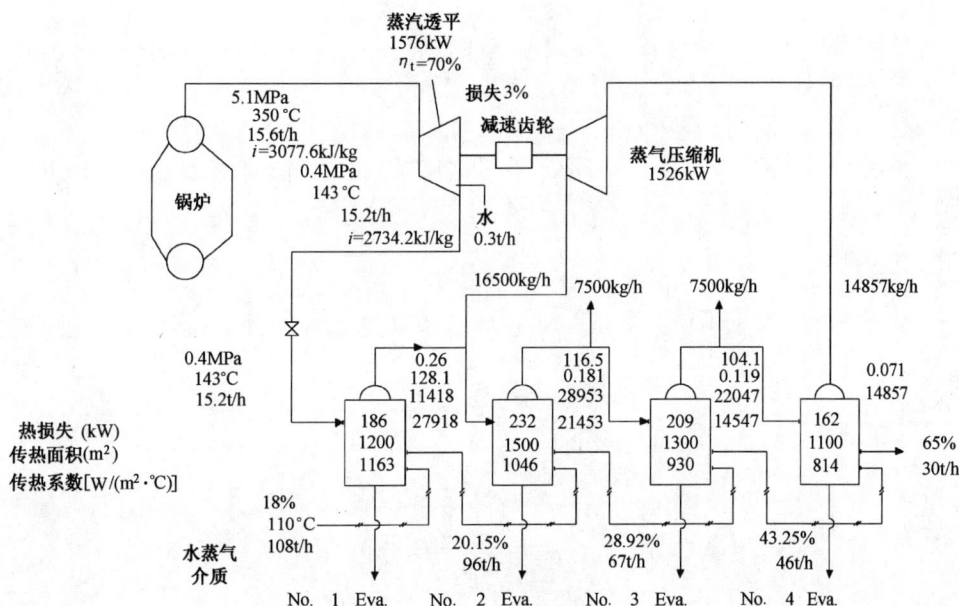

图 13-4 蒸发装置 + SSHP 系统

　　图 13-4 表示在蒸发装置上加入 SSHP（Screw type Steam Heat pump System）系统。各罐的蒸发量与图 13-3 有所不同，但多效用罐的 ΔT（135℃ – 90℃ = 45℃），抽汽量等没有变化。该系统的特征是使用供给蒸发装置的蒸汽驱动蒸汽透平，然后再驱动水蒸气压缩机，与以往用蒸汽直接驱动水蒸气压缩机相比，不存在供给需要不平衡的问题，也不存在时间延滞的问题。此外，由于不转换为电力，故也没有这部分的损失。从图 13-5 可知，仅用 15.6t/h 蒸汽就达到了图 13-3 的效果。

　　该图所示的压缩机形式为 MYCOM STM510L × 2 台，吸入蒸汽 0.07MPa90℃（饱和），排出蒸汽 0.26MPa128.1℃（饱和），转速 3956rpm，排量 17657m³/h（8250kg/h），轴功率 763kW。

第十四章　板式换热器及板式换热装置
在生产工艺中的应用

第一节　在塑料制造工厂中的应用

一、新冷却系统的构成及在塑料制造工厂中的作用

1. 新冷却系统的构成

从图 14-1 新冷却系统的构成可知，新冷却系统由液体冷却装置、干燥空气液体冷却器、预热盘管和板式换热器等组成。冷却水被工艺热处理机组加热后，通过液体冷却装置或通过板式换热器的水/乙二醇混合液冷却。水/乙二醇混合液的热量传递给空气处理机组的预热盘管后，混合液被冷却，之后进一步被设置在屋面的干燥空气冷却器冷却。由于从室外空气中获得冷却能力，故压缩机不运转。

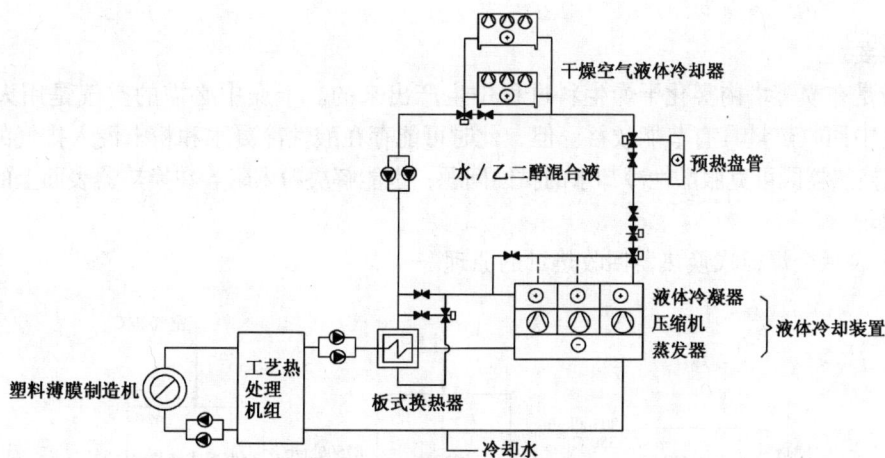

图 14-1　新冷却系统结构图

2. 新冷却系统的作用

软塑料包装薄膜是以颗粒为原料制作而成，在制造工艺过程中，为了溶融颗粒必须加热和冷却。冷却过程由 10℃冷水完成。因此，在制造工艺过程中必须增加冷却水的装置，该装置耗电大。采用新冷却系统之后可以降低冷却耗电量，具有明显的节能效益。

二、新冷却系统的运行方式和经济性分析

1. 运行方式

工艺过程的冷却可由板式换热器的预冷却完成，也可由使用压缩机的液体冷却装置完成，有时也可由二者共同完成，其运行方式如下：

（1）当室外空气温度大于 19℃时，仅使用压缩式制冷机；发生的热量被排至室外。

（2）当室外空气温度低于 19℃，但大于 4℃时，使用压缩式制冷机，回收的热量通过空气处理机组预热空气。

（3）当室外空气温度低于 4℃时，不使用压缩式制冷机，仅用板式换热器冷却工艺过程中的冷却水，回收的热量供给空气处理机组预热空气。

板式换热器的换热面积可根据流量、液体的物理性质、压力降和温度条件决定。

2. 经济性分析

冬季不需使用液体冷却装置时可节约大量的电能。图 14-2 表示新冷却系统和旧冷却系统的耗电量。

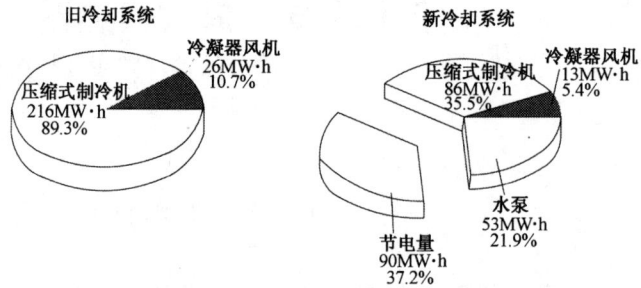

图 14-2 新旧冷却系统耗电量的比较

当考虑了循环水/混合液的泵耗电量之后，新冷却系统节电量约为 90MW·h/年。除此之外，由于液体冷却装置全年的运行时间较短，故延长了它的寿命。不使用新冷却系统时，最大电力负荷发生在冬季，但现在的负荷冬夏均衡。

空气处理机组预热空气后约可节约 110MW·h 的能耗。实际使用表明，该系统的投资回收年限约为 2.5 年。

第二节 全焊板式换热器在洗衣粉工厂中的应用

一、概要

洗衣粉是在喷雾塔内雾化干燥生料过程中生产出来的。干燥中必需的空气是用天然气加热的，从排气中回收热量具有节能效益。但，此时可能存在酸性冷凝水和粉末混入排气的问题。采用全焊板式换热器既可克服酸性冷却水的腐蚀问题，也能解决粉末附着在换热器表面上的问题。

二、原理

图 14-3 表示全焊板式换热器回收热量的原理。

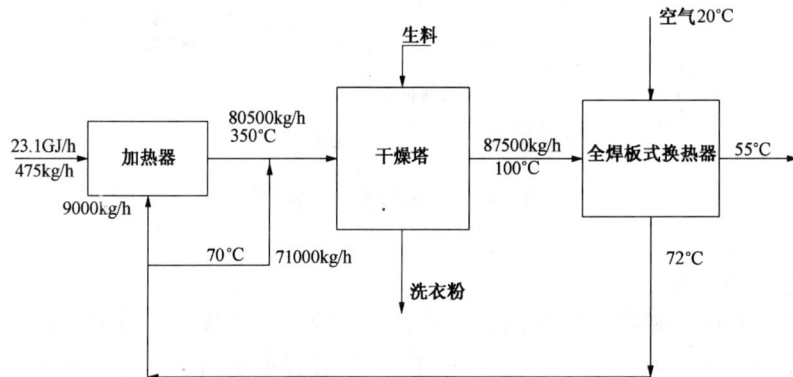

图 14-3 全焊板式换热器回收热量的原理

干燥塔的排气通过全焊板式换热器预热干燥过程中所需的新鲜空气。预热的新鲜空气在燃烧天然气的加热器内加热到所需的温度。由于排气被冷却时可能产生酸性冷凝水，故选择了耐酸性的不锈钢板制成全焊板式换热器。

三、经济性

采用全焊板式换热器后，新鲜空气从大气温度预热到 70℃，节约了天然气。一般设置两台全焊板式换热器，每台换热器全年约节约 975000 $N\text{m}^3$ 天然气，比以往系统节能 20%，回收期约为 2 年。

第三节　在制药工业中的应用

与能量费用占制造成本高的石化企业和通用化学品工厂比较，制药工厂一般不太注意节能。但从某些制药企业开展节能工作后的效果来看，实际的节能效果非常明显，单位制品的能耗（每千克制品的能耗）6 年间约减少 59%，总能耗约减少 30%。与板式换热器有关的节能技术如下。

一、热处理工艺连续化系统的热回收

图 14-4 表示连续化系统热回收的示意图。改造点：将分批操作改变为连续化系统后，通过板式换热器实现升温、冷却两项工艺。节能效果：减少加热蒸汽 80600kW·h/年，减少冷却动力 65×10^3 kW·h/年，通过缩短升温，冷却时间控制制品热分解，实现了节约和经济运行的目的。

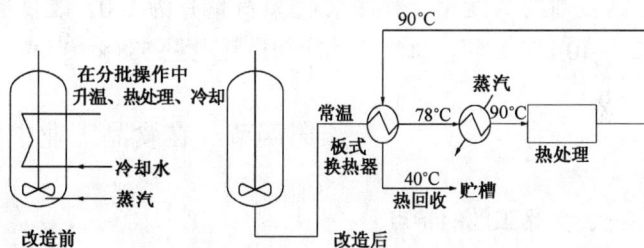

图 14-4　热处理工艺连续化系统的热回收

二、蒸汽凝结水的热回收

在凝结水管路上安装板式换热器，从蒸汽凝结水中回收热量、发生热水。每年减少蒸汽供热量 200×10^3 kW·h/年。

三、蒸馏塔的热回收（之一）

通过负压蒸汽发生实施蒸馏塔的热回收。从图 14-5 可知，改造点：以蒸馏塔冷凝器发生负压蒸汽的方式进行热回收，通过喷射器升压，蒸馏塔 B 每年可减少蒸汽供热量 443×10^3 kW·h/年。冷凝器采用板式冷凝器。

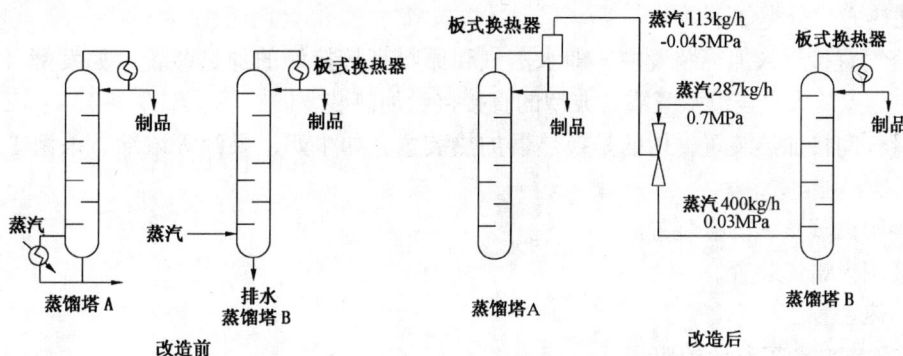

图 14-5　以负压蒸汽发生方式实施蒸馏塔的热回收

四、蒸馏塔的热回收（之二）

通过发生热水进行蒸馏塔的热回收，从图 14-6 可知，通过板式换热器回收蒸馏塔冷凝热，加热锅炉给水。每年减少油加热量 670×10^3 kW·h/年，每年减少冷却塔耗电量 51×10^3 kW·h/年。

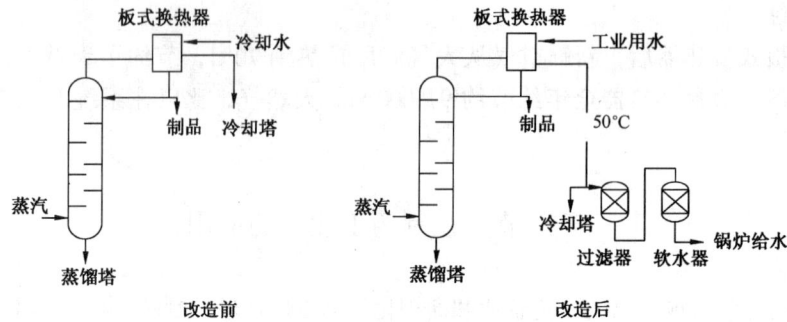

图 14-6   通过发生热水进行蒸馏塔的热回收

五、多效蒸发装置的应用

采用自身蒸汽压缩多效全焊板式蒸发装置代替以往采用的长管蒸发器和真空旋转薄膜蒸发器。改良前的蒸发比（蒸发水量/蒸汽量）为1.0，改良后为5.0。每年节约蒸发用蒸汽供热量 $17226 \times 10^3 \mathrm{kW \cdot h}/$年，每年节约冷却塔耗电量 $588 \times 10^3 \mathrm{kW \cdot h}/$年。

第四节   在食品工业中的应用

一、食品工业的特点

1. 食品制造工艺过程包括洗净、烹调、浓缩、杀菌和保湿贮藏等工艺。工艺过程是反复加热和冷却操作，稀释时需加水，浓缩时需加热。在原料贮藏和加工过程中，为了防止品质劣化需冷却。在流通过程中不仅有常温流通，还有低温流通等。加热用能和用水是不可欠缺的资源。

2. 食品是由有机物组成的，由于加工的是动植物等生物，故在贮藏、流通时不希望自然放置，大多数情况需要冷却。

二、加热的概况

使用蒸汽的主要工艺为蒸煮、干燥、焙烧、杀菌、洗净、浓缩、精制，其他还有溶解、混合和废弃物处理等。

食品加热方式分类如下：

1. 水蒸气直接送入加热装置内，即水蒸气和原料直接接触的加热装置，如发酵（酒精、酿造）原料的蒸煮。大豆连续蒸煮罐是典型的直接接触加热装置。

2. 水蒸气间接加热装置，指的是换热器加热装置，如牛奶、果汁等浓缩、杀菌工艺过程中使用的板式换热器。

3. 直接用火蒸煮、汤煮装置。

4. 直接用火焙烧装置。

5. 电加热装置。

三、在砂糖制造工艺中的应用

1. 砂糖制造工艺的概要（图14-7）

溶解输入的原料糖，通过碳酸饱充、过滤、活性碳吸附塔、离子交换树脂等除去不纯物，制成脱色的无色透明的精制糖液。用浓缩罐浓缩糖液后，送至真空结晶罐煮干，并使其再结晶，然后通过筛选使结晶粒度一致，最后按照制品种类进行包装。

2. 砂糖制造工艺能源流程及板式换热器的作用（图14-8）

该砂糖制造厂生产能力2004t/日。全年能量使用量：燃料（换算原油）2400kL，电力2300MW。

主要热设备见表 14-1。不同工艺使用能量的比例：洗糖、洗净工艺为 15%，浓缩、结晶工艺为 65%，分类、干燥工艺为 10%，其他为 10%。从图 14-8 可知，设置全焊板式换热器回收排气热量加热锅炉给水，设置板式汽水换热器供厂内采暖。在浓缩结晶工艺过程中，设置板式换热器发生热水。

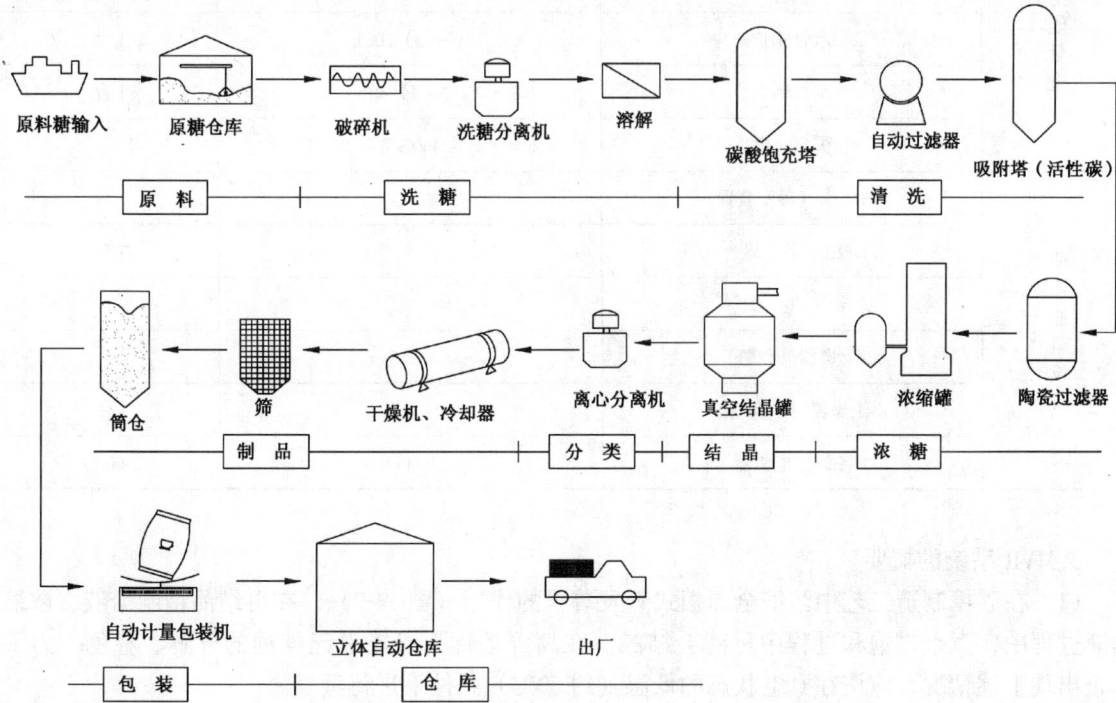

图 14-7 砂糖制造工艺

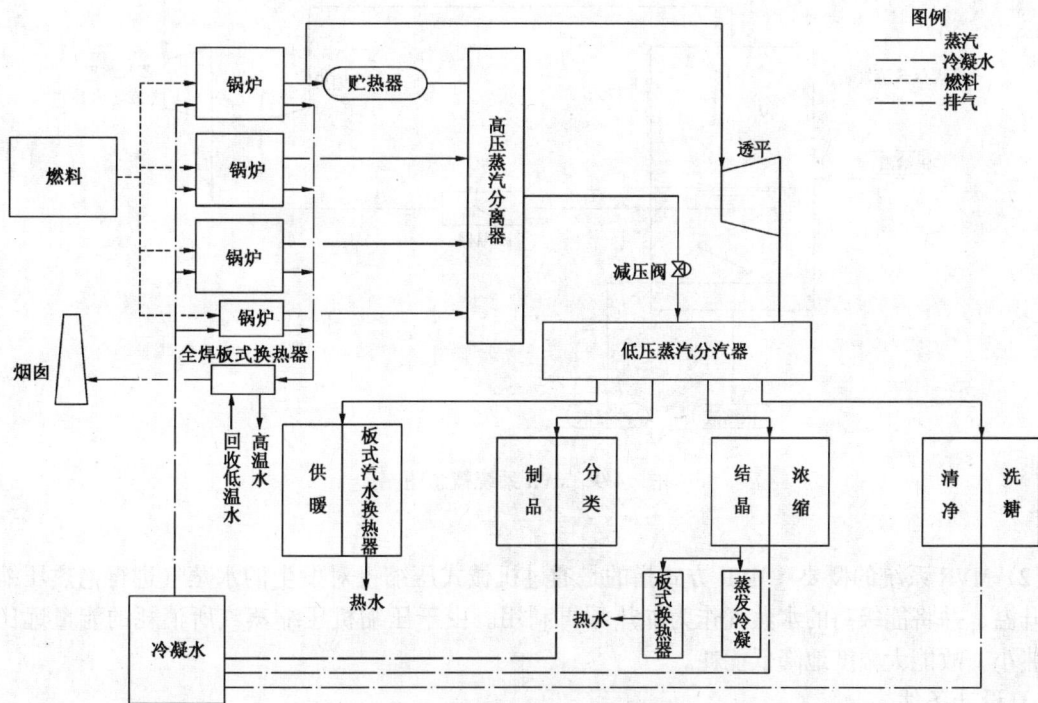

图 14-8 能源流程及板式换热器的作用

主 要 热 设 备 表 14-1

发生能量设备	水管锅炉	（No.1）35t/h	1 台
	水管锅炉	（No.2）45t/h	1 台
	水管锅炉	（No.3）30t/h	1 台
	水管锅炉	（No.4）4t/h	1 台
	买 电	4600kW	
使用能量设备	浓缩罐（蒸发装置）		1 台
	结 晶 罐		7 台
	再 生 炉		2 台
	干燥器（砂糖）		4 台
	干燥器（废弃物）		1 台
	各种用电机器	13000kW	2300 台

3. MVR 系统的概要

（1）在砂糖制造工艺中浓缩全焊板式蒸发装置的作用（图 14-9）　在再结晶精制糖液、浓缩糖液过程中，煮干过饱和过程中可能会结晶。在高温条件下可能引起蔗糖的分解、着色。为了防止出现上述情况，应该在真空状态的低温（约 60℃）条件下进行蒸发。

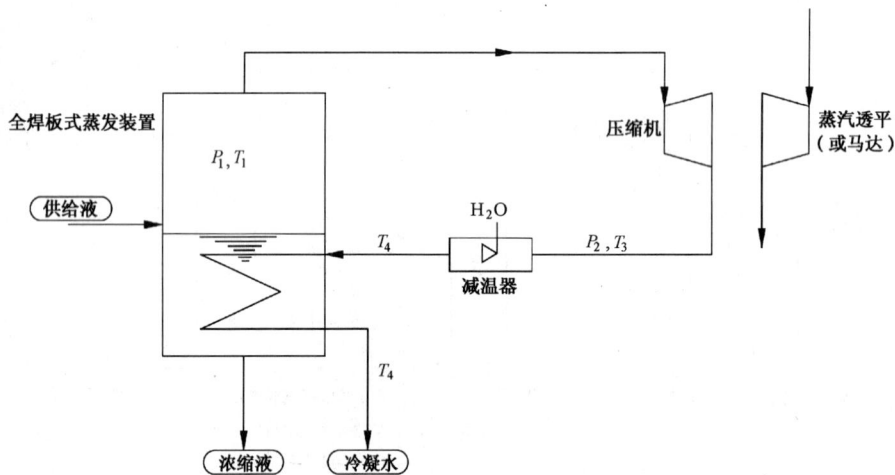

图 14-9　MVR 系统概念图

（2）MVR 系统的概要　MVR 方式指的是通过机械式压缩机对发生的水蒸气进行绝热压缩后升压升温，并将能级高的水蒸气作为加热源再利用。由于压缩机压缩蒸汽所消耗的能量远比蒸发潜热小，故能大幅度地降低能耗。

1）设计条件

（a）供给液：处理量 65m³/h，温度 70℃，比重 1.266，黏度 10.4cp；

（b）蒸发量：6000kg/h；

（c）公用：蒸汽1.4MPa，冷却水32℃、0.2MPa；

（d）动力源：蒸汽透平（背压0.3MPa）。

2）主要设备

（a）加热罐：液膜流下式 $\phi1650 \times 10000H$；

（b）蒸发罐：$\phi1700 \times 4850H$；

（c）自身罐：$\phi2000/\phi1300 \times 4810H$；

（d）蒸汽压缩机：流量4.56t/h，轴功率162kW，21400rpm；

（e）蒸汽透平：入口蒸汽1.4MPa，排气蒸汽0.3MPa，4200rpm。

（3）MVR系统的流程　图14-10表示MVR系统的流程。从该图可知，糖液通过供给液泵②经预热器③送至加热罐①，在换热面上呈薄膜状流下时被加热。蒸发出的水蒸气在蒸发罐⑥内分离出来，被蒸汽压缩机⑦吸引，压缩后升温升压。排出的水蒸气在加热罐①内间接加热糖液。从加热罐出来的糖液通过送液泵⑨送至自身罐⑩，利用自身的显热进行蒸发，达到设定的温度和浓度。

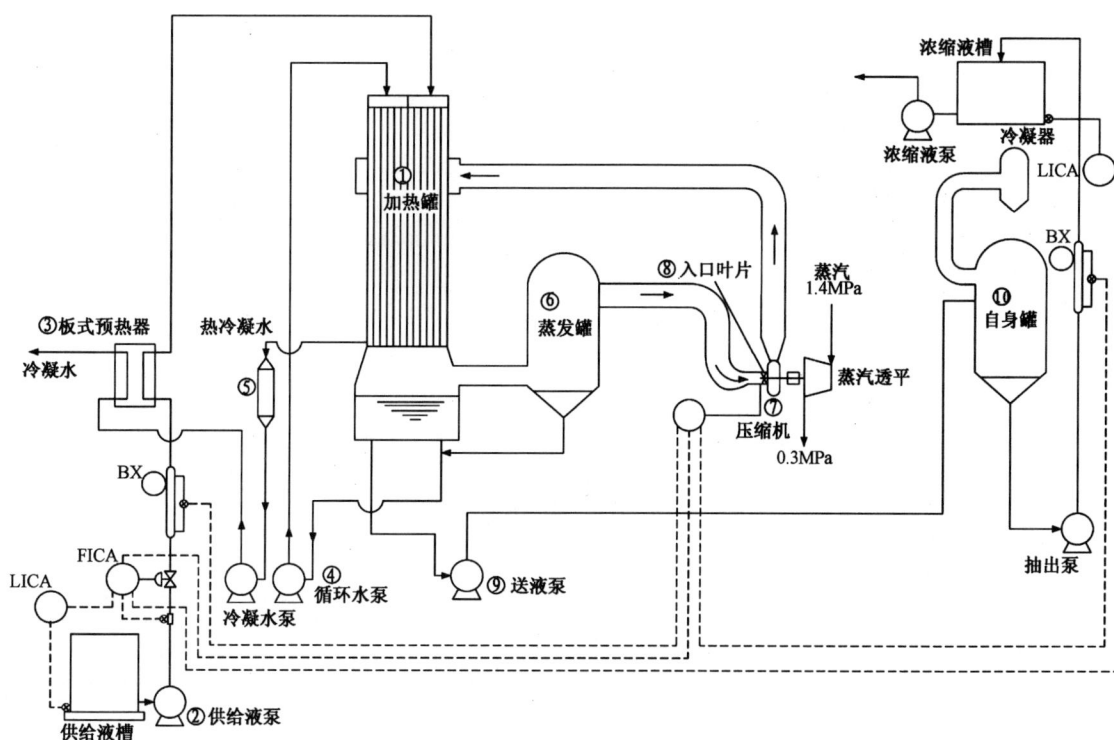

图14-10　MVR系统的流程图

（4）MVR系统运行的效果　图14-11表示MVR系统的运行数据。图14-12表示传统浓缩罐运行的数据。表14-2表示节能效果。从表14-2可知，每年节约蒸汽量18500t/年，每年节约电量30MW·h/年，投资回收年约为2.5年。

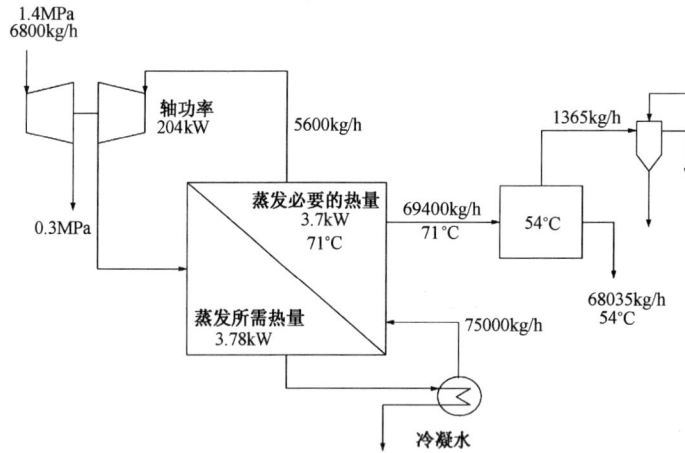

图 14-11 MVR 系统运行数据

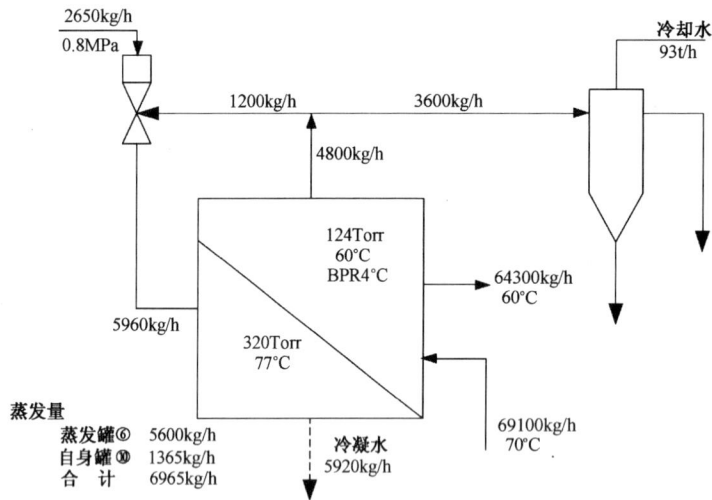

图 14-12 传统浓缩罐运行数据

节 能 效 果 表 14-2

项 目	旧浓缩罐	MVR 系统	效 果
蒸汽消费量（t/年）	20000	1500	18500
电力消费量（MW·h/年）	270	240	30

四、在乳制品工艺中的应用（资料来源：杨崇麟《板式换热器工程设计手册》）

在乳制品工艺中，板式换热器广泛用于鲜乳的高温短时（HTST）和超高温（U.H.T）杀菌中。它也可用作鲜乳及乳制品的加热、杀菌和冷却。

图 14-13 表示鲜乳的高温杀菌工艺流程。该板式换热器分为三段，热回收段、杀菌段和冷却段。

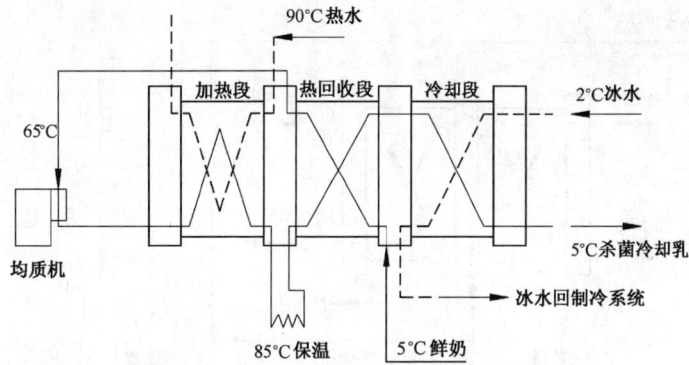

图 14-13　高温短时（HTST）杀菌板式换热器流程

鲜乳的超高温杀菌装置，如图 14-14 所示。该设备的加热介质是使用蒸汽将水加热到139℃（带压的热力）。全机操作实现自动控制和自动原位清洗。该机生产能力为 2000～5000L/h。

乳制品厂和畜牧场广泛使用板式换热器对牛奶进行迅速冷却，以抑制乳中微生物的繁殖，保持乳的新鲜度，确保乳制品不变质。其工艺是将牧场挤出的 30℃ 左右的鲜奶经板式换热器与2℃ 的冷冻冰水进行热交换，从而使鲜奶冷却至 5℃ 后送入贮奶罐加以保存。工艺过程示意如图14-15 所示。

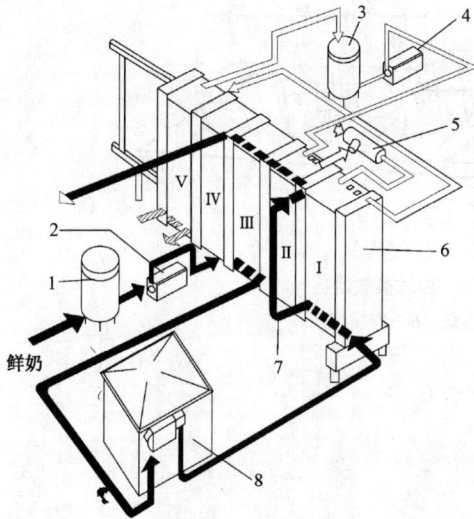

图 14-14　超高温（UHT）杀菌板式
换热器成套装置

1—平衡罐；2—物料泵；
3—热水罐；4—热水循环泵；5—蒸汽喷射器；
6—Ⅰ～Ⅴ段板式换热器；7—保温管；8—均质机

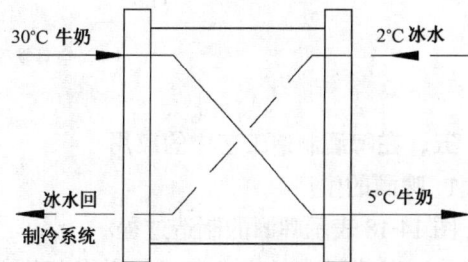

图 14-15　乳制品冷却板式换热器流程

乳制品厂也使用板式换热器进行牛奶脂肪分离前的预热和脱脂奶的冷却。工艺过程示意如图 14-16 所示。

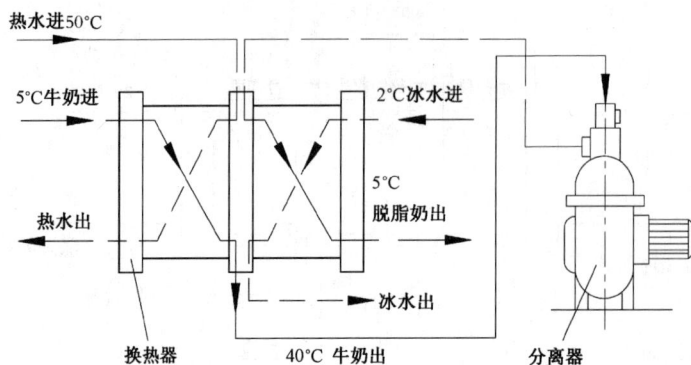

图 14-16　牛奶分离预热冷却板式换热器流程

　　乳制品厂还使用板式换热器进行混合料的预处理以制造酸牛奶。其过程是按标准配置的混合料,包括所有的添加物,如稳定剂、维生素等,用泵送入板式换热器3预热到60℃,然后进真空蒸发罐4,脱去1%~10%的水,使干物质含量增加1.5%~3%,再进入均质机6均质。均质机温度60℃,出来后再进入板式换热器,将其加热到90~95℃。物料进保温罐2,保温3min,再返回板式换热器与进入的冷乳进行热交换,最后冷却至42~43℃。如用乳酸链球菌作发酵剂,可冷却到30℃,以便进发酵罐保温发酵,制备凝固型和搅拌型酸牛奶。其工艺过程如图14-17所示。

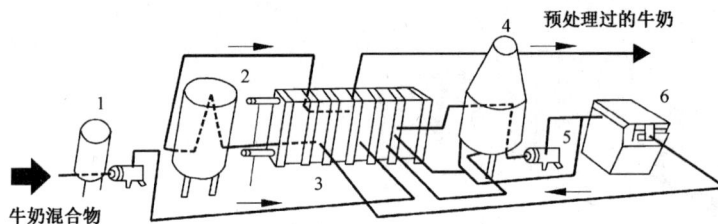

图 14-17　酸牛奶预外理过程
1—平衡罐;2—保温罐;3—板式换热器;
4—真空蒸发罐;5—真空泵;6—均质机

五、在啤酒制造工艺中的应用

1. 啤酒的生产

图 14-18 表示啤酒的制造过程。

　　(1) 麦芽制造工艺(麦芽的干燥和烘烤)　干燥、烘烤发芽过程中生成各种酵菌的麦芽,烘烤温度不同,生成麦芽的颜色也不同,可能是深色的,也可能是淡色的。同时,还可能赋予啤酒特有的香味和颜色。

　　(2) 糖化工艺(糖化锅和蒸煮锅)　粉碎麦芽后,将麦芽和淀粉(末)等辅助原料一起放入50~70℃的热水内,糖化结束后,过滤,并在麦芽中加入啤酒花后蒸煮。啤酒花使啤酒带有香气,并略有苦味。蒸煮的作用是杀菌。

　　(3)发酵工艺(冷却器、发酵槽、低温酿成)　糖化结束后,过滤啤酒花,冷却到5℃左右。在冷却后的麦芽中添加培养酵母,在约8℃的条件下,主发酵的时间约10天。主发酵结束后,将啤酒送到密闭式酒槽内,在1℃左右的条件下,约经过1个月的时间后酿成啤酒。在低温酿成过程中,在低温和气体压力作用下,将发酵过程中产生的碳酸气体溶入啤酒内,则当酿成后,啤酒会带有一种清新的气味。

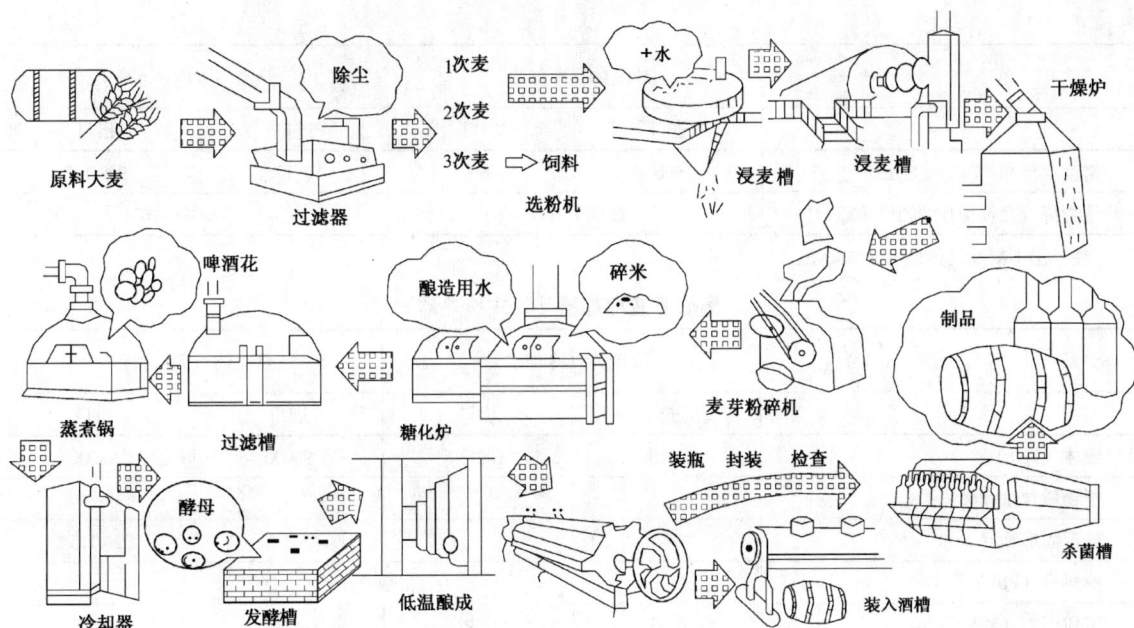

图 14-18　啤酒的制造过程

（4）制品（杀菌槽）　啤酒酿成后，在不挥发碳酸气体的条件下，进行过滤、瓶装、封装、检查之后，在 65℃条件下杀菌。

2. 糖化闪蒸冷凝器

表 14-3 为板式冷凝器的设计参数，设计单位为中国轻工业上海设计院，制造厂为北京京海换热公司，用户为吉林燃料乙醇有限责任公司的燃料乙醇工程。

3. 离心清液冷却器

表 14-4 为板式冷却器的设计参数，设计单位为中国轻工业上海设计院，制造厂为北京京海换热公司，用户为吉林燃料乙醇有限责任公司的燃料乙醇工程。

4. 啤酒冷却（资料来源：杨崇麟《板式换热器工程设计手册》）

啤酒冷却工艺各异，但都使用板式换热器。通常要根据具体要求与流量，合理选用，具体可参考表 14-5。

糖化闪蒸冷凝器（板式换热器）　　　　　　　　　　　　　　　　　　表 14-3

	冷流体（冷却水）		热流体（闪蒸水气）	
	进口	出口	进口	出口
总 流 量（kg/h）	993424		18527	
水 蒸 气（kg/h）			18527	
液　　体（kg/h）	993424	993424		18507
蒸　　汽（kg/h）				
不凝性气体（kg/h）				20[①]
换 热 量（kJ/h）		12324		
工 作 压 力（MPa）	0.3		− 0.081	
温　　度（℃）	28.0	38.7	60.0	59.0

	冷流体（冷却水）		热流体（闪蒸水气）	
	进口	出口	进口	出口
密度（液相/气相）（kg/m³）	996	993	0.13	998/1.7
压力降（允许值/计算值）（MPa）	最大值 0.05		最大值 0.003	

注：①不凝性气体最多为80kg/h。

离心清液冷却器（板式换热器）　　　　　　　　表 14-4

	冷流体（冷却水）		热流体（离心清液）	
	进口	出口	进口	出口
液体（kg/h）	102130	102130	98000	98000
干物质含量（%）				~ 4
悬浮固形物（%）				~ 1.5
换热量（kJ/h）	6830600			
工作压力（MPa）	0.43	0.36	0.39	0.32
温度（℃）	28.0	44.0	88.0	30.0
密度（液相/气相）（kg/m³）	998	991	1020	1030
比热 [kJ/（kg·℃）]	4.19	4.19	4.08	4.06
导热系数(液相/气相)[W/(m·℃)]	0.61	0.63	0.57	0.54
压力降（允许值/计算值）（MPa）	0.07		0.07	

结　构　参　数

	冷流体	热流体	材料	材料	DIN1.4301①
设计压力(MPa)	0.9	0.8		板	DIN1.4301①
设计温度(℃)	140	140		垫片	EPDM③
板间距（mm）		最小 6	接管②		
接管标准	DIN2642	DIN2642			

注：①适用于与工艺介质接触的部件；
　　②所有接管在同侧；
　　③耐有机酸和乙醇。

啤酒冷却用参考表　　　　　　　　表 14-5

序　号	啤　酒			20%酒精水		换热面积（m²）
	进口温度（℃）	出口温度（℃）	流量（L/h）	进口温度（℃）	流量（L/h）	
1	1	−1	6500	−4	7461	5
2	4	1	3500	−2	6000	6
3	2	−1	10000	−4	11470	10
4	6	1	20000	−8	20000	12
5	2	−2	20000	−8	20000	15
6	4	−1	20000	−8	20000	20
7	12	−1	20000	−8	20000	25
8	3	−1	30000	−5	30000	25
9	3	−1	25000	−6	25000	25
10	3	−1	30000	−4	66200	30

5. 麦芽汁冷却（资料来源：杨崇麟《板式换热器工程设计手册》）

麦芽汁冷却实例见表 14-6。

麦芽汁冷却实例表　　　　表 14-6

序　号	麦芽汁			第一段冷却			第二段冷却			冷却面积 (m²)
	温度（℃）		流量 (L/h)	介质	温度 (℃)	流量 (L/h)	介质	温度 (℃)	流量 (L/h)	
	进	出								
1	60	6	5000	自来水	≤25	15000	冰水	2	15000	10
2	60	6	8000	自来水	≤25	24000	冰水	2	24000	16
3	60	6	10000	自来水	≤25	30000	冰水	2	30000	20
4	92	6	20000	自来水	≤25	40000	酒精水	-8	40000	38
5	40	8	40800	—	—	—	酒精水	-8	74000	36
6	96	8	25000	自来水	32	30566	酒精水	-8	112688	98
7	95	9	30000	自来水	30	45000	酒精水	-4	60000	100
8	95	7	30000	—	—	—	冰水	2	40000	110
9	95	9	30000	—	—	—	冰水	2	33000	110
10	40	10	50000	—	—	—	酒精水	-8	94000	50
11	95	9	40800	自来水	25	39200	酒精水	-8	74000	120
12	95	40	50000				自来水	≤32	60000	136
13	96	8	50000	自来水	31	58400	酒精水	-8	125800	190
14	95	7	40000	—	—	—	冰水	2	48000	200
15	95	6	30000	—	—	—	冰水	2	34000	136
16	98	8	50000	—	—	—	冰水	2	58000	210

6. 麦芽汁冷却系统设计举例（资料来源：杨崇麟《板式换热器工程设计手册》）

在啤酒生产过程中糖化工序结束后，需要糖化醪液进行过滤而得到澄清的麦汁。澄清麦汁要加热到100℃沸腾，使其中的淀粉酶停止活动，杀死麦汁中的各类菌，再清除受热变性的蛋白质凝固物。澄清的热麦汁最后与冰水热交换，使冷却到发酵要求的温度。

热麦汁的冷却系统，如图 14-19 所示。

在板式换热器内，98℃左右的热麦汁与2℃左右的冰水进行热交换。热麦汁被冷却到发酵所需要的温度（8℃），然后送至发酵工段进行发酵。冰水吸收热量后温度升至80℃，然后用于酿造。

以年产3万 t 啤酒厂的热麦汁冷却系统，演示板式换热器的选型计算。

（1）原始数据　麦汁质量流量 $q_{ml} = 32t/h$，进换热器的温度 $t_1' = 98℃$。出换热器的温度 $t_1'' = 8℃$，冰水进换热器温度 $t_2' = 2℃$，出换热器的温度 $t_2'' = 80℃$。

（2）选型计算

1）换热量

$$Q = q_m \Delta t_1 C_p = 32000 \times (98 - 8) \times 4.187 = 12058560 kJ/h = 3349600W$$

2）对数平均温差

$$\Delta t_{lm} = \frac{(t_1' - t_2'') - (t_1'' - t_2')}{\ln \dfrac{t_1' - t_2''}{t_1'' - t_2'}} = \frac{(98 - 80) - (8 - 2)}{\ln \dfrac{98 - 80}{8 - 2}} = 10.9 ℃$$

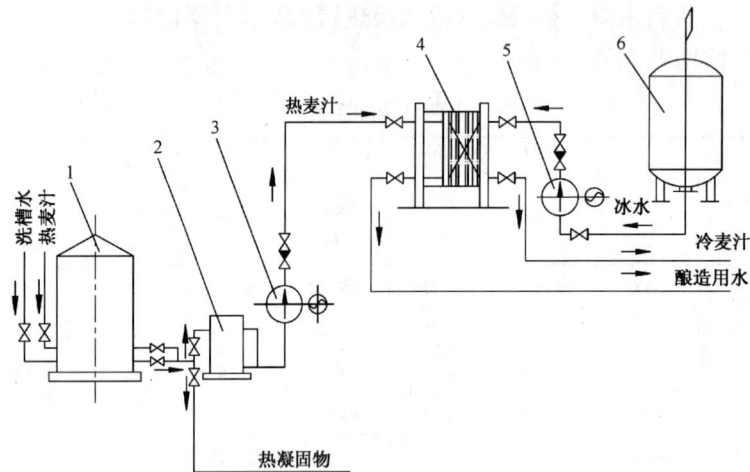

图 14-19　热麦汁的冷却系统

1—旋涡沉淀槽；2—麦汁过滤器；3—浆泵；4—板式换热器；5—冰水泵；6—冰水罐

3) 选取 $K = 3000W/ (m^2 \cdot K)$， $\psi = 1$。

4) 理论计算面积

$$A = \frac{Q}{K\Delta t_{lm}} = \frac{3349600}{3000 \times 10.9} = 102.4 m^2$$

5) 选型　初选一台 BR07$\frac{1.6}{150}$-111 型板式换热器。有换热板 159 块，总板片数 161 块。换热面积 111m^2，换热器的允许工作压力 1.6MPa，允许工作温度 150℃。

取流程数 $m_1 = m_2 = 4$，每个流程内的通道数为 $n_1 = n_2 = 20$，此时的温差修正系数为 $\psi = 0.97$。

从 BR07 板片特性知，每板间流通截面积为 $A_s = 0.0019 m^2$

(3) 校核

1) 麦芽汁侧板间流速

$$w_1 = \frac{q_{ml}}{\rho_1 n_1 A_s} = \frac{32000}{1040 \times 20 \times 0.0019 \times 3600} = 0.225 m/s$$

2) 冰水侧板间流速

$$q_{m2} = \frac{Q}{\Delta t_2 \cdot c} = \frac{12058560}{(80 - 2) \times 4.187} = 36923 kg/h$$

$$w_2 = \frac{q_{v2}}{n_2 \cdot A_s} = \frac{36.923}{20 \times 0.0019 \times 3600} = 0.270 m/s$$

3) 查 BR07 板片的传热特性曲线得， $K \approx 3100W/(m^2 \cdot K)$。

4) 校核换热面积

$$A = \frac{Q}{K\Delta t_{lm}\psi} = \frac{3349600}{3100 \times 10.9 \times 0.97} = 102.2 m^2$$

所计算的换热面积小于所选的换热面积 111m^2，因此是合适的。

5) 压降计算　查 BR07 板片的流体阻力特性曲线：

麦芽汁侧压降

$$\Delta p_1 = 4 \times 0.0035 = 0.014 MPa$$

冰水侧压降

$$\Delta p_2 = 4 \times 0.005 = 0.020 \text{MPa}$$

两值均在允许的范围内,因此是合适的。

7. 麦芽汁加热实例(资料来源:杨崇麟《板式换热器工程设计手册》)

以下两例是麦芽汁加热用板式换热器的基本参数:

(1) 加热面积 150m²,麦芽汁从 70℃加热至 90℃,流量 108000L/h。

(2) 加热面积 210m²,麦芽汁从 72℃加热至 92℃,流量 137500L/h。

8. 无菌水冷却 (资料来源:杨崇麟《板式换热器工程设计手册》)

无菌水冷却所用的板式换热器基本参数为:冷却面积 6m²;无菌水从 23℃冷却至 4℃,流量 5000L/h;冷却介质使用 1℃冰水,流量 20000L/h。

9. 啤酒过滤冷却(资料来源:杨崇麟《板式换热器工程设计手册》)

啤酒过滤冷却所用的板式换热器基本参数为:冷却面积 20m²;麦芽汁从 5℃冷却至 -1℃,或者从 2℃冷却至 -1.5℃,流量 20000L/h;冷却介质使用 -8℃的酒精水,流量 14000L/h 或 9000L/h。

10. 啤酒杀菌冷却

啤酒厂常用板式换热器进行啤酒杀菌冷却,制备生啤酒,其工艺流程如图 14-20 所示。生产能力 2m³/h。

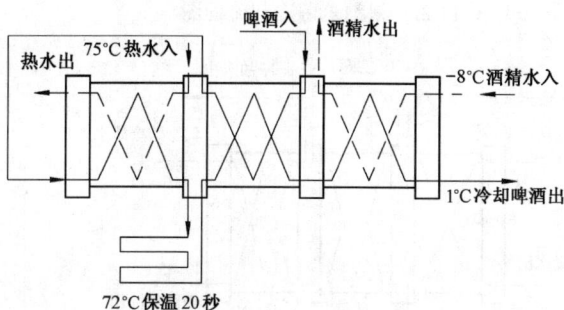

图 14-20 啤酒杀菌冷却工艺流程

六、在黄酒和果酒工业中的应用(资料来源:杨崇麟《板式换热器工程设计手册》)

黄酒工业广泛使用板式换热器进行黄酒加热杀菌和酒精回收,取代传统的锡管换热器,其生产能力有 5t/h 和 10t/h。工艺过程如图 14-21a、b 所示。

果酒工业也广泛使用板式换热器进行果酒(果露酒、葡萄酒)的杀菌和冷却。装置生产能力为 2000 ~ 3000L/h,工艺流程如图 4-22 所示。该装置温度实现自控。

七、在冷食品工业中的应用(资料来源:杨崇麟《板式换热器工程设计手册》)

冷食品工业广泛使用板式换热器进行冷食品浆料的杀菌和冷却,以制备冰淇淋或棒冰。装置生产能力为 2000 ~ 3000L/h,其工艺流程如图 14-23 所示。该装置温度实现自控。

八、在果汁和豆奶饮料工业中的应用(资料来源:杨崇麟《板式换热器工程设计手册》)

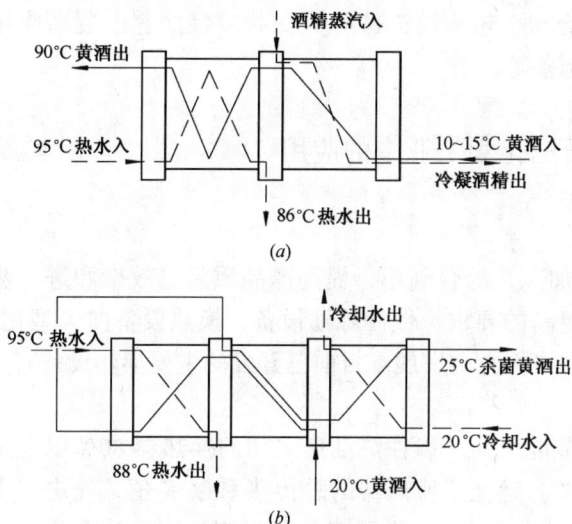

图 14-21 黄酒杀菌流程图
(a)热灌装;(b)冷灌装

果汁饮料工业广泛应用板式换热器对各种果汁进行加热和冷却。由于果汁的种类不同,其加热温度也有差异。果汁饮料工业也应用板式换热器对果汁进行杀菌(图 14-24)。装置生产能力为 1500～2000L/h，温度自控。

板式换热器在豆奶饮料生产方面，常用作豆奶的杀菌和冷却。其生产能力有1500～3000L/h，工艺流程如图 14-25 所示。

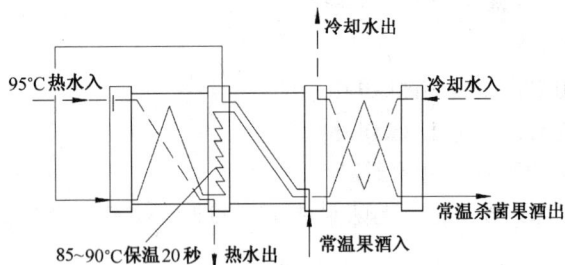

图 14-22　果酒杀菌冷却流程图

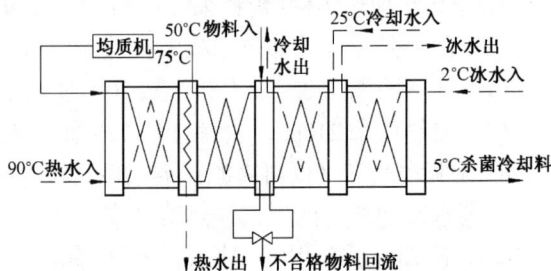

图 14-23　冷食品浆料杀菌冷却流程图

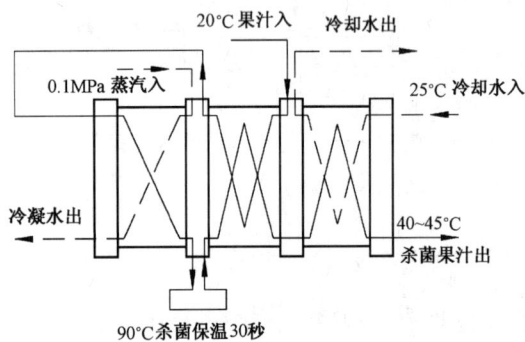

图 14-24　果汁杀菌工艺流程图

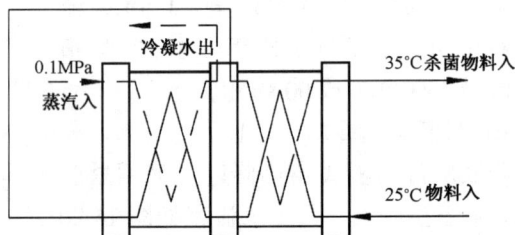

图 14-25　豆奶杀菌冷却工艺流程图

板式换热器在食品饮料工业的应用，随着我国食品饮料工业的发展，应用面越来越广。归结起来，主要是用作加热、冷却、杀菌、杀菌冷却、超高温灭菌和热回收。目前它已逐渐应用到果蔬饮料、保健饮料、矿泉饮料和蒸馏水的制备等。

第五节　在化学、石油化学工业中的应用

一、概况

1. 目前国内外炼油工业总的趋势是向深度加工，综合利用，提高产品质量、效率和进一步降低能耗方面发展。因此，对炼油设备提出了更高的要求，促使炼油设备、换热设备向大型化，高效能，操作弹性大，长期运转，有利于环保和自控方向发展。目前已开发的主要换热设备有：

（1）板壳式换热器

板壳式换热器是一种直接回收工业余热的节能产品。以往炼油厂采用的换热器 80% 以上是管壳式换热器，约占炼油厂工艺设备总量的 30%。管壳式换热器的总传热系数 K 值，先进水平可达 465～580W/（$m^2 \cdot$℃），大多数为 50～150W/（$m^2 \cdot$℃）。为了充分回收炼油厂中的余热，目前已开发出的板壳式换热器（比管壳式换热器的传热效率高 3～5 倍），在提高了自身的耐温、耐压能力后，使用前景相当可观。

（2）新结构空气冷却器

它是借助空气来冷却油品和其他介质的，由于它能大量节约工业用水（不用水或少用水）和减少对环境的污染，所以在石油、化工、电力等工业部门获得了广泛的应用。60 年代初，我

国在炼油工业上应用了空气冷却器,近年来,一些科研和生产厂家在形式、结构、板片品种、风机效率、叶片形式和防止噪音等方面作了许多工作,取得了较好的经济效益。如为山东胜利炼油厂设计的常压塔顶空冷装置,采用了板式空冷冷却器后,比原来节电 25%,全年节电 30 余万度。

(3) 板式烟气余热回收换热器

茂名炼油厂在减压炉上安装两台板式空气预热器,可把空气预热至 300℃以上后进加热炉,每年节约燃料油 3040t,投资回收期仅 11 个月。

2. 换热器的设置

图 14-26 表示蒸馏装置工艺过程的能耗。从该图可知,采取热回收措施后,燃料耗量可减少 48%。同时,还减少了冷却放出的低温热能。图 14-27 表示换热器高温侧和低温侧的关系。从该图可知,二条线非常接近,最小温度接近值 10℃,这就意味着需要很大的传热面积。各种主要化工装置上设置的换热器如下所示:

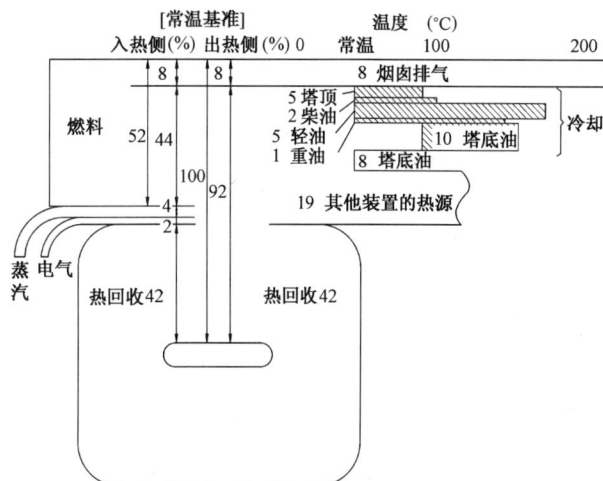

图 14-26 蒸馏装置工艺过程的能耗

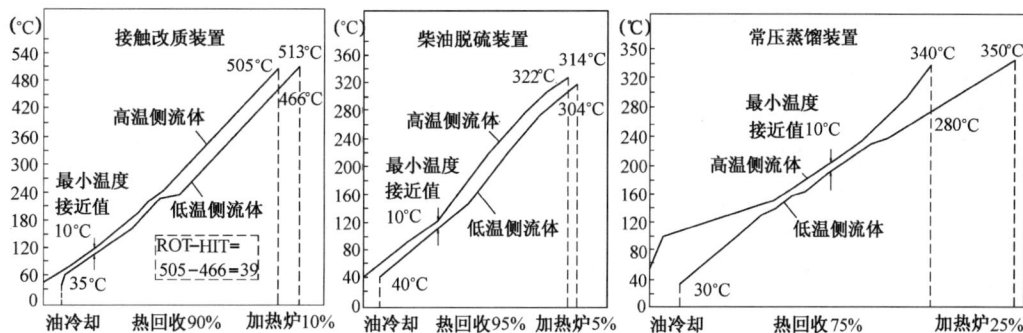

图 14-27 主要装置的热回收状况

(1) 对于常温蒸馏装置,通过换热器将加热炉入口原油加热到 280℃。

(2) 对于接触改质装置,通过换热器可以将 ROT—HIT(反应塔出口流体温度和加热炉入口原料温度的差)降低至 40℃。以往 ROT—HIT 约为 70~80℃,安装一般换热器后约为 65℃,若安装京海换热公司生产的浅密波纹板后可达 40℃。

(3) 对于脱硫装置而言,给脱硫装置的原料加热所耗能量约为加热炉负荷的 20%,当安装换热器后,该比例可降至 5%。

(4) 排气的热回收,在图 14-26 所示的燃料发生能量 52% 中,排气热损失占 8%,此时加热炉效率为 85%,排气温度约为 250℃。当采用板式空气预热器后,排气温度约可降到 200℃,故提高了加热炉的效率。

(5) 低温热能的回收利用,燃料发生的大部分能量供工艺使用后转变为低温能量,冷却后排放至大气。目前可采用热泵方式对低温热能进行回收。

二、在石化工业中的应用（资料来源：杨崇麟《板式换热器工程设计手册》）

图 14-28 表示在石化工业丁二烯冷却工艺中的应用。以 $8m^2$ 板式冷凝器取代了原来 $112m^2$ 的管壳式冷凝器。

该系统要求将 $39℃$ 左右的汽态丁二烯冷凝为液态（允许过冷）。其介质参数、设备参数及测试结果如下：

1. 介质参数

（1）丁二烯：

进口温度：$39 \sim 40℃$

出口温度：$38℃$ 以下（实测 $35℃$）

流量：$1.75t/h$

（2）循环水：

进口温度：$21℃$

出口温度：$29℃$

流量：$18.5t/h$

2. 冷凝器主要参数

设备型号：$BRS08\dfrac{1}{140}-8$

总换热面积：$8m^2$

单板换热面积：$0.8m^2$

通道截面积：汽测：$0.00463m^2$

液测：$0.003m^2$

设计压力：$1.0MPa$

设计温度：$140℃$

接管直径：汽测：$DN350mm$

液测：$DN150mm$

板片材料：1Cr18Ni9

流程组合：$\dfrac{1 \times 5}{1 \times 5}$

3. 测试结果及比较

实测结果见表 14-7。

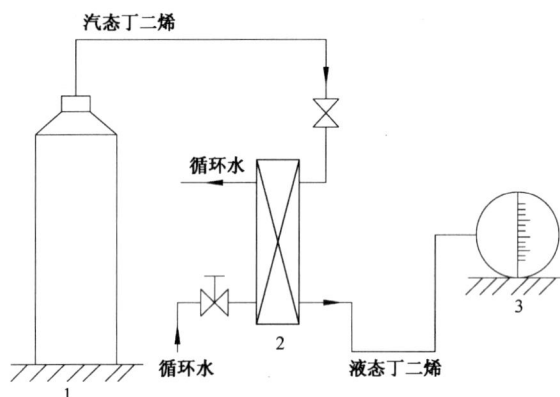

图 14-28　丁二烯冷却工艺流程简图

1—丁二烯塔；2—板式冷凝器；3—丁二烯冷凝液贮罐

丁二烯冷凝器性能比较　　　　　　　　　　　表 14-7

项　目	板式冷凝器	管壳式冷凝器	比　值
换热面积（m^2）	8	112	1:14
总传热系数[W(m²·K)]	1780	209	8.5:1
用水量（t/h）	18.5	75	1:4
占地面积（m^2）	1.5	10	1:6.7
质量（kg）	1800	4000	1:2.2
设备投资（万元）	3.45	4	1:1.16
材料	不锈钢（板片接管） 碳钢（框架）	碳钢	—
清洗、维修	容易	困难	—

由表 14-8 可看出，用板式冷凝器代替管壳式冷凝器后，经济效果比较显著：系统中可以节约用水 75%，占地面积减少 85%，同时延长了设备的使用寿命，而且检修、清洗方便，费用也大大降低了。

三、在硫酸工业中的应用（资料来源：杨崇麟《板式换热器工程设计手册》）

1. 工况介绍

目前使用的各种酸冷却器性能比较，见表 14-8。

浓硫酸冷却器性能比较　　　　　　　　表 14-8

项　　目	排管冷却器	冷却器	板式冷却器	阳极保护式板式冷却器	管壳式浓酸冷却器（进口）
材　　质	铸铁	F$_{46}$	RS-2	316L 不锈钢 941 不锈钢	316L 不锈钢 304L 不锈钢
总传热系统数 [W/（m²·K）]	140~190	260~350 （国内 120~130）	700~2000	700~2000	700~900
相对用水量	4	2.8	1	1	2.5
一次性投资比	1	1.4	1.25	1	3
使用寿命（年）	1.5	3	6	—	>10
占地面积比	1	1/3	1/20	1/20	1/10
最高温度（℃）	80	130	80	110	115
维修量	多	较少	少	少	少
环境污染	严重	小	无	无	无
热量回收	不可以	可以	可以	可以	可以

由表 14-8 可知，由于受板片材料抗硫酸腐蚀温度的限制，现应用于酸冷却过程中的板式换热器，可靠的工作温度不超过 80℃，使其应用受到一定的限制。但是，如果在工艺上采取一定的措施，降低酸的入口温度，就可以扩大板式换热器在浓硫酸冷却中的应用。图 14-29 表示了两种降低酸入口温度、控制酸循环量的方案。

金川有色金属公司硫酸工程于 1987 年 9 月正式投入生产，其中 1/3 的酸冷却器选用 F$_{46}$，2/3 的酸冷却器选用 RS-2 耐酸不锈钢板式换热器，工艺流程简图如图 14-30 所示。其中选用换热面积 30m² 的板式换热器 4 台，用于浓度 98% 的硫酸冷却；换热面积 59m² 的 6 台（备用 2 台），用于浓度 93% 的硫酸冷却，分别代替了原设计中换热面积约 340m²×3 和 320m²×7 的 F$_{46}$ 冷却器，其用水量约为 F$_{46}$ 的 40% 左右，而且安装、维修费用大大降低。有关浓硫酸冷却系统中板式换热器的部分参数见表 14-9。

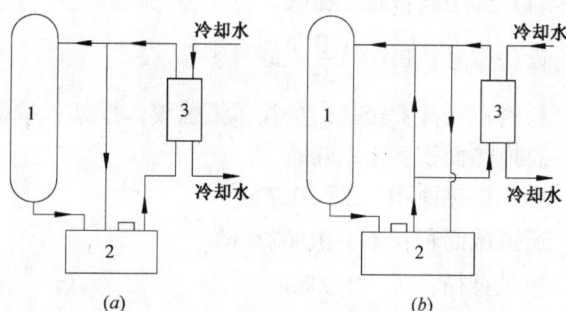

图 14-29　控制酸入口温度的几种方案

（a）全部冷却，冷却后部分回流；（b）部分冷却，冷却后部分回流
1—吸收塔；2—酸槽；3—板式换热器

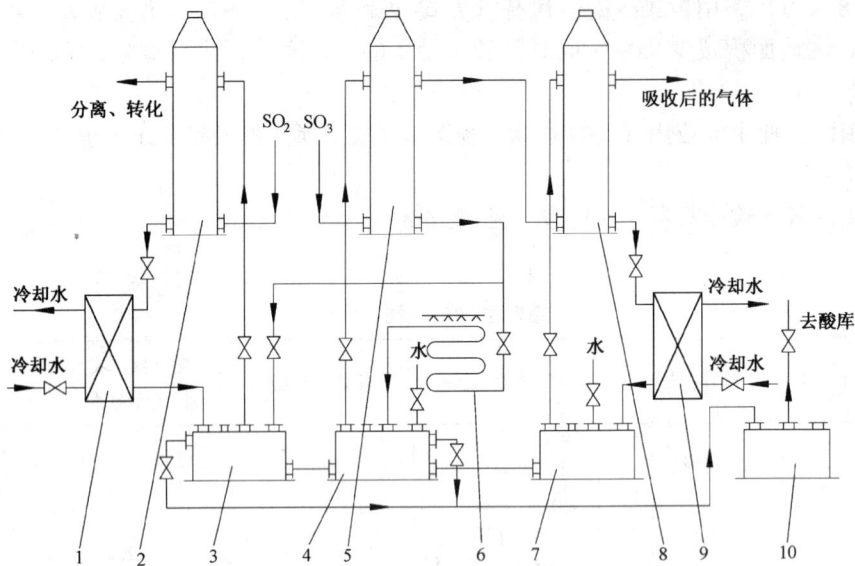

图 14-30　烟气制酸工艺流程简图

1、9—板式换热器；2—干燥塔；3、4、7—酸循环槽；

5、8—吸收塔；6—F$_{46}$冷却器；10—酸计量槽

硫酸（93%~98%）冷却系统 BP07 型板式换热器技术参数　　　　表 14-9

参　　　数	第二吸收塔	干燥塔	参　　　数	第二吸收塔	干燥塔
酸入口温度（℃）	65	55	水流量（m³/h）	180	510
酸出口温度（℃）	55	40	换热量（W）	2×10^6	3.5×10^6
酸流量（m³/h）	230	230~290	板式换热器面积	30m²/台	59m²/台
水入口温度（℃）	28	28	选用台数（台）	4（并联，一台备用）	6（并联，两台备用）
水出口温度（℃）	36	34			

2．选型计算（以第二吸收塔为例）

（1）选用设备技术参数

设备型号：BP07$\dfrac{1.0}{120}$-30

材料：板片：RS-2，垫片：氟橡胶，框架：碳钢

总换热面积：$A = 30\text{m}^2$

单片换热面积：$A_0 = 0.72\text{m}^2$

通道截面积：$A_S = 0.00224\text{m}^2$

当量直径：$d_e = 0.008\text{m}$

准则方程式：

$$\text{热侧 } \text{Nu} = 0.035 \text{Re}^{0.8184} \text{Pr}^b (\text{Re} > 900)$$

$$\text{冷侧 } \text{Nu} = 0.2674 \text{Re}^{0.5634} \text{Pr}^b (\text{Re} < 900)$$

其中
$$b = \begin{cases} 0.3 \text{（热）} \\ 0.4 \text{（冷）} \end{cases}$$

$$Eu = 1994Re^{-0.485}$$

板片厚度：$\delta = 0.001\text{m}$

板片导热系数：$\lambda_p = 16.3\text{W}/(\text{m}\cdot\text{K})$

选用污垢热阻：

酸侧：$R_1 = 0.00002\text{m}^2\cdot\text{K/W}$

水侧：$R_2 = 0.00003\text{m}^2\cdot\text{K/W}$

（2）流体物性参数

酸：

入口温度：$t_1' = 65℃$

出口温度：$t_1'' = 55℃$

流量：$q_{v1} = 230\text{m}^3/\text{h}$

换热量：$Q \approx 2\times10^6\text{W}$

动力黏度：$\mu_1 = 8\times10^{-3}\text{Pa}\cdot\text{s}$

运动黏度：$\nu_1 = 4.489\times10^{-6}\text{m}^2/\text{s}$

比热容：$C_{p1} = 1.52\text{kJ}/(\text{kg}\cdot\text{K})$

导热系数：$\lambda_1 = 0.35\text{W}/(\text{m}\cdot\text{K})$

密度：$\rho_1 = 1782.1\text{kg/m}^3$

水：

入口温度：$t_2' = 28℃$

出口温度：$t_2'' = 36℃$

流量：$q_{v2} = 180\text{m}^3/\text{h}$

动力黏度：$\mu_2 = 7.96\times10^{-4}\text{Pa}\cdot\text{s}$

运动黏度：$\nu_2 = 0.8\times10^{-6}\text{m}^2/\text{s}$

比热容：$C_{p2} = 4.13\text{kJ}/(\text{kg}\cdot\text{K})$

导热系数：$\lambda_2 = 0.618\text{W}/(\text{m}\cdot\text{K})$

密度：$\rho_2 = 995\text{kg/m}^3$

（3）计算

初选 K 值：因为是水平波纹，传热系数比人字型的低，选 $K = 1000\text{W}/(\text{m}^2\cdot\text{K})$〔（人字型波纹可选 $K = 1500\sim2000\text{W}/(\text{m}^2\cdot\text{K})$〕。

对数平均温差（逆流）：

$$\Delta t_{lm} = \frac{(t_1' - t_2'') - (t_1'' - t_2')}{\ln\dfrac{t_1' - t_2''}{t_1'' - t_2'}} = \frac{(65-36)-(55-28)}{\ln\dfrac{65-36}{55-28}} \approx 28℃$$

取对数平均温差修正系数 $\psi = 0.95$

$$A = \frac{Q}{K\Delta t_{lm}\psi} = \frac{2\times10^6}{1000\times28\times0.95} \approx 75.2\text{m}^2$$

选用 3 台并联，则每台换热面积约为 25m^2。由于这是第一次选用，所以选取 $A = 30\text{m}^2$，单流程，即 $m_1 = m_2 = 1$。

（4）验算

板片数：$\mathrm{Ne} = \dfrac{A}{A_0} = \dfrac{30}{0.72} \approx 41.7$，取 $\mathrm{Ne} = 41$，则 $N = 43$。

两侧流体通道数：$n_1 = n_2 = 21$

板间流速：

$$w_1 = \frac{q_{v1}/3}{A_s n_1} = \frac{\dfrac{230}{3600 \times 3}}{0.00224 \times 21} \approx 0.453 \mathrm{m/s}$$

$$w_2 = \frac{q_{v2}/3}{A_s n_2} = \frac{\dfrac{180}{3600 \times 3}}{0.00224 \times 21} \approx 0.354 \mathrm{m/s}$$

雷诺数：

$$\mathrm{Re}_1 = \frac{w_1 d_e}{v_1} = \frac{0.453 \times 0.008}{4.489 \times 10^{-6}} \approx 807.3$$

$$\mathrm{Re}_2 = \frac{w_2 d_e}{v_2} = \frac{0.354 \times 0.008}{0.8 \times 10^{-6}} \approx 3540$$

欧拉数：

$$\mathrm{Eu}_1 = 1994 \mathrm{Re}_1^{-0.485} = 1994 \times 807.3^{-0.485} \approx 77.6$$

$$\mathrm{Eu}_2 = 1994 \mathrm{Re}_2^{-0.485} = 1994 \times 3540^{-0.485} \approx 37.9$$

勃朗特数：

$$\mathrm{Pr}_1 = \frac{\mu_1 c_{p1}}{\lambda_1} = \frac{8 \times 10^{-3} \times 1.52 \times 10^3}{0.35} \approx 34.7$$

$$\mathrm{Pr}_2 = \frac{\mu_2 c_{p2}}{\lambda_2} = \frac{7.96 \times 10^{-4} \times 4.13 \times 10^3}{0.618} \approx 5.3$$

努塞尔数：

$$\mathrm{Nu}_1 = 0.2674 \mathrm{Re}_1^{0.5634} \mathrm{Pr}_1^{b} = 0.2674 \times 807.3^{0.5634} \times 34.7^{0.3} \approx 33.66$$

$$\mathrm{Nu}_2 = 0.035 \mathrm{Re}_2^{0.8184} \mathrm{Pr}_2^{b} = 0.035 \times 3540^{0.8184} \times 5.3^{0.4} \approx 54.74$$

传热系数：

$$\sigma_1 = \frac{\mathrm{Nu}_1 \lambda_1}{d_e} = \frac{33.66 \times 0.35}{0.008} \approx 1472.6 \mathrm{W/(m^2 \cdot K)}$$

$$\sigma_2 = \frac{\mathrm{Nu}_2 \lambda_2}{d_e} = \frac{54.74 \times 0.618}{0.008} \approx 4228.7 \mathrm{W/(m^2 \cdot K)}$$

总传热系数：

$$\frac{1}{K} = \frac{1}{\alpha_1} + \frac{1}{\alpha_2} + R_1 + R_2 + \frac{\delta}{\lambda_p} = \frac{1}{1472.6} + \frac{1}{4228.7} + 0.00002 + 0.00003 + \frac{0.001}{16.3}$$

$$K \approx 973 \mathrm{W/(m^2 \cdot K)}$$

每台换热面积：

$$A = \frac{1}{3} \cdot \frac{Q}{K \Delta t_{lm} \psi} = \frac{1}{3} \times \frac{2 \times 10^6}{973 \times 28 \times 0.95} \approx 25.8 \mathrm{m^2}$$

故取 $A = 30\text{m}^2$，满足工艺要求。

压力降校核：

$$\Delta p_1 = \text{Eu}_1 \rho_1 w_1^2 m_1 = 77.6 \times 1782.1 \times 0.453^2 \times 1 = 2.84 \times 10^4 \text{Pa} \approx 0.03\text{MPa}$$

$$\Delta p_2 = \text{Eu}_2 \rho_2 w_2^2 m_2 = 37.9 \times 995 \times 0.354^2 \times 1 = 4.73 \times 10^3 \text{Pa} \approx 0.005\text{MPa}$$

由此可见，压力降满足工艺要求。

四、在制碱工业中的应用（资料来源：杨崇麟《板式换热器工程设计手册》）

1. 在天津碱厂蒸氨系统中的应用

在蒸氨系统中，氨气从蒸氨塔出来，直接进入钛板冷凝器中，经冷却后进入氨分离器，分离出的气体去吸氨塔，冷凝液入母液桶与母液同返蒸氨塔。其流程示意图如图 14-31 所示。

在传统的氨碱工艺中，氨气从蒸氨塔出来（约 84~85℃）至吸氨塔（约 60~65℃）的冷却，一般采用铸铁水箱式冷凝器。该设备笨重、传热效率低，冷却管容易腐蚀，而且制造、检修困难。1982 年该厂引进 8 台钛板冷凝器，代替了 4 座蒸氨塔的 48 个水箱式冷凝器。两种冷凝器使用效果见表 14-10。

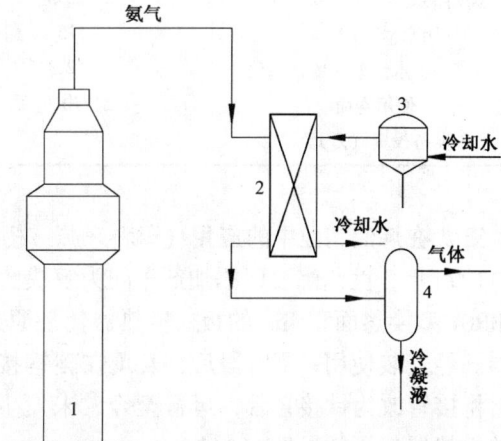

图 14-31　钛板换热器在蒸氨系统中的应用

1—蒸氨塔；2—钛板冷凝器；3—水过滤器；4—氨分离器

蒸氨塔应用钛板冷凝器与水箱式冷凝器的比较　　　表 14-10

项　　目	钛板冷凝器	水箱式冷凝器
数量及质量	2 台，共 7t	12 个，共 223.2t
外形尽寸（mm）（单台）	2657×1200×1798	2500×2500×1220
总换热面积（m²）	300.8	1440
进出水温差（℃）	$\Delta t > 45$	$\Delta t < 20$
总传热系数［W/（m²·K）］	1510~1745	185~230
用水量（m³/t 碱）	10~11	22.5~25
使　用　寿　命	24 年以上	6 年更换管子

该厂蒸氨塔采用两台钛板冷凝器代替原来的 12 个水箱式冷凝器后，对提高经济效率有显著的效果：传热系数提高 6~7 倍，设备高度降低 8~9m，而换热面积却只有原来的 20% 左右，使用寿命是原设备的 4 倍。同时，每年可节约用水 550 万 t 左右，节约维修费用约 12 万元左右。据该厂估算，当时用进口的钛板冷凝器代替铸铁水箱式冷凝器，4 座蒸氨塔可节约一次性投资 34 万元，而采用国产钛板冷凝器则可节约投资 130 万元左右。

2. 在杭州龙山化工厂的应用

在氨碱法生产过程中，氨盐水的冷却一般都采用喷淋式铸铁排管冷却。这种换热设备笨重高大、材料消耗多、占地面积大、换热效率低及冷却用水量大，而且检修清理频繁、工作量大，耐腐蚀性较差，使用寿命短，一般是六年更换一次。1985 年，该厂在纯碱车间系统中的氨盐水冷却采用一台 BP07 型钛板换热器代替排管冷却，两种换热器的使用效果见表 14-11。

钛板换热器与铸铁排管的使用比较　　　　　　　　　　　　　表 14-11

项　　目	钛板换热器	排管冷却器	比　　值
数　量（台）	1	3	1:3
质　量（t）	1.25	5.561×3	1:13.3
外形尺寸（mm）	$1000 \times 800 \times 2200$	$7950 \times 1700 \times 3300$	—
总换热面积（m^2）	15.84	149.4	1:9.4
总传热系数［W/（$m^2 \cdot K$）］	1395	~265	5.2:1
用水量（m^3/h）	25	50	1:2
进出水温差（℃）	12.3	2	—
使用寿命	已使用10年	6年	—
设备投资（万元）	3.3	$3 \times 4 = 12$	1:3.6

五、在炼油工业中的应用（资料来源：杨崇麟《板式换热器工程设计手册》）

1990 年，兰州炼油厂添加剂车间为解决含盐酸低聚合物介质对换热设备的腐蚀问题，用一台 BR01 型换热面积 4m^2 的板式换热器代替原系统中一台换热面积 16m^2 的浮头式碳钢管壳式换热器。经安装使用一个阶段后，发现在碳钢接管处有腐蚀，而设备内部的钛材板片毫无腐蚀现象。将接管改为钛接管后，运行至今，未发生腐蚀现象，完全满足生产工艺的要求。这两种形式的换热器使用效果见表 14-12。

钛板换热器与浮头换热器的使用比较　　　　　　　　　　　　　表 14-12

项　　目	钛板换热器	浮头式换热器
介　　质	低聚合物 + HCl，水	低聚合物 + HCl，水
材　　料	钛（板片、接管）	碳钢
换热面积（m^2）	4	16
占地面积（m^2）	1.5	8
质量（kg）	140	1500
使用寿命	已使用4年	管束2~3个月，壳体一年左右
维　　修	很　少	三个月换管束，一年换壳体
设备投资（万元）	1.7	1.5

使用结果表明，应用板式换热器后完全解决了设备的腐蚀问题，换热面积为原来的 1/4，占地面积只有原设备的 20% 左右，每年可节约直接维修费用 2~3 万元，一年就可回收投资，而且更主要的是延长了生产周期，避免了因设备维修停产造成的经济损失。

第六节　在电厂中的应用

电厂中所用的换热设备，一般都安装在很有限的空间内，要求换热设备换热效率高、占地面积小，清洗维修方便。以下介绍乌江渡电站应用板式换热器的情况。（资料来源：杨崇麟《板式换热器工程设计手册》）

一、基本情况

1979 年，在乌江渡电站变压器强迫油循环冷却系统和推力轴承油外循环冷却系统的冷却器选型中，共选用 32 台 BR03 型的板式换热器，其中 20 台用于变压器油冷却系统，12 台用于推力轴承油外循环冷却系统，详见表 14-13。

电站选用板式换热器 表 14-13

系　　　统	热负荷 (kW)	换热面积 (m²) (单台面积×台数)	备　　注
1 号变压器	1024	150（30×5）	一台备用
2 号变压器	1335	150（30×5）	一台备用
3 号变压器	1335	150（30×5）	一台备用
4 号变压器	1335	150（30×5）	一台备用
1 号、2 号、3 号、4 号、推力轴承外循环	各 400	120（30×4）（共 12 台）	各有一台备用

选用的板式换热器从 1980 年投入使用后，已有十多年的运行历史，除更换两批密封垫片和少量板片外，未发生过运行故障。

二、选型计算

1. 板式换热器台数的决定

板式换热器台数是根据主变压器和推力轴承的热负荷来确定的，同时还必须考虑以下几个因素：①选择合适的板片形式；②确定换热器的台数：如果台数多，则每台板式换热器的容量就小，对一台发电机组来说，需要的冷却器占地面积就大，但可减少设备的投资；③从运行的可靠性来讲，台数适当多些，就比较可靠，但维修、运行工作量就大些。

基于上述考虑，电站每个推力轴承油外循环冷却选用了 4 台板式换热器，其中 3 台工作，1 台备用；每台主变压器油冷却选用 5 台板式换热器，其中 4 台工作，1 台备用。因受条件限制，所有板式换热器均采用顺流换热。

2. 选型计算（以 2 号变压器为例）

（1）选用板式换热器参数

型号：$BR03\dfrac{0.6}{120}-30$

单板换热面积：$A_0 = 0.3\text{m}^2$

板片厚度：$\delta = 0.0012\text{m}$

板片导热系数：$\lambda_p = 16.3\text{W/m·K}$

通道截面积：$A_s = 0.0018\text{m}^2$

当量直径：$d_e = 0.0107\text{m}$

准则方程：

水：$Nu = 0.053Re^{0.84}Pr^b$

油：$Nu = 0.405Re^{0.585}Pr^b$ $\qquad b = \begin{cases} 0.3 \text{（冷）} \\ 0.4 \text{（热）} \end{cases}$

$Eu = 1030Re^{-0.348}$

（2）流体物性参数

循环油：25 号变压器油

进口温度：$t_1' = 70℃$

出口温度：$t_1'' = 40℃$

导热系数：$\lambda_1 = 0.108 \text{W}/(\text{m}\cdot\text{K})$

比热容：$C_{\text{p1}} = 1846.4 \text{J}/(\text{kg}\cdot\text{K})$

密度：$\rho_1 = 862 \text{kg/m}^3$

动力黏度：$\mu_1 = 6.53 \times 10^{-3} \text{Pa}\cdot\text{s}$

运动黏度：$\nu_1 = 7.58 \times 10^{-6} \text{m}^2/\text{s}$

选取污垢热阻：$R_1 = 0.00004 \text{m}^2\cdot\text{K/W}$

冷却水：

进口温度：$t_2' = 20\text{℃}$

出口温度：$t_2'' = 30\text{℃}$

导热系数：$\lambda_2 = 0.6 \text{W}/(\text{m}\cdot\text{K})$

比热容：$C_{\text{p2}} = 4182.6 \text{J}/(\text{kg}\cdot\text{K})$

密度：$\rho_2 = 998.2 \text{kg/m}^3$

动力黏度：$\mu_2 = 1 \times 10^{-3} \text{Pa}\cdot\text{s}$

运动黏度：$\nu_2 = 1 \times 10^{-6} \text{m}^2/\text{s}$

选取污垢热阻：$R_2 = 0.00005 (\text{m}^2\cdot\text{K})/\text{W}$

（3）计算

换热量：$Q = 1335 \text{kW}$

初选 K 值：油 – 冷水，取 $K = 500 \text{W}/(\text{m}^2\cdot\text{K})$

对数平均温差：

顺流：

$$\Delta t_{\text{lm}} = \frac{(t_1' - t_2') - (t_1'' - t_2'')}{\ln\dfrac{t_1' - t_2'}{t_1'' - t_2''}} = \frac{(70 - 20) - (40 - 10)}{\ln\dfrac{70 - 20}{40 - 10}} \approx 24.85$$

$$A = \frac{Q}{K\Delta t_{\text{lm}}} = \frac{1335 \times 10^3}{500 \times 24.85} \approx 107.4 \text{m}^2$$

鉴于综合考虑，采用 4 台板式换热器并联，则每台面积为 26.86m^2，实取 $A = 30 \text{m}^2$

（4）验算

每台板式换热器中介质的流量：

$$q_{\text{v1}} = \frac{1}{4} \cdot \frac{Q}{\rho_1 C_{\text{p1}}(t_1' - t_1'')} = \frac{1}{4} \times \frac{1335 \times 10^3}{862 \times 1846.4 \times (70 - 40)}$$

$$= 6.99 \times 10^{-3} \text{m}^3/\text{s} \approx 25.16 \text{m}^3/\text{h}$$

$$q_{\text{v2}} = \frac{1}{4} \cdot \frac{Q}{\rho_2 C_{\text{p2}}(t_2'' - t_2')} = \frac{1}{4} \times \frac{1335 \times 10^3}{998.2 \times 4182.6 \times (30 - 20)}$$

$$= 7.99 \times 10^{-3} \text{m}^3/\text{s} \approx 28.8 \text{m}^3/\text{h}$$

板片数：$N_e = \dfrac{A}{A_0} = \dfrac{30}{0.3} = 100$，则 $N = 102$

采用四流程：$m_1 = m_2 = 4$

流程组合：$\dfrac{2 \times 12 + 2 \times 13}{1 \times 12 + 3 \times 13}$

板间流速：

$$w_1 = \frac{q_{v1}}{n_1 A_s} = \frac{\dfrac{25.16}{3600}}{12 \times 0.0018} \approx 0.324 \text{m/s}$$

$$w_2 = \frac{q_{v2}}{n_2 A_s} = \frac{\dfrac{28.8}{3600}}{12 \times 0.0018} \approx 0.37 \text{m/s}$$

雷诺数：

$$\text{Re}_1 = \frac{w_1 d_e}{v_1} = \frac{0.324 \times 0.0107}{7.58 \times 10^{-6}} \approx 457.4$$

$$\text{Re}_2 = \frac{w_2 d_e}{v_2} = \frac{0.37 \times 0.0107}{1 \times 10^{-6}} \approx 3959$$

普朗特数：

$$\text{Pr}_1 = \frac{\mu_1 C_{p1}}{\lambda_1} = \frac{6.53 \times 10^{-3} \times 1846.4}{0.108} \approx 111.6$$

$$\text{Pr}_2 = \frac{\mu_2 C_{p2}}{\lambda_2} = \frac{1 \times 10^{-3} \times 4182.6}{0.6} \approx 6.97$$

努塞尔数：

$$\text{Nu}_1 = 0.405 \text{Re}_1^{0.585} \text{Pr}_1^b = 0.405 \times 457.4^{0.585} \times 111.6^{0.3} \approx 60$$

$$\text{Nu}_2 = 0.053 \text{Re}_2^{0.84} \text{Pr}_2^b = 0.053 \times 3959^{0.84} \times 6.97^{0.4} \approx 121.2$$

欧拉数：

$$\text{Eu}_1 = 1030 \text{Re}_1^{-0.348} = 1030 \times 457.4^{-0.348} \approx 122.2$$

$$\text{Eu}_2 = 1030 \text{Re}_2^{-0.348} = 1030 \times 3959^{-0.348} \approx 57.65$$

传热系数：

$$\sigma_1 = \frac{\text{Nu}_1 \lambda_1}{d_e} = \frac{60 \times 0.018}{0.0107} \approx 605.6 \text{W}/(\text{m}^2 \cdot \text{K})$$

$$\sigma_2 = \frac{\text{Nu}_2 \lambda_2}{d_e} = \frac{121.2 \times 0.6}{0.0107} \approx 6796.3 \text{W}(\text{m}^2 \cdot \text{K})$$

总传热系数：

$$\frac{1}{K} = \frac{1}{\alpha_1} + \frac{1}{\alpha_2} + R_1 + R_2 + \frac{\delta}{\lambda_p} = \frac{1}{605.6} + \frac{1}{6796.3} + 0.00004 + 0.00005 + \frac{0.0012}{16.3}$$

$$K \approx 509 \text{W}/(\text{m}^2 \cdot \text{K})$$

则每台设备所需面积：

$$A = \frac{1}{4} \cdot \frac{Q}{K \Delta t_{lm}} = \frac{1}{4} \times \frac{1335 \times 10^3}{509 \times 24.85} \approx 26.4 \text{m}^2$$

故实取 $A = 30 \text{m}^2$，能满足负荷要求。

压力降校核

压力降：

$$\Delta p_1 = \text{Eu}_1 \rho_1 w_1^2 m_1 = 122.2 \times 862 \times 0.324^2 \times 4 \approx 44231.2 \text{Pa} \approx 0.044 \text{MPa}$$

$$\Delta p_2 = \text{Eu}_2 \rho_2 w_2^2 m_2 = 57.65 \times 998.2 \times 0.37^2 \times 4 = 31512.3 \text{Pa} \approx 0.032 \text{MPa}$$

由此可见，压力降满足工艺要求。

第七节　在钢铁工业中的应用

一、概况

图 14-32 表示钢铁厂的排热状况。从该图可知，钢铁厂 300℃以下的排热约占 50%，其中 100℃以下的冷却水在排热总量上占的比例最大。300℃以下的中低温领域的排热回收无论在技术上还是在经济上都有重要的意义，当然也存在许多需解决的问题。

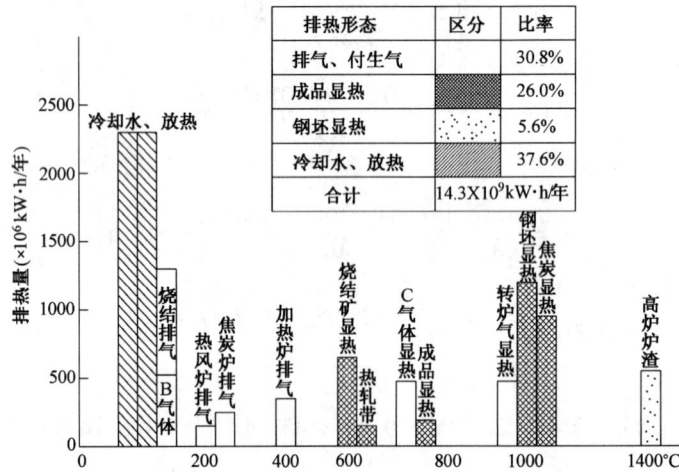

排热形态	区分	比率
排气、付生气		30.8%
成品显热		26.0%
钢坯显热		5.6%
冷却水、放热		37.6%
合计	14.3×10^9 kW·h/年	

图 14-32　排热温度（℃）

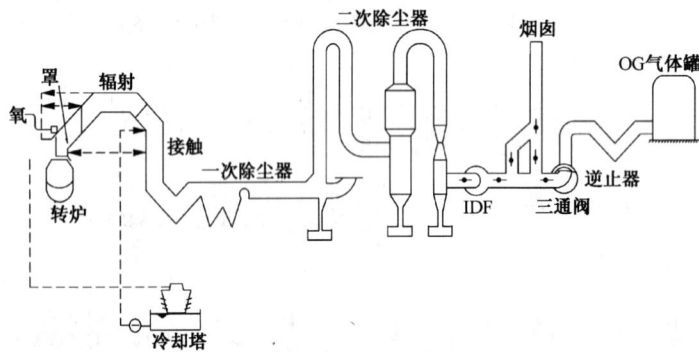

图 14-33　转炉设备流程

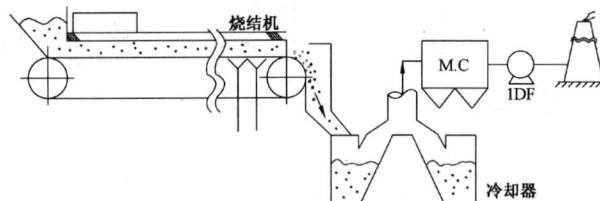

图 14-34　烧结设备流程

图 14-33、图 14-34 分别表示转炉设备、烧结设备的流程。图 14-35 是转炉的热平衡。从图14-35 可知在转炉的精炼过程中燃气显热用罩、辐射、接触等的冷却器吸收，从冷却塔排至大气，排热量为 $15.1 \times 10^3 \, kW$，相当于转炉排出热量的 85%，是非常大的热损失。

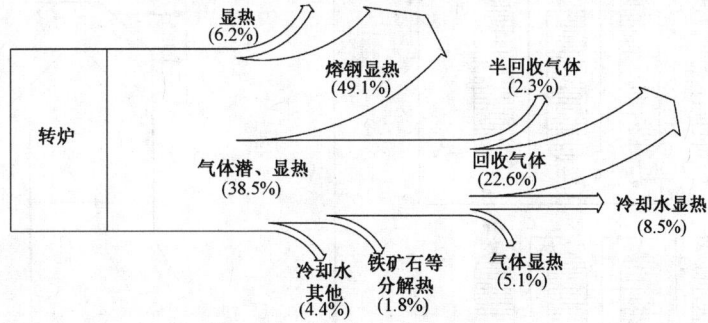

图 14-35　转炉的热平衡

二、板式换热器（全焊板式、板式蒸发器、板式冷凝器）在钢铁工业中的应用

1. 板式换热器在钢铁厂中的应用（图 14-36）

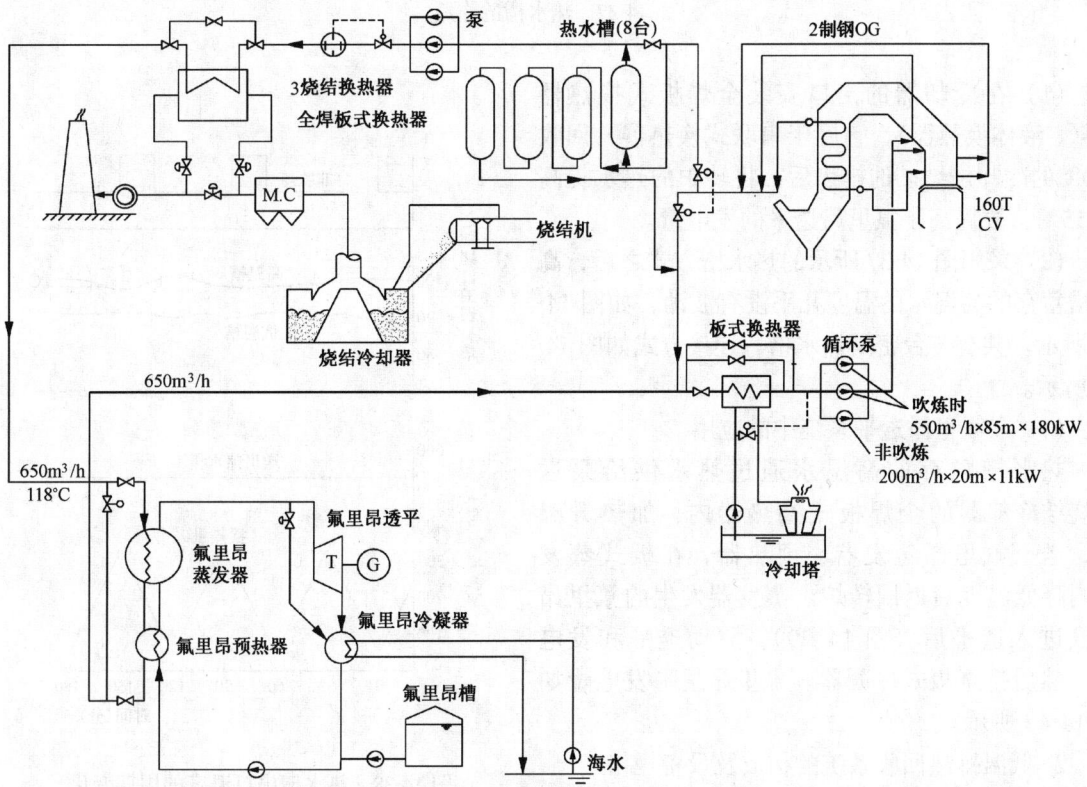

图 14-36　板式换热器的应用

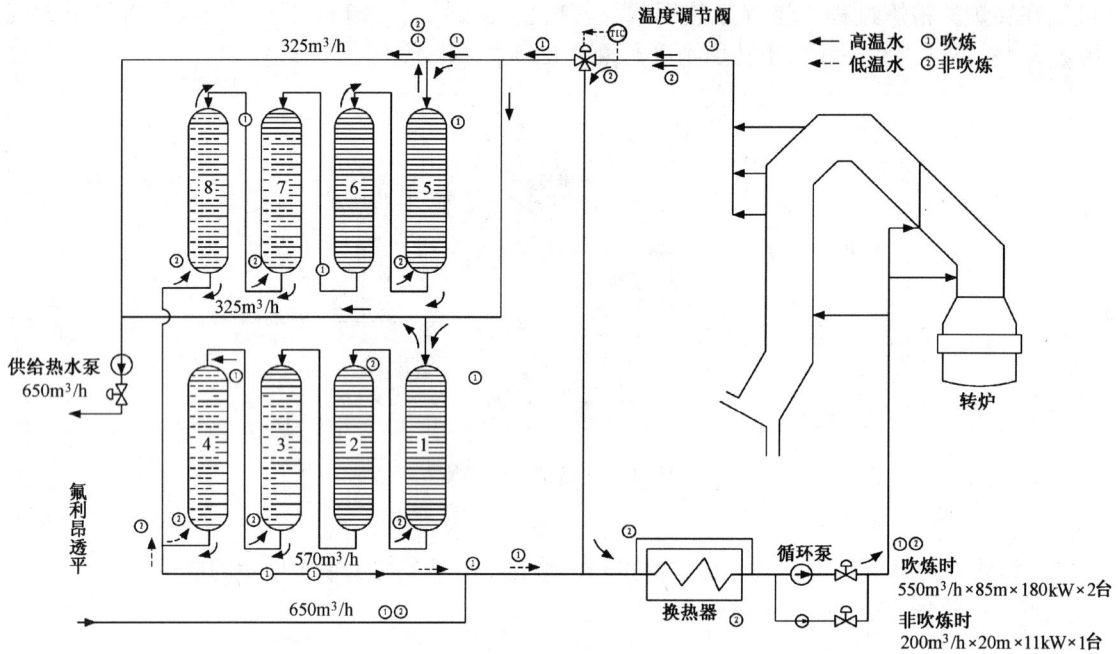

图 14-37　热水槽的作用

（1）在冷却器的出口安装全焊板式换热器（排气-液体换热器），它属于串联式换热器，回收200℃的冷却烧结矿的排热后，将转炉的热水提高约15℃，故提高了氟里昂透平的发电量。

（2）采用图 14-37 所示的热水槽方式之后，高温槽蓄存的高温水的温度几乎没有波动，如图14-38 所示。共有 8 台密闭热水槽，连接方式如图14-37 所示。

（3）在氟里昂透平系统中的应用

热水槽贮存的高温水通过热水供给泵送至烧结冷却器的全焊板式换热器内，加热升温后，送至氟里昂蒸发器、预热器，在板式蒸发器内降低温度后返回转炉。蒸发器发生的氟里昂蒸汽进入透平后（图 14-39），驱动透平和发电机，然后排至板式冷凝器。氟里昂透平发电量如图 14-40 所示。

2．低温排热回收系统的构成及设备规格

该系统由转炉烟道冷却水系统、烧结冷却器排气热回收系统和氟里昂透平发电系统等构成。表 14-14 为系统的设备规格。

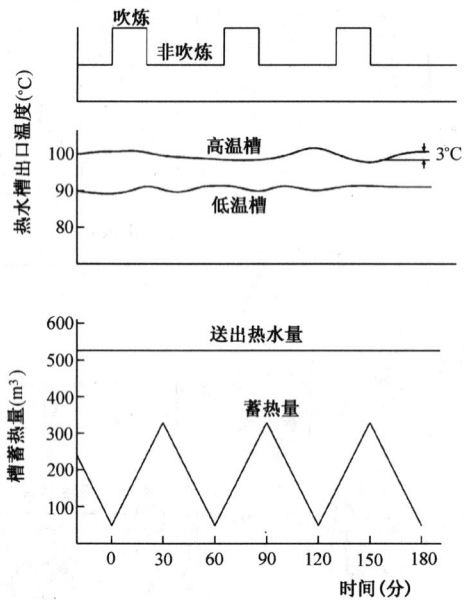

图 14-38　热水槽出口温度的周期变化

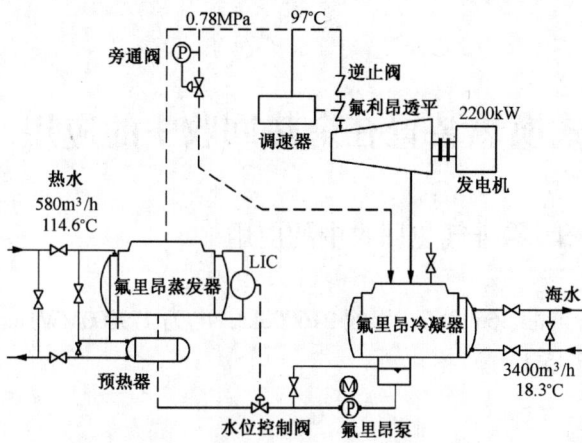

图 14-39　氟里昂透平发电系统

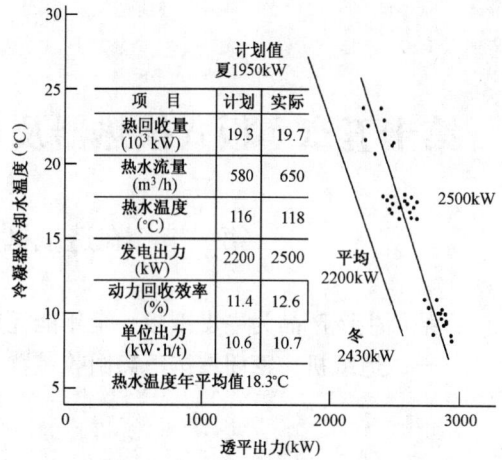

图 14-40　氟里昂透平发电量

设 备 概 要　　　　　　　表 14-14

项　　目		式　　样
转炉冷却水装置	热水槽 换热器泵	80m³ 台×8 台（φ3m×12m）
		板式　被冷却水 1200m³/h　热水 950m³/h
		循环水　大型 550m³/h×85m×180kW×7 台
		循环水　小型 220m³/h×20m×11kW×3 台
		供给热水 350m³/h×55m×90kW×3 台
烧结冷却器	全焊板式换热器	排气条件 130000～200000m³/h
		排气温度　180℃
		热水量　400～1050m³/h
		换热面积　4909m²
氟里昂透平系统	氟里昂透平 板式蒸发器 板式预热器	额定出力　3000kW　（1800rpm）
		形式　板式
		最高使用压力　1.2MPa
		最高使用温度　135℃
		最高使用蒸发量　433t
	板式冷凝器	形式　板式
		氟里昂蒸发处理量　（max）433t
		海水使用量　3400m³/h

第十五章 板式换热器及板式换热装置在余热回收中的应用

第一节 在造纸机、密闭罩排气热回收中的应用

某厂生产产品为牛皮纸板，全年能耗量：重油 36600kL，黑液 216000kt，电力 179000MW·h。

一、造纸机、密闭罩排气热回收装置（图 15-1）

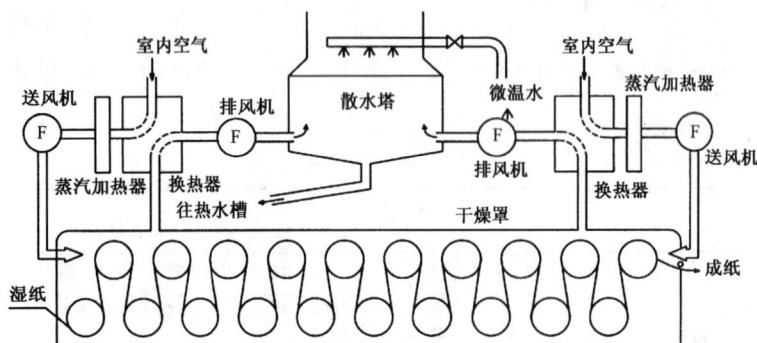

图 15-1 工艺的概要

造纸机干燥工艺约消耗该工厂蒸汽用量的 1/3。图 15-2 表示造纸工艺的单位用汽量和热水温度的关系。从该图可知，从 11 月份至 3 月份，由于热水温度下降，使单位用汽量增加。为此，改变热水制造流程，使全年都能发生 60℃ 的热水。

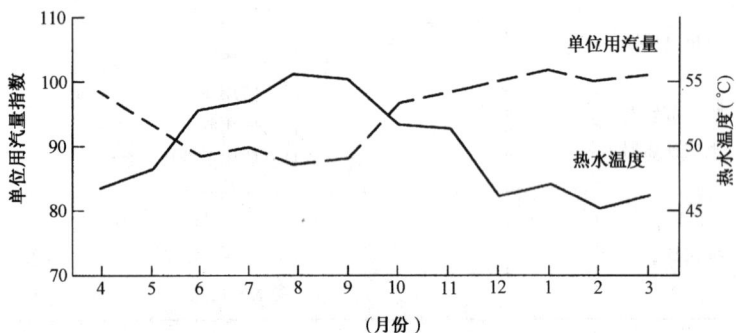

图 15-2 单位用汽量与热水温度的关系

二、安装板式换热器的效果分析

表 15-1 表示安装板式换热器的试验结果。从表 15-1 可知，排气罩的温度提高了 4℃，散水塔出口温度提高了 1℃，散水塔出口排气温度提高了 2℃。随着造纸、热水温度的提高，原料温度也上升了，其结果提高了干燥的效果，同时也明显地降低了单位蒸汽量（图 15-3）。

测 试 结 果　　　　　　　　　　　　表 15-1

	现　状	测　试	比　较
供给空气量（%）	100	65	—
排气风量（%）	100	60	—
罩排气温度（℃）	91	95	4
排气露点（℃）	60	63	3
散水塔出口温度（℃）	57	58	1
散水塔出口排气温度（℃）	58	60	2
送风机电力（kW）	125	92	33
排气机电力（kW）	276	188	88

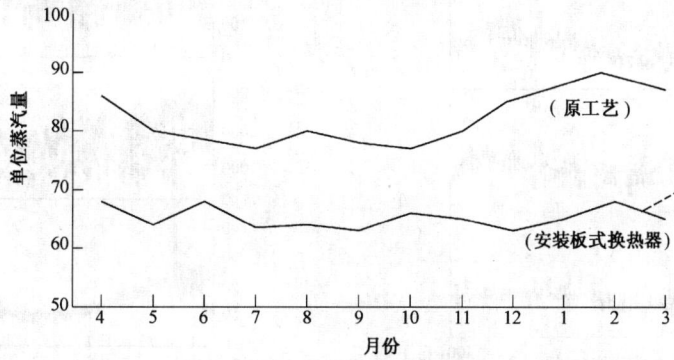

图 15-3　单位蒸汽用量

第二节　在染色加工工艺过程中的应用

　　染色工艺是消耗大量热能和水的工业，约占纺织业总能耗的 42%，能量费用约占制造成本的 18%。在染色加工工业过程中消耗的能量不仅与生产量有关，还与大量使用水的温度和排热回收等节能措施的效果有关。

一、染色加工工艺过程的概要和实施排热回收的经济效益分析

1. 染色加工工艺过程的概要

　　图 15-4 表示染色加工的工艺流程，图 15-5 表示安装有排热回收工艺在内的染色工艺的概要。每日处理量为 p（t），处理前后的重量没有变化。染色中使用的水是河川水，包括河水量 W_c（m^3）和通过换热器的用排水加热的 W_h（m^3）二部分，水温分别是 t_c，t_h（℃）。用蒸汽加热，其使用量为 Q（t/d），热排水的温度为 t_i（℃）。

　　由于染色制品品种多种多样，染色加工时的温度也不一样，故耗能量也不一样。

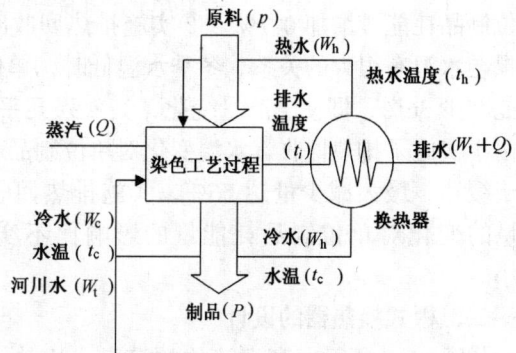

图 15-4　染色工艺过程的概要

2. 实施排热回收与不回收对染色工艺品质的影响

图 15-5 表示不实施排热回收时河水温度 t_c、生产量 p、蒸汽量 Q、河水量 W_t 四项参数的变化。图 15-6 表示实施排热回收后加上热水使用量 W_h 参数等五项参数的变化。图中还表示了单位制品耗能量 $E = Q/p$ 的变化。

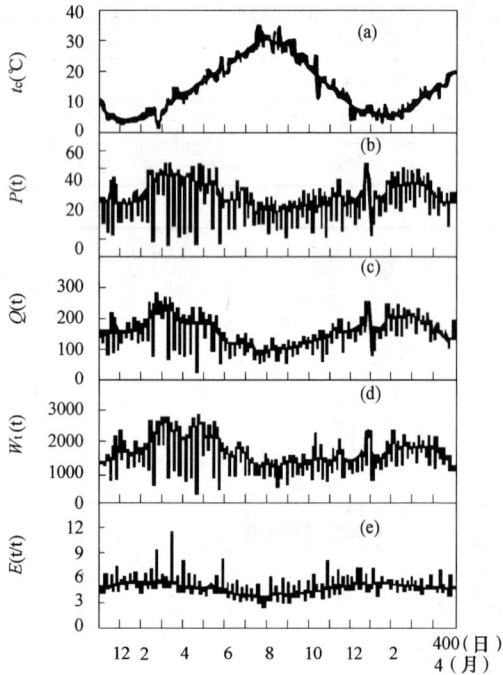

图 15-5　不实施排热回收时的参数表

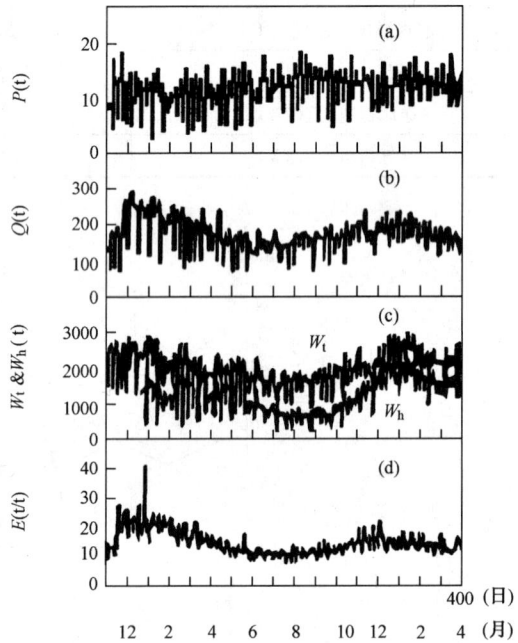

图 15-6　实施排热回收时的参数表

从图中数据可知，当生产量变化较快、水温变化大时，很难定量地掌握蒸汽量和单位制品耗能量的变化，而且还很难判断实施排热回收后的效果。

从有关数据可知，水温 t_c 与其他参数之间的相关性较小，但蒸汽量 Q 对生产量 p 的相关性较强，而水温 t_c 对蒸汽量 Q 影响也很大。

在染色加工过程中，用水量大，水温不仅对加热时能耗影响大，而且对生产量的影响也很大。①不实施排热回收时，水温每下降 1℃，单位制品耗能量增加 1.6%，当生产量减少 1t 时，单位制品耗能量增加 0.7%。②实施排热回收时，排热回收的效果与水温有很大的关系，冬季水温低时，单位制品耗能量最大能减少 36%，即使生产量变化，其效果几乎也不发生变化。③由于实施了排热回收，水温变化对单位制品耗能量的影响也趋于缓和，最大减少量达 56%，实施排热回收后，水温和生产量的变化对单位制品耗能量的影响比不实施排热回收时要小。

二、板式换热器的设计

如图 15-7 所示，高温流体的流量、比热、入口、出口温度分别为 W、C_p、T_i、T_o，低温流体分别用小写字母 w、c_p、

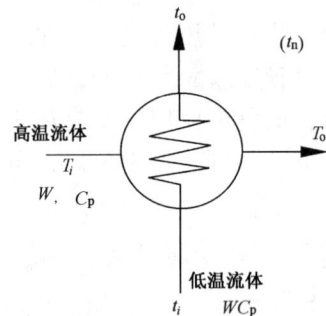

图 15-7　板式换热器的流动情况

t_i、t_o表示。

能量平衡和传热方程式分别如下所示：

$$WC_p(T_i - T_o) = wc_p(t_o - t_i)$$

$$WC_p(T_i - T_o) = A \cdot K \cdot \Delta t_m$$

式中　　A——传热面积；

　　　　K——总传热系数；

　　Δt_m——对数平均温差。

$$\Delta t_m = \frac{\Delta t_2 - \Delta t_1}{\ln \dfrac{\Delta t_2}{\Delta t_1}}$$

$$\Delta t_2 = T_i - t_o, \Delta t_1 = T_o - t_i$$

$$WC_p(T_i - T_o) = A \cdot K \cdot \Delta t_m = A \cdot K \cdot \frac{T_i - t_o - T_o + t_i}{\ln \dfrac{\Delta t_2}{\Delta t_1}}$$

$$= A \cdot K \cdot \frac{(T_i - T_o)\left(1 - \dfrac{WC_p}{wc_p}\right)}{\ln \dfrac{\Delta t_2}{\Delta t_1}}$$

$$\ln \frac{\Delta t_2}{\Delta t_1} = \left(\frac{A \cdot K}{W \cdot C_p}\right)\left(1 - \frac{W \cdot C_p}{w \cdot c_p}\right) \text{或} \frac{T_i - t_o}{T_o - t_i} = \exp\left[\frac{A \cdot K}{WC_p}\left(1 - \frac{WC_p}{wc_p}\right)\right]$$

由于 $WC_p \neq wc_p$，则

$$T_o - t_i = \exp\left[\frac{A \cdot K}{WC_p}\left(\frac{WC_p}{wc_p} - 1\right)\right](T_i - t_o)$$

$$T_i - T_o = \left(\frac{w \cdot c_p}{W \cdot C_p}\right)(t_o - t_i)$$

简化后：

$$T_i - t_i = C_1(T_i - t_o) + C_2(t_o - t_i)$$

式中　　$C_1 = \exp\left\{\frac{A \cdot K}{WC_p}\left(\frac{WC_p}{wc_p} - 1\right)\right\}$

　　　　$C_2 = \dfrac{wc_p}{WC_p}$

则　　$t_o = \left(\dfrac{1 - C_1}{C_2 - C_1}\right)T_i + \left(\dfrac{C_2 - 1}{C_2 - C_1}\right)t_i$

当以 r 表示 t_i 的系数，以 $(1 - r)$ 表示 T_i 的系数时，则

$$t_o = (1 - r)T_i + rt_i$$

当换热器为顺流时，入口、出口两流体的温差 $\Delta t_2 = T_i - t_i$、$\Delta t_1 = T_o - t_o$，则也能获得与逆流相同的线性关系。将上述概念引入染色加工工艺过程的排热回收板式换热器时，其换热器的设计公式如下：

$$t_h = rt_c + (1 - r)t_i$$

式中　　$r = \dfrac{C_2 - 1}{C_2 - C_1}$

　　　　$C_1 = \exp\left[A \cdot K\left(\frac{1}{W_h} - \frac{1}{Q + W_t}\right)\right]$

$$C_2 = \frac{W_h}{Q + W_t}$$

式中的 r 与 Q、W_h、W_t 有关，近似计算时可按常数设置。

当 $WC_p = wc_p$ 时，$\Delta t_1 = \Delta t_2$，则 $r = \dfrac{1}{1 + \dfrac{A \cdot K}{Q + W_t}}$

第三节　在造纸工业蒸煮余热回收中的应用

蒸煮是制浆过程中把造纸原料与蒸煮液装入蒸煮器内并通入蒸汽加热，以除去纤维原料中的非纤维素部分。蒸煮过程是一个能量消耗的过程。蒸煮终了，回收蒸煮器喷放浆料所生成的大量低品位热能加以利用，则是一个能量和资源综合利用的过程。

一、蒸煮中的余热回收系统（资料来源：杨崇麟主编《板式换热器工程设计手册》）

目前硫酸盐法制浆蒸煮所采用的余热回收系统如图 15-8 所示。

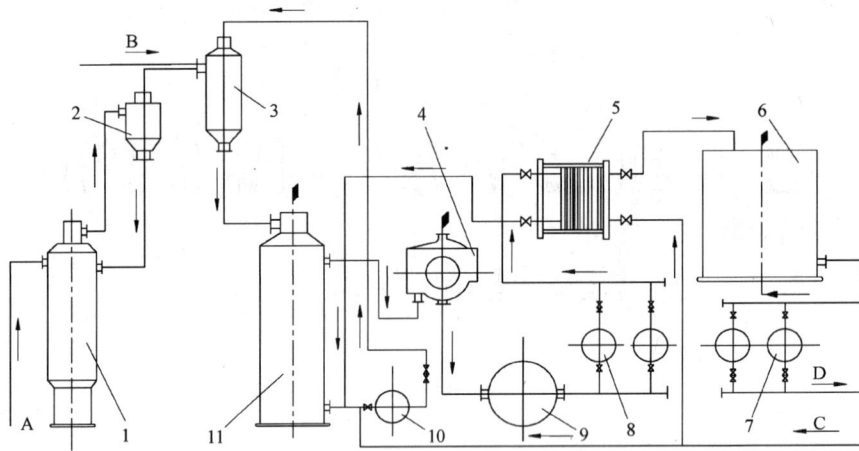

图 15-8　蒸煮余热回收系统

1—平底喷放锅；2—旋浆分离器；3—喷射冷凝器；4—污热水过滤机；
5—板式换热器；6—热水槽；7—热水泵；8—污热水泵；9—中间槽；
10—污热水喷射泵；11—污热水槽

从蒸煮锅低部放出的浆液 A 喷入平底喷放锅 1 的上部。由于其压力骤降，浆料中的水产生闪蒸，生成污蒸汽。污蒸汽从喷放锅顶部逸出，进入旋浆分离器 2 中。在旋浆分离器中，分离出蒸汽所携带的浆料及其他杂质，并经分离器底部的回流管返回至平底喷放锅。分离器顶部出来的蒸汽则进入喷射冷凝器 3。同时进入喷射冷凝器的还有蒸煮过程中放汽所排出的污蒸汽及热空气（如图中 B 所示）。

在喷射冷凝器中，经污热水喷射泵 10 加压后的 30～40℃的污热水从喷射冷凝器顶部喷入，与污蒸汽直接进行热交换后成为 90℃的污热水进入污热水槽 11，从污热水槽上部溢出的污热水经污热水过滤机 4，清除污热水中的残余浆料及其他杂质后，流经中间槽 9。然后用污热水泵 8 将污热水送入板式换热器 5，与冷清水换热。换热后的污热水温度降至 35℃，返回用作喷射冷凝器的冷却水。

由洗选工段来的冷清水（如图中 C 所示），水温在 25℃左右，除部分补充用作喷射冷凝器的冷却水外，大部分进入板式换热器，与污热水换热，温度升高至 70℃后放入热水槽 6。此热水最后用热水泵 7 送往洗选工段（如图中 D 所示），用于洗浆。

二、选型计算

1. 原始数据

冷清水流量 $q_{m2} = 52t/h$，冷清水进口温度 $t_2' = 25℃$，冷清水出口温度 $t_2'' = 70℃$，热污水进口温度 $t_1' = 90℃$，热污水出口温度 $t_1'' = 35℃$。

2. 选型计算

（1）原始数据：

冷清水流量 $q_{m2} = 52t/h$，冷清水进口温度 $t_2' = 25℃$，冷清水出口温度 $t_2'' = 70℃$，热污水进口温度 $t_1' = 90℃$，热污水出口温度 $t_1'' = 35℃$。

（2）选型计算

1）换热量

$$Q = q_{m2} \Delta t_2 c = 52000 \times （70 - 25） \times 4.187 = 9797580 kJ/h = 2721550 W$$

2）对数平均温差

$$\Delta t_{lm} = \frac{（t_1' - t_2''） - （t_1'' - t_2'）}{\ln \dfrac{t_1' - t_2''}{t_1'' - t_2'}} = \frac{（90 - 70） - （35 - 25）}{\ln \dfrac{90 - 70}{35 - 25}} = 14.43℃$$

3）取 $K = 3500 W/（m^2 \cdot K）$，$\psi = 1$。

4）理论计算面积

$$A = \frac{Q}{K \Delta t_{lm}} = \frac{2721550}{3500 \times 14.43} = 53.89 \ m^2$$

5）选型　初选两台 $BR05 \dfrac{1.6}{150} - 29.5$ 型板式换热器。每台换热器的换热面积为 $29.5 m^2$，允许工作压力为 1.6MPa，允许工作温度为 150℃。

每台总板数为 61 片，传热板数为 59 片。取流程数 $m_1 = m_2 = 2$，每个流程内的通道数 $n_1 = n_2 = 15$，此时的温差修正系数为 $\psi = 0.97$。

从 BR05 板片特性知每板间流通截面积为 $A_s = 0.00154 m^2$。

（3）校核

1）冷清水侧板间流速

$$w_2 = \frac{q_{v2}}{2n_1 A_s} = \frac{52}{2 \times 15 \times 0.0154 \times 3600} = 0.313 \ m/s$$

2）热污水侧板间流速

$$q_{m1} = \frac{Q}{\Delta tc} = \frac{9797580}{（90 - 35） \times 4.187} = 42545 \ kg/h$$

$$w_1 = \frac{q_{v1}}{2n_1 A_s} = \frac{42.545}{2 \times 15 \times 0.00154 \times 3600} = 0.256 \ m/s$$

3）查 BR05 板片的传热特性曲线得 $K \approx 3500 W/（m^2 \cdot K）$

4）校核换热面积

$$A = \frac{Q}{K \Delta t_{lm} \psi} = \frac{2721550}{3500 \times 14.43 \times 0.97} = 55.55 \ m^2$$

所计算的换热面积略小于所选的换热面积 $59.5 m^2$，所选换热器合适。

5）压降计算　查 BR05 板片流体阻力特性曲线：

冷污水侧压降

$$\Delta p_2 = 2 \times 0.02 = 0.04 \text{MPa}$$

冷污水侧压降

$$\Delta p_1 = 2 \times 0.017 = 0.034 \text{MPa}$$

可见 Δp_1，Δp_2 均在允许的范围内（$\Delta p = 0.005 \sim 0.08 \text{MPa}$）。

第四节　在水泥厂低温排热发电系统中的应用

一、水泥制造和排热

水泥工业属耗能量大的工业，近年来，随着燃料价格的上升，能量费用约占水泥制造成本的60%。水泥制造工艺大至分为原料工艺、烧制工艺和精加工工艺等三部分（图 15-9）。其中，仅在烧制工艺中使用燃料，其方式是 Nsp 方式，它是最近水泥制造方式的主流，烧制工艺中预热机或冷却机的排热（排气）可用于原料工艺的原料干燥过程中。表 15-2 表示转炉工艺过程中的焓、㶲的平衡。从表 15-2 可知，Nsp（预热机）和冷却机排气中的显热很大，热回收能量也较多。

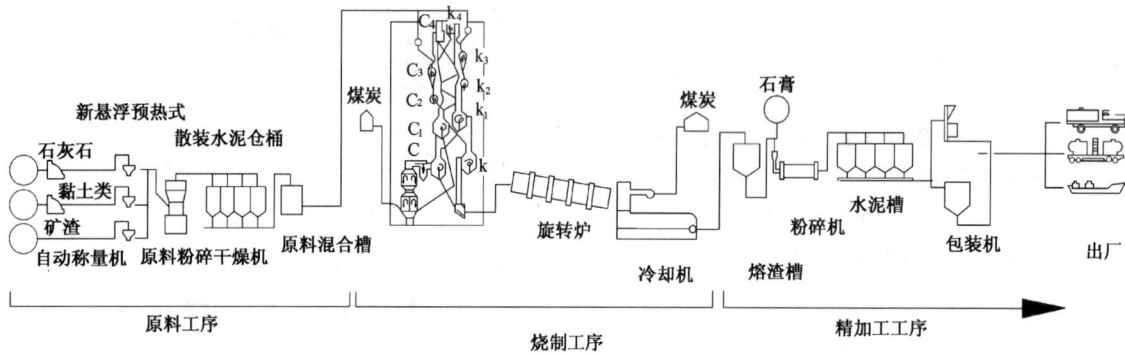

图 15-9　水泥制造工艺

旋转炉烧制工艺过程中焓、㶲的平衡（kJ/kg）　　　　　　表 15-2

输　入			输　出		
项　　目	焓	㶲	项　　目	焓	㶲
重　油	835.20	804.00	水泥熟料	389.06（19.88）	171.61（2.15）
空　气	22.71	0.28	NSp 排气	267.47（192.15）	134.60（61.62）
漏入空气	1.41	0.02≈0	冷却机排气	139.07（124.38）	29.89（29.71）
原　料	22.52	1.85	飞散粉剂	7.86（7.86）	2.52（2.52）
循环粉剂	1.35	0.11	损　失	79.73	467.62
合　计	883.19	806.24	合　计	883.19	806.24

注：（ ）内为显热。

二、排热发电系统

1. Nsp 排热发电系统

Sp、Nsp 的排气主要都被送至立式粉碎干燥机中作为原料干燥用热源。但干燥时必要的气体温度与原料中的水分有关，一般约为 200~250℃。Sp、Nsp 排气的温度与预热方式、预热段数等有关，一般约为350～400℃。由此可知，排气所具有的热量大于原料干燥所需热量。Nsp 排热发电系统是利用回收的剩余热量，通过锅炉发生水蒸气进行发电。但，存在如下问题。即，Nsp 排气温度为350～400℃，原料干燥必要的温度是250℃，可利用的温差约为100～150℃，温差较小。通过热平衡的调查可知，在 Nsp 的最上段，放出的热量较大，它们将导致排气温度降低。故，通过保温隔热方式可将排气温度提高50℃。即，可利用的温差达到150～170℃。该发电系统电机装机容量为7000kW，发电量约为工厂全部用电量的20%。但，电站排气中的含尘量约为60～80g/m³，当粉尘附着在水管上时，会降低传热效率，增加水管的摩耗等。故，必须在设计阶段对它们采取相应的处置措施。表15-3 表示导入发电系统前后的 Nsp 排热的平衡，以往方式仅有 Nsp 排气中的27%热量用于干燥，设置排热锅炉后，其热回收率提高至67%。

Nsp 排热平衡　　　　　　　　　　　　　　　　　　　　　　　　　表 15-3

	项　　目	设置排热锅炉前	设置排热锅炉后
送　出	100%	100%	100%
热分配	Nsp 放散热	10.7	1.4
	散水蒸发热	18.5	—
	锅炉回收热	—	39.8
	原料干燥用热	27.3	27.3
	往系统外的排气显热	33.3	25.0
	放散热（Nsp 以外）	10.2	6.5
	合　　计	100%	100%

2. AQC 排热发电系统

AQC 指的是用空气快速地冷却装载在旋转炉中烧制的约1500℃的水泥熟料的装置。与水泥熟料进行热交换的空气的一部分作为燃烧用二次空气，大部分则排至大气之中。

AQC 排气的温度一般约为250℃，排气量为每吨水泥熟料约1500Nm^3，其热量相当大，以往几乎都没有利用。过去，曾想通过蒸汽锅炉进行排热回收，但，排气温度偏低会使锅炉大型化，效率也低，故很难实现。目前，采用以下两种方式进行回收。

（1）AQC 低热发电系统　该系统依然在较低的温度条件下利用 AQC 的排气，热介质采用低沸点的甲基睾丸酮。但，AQC 排气的温度变化较快，特别是当附着在炉内的涂料脱落时，可能会超过400℃，而氟里昂的热分解点约为299℃，故，排气和氟里昂直接进行热交换的方式是不实用的。

在 AQC 低热发电系统中，为了稳定传热，采用中间热介质聚酯油与排气进行热交换，之后，它们再与氟里昂进行热交换（图15-10）。图15-10中的排气/油，油/氟里昂热交换器均为板式换热器。该发电机容量3000kW，回收的排热量约为以往废弃热量的60%。图15-11表示该系统的概要。排气通过除尘后进入锅炉，故，没有摩耗。此外，通过旁通风阀调节锅炉入口排气压力和氟里昂蒸汽流量的出力等方法，以适应排气温度和量的变

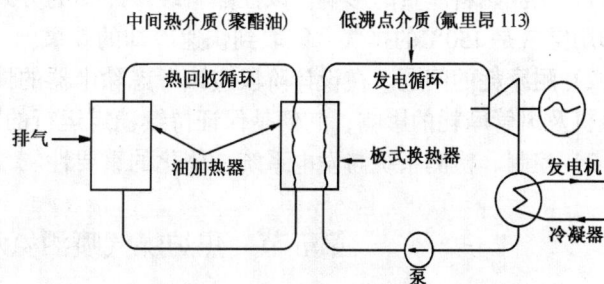

图 15-10　AQC 低热发电的基本概念

化，获得稳定的发电出力。

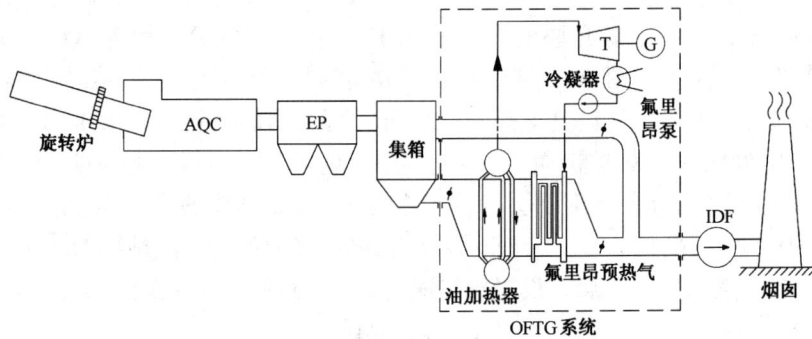

图 15-11　AQC 低热发电系统

（2）AQC 双级发电系统（图 15-12）　从以上所述的 AQC 发电系统，了解了现况的工艺过程。以下介绍的发电系统是在工艺过程中加入相应的蒸汽锅炉，即，循环与水泥熟料进行热交换的排气，并作为重新冷却用的空气而使用，产生更高温的气体，之后，进入水蒸气锅炉。图 15-12 表示双级 AQC 发电系统的流程。排气循环提高了排气温度，故，使锅炉小型化，并提高了效率。

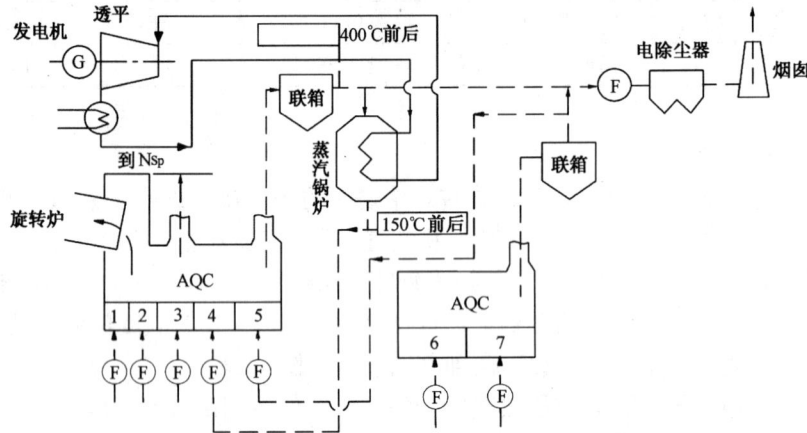

图 15-12　双级 AQC 排气流向

在采用该系统时应考虑如下几个问题：

1）水泥熟料质量的影响。以往熟料缓慢冷却的方式会降低它的品质，在该方式中，采用的冷却用空气是 150℃ 的排气，能取到快速冷却的效果。

2）耐摩耗的问题。在设计阶段应该考虑除尘器的性能、压力损失和锅炉内部的风速等因素对风机及风管摩耗的影响，它们是保证持续稳定运行的重要措施。

3）控制、检测系统与发电系统一体化的重要性。

第五节　焦炉煤气喷洒氨水的余热利用

某焦化厂利用板式换热器回收喷洒氨水冷却焦炉煤气的余热，作为生活供暖用。氨水的余热回收工艺流程如图 15-13 所示。

焦炉煤气用氨水喷洒进行冷却，喷洒的氨水具有较高的温度，再经过气液分离器和沉清槽后，由氨水循环泵加压送往板式换热器加热二次供暖循环热水，使其从 60℃升到 80℃左右。吸收了氨水余热的二次循环热水由余热回收循环水泵送往生活楼供供暖用。

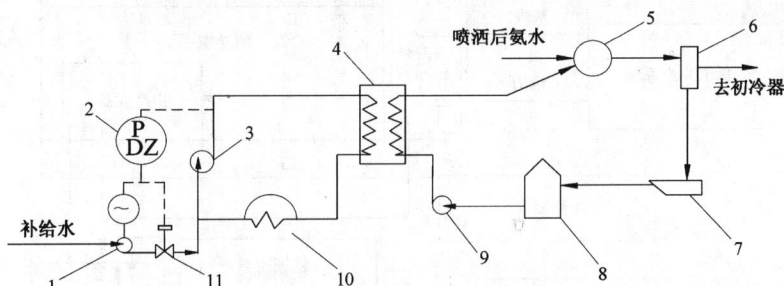

图 15-13　氨水余热回收工艺流程

1—补给水泵；2—压力继电器；3—余热回收循环水泵；4—氨水冷却器；
5—集气罐；6—气液分离器；7—沉清槽；8—氨水中间槽；
9—氨水循环泵；10—热用户；11—电磁阀

该厂回收氨水喷洒冷却焦炉煤气的余热作为生活供暖供热时，在原有 4 台浮头式换热器基础上，增设了 7 台京海换热的 BRS35 型板式换热器（其中，有两台为供暖高峰时调节负荷用），每台传热面积为 30m²。全厂利用回收余热所解决的供热面积已达 8 万 m²，平均每平方米供暖建筑面积的热负荷达 335kJ/h。仅此一项余热回收的节能措施，每个供暖期可节省标准煤 2200 多 t，有 42%以上的焦炉煤气余热被回收利用，还节省了冷却水耗量 7.6%。此项节能技术措施的基建投资只用三年半时间就已回收。

第六节　在半导体工厂中的应用

一、半导体工厂冷热源系统的节能

1. 序言

半导体工厂的节能技术是水的冷却、利用设备冷却水废热对新风的加热及各种节能技术的组合，建立节能的冷热源系统。与以往的冷热源系统相比，这种节能的冷热源系统的节能率达 40%。

2. 半导体工厂能量消耗的特征

（1）单位生产建筑面积的能量消耗密度高。

（2）相对于生产设备消耗的能量，空调及附属设备消耗的能量大。

（3）全年都有冷热负荷。

（4）全年运行时间长（8000 小时/年以上）。

在半导体的精加工中，要求高品质的空调环境，耗能量较多。图 15-14 表示半导体工厂中全年能耗的分配。

耗能量最大的是生产设备，约占 40%。其次是洁净室的空调、供热所耗的能量，约占 30%。

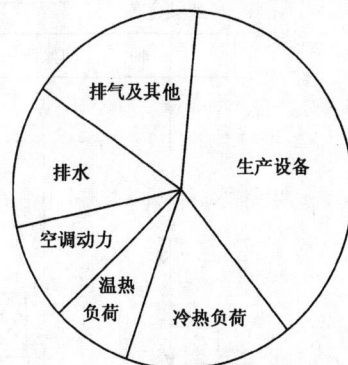

图 15-14　半导体工厂中能耗的构成

半导体工厂的节能包括生产设备的节电，减少洁净室空调、供热所耗能量等。

3. 节能措施

图 15-15 表示减少电力、洁净室空调、供热的节能措施。

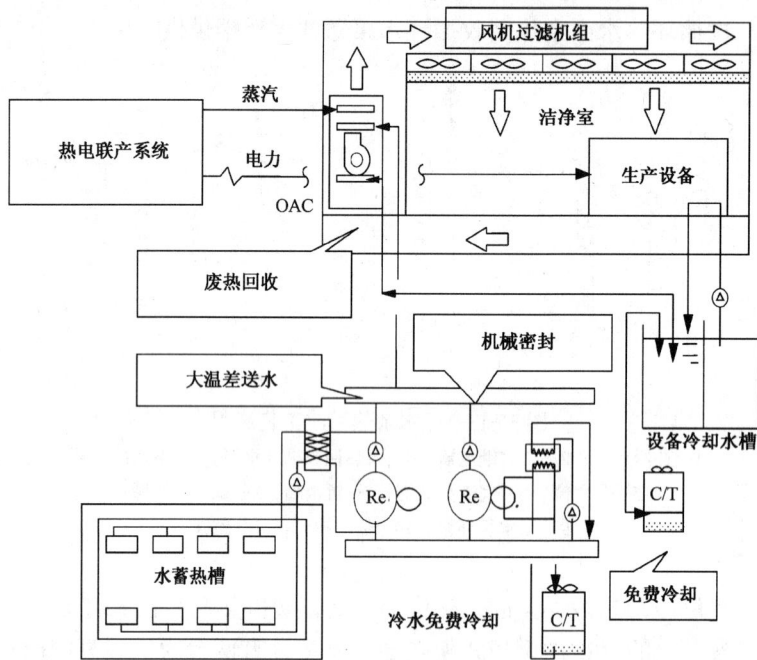

图 15-15　洁净室的节能措施

（1）水的冷却　水的冷却指的是将空气引入换热器和冷却塔内，进行水的冷却。

以往，采用电驱动制冷机制冷，耗电量较大。若通过水的冷却制造洁净室空调用冷水就能减少电力消耗。夏季运行制冷机，冷却塔的水作为制冷机的冷却水。从秋天到冬天，室外气温下降，冷却塔的冷却水通过换热器冷却冷水。冬季负荷减少时，不使用制冷机，此时冷却塔可用于水的冷却。图 15-16 是水的冷却概略图。

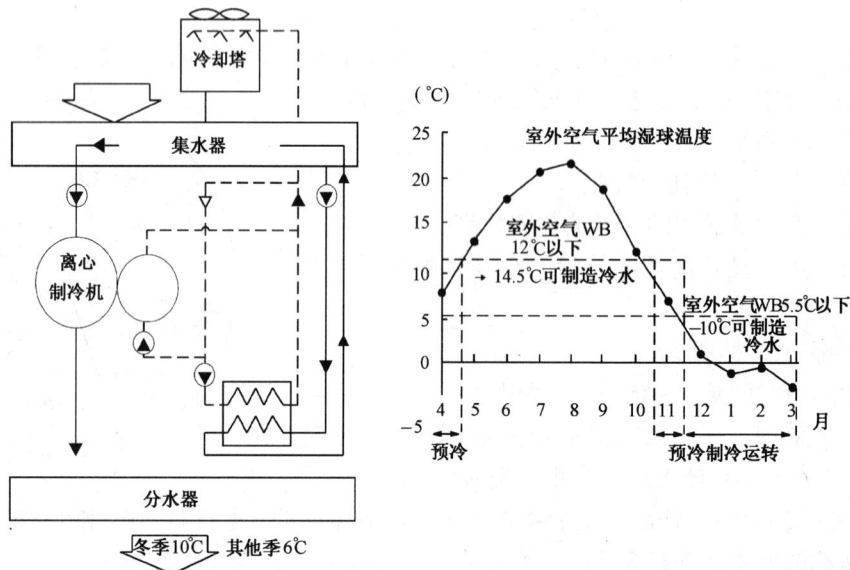

图 15-16　冷水免费冷却图

有效利用水的冷却设备能获得很明显的节能效果。原因如下：

1）冬季变更冷水送水温度能延长直接冷却时间（冬季 10℃，其他季节 6℃）。在冬季 12～3 月期间，洁净室空调不需要新风除湿，若冷水送水温度提高到 10℃，就可停止制冷机的运行，依靠水的冷却产生冷水，延长直接冷却时间。直接冷却运行时间约为 2000 时，约为 6℃运行时间的 3 倍。

2）水的冷却预冷运行。当室外温度上升，不能产生 10℃冷水，但，若获得的冷水温度比回水温度低，则也可进行预冷，减轻制冷机的负荷。预冷期约为 11、4 月的昼夜和 12～3 月的白天。

预冷、直接冷却或制冷机的转换运行均是根据室外湿球温度的高低自动操作的，人为操作可能会造成浪费。

从以上分析可知，全年的 40％时间为使用水冷却装置的运行时间。

（2）设备冷却水废热回收和水冷却装置　洁净室全年都要使用生产设备冷却水。设备冷却水吸收生产设备产生的热，排出洁净室外。以往，一年四季都使用制冷机的冷水冷却设备。

从洁净室排出的设备冷却水的热并不是制冷机的负荷，但可利用它加热洁净室的新风。若将新风加热和冷却塔水的冷却组合起来，则就建立了新的节能设备冷却水系统（图 15-17）。

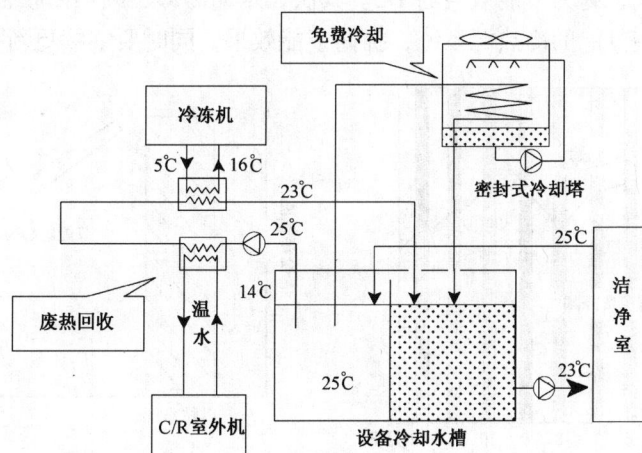

图 15-17　节能设备冷却水系统构成图

1）废热回收的新风加热　设备冷却水的温度约为 23～25℃，属中温，且水质良好，能简便地与其他热负荷进行热交换。

过去，在气温降低的冬季，将蒸汽送入设置在洁净室室外机的加热盘管内，对新风加热。现在，在室外机上设置热水盘管，与从洁净室返回的设备冷却水进行热交换。通过回收的设备冷却水的废热加热新风。其结果取消了加热新风的蒸汽能量，同时也减少了冷却设备冷却水的制冷机的电能消耗。

2）冷却塔的水冷却　在设置的闭式冷却塔中，循环设备冷却水箱的高温水并与冷却塔冷空气进行热交换。设备冷却水的送水温度符合洁净室 23℃中温的要求，冷却塔的利用时间长，除夏季白天之外，几乎在全年内都能利用。

3）最佳的组合　在设备冷却水回收方面，有利用废热对新风加热的方式，有水冷却方式，一般同时采用。当从两方面的冷热制造能量单位来看，应优先进行新风加热，不足部分由水冷却方式补充。

图 15-18 为实际运行状况。冬季，通过设置在室外机上的盘管进行新风加热和提供设备所需的所有冷却水。冬季之外，冷却塔的冷却效果很明显。从全年来看，仅在 6～9 月间才辅助地使

用制冷机的冷水，其他时间可用它进行新风加热和提供设备冷却水。

（3）冷水大温差送水　用泵将制冷机、冷却塔发生的冷水送至洁净室内，设在洁净室内的空调机吸收室内的热升温后返回到制冷机。若冷水的供回水温差大，则能减少输送动力。以往供水 6℃→回水 11℃，$\Delta t = 5℃$，现在水 6℃，回水 16℃，$\Delta t = 10℃$，此时水量约为以往的 1/2，故可采用小容量的泵。冬季，从节能效果看，送水温度约为 10℃，故冷水大温差一般约在 4～11 月运行。

（4）泵的机械密封　冷热源系统、设备冷却水系统的所有泵都采用机械密封，设计时均要考虑减少泵的运行动力和减少密封填料更换的检查和维护工作量。

（5）热源运行支援系统　为了进行节能系统的控制和检测，一定要设置热源运行支援系统。在各季运行方式发生变化时，操作人员要对系统的水冷却、蓄热运行等进行设定。此外，为了掌握节能效果，还要以月为单位，打印出节能量。确认节能运行是否合理。

4．小结

图 15-19 表示以上所述冷热源系统的节能效果。

与以往冷源全部由制冷机提供，热源全部由蒸汽提供相比较，它的节能率约为 40%。其中，设备冷却水的利用量大，约为节能效益的 1/3。其次，水的冷却、废热回收也有很大的效益。

今后，要采用这些节能的冷热源系统，提高节能效果，同时要继续更新并引进新技术。

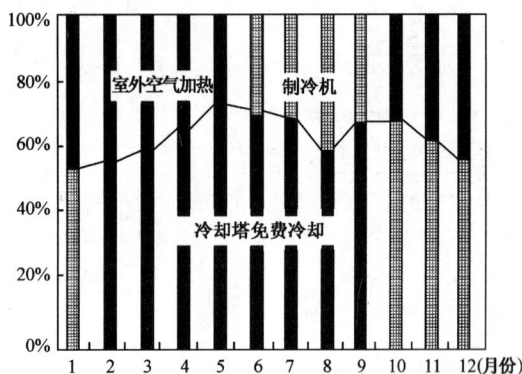

图 15-18　设备冷却水的冷热运行图

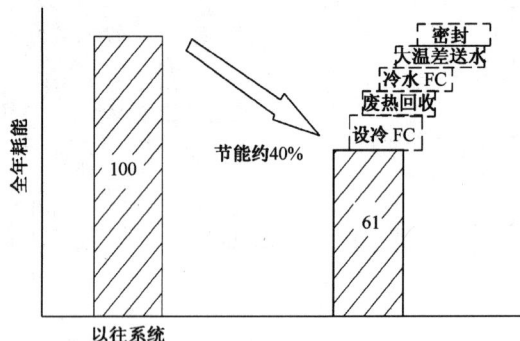

图 15-19　冷热源系统节能效果

二、废热回收和气体状污染物的处理

在半导体工厂中，为了提高空气洁净度、为了节能的目的开发研制了"废热回收和除去气体状污染物"的空气喷淋装置，包括用空气喷淋除去室外空气带来的污染物质和从工厂排风中回收废热的技术。

1．系统概要（图 15-20）

性能之一是通过排风处理湿式洗涤器进行热回收。半导体工厂中产生的排风量大且含有高浓度的电解气体成分，一般通过湿式洗涤器洗净处理后排至室外。该系统以湿式洗涤器作为热回收的对象，将洗涤器传递至洗涤溶液中的排风热量通过中间板式换热器转移至新风空调机组的热回收盘管内，以新风回收废热。

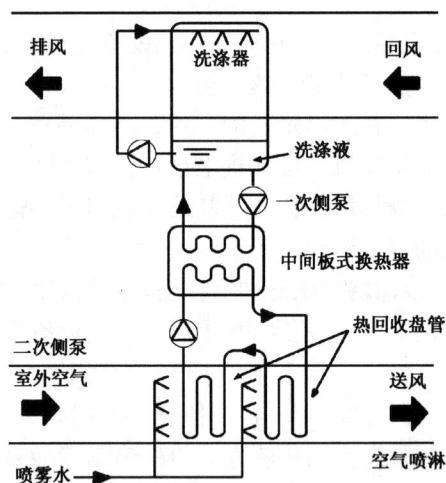

图 15-20　系统图

在新风空调机组的喷嘴朝向热回收盘管喷雾时，除显热交换外还有加湿效果，故具有全热交换的作用。冬季，新风通过盘管，由于干球温度下降，增大了与热回收盘管的交换温差，故提高了显热交换效率。

性能之二是通过空气喷淋除去气体状污染物。通过设置在新风空调器上的空气喷淋装置对热回收盘管进行水喷雾，在洗净外气的同时还提高了热回收效率。为了达到预期的除去气体状污染物的目的，设定的喷雾水和通过空气的质量比（L/G）在 0.5 以下为目标值。

2. 基础实验

实验时，气体状污染物以 NH_3 和 SO_2 为对象，图 15-21 表示上流 NH_3 浓度、NH_3 除去率与 L/G 的相关性。当上流浓度高时，除去率降低。此外，当 L/G 高时（增加喷雾水量），除去率亦能上升。由于大气中 NH_3 浓度为 15mg/m³ 以下，在 L/G = 0.3 时，除去率约为 80％ 以上。实际使用时，L/G 约为 0.3 是合适的。此外，与 NH_3 相比，SO_2 更易于除去，即使上流浓度很高，除去率降低的也很少。

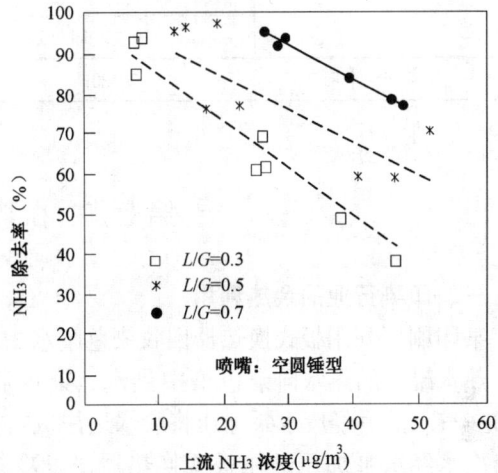

图 15-21　空气喷淋的气体除去率

3. 性能测定

表 15-4 表示性能测定时采用的装置概要。检测结果表明，气体状污染物除去性能：NH_3 除去率大于 90％，SO_2 除去率大于 85％。热回收性能：冬季热回收量约为 15kW。回收热量和排风、室外新风间的热量差的比率，即热回收效率平均约为 50％。夏季，热回收量约为 30~40kW，热回收效率约为 30％。

装置概要　　　表 15-4

排风洗涤器	处理风量：42000m³/h
	喷雾水量：139000L/h
换热器	板式换热器（板材 SUS316）换热量 93kW，传热面积 8m² 一次冷水 200L/min（17→22℃）二次冷水 200L/min（25→20℃）
一次泵	200L/min×20m×3.7kW
二次泵	200L/min×15m×2.2kW
新风空调机组	风量：16300m³/h
	空气喷雾器喷雾水量：98L/m³（L/G=0.3）

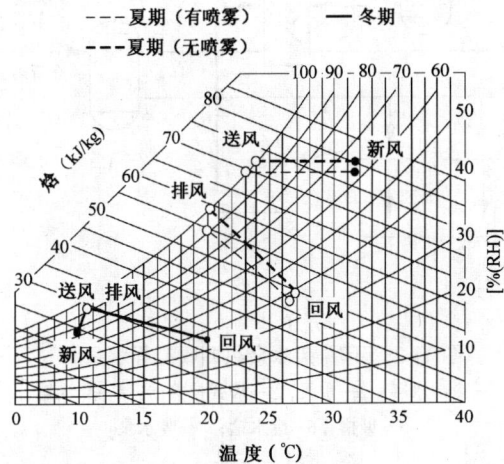

图 15-22　空气喷淋盘管的出入口的空气状态的变化

图 15-22 表示空气喷淋和洗涤器空气的状态变化。夏季，有无空气喷淋水喷雾的状态无明显差距，认为水喷雾对热回收没有太大的影响。但，冬季在热回收加热空气时，加湿效果使含湿量上升，故排风和室外新风的热交换达到了全热交换的水平。

4. 全年热回收量

本装置开发的目的是削减空调能耗，即使装置大小不同，安装地方不一样，也必须计算出全年热回收量。为此，开发了根据测定结果整理出的数学模拟方法，并使用它研究全年热回收性能，计算结果见表 15-5。全年的预想回收热量约为 815GJ/年，全年热回收效率约为 38.8%。

全年回收热量　　　　　　　　　　　　　　　　　表 15-5

	预想回收热量（MJ/年）		
	冷　却	加　热	小　计
全年合计	304201	511086	815287

第七节　在其他工业中的应用

一、印染行业的余热利用

某印刷厂利用板式换热器回收染色废水中的余热，其工艺流程如图 15-23 所示。

热水罐中的热水向染色槽中供水，染色后的废水直接排入废水槽，此时槽内废水温度为 80℃左右。然后经废水泵加压将废水送往板式换热器进行冷却，放出热量后再排放掉。冷却水罐内的冷水经水泵加压送往板式换热器，以冷却染色后的废水，吸收热量且温度由 20℃上升到 70℃，然后注入热水罐内，与来自锅炉的供给热水混合，作为染色槽中染色排水的供给水。该余热回收装置每小时可回收余热达 6.9GJ，其节能效益极为显著。

二、排烟脱硫装置的余热回收

某厂用板式换热器回收烟气喷淋水的余热，其工艺流程图如图 15-24 所示。

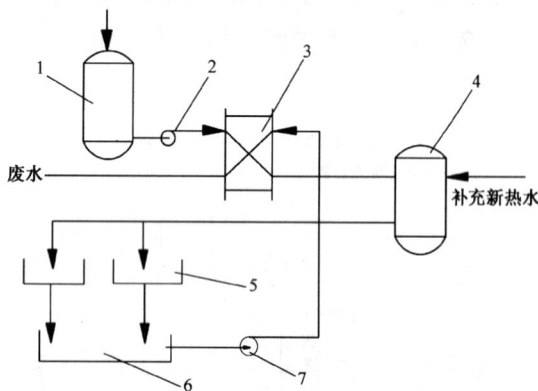

图 15-23　印染废水余热回收流程示意图
1—冷却水罐；2—水泵；3—板式换热器；4—热水罐；5—染槽；6—废水槽；7—废水泵

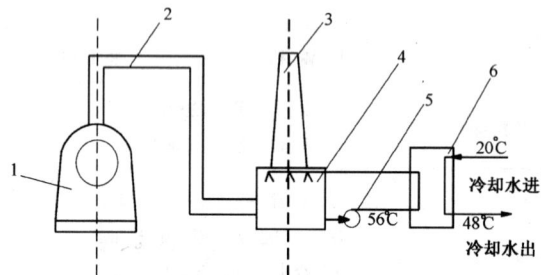

图 15-24　烟气脱硫装置余热回收流程示意图
1—燃烧炉；2—烟道；3—烟囱；4—喷淋装置；5—泵；6—板式换热器

烟气喷淋水温度可达到 56℃左右。虽然温度不太高，但是水量比较大，而且流量和温度均比较稳定。该厂利用这套余热回收装置每小时可回收热量 5.275GJ。

参 考 文 献

1. Heat Exchange Engineering, Compact Heat Exchangers, E. A. Foumeny and P. J. Heggs, ELLIS HORWOOD LIMITED, 1991

2. The CRC handbook of thermal engineering, Frank Kreith, CRC Press LLC, 2000

3. Heat Transfer Enhancement of Heat Exchangers, S. Kakac, A. E. Bergles, and F. Mayinger, H. Yüncü, Kluwer Academic Publishers, 1999

4. 周海成. 板式换热器的技术进展及其应用. 压力容器, 第13卷2期, 1996

5. 冯志良、常春梅. 当代国外板式换热器摘萃. 石油化工设备, Vol. 28 No. 2, 1999

6. Performance of an Alfaflex Plate Heat Exchanger, J. Marriott, CEP February 1977

7. 发明专利申请公开说明书 CN 1192266A

8. E. U. 施林德尔. 换热器设计手册. 第三卷、第四卷, 北京: 机械工业出版社, 1989

9. T. Kuppan, 钱颂文等译. 换热器设计手册. 北京: 中国石化出版社, 2004

10. Design of Plate Heat Exchangers, K. S. N. Raju and Jagdish Chand Bansal, Heat Exchanger Sourcebook, J. W. Palen, Hemisphere Publishing Corporation, 1986

11. Plate heat exchangers, Alfa-Laval, IB 67052 E2 9403

12. HISAKA PLATE TYPE HEAT EXCHANGERS, HISAKA WORKS, LTD

13. Asymmetric Plate Heat Exchangers, James R. Lins, Chemical Engineering Progress, July 1987

14. EUROPEAN PATENT APPLICATION, 0 204 880

15. United States Patent, 4, 664, 183

16. United States Patent, 6, 237, 679

17. DON'T OVERLOOK COMPACT HEAT EXCHANGERS, James R. BURLEY, CHEMICAL ENGINEERING, August 1991

18. 实用新型专利说明书 ZL 94225489. 9

19. 实用新型专利说明书 ZL 94201092. 2

20. 实用新型专利说明书 ZL 02202514. 6

21. 实用新型专利说明书 ZL 01265997. 5

22. 实用新型专利说明书 ZL 00217648. 3

23. Plate Evaporator Selection——Designs Vary to Meet Application Neets, Greg Lavis, Chemical Processing, February 1998

24. The plate evaporator, IB67068E, Alfa Laval

25. The advantages of APV Plate Heat Exchangers in power plants and district heating

26. 发明专利申请公开说明书 CN 1334434A

27. UK Patent Application GB 2218795A

28. United States Patent 4905758

29. Select the Right Gasket for Plate Heat Exchangers, Gary Kulesus, Chemical Engineering, Vol. 99, No. 9, 1992

30. 宋兆煌等. 用于板式换热器的橡胶密封垫片. 石油化工设备, Vol. 32 No. 3 2003

31. Designing and Troubleshooting Plate Heat Exchangers, Mark Sloan, Chemical Engineering, May 1998

32. APV Heat Transter Handbook, third edition

33. Effects of Carrucation Parameters on Local and Integral Heat Transfer in Plate Heat Exchangers and Regenerators, Gerd Gaiser and Volker Kottke, Heat Transfer, Vol. 5, 1990

34. Specification Tips to Maximize Heat Transter, J. Boyer, Chemical Engineering, Vol. 100, No. 5, 1993

35. В. Ф. Павленко 等. 板式换热器板片波纹的选择. 石油化工设备, Vol. 16, No. 12, 1987

36. Experimental Stady of Turblent Flow Heat Transter and Pressure Drop in a Plate Heat Exchangerswith Chevron Plates, A. Muley, Transactions of the ASME, Journal of Heat Transter, Vol. 121, February, 1999

37. Effects of Geometry and Flow Conditions on Particulate Fouling in Plate Heat Exchangers, B. Thonon, S. Grandgeorge, heat transfer engineering, Vol. 20, No. 3, 1999

38. Flow Distribution and Pressure Drop in Plate Heat Exchangers—Ⅰ U-Type Arrangement, M. K. Bassioury and H. Martin, Chemical Engineering Science, Vol. 39, No. 4, 1984

39. Flow Distribution and Pressure Drop in Plate Heat Exchangers—Ⅱ Z-Type Arrangement, M. K. Bassioury and H. Martin, Chemical Engineering Science, Vol. 39, No. 4, 1984

40. 板式换热器（GB 16409—1996）

41. 制冷用板式换热器（JB 8701—1998）

42. 钢制压力容器（GB 150—1998）

43. Petroleum and natural gas industries—Plate heat exchangers, ISO 15547—2000（E）

44. 陈炎嗣、郭景仪. 冲压模具设计与制造技术. 北京：北京出版社，1991

45. Petroleum and natural gas industries—Plate heat exchangers,（ISO 15547：2000（E））

46. 钢制压力容器焊接工艺评定（JB 8708—92）

47. 压力容器无损检测（JB 4730—94）

48. 换热器热工性能和流体阻力特性通用测定方法（JB/T 10379—2002）

49. 流量测量节流装置　用孔板、喷嘴和文丘里管测量充满圆管的流体流量（GB/T 2624—1993）

50. Heat exchangers—Verification of thermal balance of water-fed or steam-fed primary circuits—Principles and test requirements（ISO 3147：1975）

51. 杨崇麟. 板式换热器工程设计手册. 北京：机械工业出版社，1998

52. 冷间压延ステンレス钢板及び钢带（JIS G 4305：1999）

53. Standard Specification for Heat Resisting Chromium and Chromium—Nickel Stainless Steel Plate, Sheet, and Strip for Pressure Vessels（ASTM A240—2004）

54. 不锈钢冷轧钢板（GB/T 3280—1992）

55. Standard Specification for Titanium and Titanium Alloy Strip, Sheet, and Plate（ASTM B265—2003）

56. 板式换热器用钛板（GB/T 14845—1993）

57. 钛及钛合金板材（GB/T 3621—1994）

58. チタン及びチタン合金の板及び条（JIS H 4600：2001）

59. Standard Specification for Nickel Plate, Sheet and Strip（ASTM B162—1999）

60. 镍及镍合金板（GB/T 2054—1980）

61. Standard Specification for Low—Carbon Nickel—Molybdenum—Chromium, Low—Carbon Nikel—Chromium-Molybdenum-Copper, Low—Carbon, Nickel—Chromium-Molybdenum—Tungsten Alloy Plate, Sheet and Strip（ASTM B 575—2004）

62. 耐蚀合金冷轧薄板（GB/T 15010—1994）

63. Specification for Brass Plate, Sheet, Strip, and Rolled Bar（ASTM B36—86）

64. 铜及び铜合金の板及び条（JIS H 3100：2000）

65. 黄铜板（GB/T 2040—2002）

66. Plate Heat Exchangers and Their Performance, K. S. N. Raju and Jagdish Chand Bansal, Heat Exchanger Sourcebook, J. W. Palen, Hemisphere Publishing Corp. , 1986

67. Defy Corrosion with Recent Nickel Alloy, D. C. Agarwal, Chemical Engineering Progress, January 1999

68. Materials, APV HEAT DATA SHEET, Sep. 1994

69. 宋兆煌等. 用于板式换热器的橡胶密封垫片. 石油化工设备，2003

70. Consider New PHE Gasket Options, Graham A. Lamont, Chemical Engineering Progress, November 1993

71. Rubber Seals—Joint rings used for petroleum product supply pipes and fittings—Specification for material（ISO 6448：1985）

72. 许进、陈再枝. 模具材料应用手册. 北京：机械工业出版社，2002

73. 中国模具设计大典（第一、三卷）. 江西科技出版社，2003

74. 铸造铝合金技术条件（GB 1173—1986）

75. 碳素结构钢和低合金结构钢热轧厚钢板和钢带（GB 3274—1988）

76. 纯铜箔（GB 5187—1985）

77. 镍及白铜箔（GB 5190—1985）

78. 压力容器用碳素钢和低合金钢厚钢板（GB 6654—1995）

79. 武书彬编著．造纸工业水污染控制与治理技术．北京：化学工业出版社，2001

80. 黄其励主编．电力工程师手册．北京：中国电力出版社，2002

81. 张跃著．绿色启示录．远大空调有限公司，2004

82. 井上宇市主编．空气调和卫生工学便览．日本空气调和卫生工学会，1981

83. 汤蕙芬主编．城市供热手册．天津科技技术出版社，1991

84. 曹德胜主编．制冷空调系统的安全运行、维护管理及节能环保．北京：中国电力出版社，2003

85. 刘天川著．超高层建筑空调设计．北京：中国建筑工业出版社，2004

86. 暖通空调委员会．暖通空调新技术 2. 北京：中国建筑工业出版社，2000

87. 李先瑞主编．供热空调系统运行管理、节能诊断技术指南．北京：中国电力出版社，2003

88. 彦启森主编．空气调节用制冷技术．北京：中国建筑工业出版社，1984

89. 邱树林著．换热器原理、结构、设计．上海交通大学出版社，1990

90. 靳明聪，程尚模，赵永湘编著．换热器．重庆大学出版社，1990

91. 板式换热机组（CJ/T 191—2004）

92. 殷平主编．空调设计（1）．湖南大学出版社，1997

93. 陆耀庆主编．实用供热空调设计手册．北京：中国建筑工业出版社，1993